이제 **오르비**가
학원을 재발명합니다

대치 오르비학원 내신관/학습관/입시센터 | 주소 : 서울 강남구 삼성로 61길 15 (은마사거리 도보 3분)

대치 오르비학원 수능입시관 | 주소 : 서울 강남구 도곡로 501 SM TOWER 1층 (은마사거리 위치)

| 대표전화 : 0507-1481-0368

smart is sexy
Orbi.kr

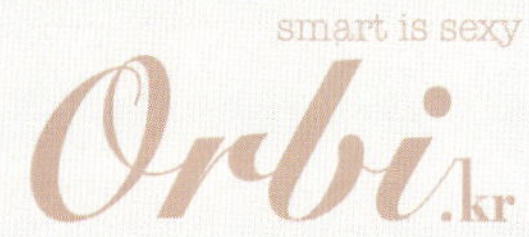

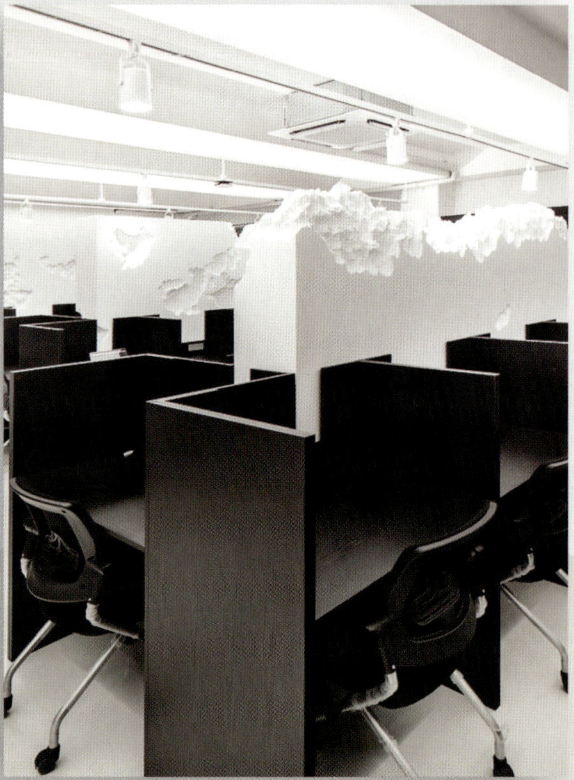

오르비학원은

모든 시스템이 수험생 중심으로 더 강화됩니다.

모든 시설이 최고의 결과가 나올 수 있도록 설계됩니다.

집중을 위해 오르비학원이 수험생 옆으로 다가갑니다.

오르비학원과 시작하면

원하는 대학문이 가장 빠르게 열립니다.

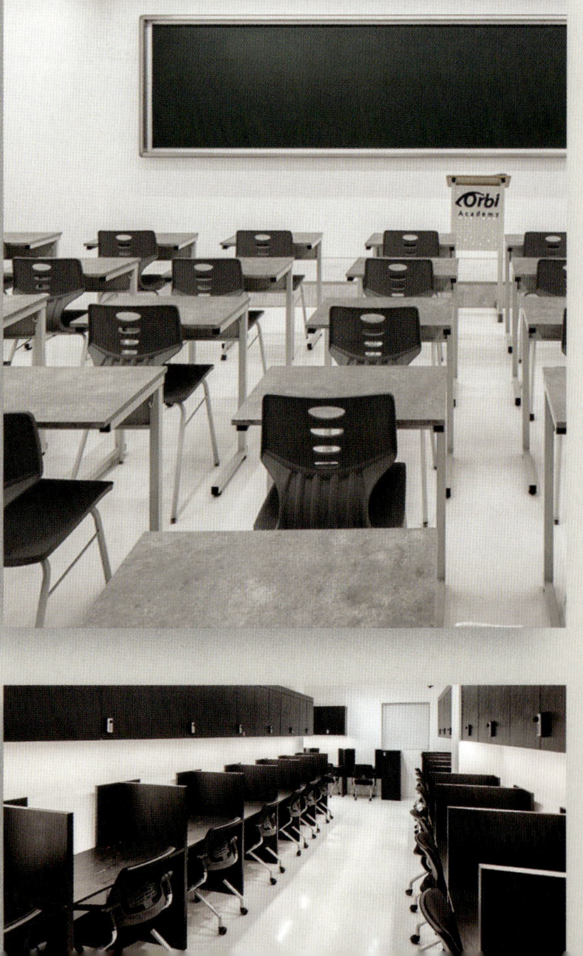

출발의 습관은 수능날까지 계속됩니다.
형식적인 상담이나
관리하고 있다는 모습만 보이거나
학습에 전혀 도움이 되지 않는
보여주기식의 모든 것을 배척합니다.

쓸모없는 강좌와 할 수 없는 계획을 강요하거나
무모한 혹은 무리한 스케줄로
1년의 출발을 무의미하게 하지 않습니다.
형식은 모방해도 내용은 모방할 수 없습니다.

smart is sexy

Orbi.kr

개인의 능력을 극대화 시킬 모든 계획이 오르비학원에 있습니다.

기출의 파급효과

과탐 영역

지구과학 Ⅰ

지구과학 I
기출의 파급효과

지구과학 I

지구과학 Ⅰ

저자의 말

지구과학1은 과목 특성상 주어진 자료에 맞게 자신이 알고 있는 개념을 확장하여 풀어나가야 하는 과목입니다. 대부분의 학생은 개념에 대한 정확한 이해가 없는 상태에서 기출 문제를 조금만 변형시킨 문제가 나오게 된다면 손쉽게 틀려버립니다. 또한, 매년 많은 학생의 유입으로 지구과학1의 난이도는 상향 평준화가 되어가고 있습니다. 이러한 상황에서 문제를 해결하기 위해서는 정확한 기출 분석을 진행해야 합니다.

지구과학1은 모든 개념을 알고 있다고 해서 만점을 받을 수 있는 과목이 아닙니다. 여러 자료 분석을 통해 자신이 알고 있는 개념을 자료에 맞게 재해석할 수 있는 능력을 가져야 합니다.

다음을 통해 [기출의 파급효과 지구과학1]에 담긴 내용을 설명해드리도록 하겠습니다.

[기출의 파급효과 지구과학1]은 **'기출 문제로 알아보는 유형별 정리'**와 **'+시야 넓히기'**를 통해 지금까지 풀어왔던 문제들에 담긴 숨은 의미를 제시합니다. 또한, 흔히 킬러 파트라 불리는 유형들에 대한 문제 해결 방법을 제시해두었습니다. 흔히 함정 문제라 하는 유형들도 **'추가로 물어볼 수 있는 선지'**를 통해 학습하여 새로운 유형을 대비할 수 있습니다.

현재 **1등급 ~ 만점**을 받는 학습자라면 이미 스스로 기출 분석은 완료하고 N회독을 진행하신 분들이실 겁니다. 킬러 파트 및 신유형 대비를 위해서 유형별 정리를 참고하고 N제와 모의고사를 풀면서 헷갈리는 유형들을 함께 정리한다면 훌륭한 참고서가 될 것이라 생각합니다.

2등급 ~ 3등급을 받는 학습자라면 자신이 이해하지 못하는 개념이 있거나 자료 해석에 대한 약점이 존재할 것입니다. 킬러/준킬러에 대한 개념 이해 및 유형별 정리를 통해 자신이 가진 약점을 극복할 수 있기를 바랍니다. 또한, 추가로 물어볼 수 있는 선지를 통해 항상 선지를 의심하는 마음을 가질 수 있기를 바랍니다.

4등급 이하의 학습자라면 개념 이해를 우선적으로 진행해야 합니다. 그 후 Theme 별로 한 유형씩 이해할 수 있도록 진행해야 합니다. 기출 문제 분석을 통해 유형별 정리를 진행한다면 성적 향상에 반드시 도움이 되리라고 생각합니다.

[기출의 파급효과 지구과학1]은 지구과학1을 선택했다면 가져야 할 수험생의 마음과 문제를 해결할 수 있는 방향을 제시합니다. 유형별 정리를 통해 "평가원이 어떤 마음으로 이러한 문제를 제시했나?"라는 생각을 가지며 문제를 해결할 수 있어야 합니다. 자신이 출제자가 되었다는 마음가짐으로 공부를 할 수 있기를 바랍니다.

파급의 기출효과

cafe.naver.com/spreadeffect
파급의 기출효과 NAVER 카페

기출의 파급효과 시리즈는 기출 분석서입니다. 기출의 파급효과 시리즈는 국어, 수학, 영어, 물리학 1, 화학 1, 생명과학 1, 지구과학 1, 사회·문화가 예정되어 있습니다.

준킬러 이상 기출에서 얻어갈 수 있는 '꼭 필요한 도구와 태도'를 정리합니다.

'꼭 필요한 도구와 태도' 체화를 위해 관련도가 높은 준킬러 이상 기출을 바로바로 보여주며 체화 속도를 높입니다. 단시간 내에 점수를 극대화할 수 있도록 교재가 설계되었습니다.

학습하시다 질문이 생기신다면 '파급의 기출효과' 카페에서 질문을 할 수 있습니다.

교재 인증을 하시면 질문 게시판을 이용하실 수 있습니다.

기출의 파급효과 팀 소속 오르비 저자분들이 올리시는 학습자료를 받아보실 수 있습니다.
위 저자 분들의 컨텐츠 질문 답변도 교재 인증 시 가능합니다.

더 궁금하시다면 https://cafe.naver.com/spreadeffect/15에서 확인하시면 됩니다.

모킹버드

mockingbird.co.kr
수능 대비 온라인 문제은행

모킹버드는 수능 대비에 초점을 맞춘 문제은행 서비스입니다. AI 문항 추천 알고리즘을 통해 이용자의 학습에 최적화된 맞춤형 모의고사를 제공하여 효율적인 수능 성적향상을 목표로 합니다. **수학, 과탐을 서비스 중입니다.**

문항 제작과 검수에 기출의 파급효과 팀뿐만 아니라 지인선 님을 포함한 시대/강대/메가 컨텐츠 팀에서 근무하였고 여러 문항 공모전에서 수상한 이력이 있는 여러 문항 제작자들이 함께 하였습니다.
웹 개발과 알고리즘 개발에는 서울대 컴공, 카이스트 전산학부 출신 개발자들이 참여하였습니다.

모킹버드를 통해 싸고 맛좋은 실모를 온라인으로 뽑아 풀어보고,
AI 문항 추천 알고리즘 기술의 도움을 받아 학습 효율을 극대화해보세요.
가입만 해도 기출은 무제한 무료 이용 가능하고, 자작 실모 1회도 무료로 제공됩니다.

Theme

01

지권의 변동

01 판 구조론의 정립 과정

▌판 구조론 – 대륙 이동설

1. 대륙 이동설의 등장 배경

베게너는 여러 대륙이 모여 하나로 합쳐진 초대륙 '판게아'가 있었을 것이라고 주장하며 약 2억 년 전부터 판게아가 분리되어 현재와 같은 대륙 분포가 되었다는 대륙 이동설을 주장했다.

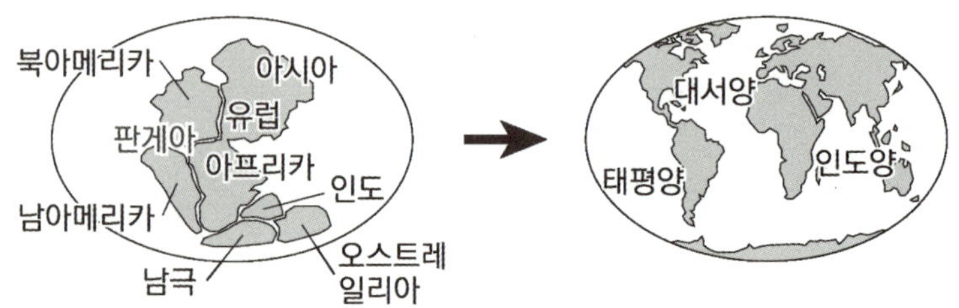

2. 베게너가 주장한 대륙 이동설의 증거

베게너는 다음 네 가지의 증거를 제시하며 과거에는 대륙이 모여 있었음을 주장했다.

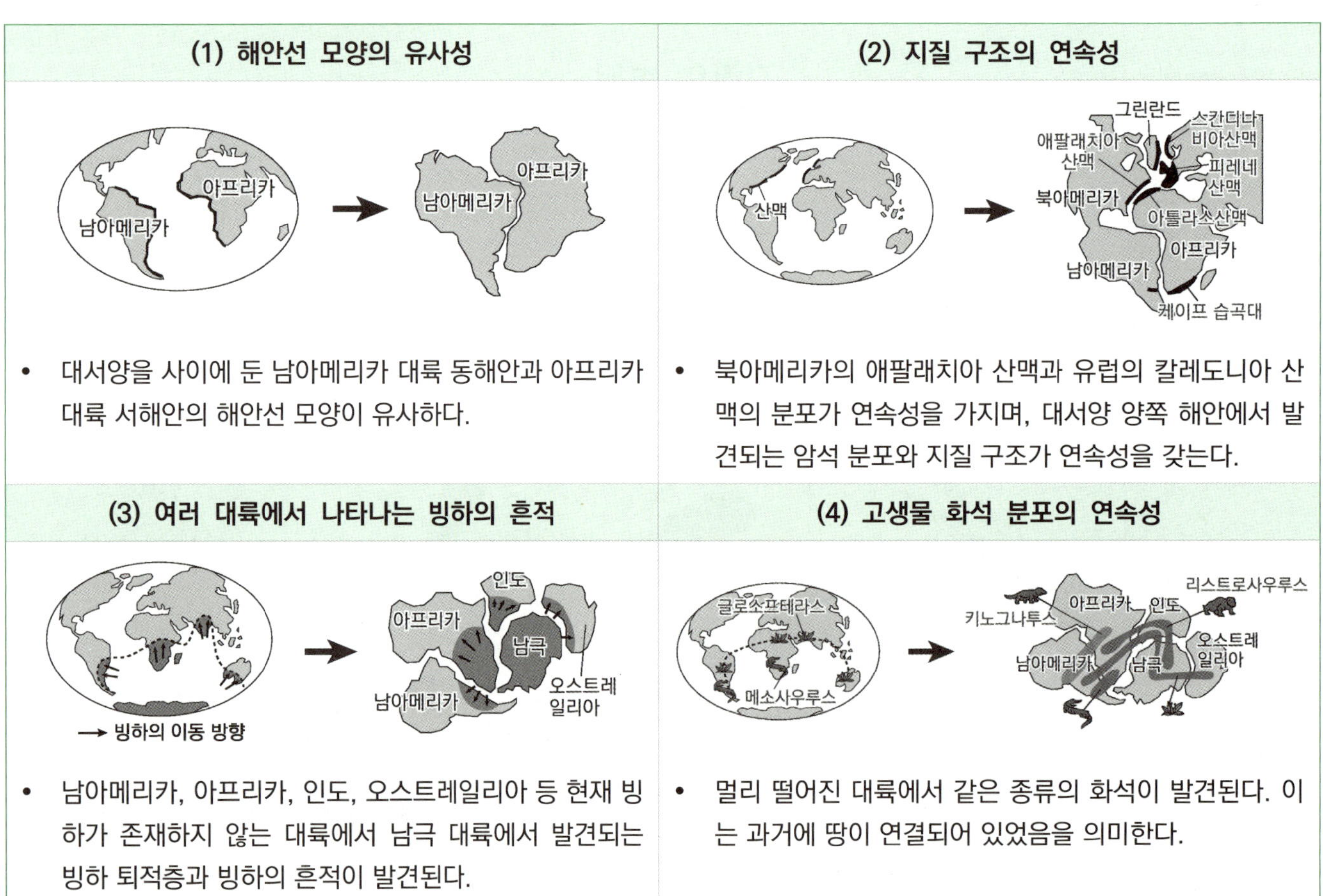

(1) 해안선 모양의 유사성	(2) 지질 구조의 연속성
• 대서양을 사이에 둔 남아메리카 대륙 동해안과 아프리카 대륙 서해안의 해안선 모양이 유사하다.	• 북아메리카의 애팔래치아 산맥과 유럽의 칼레도니아 산맥의 분포가 연속성을 가지며, 대서양 양쪽 해안에서 발견되는 암석 분포와 지질 구조가 연속성을 갖는다.
(3) 여러 대륙에서 나타나는 빙하의 흔적	(4) 고생물 화석 분포의 연속성
• 남아메리카, 아프리카, 인도, 오스트레일리아 등 현재 빙하가 존재하지 않는 대륙에서 남극 대륙에서 발견되는 빙하 퇴적층과 빙하의 흔적이 발견된다.	• 멀리 떨어진 대륙에서 같은 종류의 화석이 발견된다. 이는 과거에 땅이 연결되어 있었음을 의미한다.

3. 대륙 이동설의 한계

베게너는 대륙 이동설에서 **대륙 이동의 원동력을 제대로 설명하지 못했다는 한계**가 있었다. 따라서 대륙 이동설은 당시 많은 과학자에게 받아들여지지 않았다.

판 구조론 – 맨틀 대류설

1. 맨틀 대류설

홈스는 맨틀 내의 방사성 원소의 붕괴열과 지구 중심부의 열에 의하여 맨틀이 대류 현상을 일으킨다고 생각했다. 또한, 맨틀 위에 놓인 대륙은 맨틀 대류로 인하여 움직인다고 주장했다.

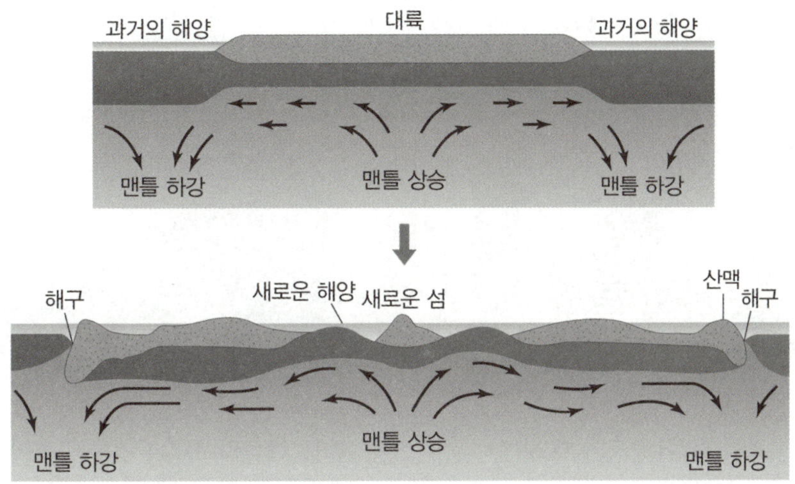

맨틀 대류의 상승부에서는 대륙 지각이 분리되면서 새로운 해양이 생성되고 마그마 활동으로 새로운 해양 지각이 형성되며, 맨틀 대류의 하강부에서는 지각이 부딪힘에 따라 침강 지대(습곡 산맥과 해구)를 만든다고 주장했다.

2. 맨틀 대류설의 한계

홈스는 베게너와 다르게 대륙 이동의 원동력을 설명하였으나 과학 기술의 부족으로 인해 맨틀 대류가 일어나는 정확한 관측 증거를 제시하지 못하였다.

판 구조론 – 해저 확장설

1. 과학 기술의 발전

2차 세계 대전 이후 과학 기술의 발전으로 해저 지형에 대한 정밀한 탐사가 가능해졌다.

- **음향 측심법** : 수면에서 발사한 음파가 해저면에 반사되어 되돌아오는 데 걸린 시간을 측정하여 수심을 알아내는 방법이다.
  (시간을 절반으로 나누는 이유는 음파를 발사하고 돌아오는 시간을 고려했기 때문이다.)

$$\text{수심}(d) = \frac{1}{2}t \times v$$

$$(t : \text{음파의 왕복 시간}, \ v : \text{음파의 속도})$$

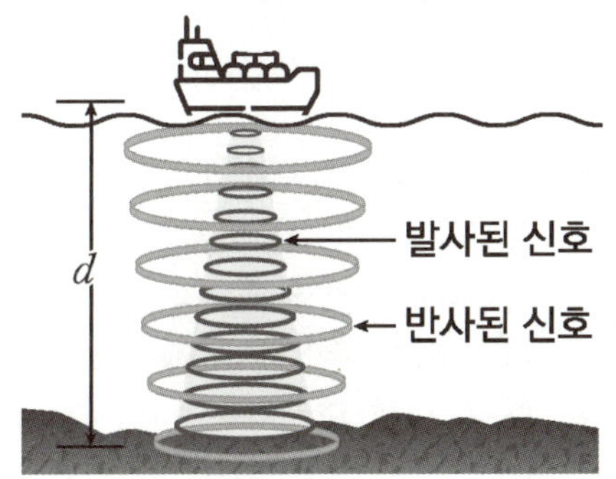

헤스와 디츠는 음향 측심법으로 알아낸 해저 지형의 특징을 설명하기 위해 해저 확장설을 제안하였다.
해양저 확장설은 맨틀 대류의 상승부인 **해령**에서 **새로운 해양 지각이 생성**되고 해령을 중심으로 **확장**되며, **해구**에서는 오래된 **해양 지각이 맨틀 속으로 섭입하여 소멸한다는 이론**이다.

다음의 세 가지 증거를 제시하며 해양이 확장된다는 것을 주장했다.

(1) 해양 지각의 나이와 해저 퇴적물의 두께	(2) 섭입대(베니오프대)의 발견

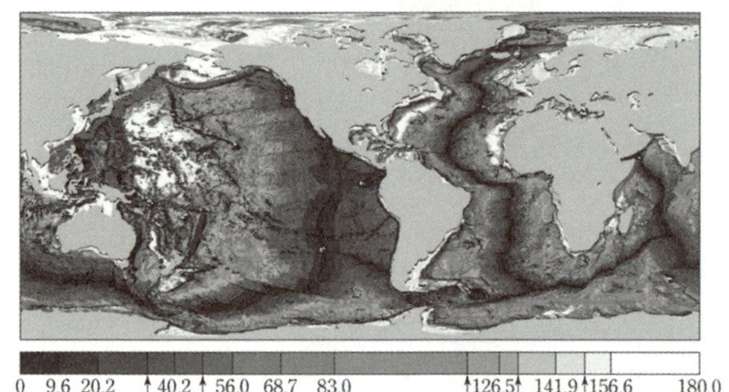

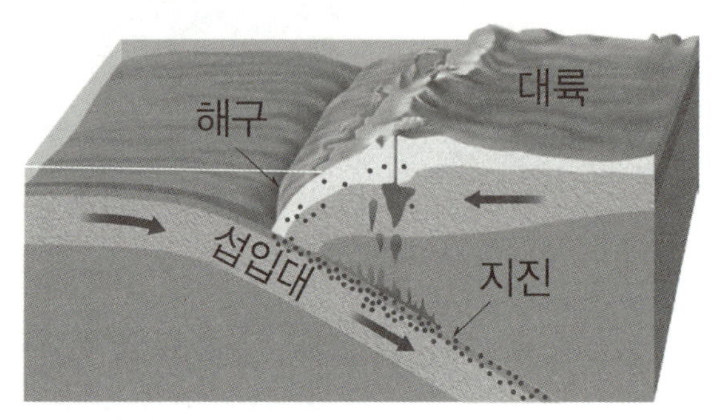

- 맨틀 대류의 상승부인 해령에서 멀어질수록
  → **해양 지각의 연령이 증가한다.**
  → **심해 퇴적물의 두께가 증가한다.**

- 맨틀 대류의 하강부인 해구 근처에서 해양 지각이 섭입됨에 따라 섭입대가 형성된다.
- 이때 섭입대를 따라 지진이 발생하며, **대륙 쪽으로 갈수록 진원의 깊이가 깊어진다는 것**을 밝혀냈다.

(3) 고지자기 줄무늬의 대칭적 분포

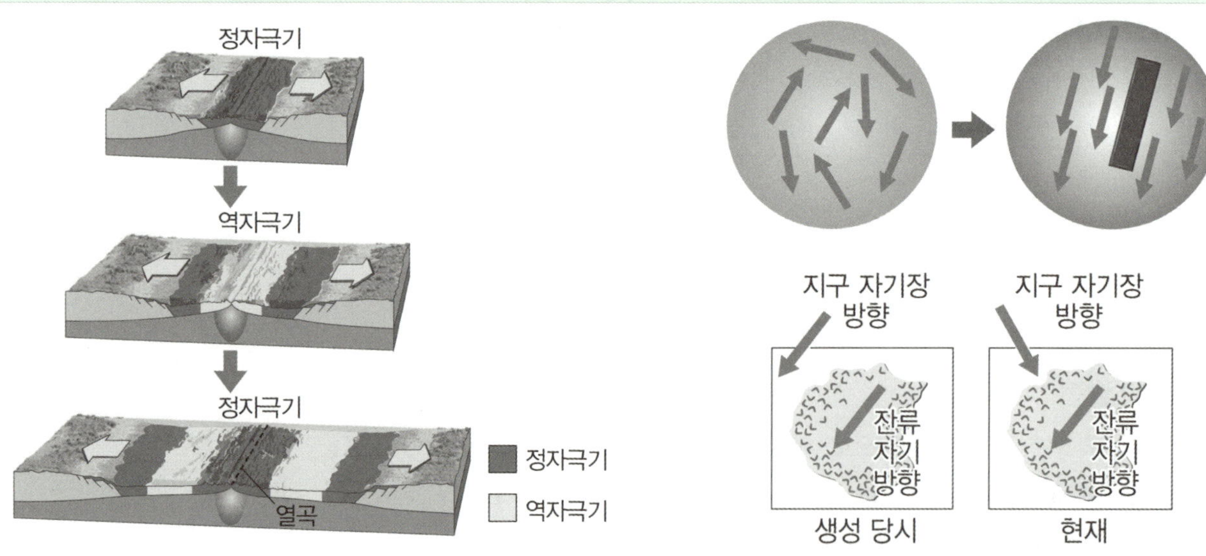

- 해양 지각에 기록된 **고지자기 줄무늬가 해령을 축으로 대칭적으로 나타난다.**
- **고지자기** : 마그마 속 들어있는 자성 광물의 배열이 지구의 자기장에 의해 일정한 방향으로 배열되는 것.
  마그마가 식기 전에는 각기 다른 방향으로 배열되어있으나, 마그마가 식은 후에는 절대 변하지 않는다.
  지구 자기장은 지질 시대 동안 역전되어 왔으므로 고지자기의 방향 또한 계속해서 변해왔다.
- 현재 자기장을 정자극기, 현재와 반대의 자기장을 역자극기라고 한다.
  (이와 관련된 내용은 Theme 01-4 고지자기와 대륙 분포를 참고하자.)

판 구조론 – 판 구조론의 정립

1. 변환 단층의 발견

변환 단층이란, 해령과 해령 사이에 존재하며 해양 지각의 상대적인 이동 방향이 다른 구간을 말한다.

- 윌슨은 해령의 열곡과 열곡이 어긋난 구간에서 천발 지진이 활발하게 발생하는 것을 발견하고, 이 구간을 **변환 단층**이라고 하였다.
- 이 변환 단층의 발견으로 판 구조론이 정립되었다.

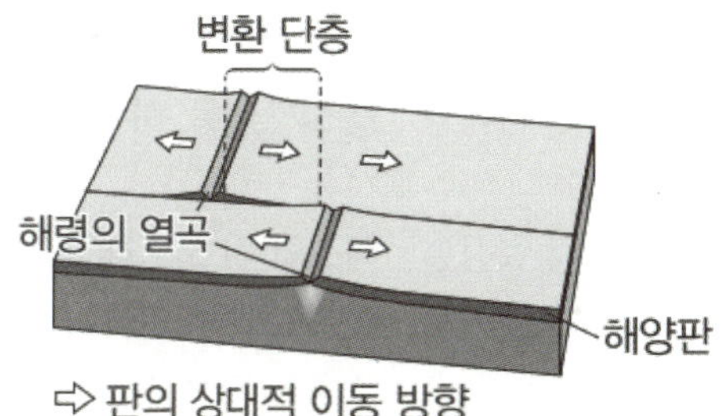

2. 판 구조론의 정립 과정

① 판 구조론은 대륙 이동설, 맨틀 대류설, 해저 확장설을 모두 포함한 개념이다.

② 판 구조론 : 지구 표면은 크고 작은 여러 개의 판으로 구성되어 있으며, 이들의 상대적인 운동에 의해 화산 활동, 지진, 마그마의 생성, 지각 변동 등의 여러 가지 지질 현상이 일어난다는 이론이다.

③ 판 이동의 원동력 : 맨틀 대류

암석권	지각과 맨틀의 최상부를 합친 두께 약 $100km$의 단단한 부분이다. 암석권은 여러 조각으로 나누어져 있고, 각 조각을 판이라고 부른다. • 대륙판 : 지각의 대부분이 대륙 지각인 판 • 해양판 : 지각의 대부분이 해양 지각인 판
연약권	암석권 아래의 깊이 약 $100km{\sim}400km$인 부분이다. 맨틀 물질이 부분 용융되어 있어 맨틀 대류가 일어나 연약권 위에 놓인 판이 움직인다.

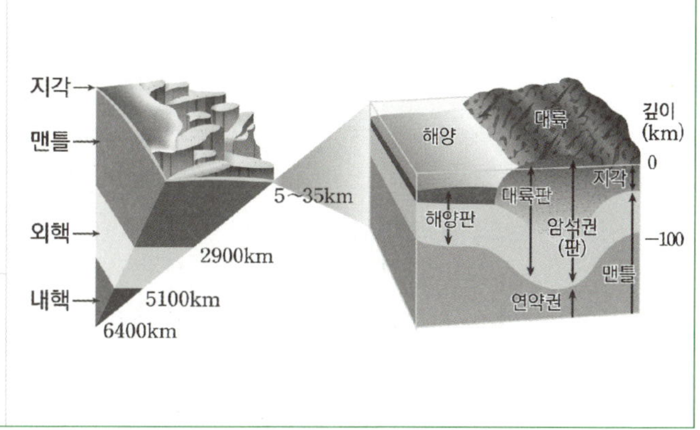

▲ 지구는 여러 개의 크고 작은 판으로 이루어져 있다.

+ 시야 넓히기 : 판 구조론의 정립 순서와 과정 정리

1. 대륙 이동설 : 베게너가 해안선 모양의 유사성, 지질 구조의 연속성, 빙하의 흔적. 화석 분포의 연속성을 증거로 판게아 이후 대륙이 이동하여 현재와 같은 대륙 분포를 이루었다고 주장했다. 그러나 **대륙 이동의 원동력을 설명하지 못했다.**

2. 맨틀 대류설 : **홈스가 대륙 이동의 원동력을 맨틀 대류**라고 주장하며 대륙 이동설을 뒷받침했다.

3. 해저 확장설 : 헤스와 디츠가 해양 지각의 나이와 퇴적물의 두께, 섭입대의 발견, 고지자기 줄무늬의 대칭을 증거로 **해령에서 형성된 해양 지각이 해구에서 소멸한다고 주장했다.**

4. 판 구조론 : 변환 단층의 발견으로 판 구조론이 정립되었다. 지구의 표면은 여러 개의 판으로 이루어졌으며 **판과 판의 상호 작용으로 판 경계에서 지각 변동이 발생한다는 이론**이다.

다음은 초대륙의 형성과 분리 과정 중 일부에 대하여 학생 A, B, C가 나눈 대화를 나타낸 것이다.

제시한 내용이 옳은 학생만을 있는 대로 고른 것은?

① A   ② B   ③ A, C   ④ B, C   ⑤ A, B, C

추가로 물어볼 수 있는 선지

1. 베게너는 초대륙 로디니아를 근거로 하여 대륙 이동설을 주장하였다. (O , X)

2. 대륙이 분리되는 과정에서 변환 단층이 형성될 수 있다. (O , X)

3. 맨틀 대류의 상승에 의해 해저의 전체 면적은 계속해서 확장된다. (O , X)

정답 : 1. (X), 2. (O), 3. (X)

01 2023학년도 6월 모의평가 지 Ⅰ 1번

KEY POINT #초대륙, #열곡대

문항의 발문 해석하기

과거에 존재했던 초대륙을 떠올리며 대륙이 합쳐지는 과정과 분리되는 과정을 이미지화해서 머릿속으로 떠올려야 한다.

문항의 자료 해석하기

1. 초대륙은 여러 대륙이 모여 형성된 하나의 거대한 대륙이며, 그림 속 칠판에서 대륙이 분리되고 해저가 확장하는 과정이 나타나 있다.
2. 학생들 모두 판 구조론의 정립 과정 중 나타난 이론에 대해서 토론하고 있다. 따라서 대륙 이동설, 맨틀 대류설, 해양저 확장설, 판 구조론이 등장한 순서와 개념에 대해서 떠올려야 한다.

선지 판단하기

학생 A 판게아는 초대륙에 해당해. (O)

　　　　과거에 존재했던 초대륙은 판게아를 비롯해 로디니아, 발바라, 우르 등이 있었다.

학생 B 열곡대는 ㉠ 중에 형성될 수 있어. (O)

　　　　열곡대는 대륙이 분리되며 형성되는 판의 경계로, 천발 지진과 화산 활동이 나타난다.

학생 C 해령을 축으로 해저 지자기 줄무늬가 대칭적으로 분포하는 것은 ㉡의 증거야. (O)

　　　　고지자기는 지질 시대 동안 암석에 기록된 자기장으로 해령을 축으로 대칭적으로 나타난다.

기출문항에서 가져가야 할 부분

1. 판 구조론 정립 과정의 순서 암기하기
2. 대륙이 이동하고 분리되는 과정 머릿속으로 떠올리기
3. 해령을 축으로 해양판에서 고지자기 줄무늬의 대칭적 분포 이해하기

기출 문제로 알아보는 유형별 정리

① 대륙 이동설의 증거   2022년 4월 학력평가 1번

그림은 베게너가 제시한 대륙 이동의 증거 중 일부를 나타낸 것이다.

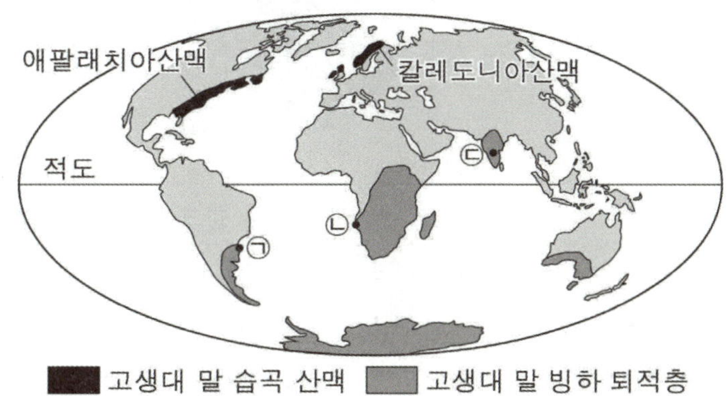

ㄷ. ㉢ 지점은 고생대 말에 남반구에 위치하였다. (O)

- ㉢ 지점은 **고생대 말 빙하의 흔적**이 나타나고 있다. 따라서 고생대 말에 **남반구에 위치**하였다.
- ㉢ **지점은 인도 대륙**이라는 것을 자료를 통해 알아야 한다. 남극 대륙 주변에 있던 인도 대륙은 점점 북상하다 **신생대 초 유라시아 대륙과 충돌하여 히말라야산맥을 만들었다.**
- 고생대 말 빙하 퇴적층의 흔적은 **베게너**가 주장한 대륙 이동설의 증거 중 하나이다. 이외의 증거로는 **해안선 모양의 유사성, 지질 구조의 연속성, 고생물 화석 분포의 연속성**이 있다.
- 베게너의 대륙 이동설은 발표 당시 **큰 지지를 얻지 못하였는데**, 이는 **대륙 이동의 원동력을 설명하지 못했기 때문**이다.

② 맨틀 대류설   2021학년도 수능 1번

다음은 판 구조론이 정립되는 과정에서 등장한 두 이론에 대하여 학생 A, B, C가 나눈 대화를 나타낸 것이다.

이론	내용
㉠	고생대 말에 판게아가 존재하였고, 약 2억 년 전에 분리되기 시작하여 현재와 같은 대륙 분포가 되었다.
㉡	맨틀이 대류하는 과정에서 대륙이 이동할 수 있다.

학생 B : ㉡에 의하면 맨틀 대류가 상승하는 곳에 해구가 형성돼. (X)

- ㉡은 대륙이 움직이는 원동력을 맨틀 대류라고 설명한 맨틀 대류설이다. 맨틀 대류설에 의하면 맨틀 대류의 상승부에는 해령이 형성된다.
- 홈스의 맨틀 대류설은 베게너가 설명하지 못했던 대륙 이동의 원동력을 설명했다.
  맨틀 상부와 하부의 온도 차이로 맨틀이 대류하여 맨틀 상승부에서는 해령이, 맨틀 하강부에서는 해구가 형성된다는 것을 알아야 한다.

표는 판 구조론이 정립되는 과정에서 제시된 이론과 대표적인 증거를 나타낸 것이다.

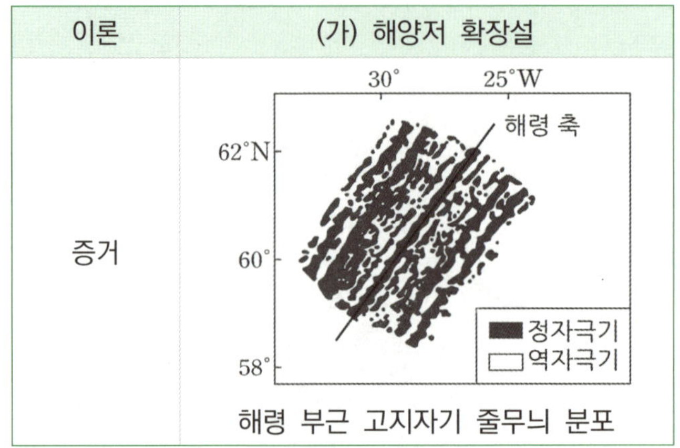

이론	(가) 해양저 확장설
증거	

ㄱ. 고지자기 줄무늬는 해령 축에 대해 대체로 대칭적으로 분포한다. (O)

- 해령의 양옆으로 새로운 해양 지각이 형성된다. 해양 지각이 형성되는 과정에서 암석에 고지자기가 남게 되는데, 지질 시대 동안 지구는 위 자료처럼 **정자극기와 역자극기가 반복되어 나타났다**. 이를 고지자기 줄무늬가 나타난다고 한다. 따라서 고지자기 줄무늬는 해령 축에 대해 대체로 대칭적으로 분포한다.

- 고지자기에 대한 정의와 정자극기, 역자극기에 대해서 정확하게 이해할 수 있어야 한다. 이는 Theme 01 – 4 고지자기와 대륙 분포와 연결하여 생각하도록 하자.

- 해양저 확장설의 증거는 고지자기 줄무늬의 대칭 이외에도 **해양 지각의 나이와 두께, 섭입대의 발견**이 있다.

2 초대륙 형성

그림 (가), (나), (다)는 서로 다른 세 시기의 대륙 분포를 나타낸 것이다.

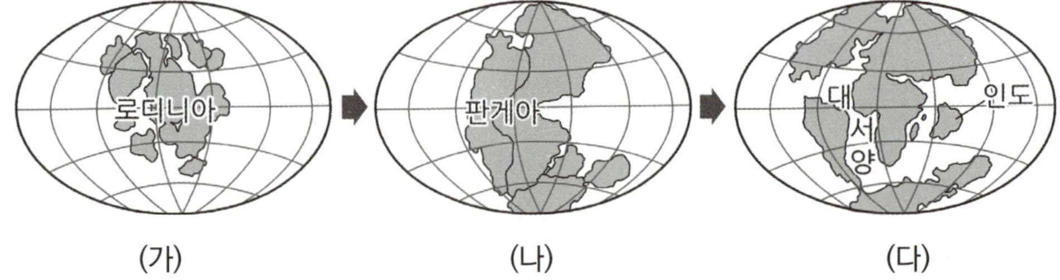

ㄱ. (가)의 초대륙은 고생대 말에 형성되었다. (X)

- (가)는 약 **12억 년 전 존재했던 초대륙 로디니아**다. 고생대는 약 5억 4천만 년 전 ~ 약 2억 5천만 년 전이므로 로디니아는 고생대 말에 형성되지 않았다.

- 고생대 말에 형성된 초대륙은 (나) 자료의 판게아이다. 또한 **판게아에서 북반구에 있는 대륙을 로라시아, 남반구에 있는 대륙을 곤드와나라** 한다. 판게아의 형태를 알아두자.

- (다) 자료에서 **판게아가 분리**되면서 **인도 대륙**이 남극 대륙에서 떨어져 나와 점점 **북상**하는 것을 함께 알아두자.

① 해구부터 찾자.　　　　　　　　　　　　　　　　　　　　　2020년 3월 학력평가 1번

다음은 음향 측심 자료를 이용하여 해저 지형을 알아보기 위한 탐구 과정이다.

[탐구 과정]

표는 A와 B 해역에서 직선 구간을 따라 일정한 간격으로 음향 측심을 한 자료이다. A와 B 해역에는 각각 해령과 해구 중 하나가 존재한다.

A 해역	탐사 지점	A_1	A_2	A_3	A_4	A_5	A_6
	음파 왕복 시간(초)	5.5	5.2	4.8	4.2	4.7	5.1
B 해역	탐사 지점	B_1	B_2	B_3	B_4	B_5	B_6
	음파 왕복 시간(초)	5.6	9.4	6.2	5.9	5.7	5.6

(가) A와 B 해역의 음향 측심 자료를 바탕으로 각 지점의 수심을 구한다.

(나) 가로축은 탐사 지점, 세로축은 수심으로 그래프를 작성한다.

ㄷ. 판의 경계에서 해양 지각의 평균 연령은 A 해역이 B 해역보다 많다. (X)

- B 해역에는 음파의 왕복 시간이 9.4초 걸리는 지역이 있다. 따라서 8초 이상 걸렸기 때문에 수심이 6000m 이상이고 반드시 해구가 존재한다.

  따라서 A에는 해령이 존재하므로 상대적으로 해양 지각의 연령이 적고, B는 해구가 존재하므로 해양 지각의 연령이 많다.

- **음파의 왕복 시간이 8초**면 $\frac{1}{2} \times 1500\mathrm{m}/초 \times 8초 = 6000\mathrm{m}$ 이므로 **수심 6000m**다.

  해구는 수심이 6000m가 넘는 곳에 존재하므로 계산을 하지 않아도 B 지역에 해구가 있는 것을 알 수 있다.

- 이처럼 음향 측심법을 이용해 해구와 해령을 구분해야 하는 문제는 반드시 해구부터 찾도록 하자.

추가로 물어볼 수 있는 선지 해설

1. 베게너는 고생대 말 존재했던 판게아를 근거로 하여 대륙 이동설을 주장하였다.
   ⇒ 로디니아는 약 12억 년 전 존재했던 초대륙이다.
2. 대륙이 분리되는 과정에서 판의 확장 속도 차이로 변환 단층이 형성될 수 있다.
3. 맨틀 대류의 상승에 의해 해양판이 만들어진다. 하지만 해구에서 해양판은 섭입되어 소멸하기 때문에 계속해서 해저가 확장되지 않는다.

02 판 경계와 지구 내부의 운동

▌판 경계와 지구 내부의 운동 – 맨틀 대류

1. 판을 이동시키는 힘

홈스의 맨틀 대류설에 의해 지구의 지진 활동과 화산 활동은 판과 판끼리의 충돌로 인해 발생한다는 것을 앞서 배웠다. 이때 **맨틀의 대류**는 전체 맨틀 중 **상부 맨틀에서 일어난다**. 지구 내부로 들어갈수록 지구의 온도는 증가한다. 이때 맨틀은 고체 상태이지만 온도가 높으므로 유동성이 있다. (말랑말랑한 젤리 상태라고 생각하면 좋다.) 이러한 상태의 맨틀은 매우 느리게 대류가 일어난다.

맨틀 대류가 상승하는 해령에서는 새로운 해양 지각이 만들어지고 맨틀 대류를 따라 양옆으로 확장한다. 그러나 계속 확장만 하는 것은 아니다. 오래된 해양 지각은 맨틀 대류의 하강부인 해구에서 섭입되어 소멸한다.

판의 움직임은 맨틀 대류의 영향을 가장 크게 받는다. 하지만 맨틀 대류를 제외한 힘도 판의 움직임에 영향을 주는데 그 힘은 다음과 같다.

① 섭입하는 판이 잡아당기는 힘 : 섭입대는 기울어져 있어서 중력의 영향을 받는다. 기울어진 면을 따라서 미끄러져 내려가는 힘이 발생한다. 따라서 섭입대가 존재하는 판은 그렇지 않은 판보다 대체로 이동 속도가 빠르다.

② 해령에서 판을 밀어내는 힘 : 해령은 높게 솟아오른 해저산맥이다. 따라서 중력에 의해서 판은 미끄러지면서 이동하게 된다. (①의 의한 힘보다는 영향력이 작다.)

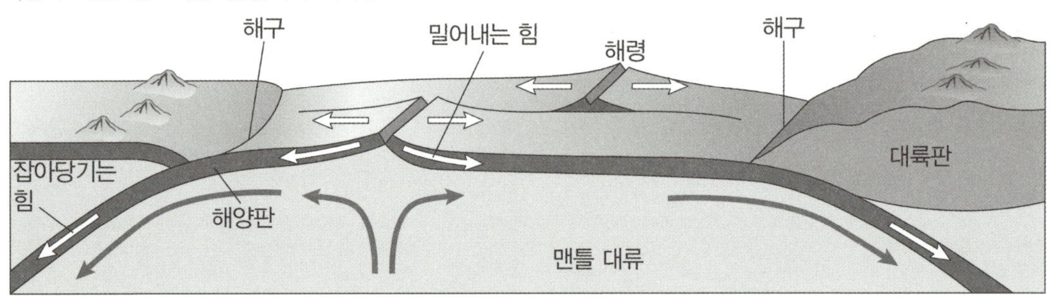

+ 시야 넓히기 : 맨틀 대류 모형

맨틀 대류 모형은 상부 맨틀에서만 대류가 일어나는 (가) 모형과 맨틀 전체에서 대류가 일어나는 (나) 모형으로 나누어진다. 두 모형 모두 해령에서 해저가 확장되고 섭입대에서 판이 소멸하는 것을 설명할 수 있다.

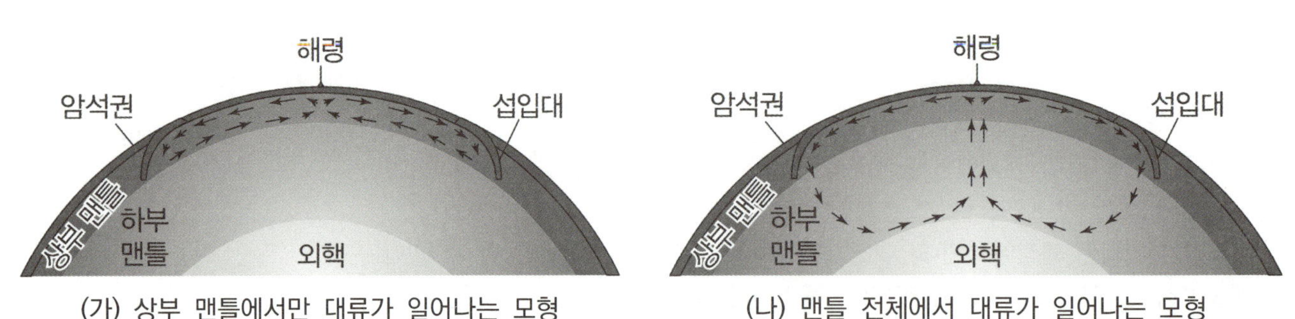

(가) 상부 맨틀에서만 대류가 일어나는 모형   (나) 맨틀 전체에서 대류가 일어나는 모형

판 경계와 지구 내부의 운동 – 판 경계

판과 판이 만나는 판의 경계에서는 **각 판이 이동하는 방향과 속력에 따라서 나타나는 판 경계의 종류가 달라진다.**
판의 경계는 발산형 경계, 수렴형 경계, 발산형 경계로 나눌 수 있다. 다음을 통해 알아보자.

1. 발산형 경계

발산형 경계란 **맨틀 대류가 상승하는 부분**에 나타나며 지각이 **양옆으로 확장하며 새로운 지각이 만들어지는 경계**다.
발산형 경계는 해양판과 해양판이 멀어지는 경우, 대륙판과 대륙판이 멀어지는 경우로 나눌 수 있다.

(1) 해양판 – 해양판 발산형 경계

- 해양판이 갈라지면서 해저산맥인 **해령**이 발달한다.
- 고온의 맨틀 물질이 상승하며 V자 모양의 열곡을 만들고 열곡의 가운데에서 마그마가
  분출하여 **새로운 해양 지각이 생성**된다.
- 생성된 해양 지각은 해령을 기준으로 양옆으로 이동하여 확장하며 천발 지진을 일으
  킨다.

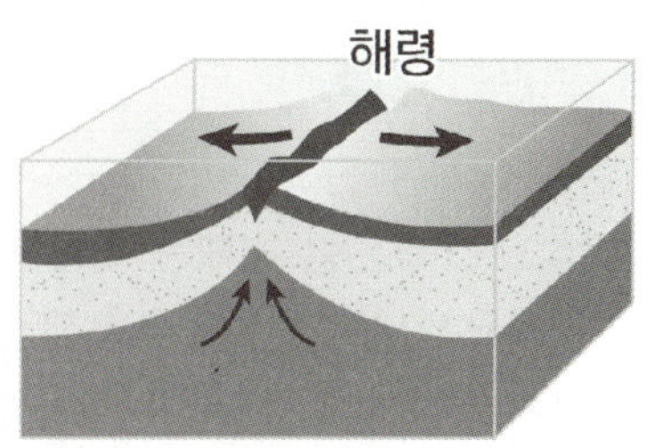

(2) 대륙판 – 대륙판 발산형 경계

- 대륙판이 갈라지면서 **열곡대**가 발달한다.
- 고온의 맨틀 물질이 상승하여 V자 모양의 열곡을 만들고 열곡의 가운데에서 마그마가
  분출하여 **새로운 지각이 생성**된다.
- 생성된 대륙 지각은 열곡대를 기준으로 양옆으로 이동하여 확장하며 천발 지진을
  일으킨다.

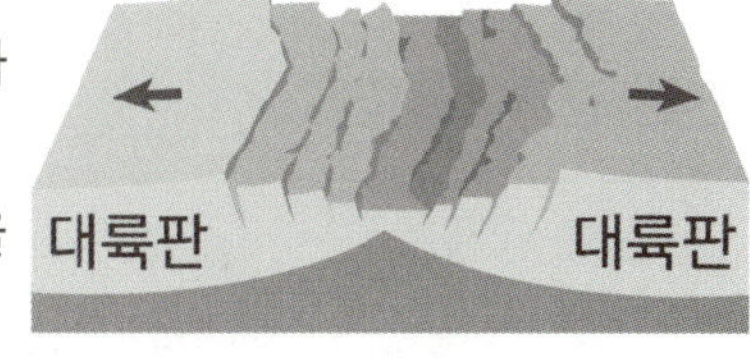

2. 수렴형 경계

수렴형 경계란 **맨틀 대류가 하강하는 부분**에 나타나며 **지각이 부딪히며 오래된 지각이 소멸하는 경계**다. 수렴형 경계는
해양판과 해양판이 부딪히는 경우, 해양판과 대륙판이 부딪히는 경우, 대륙판과 대륙판이 부딪히는 경우로 나눌 수 있다.

(1) 대륙판 – 대륙판 충돌형 경계

- 대륙판끼리 서로 부딪치면서 지층이 휘어져 **습곡 산맥**이 만들어진다.
- 두 대륙이 충돌할 때 마그마는 생성되지만 **화산 활동은 일어나지 않는다.**
  마찰에 의해 마그마는 생성되지만 화산 폭발이 일어날 만큼 많이 생성되지 않기 때문
  이다.
- 섭입형 경계와는 다르게 **섭입대가 만들어지지 않는다.** (밀도 차이가 크지 않기 때문)

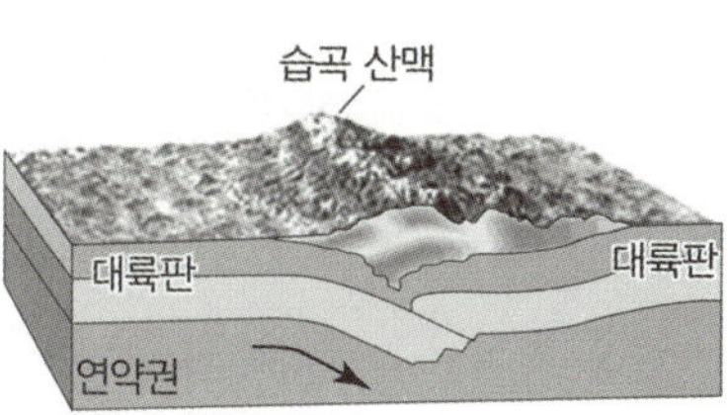

(2) 해양판 – 대륙판, 해양판 – 해양판 섭입형 경계

- 밀도가 큰 해양판이 밀도가 작은 판 아래로 섭입하여 **해구**와 **섭입대**가 만들어진다. 밀도가 작은 판은 위로 솟아올라 **습곡 산맥**을 만든다.
- 섭입대 부근에서 마그마가 생성되고 생성된 마그마는 지표로 분출하여 **호상 열도**를 만들고 섭입대를 따라 **천발 지진 ~ 심발 지진**까지 일어난다.

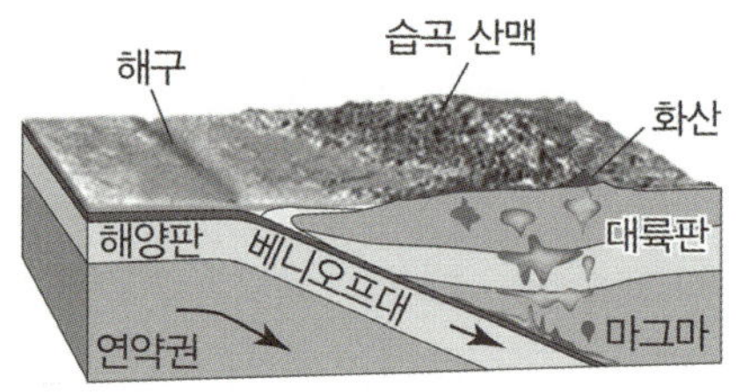

▲ 해양판 – 대륙판 경계

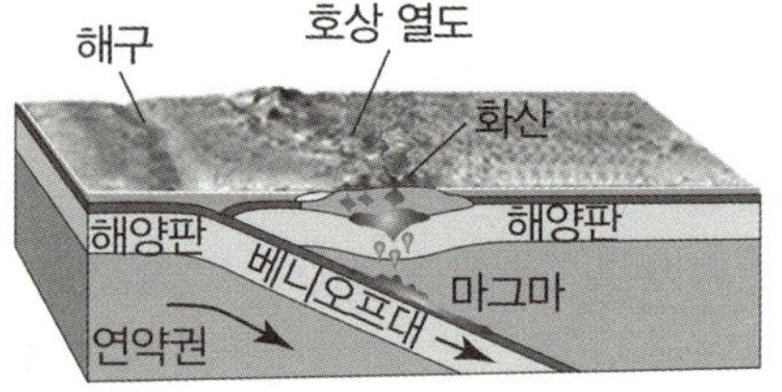

▲ 해양판 – 해양판 경계

보존형 경계란 판과 판이 어긋나면서 생성되는 경계이며 판의 생성이나 소멸이 발생하지 않는다.
일반적으로 보존형 경계는 해령과 해령 사이에서 자주 나타난다.

- 대륙판 – 대륙판, 해양판 – 해양판 보존형 경계
- 판과 판이 서로 스쳐 지나가며 **변환 단층**이 만들어진다.
- 두 판이 스쳐 지나가며 발생하는 마찰로 인해 **천발 지진**이 발생한다.
  그러나 **화산 활동은 일어나지 않는다**.

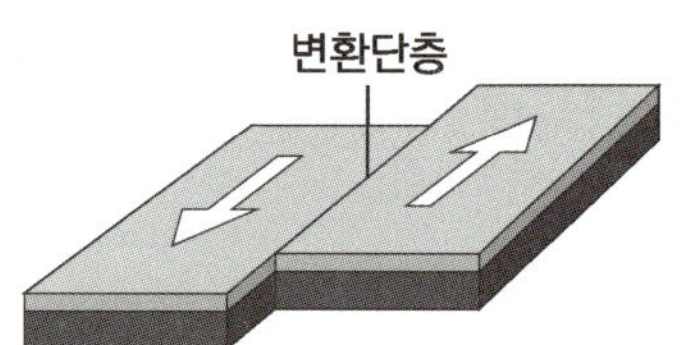

4. 판 경계 총정리

판의 경계	경계부의 판	발달하는 지형	활발한 지각 변동	특징
발산형 경계	해양판 – 해양판	해령, 열곡	화산 활동, 천발 지진	지각 및 판의 생성
	대륙판 – 대륙판	열곡대		
수렴형 경계	대륙판 – 대륙판	습곡 산맥	천발 지진 ~ 중발 지진	판의 충돌
	해양판 – 대륙판	해구, 습곡 산맥, 호상 열도	화산 활동, 천발 지진 ~ 심발 지진	지각 및 판의 소멸
	해양판 – 해양판	해구, 호상 열도		
보존형 경계	해양판 – 해양판 대륙판 – 대륙판	변환 단층	천발 지진	판의 생성 및 소멸 X

5. 지진의 종류

지진의 종류는 깊이에 따라 총 3가지가 존재하며 천발 지진, 중발 지진, 심발 지진이다.

- **천발 지진** : 진원 깊이 0km~70km에서 발생하는 지진.
- **중발 지진** : 진원 깊이 70km~300km에서 발생하는 지진.
  (교과서마다 내용이 다른데 100km에서부터 중발 지진이라고 판단하는 교과서도 존재한다.)
- **심발 지진** : 진원 깊이 300km~ 에서 발생하는 지진.

▌판 경계와 지구 내부의 운동 – 플룸 구조론

판 구조론에 따르면 화산 활동과 지진 활동 등의 지각 변동은 판 경계에서만 설명할 수 있었다. 그러나 **판 내부에도 지각 변동은 발생**하므로 이를 보완할 수 있는 수정된 이론이 필요했다. 그때 등장한 것이 플룸 구조론이다.

플룸이란 맨틀 물질이 대규모로 상승 및 하강하는 에너지의 흐름을 이야기한다. 이는 차가운 플룸과 뜨거운 플룸으로 구분된다. 플룸의 운동은 맨틀의 전 영역에서 일어난다.

① **차가운 플룸** : **수렴형 경계에서 섭입된 판**이 상부 맨틀과 하부 맨틀 경계에 쌓여 있다가 어느 한순간 맨틀과 외핵의 경계로 내려앉으면서 생성된다. 주변 맨틀 물질보다 온도가 낮으므로 차가운 플룸이라 불린다.

② **뜨거운 플룸** : 차가운 플룸이 맨틀과 외핵의 경계 쪽으로 내려앉으면 그 영향으로 인해 다른 부분의 **맨틀과 외핵의 경계**에서 **뜨거운 맨틀 물질이 상승**하면서 만들어진다. 주변 맨틀 물질보다 온도가 높으므로 뜨거운 플룸이라 불린다.

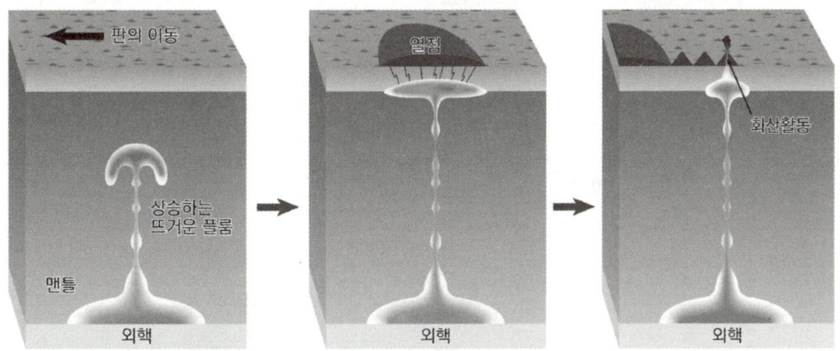

플룸의 존재는 지진파 단층 영상으로 알아낼 수 있다. **지진파의 속도는 주변 맨틀 물질에 비해 온도가 높은 뜨거운 플룸에서 속도가 느려지고 온도가 낮은 차가운 플룸에서는 속도가 빨라진다.**

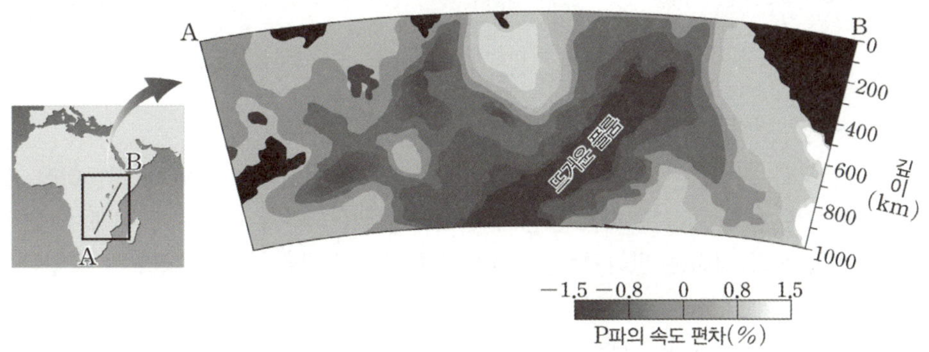

▲ 동아프리카 열곡대에 있는 뜨거운 플룸

(1) 열점

열점이란 **뜨거운 플룸이 상승하여 화산 활동을 일으키기 전 머무르는 마그마 방**을 의미한다. 열점은 지각 아래에 존재하며 맨틀과 외핵의 경계에서부터 상승하며 올라오는 것이므로 맨틀의 대류로 판이 이동하더라도 **열점의 위치는 변하지 않는다.** 고정된 열점에서는 마그마가 분출하여 새로운 화산섬을 만들 수 있다. **열점에서 발생하는 지각 변동이 바로 판 내부에서 일어나는 지각 변동**이다.

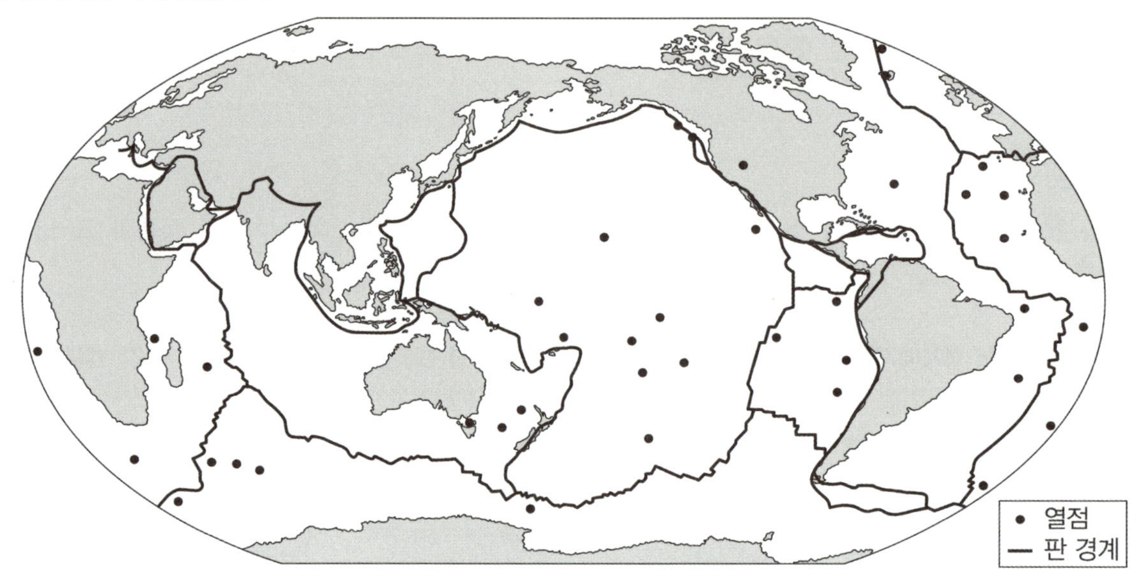

▲ 전 세계에 존재하는 판의 경계와 열점의 분포

(2) 하와이 열도의 생성

하와이는 열점에서의 화산 활동으로 생성된 대표적인 화산섬이다. 태평양판 한가운데 있는 하와이 열도의 생성 과정에 대해서 알아보자.

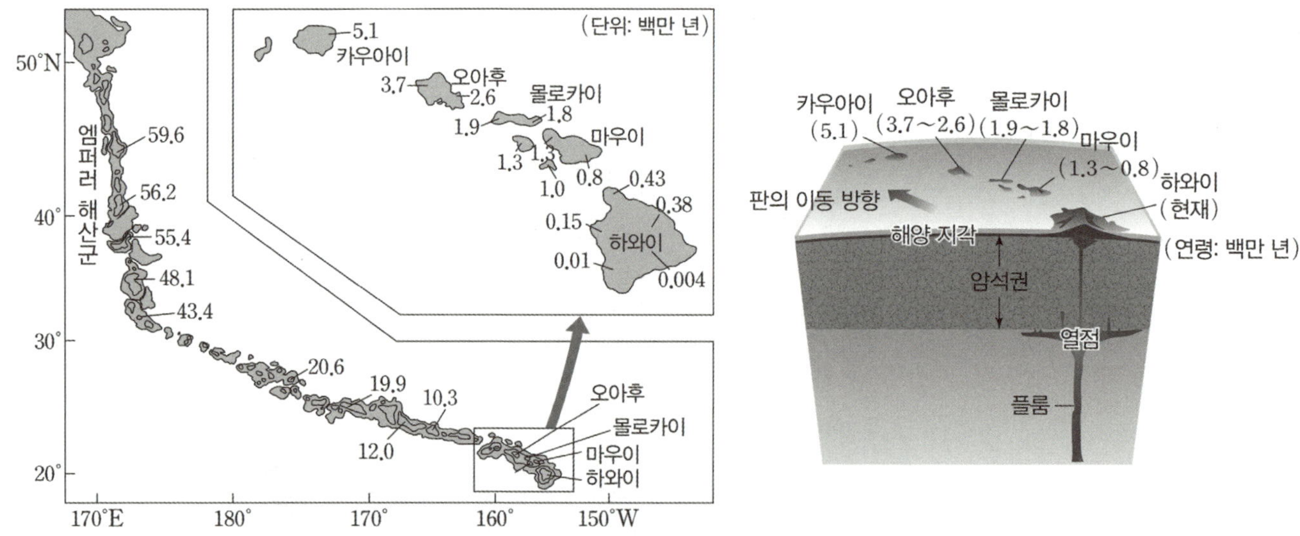

하와이 열도와 엠퍼러 해산군의 화산섬은 모두 현재 **하와이섬 아래에 위치한 열점에서 만들어진 것이다. 하와이섬의 킬라우에아 화산을 제외한 모든 섬의 화산은 화산 활동이 일어나지 않는다.** 그 이유는 열점에서 벗어났기 때문이다. 즉, **열점에서 멀어질수록 화산섬의 나이는 많아지는 것**이다. 엠퍼러 해산군과 하와이 열도의 모양이 다른데 약 43.4백만 년 전 태평양판의 이동 방향이 북북서 방향에서 서북서 방향으로 바뀐 것으로 해석할 수 있다.

현재 태평양판의 이동 방향은 서북서쪽이라 해석할 수 있으며 하와이섬 다음에 생길 섬은 하와이섬의 남동쪽 방향에 생길 것으로 예측할 수 있다.

다음은 $T_1 \rightarrow T_2 \rightarrow T_3$로 시간이 흐를 때 열점에서 형성되는 화산섬의 이동을 나타낸 그림이다.

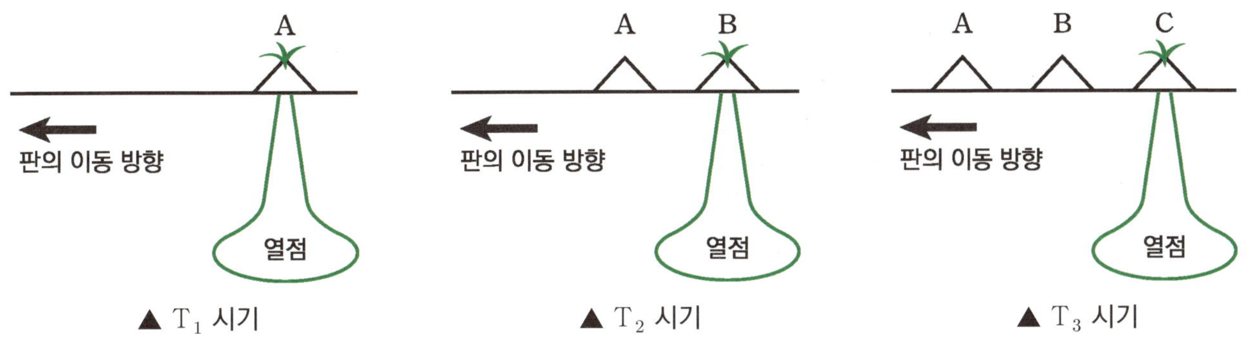

- T_1 시기에 열점에서 화산섬 A가 형성되었다.
- 이후 시간이 흘러 T_2 시기에 본래 A가 있던 자리에 화산섬 B가 형성되었다. A는 판의 이동을 따라 왼쪽으로 이동했지만 열점은 이동하지 않았다.
- T_3 시기에는 B가 있던 자리에 화산섬 C가 형성되었다. 마찬가지로 A와 B는 판의 이동을 따라 왼쪽으로 이동했다.
- 이처럼 **판의 이동 방향대로 화산섬이 배열된다**는 것을 알아두자. 또한, 화산섬의 배열을 통해 판의 이동 방향을 유추할 수 있다.

3. 판 구조론과 플룸 구조론

판 구조론과 플룸 구조론은 서로를 보완해주는 이론이다. 일반적으로 판이 해저산맥에서 생성되어 섭입대에서 소멸하기 전까지는 판 구조론으로 설명하고 그 이후의 단계는 플룸 구조론으로 설명한다.

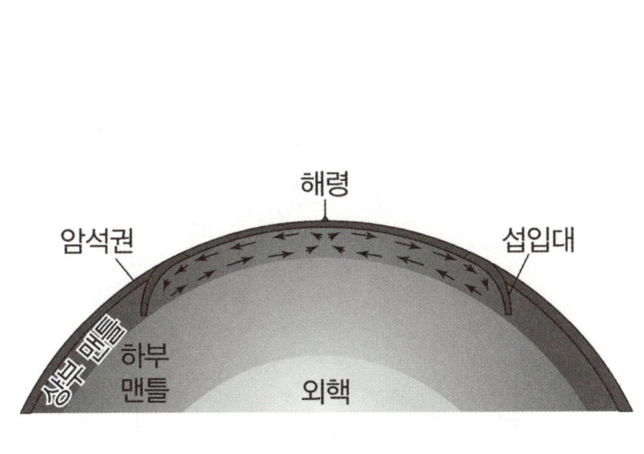

▲ 판구조론의 맨틀 대류

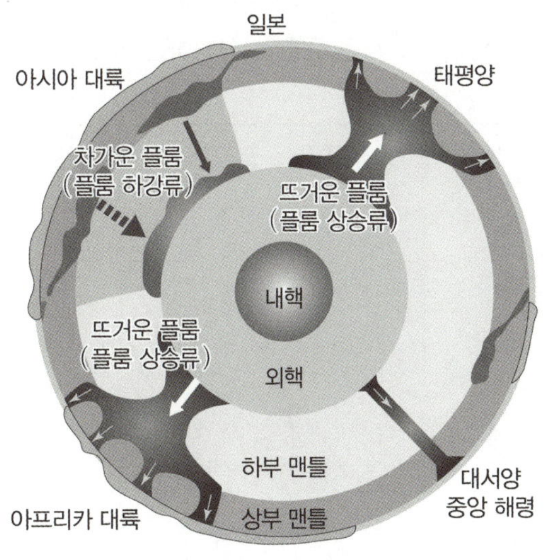

▲ 플룸 구조론

수능에 자주 나오는 판 경계와 열점이다. **반드시 암기하자.**

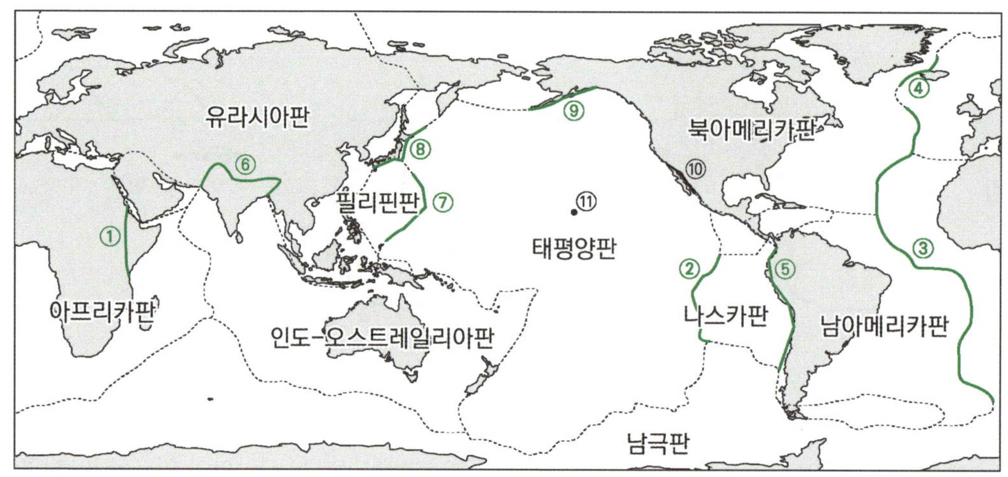

① 동아프리카 열곡대 : 대륙과 대륙이 갈라지는 발산형 경계다. 열점이 존재한다.

② 동태평양 해령 : 해양판과 해양판이 갈라지는 발산형 경계다.

③ 대서양 중앙 해령 : 해양판과 해양판이 갈라지는 발산형 경계다.

④ 아이슬란드 열곡대 : 대륙과 대륙이 갈라지는 발산형 경계다. 열점이 존재한다.

⑤ 안데스산맥, 페루 해구 : 해양판과 대륙판이 부딪히는 수렴형(섭입형) 경계다.

⑥ 히말라야산맥 : 대륙과 대륙이 부딪히는 수렴형(충돌형) 경계다.

⑦ 마리아나 해구 : 해양판과 해양판이 부딪히는 수렴형(섭입형) 경계다.

⑧ 일본 해구 : 해양판과 대륙판이 부딪히는 수렴형(섭입형) 경계다.

⑨ 알류산 열도 : 해양판과 대륙판이 부딪히는 수렴형(섭입형) 경계다.

⑩ 샌 안드레아스 변환 단층 : 판과 판이 서로 스쳐 지나가는 보존형 경계다.

⑪ 하와이 열도 : 뜨거운 플룸이 상승하는 열점이며 판 경계가 아니다.

+ 시야 넓히기 : 동아프리카 열곡대와 아이슬란드 열곡대의 열점

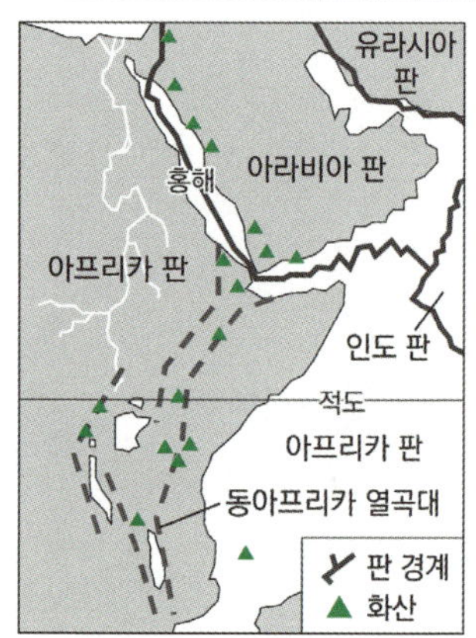

▲ 동아프리카 열곡대

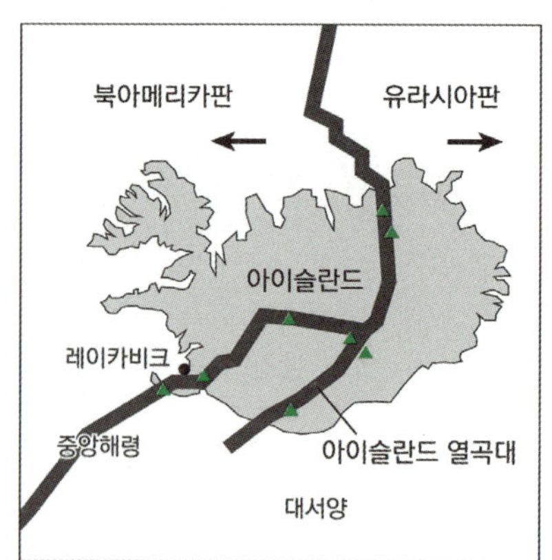

▲ 아이슬란드 열곡대

- 동아프리카 열곡대와 아이슬란드 열곡대는 맨틀 대류의 상승으로 인해 판과 판이 멀어져서 형성되는 **발산형 경계**이다. 두 지역은 **판 경계임과 동시**에 뜨거운 플룸이 상승하여 만들어진 **열점이 존재**한다.

2017학년도 6월 모의평가 지Ⅰ 11번

그림 (가)와 (나)는 판의 경계 부근에서 발생한 지진의 진앙 분포를 나타낸 것이다.

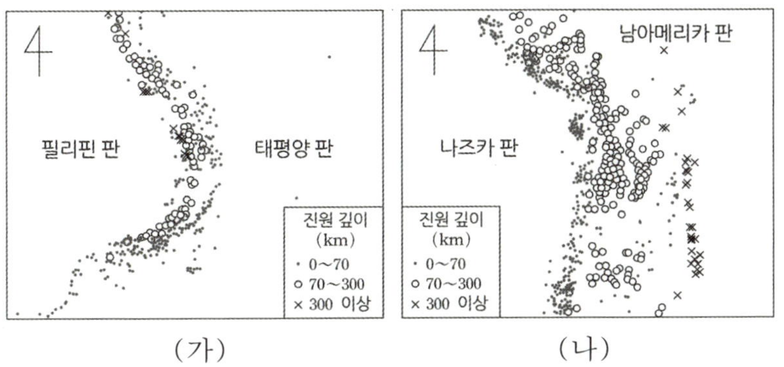

<보 기>

ㄱ. (가)와 (나)에는 모두 해구가 발달한다.

ㄴ. 인접한 두 판의 밀도 차는 (나)가 (가)보다 크다.

ㄷ. (가)에서 진앙의 수는 태평양 판이 필리핀 판보다 많다.

① ㄱ　　　　② ㄷ　　　　③ ㄱ, ㄴ　　　　④ ㄴ, ㄷ　　　　⑤ ㄱ, ㄴ, ㄷ

추가로 물어볼 수 있는 선지

1. 나즈카 판의 밀도가 남아메리카 판의 밀도보다 크다. (O , X)
2. (가)와 (나)에서 인접한 두 판 사이에서는 판이 생성되고 있다. (O , X)
3. 섭입대에서 침강하는 판은 판을 섭입대 쪽으로 잡아당긴다. (O , X)

정답 : 1. (O), 2. (X), 3. (O)

01 2017학년도 6월 모의평가 지Ⅰ 11번

문항의 발문 해석하기

판 경계에서 일어나는 지진의 종류를 떠올려야 한다.

문항의 자료 해석하기

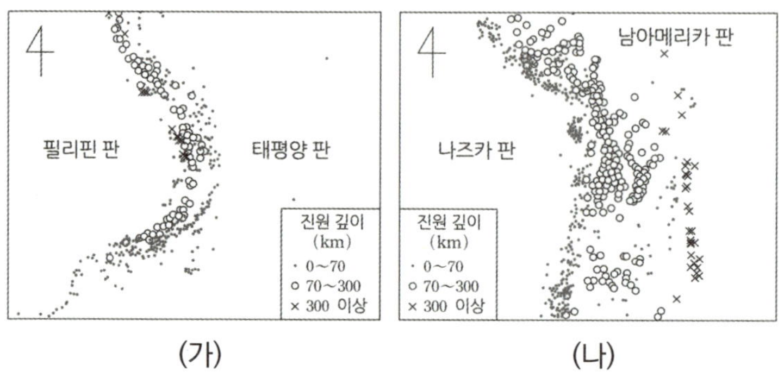

1. (가) 자료와 (나) 자료 모두 300km 이상의 심발 지진이 일어나고 있다. 이는 두 자료 모두 섭입대가 존재함을 의미한다. 따라서 두 판 경계 모두 수렴형 경계임을 알 수 있다.

2. (가) 자료에서 진원의 깊이가 필리핀 판 쪽으로 갈수록 깊어지므로 태평양 판이 필리핀 판 아래로 섭입하고 있음을 알 수 있다.

3. (나) 자료에서 진원의 깊이가 남아메리카 판 쪽으로 갈수록 깊어지므로 나즈카 판이 남아메리카 판 아래로 섭입하고 있음을 알 수 있다.

선지 판단하기

ㄱ 선지 (가)와 (나)에는 모두 해구가 발달한다. (O)

　　(가)와 (나)는 모두 섭입대가 존재하므로 해구가 발달한다.

ㄴ 선지 인접한 두 판의 밀도 차는 (나)가 (가)보다 크다. (O)

　　(가) 자료에서 필리핀 판과 태평양 판은 모두 해양판이므로 밀도 차이가 크지 않다. 그러나 (나) 자료에서 나즈카 판은 해양판, 남아메리카 판은 대륙판이므로 (나)의 밀도 차가 더 크다.

ㄷ 선지 (가)에서 진앙의 수는 태평양 판이 필리핀 판보다 많다. (X)

　　(가)에서 태평양 판이 필리핀 판 아래로 섭입하고 있다. 이때, 진앙이란 진원으로부터 수직선을 그어 지표면과 맞닿는 지점을 의미하므로 진앙은 필리핀 판 부근에서 더 많이 발생한다.

기출문항에서 가져가야 할 부분

1. 심발 지진이 형성된 곳은 반드시 섭입대가 있음을 이해하기

2. 판의 밀도 차이에 의한 섭입대 형성 이해하기

3. 진원과 진앙의 차이점 암기하기

[판 경계]

1 판 경계

① 발산형 경계   2019년 7월 학력평가 8번

그림은 판의 경계와 이동 방향을 나타낸 것이다.

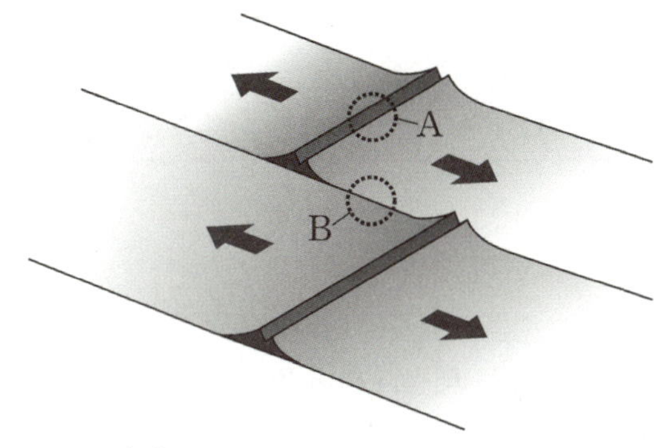

ㄱ. A는 맨틀 대류의 상승부에 위치한다. (O)

- A는 서로 다른 판이 멀어지고 있는 발산형 경계이다. 따라서 A는 맨틀 대류의 상승부에 위치한다.
- **해양판과 해양판의 발산형 경계에는 해령**이 형성되고, **대륙판과 대륙판의 발산형 경계에는 열곡대**가 형성된다.
- 발산형 경계는 맨틀 대류의 상승부에 위치하며 판이 생성된다.

② 보존형 경계   2016년 3월 학력평가 8번

그림은 판의 경계와 이동 방향을 나타낸 것이다.

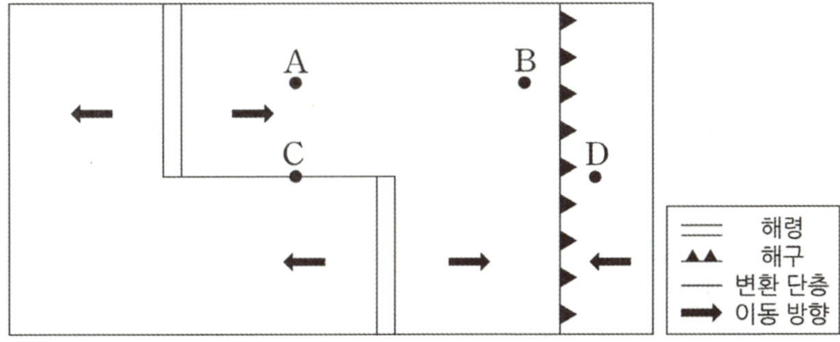

ㄴ. C에서는 화산 활동이 활발하다. (X)

- C의 위아래에 있는 **판은 서로 다른 방향으로 이동**하고 있다. C는 판이 생성되거나 소멸하지 않는 **보존형 경계**이다. 따라서 C는 보존형 경계이므로 **화산 활동이 일어나지 않는다.**
- 보존형 경계는 판과 판이 스쳐 지나가는 경계이므로 해령과 해령 사이 또는 열곡대와 열곡대 사이에 형성된다는 것을 반드시 알아두자.

그림은 우리나라 주변의 주요 판 경계를 나타낸 것이다. A, B, C 지역의 공통점으로 옳은 것만을 있는 대로 고른 것은?

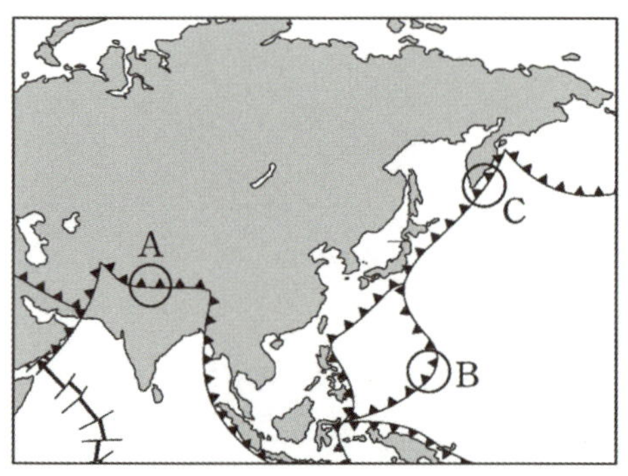

ㄷ. 수렴형 경계이다. (O)

- A, B, C는 모두 수렴형 경계에 위치한다.
- 위 자료의 판 경계에서 나타나 있는 기호는 수렴형 경계를 나타내는 기호라는 것을 알아두자. 또한, A는 인도 대륙과 유라시아 대륙이 충돌하여 형성된 **히말라야산맥**, B는 태평양 판이 필리핀 판 아래로 섭입하여 만들어진 **마리아나 해구**이다.
- A는 대륙판과 대륙판이 충돌한 **충돌형 경계**이므로 천발 지진과 **중발 지진**이 일어나고 **화산 활동은 일어나지 않는다**.
- B는 해양판과 해양판이 충돌한 **섭입형 경계**이므로 천발 지진 ~ **심발 지진**까지 일어나며 **화산 활동이 일어난다**.

2 판 경계에서의 진원의 깊이 분포

그림은 어느 지역의 판의 경계와 진앙 분포를 나타낸 것이다.

ㄷ. 판의 경계 ㉠을 따라 수렴형 경계가 발달한다. (X)

- A는 아프리카 판과 인도-오스트레일리아 판의 경계이다. 판 경계에서는 천발 지진만 일어나고 있다. 따라서 수렴형 경계가 발달하지 않았다. 수렴형 경계는 중발 지진과 심발 지진이 함께 일어나야 한다.
- 판 경계에서 **천발 지진만 일어나면 발산형 경계 또는 보존형 경계**라고 생각하자.

그림은 두 해양판 A, B의 경계와 화산 분포를 최근 20년간 발생한 규모 5.0 이상인 지진의 진앙 분포와 함께 나타낸 것이다.

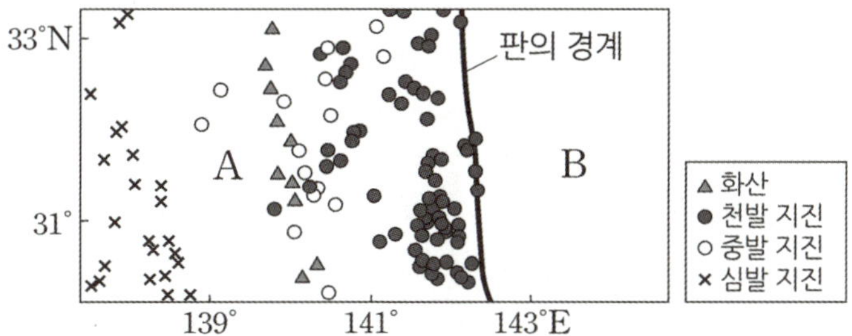

ㄷ. 판의 밀도는 B보다 A가 크다. (X)

- 자료에서 **심발 지진이 일어나고 있으므로 섭입대가 존재**한다. 따라서 **수렴형 경계**이다.
  이때, 심발 지진은 A에서 활발하게 발생하고 있다. 즉, B가 A 아래로 수렴하여 섭입대를 형성하고 있다는 것이다.
  이때, **밀도가 큰 판이 섭입**하므로 밀도는 B가 A보다 크다.
- 위 자료처럼 심발 지진이 일어나면 반드시 섭입대가 존재하며, 섭입대는 수백km 깊이까지 형성되므로 깊은 심발 지진이 발생하는 것이다.
- 위 자료처럼 **어떤 판이 섭입하는 판인지 찾기 위해서는 심발 지진이 어느 쪽에서 일어나고 있는지를 살펴보자.**
  또한, 밀도가 작은 판 쪽으로 섭입대가 형성되는 것을 이해하자.

3 판 경계와 지각의 연령 분포

그림은 해양 지각의 연령 분포를 나타낸 것이다.

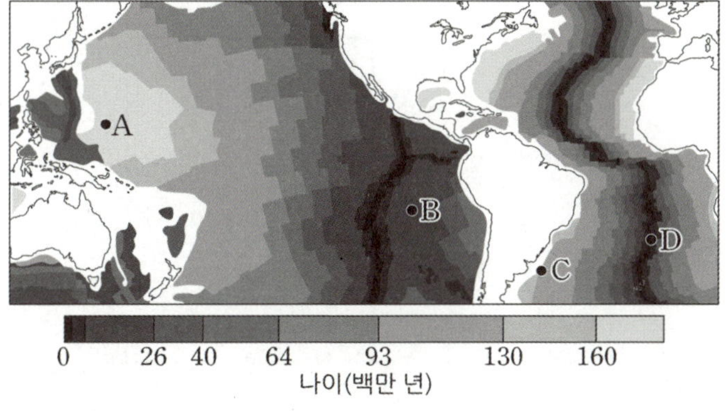

ㄱ. 해저 퇴적물의 두께는 A가 B보다 두껍다. (O)

- **해저 퇴적물의 두께는 지각의 나이와 비례한다.** A가 B보다 나이가 많으므로 퇴적물의 두께는 A가 더 두껍다.
- A와 B 사이에 **나이가 0년인 곳에 해령이 존재**할 것이다. 이 해령은 **동태평양 해령**이며 A와 B는 이곳에서부터 이동해 왔을 것이다. 이처럼 해양 지각의 나이를 보고 판의 이동 방향까지 알 수 있도록 하자.
- A와 B에 해당하는 판은 각각 태평양 판, 나즈카 판인 것을 알아두자.

① 발산형 경계에서의 판의 이동 속도　　　　　　　　　지Ⅱ 2017년 7월 학력평가 5번

그림은 아라비아 반도 주변 지역 판의 경계와 이동 속도를 화살표로 나타낸 것이다.

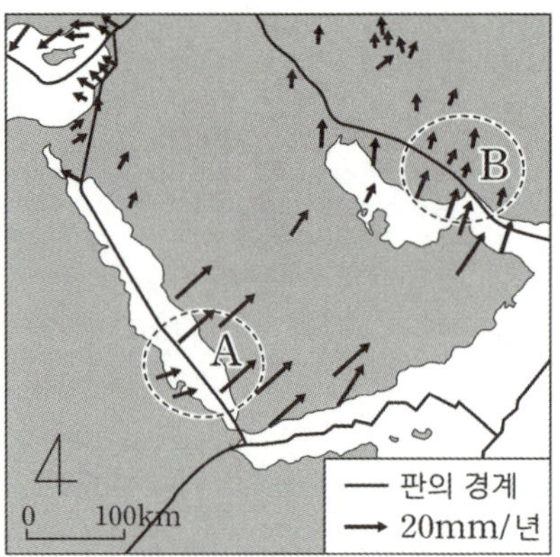

ㄱ. A에는 발산형 경계가 나타난다. (O)

- A에서 두 판은 같은 **방향으로 이동**하고 있다. 이때 **앞에 있는 판이 더 빠르게 이동**하므로 두 판은 벌어진다. 따라서 **발산형 경계**가 나타난다.
- 이처럼 같은 방향으로 이동하고 있는 두 판 경계에서는 누가 더 빠른지 살펴보자.

② 수렴형 경계에서의 판의 이동 속도　　　　　　　　　지Ⅱ 2018년 7월 학력평가 8번

그림은 세 대륙판의 판 경계와 이동 속도를 나타낸 모식도이다.

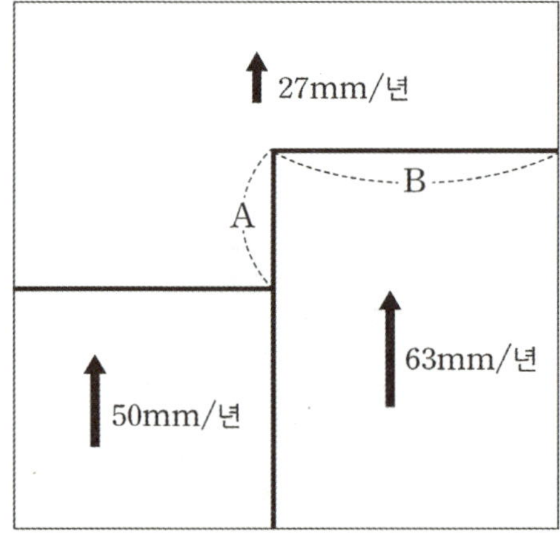

ㄴ. B에서는 화산 활동이 활발하다. (X)

- B 근처의 두 판은 **같은 방향으로 이동**하고 있다. 이때 **뒤에 있는 판이 더 빠르게 이동**하므로 두 판은 부딪힌다. 따라서 **수렴형 경계**가 나타난다.
  그림에 나타난 판은 모두 **대륙판이므로 B에서는 충돌형 경계**가 나타난다. 충돌형 경계에서는 **화산 활동이 발생하지 않는다**.
- 이처럼 각 판 경계의 특징을 떠올리며 문제에 적용할 수 있도록 하자.

① 진원의 깊이를 보고 판 경계를 찾자.　　　　　　　　　　2021년 10월 학력평가 5번

　그림은 어느 판 경계 부근에서 진원의 평균 깊이를 점선으로 나타낸 것이다. A와 B 지점 중 한 곳은 대륙판에, 다른 한 곳은 해양판에 위치한다.

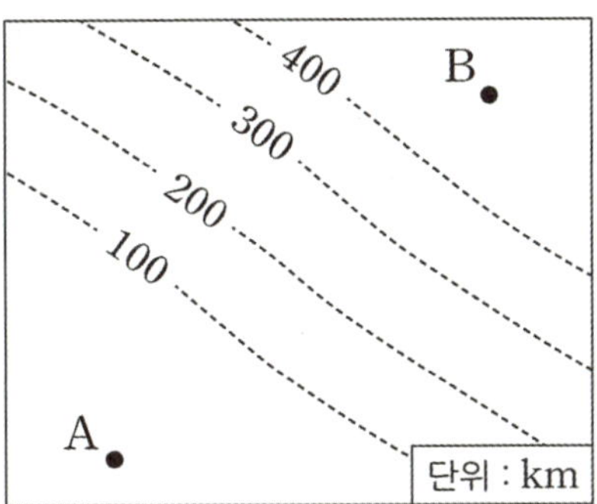

ㄱ. 판의 경계는 A보다 B에 가깝다. (X)

- 진원의 깊이로 보아 **판은 A에서 B 쪽으로 섭입**하고 있다. 따라서 판 경계는 A에 가깝게 위치해 있다.
- 이처럼 진원의 깊이를 보고 어느 방향으로 섭입하고 있는지 찾을 수 있어야 한다.
  또한, '**판 경계**'는 섭입대가 **형성되기 시작하는 곳인** '**해구**'인 것을 알아두자. 해구는 A에 가깝게 위치할 것이다.

① 해령도 이동한다.   지Ⅱ 2020학년도 6월 모의평가 20번

그림은 동서 방향으로 이동하는 두 해양판의 경계와 이동 속도를 나타낸 것이다. 고지자기 줄무늬가 해령을 축으로 대칭일 때, 이에 대한 설명으로 옳은 것만을 있는 대로 고른 것은?

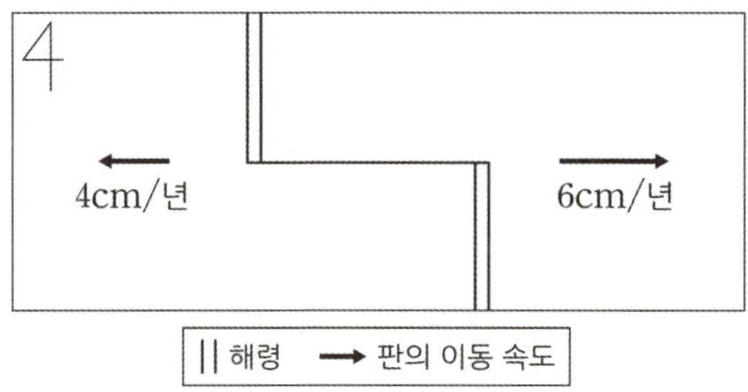

ㄷ. 해령은 1년에 2cm씩 동쪽으로 이동한다. (X)

- 고지자기 줄무늬가 해령을 축으로 대칭이므로 양쪽으로 생성되는 지각의 넓이가 같다. 따라서 **각 판은 양쪽으로 5cm/년씩 이동할 것이다.** 이때, **해령이 동쪽으로 1년에 1cm씩 움직이고 있기 때문에** 판 경계의 이동 속도가 동쪽으로 6cm/년, 서쪽으로 4cm/년의 형태를 보이는 것이다.
- 이처럼 발산형 경계에서 맨틀 대류를 따라 움직이는 판의 이동 이외에도 해령의 이동이 추가될 수 있음을 알아두자.
- **'고지자기 줄무늬가 해령을 축으로 대칭일 때'**라는 조건은 각 판이 **해령을 기준으로 정확히 대칭**이라는 것도 함께 알아두자.

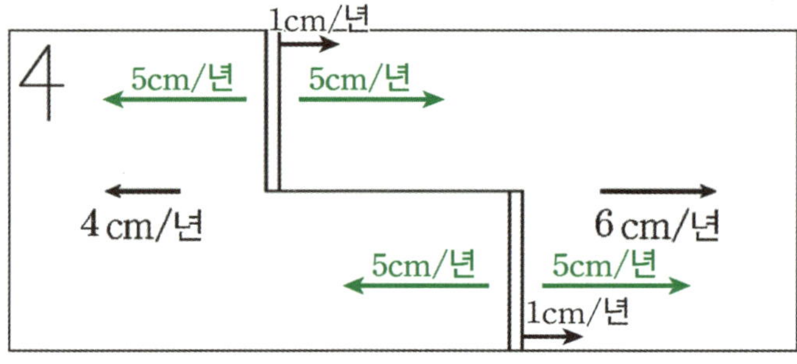

추가로 물어볼 수 있는 선지 해설

1. 나즈카 판은 해양판이고 남아메리카 판은 대륙판이므로 나즈카 판의 밀도가 더 크다.
   ⇒ 자료를 보고도 해석할 수 있어야 하는데, 심발 지진이 남아메리카 판 부근에서 일어나므로 나즈카 판이 남아메리카 판 아래로 섭입하고 있다고 볼 수 있다.
2. (가)와 (나)는 모두 심발 지진이 발생하므로 섭입대가 존재한다. 따라서 수렴형 경계이므로 맨틀 대류의 하강 부근이다. 즉 판의 소멸이 일어나고 있다.
3. 판이 움직이는 원인은 맨틀 대류 외에도 섭입하는 판이 잡아당기는 힘이 존재한다.
   ⇒ 어느 판에 섭입대가 존재한다면 그 판의 이동 속도는 섭입대가 존재하지 않는 판보다 빠르다.

2023학년도 9월 모의평가 지Ⅰ 2번

그림은 상부 맨틀에서만 대류가 일어나는 모형을 나타낸 것이다.

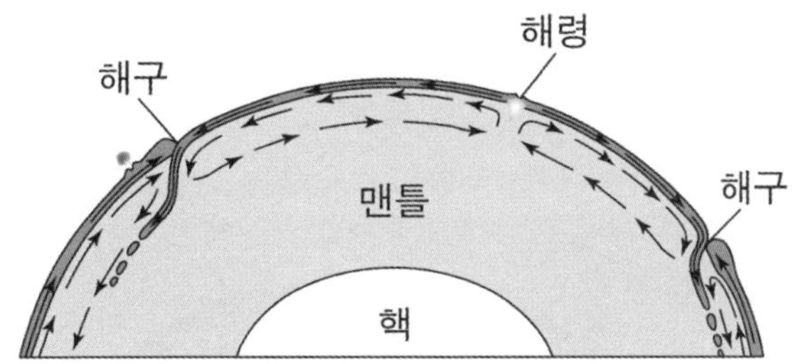

이 모형에 대한 설명으로 옳은 것만을 <보기>에서 있는 대로 고른 것은?

<보   기>

ㄱ. 판을 이동시키는 힘의 원동력을 설명할 수 있다.
ㄴ. 해양 지각의 평균 연령이 대륙 지각의 평균 연령보다 적은 이유를 설명할 수 있다.
ㄷ. 뜨거운 플룸이 핵과 맨틀의 경계 부근에서 생성되어 상승하는 것을 설명할 수 있다.

① ㄱ   ② ㄴ   ③ ㄷ   ④ ㄱ, ㄴ   ⑤ ㄱ, ㄷ

추가로 물어볼 수 있는 선지

1. 맨틀의 대류는 방사성 원소가 붕괴하여 생성된 열과 맨틀 상부와 하부의 온도 차이에 의해 일어난다. (O , X)
2. 해령에서 멀어질수록 해저 퇴적물의 두께는 두꺼워진다. (O , X)
3. 차가운 플룸은 주로 맨틀과 외핵의 경계부에서 형성된다. (O , X)

정답 : 1. (O), 2. (O), 3. (X)

KEY POINT #상부 맨틀, #플룸, #판

문항의 발문 해석하기

상부 맨틀의 운동을 떠올릴 수 있어야 한다. 맨틀의 상승부와 하강부를 보고 판 경계를 파악할 준비를 하자.

문항의 자료 해석하기

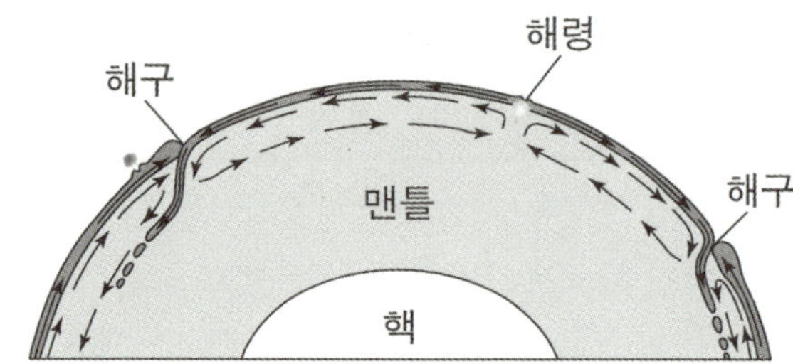

맨틀 상승부에서는 해령이, 맨틀 하강부에서는 해구가 형성되어 있다. 또한, 맨틀 대류 위에 놓인 판이 움직이고 있는 모습이 나타나 있다.

선지 판단하기

ㄱ 선지 판을 이동시키는 힘의 원동력을 설명할 수 있다. (O)

맨틀 대류로 인해 그 위에 놓인 판이 움직이므로 판 이동의 원동력을 설명할 수 있다.

ㄴ 선지 해양 지각의 평균 연령이 대륙 지각의 평균 연령보다 적은 이유를 설명할 수 있다. (O)

해령에서 해양 지각이 형성되고 해구에서 해양 지각은 소멸하므로 해양 지각의 평균 연령은 더 낮은 것이다.

ㄷ 선지 뜨거운 플룸이 핵과 맨틀의 경계 부근에서 생성되어 상승하는 것을 설명할 수 있다. (X)

자료는 상부 맨틀의 운동만을 나타낸 그림이므로 맨틀 전반에 걸쳐 일어나는 플룸의 운동은 설명할 수 없다. 따라서 뜨거운 플룸의 생성 또한 설명할 수 없다.

기출문항에서 가져가야 할 부분

1. 상부 맨틀의 운동은 판 구조론을, 플룸의 형성은 플룸 구조론으로 설명할 수 있음을 암기하기
2. 판이 움직이는 원동력 이해하기
3. 해양 지각의 형성과 소멸 이해하기

기출 문제로 알아보는 유형별 정리

1 플룸의 운동

① 차가운 플룸과 뜨거운 플룸의 모식도　　　　　　　　　　2023학년도 수능 2번

그림은 플룸 구조론을 나타낸 모식도이다. A와 B는 각각 차가운 플룸과 뜨거운 플룸 중 하나이고, ㉠은 화산섬이다.

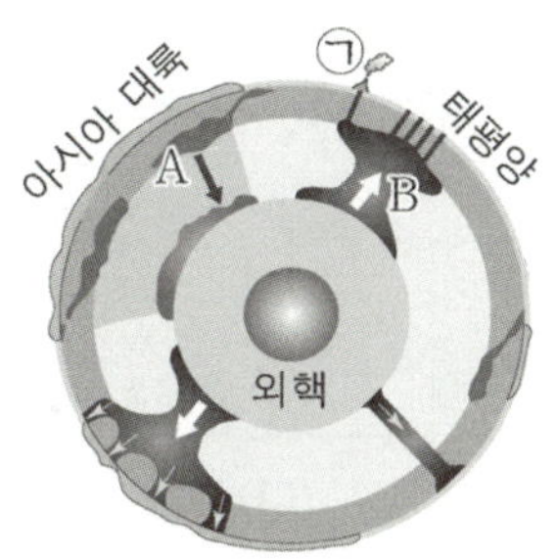

ㄱ. A는 섭입한 해양판에 의해 형성된다. (O)

- A는 지구 내부로 향하고 있는 차가운 플룸이다. **차가운 플룸**은 **수렴형 경계에서 섭입한 해양판**이 하부 맨틀 경계에 쌓여 있다가 한순간에 맨틀과 외핵의 경계로 내려앉으면서 형성된다.
- 차가운 플룸의 형성은 섭입대에서 일어남을 알아두자. 또한, 아시아 대륙 아래에는 거대한 플룸 하강류가 존재하는데 이는 아시아 대륙 주변에 있는 수렴형 경계에 의해 나타난다.
- B에서는 **맨틀과 외핵 경계부에서 상승하는 뜨거운 플룸**의 모습이 나타나 있다. 뜨거운 플룸에 의해 ㉠에는 **열점이 형성**되었다.

2 열점과 판의 이동

① 판의 이동에 의한 열점에서의 화산섬　　　　　　　　2022학년도 6월 모의평가 6번

그림은 화산 활동으로 형성된 하와이와 그 주변 해산들의 분포를 절대 연령과 함께 나타낸 것이다. B 지점에서 판의 이동 방향은 ㉠과 ㉡ 중 하나이다.

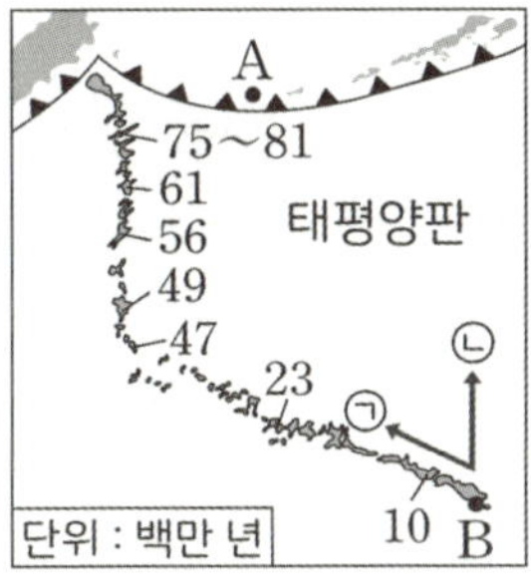

ㄷ. B 지점에서 판의 이동 방향은 ㉠이다. (O)

- 위 자료에서 태평양 판에 형성된 **화산섬은 모두 B 지점의 열점에서 형성**되었다. 열점에서 형성된 화산섬은 판의 이동 방향대로 배열되므로 **현재 판의 이동 방향은 ㉠**이다.
- 이처럼 화산섬의 나이를 보고 어디에 열점이 존재하는지 알 수 있어야 한다. 또한, 나이가 적은 섬에서 나이가 많은 섬 쪽으로 판이 이동함을 알 수 있어야 한다.
- **화산섬의 배열을 보면 4700만 년인 섬에서 방향이 바뀌는데, 8100만 년 ~ 4700만 년 전에는 판의 이동 방향이 ㉡ 방향이었음을 의미**한다.

① 동아프리카 열곡대와 열점   2022학년도 9월 모의평가 8번

그림 (가)와 (나)는 남아메리카와 아프리카 주변에서 발생한 지진의 진앙 분포를 나타낸 것이다.

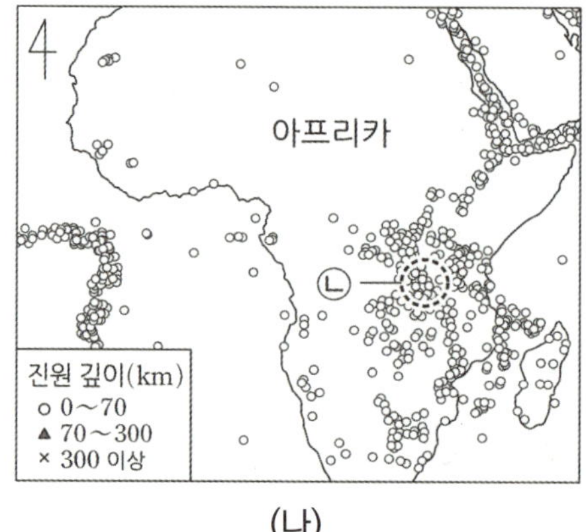

(나)

ㄴ. ⓛ의 하부에는 외핵과 맨틀의 경계부에서 상승하는 플룸이 있다. (O)

- ⓛ은 천발 지진이 발생하고 있는 동아프리카 열곡대 부근이다. 동아프리카 열곡대는 맨틀의 상승부면서 뜨거운 플룸이 상승해 만들어진 열점이 분포해 있다.
- 동아프리카 열곡대의 위치와 **동아프리카 열곡대 하부에는 열점이 존재**한다는 것을 함께 기억하자.

② 아이슬란드 열곡대와 열점   지Ⅱ 2019년 7월 학력평가 6번

그림은 아이슬란드가 형성되는 과정을 나타낸 것이다.

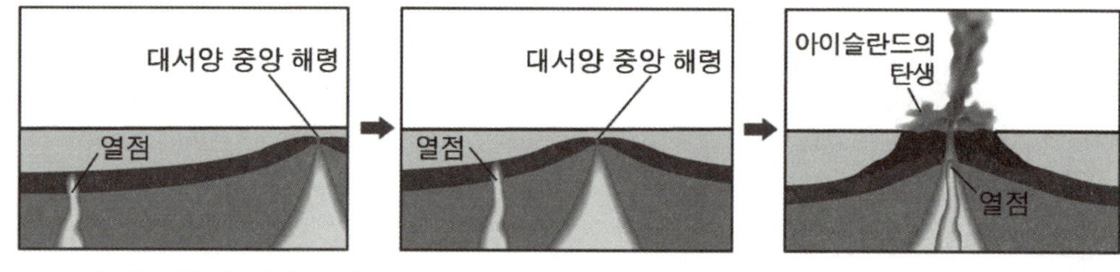

ㄷ. 대서양 중앙 해령 하부와 열점이 합쳐졌다. (O)

- 위 자료에서 알 수 있는 것처럼 대서양 중앙 해령 하부와 열점이 합쳐졌다.
- 위 자료처럼 **아이슬란드 열곡대 하부**에는 동아프리카 열곡대처럼 **열점이 존재**한다. 함께 알아두자.

① 뜨거운 플룸의 지진파 속도 2022년 4월 학력평가 2번

그림 (가)는 어느 열점으로부터 생성된 해산의 배열을 연령과 함께 선으로 나타낸 것이고, (나)는 X-X′ 구간의 지진파 단층 촬영 영상을 나타낸 것이다.

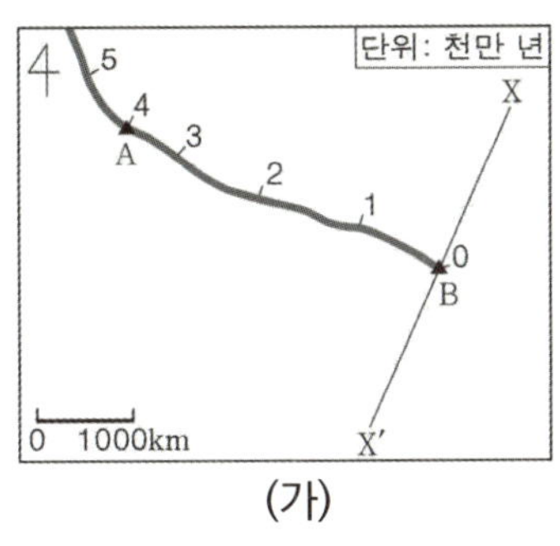
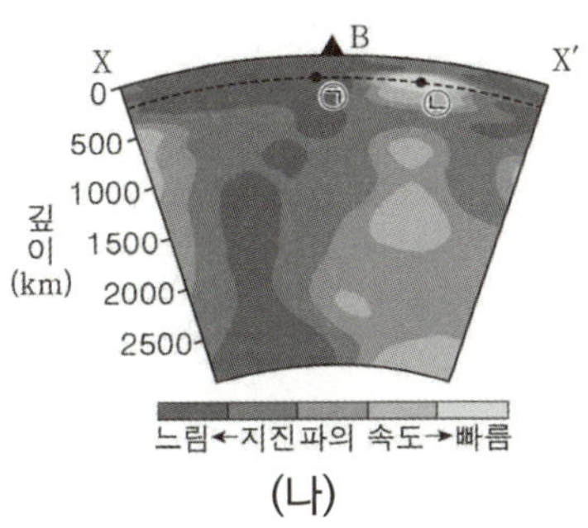

(가)   (나)

ㄷ. 해산 B는 뜨거운 플룸에 의해 생성되었다. (O)

- (나) 자료에서 지진파의 속도가 나타나 있다. **지진파의 속도가 느릴수록 온도가 높아진다.** B 하부는 지진파의 속도가 느리므로 주변보다 온도가 높다는 것을 알 수 있다. 또한 B는 열점에 의해 생성된 해산이 나타나므로 **뜨거운 플룸이 존재한다고 할 수 있다.**
- 이처럼 지진파와 온도 사이의 관계를 알 수 있어야 한다. 또한, (나) 자료를 보고 뜨거운 플룸이 상승하고 있다는 것을 직관적으로 파악할 수 있도록 하자.

② 차가운 플룸의 지진파 속도 2021학년도 9월 모의평가 9번

그림은 해양판이 섭입하면서 마그마가 생성되는 어느 해구 지역의 지진파 단층 촬영 영상을 나타낸 것이다.

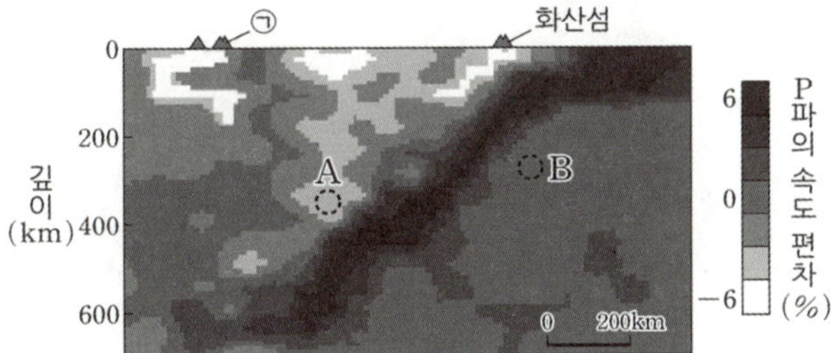

ㄷ. B 지점은 맨틀 대류의 하강부이다. (O)

- 위 자료에서 지진파의 속도가 빠른 곳이 길게 형성되어 있다. 이는 섭입대의 형태와 유사하며, **지진파의 속도가 빠르다는 것은 주변보다 온도가 낮다는 의미이므로 섭입대가 나타나 있음을 알아야 한다.**
  따라서 B 지점은 해양 지각이 섭입되어 나타나는 부분이므로 맨틀 대류의 하강부라고 할 수 있다.
- 섭입대에서의 지진파 단층 촬영 영상은 위 자료와 같이 나타난다는 것을 알아두자.

① 열점과 호상 열도의 구분   2023년 3월 학력평가 15번

그림은 판 경계가 존재하는 어느 지역의 화산섬과 활화산의 분포를 나타낸 것이다. 이 지역에는 하나의 열점이 분포한다.

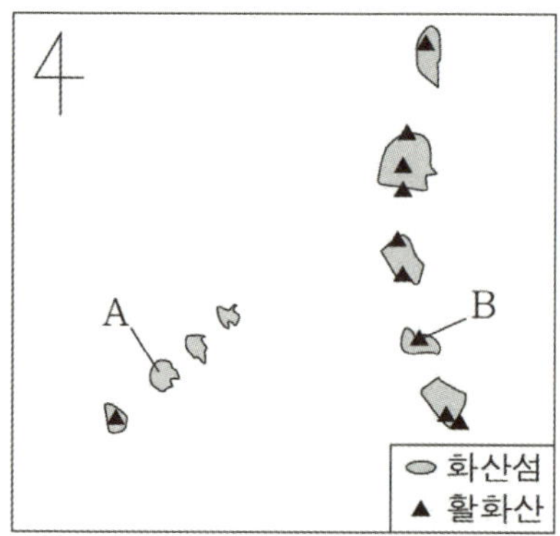

ㄱ. 이 지역에는 해구가 존재한다. (O)

- A는 화산섬이 여러 개지만 활화산은 하나이다. 따라서 해당 활화산에는 열점이 존재한다고 할 수 있다.

  B는 화산섬마다 활화산이 존재한다. 또한, **화산섬들의 형태가 넓은 호 모양으로 구성**되어있다. 따라서 B는 호상 열도라는 것을 알 수 있다.

  호상 열도가 존재하므로 이 지역에는 해구가 존재한다는 것을 알 수 있다.

- 위 자료처럼 호상 열도는 열점과는 다르게 넓은 호 모양의 화산섬 전체에 활화산이 퍼져있는 형태라는 것을 암기하자.

추가로 물어볼 수 있는 선지 해설

1. 맨틀의 대류는 방사성 원소의 붕괴열과 맨틀 상부와 하부의 온도 차이로 인해 형성된다.
2. 해령에서 멀어질수록 나이가 증가하기 때문에 해저 퇴적물이 쌓일 시간이 늘어나 퇴적물의 두께는 두꺼워질 것이다.
3. 차가운 플룸은 맨틀 대류의 하강부인 섭입대에서 하강하는 물질이 쌓여 있다가 형성된다.

memo

마그마의 생성과 성질 – 변동대에서의 마그마 생성

1. 마그마의 종류

우리는 앞서 판 경계와 열점에서 지각이나 맨틀 물질이 부분 용융되어서 마그마가 생성된다는 것을 알았다. 생성되는 마그마는 **주변의 차가운 암석에 의해서 식어가며 단단한 고체가 된다**. 이때 **마그마가 식어서 만들어지는 암석을 화성암이라 한다**. 마그마는 구성 광물의 화학 조성(SiO_2 함량)에 따라 현무암질 마그마, 안산암질 마그마, 유문암질 마그마로 세분화할 수 있다. 다음을 통해 마그마의 성질에 대해서 알아보자.

종류	현무암질 마그마	안산암질 마그마	유문암질 마그마
SiO_2 함량	52% 이하	52% ~ 63%	63% 이상
온도	높다	←——————→	낮다
점성	작다	←——————→	높다
분출 반응	조용히 분출	←——————→	격렬하게 분출
화산체의 경사	완만하다	←——————→	급하다

2. 마그마의 생성 조건

지구 표면에서 내부로 갈수록 온도는 계속해서 높아진다. 그러나 깊이가 깊어지는 만큼 **지구 내부의 압력 또한 함께 증가**하기 때문에 압력의 영향을 받는 암석의 용융점(녹는점) 또한 함께 상승한다. 따라서 일반적인 조건의 지구 내부에서는 마그마가 생성될 수 없다. 하지만 지구 내부에서 **특정한 조건**을 만족한다면 **내부의 온도가 녹는점보다 높아지므로 암석이 녹아 마그마가 생성될 수 있다**. 다음 조건을 보며 마그마가 생성되는 원리를 알아보자.

① **온도 증가** : A → A′와 같이 깊이는 그대로이면서 **온도만 상승할 때**는 대륙 지각의 물질이 용융되어 마그마가 생성된다.

② **압력 감소** : B → B′와 같이 **맨틀 물질이 상승할 때**는 온도는 그대로이면서 압력은 감소하므로 용융점이 낮아져 마그마가 생성된다.

③ **물의 첨가** : C → C′는 **맨틀 물질에 물이 첨가되는 경우**로, 물이 포함되지 않은 맨틀에서 물이 포함된 맨틀의 용융 곡선이 되면 맨틀의 용융점이 낮아져 마그마가 생성될 수 있다.

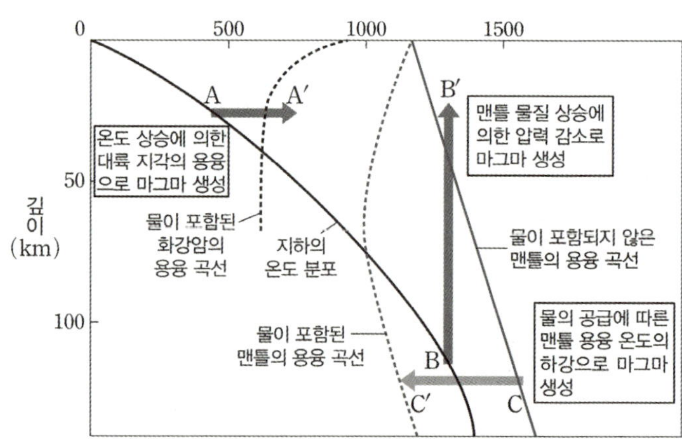

지하의 온도 분포와 암석의 용융 곡선

앞서 배운 판의 경계와 열점 등에서 마그마가 생성되는 원리에 대해서 알아보자.

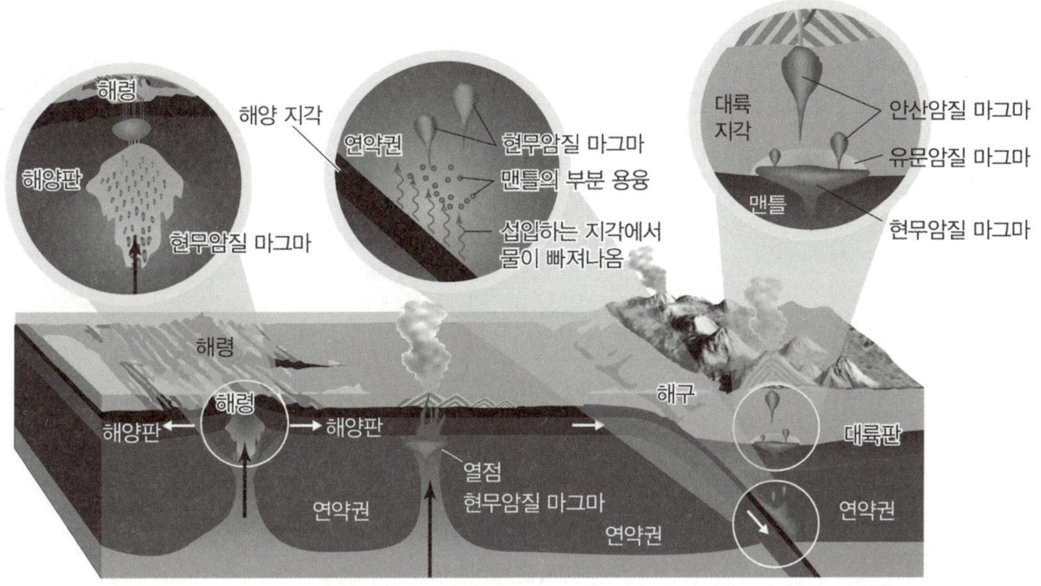

마그마의 생성 장소

(1) 해령에서 마그마가 생성되는 과정

해령은 맨틀 대류가 상승하는 부분이다. 맨틀 물질 또한 함께 상승하며 깊이가 감소하므로 암석의 압력이 감소한다.
따라서 압력 감소로 인해 암석의 용융점이 낮아져 해령의 하부에서는 주로 현무암질 마그마가 생성되며 해령에서는 현무암질 마그마가 분출된다.

(2) 열점에서 마그마가 생성되는 과정

열점은 뜨거운 플룸이 상승하는 부분이다. 맨틀 물질 또한 함께 상승하며 깊이가 감소하므로 암석의 압력이 감소한다.
따라서 압력 감소로 인해 암석의 용융점이 낮아져 열점의 하부에서는 주로 현무암질 마그마가 생성되며 열점에서는 현무암질 마그마가 분출된다.

(3) 섭입대에서 마그마가 생성되는 과정

섭입대에서는 여러 가지 과정에 의해서 마그마가 생성된다. 우선 해양판이 섭입하여 온도와 압력이 증가하면 함수 광물에 포함된 물이 주변으로 빠져나온다. 물이 주변 연약권의 용융점을 낮춰 현무암질 마그마가 생성된다. 현무암질 마그마의 영향으로 대륙 지각의 하부가 달궈져 온도 상승으로 인해 유문암질 마그마가 생성된다.
마그마가 분출할 때는 현무암질 마그마와 유문암질 마그마의 영향으로 혼합된 안산암질 마그마가 분출한다.

▌마그마의 생성과 성질 – 화성암의 분류와 지형

1. 화성암의 분류

화성암은 화학 조성과 조직에 따라서 구분할 수 있다.

(1) 화학 조성(SiO_2 함량)에 따른 화성암의 분류

종류	SiO_2함량	특징
염기성암	52% 이하	• **현무암질 마그마**가 식어 만들어진 암석이다. • 유색 광물의 함량이 많아 어두운 색을 띤다. • 철, 마그네슘 등 금속 광물을 많이 포함하여 고철질암이라고 한다.
중성암	52% ~ 63%	• **안산암질 마그마**가 식어 만들어진 암석이다.
산성암	63% 이상	• **유문암질 마그마**가 굳어 만들어진 암석이다. • 무색 광물의 함량이 많아 밝은 색을 띤다.

(2) 조직에 따른 화성암의 분류

① **화산암** : 마그마가 지표로 분출하여 **빨리 냉각되어** 조직의 크기가 작은 **세립질**인 암석

② **심성암** : 마그마가 지하 깊은 곳에서 **천천히 냉각되어** 조직의 크기가 큰 **조립질**인 암석

▲ 세립질 암석

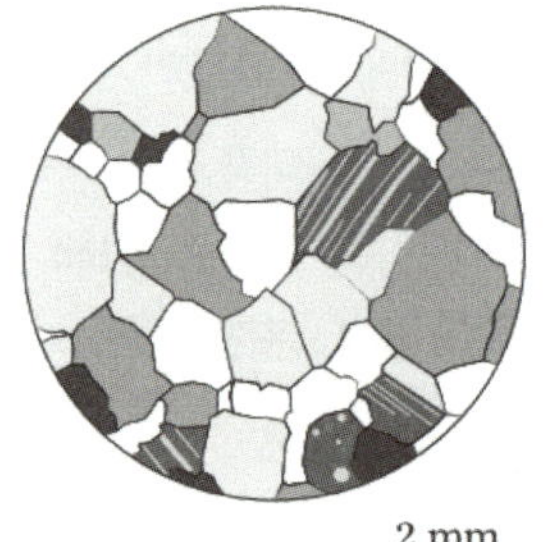

▲ 조립질 암석

SiO₂ 함량		←	52%	63%	→

분류		염기성암 (고철질암)	중성암		산성암
		어두운 색	(색) ↔		밝은 색
		높다 (금속 광물이 많기 때문)	(밀도) ↔		낮다.
화산암	세립질	현무암	안산암		유문암
심성암	조립질	반려암	섬록암		화강암

한반도의 화성암은 주로 중생대에 형성된 화강암이 분포하고 있으며 신생대에 형성된 현무암으로 이루어진 지형 또한 존재한다. 다음을 통해 알아보자.

(1) 화산암 지형

백두산, 제주도, 울릉도, 독도, 한탄강 등이 한반도의 현무암 지형이다. 제주도, 울릉도, 독도는 화산섬이다.

(2) 심성암 지형

한반도 화성암 지형의 대부분은 심성암 지형이며, 북한산과 설악산은 대표적인 심성암 지형이다.

+ 시야 넓히기 : 한반도의 주요 화성암 지형

- 화산암 지형 : 대부분 신생대의 현무암질 마그마로 이루어졌으며 현무암 지형이 대부분이다.
- 심성암 지형 : 우리나라의 심성암 지형은 중생대의 유문암질 마그마가 지층에 관입하여 형성된 화강암으로 이루어졌다.

▲ 제주도의 현무암

▲ 북한산의 화강암

2023학년도 6월 모의평가 지 I 13번

그림은 (가)는 깊이에 따른 지하 온도 분포와 암석의 용융 곡선 ㉠, ㉡, ㉢을, (나)는 마그마가 생성되는 지역 A, B를 나타낸 것이다.

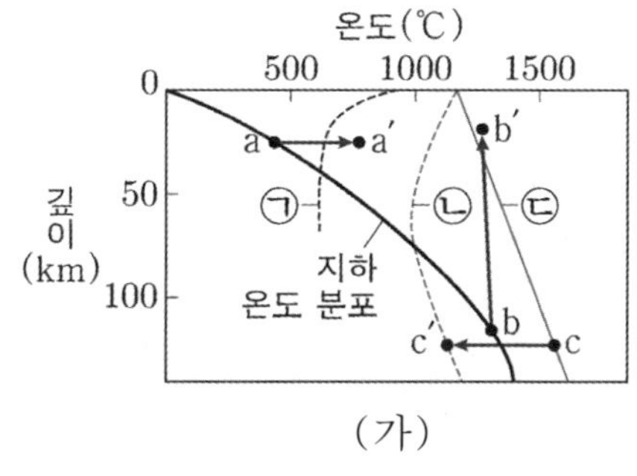

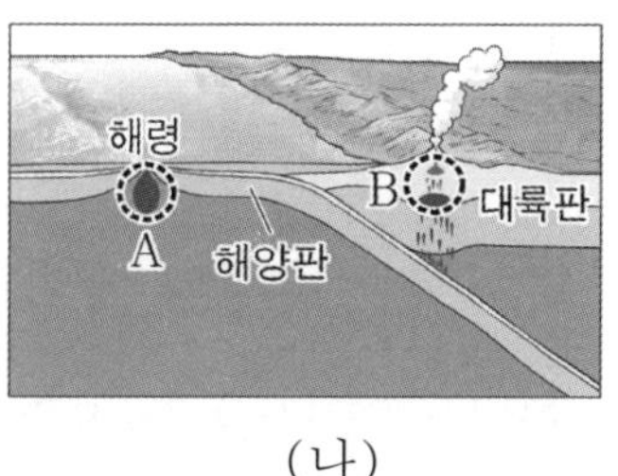

이에 대한 설명으로 옳은 것만을 <보기>에서 있는 대로 고른 것은?

─── <보 기> ───

ㄱ. 물이 포함되지 않은 암석의 용융 곡선은 ㉢이다.

ㄴ. B에서는 섬록암이 형성될 수 있다.

ㄷ. A에서는 주로 b → b′과정에 의해 마그마가 생성된다.

① ㄱ   ② ㄴ   ③ ㄷ   ④ ㄱ, ㄴ   ⑤ ㄱ, ㄴ, ㄷ

추가로 물어볼 수 있는 선지

1. 섭입대에서 c → c′ 과정에 의해 마그마가 생성된다. (O , X)

2. 화강암이 현무암보다 생성될 때의 용융 온도가 높다. (O , X)

3. 해령에서 생성된 암석은 주로 세립질이다. (O , X)

정답 : 1. (O), 2. (X), 3. (O)

KEY POINT #용융 곡선, #섬록암, #압력 감소

문항의 발문 해석하기

지하의 온도 분포 및 암석의 용융 곡선 그래프와 마그마의 생성 조건에 따른 형성 장소를 기억할 수 있어야 한다.

문항의 자료 해석하기

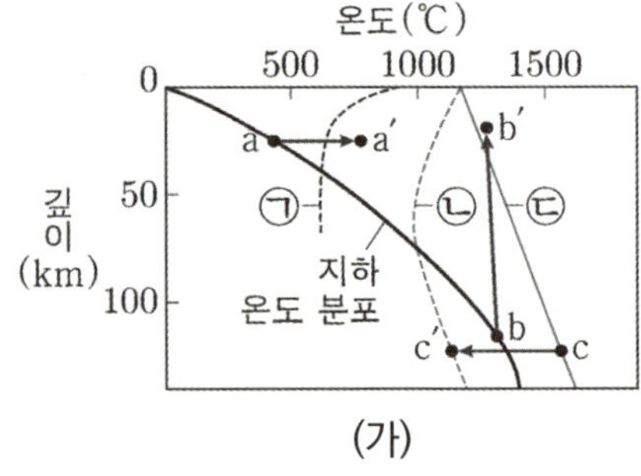

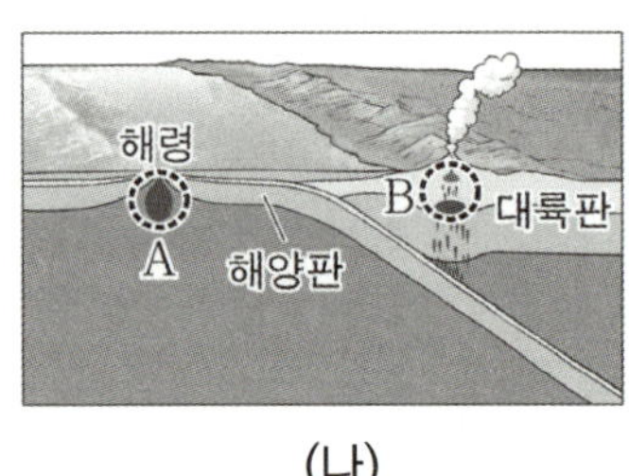

1. (가) 자료는 암석의 용융 곡선 그래프를 나타내고 있다. 깊이가 깊어질수록 온도는 증가하고 있다.
   a → a′은 온도 상승에 의한 마그마 형성, b → b′은 압력 감소에 의한 마그마 형성, c → c′은 물의 첨가에 의한 마그마 형성이다. ㉠은 물이 포함된 화강암의 용융 곡선, ㉡은 물이 첨가된 맨틀의 용융 곡선, ㉢은 물이 첨가되지 않은 맨틀의 용융 곡선이다.

2. (나) 자료에서 해양판이 대륙판 아래로 섭입하는 모습이 나타나 있다. A는 해령이므로 압력 감소에 의한 현무암질 마그마가, B는 섭입대에서 형성된 마그마가 나타나 있다.

TIP.

(가)와 같이 지하의 온도와 암석의 용융 곡선 그래프는 미리 암기해두는 편이 좋다. 각각에 해당하는 용어를 암기할 수 있도록 하자.

선지 판단하기

ㄱ 선지 물이 포함되지 않은 암석의 용융 곡선은 ㉢이다. (O)

    ㉢은 물이 포함되지 않은 맨틀의 용융 곡선이다. 그래프에 나와 있는 물리량을 암기할 수 있도록 하자.

ㄴ 선지 B에서는 섬록암이 형성될 수 있다. (O)

    B에서는 섭입대에서 형성된 현무암질 마그마와 유문암질 마그마가 섞여 분출하고 있다. 따라서 두 마그마의 성질이 섞인 안산암질 마그마가 주로 분출하므로 깊은 곳에서 서서히 냉각되면 섬록암이 형성될 수 있다.

ㄷ 선지 A에서는 주로 b → b′과정에 의해 마그마가 생성된다. (O)

    A는 해령이다. 해령에서는 압력 감소로 인해 마그마가 형성되므로 b → b′과정에 마그마가 의해 형성된다.

기출문항에서 가져가야 할 부분

1. 암석의 용융 곡선 그래프 암기하기
2. 판 경계와 열점에서 형성되는 마그마의 생성 과정 이해하기
3. 깊이와 용융점 사이의 관계 파악하기

기출 문제로 알아보는 유형별 정리

[마그마의 생성 과정]

1 마그마의 생성 조건

① 물의 첨가　　　　　　　　　　　　　　　　　　　　　　　2020년 10월 학력평가 6번

그림 (가)는 지하의 온도 분포와 암석의 용융 곡선을, (나)는 어느 판 경계 주변의 단면을 나타낸 것이다.

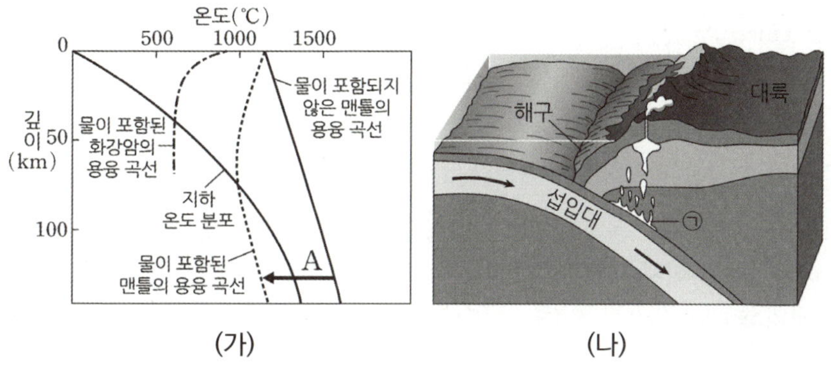

ㄴ. ㉠의 마그마는 (가)의 A와 같은 과정으로 생성된다. (O)

- ㉠ 근처는 해양판이 대륙판 아래로 섭입하여 섭입대가 형성되어 있다. 이때 섭입대에 존재하는 **함수 광물에서 물이 빠져나와 맨틀의 용융점을 낮춘다**. 원래는 지하의 온도가 용융점보다 낮아서 마그마가 녹지 못했지만, 물이 첨가됨으로써 용융점이 낮아져 지하의 온도가 용융점보다 더 높아졌으므로 마그마가 형성된다.

- 이처럼 **섭입대**에서는 물이 포함된 함수 광물에서 물이 빠져나와 맨틀의 용융점을 낮춰 **현무암질 마그마를 형성**한다.

② 온도 상승　　　　　　　　　　　　　　　　　　　　　　2022학년도 9월 모의평가 13번

그림은 대륙과 해양의 지하 온도 분포를 나타낸 것이고, ㉠, ㉡, ㉢은 암석의 용융 곡선이다.

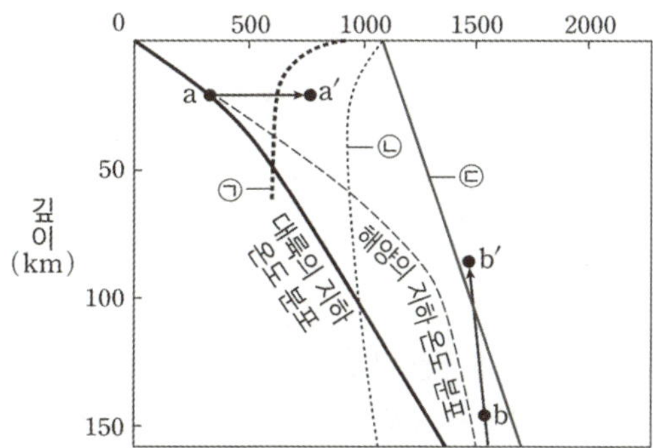

ㄱ. a → a′ 과정으로 생성되는 마그마는 b → b′ 과정으로 생성되는 마그마보다 SiO_2 함량이 많다. (O)

- a → a′ 과정은 깊이는 그대로이고 암석의 온도만 상승한 경우이다. b → b′ 과정은 암석의 온도는 거의 변하지 않고 깊이가 얕아져 압력이 감소한 경우이다.
  온도 상승에 의해서 형성되는 마그마는 SiO_2 **함량이 높은 유문암질 마그마**이고, 깊이가 얕아져 압력 감소에 의해서 형성되는 마그마는 SiO_2 **함량이 낮은 현무암질 마그마**이다.

- 온도 상승에 의한 마그마 형성은 섭입대에서 물의 첨가에 의해 현무암질 마그마가 생성된 후 **주변의 온도가 높아져 유문암질 마그마가 형성**되는 것임을 이해할 수 있어야 한다.

③ 압력 감소

그림 (가)는 마그마가 분출되는 지역 A, B, C를, (나)는 깊이에 따른 지하의 온도 분포와 암석의 용융 곡선을 마그마 생성 과정과 함께 나타낸 것이다.

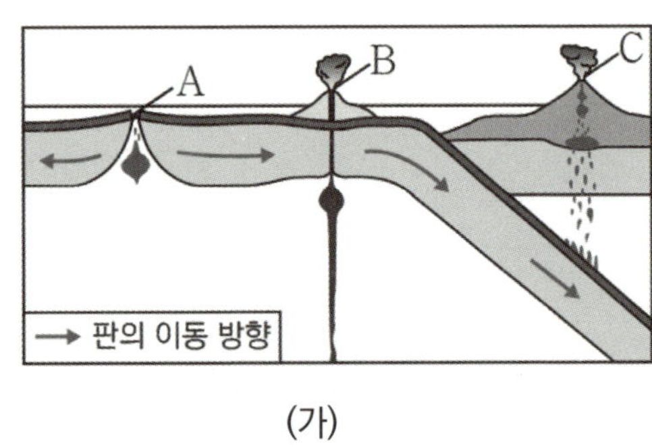

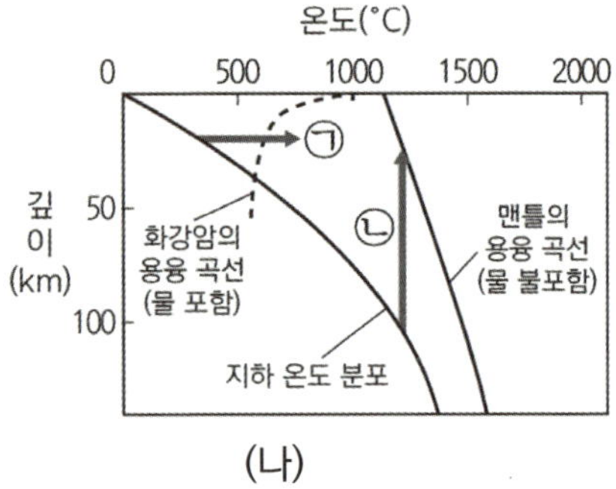

ㄱ. A에서는 ㉠ 과정으로 형성된 마그마가 분출된다. (X)

- A는 두 판이 서로 다른 방향으로 이동하고 있는 발산형 경계의 해령이다. 해령에서는 맨틀 물질의 상승에 의해 **압력이 감소**하여 **암석의 용융점이 낮아져 마그마가 형성**된다. 따라서 ㉡ 과정에 의해 형성된 마그마가 분출한다.

- 이처럼 지하 깊은 곳의 물질이 지표면 근처로 올라오면 압력이 감소하여 맨틀 물질의 용융으로 **현무암질 마그마가 형성**된다. 이 과정으로 마그마가 형성되는 지역은 대표적으로 **해령**과 **열점**이 있다.

2 암석의 용융 곡선 그래프 해석

① 맨틀의 용융 곡선

그림은 깊이에 따른 지하의 온도 분포와 맨틀의 용융 곡선 X, Y를 나타낸 것이다. X, Y는 각각 물이 포함된 맨틀의 용융 곡선과 물이 포함되지 않은 맨틀의 용융 곡선 중 하나이고, ㉠, ㉡은 마그마의 생성 과정이다.

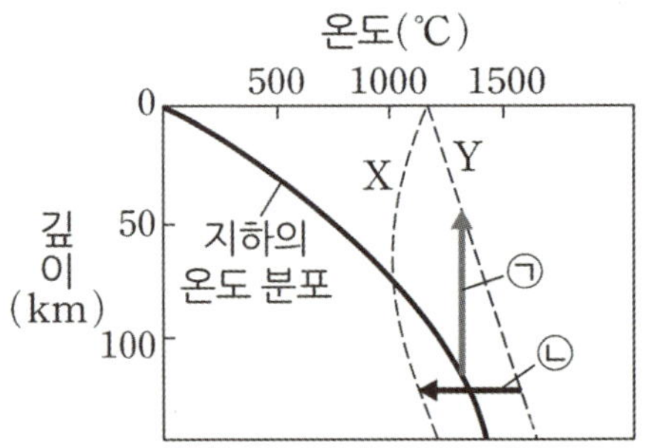

ㄱ. X는 물이 포함된 맨틀의 용융 곡선이다. (O)

- X는 **깊이가 깊어져도 오히려 용융점의 온도가 낮아지고** 있다. 따라서 **물이 포함된 맨틀의 용융 곡선**이다.

- **일반적으로 물이 포함되지 않은 맨틀은 깊이가 깊어짐에 따라 용융점 또한 높아진다.** 따라서 **물이 포함되지 않은 용융 곡선**은 Y에 해당한다. 이처럼 그래프를 보고 물이 용융점에 영향을 미친 그래프인지 아닌지를 판단할 수 있어야 한다.

- 또한, **맨틀 용융에 의해 형성되는 마그마는 현무암질 마그마**라는 것을 알아두자. 맨틀이 녹아 형성되는 지역은 **해령과 열점의 압력 감소**가 일어나는 지역, **섭입대에서 물의 첨가**가 일어나는 지역이 있다.

그림 (가)는 지하 온도 분포와 암석의 용융 곡선 ㉠, ㉡, ㉢을, (나)는 마그마가 분출되는 지역 A와 B를 나타낸 것이다.

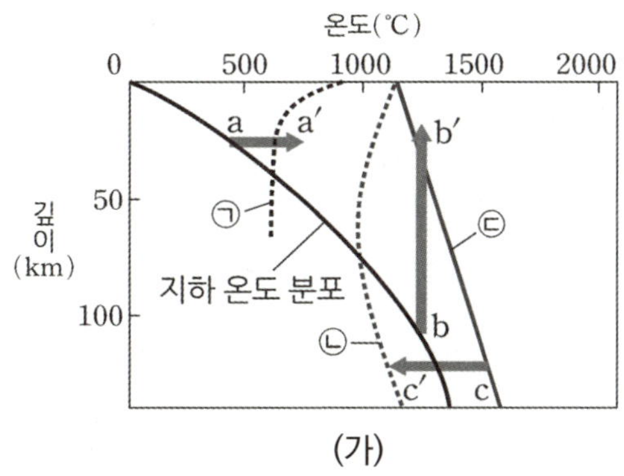

ㄱ. (가)에서 물이 포함된 암석의 용융 곡선은 ㉠과 ㉡이다. (O)

- ㉠과 ㉡은 **깊이가 깊어지면서 오히려 용융점의 온도가 낮아지고 있다.** 따라서 둘 다 **물이 포함된 암석의 용융 곡선**이다.
- ㉠은 물이 포함된 화강암의 용융 곡선이다. 이때, a → a′ 과정에 의해 온도 상승이 일어나면 마그마가 형성될 수 있는데 **다른 과정에 비해 형성될 때의 온도가 낮은 것을 알아두자.**

memo

지Ⅱ 2016학년도 수능 5번

그림은 화성암의 분류 기준에 암석 A, B의 상대적인 위치를 나타낸 것이다.

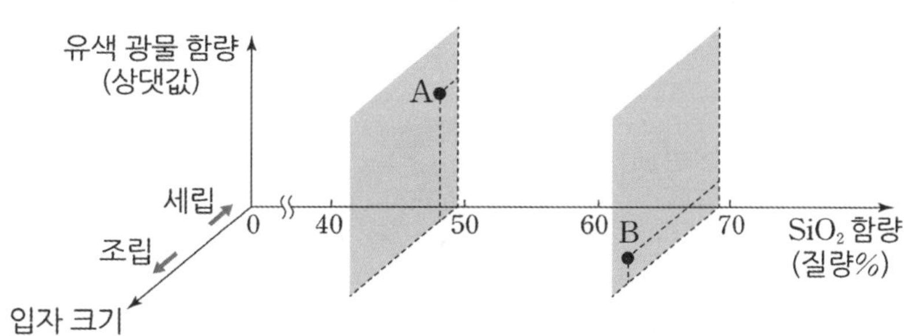

A와 B에 해당하는 화성암으로 가장 적절한 것은?

	A	B			A	B
①	현무암	반려암		②	현무암	화강암
③	화강암	반려암		④	화강암	유문암
⑤	화강암	현무암				

추가로 물어볼 수 있는 선지

1. 현무암보다 화강암의 밀도가 더 크다. (O , X)

2. 산성암이 염기성암보다 마그마 상태였을 때 점성이 크다. (O , X)

3. 현무암이 섬록암보다 입자의 크기가 작다. (O , X)

정답 : 1. (X), 2. (O), 3. (O)

02 지Ⅱ 2016학년도 수능 5번

KEY POINT #화성암, #유색 광물, #SiO_2 함량

문항의 발문 해석하기

SiO_2 함량, 입자의 크기, 암석의 색 등의 화성암 분류 기준을 떠올려야 한다.

문항의 자료 해석하기

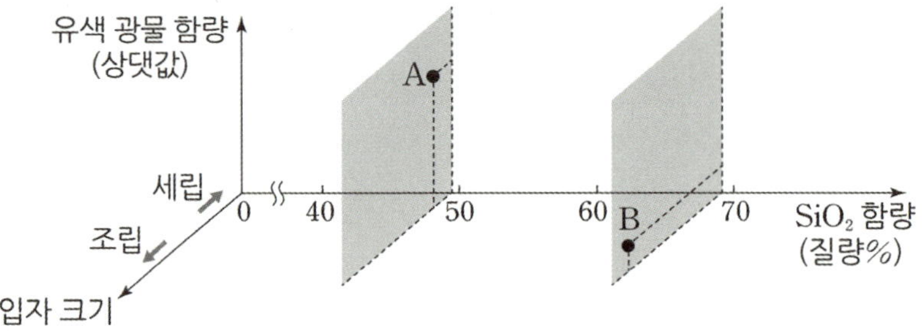

1. A는 SiO_2 함량이 52%보다 낮으며 입자의 크기가 세립질에 가깝다. 따라서 A는 현무암이다.

   B는 SiO_2 함량이 63%보다 높으며 입자의 크기가 조립질에 가깝다. 따라서 B는 화강암이다.

2. 이처럼 화성암을 구분할 수 있는 여러 물리량을 조건으로 제시해준다면 그에 해당하는 화성암을 찾을 수 있어야 한다.

기출문항에서 가져가야 할 부분

1. 화성암과 관련된 물리량을 보고 어떤 종류의 화성암인지 찾기
2. 유색 광물의 함량이 높을수록 색깔이 어두움 암기하기

기출 문제로 알아보는 유형별 정리

[화성암의 구분]

1 화성암의 구분

① 화성암의 색깔을 보고 구분하기   2022학년도 수능 9번

그림 (가)는 깊이에 따른 지하의 온도 분포와 암석의 용융 곡선을 나타낸 것이고, (나)는 반려암과 화강암을 A와 B로 순서 없이 나타낸 것이다. A와 B는 각각 (가)의 ㉠ 과정과 ㉡ 과정으로 생성된 마그마가 굳어진 암석 중 하나이다.

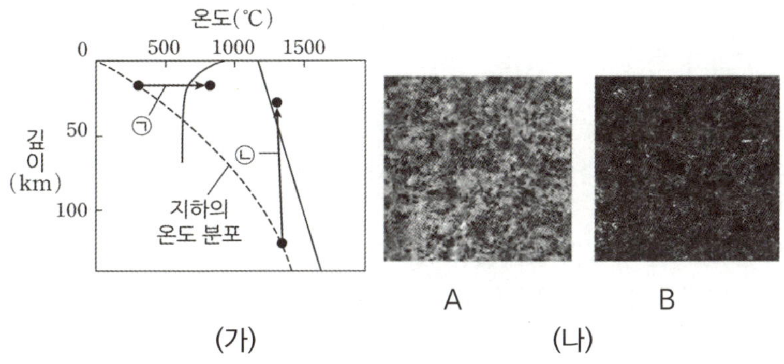

(가)   (나)

ㄷ. SiO_2 함량(%)은 A가 B보다 높다. (O)

- A는 밝은 색이므로 유문암질 마그마가 굳어 만들어진 화강암이고, B는 어두운 색이므로 현무암질 마그마가 굳어 만들어진 반려암이다. 따라서 SiO_2 함량은 A가 더 높다.

- 이처럼 **현무암질 마그마는 유색 광물의 함량이 많아 어두운 색**을 나타내고, **유문암질 마그마는 무색 광물의 함량이 많아 밝은 색**을 나타낸다는 것을 알아두자.

---

② 광물 입자의 크기   2020년 3월 학력평가 4번

그림 (가)는 지하의 온도 분포와 암석의 용융 곡선을, (나)와 (다)는 설악산 울산바위와 제주도 용두암의 모습을 나타낸 것이다.

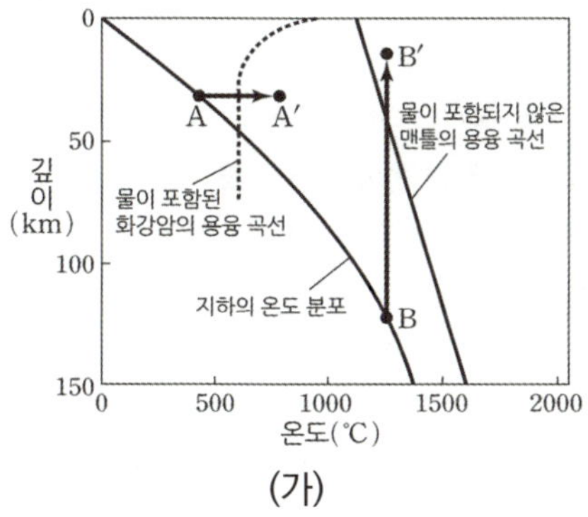

(가)

(나) 설악산 울산바위

(다) 제주도 용두암

ㄷ. 암석을 이루는 광물 입자의 크기는 (나)가 (다)보다 크다. (O)

- (나)의 설악산 울산 바위는 중생대 화강암으로 이루어졌고, (다)의 제주도 용두암은 신생대 현무암으로 이루어졌다. 따라서 광물 입자의 크기는 마그마가 천천히 식어 만들어진 심성암인 화강암이 더 크다.

- 광물 입자의 크기는 화산암, 심성암을 구분해야 한다. **화산암은 지표 근처에서 빠르게 식어 광물 입자의 크기가 작은 세립질 암석**이고, **심성암은 지하 깊은 곳에서 천천히 식어 광물 입자의 크기가 큰 조립질 암석**이다.

③ 암석의 냉각 시간

그림은 화강암과 유문암의 특성에 따른 물리량의 차이를 나타낸 것이다.

ㄴ. 암석의 생성 깊이는 유문암이 화강암보다 깊다. (X)

- 화강암은 심성암의 한 종류이고, 유문암은 화산암의 한 종류이다. 둘 중 마그마의 냉각 시간이 짧은 것은 지표 근처에서 빠르게 식은 유문암이고, 마그마의 냉각 시간이 긴 것은 지하 깊은 곳에서 천천히 식은 화강암이다. 따라서 암석의 생성 깊이는 화강암이 더 깊다.
- **빠르게 식었다는 것은 냉각 시간이 짧았다는 것**을 말한다. **천천히 식었다는 것은 냉각 시간이 길었다는 것**을 말한다. 각각에 해당하는 화성암을 비교할 수 있도록 하자.

④ 조암 광물의 부피비

그림은 화성암의 종류와 이를 구성하는 조암 광물의 부피비를 나타낸 것이다.

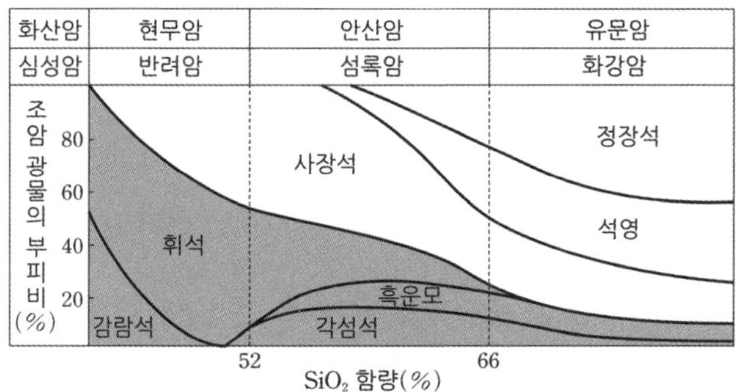

ㄴ. 유색 광물이 차지하는 부피비는 반려암이 화강암보다 크다. (O)

- 유색 광물의 부피비는 SiO_2 함량이 낮은 현무암질 마그마일수록 높다. 따라서 반려암이 화강암보다 유색 광물의 비율이 크다.
- 위 자료의 '조암 광물'이란 암석을 구성하는 주요 광물에 대해서 말하는 것이다. 이때 감람석, 휘석, 흑운모, 각섬석 등은 유색 광물이고, 나머지는 무색 광물이다.
- 조암 광물의 유색, 무색 여부를 파악할 수 있어야 한다. **단, 반드시 암기할 필요는 없다.**

추가로 물어볼 수 있는 선지 해설

1. 현무암은 염기성암, 화강암은 산성암이다. 이때 염기성암은 고철질 광물이 많이 포함되어 있어 고철질암이라고도 부르는데, 고철질 광물이 많아 밀도가 더 높다.
2. 산성암은 유문암질 마그마, 염기성암은 현무암질 마그마가 식어 만들어진 암석이다. 이때 마그마의 점성은 유문암질 마그마가 더 크다.
3. 현무암은 화산암이므로 세립질, 섬록암은 심성암이므로 조립질에 해당한다. 따라서 입자의 크기는 조립질인 섬록암이 더 크다.

memo

▌고지자기와 대륙 분포 – 고지자기

1. 지구 자기장

지구는 거대한 막대자석과 같은 성질을 가진다. 따라서 지구는 막대자석의 형태와 유사하게 자기장이 형성되는데 지구가 가진 고유의 자기장을 지구 자기장이라 한다. **현재 지구 자기장은 남극에서 나와서 북극으로 들어간다.** 나침반과 같이 자성을 띤 물체는 **지구 자기장 방향으로 배열**되며, 나침반의 N극은 자북극을 향한다.

(1) 복각

① **지구 자기장과 수평면이 이루는 각을 복각**이라 한다. 자기장이 **지표면으로 들어가는 지점은 양(+)의 값을, 지표면 밖으로 나오는 지점은 음(−)의 값을** 가진다.

② 복각이 $0°$인 지역을 자기 적도, $+90°$인 지점을 자북극, $-90°$인 지점을 자남극이라고 한다. **정자극기에 북반구의 복각은 양(+)의 값, 남반구의 복각은 음(−)의 값을** 가진다.

③ 저위도에서 고위도로 갈수록 수평면과 이루는 각도가 커져 복각의 크기는 커진다. 이때, '**복각의 크기**'는 측정한 **복각의 절댓값**을 말하는 것이다.

(2) 지자기 북극(자북극)과 지리상 북극

① 지구의 자기장은 모두 지자기 북극을 향하는데 이는 우리가 흔히 알고 있는 지리상 북극과 다른 지점이다.

② **지리상 북극은 지구의 자전축이 북반구 지표면과 맞닿는 지점**을 의미하고 **지자기 북극은 지구 자기장과 수평면이 $+90°$로 맞닿는 지점**을 의미한다.

③ 아래 그림을 보면 알 수 있듯이 자석과 같은 자성 광물은 자북극을 바라보고 있는 것을 확인할 수 있다.

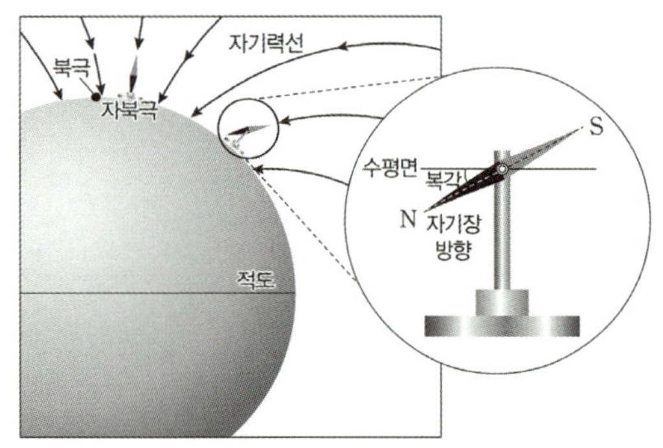

▲ 지구 자기장과 복각

▲ 지자기 북극과 지리상 북극의 위치

> **+ 시야 넓히기** : 복각과 위도 사이의 관계
>
> - 오른쪽 그림은 복각과 위도 사이의 관계이다. **복각의 절댓값과 위도는 비례**하는 것을 확인할 수 있다.
>
> - 그러나 **복각과 위도는 정비례 관계가 아니다.**
>   예를 들어 복각이 $+40°$일 때 위도는 $40°$가 아닌 것을 확인할 수 있다.

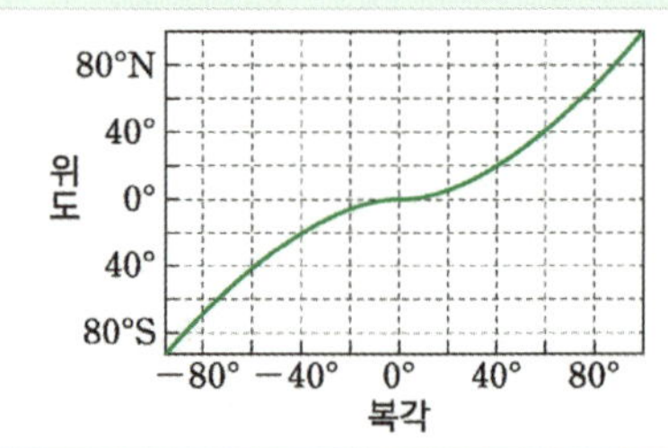

(1) 암석의 형성과 잔류 자기

* 고지자기란 암석에 남아 있는 과거의 지구 자기장을 말하는 것이다. 이때 마그마가 식어 형성된 암석 속 자성 광물은 당시의 지구 자기장 방향으로 자화(자석이 아닌 물체가 자석의 성질을 가지는 것)된다.
* 그 후 지구 자기장의 방향이 변해도 당시의 **자성 광물의 자화 방향은 그대로 보존**되는데, 이를 **잔류 자기**라고 한다.

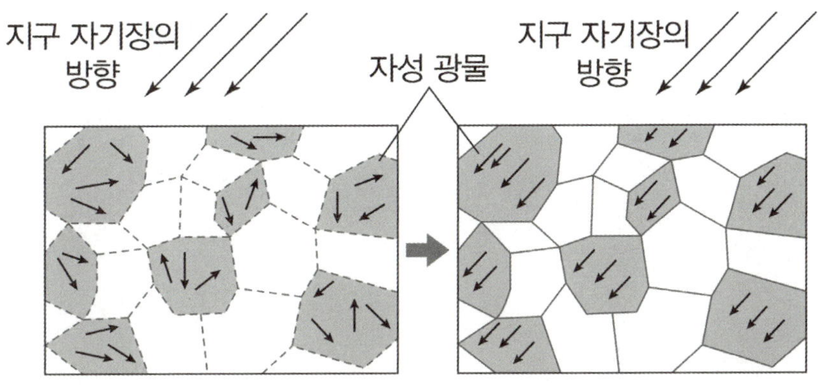

* 위 그림과 같은 암석의 잔류 자기 방향을 보고 암석이 생성될 당시의 지자기 북극 위치를 추정할 수 있다. 지구 자기장 방향이 지자기 북극을 바라보기 때문이다. (정자극기일 때)

(2) 고지자기 복각

* 고지자기 복각은 복각과 잔류 자기의 개념이 합쳐진 것이다.
* 마그마가 식어 암석이 생성된 후 판의 움직임으로 인해 암석의 위도가 **생성 당시와 위도가 달라져도 복각은 변하지 않는다.** 마그마가 식어 암석이 생성된 후 **지구 자기장이 변화하더라도 암석에 남아 있는 잔류 자기의 방향은 변하지 않는다.**

+ 시야 넓히기 : 열점에서 형성된 화산섬의 이동과 위도 및 복각

다음은 $T_1 \rightarrow T_2 \rightarrow T_3$로 시간이 흐를 때 열점에서 형성되는 화산섬의 이동을 나타낸 그림이다. 모든 화산섬은 정자극기에 형성되었다.

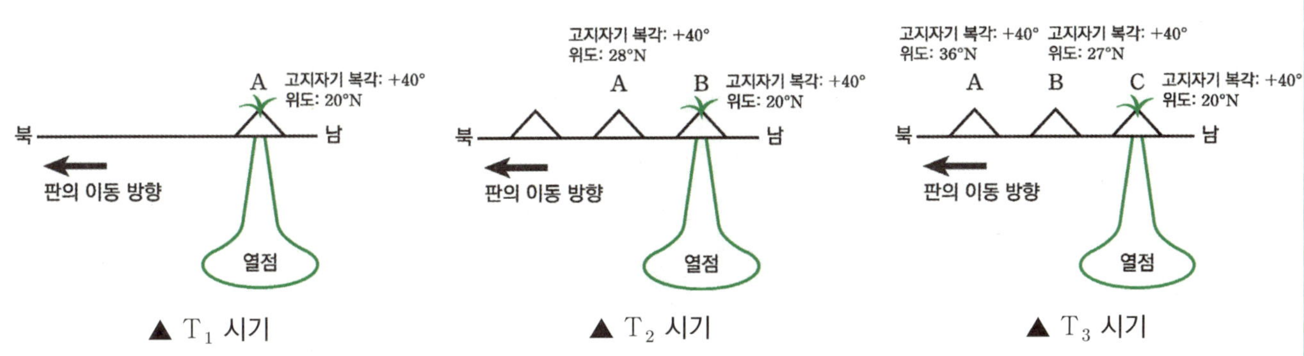

* 열점에서 형성된 화산섬이 판의 이동 방향을 따라 북쪽으로 이동하고 있다. 형성된 화산섬은 **모두 같은 열점에서 형성되었기에 고지자기 복각은 모두 동일하다.**
* 이후 시간이 흘러 **위도는 변해도 복각은 변하지 않는 것을 확인할 수 있다.**

(3) 정자극기와 역자극기

- 지구의 자기장은 항상 일정한 것이 아니라 자기장의 방향이 현재와 반대가 되는 지자기 역전이 계속해서 발생해왔다.
  (단, 일정한 주기로 나타나는 것이 아니다.)
- **정자극기** : **남극에서 자기장이 나와 북극으로 자기장이 들어가는 시기**이다.
  현재의 자기장을 정자극기로 나타냈으며, **북반구의 복각은 양(+)의 값, 남반구의 복각은 음(−)의 값**을 가진다.
- **역자극기** : **북극에서 자기장이 나와 남극으로 자기장이 들어가는 시기**이다.
  현재의 자기장과 반대이며, **북반구의 복각은 음(−)의 값, 남반구의 복각은 양(+)의 값**을 가진다.

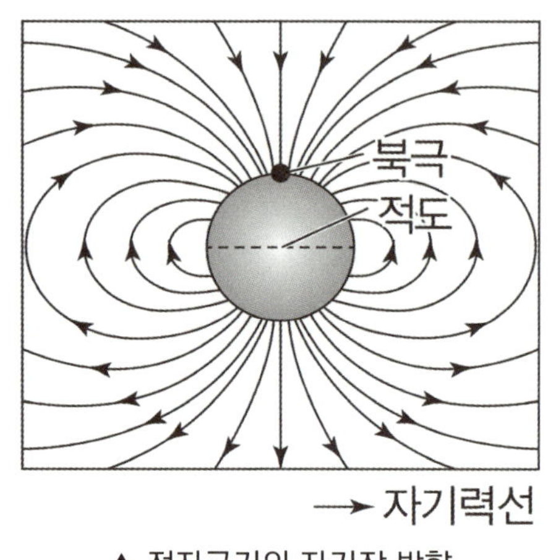

▲ 정자극기의 자기장 방향

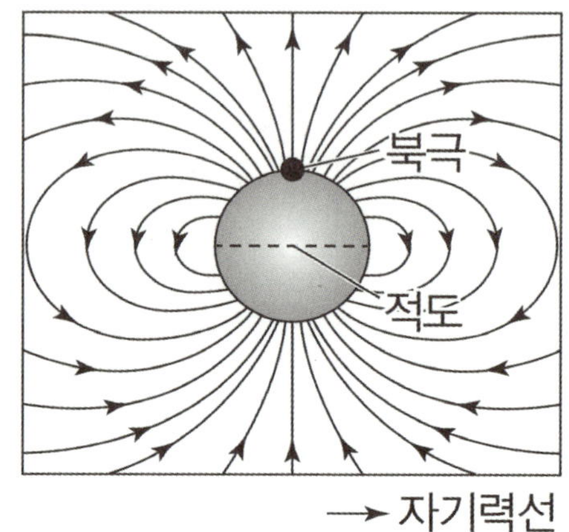

▲ 역자극기의 자기장 방향

(4) 해령과 고지자기 줄무늬

- 발산형 경계인 해령은 맨틀의 상승부로, 해령을 중심으로 새로운 해양 지각이 형성되고 있다.
- 해령에서는 마그마가 분출되면서 생성된 화성암들이 생성된다. 이때, 화성암은 지구 자기장에 의해 자화되어 지자기 방향이 기록된다.
  형성된 자기장은 정자극기에는 북극 방향을 향하고, 역자극기에는 남극 방향을 향한다.
- 지질 시대 동안 정자극기와 역자극기는 반복되어 나타났다. 그러나 **일정한 주기가 있는 것이 아니다.** 이처럼 해령을 기준으로 양 옆의 해양 지각에서 정자극기와 역자극기가 반복되며 대칭적인 분포를 나타나는 것을 고지자기 줄무늬의 대칭이 나타난다고 한다.

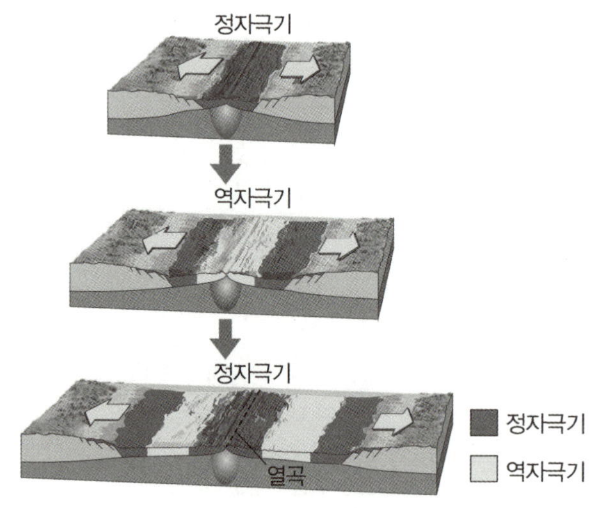

▲ 해령에서의 고지자기 줄무늬

암석이 형성될 때 생기는 잔류 자기를 측정하여 **암석의 생성 당시 지자기 북극의 위치를 알 수 있다.**
지질 시대 동안 대륙은 이동했으므로 하나의 대륙에서 과거와 현재의 지자기 북극의 겉보기 위치가 다를 것이다.
따라서 하나의 대륙에서 잔류 자기의 방향으로 지자기극의 위치를 추적하면 극의 이동 경로가 나타나는데, 실제로는
극이 움직이는 것이 아니라 대륙이 이동하는 것이다. 지자기극이 움직이는 것처럼 보이는 이유는 잔류 자기를 측정한 대
륙을 고정해두고 그로부터 지자기극까지의 상대적 위치를 표시한 것이기 때문이다.

(1) 유럽과 북아메리카에서 측정한 지자기 북극의 겉보기 이동 경로

- 아래 그림에서 알 수 있듯 서로 다른 시대에 생성된 암석에서 잔류 자기로 추정한 겉보기 극의 위치를 연결하면 지자기 북
  극의 이동 경로를 알 수 있다. 그러나 이는 **실제 북극의 이동 경로가 아니다.**
  실제로 움직이는 것은 판의 움직임에 의한 대륙이다. **겉으로 보기에는 북극이 움직이는 것처럼 보이므로 겉보기 이동
  경로**라고 하는 것이다.

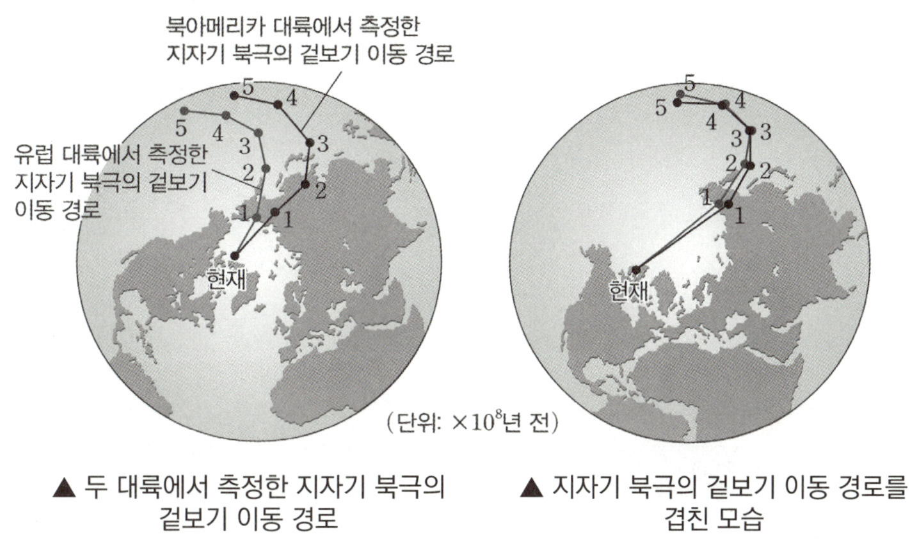

▲ 두 대륙에서 측정한 지자기 북극의
겉보기 이동 경로

▲ 지자기 북극의 겉보기 이동 경로를
겹친 모습

- 왼쪽 그림에서 유럽과 북아메리카에서 측정한 지자기 북극의 겉보기 이동 경로는 서로 다르게 나타난다.
- 그렇다면 3억 년 전 유럽에서 측정한 지자기 북극과 북아메리카에서 측정한 지자기 북극이 서로 다른 위치에 나타나므로
  3억 년 전 지자기 북극은 2개였을까?
  아니다. 지질 시대 동안 지자기 북극은 늘 하나였다. 따라서 3억 년 전에도 지자기 북극은 하나였을 것이다.
- 이것을 정확하게 이해하기 위해서 예시를 하나 들어보겠다.
  중국과 일본에서 한국의 서울을 바라본다고 가정해보자.
  이때 **두 지역에서 측정한 서울의 방향은 서로 같은가? 아니다.** 중국에서 바라봤을 때는 동쪽에 서울이 있고, 일본에서
  바라봤을 때는 서쪽에 서울이 있을 것이다.
- 이처럼 **서로 다른 대륙에서 어떤 지점을 바라볼 때는 여러 개의 결과가 나타날 수
  있는 것이다.**
- 다시 돌아와 지질 시대 동안 지자기 북극은 늘 하나였으므로 유럽과 북아메리카
  에서 측정한 지자기 북극의 이동 경로를 겹쳐보면 대륙의 모습이 붙어있는 것을
  확인할 수 있다. 따라서 **과거의 두 대륙은 붙어있었다**는 것을 알 수 있다.

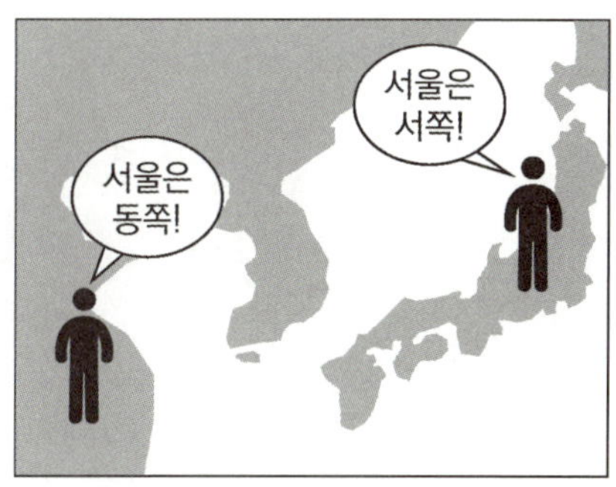

다음은 인도 대륙의 이동 경로를 복원한 결과이다. 고지자기 복각은 모두 정자극기일 때 측정했다.

- 그림에서 알 수 있듯 인도 대륙은 지속적으로 북상해왔다.
  과거 인도 대륙은 남반구에 위치하다가 약 5천 5백만 년 전 적도 부근을 통과해 북반구로 북상했다.
- 인도 대륙의 고지자기 복각을 측정하면 시간이 지날수록 점점 커지는 것을 확인할 수 있다. (정자극기 시기에 복각은 북극으로 갈수록 복각은 커지고, 남극으로 갈수록 복각은 작아지므로 북상하는 지괴의 복각은 커진다. 반대로 남하하는 지괴의 복각은 작아진다.)
  또한, **남반구일 때의 복각은 음(−)의 값, 북반구일 때의 복각은 양(+)의 값**을 가지는 것을 알 수 있다.
- 복각의 크기, 즉 복각의 절댓값은 위도와 비례하는 것도 표를 통해 알 수 있다.
- 다음과 같은 인도 대륙의 이동 경로 복원 결과를 통해 고지자기 복각과 위도의 관계를 이해할 수 있도록 하자.

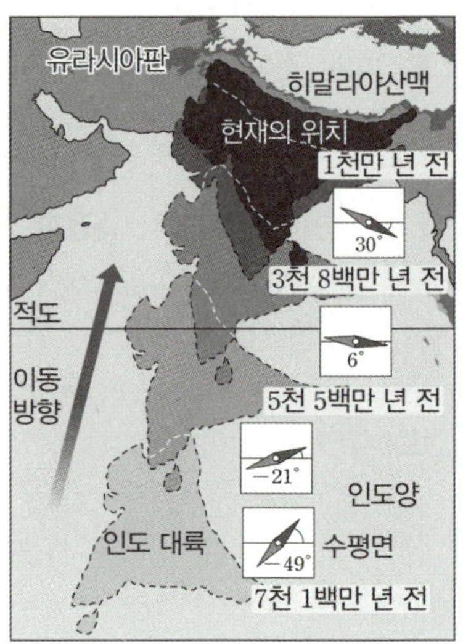

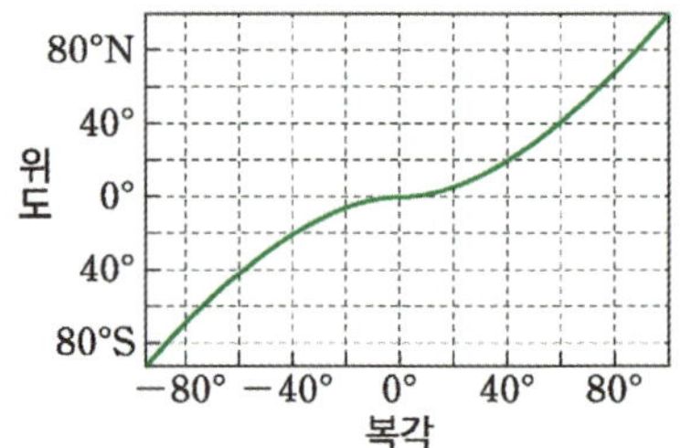

시기(만 년 전)	7100	5500	3800	1000	현재
고지자기 복각	$-49°$	$-21°$	$6°$	$30°$	$36°$
위도	약 $30°S$	약 $11°S$	약 $3°N$	약 $16°N$	약 $20°N$

고지자기와 대륙 분포 - 대륙 분포 변화

1. 과거부터 현재까지의 대륙 분포 변화

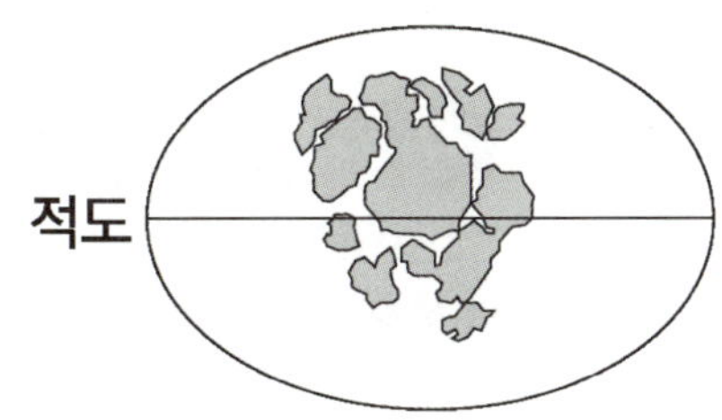

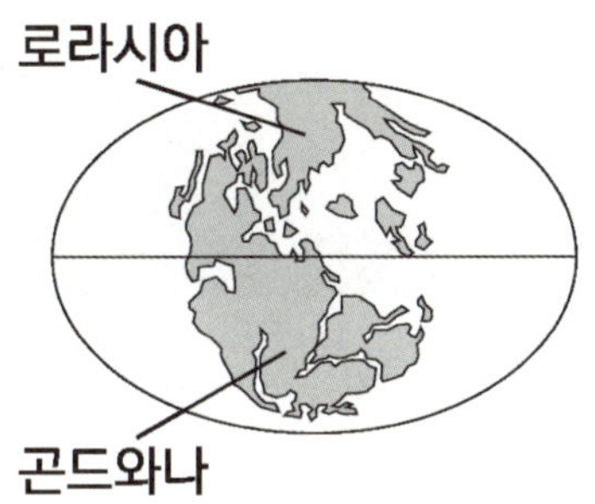

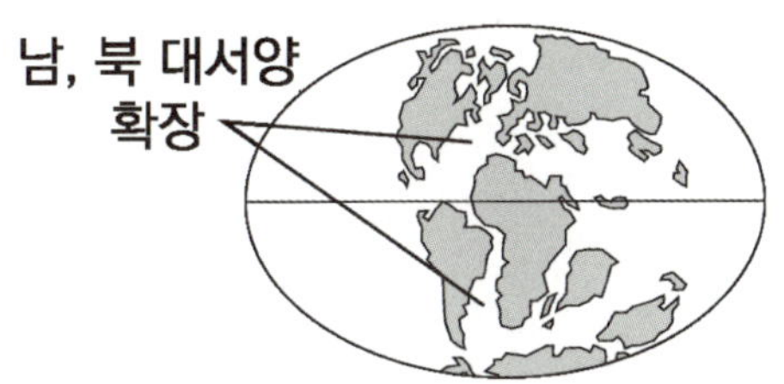

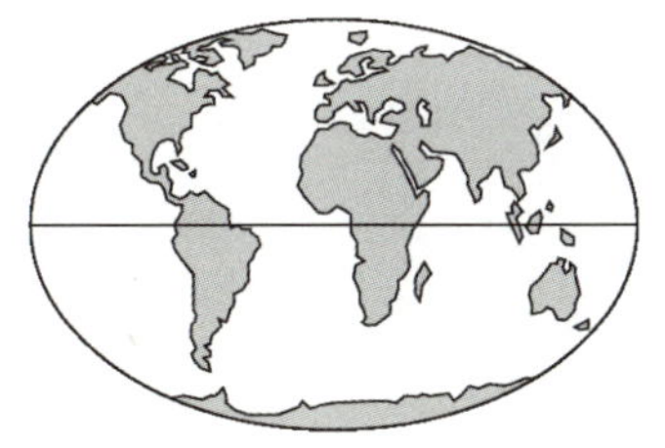

로디니아의 형성 (약 12억 년 전)

- 판게아 이전의 초대륙 **로디니아**의 모습이다.
- **약 12억 년 전 원생 누대 때 형성**되고 약 8억 년 전에 분리되었다.

판게아의 형성 (약 2억 7천만 년 전)

- **고생대 말**에 형성된 초대륙 **판게아**의 모습이다. 판게아의 형성으로 인해 지질 시대 중 **가장 큰 규모의 대멸종**이 발생했다.
- 북반구의 대륙을 로라시아, 남반구의 대륙을 곤드와나라고 한다.

판게아 분리 후 대서양의 확장 (약 1억 년 전)

- 판게아가 중생대 초(약 2억 년 전)에 분리된 이후 북대서양이 먼저 확장되고 약 1억 년 전 남대서양까지 확장되며 오늘날의 대서양이 형성되었다.

히말라야 산맥의 형성 (약 3천만 년 전)

- 남극 대륙으로부터 떨어져 나와 북상하던 인도 대륙과 유라시아 대륙이 만나 충돌하면서 **히말라야산맥을 형성**했다. (이후에도 두 대륙의 충돌은 계속해서 일어나 히말라야산맥의 높이는 현재도 증가하고 있다.)

현재의 대륙 분포

- 오늘날의 대륙 분포 모습이다.

초대륙 로디니아가 분리되고 다시 판게아가 형성된 것처럼 미래에도 대륙들이 합쳐지고 분리되는 과정이 반복될 것이다. 앞으로 2억 년 후 ~ 2억 5천만 년 후에 새로운 초대륙이 형성될 것으로 예측된다.

+ 시야 넓히기 : 초대륙의 형성과 분리 과정

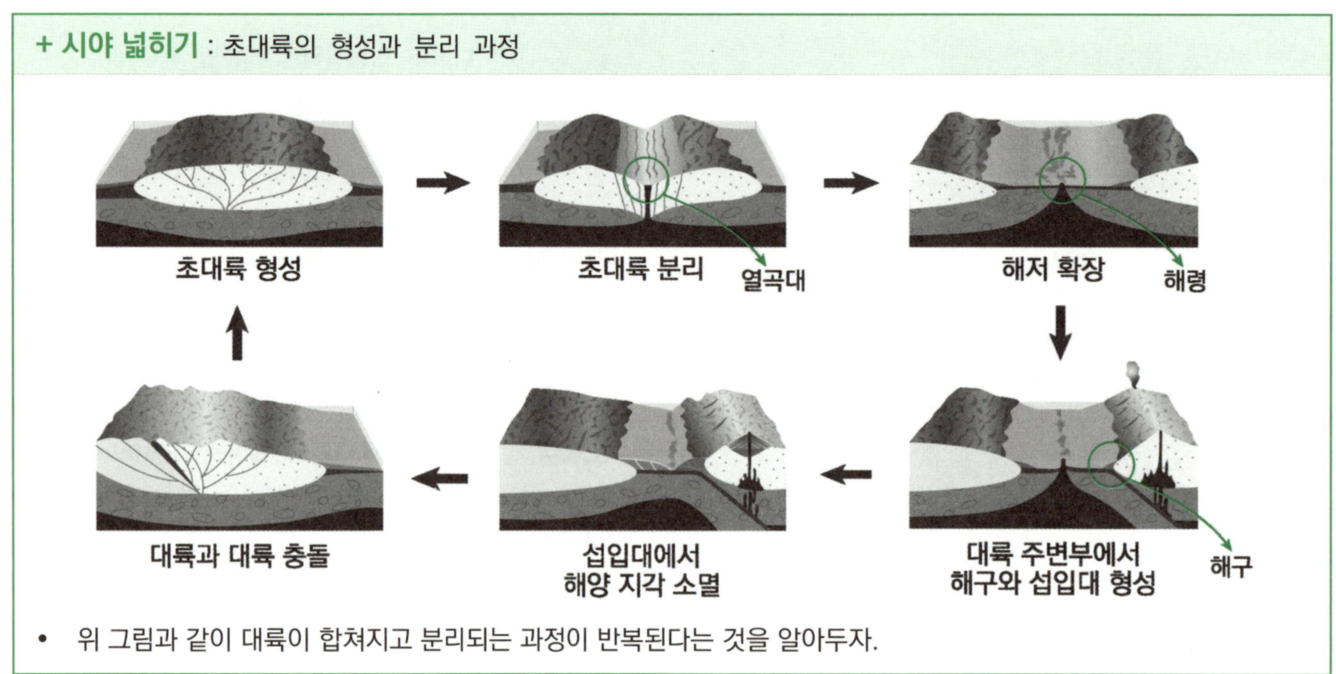

- 위 그림과 같이 대륙이 합쳐지고 분리되는 과정이 반복된다는 것을 알아두자.

2022학년도 수능 지Ⅰ 19번

그림은 고정된 열점에서 형성된 화산섬 A, B, C를, 표는 A, B, C의 연령, 위도, 고지자기 복각을 나타낸 것이다. A, B, C는 동일 경도에 위치한다.

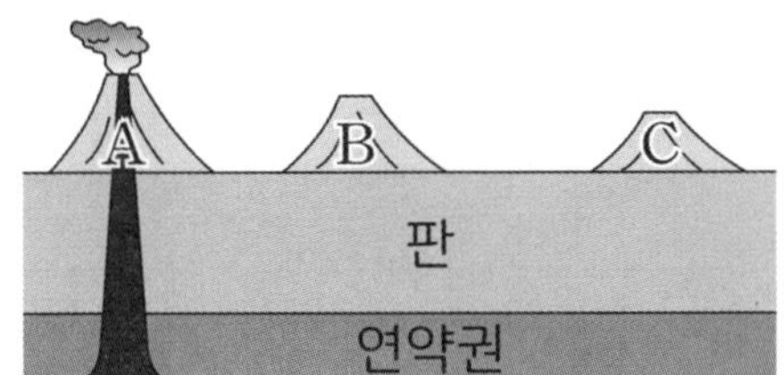

화산섬	A	B	C
연령 (백만 년)	0	15	40
위도	10°N	20°N	40°N
고지자기 복각	( )	(㉠)	(㉡)

이 자료에 대한 설명으로 옳은 것만을 <보기>에서 있는 대로 고른 것은? (단, 고지자기극은 고지자기 방향으로 추정한 지리상 북극이고, 지리상 북극은 변하지 않았다.)

<보 기>

ㄱ. ㉠은 ㉡보다 작다.

ㄴ. 판의 이동 방향은 북쪽이다.

ㄷ. B에서 구한 고지자기극의 위도는 80°N이다.

① ㄱ　　　② ㄴ　　　③ ㄱ, ㄷ　　　④ ㄴ, ㄷ　　　⑤ ㄱ, ㄴ, ㄷ

추가로 물어볼 수 있는 선지

1. 열점에서 생성된 화산섬의 고지자기 복각은 항상 같다. (O , X)

2. 정자극기일 때 남반구에서 해령이 북쪽으로 이동하면 새롭게 생성되는 암석에서의 고지자기 복각의 크기는 계속해서 커진다. (O , X)

3. 열점에서 생성된 화산섬이 판의 이동을 따라 북상한다면 정자극기에 관측한 고지자기 북극의 위치는 남하한다. (O , X)

정답 : 1. (X), 2. (X), 3. (O)

KEY POINT #열점, #고지자기극, #복각, #위도

문항의 발문 해석하기

열점은 고정되어 있으므로 열점에서 형성된 화산섬의 고지자기 복각은 각각의 화산섬 모두 같아야 한다는 것을 알아야 한다. 또한 자료의 위도를 통해 화산섬이 위치한 판의 이동 방향을 추정할 수 있어야 한다.

문항의 자료 해석하기

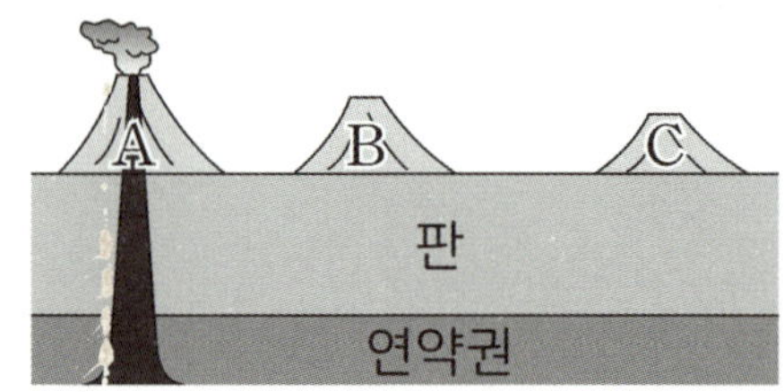

화산섬	A	B	C
연령 (백만 년)	0	15	40
위도	10°N	20°N	40°N
고지자기 복각	( )	(㉠)	(㉡)

1. 화산섬 A의 연령이 0이므로 A 섬 지점 아래에 열점이 형성되어 있는 것을 확인할 수 있다. 따라서 B와 C 섬 모두 A 섬 아래의 열점에서 형성된 것을 알 수 있어야 한다.

2. 표에서 각 화산섬의 연령, 위도, 고지자기 복각을 나타내고 있다.
   표에 나온 화산섬의 연령을 통해 화산섬은 C → B → A 순으로 형성된 것을 알 수 있다. 따라서 C로 갈 수록 북쪽에 위치하므로 화산섬이 위치한 판의 이동 방향은 북쪽인 것을 알 수 있다.
   모든 화산섬은 같은 열점에서 형성된 화산섬이므로 고지자기 복각은 세 화산섬에서 모두 같다.

ㄱ 선지 ㉠은 ㉡보다 작다. (X)

　　모든 화산섬은 A 섬 아래에 있는 열점에서 형성되었으므로 고지자기 복각의 변화는 존재하지 않는다. 따라서 ㉠과 ㉡의 값은 같다.

　　열점은 뜨거운 플룸에 의해 판 아래에 형성된 장소이므로 판의 이동 방향과 무관하게 일정한 지점에 위치하기 때문이다.

ㄴ 선지 판의 이동 방향은 북쪽이다. (O)

　　각 화산섬의 위도를 보고 동일 경도 상에서의 판의 이동 방향은 북쪽이라는 것을 알 수 있다.

ㄷ 선지 B에서 구한 고지자기극의 위도는 80°N이다. (O)

　　고지자기극은 특정 시기의 북극의 위치이다. 그러나 우리는 지리상 북극은 움직이지 않는다는 것을 알고 있다. 과거의 지리상 북극은 현재와 같은 위치에 위치하고 있다.

　　따라서 고지자기극을 통해 알 수 있는 것은 지괴와 고지자기극 사이의 과거의 거리이다.

　　막 형성된 B의 위도는 10°N이었다. 따라서 지리상 북극과의 거리는 80°만큼 차이가 나는 것을 알 수 있다.

　　이후 지괴가 이동해도 고지자기는 변하지 않으므로 고지자기극의 거리는 항상 80°만큼 차이가 난다.

　　이때 현재 B의 위도는 20°N이므로 80°만큼 차이가 나기 위해선 100°N이어야 하는데 위도는 90°까지이므로 고지자기극은 적도 방향으로 10°N 이동한 80°N에 위치할 것이다.

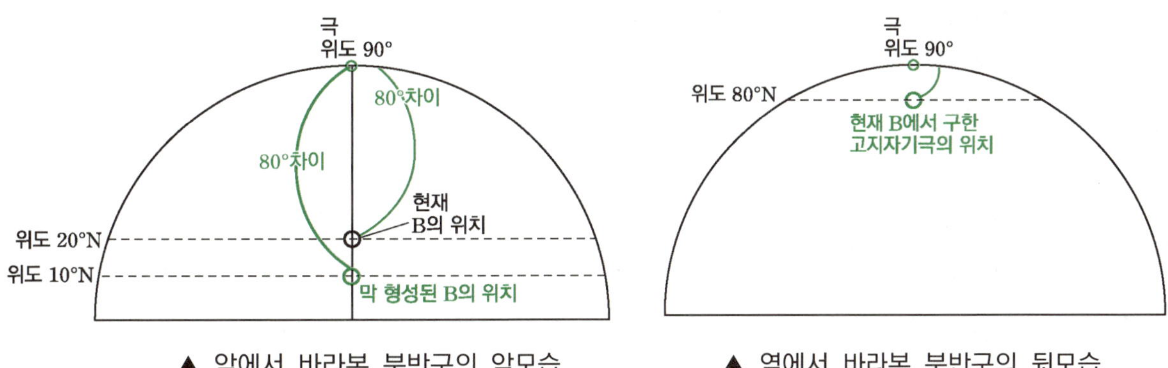

▲ 앞에서 바라본 북반구의 앞모습　　▲ 옆에서 바라본 북반구의 뒷모습

1. 열점에서 형성된 화산섬의 고지자기 복각 변화는 없음을 이해하기

2. 열점에서 형성된 화산섬의 위도를 보고 판의 이동 방향 해석하기

3. 판의 이동에 따른 동일한 지점에서 관측한 고지자기 극의 이동 이해하기

▌기출 문제로 알아보는 유형별 정리

[고지자기와 복각]

1 고지자기와 복각

① 지표면과 지구의 자기장이 이루는 각도. 즉, 복각   2020년 7월 학력평가 2번

그림은 인도 대륙 중앙의 한 지점에서 채취한 암석 A, B, C의 나이와 암석이 생성될 당시 고지자기의 방향과 복각을 나타낸 것이다. (단, A, B, C는 정자극기에 생성되었고, 지리상 북극의 위치는 변하지 않았다.)

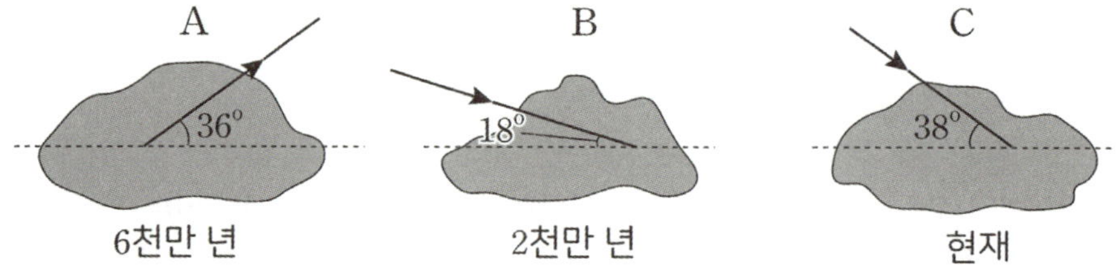

ㄱ. A는 생성될 당시 남반구에 있었다. (O)

- **정자극기**의 지구 자기장은 남극에서 나와서 북극으로 들어간다. 따라서 암석에 기록된 **자기장의 방향이 하늘을 향하면 남반구에서 형성된 암석**이고, **땅을 향하면 북반구에서 형성된 암석**이다.

  이때, A는 정자극기에 형성되었고 자기장의 방향이 하늘을 바라보고 있으므로 남반구에서 생성된 암석이다.

- 이처럼 자기장의 방향을 보고 암석이 생성된 당시의 위치(북반구, 남반구)를 파악할 수 있어야 한다.

2 해령에서 나타나는 고지자기

① 해령에서 형성된 고지자기   지Ⅱ 2017년 4월 학력평가 7번

그림은 어느 해령 부근의 고지자기 분포와 세 지점 A~C의 위치를 나타낸 것이다.

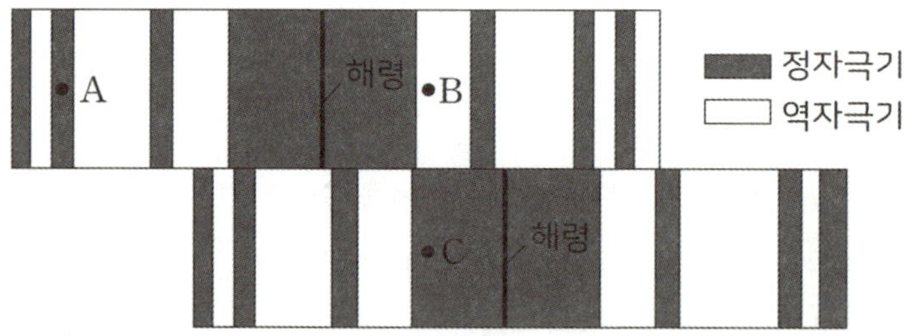

ㄱ. A 지점의 지각이 생성될 당시 지구 자기장의 방향은 현재와 같았다. (O)

- A 지점은 정자극기에 해당한다. 따라서 A 지점에 위치한 지각이 생성될 때의 지구 자기장과 현재 지구 자기장의 방향은 같다.

- 이처럼 발산형 경계에서는 **해령을 축으로 고지자기 줄무늬가 대칭적으로 나타나고 있다는** 사실을 알아야 한다.

그림 (가)와 (나)는 각각 서로 다른 해령 부근에서 열곡으로부터의 거리에 따른 해양 지각의 나이와 고지자기 분포를 나타낸 것이다.

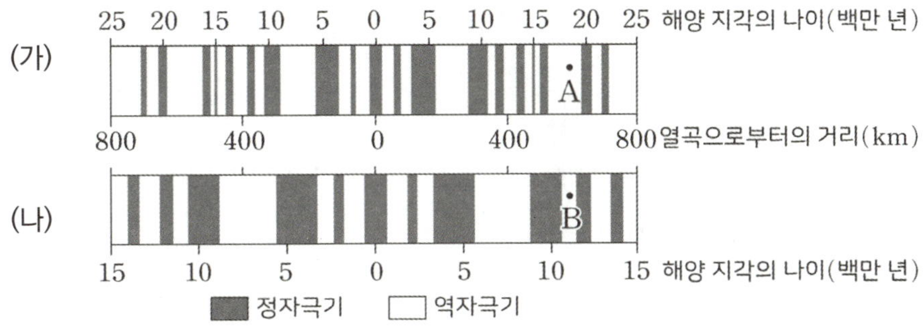

ㄱ. 해양 지각의 나이는 A와 B 지점이 같다. (X)

- A와 B는 해령으로부터 같은 거리만큼 떨어져 있다. 이때 A는 현재로부터 8번째 전의 역자극기에 형성된 지각이고, B는 현재로부터 4번째 전의 역자극기에 형성된 지각이다. 따라서 해양 지각의 나이는 A 지점이 더 많을 것이다.
- 또한, 다음과 같은 풀이도 가능하다.
  (가)와 (나) 지역의 고지자기 줄무늬를 비교하면 (가) 지점의 **고지자기 줄무늬가 더 밀집되어 있는 것을 알 수 있다. 이는 판의 확장 속도가 느렸다는 것을 의미**하므로 같은 거리에 있어도 판의 확장 속도가 더 느린 A의 나이가 많을 것이다.
- 이처럼 **고지자기 줄무늬의 배열을 보고 지각의 나이를 비교**할 수 있음을 알아두자.

그림은 위도 50°S에 위치한 어느 해령 부근의 고지자기 분포를 나타낸 모식도이다.

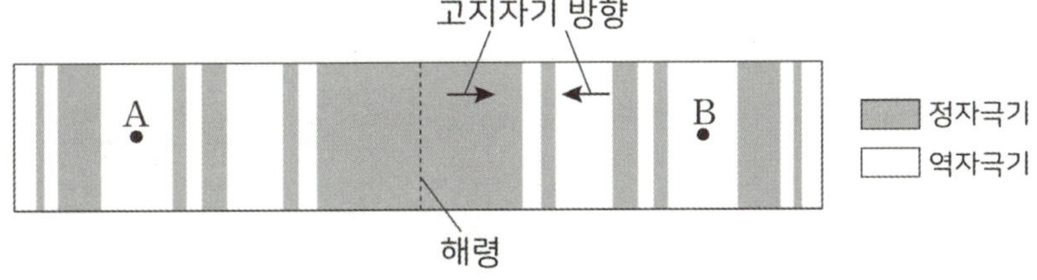

ㄷ. A는 B보다 저위도에 위치한다. (X)

- 위 자료에 나타난 **고지자기 방향은 지자기극의 위치를 알려주는 것이다.** 이때, 현재 북극의 위치는 정자극기로 판단해야 하므로 해령의 오른쪽은 북쪽 방향, 해령의 왼쪽은 남쪽 방향이라는 것을 확인할 수 있다.
  A는 남쪽 방향으로 이동하고 있다. 이때, 이 해령은 **남반구에 위치하는 해령**이므로 **남쪽 방향이 고위도**로 이동하는 방향이다. 따라서 A는 B보다 고위도에 위치한다.
- 아래 그림을 참고하도록 하자. **해령에서 고지자기 방향을 주었다는 것은 동서남북을 표시하라는 의미**이므로 아래 그림과 같이 행동하도록 하자.

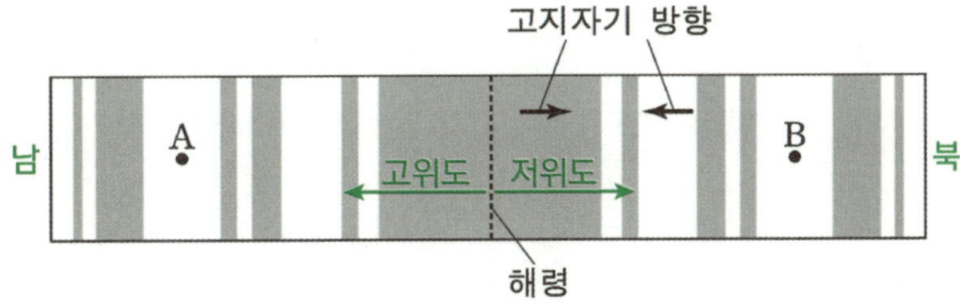

④ 방위 표시가 없다면 방향은 함부로 방향을 정하면 안된다. 2024학년도 대학수학능력시험 13번

  그림은 남반구 중위도에 위치한 어느 해양 지각의 연령과 고지자기 줄무늬를 나타낸 것이다. ㉠과 ㉡은 각각 정자극기와 역자극기 중 하나이다.

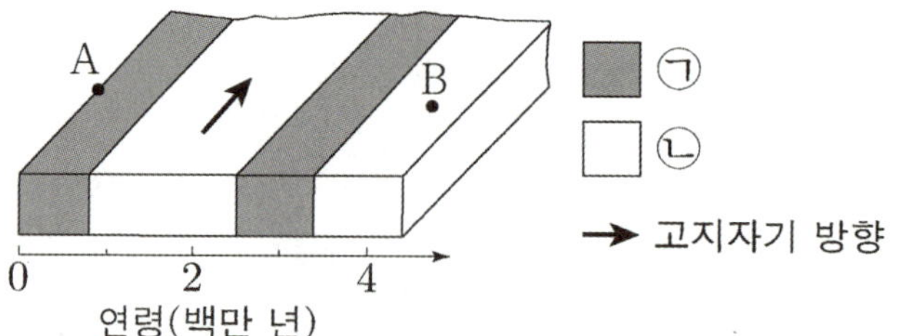

ㄷ. B는 A의 동쪽에 위치한다. (X)

- A를 기준으로 고지자기 줄무늬는 대칭이므로 A에 해령이 위치한다. 이 때, 고지자기 방향은 역자극기 시기에 남쪽을 향하므로 오른쪽 그림과 같이 방위를 나타낼 수 있다.
  따라서 B는 A의 서쪽에 위치한다.

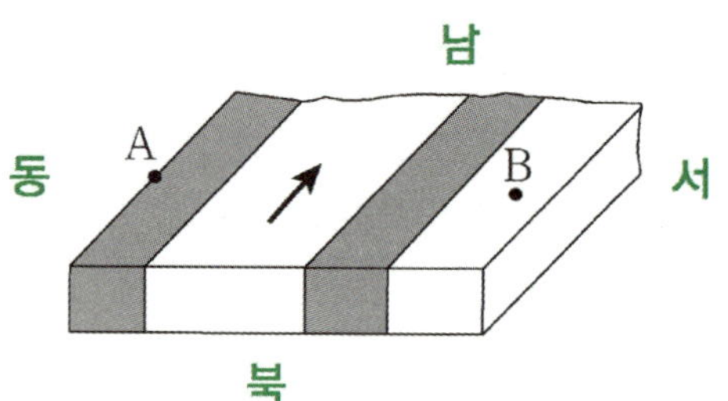

- 지구과학1의 대부분 문제는 오른쪽이 동쪽이다. 그 이유는 방위 표시를 항상 함께 주기 때문이다. 방위 표시가 없다면 함부로 방향을 정하면 안 된다는 것을 반드시 기억하자.

추가로 물어볼 수 있는 선지 해설

1. 열점은 판이 이동해도 움직이지 않으므로 위도가 달라지지 않는다. 그러나 역자극기에는 복각의 부호가 바뀌므로 복각은 달라질 수 있다.
2. 정자극기일 때 남반구에서 북쪽으로 이동하면 저위도로 이동하는 것과 같으므로 복각은 작아진다.
3. p.67의 그림을 참고할 수 있도록 하자.

2022학년도 9월 모의평가 지 I 19번

그림은 남아메리카 대륙의 현재 위치와 시기별 고지자기극의 위치를 나타낸 것이다. 고지자기극은 남아메리카 대륙의 고지자기 방향으로 추정한 지리상 남극이고, 지리상 남극은 변하지 않았다. 현재 지자기 남극은 지리상 남극과 일치한다.

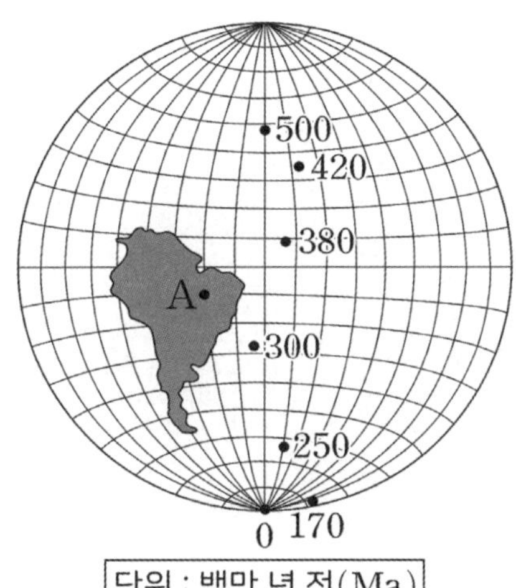

단위 : 백만 년 전(Ma)

대륙 위 지점 A에 대한 설명으로 옳은 것만을 <보기>에서 있는 대로 고른 것은?

───────────────── <보 기> ─────────────────

ㄱ. 500Ma에는 북반구에 위치하였다.

ㄴ. 복각의 절댓값은 300Ma일 때가 250Ma일 때보다 컸다.

ㄷ. 250Ma일 때는 170Ma일 때보다 북쪽에 위치하였다.

① ㄱ   ② ㄴ   ③ ㄷ   ④ ㄱ, ㄴ   ⑤ ㄱ, ㄷ

추가로 물어볼 수 있는 선지

1. 지리상 남극은 오랜 시간에 걸쳐 조금씩 움직여 왔다. (O , X)

2. 고지자기 복각의 크기는 위도와 같다. (O , X)

3. 500Ma~420Ma 보다 380Ma~300Ma일 때 평균 이동 속도가 더 빨랐다. (O , X)

정답 : 1. (X), 2. (X), 3. (O)

문항의 발문 해석하기

고지자기극의 위치는 지리상 남극이다. 따라서 자료에 나타난 시대별 고지자기극의 위치는 실제 지리상 남극의 위치가 아닌 고지자기로 추정한 지자기극과 A 지역의 상대적 위치를 나타낸 것임을 떠올려야 한다. 지리상 남극의 위치는 항상 변하지 않았다.

문항의 자료 해석하기

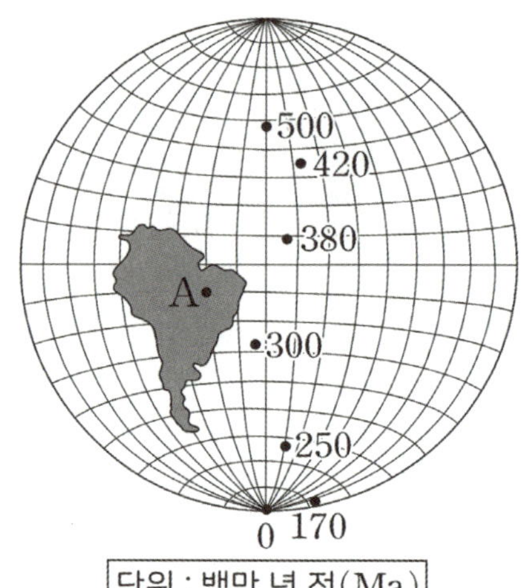

1. 위 자료는 A에서 측정한 지리상 남극의 위치를 알려주고 있다. 500Ma, 420Ma, 380Ma 등 모든 고지자기극의 위치는 다른 곳에 나타나 있다. 그러나 실제 남극의 위치는 항상 지금과 같은 자리에 있었다.
   따라서 위 자료에서 우리가 알 수 있는 것은 각 시기별 남극과 A 지점 사이의 거리이다.

2. 오른쪽 그림과 같이 각 시기별 지리상 남극과의 거리를 나타낼 수 있어야 한다.
   500Ma~300Ma에는 남극과의 거리가 가까워지다가 300Ma~170Ma에는 남극과의 거리가 멀어진 것을 확인할 수 있다.

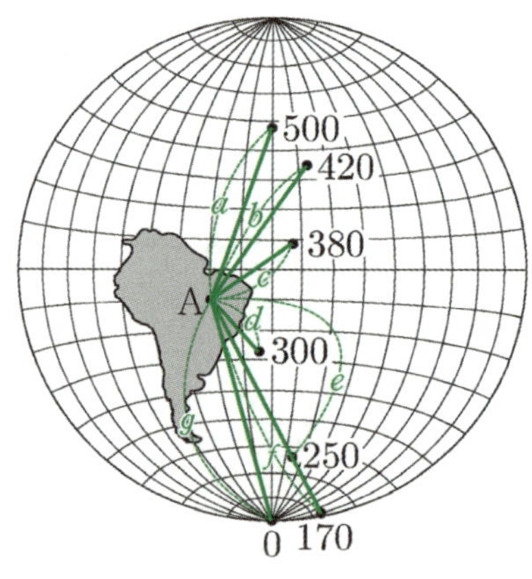

TIP.

위와 같이 고지자기극과 대륙의 자료가 주어진다면 바로 **시기별 고지자기극의 위치와 대륙을 이어 극까지의 거리를 알 수 있도록 하자.** 위와 같은 자료는 대륙을 고정해두고 극의 위치를 판단했기 때문에 나타나는 결과이다. 거리만 파악할 수 있다면 위도와 복각의 값까지 상대적으로 파악할 수 있다.

ㄱ 선지 500Ma에는 북반구에 위치하였다. (X)

자료에 나타난 고지자기 극은 지리상 남극이므로 500Ma일 때 A의
위치는 남극으로부터 a만큼 떨어져 있으므로 오른쪽 그림과 같이
나타낼 수 있다. (a는 500Ma 전 A와 극 사이의 거리이다.)
이때 A의 위치는 적도도 넘지 못했으므로 북반구가 아닌 남반구에
위치한다고 할 수 있다.

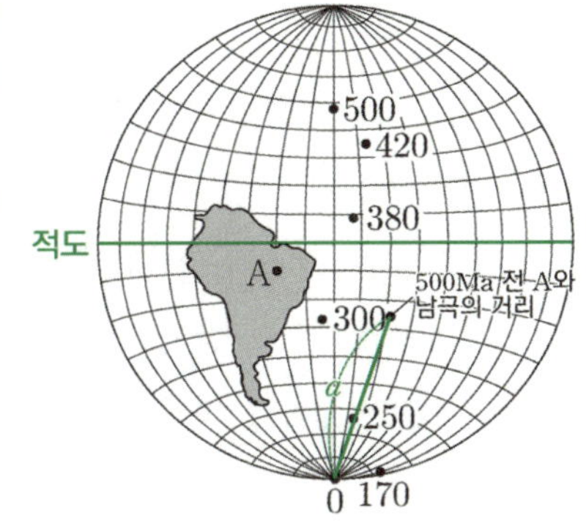

ㄴ 선지 복각의 절댓값은 300Ma일 때가 250Ma일 때보다 컸다. (O)

복각의 절댓값은 위도와 비례한다. 이때 300Ma일 때 남극과의 거리인
d와 250Ma일 때 남극과의 거리인 e를 오른쪽 그림과 같이 나타낼
수 있다.
따라서 남극으로부터의 거리는 d가 더 가깝다. 따라서 250Ma일 때보
다 더 고위도에 위치한 300Ma일 때 복각의 절댓값이 더 컸다.

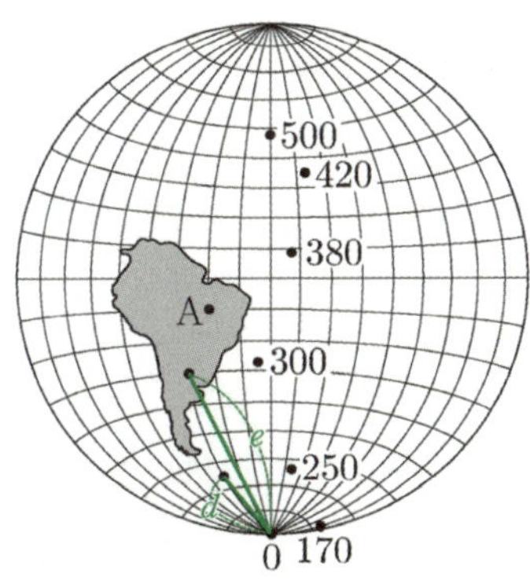

ㄷ 선지 250Ma일 때는 170Ma일 때보다 북쪽에 위치하였다. (X)

250Ma일 때 남극과의 거리는 e, 170Ma일 때 남극과의 거리는 f다.
이때 남극으로부터 더 많이 떨어진 170Ma일 때가 더 북쪽에 위치한
것을 확인할 수 있다. (e와 f를 확실하게 비교하기 위해 e 지점을 옆으로
이동시켰다. 우리는 이들의 거리만 판단하면 된다.)

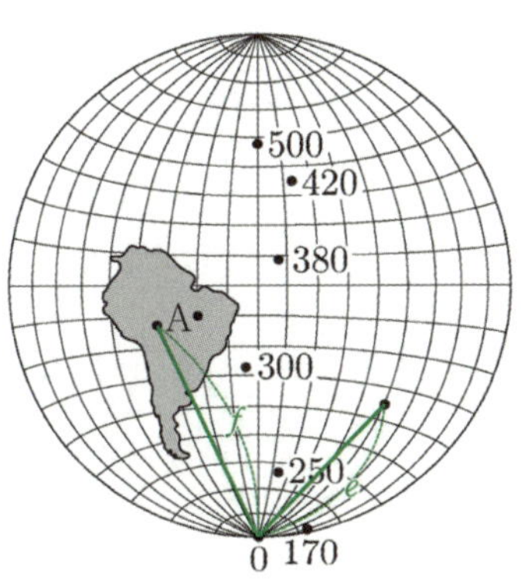

1. 자료에 나타난 고지자기극의 위치는 실제 극의 위치가 아닌 것 이해하기
2. 고지자기극의 위치와 지괴(땅)의 위치를 이어 시기별 극과의 거리 이해하기
3. 고지자기극과 지괴의 거리를 위도와 연결해서 생각하기

기출 문제로 알아보는 유형별 정리

[지괴의 이동]

1 고지자기극

① 고지자기극의 위치를 자료로 주면 측정한 지점과의 거리를 보자   지Ⅱ 2019학년도 수능 19번

그림은 어느 지괴의 현재 위치와 시기별 고지자기극 위치를 나타낸 것이다. 고지자기극은 이 지괴의 고지자기 방향
으로 추정한 지리상 북극이고, 실제 지리상 북극의 위치는 변하지 않았다.

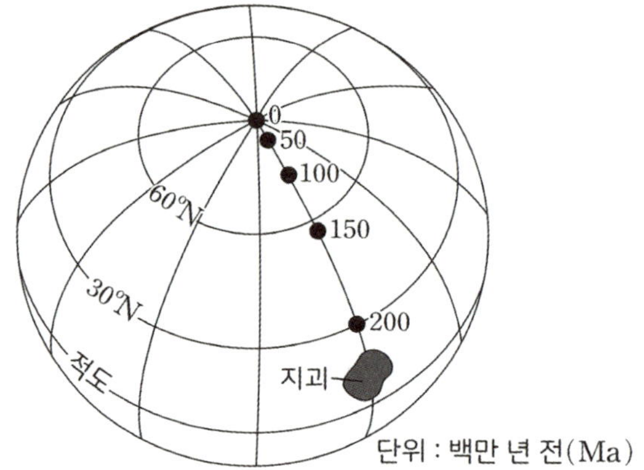

ㄴ. 150Ma~100Ma 동안 고지자기 복각은 감소하였다. (O)

- 북반구의 고지자기 복각은 위도와 비례한다. 150Ma보다 100Ma일 때 지괴와 지자기극 사이의 거리가 멀었다. 따라서
이 기간 동안 지괴와 북극 사이의 거리는 멀어졌으므로(위도가 낮아졌으므로) 고지자기 복각은 감소하였다.
- 위 자료는 지괴에서 측정한 고지자기극을 나타낸 것이다. 이때 우리가 알아야 하는 것은 지괴를 고정해두고 나타낸 자
료라는 것이다. **실제 움직이는 것은 극이 아닌 지괴이다.**

- 아래와 같이 **극을 고정해둔 자료**를 보고 이들 사이의 관계를 이해할 수 있도록 하자.
- 시간이 지남에 따라 극으로부터 지괴가 남하하고 있는 것을 확인할 수 있다.

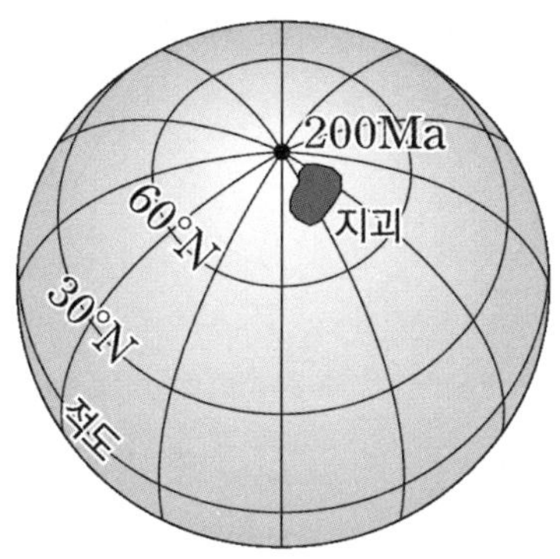

▲ 200Ma 전 지괴의 위치

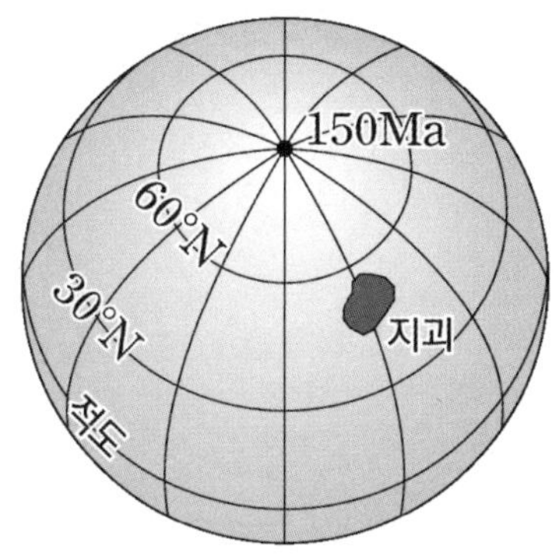

▲ 150Ma 전 지괴의 위치

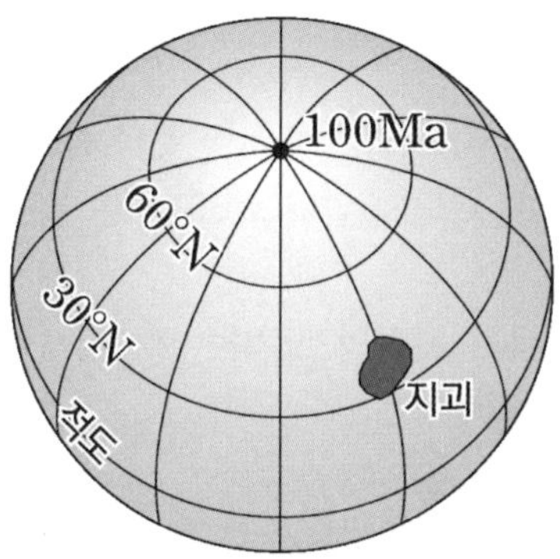

▲ 100Ma 전 지괴의 위치

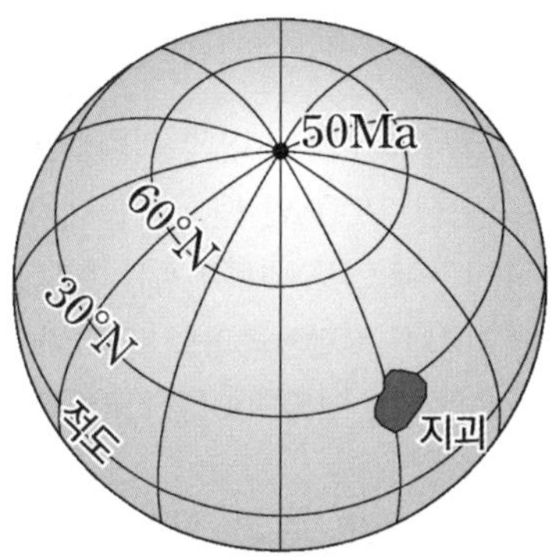

▲ 50Ma 전 지괴의 위치

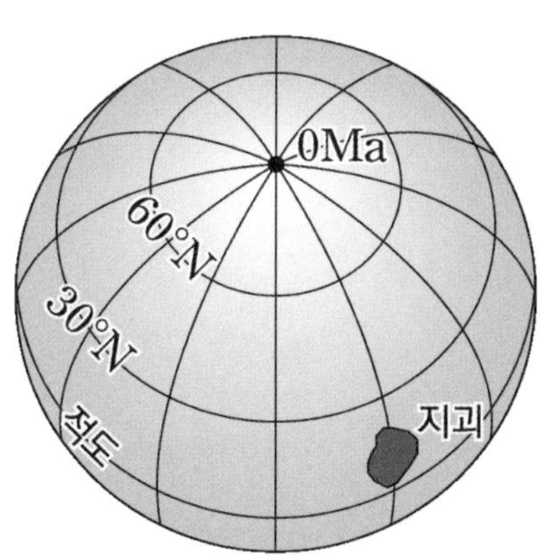

▲ 현재 지괴의 위치

그림은 6000만 년 전부터 현재까지 인도 대륙의 고지자기 방향으로 추정한 지리상 북극의 위치 변화를 현재 인도 대륙의 위치를 기준으로 나타낸 것이다. 이 기간 동안 실제 지리상 북극의 위치는 변하지 않았다.

ㄷ. 4000만 년 전부터 현재까지 인도 대륙에서 고지자기 복각의 크기는 계속 작아졌다. (X)

- 인도 대륙과 고지자기 극 사이의 거리를 이어보면 4000만 년 전부터 현재까지 거리가 줄어든 것을 확인할 수 있다. 이 때, 4000만 년 전, 2000만 년 전, 현재와 인도 대륙의 거리를 각각 이어 현 북극의 위치와 비교하면 적도를 넘지 않으므로 모두 북반구에 인도 대륙이 위치한다는 것을 알 수 있다.
  따라서 **북반구에서 지자기극과의 거리가 가까워졌다**는 의미이므로 **고지자기 복각의 크기는 계속해서 증가했다.**
- 이처럼 고지자기극과 대륙 사이를 이어 극과의 거리를 판단할 수 있어야 한다.

그림은 인도와 오스트레일리아 대륙에서 측정한 1억 4천만 년 전부터 현재까지 고지자기 남극의 겉보기 이동 경로를 천만 년 간격으로 나타낸 것이다. (단, 고지자기 남극은 각 대륙의 고지자기 방향으로 추정한 지리상 남극이며 실제 지리상 남극의 위치는 변하지 않았다.)

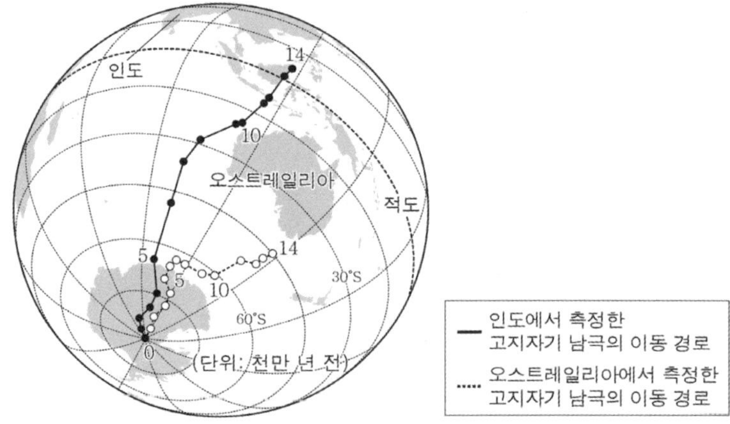

ㄷ. 오스트레일리아 대륙에서 복각의 절댓값은 현재가 1억 년 전보다 크다. (X)

- 현재와 1억 년 전에 해당하는 남극과 거리를 이어보자. 1억 년 전의 남극과 거리가 더 가까운 것을 확인할 수 있다. 따라서 **남극에 가까울수록 복각의 절댓값은 커지므로 1억 년 전이 더 클 것**이다.
- 대륙에서 측정한 고지자기극의 겉보기 이동 경로를 추적하여 특정 시기의 극까지의 거리를 알 수 있다는 사실을 기억하자.

① 고지자기로 추정한 진북 방향 　　　　　　　　　　　　　　　　지Ⅱ 2017학년도 수능 19번

표는 대륙의 이동을 알아보기 위해 어느 지괴의 암석에 기록된 지질 시대별 고지자기 복각과 진북 방향을 나타낸 것이다. 이 지괴에 대한 설명으로 옳은 것만을 있는 대로 고른 것은?
(◄--- 진북 방향 ◄— 고지자기로 추정한 진북 방향)

지질 시대	쥐라기	전기 백악기	후기 백악기	제3기
고지자기 복각	+25°	+36°	+44°	+50°
진북 방향	63°	35°	17°	0°

ㄷ. 쥐라기 이후 시계 방향으로 회전하였다. (O)

- 위 자료에 나타난 진북 방향은 시간이 변화해도 변하지 않았다. 그러나 고지자기로 추정한 진북 방향은 변하고 있다. 이때, 시간이 지나면서 고지자기로 추정한 **진북 방향은 반시계 방향으로 회전**하고 있다. 이때, **실제 움직이고 있는 것은 북극이 아닌 지괴이므로 지괴는 시계 방향으로 이동했을 것**이다.

- 고지자기에서 가장 헷갈리는 부분일 것이다. '왜 반시계 방향으로 이동하는데 시계 방향으로 회전한다는 소리지?'가 가장 큰 의문일 것이다.
  우선 **지괴의 회전은 우리가 추정한 북극의 회전 방향과 반대로 생각해야 한다**는 사실을 기억하고 다음의 자료를 보도록 하자.

- 아래 자료와 같이 지괴가 회전하고 있음을 알아야 한다.

- 아래 자료에서 나타난 **북극의 위치는 반시계 방향을 그리며 회전**하고 있다. 그러나 **실제로 회전하는 것은 북극이 아닌 지괴**이므로 우리는 반대로 생각할 수 있어야 한다. **실제 지괴는 시계 방향으로 회전**하고 있다.

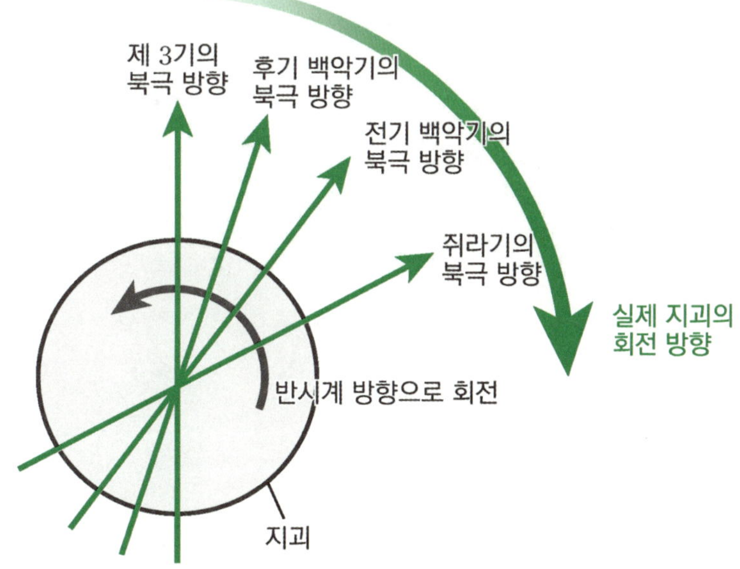

▲ 지괴의 회전 모식도

그림은 북반구에 위치한 어느 해령의 이동을 알아보기 위해 해령 주변 암석에 기록된 고지자기 복각과 고지자기로 추정한 진북 방향을 진앙 분포와 함께 나타낸 모식도이다.

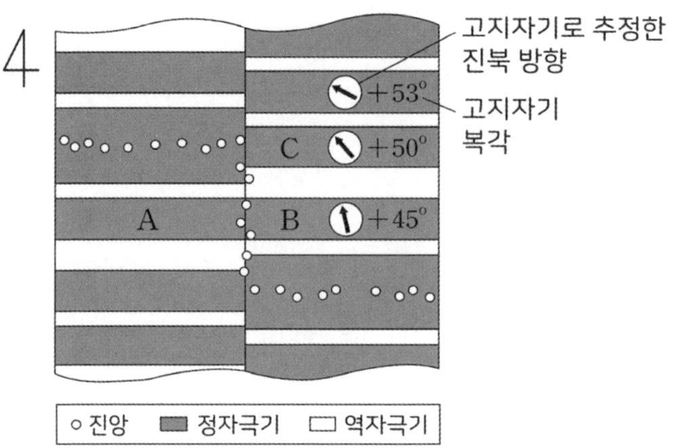

ㄷ. 이 해령은 시계 반대 방향으로 회전해 오면서 현재에 이르렀다. (O)

- 진앙이 존재함과 동시에 고지자기가 대칭인 곳에 해령이 형성된 것을 확인할 수 있다. 이때, 복각이 $+53°$ 인 곳은 해령으로부터 가장 멀리 있는 곳이므로 가장 옛날에 형성되었다.
  고지자기의 방향을 확인하면 해령에서 생성된 **지괴에서 측정한 고지가기로 추정한 진북 방향은 시간이 지남에 따라 시계 방향으로 회전**하고 있다. 따라서 이 **해령은 반시계 방향으로 회전해 오면서 현재에 이르렀다.** (방위 표시를 통해 위쪽이 북쪽임을 알 수 있다.)
- 이처럼 해령에서의 지괴의 회전도 앞선 개념과 함께 이해할 수 있도록 하자.

① 지괴의 분리 　　　　　　　　　　　　　　　　　　　　　　2024학년도 대학수학능력시험 20번

　그림은 지괴 A와 B의 현재 위치와 ㉠ 시기부터 ㉡ 시기까지 시기별 고지자기극의 위치를 나타낸 것이다. A와 B는 동일 경도를 따라 일정한 방향으로 이동하였으며, ㉠부터 현재까지의 어느 시기에 서로 한 번 분리된 후 현재의 위치에 있다.

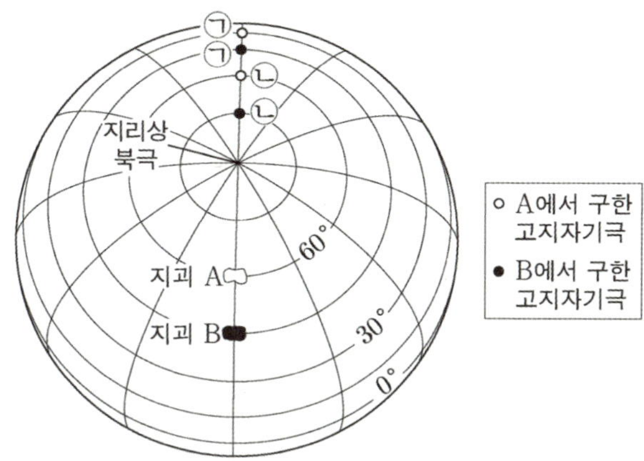

ㄴ. A와 B는 북반구에서 분리되었다. (O)

- 현재 지괴의 위치와 시기별 고지자기극 사이의 거리를 통해 시기별 지괴의 위도를 구해야 한다.
  ㉠ 시기 지괴 A, B의 위도는 모두 $0°$ 즉, 적도에 위치한다.
  ㉡ 시기 지괴 A, B의 위도는 모두 $30°N$에 위치한다.
  이때, ㉠부터 현재까지 일정한 방향으로 이동하고 현재 북반구에 위치하며 한번 분리되었으므로 지속적으로 북상하여 ㉡ 시기 이후에 분리되어 현재와 같은 지괴 분포를 나타낸다고 볼 수 있다.
  따라서 A와 B는 ㉡ 시기 이후 북반구에서 분리되었다.

- 이와 같은 예시로 판게아가 존재한다. **초대륙 판게아는 거대한 플룸 상승류에 의해 분리**되었다.
  이처럼 하나의 지괴로 북상하던 대륙은 아래 자료처럼 두 개 이상의 대륙으로 분리될 수 있다는 사실을 기억하자.

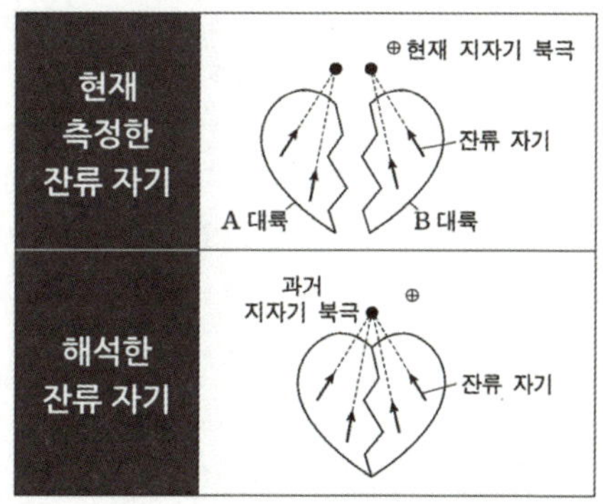

▲ 지Ⅱ 2015학년도 6월 모의평가 12번

추가로 물어볼 수 있는 선지 해설

1. 지리상 남극은 시간이 지나도 위치가 변화하지 않는다. 문제에서 지리상 남극이 이동하는 것처럼 보이는 이유는 남아메리카 대륙이 이동하기 때문이다.
2. 복각의 크기와 위도는 정비례 관계가 아닌 비례 관계라는 것을 기억하자.
3. 남아메리카 대륙과 지리상 남극의 거리를 연결해보면 $500Ma{\sim}420Ma$ 보다 $380Ma{\sim}300Ma$일 때 더 길기 때문에 $380Ma{\sim}300Ma$일 때 이동 속도가 더 빠르다.

Theme
02

지구의 역사

❙ 퇴적암과 퇴적 환경 – 퇴적암

1. 퇴적암

퇴적암이란 지표의 암석이 풍화, 침식 작용을 받아 생성된 퇴적물이 다져지고 굳어져서 만들어진 암석이다.

2. 속성 작용

퇴적물이 쌓인 후 압력에 의해서 퇴적암이 되기까지의 과정으로 다짐 작용과 교결 작용이 있다.

(1) 다짐 작용

퇴적물이 쌓이면서 압력에 의해 퇴적물 사이의 공간인 공극이 줄어들고 부피가 감소하여 다져지는 작용을 의미한다. 다짐 작용을 거치면서 퇴적물의 부피가 감소하므로 밀도가 증가한다.

(2) 교결 작용

압축된 퇴적물 속 수분이나 지하수에 녹아있던 석회질 물질, 규질 물질, 산화철 등이 퇴적 입자 사이에 침전되어 퇴적물 알갱이들을 단단히 붙게 하여 굳어지게 하는 작용이다.

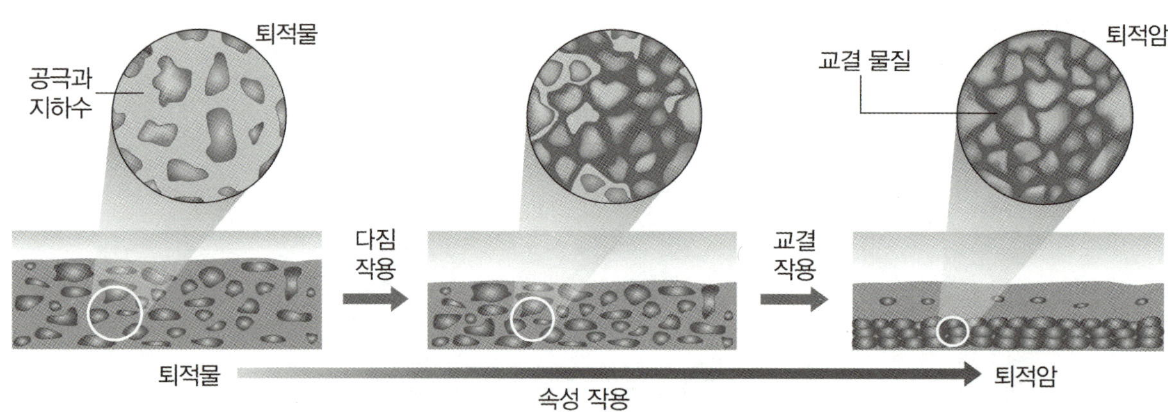

3. 퇴적암의 종류

퇴적물의 기원에 따라서 쇄설성 퇴적암, 화학적 퇴적암, 유기적 퇴적암으로 구분한다.

(1) 쇄설성 퇴적암

암석이 풍화, 침식 작용을 받아 생성된 쇄설성 퇴적물이나 화산재와 같은 화산 쇄설물이 쌓여서 생성된 퇴적암이다.

	주요 퇴적물	퇴적암		주요 퇴적물	퇴적암
풍화, 침식 작용	자갈(2mm 이상)	역암	화산 분출	화산탄, 화산암괴 (64mm 이상)	집괴암 (화산 각력암)
	모래($\frac{1}{16}$~2mm)	사암		화산력(2~64mm)	라필리 응회암
	실트, 점토($\frac{1}{16}$ mm 이하)	이암, 셰일		화산재(2mm 이하)	응회암

(2) 화학적 퇴적암

호수나 바다 등에서 물에 녹아 있던 물질이 화학적으로 침전되거나 물이 증발함에 따라 잔류하여 만들어진 퇴적암이다.

	주요 퇴적물	퇴적암
침전 작용	$CaCO_3$	석회암
	SiO_2	처트
	$NaCl$	암염

(3) 유기적 퇴적암

생물의 유해나 골격의 일부가 쌓여서 만들어진 퇴적암이다.

	주요 퇴적물	퇴적암
생물의 유해나 골격 퇴적	석회질 생물체(산호, 유공충 등)	석회암
	규질 생물체	처트, 규조토
	식물체	석탄

▲ 역암　　▲ 사암　　▲ 셰일　　▲ 응회암

▲ 석회암　　▲ 처트　　▲ 암염　　▲ 석탄

▌퇴적암과 퇴적 환경 - 퇴적 구조

퇴적이 일어나는 장소와 퇴적 당시의 환경에 따라 특징적인 퇴적 구조가 형성된다. 이를 통해 지층의 역전 여부를 판단할 수 있다.

종류	내용	형성 과정
(1) 사층리	• 층리가 나란하지 않고 비스듬히 **기울어지거나 엇갈려 나타나는 퇴적 구조** • 수심이 얕은 물밑이나 바람의 방향이 자주 바뀌는 곳에서 형성된다.	바람이 불거나 물이 흘러가는 방향으로 입자가 쌓일 때 형성된다. 따라서 과거에 암석이 형성될 때 물이나 바람이 흘렀던 방향을 알 수 있다.
(2) 연흔	• 물결 모양의 흔적이 지층에 남아 있는 퇴적 구조 • 수심이 얕은 물밑에서 퇴적될 때 **물결의 영향을 받아 형성된다.**	수심이 얕은 물밑에서 물결의 흔적이 퇴적물 표면에 남아 형성된다.
(3) 건열	• 퇴적층의 표면이 갈라져서 쐐기 모양의 틈이 생긴 퇴적 구조 • 퇴적물의 표면이 **대기에 노출되어 건조해지면** 갈라지면서 형성된다.	증발이나 융기로 표면이 대기에 노출되면서 균열이 형성된다.
(4) 점이 층리	• 한 지층 내에서 위로 갈수록 **입자의 크기가 점점 작아지는** 퇴적 구조 • 큰 입자가 먼저 가라앉고 작은 입자는 천천히 가라앉아 형성된다. • 주로 **깊은** 호수나 **바다**에서 형성된다.	수심이 깊은 곳에서 퇴적물이 한꺼번에 쌓일 때 형성된다.

❚ 퇴적암과 퇴적 환경 – 퇴적 환경

1. 퇴적 환경

퇴적암이 생성되는 퇴적 환경은 크게 육상 환경, 연안 환경, 해양 환경으로 구분할 수 있다.

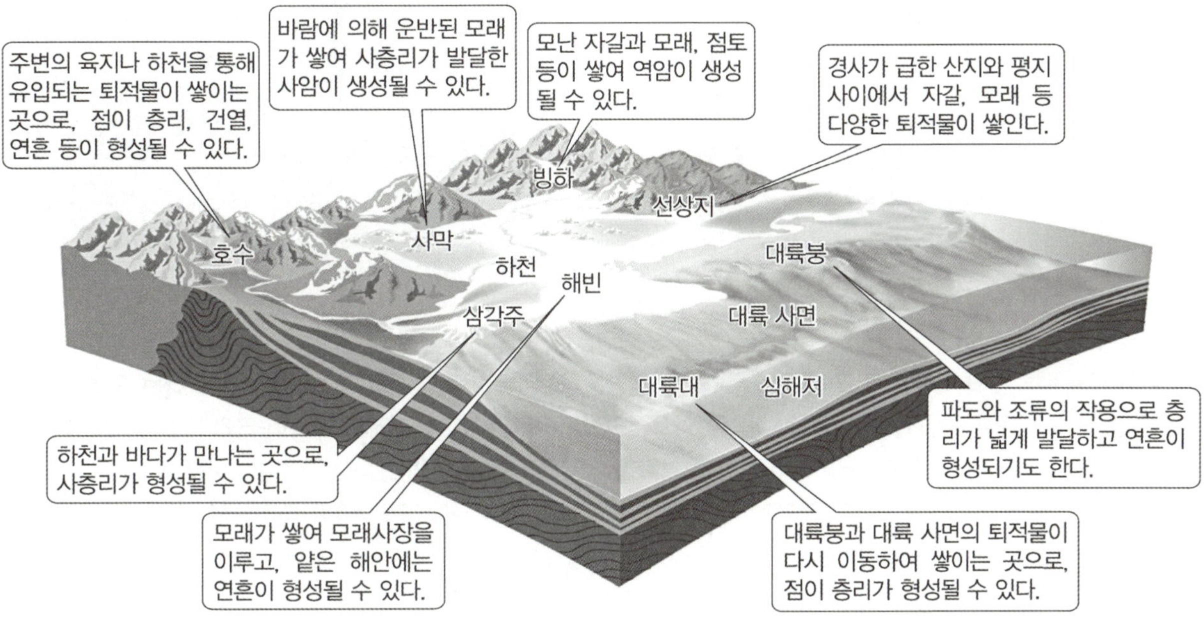

(1) 육상 환경

육상 환경의 종류로는 선상지, 하천, 호수, 사막, 빙하 등이 있으며 육지에서는 주로 침식이 일어나지만, 지대가 낮은 일부 지역에서는 퇴적이 일어나 주로 쇄설성 퇴적암이 생성된다.

(2) 연안 환경

연안 환경의 종류로는 삼각주, 조간대, 해빈, 사주, 석호 등이 있으며 육상 환경과 해양 환경이 만나는 곳에서 퇴적된다.

(3) 해양 환경

해양 환경의 종류로는 대륙붕, 대륙 사면, 대륙대, 심해저 평원 등이 있으며 바다 밑에서 퇴적암이 만들어진다.

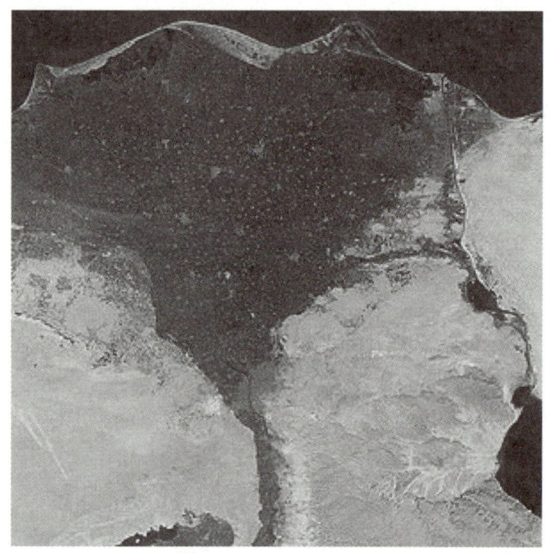

▲ 삼각주의 모습

▲ 선상지의 모습

- 위 두 자료는 삼각주와 선상지의 모습이다. **두 퇴적 환경은 모두 유속이 급격히 감소하며 형성된다는 공통점이 있다.**
- 삼각주는 유속이 빠른 강물을 따라 흐르던 작은 입자들이 바다와 만나는 장소에서 유속이 급격히 느려지며 형성된다.
- 선상지는 경사가 가파른 산에서 물을 따라 흐르던 입자들이 넓은 평야로 나와 유속이 급격히 느려지며 형성된다.

2. 한반도의 퇴적 지형

(1) 강원도 태백시 구문소

고생대 바다에서 퇴적된 석회암으로 주로 이루어져 있고, **삼엽충**과 완족류 화석 등이 발견된다.

(2) 경상남도 고성군 덕명리

중생대 호수에서 퇴적된 셰일층으로 이루어졌으며, 다양한 **공룡 발자국 화석이 발견**된다.

(3) 전라북도 진안군 마이산

중생대 호수에서 퇴적된 역암, 사암, 셰일 등으로 이루어졌다.

(4) 제주도 한경면 수월봉

신생대 화산 활동으로 분출된 화산재가 두껍게 쌓인 **응회암**으로 이루어져 있으며, **층리가** 잘 발달해 있다.

2023학년도 수능 지Ⅰ 4번

다음은 퇴적암이 형성되는 과정의 일부를 알아보기 위한 실험이다.

[실험 목표]
○ 퇴적암이 형성되는 과정 중 (　㉠　)을/를 설명할 수 있다.

[실험 과정]
(가) 입자 크기 2mm 정도인 퇴적물 250mL가 담긴 원통에 물 250mL를 넣는다.
(나) 물의 높이가 퇴적물의 높이와 같아질 때까지 물을 추출한 뒤, 추출된 물의 부피를 측정한다.
(다) 그림과 같이 원형 판 1개를 원통에 넣어 퇴적물을 압축시킨다.
(라) 물의 높이가 퇴적물의 높이와 같아질 때까지 물을 추출하고, 그 물의 부피를 측정한다.
(마) 동일한 원형 판의 개수를 1개씩 증가시키면서 (라)의 과정을 반복한다.
(바) 원형 판의 개수와 추출된 물의 부피와의 관계를 정리한다.

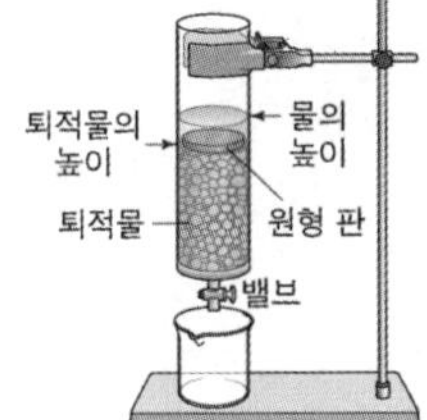

[실험 결과]
○ 과정 (나)에서 추출된 물의 부피 : 100mL
○ 과정 (다)~(마)에서 원형 판의 개수에 따른 추출된 물의 부피

원형 판 개수(개)	1	2	3	4	5
추출된 물의 부피(mL)	27.5	8.0	6.5	5.3	4.5

이 자료에 대한 설명으로 옳은 것만을 <보기>에서 있는 대로 고른 것은?

── <보 기> ──

ㄱ. '다짐 작용'은 ㉠에 해당한다.
ㄴ. 과정 (나)에서 원통 속에 남아 있는 물의 부피는 222.5mL이다.
ㄷ. 원형 판의 개수가 증가할수록 단위 부피당 퇴적물 입자의 개수는 증가한다.

① ㄱ　　　　② ㄴ　　　　③ ㄷ　　　　④ ㄱ, ㄴ　　　　⑤ ㄱ, ㄷ

추가로 물어볼 수 있는 선지

1. 속성 작용에 의해 퇴적물의 부피가 줄어들고 밀도가 커진다. (O , X)
2. 퇴적물로부터 퇴적암이 되기까지의 전체 과정을 속성 작용이라고 한다. (O , X)
3. 크고 작은 자갈과 모래 알갱이 사이를 교결 물질이 메우고 있는 암석은 분급이 대체로 양호하다. (O , X)

정답 : 1. (O), 2. (O), 3. (X)

 2023학년도 수능 지Ⅰ 4번

KEY POINT #퇴적암, #다짐 작용, #단위 부피

문항의 발문 해석하기

퇴적암의 종류에 대해서 생각해야 한다.

문항의 자료 해석하기

〔실험 목표〕
○ 퇴적암이 형성되는 과정 중 (　⑦　)을/를 설명할 수 있다.

〔실험 과정〕
(가) 입자 크기 2mm 정도인 퇴적물 250mL가 담긴 원통에 물 250mL를 넣는다.
(나) 물의 높이가 퇴적물의 높이와 같아질 때까지 물을 추출한 뒤, 추출된 물의 부피를 측정한다.
(다) 그림과 같이 원형 판 1개를 원통에 넣어 퇴적물을 압축시킨다.
(라) 물의 높이가 퇴적물의 높이와 같아질 때까지 물을 추출하고, 그 물의 부피를 측정한다.
(마) 동일한 원형 판의 개수를 1개씩 증가시키면서 (라)의 과정을 반복한다.
(바) 원형 판의 개수와 추출된 물의 부피와의 관계를 정리한다.

〔실험 결과〕
○ 과정 (나)에서 추출된 물의 부피 : 100mL
○ 과정 (다)~(마)에서 원형 판의 개수에 따른 추출된 물의 부피

원형 판 개수(개)	1	2	3	4	5
추출된 물의 부피(mL)	27.5	8.0	6.5	5.3	4.5

1. (가)에서 입자의 크기가 2mm정도인 퇴적물을 넣는다고 했으니 생성되는 퇴적암은 주로 '자갈'로 이루어진 역암일 것이다.

2. 실험 과정 중 계속해서 원형 판을 원통에 넣어 퇴적물을 압축하고 있다. 따라서 퇴적물 입자 사이의 간격인 공극이 좁아질 것이므로 ⑦은 다짐 작용일 것이다.

선지 판단하기

ㄱ 선지 '다짐 작용'은 ⑦에 해당한다. (O)

　　퇴적물을 원형 판을 넣어 압축하고 있으므로 다짐 작용은 ⑦에 해당한다.

ㄴ 선지 과정 (나)에서 원통 속에 남아 있는 물의 부피는 222.5mL이다. (X)

　　(가)에서 물 250mL를 넣은 후 실험 결과를 통해 100mL가 추출된 것을 알 수 있다. 따라서 남아있는 물의 부피는 150mL일 것이다.

ㄷ 선지 원형 판의 개수가 증가할수록 단위 부피당 퇴적물 입자의 개수는 증가한다. (O)

　　원통 속에는 250mL의 퇴적물이 담겨있다. 이때 퇴적물의 개수를 n개라 하자. 원형 판을 넣으면서 원통 속 물질의 부피는 372.5mL → 364.5mL → 358mL → 352.7mL → 348.2mL로 점점 줄고 있다.

　　이때 단위 부피당(같은 부피당) 들어있는 퇴적물 입자의 개수는

$$\frac{n}{372.5\text{mL}} \to \frac{n}{364.5\text{mL}} \to \frac{n}{358\text{mL}} \to \frac{n}{352.7\text{mL}} \to \frac{n}{348.2\text{mL}}$$ 이므로 점점 증가하고 있다.

　　또는 밀도가 증가하고 있으므로 단위 부피당 퇴적물 입자의 개수는 증가한다고 볼 수도 있다.

기출문항에서 가져가야 할 부분

1. 퇴적암이 형성되는 과정 이해하기

2. 실험 과정 문제가 출제된다면 꼼꼼히 읽기

3. 단위 부피당 ~ 에 대한 선지는 밀도를 이용해 해석할 수 있음을 알기

기출 문제로 알아보는 유형별 정리

[퇴적암의 생성 과정]

1 퇴적암의 형성 및 종류

① 속성 작용 지Ⅱ 2019년 4월 학력평가 7번

그림은 모래로 이루어진 퇴적물로부터 퇴적암이 생성되는 과정을 나타낸 것이다.

ㄱ. A에 의해 공극이 감소한다. (O)

- A는 압축 작용(다짐 작용)으로 입자들이 다져지면서 **입자 사이의 빈 공간인 공극**이 감소한다.
- 퇴적물은 **다짐 작용**과 **교결 작용**을 거치며 **공극이 줄어들면서 단단한 퇴적암**이 된다.

② 퇴적암의 종류 지Ⅱ 2017년 4월 학력평가 15번

그림은 퇴적암을 쇄설성, 유기적, 화학적 퇴적암으로 분류하고, 그 예를 나타낸 것이다.

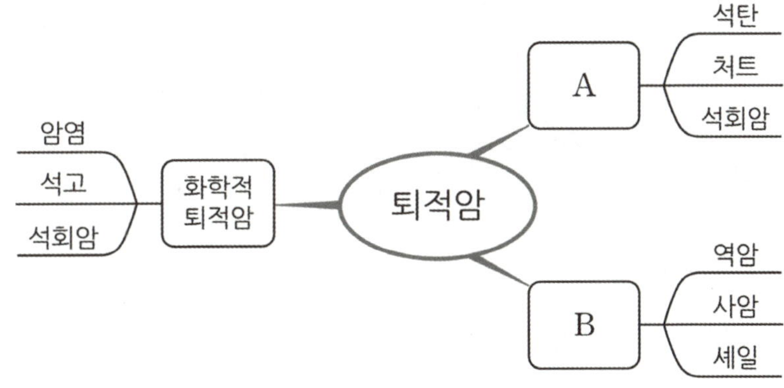

ㄴ. 응회암은 B의 예이다. (O)

- **응회암은 화산재가 쌓여 형성된 쇄설성 퇴적암**이다. 역암, 사암, 셰일이 포함된 B는 쇄설성 퇴적암이므로 맞는 선지이다.
- 다음과 같은 퇴적암의 종류를 암기할 수 있도록 하자.
  쇄설성 퇴적암 : 역암, 사암, 셰일, 응회암
  화학적 퇴적암 : 석회암, 처트, 암염
  유기적 퇴적암 : 석탄, 석회암, 처트

표는 퇴적물의 기원에 따른 퇴적암의 종류를 나타낸 것이다.

구분	퇴적물	퇴적암
A	식물	석탄
A	규조	처트
B	모래	㉠
B	㉡	역암

ㄷ. 자갈은 ㉡에 해당한다. (O)

- 역암은 주로 자갈이 퇴적되어 형성되므로 ㉡에 해당한다.
- 쇄설성 퇴적암을 이루는 입자의 크기에 대해서 함께 알아두자.

  자갈 : 2mm 이상, 모래 : 2mm ~ $\frac{1}{16}$ mm, 점토 : $\frac{1}{16}$ mm 이하

2 해수면과 퇴적작용

　그림 (가)는 해성층 A, B, C로 이루어진 어느 지역의 지층 단면과 A의 일부에서 발견된 퇴적 구조를, (나)는 A의 퇴적이 완료된 이후 해수면에 대한 ⓐ 지점의 상대적 높이 변화를 나타낸 것이다.

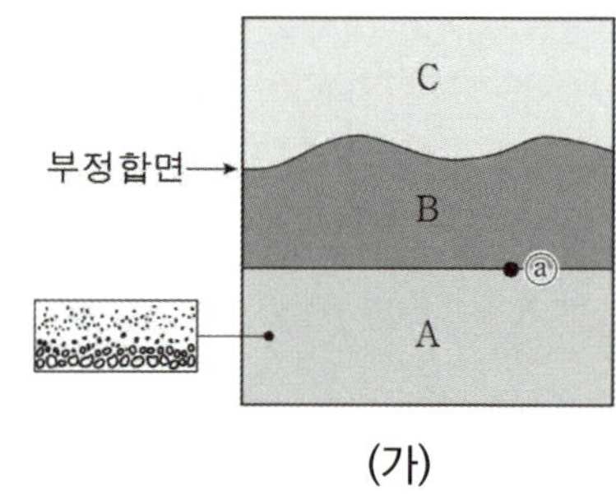

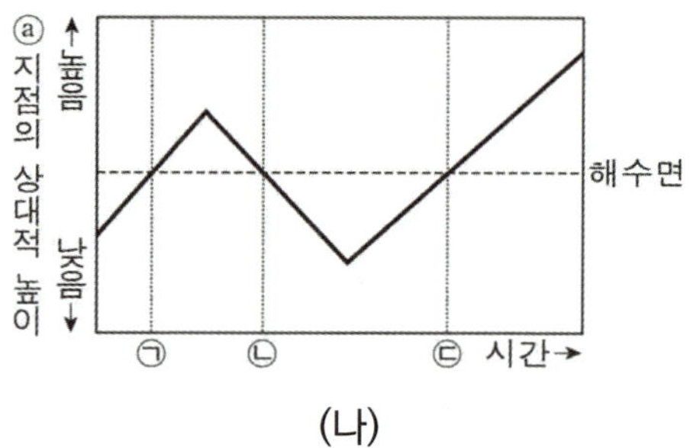

ㄴ. B의 두께는 ㉠ 시기보다 ㉡ 시기에 두꺼웠다. (X)

- B는 해성층이므로 해수면 아래에서 퇴적된 지층이다. 따라서 해수면보다 높게 위치했던 시기에는 퇴적이 되지 않았을 것이다. 따라서 ㉠과 ㉡ 사이에는 퇴적이 일어나지 않았을 뿐만 아니라 수면 위로 올라와 **풍화 침식 작용을 함께 받을 것**이므로 B의 두께는 ㉠ 시기보다 ㉡ 시기에 두꺼울 리 없다.
- 해성층은 해수면 아래에서 형성되고 육성층은 해수면 위 육지에서 형성된다는 것을 알아두자.

> **추가로 물어볼 수 있는 선지 해설**
>
> 1. 속성 작용에 의해 다짐 작용과 교결 작용이 일어나면서 퇴적물의 부피와 공극이 줄어들어 밀도가 커진다.
> 2. 속성 작용에 의해 퇴적물이 퇴적암이 되면서 단단해진다.
> 3. 분급이 양호하다는 것은 입자의 크기가 대체로 고르다는 뜻이다. 그러나 크고 작은 자갈이 포함된 암석은 분급이 불량하다.

2021학년도 수능 지Ⅰ 6번

그림 (가)는 해수면이 하강하는 과정에서 형성된 퇴적층의 단면이고, (나)는 (가)의 퇴적층에서 나타나는 퇴적 구조 A와 B이다.

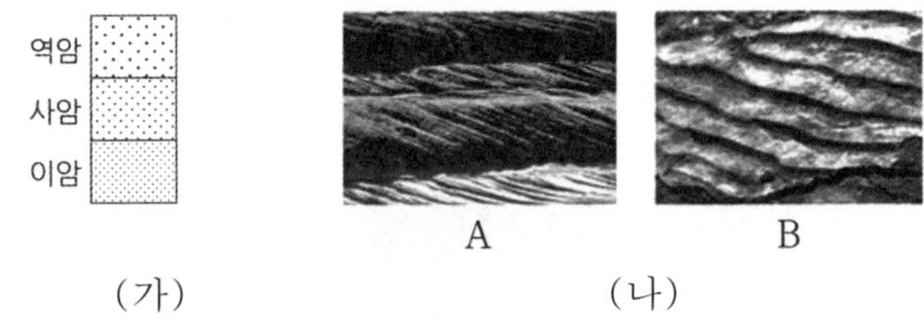

이 모형에 대한 설명으로 옳은 것만을 <보기>에서 있는 대로 고른 것은?

<보　기>

ㄱ. (가)의 퇴적층 중 가장 얕은 수심에서 형성된 것은 이암층이다.

ㄴ. (나)의 A와 B는 주로 역암층에서 관찰된다.

ㄷ. (나)의 A와 B 중 층리면에서 관찰되는 퇴적 구조는 B이다.

① ㄱ　　　　② ㄴ　　　　③ ㄷ　　　　④ ㄱ, ㄴ　　　　⑤ ㄱ, ㄷ

추가로 물어볼 수 있는 선지

1. B는 층리단면을 관찰한 모습이다. (O , X)

2. 건열은 횡압력에 의해 형성되었다. (O , X)

3. 점이 층리는 경사가 급한 해저에서 빠르게 이동할 때 퇴적물의 유속이 갑자기 빨라지면서 퇴적되는 현상에 의해 형성된다. (O , X)

정답 : 1. (X), 2. (X), 3. (O)

02 2021학년도 수능 지Ⅰ 6번

 #해수면 하강, #층리면, #퇴적 구조

문항의 발문 해석하기

해수면이 하강한다는 것은 지층이 융기하고 있다고 해석할 수 있다. 또한, 퇴적 구조 4가지에 대해서 생각할 수 있어야 한다.

문항의 자료 해석하기

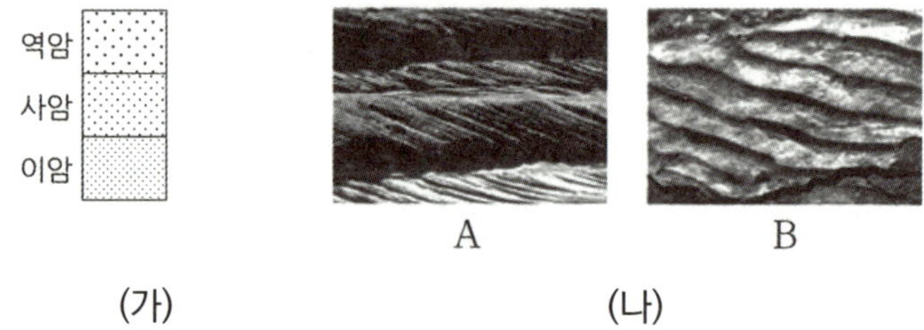

1. (가) 자료에서 퇴적 순서는 이암 → 사암 → 역암 순으로 쌓였다. 이 지역은 해수면이 하강하는 중이었으므로 가장 깊은 수심에서 쌓인 지층은 이암층, 가장 얕은 수심에 쌓인 지층은 역암층이다.

2. (나) 자료에서 A는 사층리이고 B는 연흔이다.

선지 판단하기

ㄱ 선지 (가)의 퇴적층 중 가장 얕은 수심에서 형성된 것은 이암층이다. (X)

　　가장 얕은 수심에서 형성된 것은 가장 나중에 형성된 역암층이다.

ㄴ 선지 (나)의 A와 B는 주로 역암층에서 관찰된다. (X)

　　사층리와 연흔은 모두 입자의 크기가 모래나 점토처럼 작은 사암층이나 이암층에서 형성되었을 것이다. 역암층은 크고 작은 자갈이 섞여 있어 특정 구조가 형성되기 어렵다.

ㄷ 선지 (나)의 A와 B 중 층리면에서 관찰되는 퇴적 구조는 B이다. (O)

　　층리면은 퇴적물을 상공에서 내려다 볼 때 보이므로 층리면에서 관찰되는 퇴적 구조는 B이다. A처럼 옆에서 바라봐야 보이는 사층리나 점이 층리는 층리단면에서 관찰된다.

기출문항에서 가져가야 할 부분

1. 해수면 하강의 의미 이해하기

2. 사층리, 연흔, 건열은 역암층에서 관찰되지 않음을 이해하기

3. 층리면과 층리단면 구분하기

기출 문제로 알아보는 유형별 정리

[퇴적 구조]

1 퇴적 구조

① 점이층리 지Ⅱ 2016년 4월 학력평가 12번

다음은 어떤 퇴적 구조의 형성 과정을 설명하기 위한 실험이다.

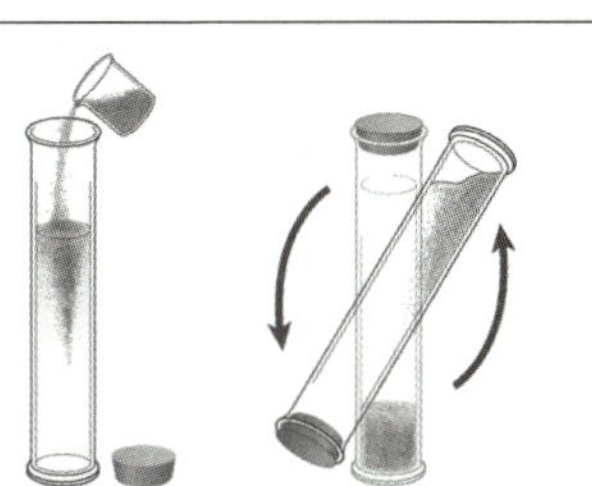

[실험 과정]
(가) 긴 원통에 물을 채우고, 다양한 크기의 입자로 구성된 흙을 원통에 부은 후 모두 가라앉을 때까지 기다린다.
(나) 원통의 입구를 마개로 막고 원통의 상하를 빠르게 뒤집은 후 흙이 쌓인 모습을 관찰한다.

ㄷ. 이 퇴적 구조는 심해 환경에서 만들어질 수 있다. (O)

- 실험 과정을 통해 다양한 입자로 구성된 흙이 **중력에 의해 밑으로 떨어지는 것을** 확인할 수 있다. 이때, **무거운 입자의 낙하 속도가 더 빠르므로 아래에는 무거운 입자가, 위에는 가벼운 입자**가 쌓이는 점이층리가 만들어진다. 점이층리는 수심이 깊은 심해 환경에서 만들어질 수 있다.
- 점이층리는 **수심이 깊은 환경에서 입자의 무게 차이로 인한 낙하 속도 차이로 형성**된다는 것을 알아두자.

② 사층리 지Ⅱ 2018년 4월 학력평가 10번

그림 (가)와 (나)는 물 밑에서 형성된 서로 다른 퇴적 구조를 나타낸 것이다.

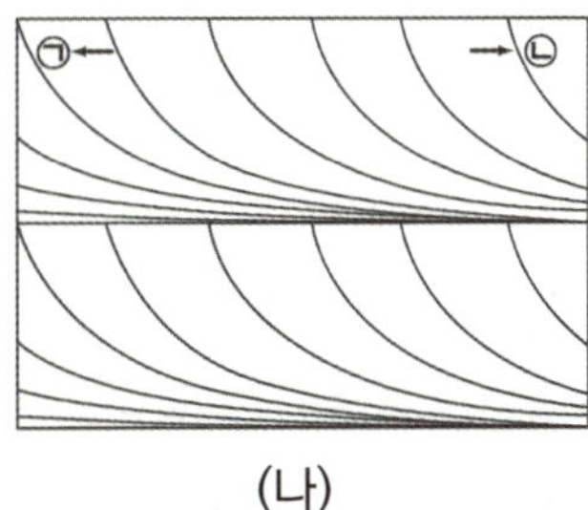

(나)

ㄴ. (나)의 퇴적 당시 퇴적물 이동 방향은 ㉠이다. (X)

- (나)는 사층리다. 사층리는 퇴적물이 지층에 쌓일 때 바람이나 흐르는 물의 영향으로 비스듬히 쌓여 생성되는 지층이다. 퇴적물은 ㉡ 방향으로 이동해야 위 자료처럼 사층리가 형성될 수 있다.
- 사층리의 모습을 보고 퇴적물의 이동 방향을 추정할 수 있어야 한다.

③ 연흔

다음은 지질 답사에서 촬영한 퇴적 구조와 관찰 결과이다.

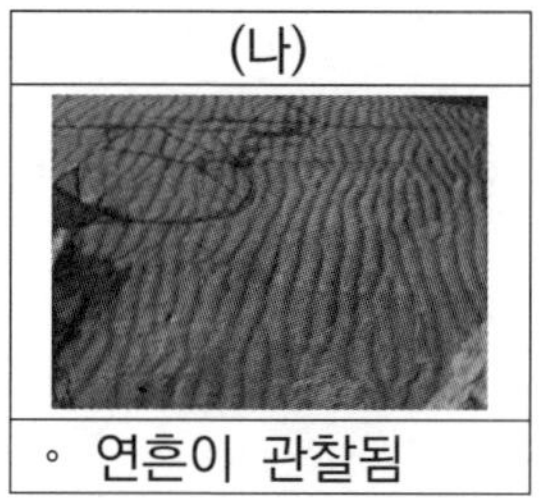

ㄴ. (나)는 얕은 물밑이나 바람의 영향을 받는 환경에서 형성되었다. (O)

- (나) 자료에는 연흔이 관찰되고 있다. 연흔은 얕은 물밑이나 바람의 영향을 받아 형성되는 물결 모양이 나타난 퇴적 구조이다.

④ 건열

다음은 어느 퇴적 구조가 형성되는 원리를 알아보기 위한 실험이다.

[실험 목표]
◦ (㉠)의 형성 원리를 설명할 수 있다.

[실험 과정]

(가) 100mL의 물이 담긴 원통형 유리 접시에 입자 크기가 $\frac{1}{16}$mm 이하인 점토 100g을 고르게 붓는다.

(나) 그림과 같이 백열전등 아래에 원통형 유리 접시를 놓고 전등 빛을 비춘다.

(다) ㉡ 전등 빛을 충분히 비추었을 때 변화된 점토 표면의 모습을 관찰하여 그 결과를 스케치한다.

[실험 결과]

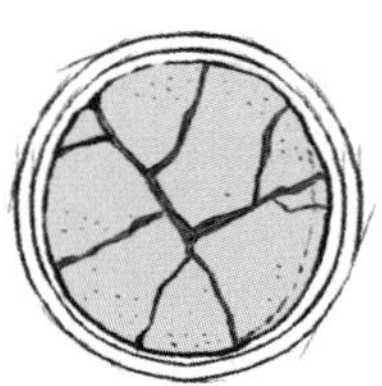

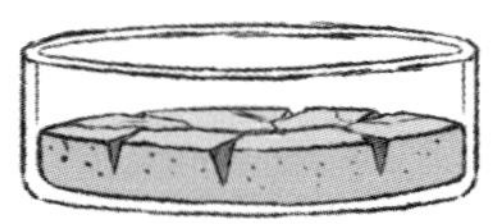

〈위에서 본 모습〉　　〈옆에서 본 모습〉

ㄴ. 건조한 환경에 노출되어 퇴적물의 표면이 갈라진 모습은 ㉡에 해당한다. (O)

- 위 퇴적 구조는 건조한 환경에서 형성되는 건열이다. 건열은 건조한 환경에서 V자 모양으로 표면이 갈라지며 형성되므로 ㉡에 해당한다.
- 또한, 건열은 땅이 갈라지는 모습이 확연히 드러나야 하기 때문에 **자갈과 같이 입자의 크기가 큰 역암층에서는 나타나지 않는다.**

① 층리면에서의 관측   2022년 7월 학력평가 6번

그림 (가)와 (나)는 퇴적 구조를 나타낸 것이다.

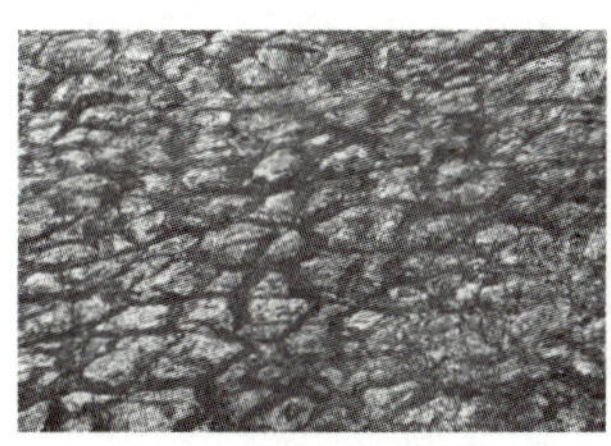

(가) 건열   (나) 연흔

ㄷ. (가)와 (나)는 모두 층리면을 관찰한 것이다. (O)

- (가)와 (나)는 모두 위에서 퇴적 구조를 내려다본 자료이다. 따라서 층리면을 관측한 것이다.
- **층리면은 퇴적 구조를 위에서 내려다본 것**이라는 사실을 알아두자.

② 층리단면에서의 관측   2021년 7월 학력평가 3번

그림 (가)와 (나)는 서로 다른 퇴적 구조를 나타낸 것이다.

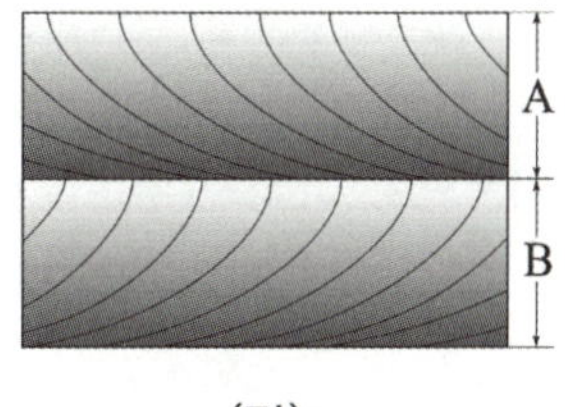
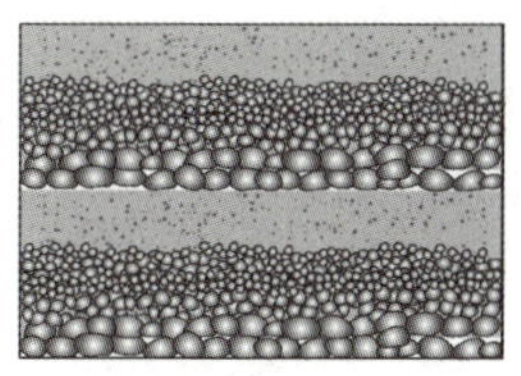

(가)   (나)

- (가)와 (나)는 모두 퇴적 구조를 옆에서 바라봤을 때 나타나는 자료이다.
  이는 층리단면을 관측한 것으로, **층리단면은 퇴적 구조를 옆에서 바라본 것**이라는 사실을 알아두자.

추가로 물어볼 수 있는 선지 해설

1. B는 연흔을 위에서 바라본 모습이다. 따라서 층리면을 촬영한 모습이다.
2. 건열은 건조한 환경에서 형성되는 퇴적 구조이다. 횡압력과는 큰 상관이 없다.
3. 점이 층리는 수심이 깊은 바다나 호수 등의 환경에서 입자의 크기 차이로 인한 낙하 속도 차이로 형성되는 퇴적 구조이다. 유속이 갑자기 빨라지는 저탁류에 의해서 형성된다.

▌지질 구조 – 여러 가지 지질 구조

1. 지질 구조

지층이나 암석이 지진이나 화산 등의 **지각 변동을 받으면 여러 모양으로 변형되거나 변성되기도 하는데** 이러한 상황이 발생한 지역에서 나타나는 구조를 **지질 구조**라 한다. 지질 구조를 통해 과거에 일어났던 지각 변동에 대해서 알 수 있다.

2. 단층

단층이란 대체로 **지표 부근의 얕은 곳**에서 지층이 **장력**이나 **횡압력**에 의해서 균열이 발생하여 **끊어진 지질 구조**이다. 단층에 작용하는 힘의 종류에 따라 단층의 종류를 3가지로 나눌 수 있다.

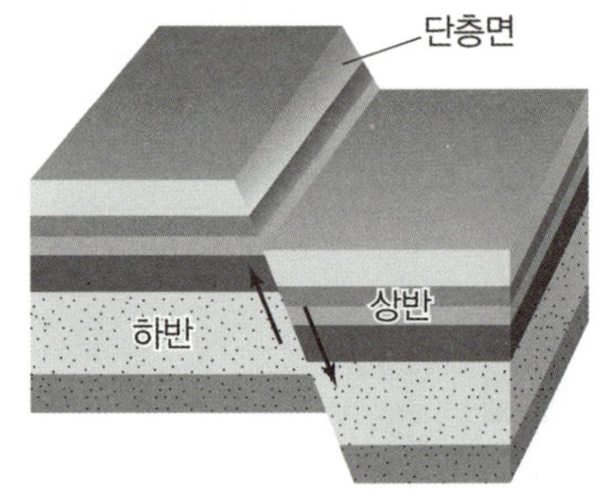

- 단층면 : 지층이 끊어진 기울어진 면이다.
- 상반 : 단층면을 기준으로 위쪽 부분을 상반이라 한다.
- 하반 : 단층면을 기준으로 아래쪽 부분을 하반이라 한다.

① **정단층** : 지층이 멀어질 때 발생하는 힘인 **장력**을 받아 형성된 단층이다.
- 상반이 하반에 대해서 아래쪽으로 내려갔다. **지층이 서로 멀어지니 자연스럽게** 단층면을 따라 상반이 내려간 것이다.
② **역단층** : 지층이 가까워질 때 발생하는 힘인 **횡압력**을 받아 형성된 단층이다.
- 상반이 하반에 대해서 위쪽으로 솟아올랐다. **지층이 서로 가까워지니 자연스럽게** 단층면을 따라 상반이 위로 올라간 것이다.
③ **주향 이동 단층** : 지층이 서로 수평으로 이동할 때 어긋나면서 형성된 단층이다.

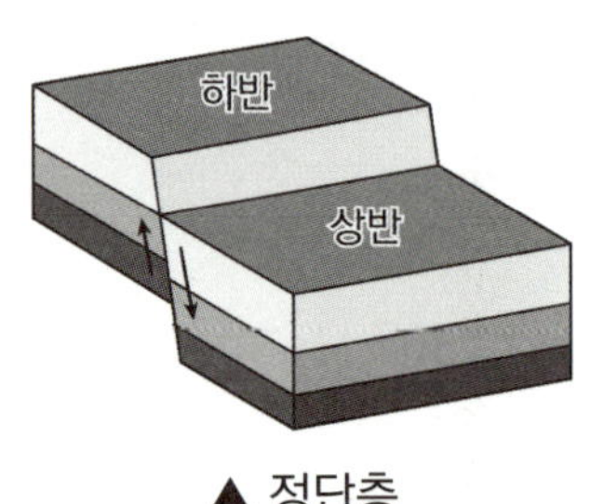

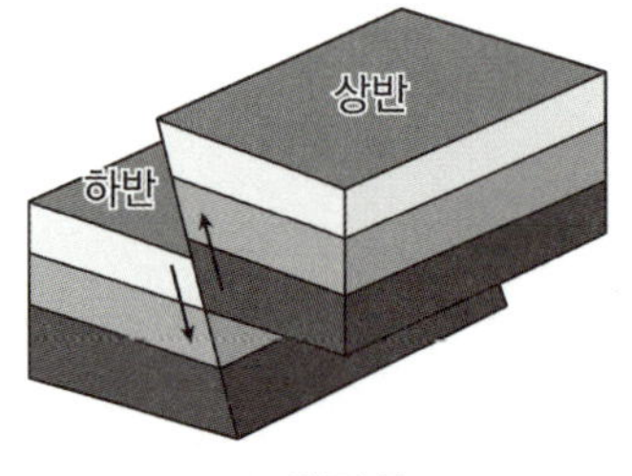

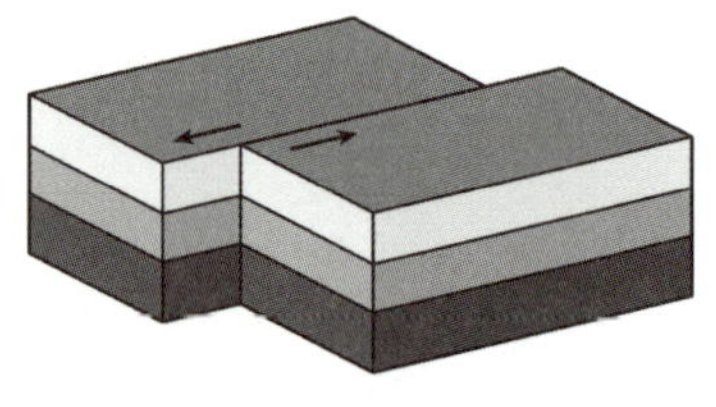

▲ 정단층   ▲ 역단층   ▲ 주향 이동 단층

습곡이란 **깊은 지하의 고온의 환경**에서 **횡압력**을 받아 **휘어진 지질 구조**이다. 단층과는 달리 고온의 환경에서 생성되었기 때문에 지층이 끊어지지 않고 휘어진다. 습곡은 **습곡축면**이 수평면에 대해 기울어진 정도에 따라 습곡을 3가지로 분류할 수 있다.

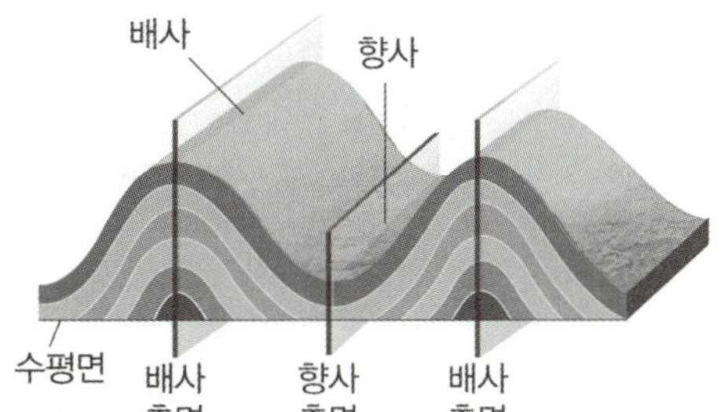

- 습곡축면 : 지층이 가장 많이 휘어진 중앙의 축을 포함하는 면이다.
- 배사 : 지층이 위쪽으로 볼록하게 휘어진 부분이다.
- 향사 : 지층이 아래쪽으로 볼록하게 휘어진 부분이다.

① **정습곡** : 습곡축면이 수평면에 대해서 거의 수직인 습곡이다. **고도가 일정한 지역**에서 **배사축에 가까운 지층의 나이**는 **증가**하고, **향사축에 가까운 지층의 나이는 감소**한다.

② **경사 습곡** : 습곡축면이 수평면에 대해서 기울어진 습곡이다.

③ **횡와 습곡** : 습곡축면이 수평면에 대해서 거의 수평으로 누운 습곡이다. 지층이 완전히 기울어졌기 때문에 먼저 쌓인 지층이 위로, 나중에 쌓인 지층이 아래로 가는 **지층의 역전**이 발생하는 지역이 있다.

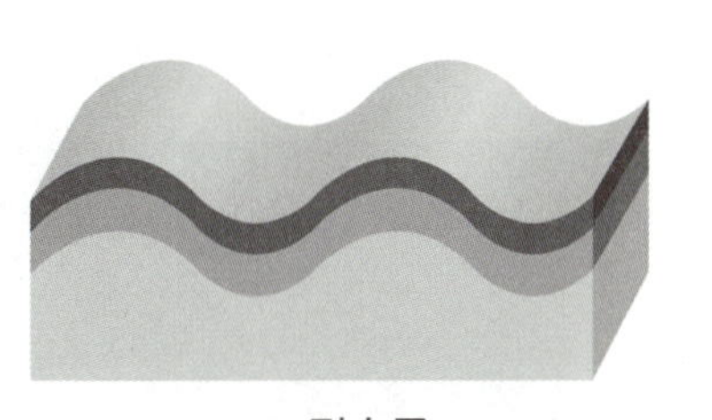

▲ 정습곡

▲ 경사 습곡

▲ 횡와 습곡

절리는 **암석에 생긴 틈이나 균열**이다. 주로 온도나 압력이 급격히 변화할 때 생성된다.

- **주상 절리** : 지표로 분출함 용암이 대기와 맞닿아 **빠르게 식을 때** 암석의 **부피가 급격히 수축**하여 **다각형의 긴 기둥 모양으로 쪼개지며 생성되는 구조**이다. 주상 절리는 주로 **화산암**에서 잘 나타난다.
- **판상 절리** : 지하 깊은 곳에 있던 **지층이 융기하는 과정**에서 **압력이 감소**하며 **부피가 증가할 때** 암석이 팽창하며 **겹겹이 쪼개진 구조**이다. 판상 절리는 주로 **심성암**에서 잘 나타난다.

▲ 주상 절리

▲ 판상 절리

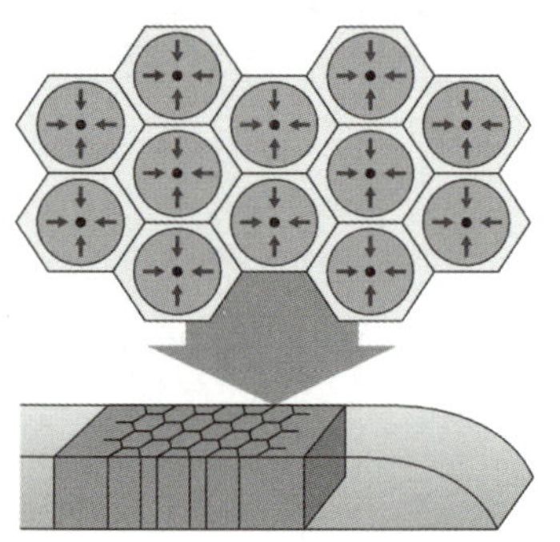

- 지표 근처에서 차갑게 식은 암석 내부가 위 자료처럼 다각형 모양으로 쪼개지며 주상 절리가 형성된다.

- 지하 깊은 곳에 있는 심성암이 지표로 융기하는 과정에서 외부의 압력이 감소하여 부피가 팽창한다.
- 팽창하는 과정에서 넓은 판 모양으로 쪼개져 판상 구조가 형성된다.

5. 관입과 포획

(1) 관입

- 관입이란 **마그마가 주변의 지층이나 암석의 약한 부분을 뚫고 들어가는 과정을** 의미한다.
- 이때 관입한 마그마가 식어서 만들어지는 암석을 관입암이라 한다. 마그마는 주변 암석에 비해서 온도가 높으므로 **관입암 주변의 암석은 열에 의한 변성 작용을** 받으며 이 과정에서 변성암이 생성될 수 있다.

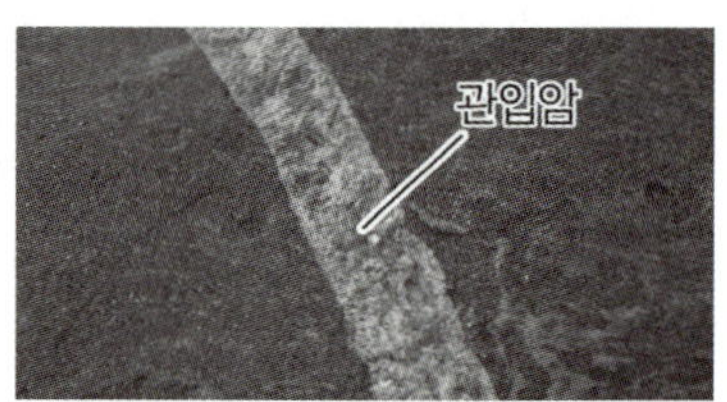

▲ 관입

(2) 포획

- 마그마가 관입할 때 주변의 암석을 녹이면서 관입을 진행한다. 이때, **주변 암석의 일부가 떨어져 나와 마그마 속에 남게 되는 것을** 포획이라 한다.
- 이렇게 포획된 암석을 포획암이라 한다. 포획암은 관입된 지층에 있던 암석이므로 관입암보다 먼저 형성된 암석이다.

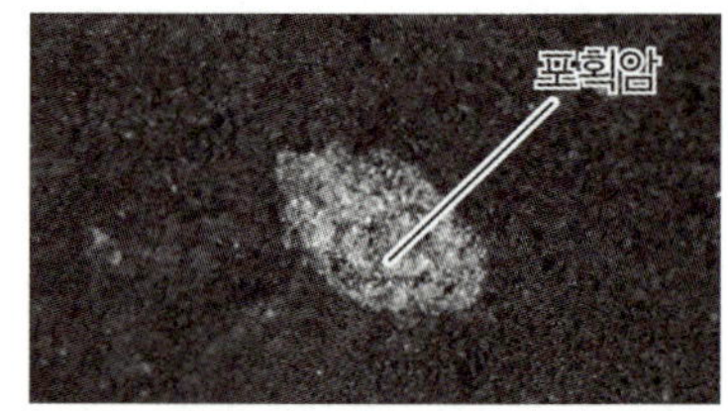

▲ 포획

지층이 시간 순서대로 연속적으로 쌓였을 때 상하 지층 사이의 관계를 정합이라고 한다. **부정합**은 정합 관계가 아닌 **상하 지층이 불연속적으로 쌓여 두 지층 간의 시간 차이가 클 때의 상하 지층 관계를 의미한다.** 부정합의 종류는 3가지로 나누어진다.

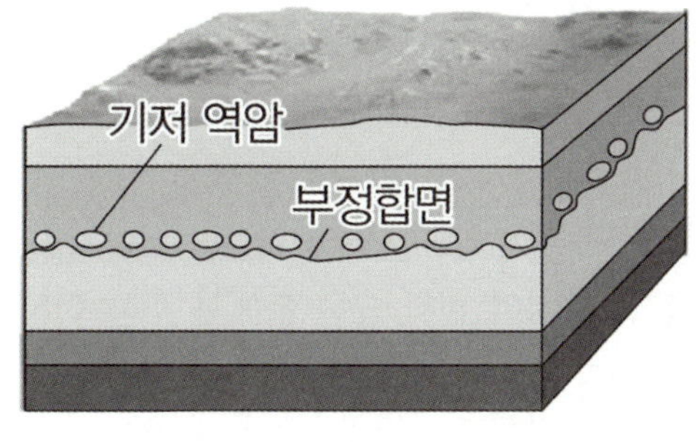

① **부정합면** : 부정합 관계인 두 지층 사이를 부정합면이라 한다. 부정합면을 경계로 큰 시간 간격이 존재한다.

② **기저 역암** : 기저 역암은 부정합의 형성 과정에서 풍화 및 침식 작용에 의해서 생성된 암석이다. 부정합면을 경계로 기저 역암이 포함된 지층은 그렇지 않은 지층보다 나이가 적다.

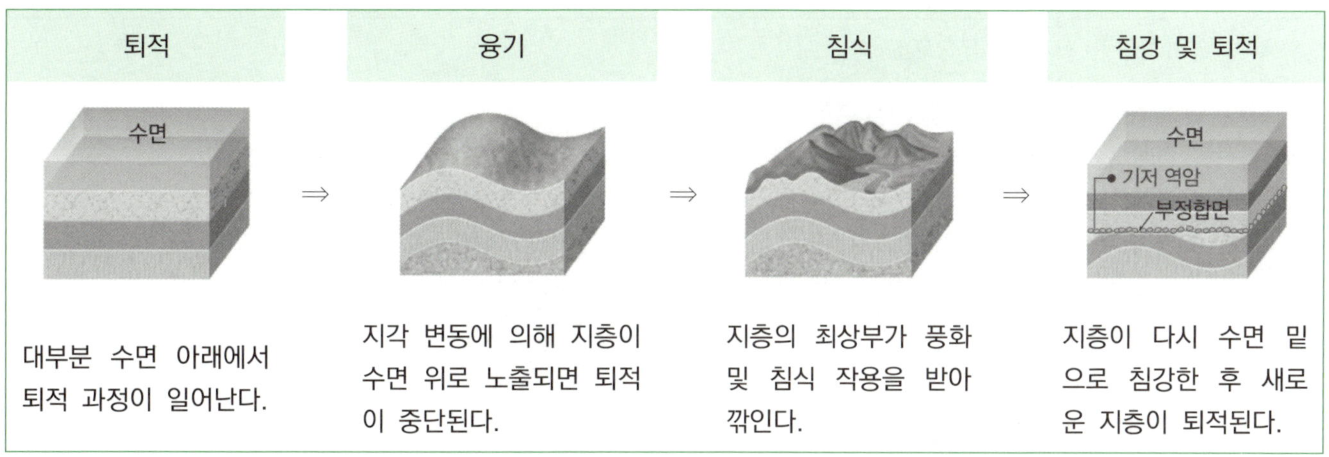

퇴적	융기	침식	침강 및 퇴적
대부분 수면 아래에서 퇴적 과정이 일어난다.	지각 변동에 의해 지층이 수면 위로 노출되면 퇴적이 중단된다.	지층의 최상부가 풍화 및 침식 작용을 받아 깎인다.	지층이 다시 수면 밑으로 침강한 후 새로운 지층이 퇴적된다.

③ **평행 부정합** : 부정합면을 경계로 상하 지층의 층리가 나란한 부정합이다. 대부분 조륙 운동을 받은 지층에서 잘 나타난다. 지층이 기울어져 있다 하더라도 부정합면을 경계로 위 아래 지층의 층리가 나란하다면 평행 부정합이다.

④ **경사 부정합** : 부정합면을 경계로 상하 지층의 층리가 경사진 부정합이다. 대부분 조산 운동을 받은 지층에서 잘 나타난다.

⑤ **난정합** : 부정합 형성 과정에서 부정합면 아래의 심성암이 **마그마가 지표로 분출한 후 풍화 및 침식 작용을 받아 생성**되는 부정합이다.

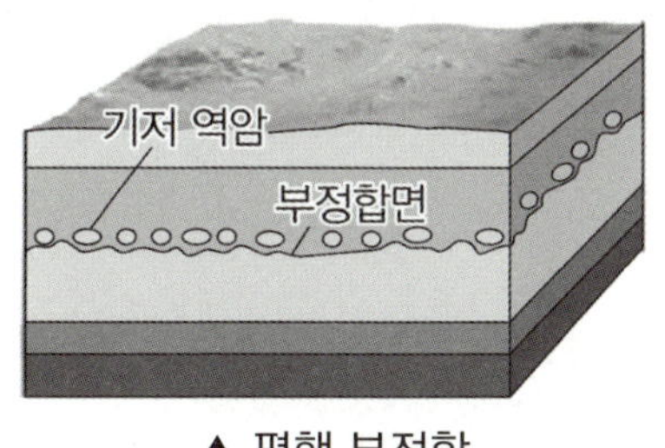

▲ 평행 부정합

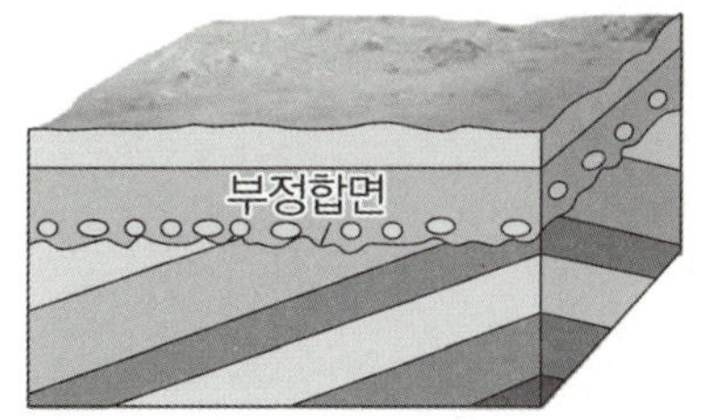

▲ 경사 부정합

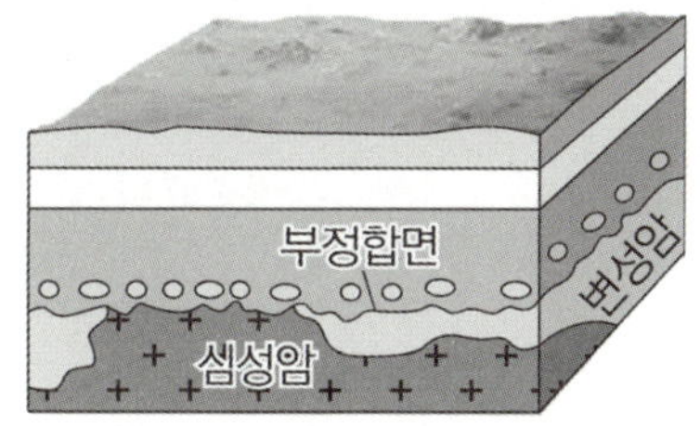

▲ 난정합

▌지질 구조 – 판의 운동과 지질 구조

앞서 판 경계에서 발달하는 지형에 대해서 배운 적 있다. 판 경계 문제와 연계되어 출제되는 부분이므로 지질 구조 또한 함께 알아두자.

발산형 경계	수렴형 경계	보존형 경계
• 양쪽에서 잡아당기는 힘인 장력이 발달하여 해령, 열곡대 등에서 정단층이 잘 발견된다.	• 양쪽에서 미는 힘인 횡압력이 발달하여 해구, 습곡 산맥 등에서 습곡과 역단층이 잘 발견된다.	• 양쪽에서 스쳐 지나가는 힘이 작용하여 변환 단층 등에서 주향 이동 단층이 잘 발견된다.

+ 시야 넓히기 : 판 경계와 지질 구조

- 각 판의 경계에서 형성될 수 있는 지질 구조에 대해서 알아보자.
- **발산형 경계** : A와 같이 **장력**이 발생하는 곳에는 **정단층**이 형성될 수 있다.

  수렴형 경계 : B와 같이 **횡압력**이 발생하는 곳에는 **습곡**과 **역단층**이 형성될 수 있다.

  보존형 경계 : C와 같이 지층이 서로 수평으로 이동해가는 곳에는 **주향 이동 단층**이 형성될 수 있다.

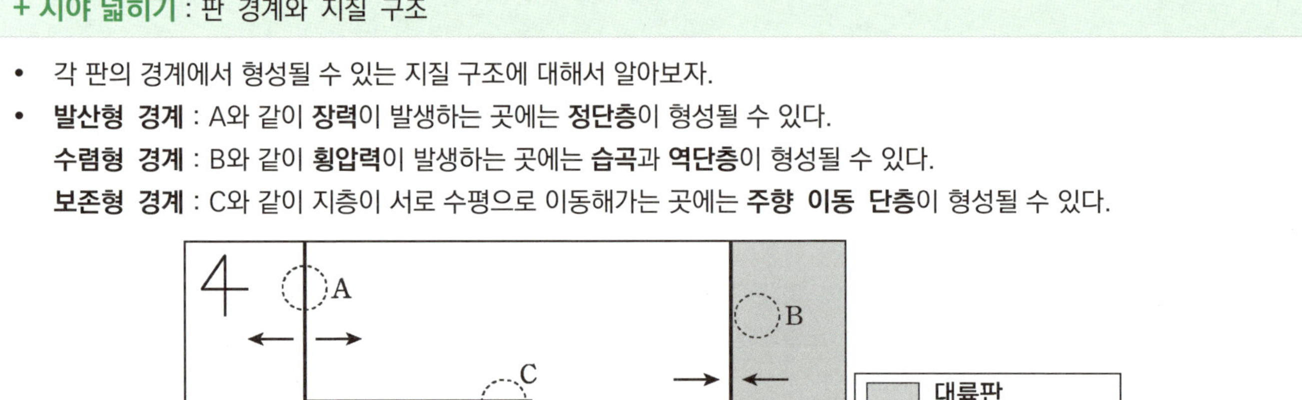

2023학년도 6월 모의평가 지Ⅰ 6번

그림 (가)는 판의 경계를, (나)는 어느 단층 구조를 나타낸 것이다.

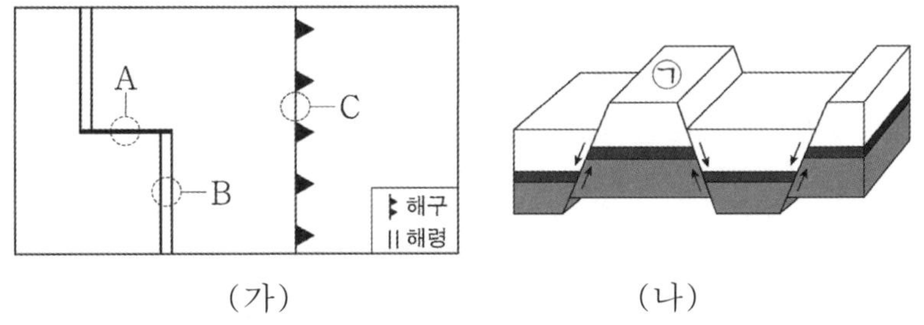

이에 대한 설명으로 옳은 것만을 <보기>에서 있는 대로 고른 것은?

─────────────── <보 기> ───────────────

ㄱ. A 지역에서는 주향 이동 단층이 발달한다.

ㄴ. ㉠은 상반이다.

ㄷ. (나)는 C 지역에서가 B 지역에서보다 잘 나타난다.

① ㄱ   ② ㄴ   ③ ㄱ, ㄷ   ④ ㄴ, ㄷ   ⑤ ㄱ, ㄴ, ㄷ

추가로 물어볼 수 있는 선지

1. 지층이 횡압력을 받아 생성된 단층에서는 단층면을 따라 상반이 아래로 내려간다. (O , X)

2. 판상 절리는 용암이 급격히 냉각 수축하는 과정에서 형성된다. (O , X)

3. 습곡은 주상 절리보다 깊은 곳에서 형성되었다. (O , X)

정답 : 1. (X), 2. (X), 3. (O)

01 2023학년도 6월 모의평가 지Ⅰ 6번

KEY POINT #주향 이동 단층, #상반, #단층

문항의 발문 해석하기

판 경계에서 나타나는 지질 구조를 떠올려야 한다.

문항의 자료 해석하기

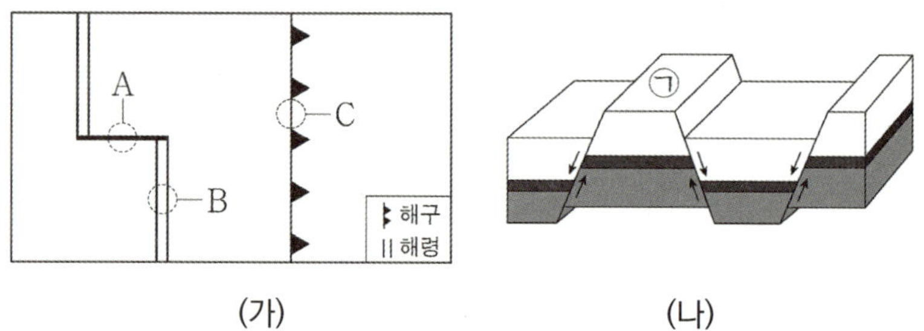

1. (가) 자료에서 A는 변환 단층, B는 해령, C는 해구라는 것을 확인해야 한다.
   변환 단층에서는 주향 이동 단층이, 해령에서는 정단층이, 해구에서는 습곡과 역단층이 잘 나타난다.
2. (나) 자료에서 단층면을 따라 상반이 하반에 비해서 내려간 정단층이 나타나 있다.

선지 판단하기

ㄱ 선지 A 지역에서는 주향 이동 단층이 발달한다. (O)

　　A는 다른 판이 서로 스쳐지나가는 보존형 경계이므로 주향 이동 단층이 발달한다.

ㄴ 선지 ㉠은 상반이다. (X)

　　㉠은 단층면 아래에 위치해 있다. 따라서 ㉠은 하반이다.

ㄷ 선지 (나)는 C 지역에서가 B 지역에서보다 잘 나타난다. (X)

　　(나)의 정단층은 주로 발산형 경계에서 장력을 받아 형성된다. C 지역은 수렴형 경계인 해구이므로 정
　　단층이 아닌 역단층이 발달할 것이다.

기출문항에서 가져가야 할 부분

1. 판 경계에서 형성될 수 있는 지질 구조를 연결 지어보기
2. 단층에서 상반과 하반을 구분하는 연습하기

▌기출 문제로 알아보는 유형별 정리

[단층, 습곡, 절리]

1 단층

<table><tr><td>① 정단층</td><td>2017년 3월 학력평가 10번</td></tr></table>

그림 (가)는 판의 경계와 서로 이웃한 두 판의 움직임을, (나)는 어떤 지질 구조를 나타낸 것이다.

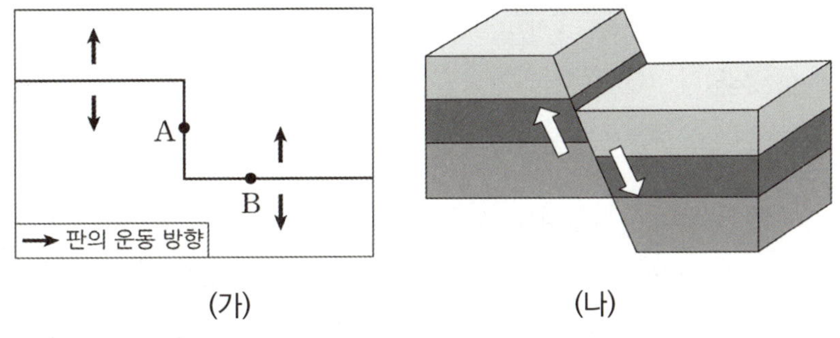

ㄷ. (나)의 지질 구조는 A보다 B에서 잘 나타난다. (O)

- (나)는 **상반이 아래로 내려간 정단층**으로 두 판이 벌어지는 발산형 경계에서 나타난다. 따라서 발산형 경계인 B에서 잘 나타난다.
- **발산형 경계**에서 **장력**의 영향으로 **정단층**이 형성된다는 것을 알아두자.

<table><tr><td>② 역단층과 주향 이동 단층</td><td>2022년 3월 학력평가 4번</td></tr></table>

그림은 어느 지괴가 서로 다른 종류의 힘 A, B를 받아 형성된 단층의 모습을 나타낸 것이다.

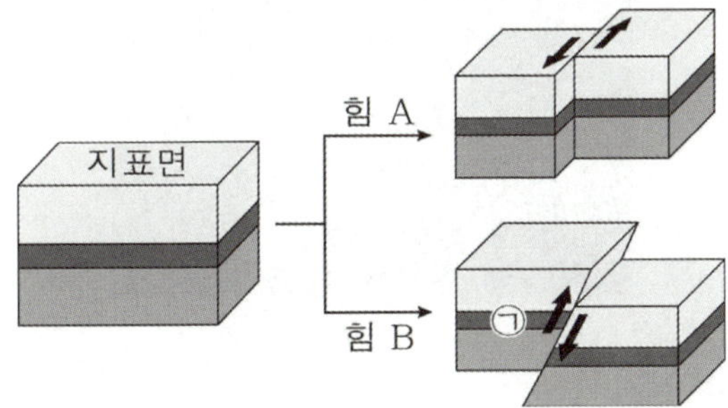

ㄱ. 힘 A에 의해 역단층이 형성되었다. (X)

- 힘 A에 의해서 형성된 단층은 서로 스쳐 지나가는 주향 이동 단층이다.
- 힘 B에 의해 형성된 단층은 상반이 위로 올라간 역단층이다. **역단층**은 주로 **수렴형 경계**에서 나타나며 **횡압력**을 받아 생성된다.
- **주향 이동 단층**은 주로 **보존형 경계**에서 나타난다. 변환 단층은 주향 이동 단층의 일종이다.

③ 정단층과 역단층의 구분 2020년 10월 학력평가 11번

그림은 어느 지역의 지질 구조를 나타낸 것이다. A는 화성암, B~E는 퇴적암이고, 단층은 C와 D층이 기울어지기 전에 형성되었다.

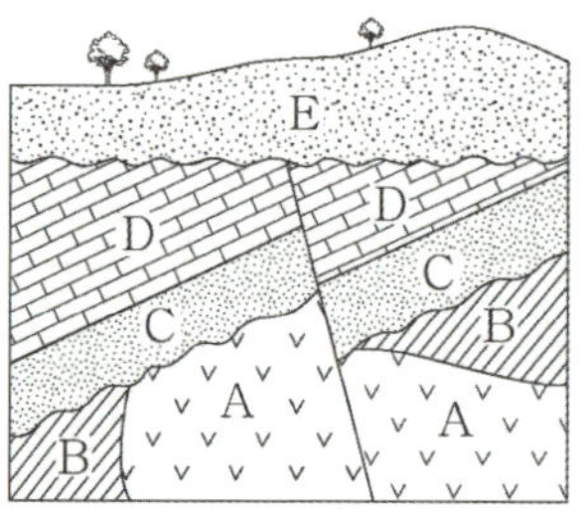

⑤ 단층은 횡압력에 의해 형성되었다. (O)

- 위 자료를 그대로 해석하면 단층의 오른쪽이 상반이라 생각하여 상반이 내려간 정단층 이라고 해석될 것이다.
  그러나 단층은 최근에 형성된 것이 아닌 D와 E 사이 시기에 형성되었다. 따라서 현재 의 관점에서 보는 것이 아닌 **지층이 기울어지기 전** 오른쪽 그림의 **관점에서 봐야 한다**. 따라서 단층의 왼쪽이 상반이고, 상반이 올라간 역단층으로 해석해야 한다.
- 위 자료처럼 **단층이 형성된 후 지층이 기울어졌을 때** 정단층, 역단층을 구분하기 위 해서는 **단층이 형성되었을 때의 관점으로 해석**해야 함을 반드시 기억하자.

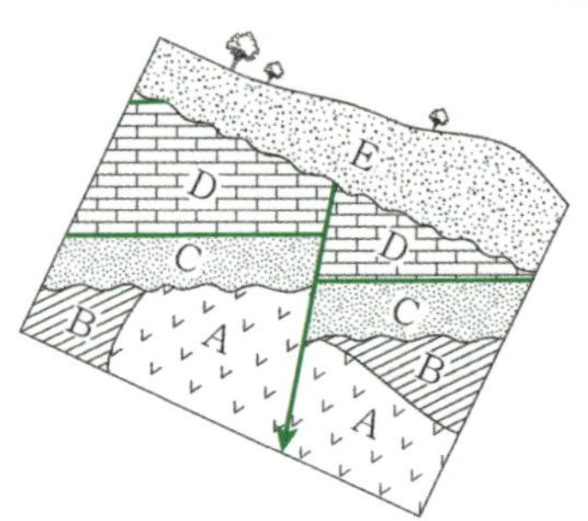

#2 습곡

① 습곡의 배사 및 향사 지Ⅱ 2017년 4월 학력평가 20번

그림 (가)~(다)는 서로 다른 지역에서 발견되는 지질 구조를 나타낸 것이다.

(가)

ㄱ. (가)에서는 배사 구조가 나타난다. (O)

- (가) 자료를 보면 지층이 위로 볼록하게 형성된 것을 확인할 수 있다. 이는 지층이 횡압력을 받아 휘어지며 형성된 습곡 이며 배사 구조가 나타난다.
- 습곡이 **위로 볼록**하게 형성된 부분은 **배사**, **아래로 볼록**하게 형성된 부분은 **향사**라는 것을 기억하자.
- 또한 **습곡은 단층보다 깊은 곳에서 형성**된다. 왜냐하면 지층이 끊어진 구조인 단층과는 달리 지하 깊은 곳에서 형성 되는 습곡은 지층의 온도가 높아 휘어지기 때문이다.

그림은 어느 지역의 지질 단면도를 나타낸 것이다. (단, 지층의 역전은 없었다.)

ㄱ. 정습곡이 나타난다. (X)

- 자료는 **습곡축면이 완전히 누워버린 횡와 습곡**이 나타나 있다.
- **횡와 습곡에서는 역전이 발생할 수 있다**는 사실을 알아두자.
  지층이 완전히 누웠기 때문에 오른쪽 그림처럼 A 지역에서는 지층의 역전이
  발생하는 것이다.

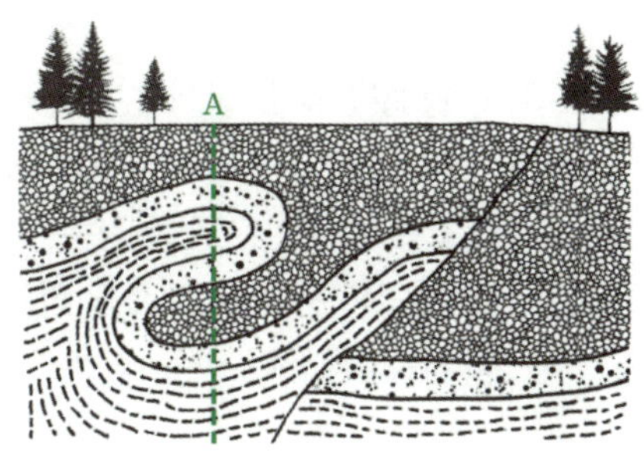

3 절리

다음은 영희가 제주도 서귀포시의 어느 지질 명소에 대하여 조사한 탐구 활동의 일부이다.

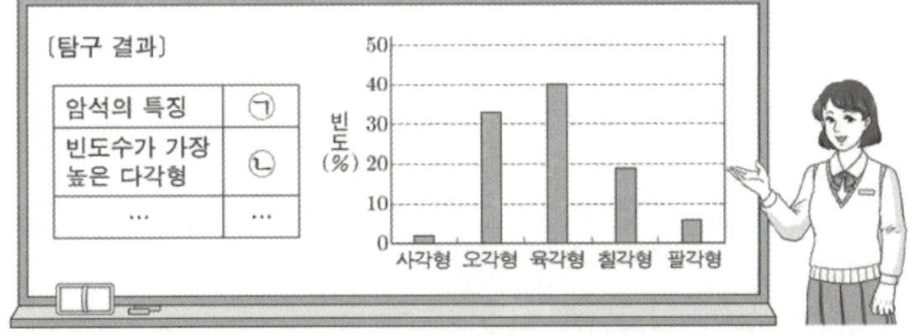

ㄷ. 기둥 모양을 형성하는 절리는 용암이 급격히 냉각 수축하는 과정에서 만들어진다. (O)

- 위 자료는 육각형 모양의 주상 절리에 대한 설명을 나타내고 있다. **주상 절리**는 지표 근처에서 빠르게 식은 **마그마가
  급격히 수축**하여 다각형 모양으로 쪼개지면서 나타난다.
- 주상 절리는 주로 **화산암**에서 나타나는 형태라는 것을 기억하자.

그림 (가)는 화성암의 생성 위치를, (나)는 북한산 인수봉의 모습을 나타낸 것이다.

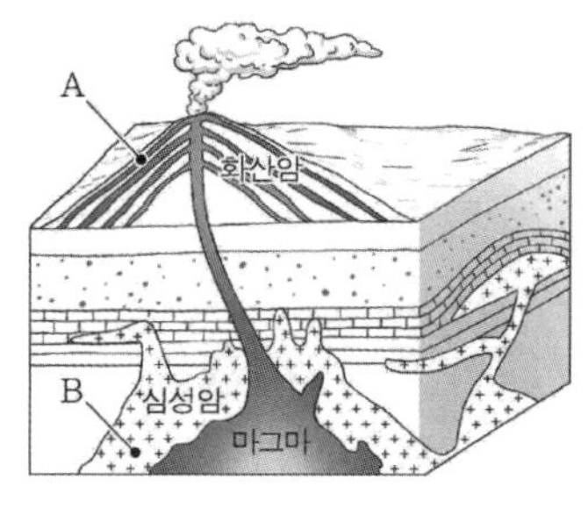

(가)　　　　　　　　　　　　　　　(나)

ㄴ. (나)의 암석은 A에서 생성되었다. (X)

- (나)의 암석은 주로 중생대 화강암으로 이루어져 있다. **화강암**은 심성암의 종류 중 하나로 **지하 깊은 곳에서 천천히 식으면서 만들어진다.** 따라서 B에서 형성된다.

- (나)와 같은 화강암은 지하 깊은 곳에서 형성된다. 이후 지층이 융기하여 현재의 북한산과 같은 형태가 된 것이다. **지층이 융기하는 과정**에서 암석은 **압력이 감소**하여 **부피가 팽창**한다. 부피가 팽창하면서 **판 모양으로 쪼개지면 판상 절리**가 나타난다.

추가로 물어볼 수 있는 선지 해설

1. 지층이 횡압력을 받아 단층이 생성되는 곳에서는 단층면을 따라 상반이 위로 올라가는 역단층이 생성된다.
2. 판상 절리는 암석이 융기하는 과정에서 압력이 줄어들면서 부피가 팽창하는 환경에서 만들어진다.
    ⇒ 용암이 급격히 수축하면서 만들어지는 지질 구조는 주상 절리이다.
3. 습곡은 높은 온도에서 휘어지며 만들어진 지질 구조이다. 주상 절리는 얕은 곳에서 마그마가 빠르게 식는 과정으로 형성된 지질 구조이다.

지Ⅱ 2019년 4월 학력평가 16번

그림 (가)와 (나)는 서로 다른 두 지역의 지질 단면도를 나타낸 것이다.

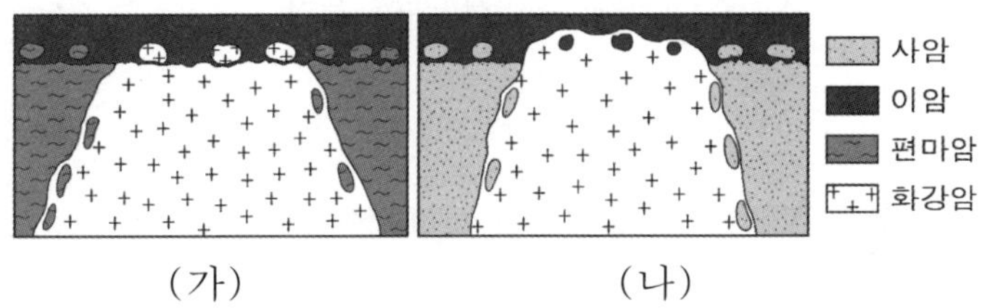

이에 대한 설명으로 옳은 것만을 <보기>에서 있는 대로 고른 것은?

<보 기>

ㄱ. (가)에서 편마암은 화강암보다 먼저 생성되었다.

ㄴ. (나)의 화강암에서는 사암과 이암이 포획암으로 나타난다.

ㄷ. (가)와 (나)에는 모두 난정합이 나타난다.

① ㄱ   ② ㄷ   ③ ㄱ, ㄴ   ④ ㄴ, ㄷ   ⑤ ㄱ, ㄴ, ㄷ

추가로 물어볼 수 있는 선지

1. (나)에서 난정합이 나타나지 않는 까닭은 부정합이 형성된 후 마그마의 관입이 일어났기 때문이다. (O , X)

2. (가)에서 화강암과 편마암의 경계부에서는 변성암이 산출될 수 있다. (O , X)

3. 포획암은 관입을 당한 암석과 구조가 비슷하다. (O , X)

정답 : 1. (O), 2. (O), 3. (O)

KEY POINT #포획암, #난정합

문항의 발문 해석하기

지질 단면도에서 각 지층의 생성 순서를 파악할 준비를 해야 한다.

문항의 자료 해석하기

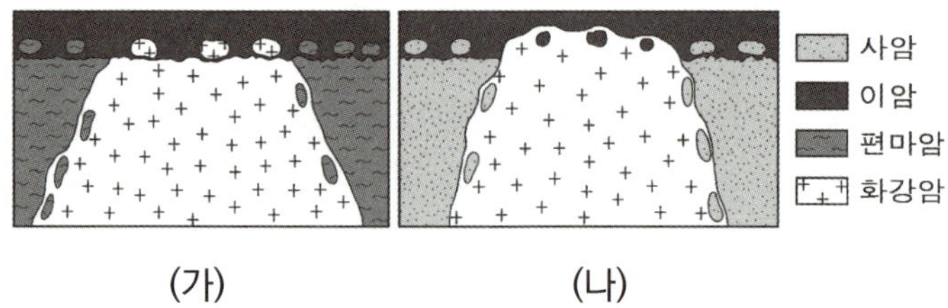

1. (가) 자료에서 화강암 속 편마암이 포획되어 있으므로 화강암이 편마암을 관입하고 있다. 이암층에는 편마암과 화강암이 기저 역암의 형태로 남아 있으므로 부정합이 일어났다.
   따라서 지층의 생성 순서는 편마암 → 화강암 → 이암이다.

2. (나) 자료에서 이암층에 사암이 기저 역암의 형태로 남아 있으므로 부정합이 일어났다. 그리고 화강암 속 사암과 이암이 포획되어 있으므로 화강암이 사암과 이암을 모두 관입하고 있다.
   따라서 지층의 생성 순서는 사암 → 이암 → 화강암이다.

선지 판단하기

ㄱ 선지 (가)에서 편마암은 화강암보다 먼저 생성되었다. (O)

　　화강암이 편마암을 관입하고 있으므로 원래 있던 암석인 편마암이 먼저 생성된 것이다.

ㄴ 선지 (나)의 화강암에서는 사암과 이암이 포획암으로 나타난다. (O)

　　(나)를 보면 화강암 속으로 사암과 이암이 포획된 것을 확인할 수 있다.

ㄷ 선지 (가)와 (나)에는 모두 난정합이 나타난다. (X)

　　(가)는 관입한 화강암이 기저 역암의 형태로 남아 있으므로 난정합이 일어났다.
　　그러나 (나)는 부정합이 형성된 후 화강암의 관입이 일어났으므로 난정합이 아니다.

기출문항에서 가져가야 할 부분

1. 지층의 생성 순서 파악하기
2. 평행 부정합 및 경사 부정합과 난정합 차이점 알기
3. 기저 역암과 포획암 차이 알기

기출 문제로 알아보는 유형별 정리

[부정합, 관입, 포획]

1 부정합을 찾는 방법

① 기저 역암으로 판단하기   2021년 7월 학력평가 5번

 그림은 어느 지역의 지질 단면도를, 표는 화성암 P와 Q에 포함된 방사성 원소 X와 이 원소가 붕괴되어 생성된 자원소의 함량을 나타낸 것이다.

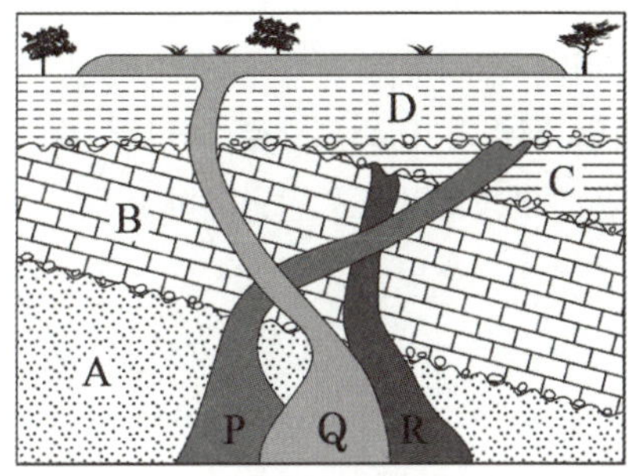

- 위 자료에서 부정합은 A와 B 사이, B와 C 사이, C와 D 사이 **총 3번** 있었다. 그 이유는 각 지층에 **기저 역암이 포함**되어 있기 때문이다. 이는 부정합을 판단하는 가장 간단한 방법이다.

② 변성 흔적으로 판단하기   2021학년도 6월 모의평가 14번

 그림 (가)는 어느 지역의 지질 단면을, (나)는 방사성 원소 X에 의해 생성된 자원소 Y의 함량을 시간에 따라 나타낸 것이다. 화성암 A, B, C에는 X와 Y가 포함되어 있으며, Y는 모두 X의 붕괴 결과 생성되었다. 현재 C에 있는 X와 Y의 함량은 같다.

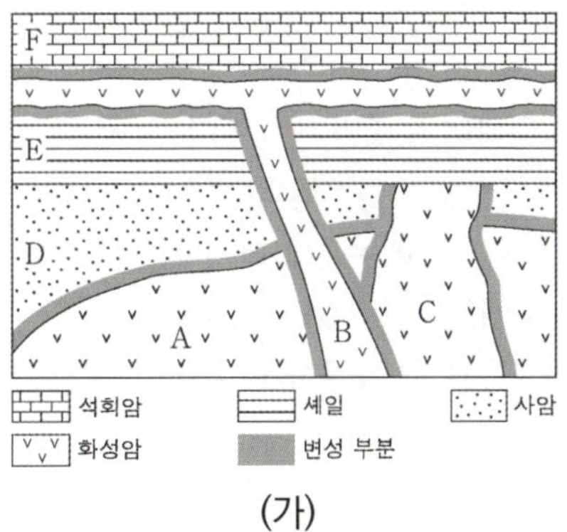

(가)

- 위 자료에서 **부정합은 D와 E 사이에 존재**한다. 부정합이 존재한다고 판단할 수 있는 이유는 D는 C에 의해 변성되었지만, E는 C에 의해 변성되지 않았기 때문이다.
- 이는 C가 형성된 이후 C의 마그마가 다 식은 후 풍화 작용과 침식 작용이 일어나 그 위에 쌓인 E에는 변성 흔적이 나타나지 않은 것이다.

③ 표준 화석으로 판단하기 지Ⅱ 2015학년도 수능 2번

그림은 어느 지역의 지질 단면과 지층 A, B, C에서 발견되는 화석을 나타낸 것이다.

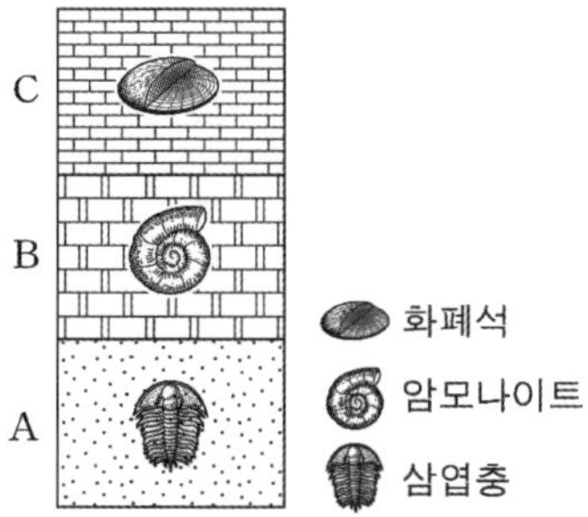

- 지층은 A → B → C 순으로 쌓였다. 그러나 각 지층은 정합 관계가 아닌 부정합 관계이다.
  고생대 → 중생대, 중생대 → 신생대의 지층이 연속적으로 나타날 수 없기 때문이다.
  따라서 각 지층 사이에 긴 시간 간격이 있는 부정합이라고 판단해야 한다.

④ 모양을 보고 판단하기 2020년 7월 학력평가 10번

그림은 어느 지역의 지질 단면도이다. 관입암 P와 Q에 포함된 방사성 원소 X의 양은 처음의 $\frac{1}{8}$, $\frac{1}{64}$ 이고, 방사성 원소 X의 반감기는 1억 년이다.

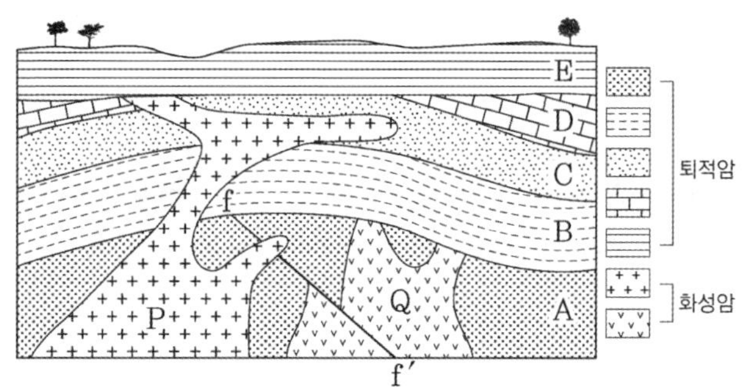

- 위 자료에서 부정합은 A와 B 사이, D와 E 사이 총 2번 존재한다. 기저 역암, 변성 흔적, 화석 등의 자료가 전혀 없을 때 이용할 수 있는 방법이다. 바로 모양을 보고 판단하는 것이다.
  Q의 모양을 보면 A에서는 잘 관입하고 있지만 B에는 관입하지 못하고 **깔끔하게 깎여진 모습**을 볼 수 있다. 이는 **풍화 침식 작용**을 받아서 부정합이 형성되었기 때문이라고 볼 수 있다.
  또한, P와 D의 모양을 보면 E 지층과 비교했을 때 **깔끔하게 깎여진 모습**을 볼 수 있다. 마찬가지로 **풍화 침식 작용**에 의해 부정합이 형성된 것이다.

⑤ 육성층과 해성층은 연속적으로 쌓일 수 없다.

그림은 어느 지역의 지질 단면과 산출 화석을 나타낸 것이다.

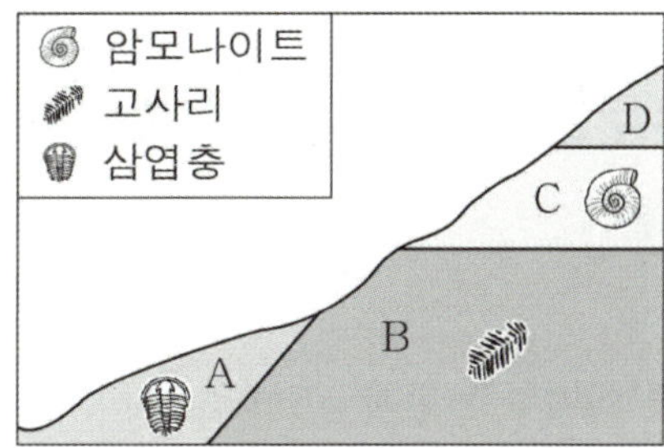

ㄴ. B층과 C층은 부정합 관계이다. (O)

- B는 고사리가 존재하므로 육성층, C는 암모나이트가 존재하므로 해성층이다. 따라서 B층과 C층은 부정합 관계이다.
- **육성층과 해성층은 연속적으로 쌓일 수 없다**는 것은 부정합을 판단하는 근거 중 하나이다.
  '지층이 융기하다 보면 그럴 수 있지 않을까?'라는 생각은 하지 않도록 하자.

2 포획암

① 포획암과 관입암의 생성 순서

다음은 어느 지역의 지질 단면도와 관찰 내용이다. (단, 지층은 역전되지 않았다.)

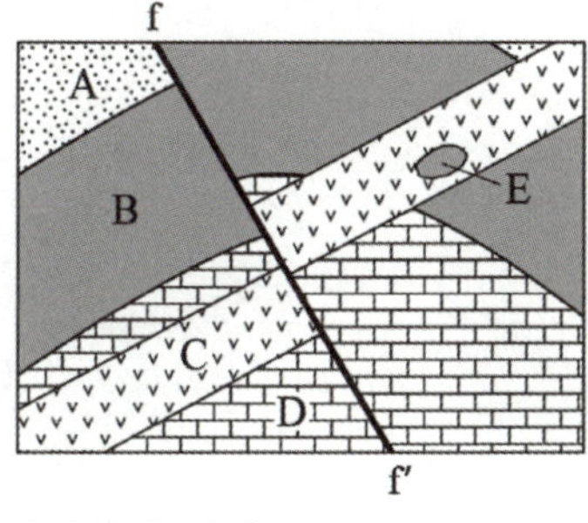

ㄷ. C보다 E가 먼저 형성되었다. (O)

- 화성암 C가 주변 암석을 관입하고 있다. 이때, B와 E는 동일 암석이므로 C가 관입하던 도중 E가 포획된 것이다.
  따라서 E가 먼저 형성된 암석이다.
- 포획암의 존재를 통해 지층의 선후 관계를 파악할 수 있다는 것을 알아두자.

추가로 물어볼 수 있는 선지 해설

1. 난정합은 지층의 형태를 알아볼 수 없을 정도로 마그마에 의한 변성 작용을 심하게 받은 후 부정합 과정이 일어나야 한다. 그러나 (나)에서는 부정합이 형성된 후 마그마의 관입이 일어났기 때문에 난정합이 존재한다고 볼 수 없다.
2. 변성암은 암석이 마그마에 의해 변성되면 만들어지므로 화강암과 편마암의 경계부에는 변성암이 형성될 수 있다.
3. 포획암은 원래 있던 암석이 관입에 의해 관입한 마그마에 갇히면서 만들어지는 암석이다. 따라서 관입을 당한 암석과 구조는 비슷할 것이다.
   ⇒ '비슷하다'고 말하는 이유는 변성 작용을 심하게 받았을 수 있기 때문이다.

03 지사학 법칙과 연령 측정

▌지사학 법칙과 연령 측정 – 지사학 법칙

1. 지사학 법칙

지사학 법칙이란 **지층 사이의 선후 관계를 파악하기 위해** 사용하는 원리이다. 현재 지각에서 발생하는 지질학적 사건들은 조건이 동일하다면 과거에도 당연하게 일어났을 것이라는 동일 과정의 원리를 바탕으로 5가지의 법칙을 이용하여 지층의 생성 순서를 파악한다.

① **수평 퇴적의 법칙** : 퇴적물이 쌓일 때 중력의 영향으로 수평으로 쌓인다. 만약 어떤 지층이 수평면에 대해서 기울어져 있거나 휘어져 있다면 퇴적물이 쌓인 후 지각 변동을 받았다는 것을 알 수 있다.

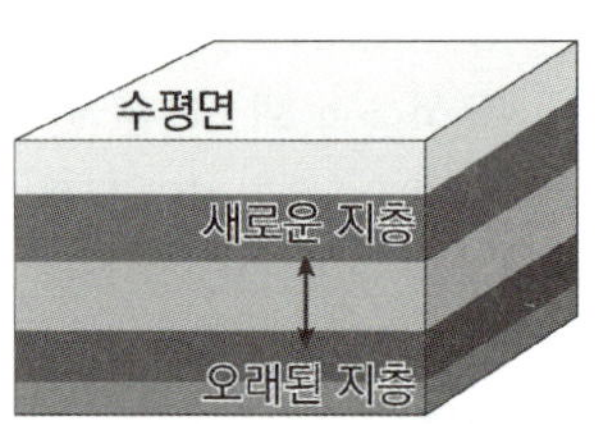

▲ 수평 퇴적의 법칙

② **지층 누중의 법칙** : 퇴적물이 지층에 쌓일 때 중력에 의해 아래쪽부터 쌓인다. 지각 변동에 의한 지층의 역전이 발생하지 않았다면 아래에 있는 지층은 위에 있는 지층보다 먼저 퇴적되었다. 지층의 역전 여부는 앞서 배운 퇴적 구조, 화석의 종류 등을 통해 알아낼 수 있다.

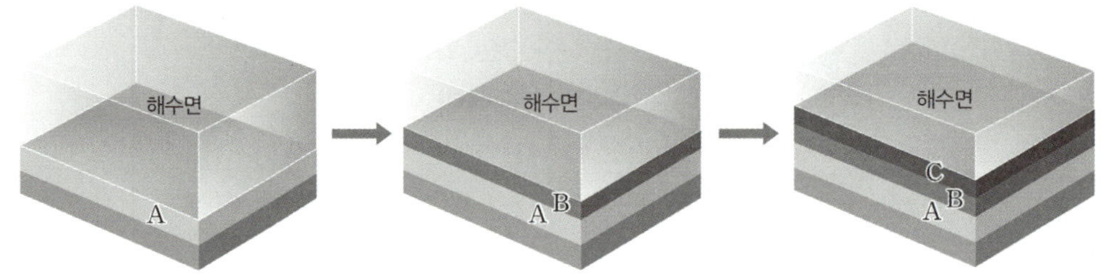

▲ 지층 누중의 법칙 : A→B→C 순으로 쌓였다.

③ **동물군 천이의 법칙** : 과거에 쌓인 지층에서 최근에 쌓인 지층으로 갈수록 더욱 진화된 생물의 화석이 발견된다. **특정 시대에만 살았던 화석을 표준 화석**이라 하는데 표준 화석을 통해 지층의 생성 순서를 파악할 수 있다.
예를 들어 공룡(중생대)이 포함된 지층과 삼엽충(고생대)이 포함된 지층이 있다면 삼엽충이 포함된 지층이 먼저 쌓였으리라는 것을 유추할 수 있다. (표준 화석에 대한 자세한 설명은 Theme 2-4에서 등장한다.)

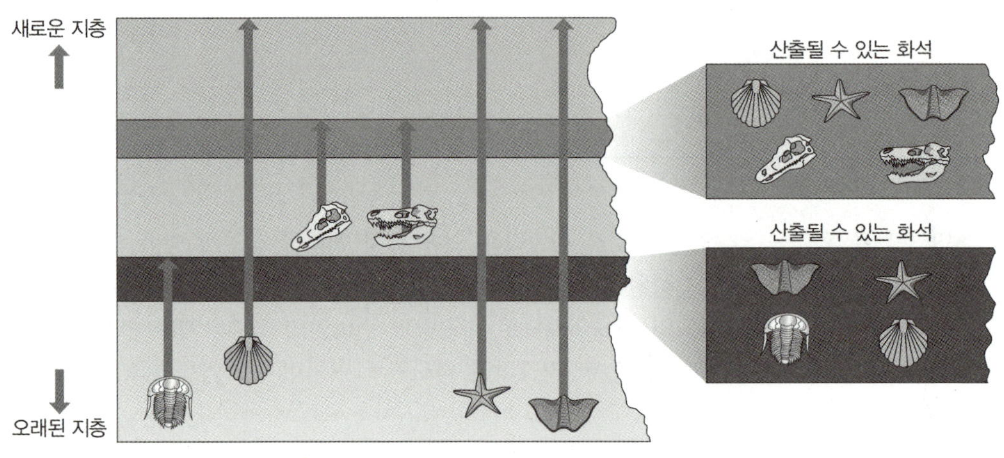

▲ 동물군 천이의 법칙

④ **부정합의 법칙** : 부정합면을 경계로 상하 지층의 퇴적 시기 사이에는 큰 시간적 간격이 존재한다. 부정합은 퇴적이 중단되어 풍화◦침식 작용이 일어난 후 다시 퇴적이 일어나면서 만들어진다. 따라서 상하 지층의 모양, 암석의 종류, 화석 등 여러 가지가 다른 경우가 많고, 부정합면 위에는 암석의 파편인 기저 역암이 존재할 수 있다.

(부정합면을 찾는 방법은 앞서 Theme 2-2에서 배웠으므로 참고하자.)

⑤ **관입의 법칙** : 관입한 암석은 관입을 당한 암석보다 나중에 생성되었다. 관입이란 마그마가 땅을 뚫고 들어가는 과정이므로 당연히 먼저 쌓인 지층을 뚫고 들어가는 것이기 때문이다. 관입하는 과정에서 마그마 주위의 암석은 마그마의 높은 온도에 의해 변성된다. 이때 변성의 흔적을 통해서도 지층 사이의 선후 관계를 파악할 수 있다.

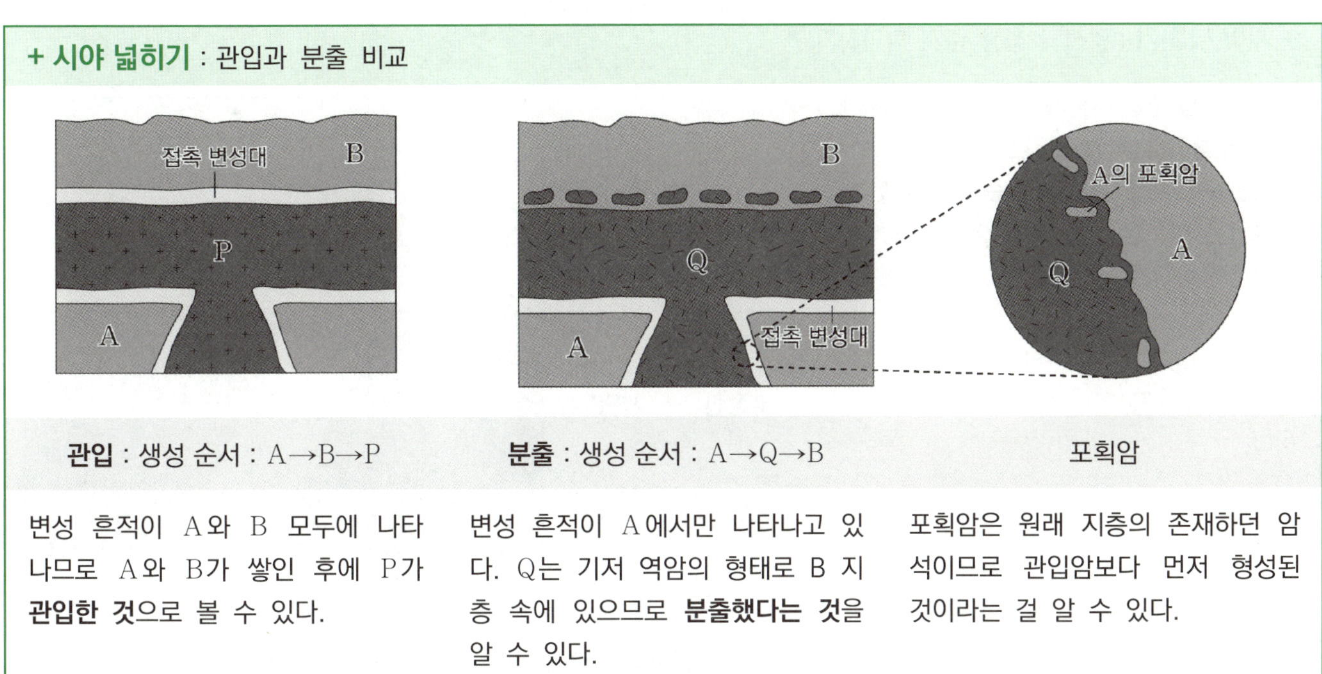

관입 : 생성 순서 : A→B→P	**분출** : 생성 순서 : A→Q→B	포획암
변성 흔적이 A와 B 모두에 나타나므로 A와 B가 쌓인 후에 P가 **관입한 것**으로 볼 수 있다.	변성 흔적이 A에서만 나타나고 있다. Q는 기저 역암의 형태로 B 지층 속에 있으므로 **분출했다는 것**을 알 수 있다.	포획암은 원래 지층의 존재하던 암석이므로 관입암보다 먼저 형성된 것이라는 걸 알 수 있다.

+ 시야 넓히기 : 관입과 분출 비교

지사학 법칙과 연령 측정 – 상대 연령과 지층 대비

1. 상대 연령

상대 연령이란 **지층의 생성 시기와 지질학적 사건의 발생 순서를** 상대적으로 나타낸 것을 의미한다. 이번 단원에서는 지사학 법칙을 이용하여 지질학적 사건의 순서를 판단하는 능력과 지층의 모양을 보고 판단하는 직관적인 능력이 필요하다. 상대 연령 측정을 통해서는 '상대적'인 연령만 알 수 있을 뿐 지층이 정확히 언제 생성되었는지는 알 수 없다.

+ 시야 넓히기 : 암석의 생성 순서 파악하기

[지사학 법칙을 이용하여 순서 판단하기]
지층 누중의 법칙에 따라
석회암 → 셰일 → 역암 순으로 쌓였다.
화성암은 석회암, 셰일, 역암을 관입한 후 분출했다.
사암층에서 역암, 화성암, 셰일로 구성된 기저 역암이 발견된다.

따라서 지층의 생성 순서는
석회암 → 셰일 → 역암 → 화성암 관입 → 부정합 → 사암
이다.

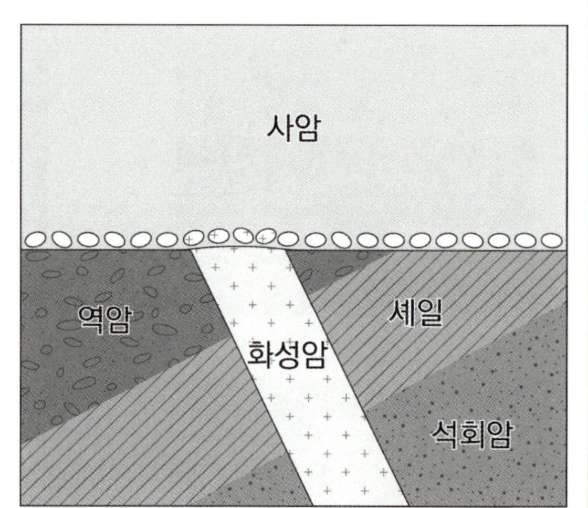

[TIP!]
어떤 지사학 법칙을 우선으로 적용하는지의 방법은 개인마다 차이가 있을 수밖에 없다. 따라서 여러 가지의 문제를 풀어보고 적용해보는 것이 가장 좋은 방법이지만 대체로 이런 순서를 적용하면 문제를 빨리 판단할 수 있다.

지층 대비란 서로 다른 지역의 지층을 비교하여 퇴적 시기의 선후 관계를 파악하는 것을 말한다. 지층 대비 방법에는 암상에 의한 대비와 화석에 의한 대비 두 가지 방법이 있다.

(1) 암상에 의한 대비

- **비교적 가까운 지층의 선후 관계를 판단할 때 이용**되며 지질 구조, 암석의 종류, 조직 등의 특징들을 비교하여 판단한다. 이때 지층을 대비할 때 기준이 되는 지층을 건층(열쇠층)이라 한다.
- **건층(열쇠층)** : 넓은 지역에 짧은 시간 동안 빠르게 생성되는 지층이다. 응회암층이나 석탄층이 주로 이용된다.
  응회암층은 화산이 폭발하면서 분출하는 화산재에 의해 생성된 것이므로 넓은 지역에 한꺼번에 퇴적되며 생성된다.
  석탄층은 식물이 대량으로 지층에 묻히면서 퇴적된 것이므로 넓은 지역에 한꺼번에 퇴적되며 생성된다.
  (예를 들어 한국에서 화산 폭발로 형성되는 화산재는 미국까지 날아가서 응회암층을 형성하지 않으므로 비교적 가까운 지역의 상대 연령 파악에만 열쇠층이 이용된다는 사실을 알아두자.)

(2) 화석에 의한 대비

- 특정 시대에만 살았던 **표준 화석을 이용하여** 같은 화석이 발견되는 지층은 같은 시기에 생성된 지층이라는 것을 이용하여 지층의 선후 관계를 파악할 수 있다.
- 표준 화석은 특정 시대 동안 넓은 지역에서 생존했던 생물의 화석이기 때문에 표준 화석이 포함된 지층은 특정 시대에 쌓인 지층이라고 생각할 수 있다. 또한 암상에 의한 대비와는 달리 **멀리 떨어진 지층의 선후 관계도 판단할 수 있다.**

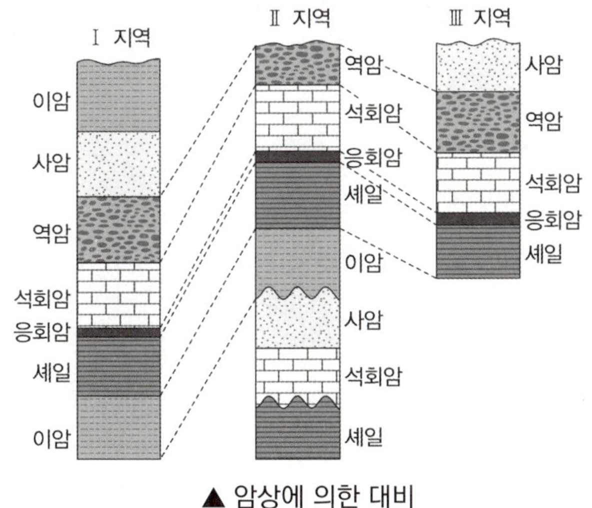

▲ 암상에 의한 대비

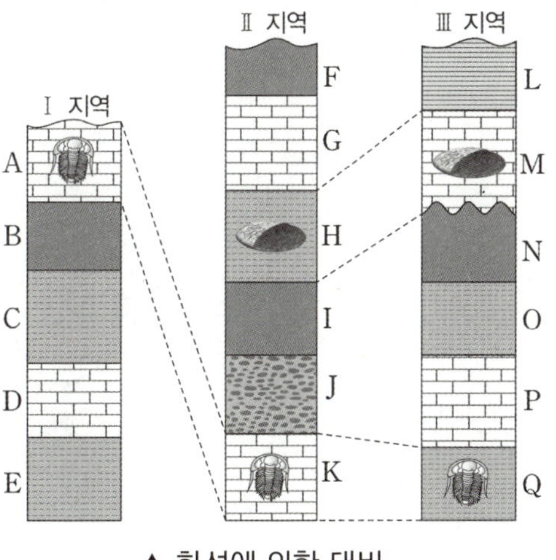

▲ 화석에 의한 대비

▎지사학 법칙과 연령 측정 – 절대 연령과 방사성 동위 원소

1. 절대 연령

절대 연령이란 지층의 생성 또는 지질학적 사건의 발생 시기를 **절대적인 수치**로 나타낸 것을 의미한다. 절대 연령은 암석 속에 포함된 방사성 동위 원소의 반감기를 이용하여 알아낼 수 있다.

2. 방사성 동위 원소

방사성 동위 원소란 상태가 불안정하기에 자발적으로 붕괴하여 안정한 상태가 되려는 원소를 의미한다. 이 과정에서 방사성 에너지를 내뿜기 때문에 방사성 동위 원소라 불린다. 이때 **붕괴하기 전의 불안정한 원소를 모원소, 붕괴해서 안정해진 원소를 자원소**라 한다.

3. 반감기

반감기란 방사성 동위 원소가 붕괴하여 **처음 양의 절반으로 줄어드는 데 걸리는 시간**을 의미한다. 반감기가 한 번 지날 때 모원소의 양은 절반으로 줄어들며, 줄어든 만큼 자원소의 양은 늘어난다. 반감기는 **온도나 압력의 변화와 관계없이** 일정하며 방사성 동위 원소는 각자 다른 반감기를 갖는다.

(1) 반감기와 절대 연령의 관계

- 시간이 지남에 따라 모원소의 양은 계속해서 줄어들고, 줄어든 모원소의 양만큼 자원소가 증가한다. 따라서 암석에 포함된 모원소와 자원소의 비율을 보고 반감기 경과 횟수를 알 수 있다.

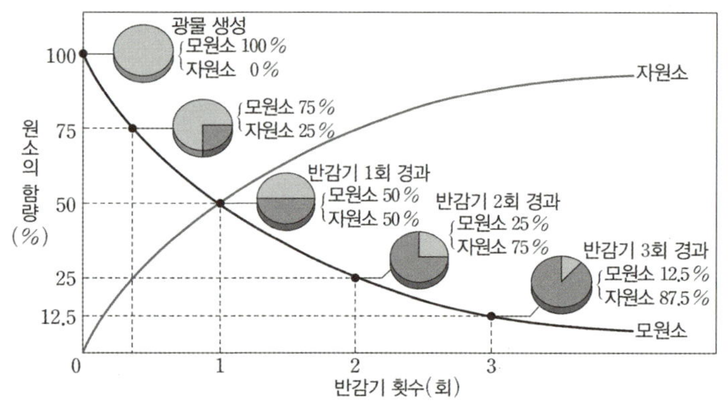

$$t = n \times T$$

(t : 절대 연령, n : 반감기 경과 횟수, T : 반감기)

+ 시야 넓히기 : 모원소와 자원소의 비율에 따른 반감기 횟수

- 모원소의 양과 모원소와 자원소의 비율을 보고 반감기가 몇 번 지났는지 알 수 있어야 한다.

모원소 : 자원소	처음에 포함된 모원소의 양	처음에 포함된 모원소의 양	반감기
1 : 1	$\dfrac{1}{2}$	50%	1회
1 : 3	$\dfrac{1}{4}$	25%	2회
1 : 7	$\dfrac{1}{8}$	12.5%	3회
1 : 15	$\dfrac{1}{16}$	6.25%	4회

방사성 동위 원소를 포함하는 암석은 모두 절대 연령을 구할 수 있다. 그러나 측정된 절대 연령이 항상 **암석의 생성 시기를 나타내 주는 것은 아니다.**

(1) 화성암의 절대 연령

- **화성암**에서 측정한 **절대 연령은 암석의 생성 시기를** 나타낸다.
- 마그마 속 방사성 동위 원소는 마그마가 식어 화성암이 되는 순간부터 붕괴를 시작하므로 암석의 절대 연령이 암석의 생성 시기와 같은 것이다.

(2) 변성암의 절대 연령

- **변성암**은 본래 존재하던 암석이 주변의 열로 인해 변성 작용을 받아 형성된 암석이다.
- 이때, 변성암에서 측정한 절대 연령은 본래 있던 암석의 생성 시기가 아닌, **변성된 시기의 절대 연령**이므로 암석의 **정확한 생성 시기를 알기 어렵다.**

(3) 퇴적암의 절대 연령

- 퇴적암은 이곳저곳에서 생성된 작은 입자들이 모여 퇴적되어 만들어지는 암석이다.
- **퇴적암 속 입자들마다 생성된 시기가 다르므로 측정된 절대 연령 또한 다양하게 나타날 것이다.**
  따라서 퇴적암이 생성된 시기를 알기는 어렵고 퇴적암에서 측정한 절대 연령은 퇴적 시기의 상한선을 나타낸다.

5. 방사성 동위 원소의 이용

방사성 동위 원소의 반감기를 이용하여 과거의 지질학적 사건이 발생한 시기를 알아내거나 고고학 유적, 유물의 형성 시기 추정, 지구 환경 변화 연구 등을 할 수 있다.

모원소	자원소	반감기
^{238}U	^{206}Pb	약 45억 년
^{235}U	^{207}Pb	약 7억 년
^{232}Th	^{208}Pb	약 141억 년
^{87}Rb	^{87}Sr	약 492억 년
^{40}K	^{40}Ar	약 13억 년
^{14}C	^{14}N	약 5730년

- 오래 전에 형성된 암석의 절대 연령은 반감기가 긴 방사성 동위 원소를 이용하여 측정하고, 비교적 최근에 생성된 암석의 절대 연령은 반감기가 짧은 방사성 동위 원소를 이용하여 측정한다.

- 방사성 탄소(^{14}C)의 반감기는 약 5730년으로 다른 방사성 원소에 비해서 짧기 때문에 비교적 최근에 생성된 지층 속에 들어 있는 화석이나 고고학적 유물의 연대 측정에 주로 이용된다.

2021학년도 6월 모의평가 지Ⅰ 14번

그림 (가)는 어느 지역의 지질 단면을, (나)는 방사성 원소 X에 의해 생성된 자원소 Y의 함량을 시간에 따라 나타낸 것이다. 화성암 A, B, C에는 X와 Y가 포함되어 있으며, Y는 모두 X의 붕괴 결과 생성되었다. 현재 C에 있는 X와 Y의 함량은 같다.

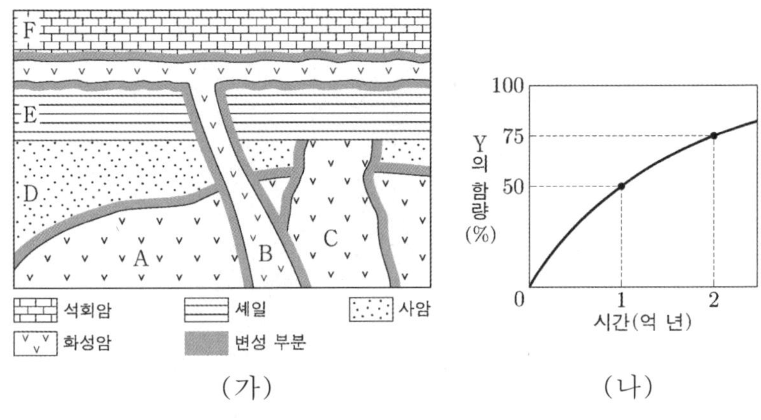

이 모형에 대한 설명으로 옳은 것만을 <보기>에서 있는 대로 고른 것은?

<보 기>

ㄱ. D는 화폐석이 번성하던 시대에 생성되었다.

ㄴ. $\dfrac{\text{Y의 함량}}{\text{X의 함량}}$ 은 A가 B보다 크다.

ㄷ. 암석의 생성 순서는 D → A → C → E → B → F이다.

① ㄱ   ② ㄴ   ③ ㄷ   ④ ㄱ, ㄴ   ⑤ ㄴ, ㄷ

추가로 물어볼 수 있는 선지

1. 수면 위로 융기해 있는 지역에 부정합이 2개가 있으면 그 지역은 수면 위로 최소 3번 이상 융기하였다. (O , X)
2. 이 지역에 2억 년 전 단층이 형성되었다면 B는 단층에 의해 어긋나있을 것이다. (O , X)
3. 5000만 년 전에 C에 있는 Y의 함량은 75%였다. (O , X)

정답 : 1. (O), 2. (X), 3. (X)

01 2021학년도 6월 모의평가 지 I 14번

KEY POINT #변성 부분, #암석 생성 순서

문항의 발문 해석하기

화성암 A, B, C에 들어있는 방사성 동위 원소는 모두 X임을 기억하자. C에 포함된 모원소와 자원소의 함량이 동일하므로 반감기가 1번 지났다는 것을 알 수 있다.

문항의 자료 해석하기

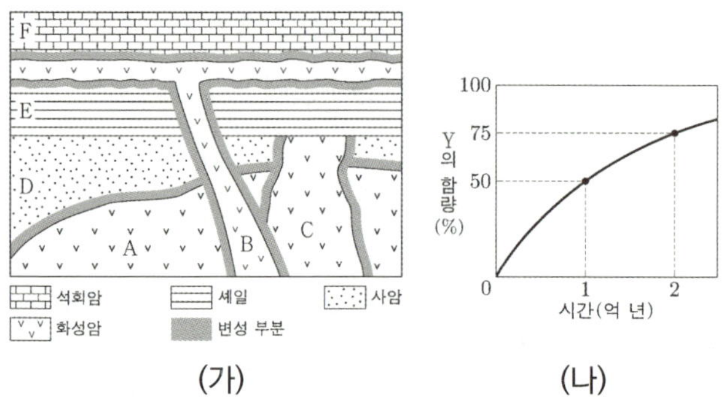

(가)   (나)

1. (가) 자료를 보고 바로 지층의 생성 순서부터 파악하자. 지사학 법칙에 의하여 지층의 생성 순서는 D → A → C → E → F → B이다. 관입에 의한 변성 흔적을 보고 순서를 잘 파악하자.

2. (나) 자료는 X의 자원소인 Y의 시간에 따른 함량 비율을 나타내고 있다. 자원소의 함량이 50%인 지점은 모원소의 함량도 50%일 것이다. 이는 반감기가 1회 경과했음을 의미하며 X의 반감기는 1억 년일 것이다. 이때 C의 나이는 1억 년인 것을 알 수 있다.

TIP.

(가) 자료와 같이 지층의 생성 순서를 파악해야 하는 문제라는 것을 알 수 있다면 방사성 원소로 알아낸 반감기와 함께 지문 옆에 슬그머니 순서를 적어두도록 하자.

ex. D → A(추정 불가) → C(1억 년) → E → F → B(추정 불가)

선지 판단하기

ㄱ 선지 D는 화폐석이 번성하던 시대에 생성되었다. (X)

C의 절대 연령은 1억 년이다. D는 C보다 먼저 형성되었으므로 신생대 표준 화석인 화폐석이 형성될 수 없다.

ㄴ 선지 $\dfrac{Y의\ 함량}{X의\ 함량}$ 은 A가 B보다 크다. (O)

X는 모원소, Y는 자원소다. 이때, A는 B보다 나이가 많으므로 자원소의 함량이 더 높을 것이다.

따라서 $\dfrac{Y의\ 함량}{X의\ 함량}$ 은 A가 B보다 크다.

ㄷ 선지 암석의 생성 순서는 D → A → C → E → B → F이다. (X)

암석의 생성 순서는 D → A → C → E → F → B이다. F에 B에 의한 변성 흔적이 있다.

기출문항에서 가져가야 할 부분

1. 지층의 생성 순서 파악하기
2. 방사성 동위 원소와 자원소의 관계 이해하기
3. 각 지질 시대의 시기와 표준 화석 암기하기

기출 문제로 알아보는 유형별 정리

[지층 해석]

1 지층 대비

① 암상에 의한 대비 지Ⅱ 2014학년도 6월 모의평가 7번

그림은 인접한 세 지역 A, B, C의 지질 주상도이다. 이 지역에는 동일한 시기에 분출된 화산재가 쌓여 만들어진 암석이 있다.

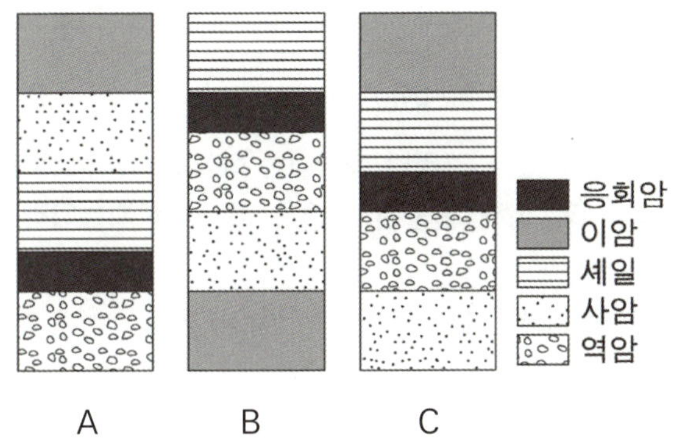

ㄱ. A와 C의 사암층은 같은 시기에 퇴적되었다. (X)

- 세 지역의 지층은 모두 응회암이 나타나 있다. **응회암은 화산재가 퇴적되어 형성되는 퇴적암**으로 과거 근처 지역에 화산 활동이 있었다는 것을 의미한다.

  따라서 응회암을 기준으로 **위아래 쌓인 지층은 세 지역 모두 같은 시기에 형성된 지층**이라는 것을 알아야 한다. 이 때, A 지역의 사암은 응회암층 위에, C 지역의 사암은 응회암층 아래에 쌓인 것을 확인할 수 있다. 따라서 **두 지역의 사암층은 다른 시기에 퇴적된 것**이다.

- 응회암층처럼 서로 다른 지역 지층의 생성 순서를 결정할 때 이용되는 것을 열쇠층(건층)이라 한다.
  열쇠층의 종류는 응회암층과 석탄층이 있다.

그림 (가)는 지질 시대 Ⅰ~Ⅴ에 생존했던 생물의 화석 a~d를, (나)는 세 지역 ㉠, ㉡, ㉢의 각 지층에서 산출되는 화석을 나타낸 것이다. Ⅰ~Ⅴ는 오래된 지질 시대 순이다. (단, 지층은 역전되지 않았다.)

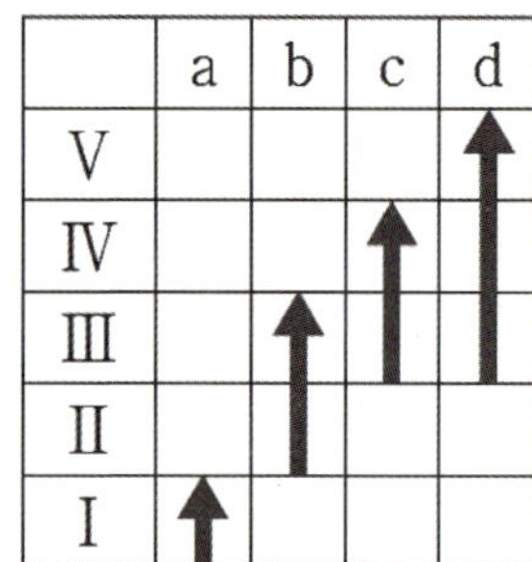
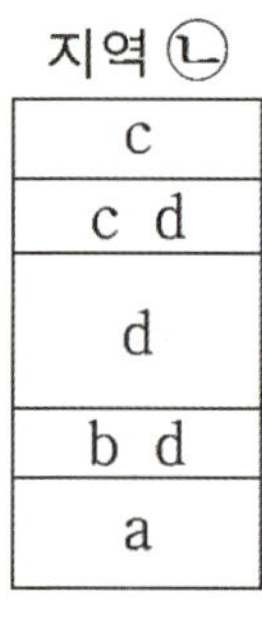

ㄷ. 지역 ㉡에서는 Ⅴ시대에 살았던 d가 산출된다. (X)

- 지역 ㉡의 지층에서는 화석 d가 산출되고 있다. 그러나 화석 d는 화석 b, 화석 c와 같은 지층에서 산출됐다. 따라서 **b와 함께 산출된 지층은 Ⅲ시대 지층, c와 함께 산출된 지층은 Ⅳ시대 지층**이라고 봐야 한다. 따라서 Ⅴ시대에 살았던 d는 존재하지 않는다.
- 산출되는 화석의 종류를 통해 지층의 생성 시기를 판단할 수 있어야 한다.

#2 지층의 생성 순서

그림은 어느 지역의 지질 단면을 나타낸 것이다.

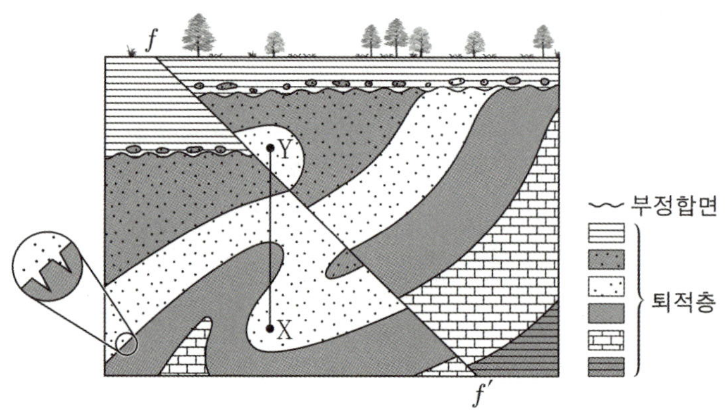

ㄷ. X→Y를 따라 각 지층 경계를 통과할 때의 지층 연령의 증감은 '증가→감소→감소→증가'이다. (O)

- X–Y 구간을 살펴보면 오른쪽 그림과 같이 나타낼 때 X→Y로 갈수록 변화하는 각 지층 경계의 나이 변화를 파악해보자
  ① → ② : 증가, ② → ③ : 감소,
  ③ → ④ : 감소, ④ → ⑤ : 증가
  따라서 지층 연령의 증감은 '증가→감소→감소→증가'이다.
- 오른쪽 그림처럼 **각 구간의 번호를 설정**한 후 지층의 생성 순서를 판단하여 변화하는 연령의 증감을 표현할 수 있어야 한다.

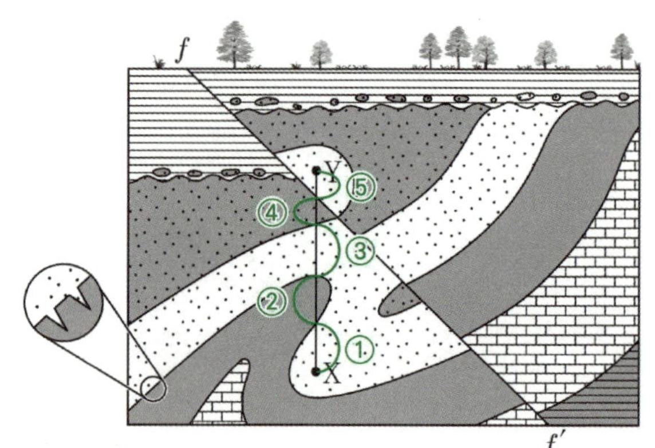

① 육상으로 드러난 지층은 부정합 횟수 +1회 융기하였다.　　　　　　　2021년 7월 학력평가 5번

그림은 어느 지역의 지질 단면도를, 표는 화성암 P와 Q에 포함된 방사성 원소 X와 이 원소가 붕괴되어 생성된 자원소의 함량을 나타낸 것이다.

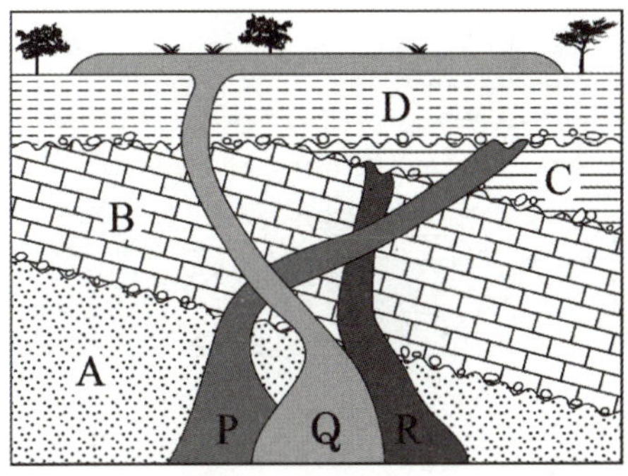

ㄱ. 이 지역에서는 최소한 4회 이상의 융기가 있었다. (O)

- 자료를 통해 알 수 있는 **부정합 횟수는 총 3회**이다. 모두 기저 역암을 통해 부정합이 있다고 판단할 수 있다.
  이때 **부정합이 형성될 때 최소한 1번의 융기**가 일어나 풍화 침식 작용을 받아야 한다. 또한, 자료의 지역은 지표에 나무 등이 있는 것으로 보아 D가 쌓인 후 **수면 위로 융기**했다고 봐야 한다.
  따라서 이 지역에선 **최소한 4회 이상의 융기**가 일어난 것이다.
- 위 문제와 같이 지표로 드러난 지층이라는 근거가 있다면 최소한의 융기 횟수 = 부정합 횟수 + 1회라고 생각하자.

그림 (가)는 어느 지역의 지질 단면도이고, (나)는 방사성 동위 원소 X의 붕괴 곡선이다. 화성암 C와 D에 포함되어 있는 X의 양은 각각 처음 양의 $\frac{1}{4}$과 $\frac{1}{16}$이다.

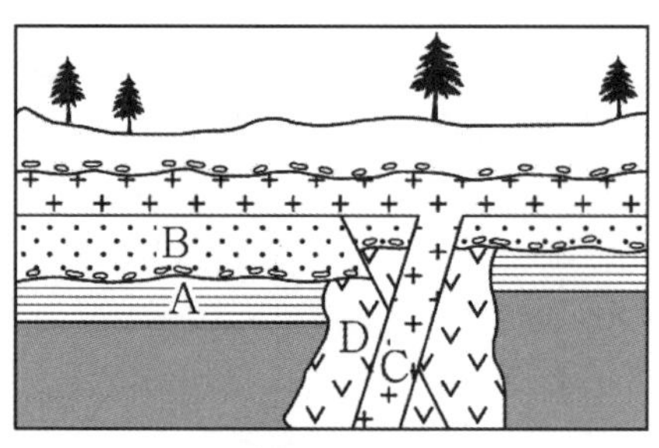

(가)

ㄷ. 이 지역은 현재까지 2회 융기하였다. (X)

- (가) 자료에서 **부정합 횟수는 총 2회**이다. 또한 이 지역은 **수면 위로 드러난 지층**이므로 **최소한 3회 이상의 융기**가 일어났을 것이다.

- **'최소한'**이라는 용어를 붙이는 이유는 말 그대로 부정합이 형성될 때 정확히 **수면 위로 몇 번이나 융기했는 지는 알 수 없기 때문**이다. 따라서 지층의 융기 횟수를 판단할 때 '최소한'이라는 단어가 없다면 이와 같은 개념을 생각하자.

추가로 물어볼 수 있는 선지 해설

1. 수면 위로 융기한 지역에서 부정합이 n번 있었다면 융기 횟수는 최소 n+1번이다.

2. B의 절대 연령은 1억 년이므로 2억 년 전에 단층이 생겨도 전혀 관련 없을 것이다.

3. C의 절대 연령은 1억 년이다. 따라서 5000만 년 전 즉, 절대 연령이 5000만 년일 때 Y의 함량은 절반인 50%보다 적을 것이다. 이때 모원소 함량의 그래프는 일차 함수가 아니므로 모원소 함량은 75%보다 작다.

2023학년도 6월 모의평가 지Ⅰ 19번

방사성 동위 원소 X, Y가 포함된 어느 화강암에서, 현재 X의 자원소 함량은 X 함량의 3배이고, Y의 자원소 함량은 Y 함량과 같다. 자원소는 모두 각각의 모원소가 붕괴하여 생성된다.

이에 대한 설명으로 옳은 것만을 <보기>에서 있는 대로 고른 것은?

<보 기>

ㄱ. 화강암의 절대 연령은 Y의 반감기와 같다.

ㄴ. 화강암 생성 당시부터 현재까지 $\dfrac{\text{모원소 함량}}{\text{모원소 함량 + 자원소 함량}}$ 의 감소량은 X가 Y의 2배이다.

ㄷ. Y의 함량이 현재의 $\dfrac{1}{2}$ 이 될 때, X의 자원소 함량은 X 함량의 7배이다.

① ㄱ   ② ㄴ   ③ ㄷ   ④ ㄱ, ㄴ   ⑤ ㄱ, ㄷ

추가로 물어볼 수 있는 선지

1. 자원소의 함량이 20%에서 60%로 늘었다면 반감기는 1번 지나갔다. (O , X)

2. 반감기가 1억 년인 A의 $\dfrac{\text{자원소 함량}}{\text{모원소 함량}}$ 이 $\dfrac{1}{3}$ 이 되면 A는 생성된 지 2억 년이 지났다. (O , X)

3. 어떤 암석 속 자원소의 양이 6억 년 동안 20%에서 80%로 증가했다면 이 암석의 모원소의 반감기는 3억 년이다. (O , X)

정답 : 1. (O), 2. (X), 3. (O)

KEY POINT #모원소, #반감기

문항의 발문 해석하기

X : X의 자원소 = 1 : 3이므로 반감기는 2번 지났다.

Y : Y의 자원소 = 1 : 1이므로 반감기는 1번 지났다.

이때, 두 모원소는 같은 화강암 속에 들어있으므로 측정한 절대 연령이 같아야 한다. 따라서 Y의 반감기는 X의 반감기보다 2배 길어야 한다.

TIP.

발문과 선지 중 어느 곳에도 반감기와 절대 연령을 명확하게 표시해 두지 않았다.

따라서 (X의 반감기는 0.5억 년, Y의 반감기는 1억 년) 이렇게 자신만 알아볼 수 있도록 반감기를 설정하자.

선지 판단하기

ㄱ 선지 화강암의 절대 연령은 Y의 반감기와 같다. (O)

　　　　Y는 반감기가 1번 지났다. 따라서 이 화강암의 절대 연령은 Y의 반감기와 같다.

ㄴ 선지 화강암 생성 당시부터 현재까지 $\dfrac{\text{모원소 함량}}{\text{모원소 함량 + 자원소 함량}}$ 의 감소량은 X가 Y의 2배이다. (X)

　　　　X와 Y 모두 화성암이 형성되었을 당시 100개가 있었다고 가정해보자.

　　　　따라서 두 원소는 모두 $\dfrac{100\text{개}}{100\text{개} + 0\text{개}} = 1$ 의 값을 가질 것이다.

　　　　X는 반감기가 2번 지났다. 이 값은 $\dfrac{25\text{개}}{25\text{개} + 75\text{개}} = \dfrac{1}{4}$ 이므로 $\dfrac{3}{4}$ 만큼 감소했다.

　　　　Y는 반감기가 1번 지났다. 이 값은 $\dfrac{50\text{개}}{50\text{개} + 50\text{개}} = \dfrac{1}{2}$ 이므로 $\dfrac{1}{2}$ 만큼 감소했다.

　　　　따라서 이 값의 감소량은 X가 Y의 1.5배이다.

ㄷ 선지 Y의 함량이 현재의 $\dfrac{1}{2}$ 이 될 때, X의 자원소 함량은 X 함량의 7배이다. (X)

　　　　Y는 현재 반감기가 1번 지났으므로 처음 양의 50%만 남아있다.

　　　　이 값이 $\dfrac{1}{2}$ 배로 줄면 25%이므로 반감기는 2번 지난 것이다.

　　　　Y의 반감기가 2번 지났다면 X의 반감기는 4번 지났을 것이므로 X : X 자원소 = 1 : 15이다.

기출문항에서 가져가야 할 부분

1. 같은 화성암 속 서로 다른 모원소 사이의 반감기 및 절대 연령 관계 파악하기

2. 화성암의 생성 당시와 현재의 모원소 및 자원소 관계 파악하기

3. 반감기가 지난 횟수와 모원소, 자원소 비율 이해하기

기출 문제로 알아보는 유형별 정리

[절대 연령]

1 방사성 동위 원소 그래프 해석

그림은 서로 다른 방사성 원소 A, B, C의 붕괴 곡선을 나타낸 것이다.

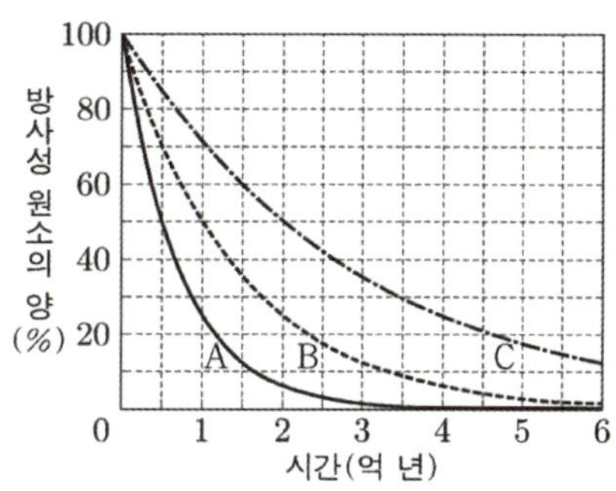

ㄱ. 반감기는 C가 A의 3배이다. (X)

- 각 방사성 원소의 반감기를 알기 위해선 처음 양의 50%가 되는 시간을 보자. A, B, C의 반감기는 각각 0.5억 년, 1억 년, 2억 년이다. 따라서 반감기는 C가 A의 4배이다.

- 이처럼 방사성 원소의 붕괴 곡선을 자료로 준다면 **50%에서 가로선을 그어 각각의 반감기를 쉽게 찾을 수 있도록 하자.**

그림 (가)는 현재 어느 화성암에 포함된 방사성 원소 X, Y와 각각의 자원소 X′, Y′의 함량을 ○, □, ●, ■의 개수로 나타낸 것이고, (나)는 X′와 Y′의 시간에 따른 함량 변화를 ㉠과 ㉡으로 순서 없이 나타낸 것이다.

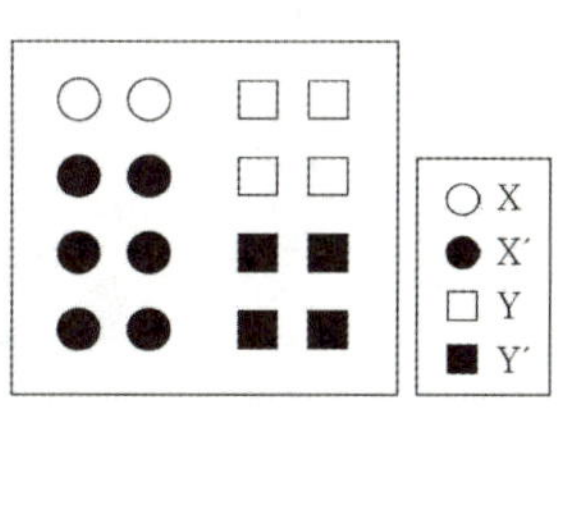

(가)   (나)

ㄱ. ㉠은 X′의 함량 변화를 나타낸 것이다. (O)

- (가)에 나타난 두 방사성 원소는 **같은 화성암에 포함**되어 있으므로 **절대 연령이 동일**하다.

  X는 처음 양의 $\frac{1}{4}$ 이므로 반감기 2회, Y는 처음 양의 $\frac{1}{2}$ 이므로 반감기 1회가 지난 것이다.

  이때, 두 모원소의 절대 연령은 동일해야 하고 ㉠과 ㉡이 **50%가 되는 지점은 반감기와 동일**하므로 ㉠은 반감기 2회를 지난 X′, ㉡은 반감기 1회를 지난 Y′이다.

- 모원소와 마찬가지로 **50%에서 가로선**을 그어 각각의 반감기를 찾을 수 있어야 한다.

① 모원소의 양은 처음 양의 ~%　　　　　　　　　　　　　　　　　2021년 10월 학력평가 17번

　그림 (가)는 어느 지역의 지질 단면을, (나)는 방사성 원소 X와 Y의 붕괴 곡선을 나타낸 것이다. 화성암 P와 Q 중 하나에는 X가, 다른 하나에는 Y가 포함되어 있다. X와 Y의 처음 양은 같았으며, P와 Q에 포함되어 있는 방사성 원소의 양은 각각 처음 양의 25%와 50%이다.

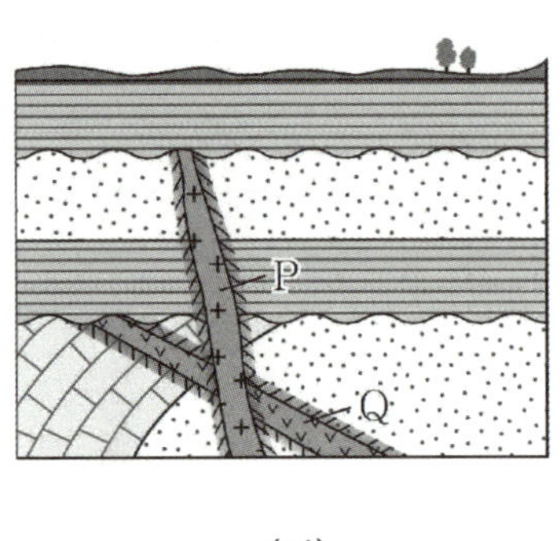
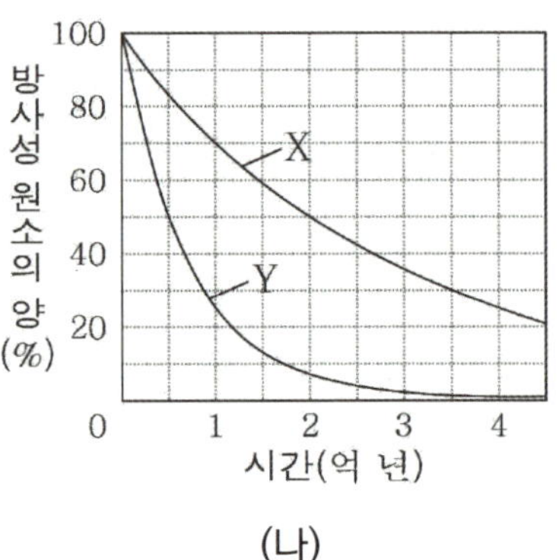

(가)　　　　　　　　　　　　　(나)

ㄴ. P에 포함되어 있는 방사성 원소는 X이다. (X)

- (가)에서 Q가 형성된 이후 P가 형성된 것을 알 수 있다. 이때, P에 포함된 방사성 원소는 **25%이므로 반감기가 2회** 지난 것을 알 수 있다. Q는 **50%이므로 반감기가 1회** 지났다.
  이때, (나) 자료에서 X의 반감기는 2억 년, Y의 반감기는 0.5억 년인 것을 알 수 있다.
  따라서 P에 해당하는 방사성 원소는 Y이므로 절대 연령은 1억 년, Q에 해당하는 방사성 원소는 X이므로 절대 연령은 2억 년이다.
  만약, 반대의 경우라면 P에 해당하는 방사성 동위 원소가 X, Q에 해당하는 방사성 동위 원소가 Y라면 P의 절대 연령은 4억 년, Q의 절대 연령은 0.5억 년이므로 생성 순서와 맞지 않는다.
- 모원소의 양이 처음의 몇 %인지를 보고 반감기를 찾을 수 있어야 한다.

처음에 포함된 모원소의 양	반감기
50%	1회
25%	2회
12.5%	3회
6.25%	4회

그림은 어느 지역의 지질 단면도이다. 관입암 P와 Q에 포함된 방사성 원소 X의 양은 각각 처음의 $\dfrac{1}{8}$, $\dfrac{1}{64}$ 이고, 방사성 원소 X의 반감기는 1억 년이다.

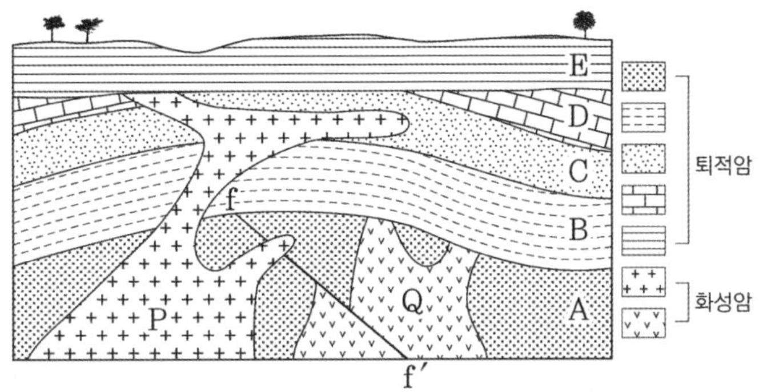

① P는 3억 년 전에 생성되었다. (O)

- P에 포함된 방사성 원소 X의 양은 처음 양의 $\dfrac{1}{8}$ 이므로 반감기는 3회 지났다.

  Q는 처음 양의 $\dfrac{1}{64}$ 이므로 반감기는 6번 지났다.

  따라서 P의 절대 연령은 3억 년, Q의 절대 연령은 6억 년인 것을 알 수 있다.

- 이처럼 처음 양의 $\dfrac{1}{n}$ 자료를 보고 반감기가 몇 번 지났는지 알 수 있어야 한다.

처음에 포함된 모원소의 양	반감기
$\dfrac{1}{2}$	1회
$\dfrac{1}{4}$	2회
$\dfrac{1}{8}$	3회
$\dfrac{1}{16}$	4회
$\dfrac{1}{32}$	5회

그림은 어느 지역의 지질 단면도를, 표는 화성암 D와 F에 포함된 방사성 원소 X와 이 원소가 붕괴되어 생성된 자원소의 함량비를 나타낸 것이다.

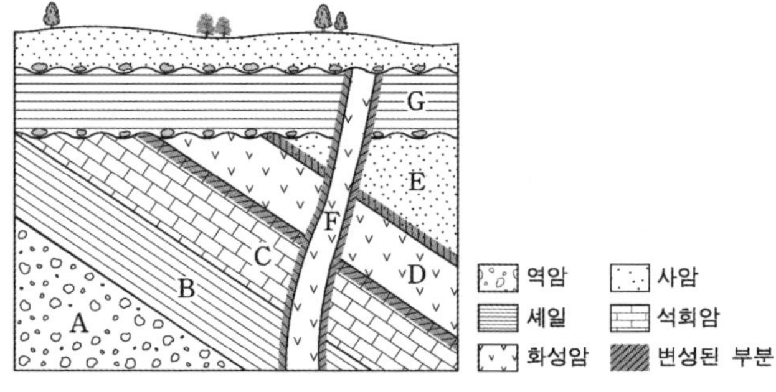

화성암	방사성 원소 X : 자원소
D	1 : 3
F	1 : 1

(X의 반감기 : 1억 년)

ㄷ. G는 속씨식물이 번성한 시대에 생성되었다. (X)

- 암석의 생성 순서는 A → B → C → E → D → G → F이다. 이때 D는 반감기 2회, F는 반감기 1회가 지난 것을 알 수 있다. 따라서 G의 생성 시기는 2억 년 전 ~ 1억 년 전이므로 속씨식물이 번성한 신생대가 아니다.
- 모원소 : 자원소의 비율을 보고 반감기를 찾을 수 있어야 한다.

모원소 : 자원소	반감기
1 : 1	1회
1 : 3	2회
1 : 7	3회
1 : 15	4회

① 방사성 동위 원소 그래프의 비율 관계   2023년 10월 학력평가 17번

그림은 화성암 A에 포함된 방사성 동위 원소 X의 붕괴 곡선을 나타낸 것이다. Y는 X의 자원소이다.

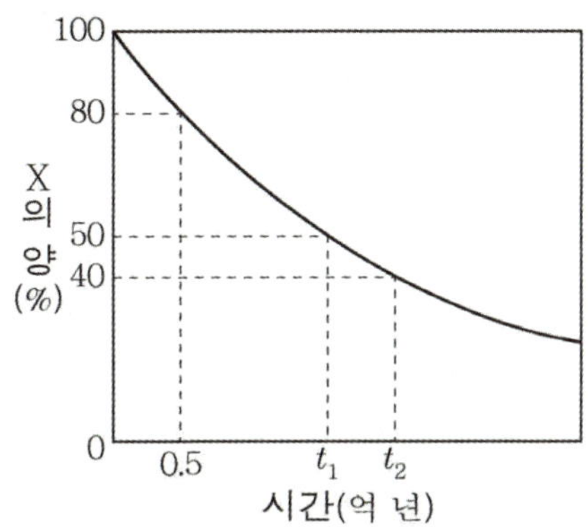

ㄷ. A가 생성된 후 1억 년이 지났을 때 X의 양은 60%보다 크다. (O)

- 화성암 A의 방사성 동위 원소가 100%에서 80%로 줄어드는 데 걸리는 시간은 0.5억 년이다.
  따라서 A가 형성된 후 1억 년이 지나면 X의 양은 64%가 된다.

- 다음의 내용을 암기한 후 이러한 유형을 특히 주의하도록 하자.
  100%에서 80%로 줄어들 때 0.5억 년이 지났으므로 '20% 감소=0.5억 년'이 아니라,

  100%에서 80%로 줄어들 때 0.5억 년이 지났으므로 '$\frac{4}{5}$ 배로 감소=0.5억 년'이다.

  따라서 위 문제의 정답은 $80\% \times \frac{4}{5} = 64\%$ 가 되는 것이다.

- 이처럼 방사성 동위 원소는 **같은 시간이 지나면 같은 비율만큼 붕괴**한다는 것을 알 수 있다.

② 방사성 동위 원소 함량 그래프는 아래로 볼록하다. 2024학년도 6월 모의평가 19번

그림은 방사성 동위 원소 X의 붕괴 곡선의 일부를 나타낸 것이다. 화성암에 포함된 X의 자원소 Y는 모두 X가 붕괴하여 생성되었다.

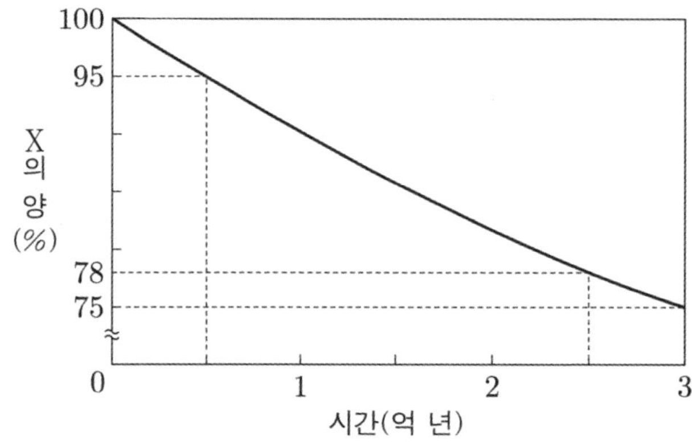

ㄴ. X의 반감기는 6억 년보다 길다. (O)

- X의 함량이 75%가 될 때까지 3억 년이 걸렸다. 방사성 동위 원소 그래프는 아래로 볼록한 함수 그래프이므로 **처음과 같은 양이 줄어들 때 걸리는 시간은 시간이 지나며 더 오래 걸린다.**

  따라서 100%에서 75%가 되는데 3억 년이 지났으므로 75%에서 50%가 되는데 3억 년보다 더 걸린다. 즉, X의 반감기는 6억 년보다 길다는 것을 알 수 있다.

- 위 자료와 같이 **방사성 동위 원소 함량 그래프는 아래로 볼록**하다는 성질을 이용하여 주어지지 않은 모원소의 양에 따른 시간을 구할 수 있어야 한다.

- 방사성 동위 원소 그래프의 비율 관계(p.131)처럼 100%에서 75% 즉, $\dfrac{3}{4}$ 배로 감소하는 시간은 75%에서 50% 즉,

  $\dfrac{2}{3}$ 배로 감소하는 시간보다 짧다고 해석할 수 있다.

추가로 물어볼 수 있는 선지 해설

1. 자원소의 함량이 20%에서 60%로 늘었다는 것은 모원소의 함량이 80%에서 40%로 줄었다는 것과 같은 말이다. 이때 모원소의 양은 절반으로 줄었으므로 반감기가 1번 지났다.

2. 모원소 : 자원소 = 1 : 3 이라면 2번의 반감기가 지난 것이다. 그러나 선지에서의 분모와 분자의 관계를 살펴본다면 모원소 : 자원소 = 3 : 1이다. 따라서 A의 절대 연령은 2억 년이 아니다.

3. 자원소의 함량이 20%에서 80%로 늘었다는 것은 모원소의 함량이 80%에서 20%로 줄었다는 것과 같은 말이다. 따라서 6억 년 동안 반감기는 2번 지났으므로 반감기는 3억 년일 것이다.

▌지질 시대의 환경과 생물 – 화석

1. 화석의 생성 과정

화석이란 지질 시대에 살았던 생물의 유해나 흔적이 지층 속에 단단한 암석의 형태로 보존되어 있는 것을 의미한다. 화석이 생성되기 위해서는 여러 조건을 만족해야 한다.

(1) 생물에 뼈, 이빨, 껍데기, 줄기와 같이 단단한 부분이 있어야 한다.

- 생물체는 퇴적되는 과정에서 단단한 부분이 없다면 지층의 무게를 이기지 못하고 형체가 부서질 것이다.

(2) 생물체가 분해되기 전에 빨리 지층 속에 묻혀야 한다.

- 생물체가 지층 속에 빨리 퇴적되지 않는다면 다른 생물에게 잡아먹히거나 풍화 침식 작용을 받아 생물체의 흔적이 사라질 것이다.

(3) 생물체가 포함된 퇴적암이 생성된 후 심한 지각 변동이나 변성 작용을 받지 않아야 한다.

- 지층이 지각 변동이나 변성 작용에 의해서 화석이 생성된 후 부서지면 안된다.

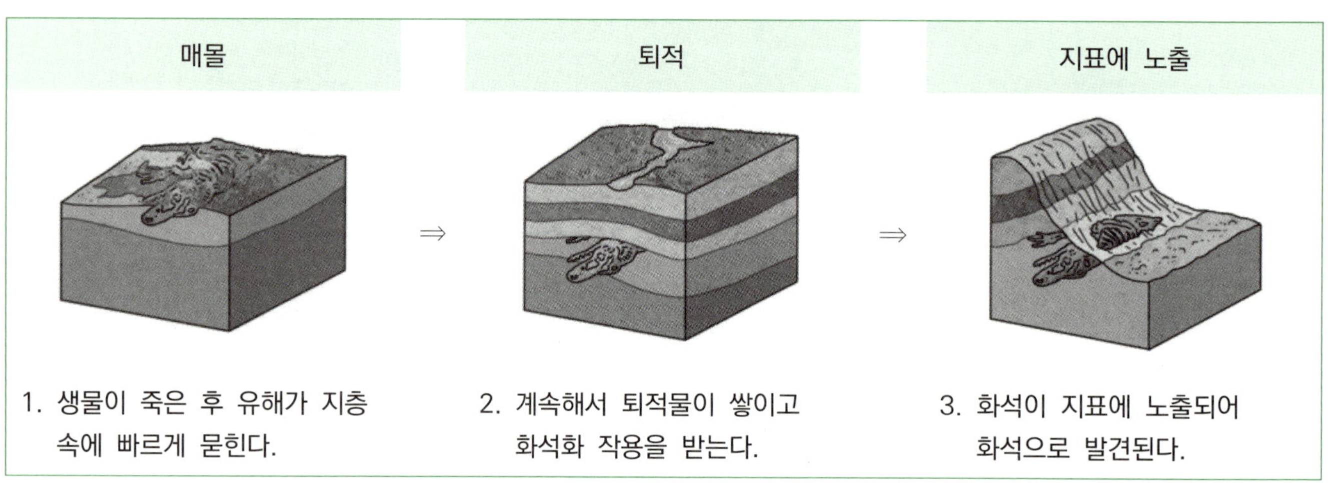

(1) 표준 화석

- 지질 시대 중 **일정 기간에만 번성했다가 멸종한 생물의 화석**이다. **지질 시대를 구분하는데 기준**이 되며 표준 화석이 산출되는 지층의 생성 시기를 알려준다.
- 표준 화석의 조건 : 특정한 시대에만 살았어야 하므로, 생존 기간이 짧고 분포면적은 넓으며 개체가 많았어야 한다는 특징이 있다. (예 고생대의 삼엽충, 중생대의 공룡 등)

(2) 시상 화석

- 생물이 살았던 **환경을 알려주는 화석**으로 퇴적된 지층의 생성 환경을 알 수 있다.
- 시상 화석의 조건 : 특정한 환경에서만 사는 생물의 화석이어야 한다.
  (예 따뜻한 바다에 서식하는 산호, 따뜻한 육지에 서식하는 고사리)

+ 시야 넓히기 : 표준 화석과 시상 화석의 구분

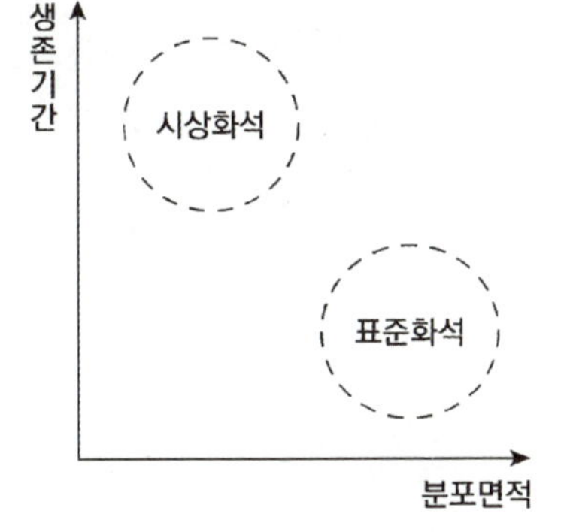

- **표준 화석**은 특정 지질 시대에만 존재한 화석이므로 **생존 기간이 짧아야** 한다. 또한, 특정 지질 시대에 **넓은 면적에서 분포**해야 한다.
- **시상 화석**은 과거부터 지금까지 특정한 환경에서 계속 살았던 생물이므로 **생존 기간은 길어야 한다**. 또한, 특정한 환경에서 살았으므로 **한정된 면적에만 존재**해야 한다.
- 표준 화석과 시상 화석은 절대적으로 정해지는 것이 아닌 상대적으로 정해진다는 사실 또한 알아두자.

지질 시대의 환경과 생물 – 고기후 연구

과거에 지구에 나타났던 기후를 고기후라 한다. 고기후 연구를 통해 과거의 기온과 강수량 등의 정보를 알 수 있다.

(1) 화석 연구

- 시상 화석의 종류와 분포를 통해 과거 기후를 추정할 수 있다.

(2) 나무 나이테 연구

- 나무 나이테 사이의 수, 폭과 밀도를 측정하여 나무의 나이 및 과거의 기온과 강수량 변화를 추정할 수 있다.
- 나무는 따뜻하고 비가 많이 내리는 여름에 집중적으로 성장하고 겨울에는 비교적 성장하지 못한다. 이 겨울 시기에 나이테가 만들어진다. 즉 나무 나이테는 1년에 1개씩 생기며 여름에 성장을 하는 정도에 따라 나이테의 간격 및 밀도가 결정된다.

(3) 빙하 코어 분석

- 빙하가 만들어질 때 공기 방울이 생긴다. 공기 방울 속에 들어있는 공기는 빙하가 생성될 당시의 대기 성분을 그대로 포함하고 있다. 따라서 과거 대기 조성을 알 수 있고, 빙하를 구성하는 물 분자의 산소 동위 원소 비율($^{18}O/^{16}O$)로부터 기온 변화를 추정할 수 있다.

(4) 지층의 퇴적물 연구

- 지층 속에 포함되어 있는 꽃가루 등의 화석을 분석하여 퇴적물이 쌓일 당시의 환경 및 식물의 분포 등을 알 수 있다.
- 따뜻한 기후에서 서식하는 활엽수의 꽃가루와 추운 기후에서 서식하는 침엽수의 꽃가루 중 활엽수의 꽃가루 화석이 더 많이 퇴적되어 있다면 그 지역은 따뜻한 기후였다는 것을 알 수 있다.

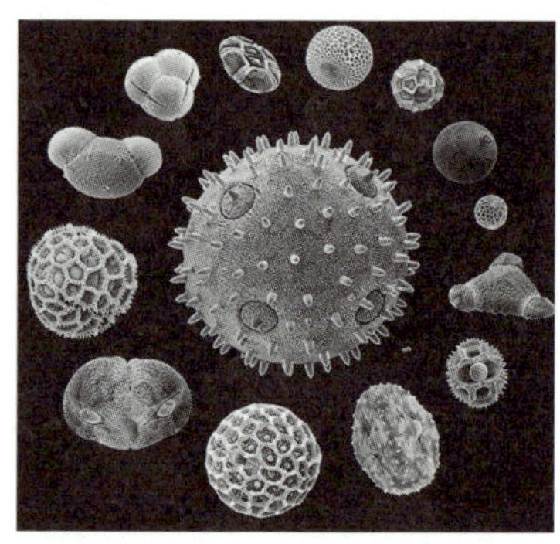

지질 시대의 환경과 생물 – 지질 시대

1. 지질 시대

지질 시대란 지구가 탄생한 약 46억 년부터 현재까지의 모든 기간을 의미한다.

2. 지질 시대 구분 기준 및 구분 단위

(1) 지질 시대 구분 기준

생물계에 일어난 큰 변화를 기준으로 구분한다. **많은 종류의 생물이 한꺼번에 출현하거나 멸종한 시기를 경계**로 지질 시대를 나눈다.

또는 대규모 지각 변동이 일어나서 상하 지층의 시간 차이가 발생하고 **화석의 종류가 뚜렷하게 달라지는 지층의 경계를 기준**으로 구분한다. (주로 부정합면을 경계로 구분한다.)

(2) 지질 시대 구분 단위

우리는 46억 년이라는 긴 지질 시대를 구분해야 하는데, 누대 – 대 – 기 등으로 구분한다.

① 누대 : 지질 시대를 나누는 가장 큰 단위로, 시생 누대 → 원생 누대 → 현생 누대 순서로 분류한다.
② 대 : 누대를 세분하는 단위로 주로 생물체가 많이 출현한 현생 누대를 고생대, 중생대, 신생대로 구분한다.
③ 기 : 대를 세분하는 단위이다.

지질 시대		절대 연대 (백만 년 전)
누대	대	
현생 누대	신생대	66.0
	중생대	252.2
	고생대	541.0
원생 누대	신원생대	1000
	중원생대	1600
	고원생대	2500
시생 누대	신시생대	2800
	중시생대	3200
	고시생대	3600
	초시생대	4000

지질 시대		절대 연대 (백만 년 전)
대	기	
신생대	제4기	2.58
	네오기	23.03
	팔레오기	66.0
중생대	백악기	145.0
	쥐라기	201.3
	트라이아스기	252.2
고생대	페름기	298.9
	석탄기	358.9
	데본기	419.2
	실루리아기	443.8
	오르도비스기	485.4
	캄브리아기	541.0

▲ 지질 시대의 구분

지질 시대 동안 여러 번의 빙하기가 있었으며 신생대 말기에는 여러 번의 빙하기와 간빙기가 있었다.
그러나 중생대는 대체로 온난하였으며 빙하기가 없었다.

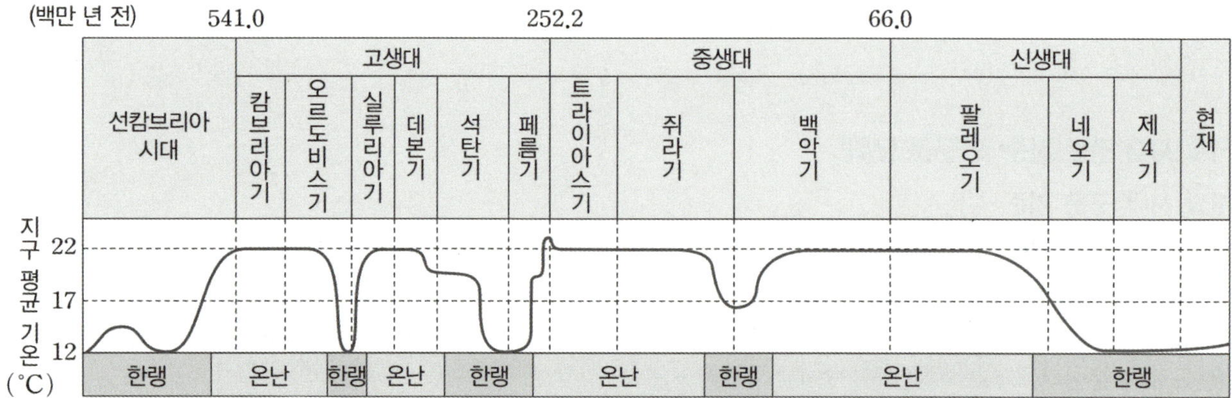

(1) 선캄브리아 시대 (46억 년 전 ~ 5억 4100만 년 전)

* 선캄브리아 시대는 시생 누대와 원생 누대로 나눌 수 있다. 이 시대는 **거의 화석이 거의 산출되지 않는데**, 이때 형성된 지층은 오랜 지각 변동을 받았기 때문이라고 볼 수 있다. 또한 생물체의 개체 수가 많지 않았기 때문이라고 볼 수도 있다.

① **시생 누대** (40억 년 전 ~ 25억 년 전)
* 대기 중에는 산소가 거의 없었고, 태양에서 내뿜는 강한 자외선이 지표면에 그대로 도달했으므로 **육상에는 생물체가 없었다.** 따라서 자외선이 도달하지 못하는 **바다에서 최초의 생명체가 출현**하였다.
* 광합성을 하는 원핵생물(단세포 생물)인 남세균(사이아노박테리아)이 출현하여 자외선이 도달하지 못하는 얕은 바다에 **스트로마톨라이트**를 형성하였다. **남세균의 광합성으로 대기 중의 산소의 양이 점점 증가하기 시작했다.**

▲ 스트로마톨라이트

② **원생 누대** (25억 년 전 ~ 5억 4100만 년 전)
* 남세균의 광합성으로 대기 중의 산소가 점점 증가했고, 말기에 다세포 생물이 출현하였고 일부는 **에디아카라 동물군** 화석으로 남아 있다.

▲ 에디아카라 동물군

(2) 고생대 (5억 4100만 년 전 ~ 2억 5220만 년 전)

캄브리아기	• 기후가 대체로 온난해지면서 바다에 생물체들이 폭발적으로 등장하기 시작했다. • **삼엽충**, 완족류 등의 해양 무척추동물이 **번성하였다.**
오르도비스기	• **필석**이 출현 및 **번성하였다**. 또한 최초의 척추동물인 어류가 출현하였다. • 오르도비스기 말에 대멸종이 존재했다.
실루리아기	• 지구에 산소의 양이 늘어나면서 대기에 오존(O_3)으로 이루어진 **오존층이 만들어졌다.** • 오존층은 태양에서 날아오는 자외선을 막아주기 때문에 육상에는 생물체가 등장하기 시작했다. 따라서 **최초의 육상 식물인 양치식물이 먼저 등장하였다.**
데본기	• **갑주어**를 비롯한 어류들이 **번성하였다.** • 육지와 바다를 오가는 최초의 양서류가 출현하였다.
석탄기	• **방추충**(푸줄리나), 산호, 유공충 등이 **번성하였다**. • 양서류가 번성하였으며 최초의 파충류가 출현하였다. • 양치식물이 거대한 삼림을 형성하였는데 석탄기 말 멸종이 일어나 식물들이 대량으로 멸종하면서 지층에 퇴적되며 석탄이 만들어지게 되었다. (양치식물이 모두 멸종한 것은 아니다.)
페름기	• 겉씨식물(은행나무, 소철 등)이 등장했다. • 페름기 말 **초대륙인 판게아가 형성되면서 가장 큰 규모의 대멸종**이 발생하였다. 해양 생물 종의 90% 이상이 멸종하였으며 삼엽충, 방추충 등의 생물 또한 멸종하였다.

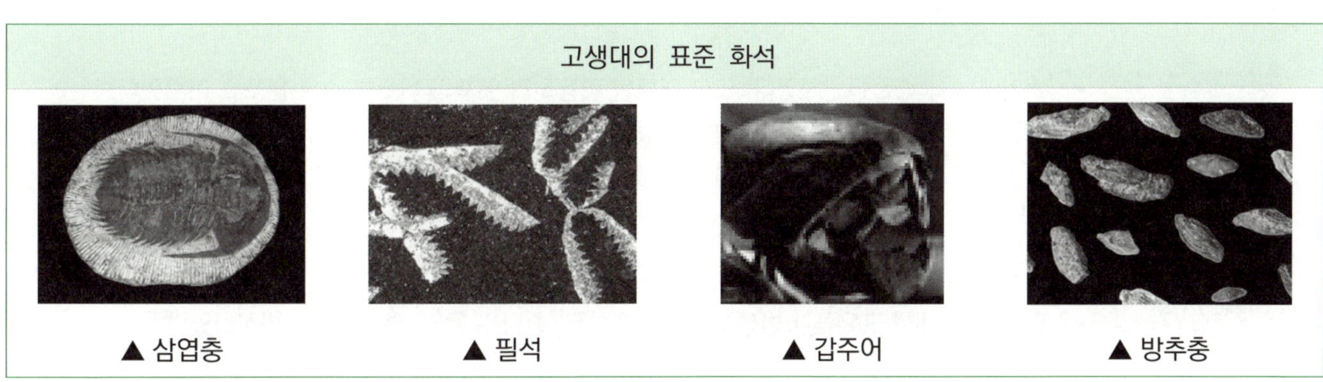

고생대의 표준 화석

▲ 삼엽충　　　　▲ 필석　　　　▲ 갑주어　　　　▲ 방추충

(3) 중생대 (2억 5220만 년 전 ~ 6600만 년 전)

트라이아스기	• 바다에는 **암모나이트가 번성하였으며**, 공룡을 비롯한 파충류와 원시 포유류가 출현하였다. • 은행과 소철 등 **겉씨식물이 번성하였다**. • 판게아가 분리되면서 대서양이 생성되었다.
쥐라기	• **공룡**을 비롯한 파충류와 암모나이트, 겉씨식물이 크게 **번성하였고**, 파충류와 조류의 특징을 모두 가진 **시조새가 출현하였다**.
백악기	• 말기에 **공룡**과 **암모나이트**가 멸종하였으며, 속씨식물이 출현하였다.

중생대의 표준 화석

▲ 암모나이트   ▲ 공룡   ▲ 시조새

(4) 신생대 (6600만 년 전 ~ 현재)

팔레오기	• 초기에는 대체로 온난하였다. 또한 대륙이 이동하며 현재와 비슷한 수륙 분포를 이루었다. • **히말라야산맥**과 알프스산맥이 **형성되었다**.
네오기	• 유공충의 종류 중 하나인 **화폐석**이 **번성하였고 속씨식물이 번성하였다**.
제4기	• 대체로 한랭하였으며 빙하기와 간빙기가 여러 번 반복되었다. • **매머드** 등 대형 포유류가 **번성하였고** 단풍나무, 참나무 등의 **속씨식물도 번성하였다**.

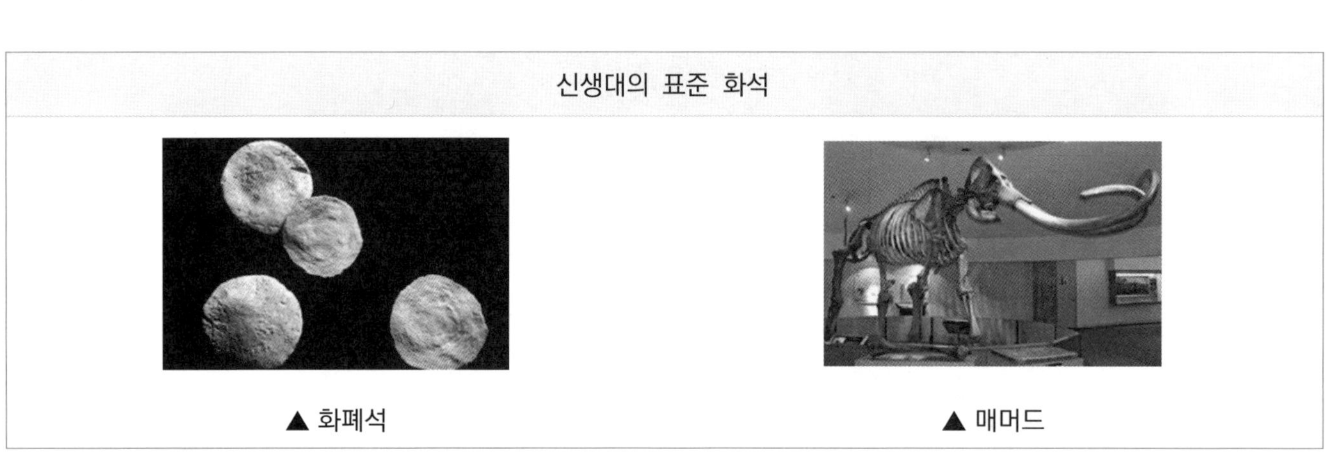

신생대의 표준 화석

▲ 화폐석   ▲ 매머드

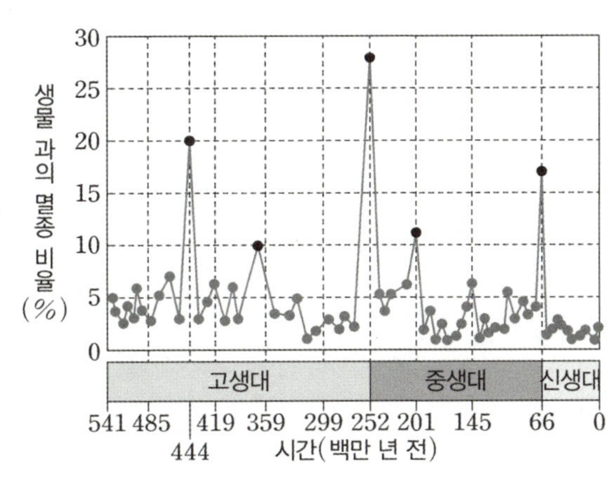

- 지질 시대에는 총 5번의 대멸종이 있었다.
  1. 오르도비스기 말
  2. 데본기 말
  3. **페름기 말**
  4. 트라이아스기 말
  5. 백악기 말

- 이들 중 가장 큰 규모의 대멸종은 고생대에서 중생대로 넘어가는 페름기 말 때 발생했다. 그 이유는 **초대륙 판게아의 형성**으로 인해 대부분의 해양 생물이 서식하는 **대륙붕의 면적이 좁아졌기** 때문이다. 그 결과 해양 생물의 90% 이상이 멸종해버리는 사건이 발생했다.

2023학년도 수능 지Ⅰ 10번

그림 (가)는 40억 년 전부터 현재까지의 지질 시대를 구성하는 A, B, C의 지속 기간을 비율로 나타낸 것이고, (나)는 초대륙 로디니아의 모습을 나타낸 것이다. A, B, C는 각각 시생 누대, 원생 누대, 현생 누대 중 하나이다.

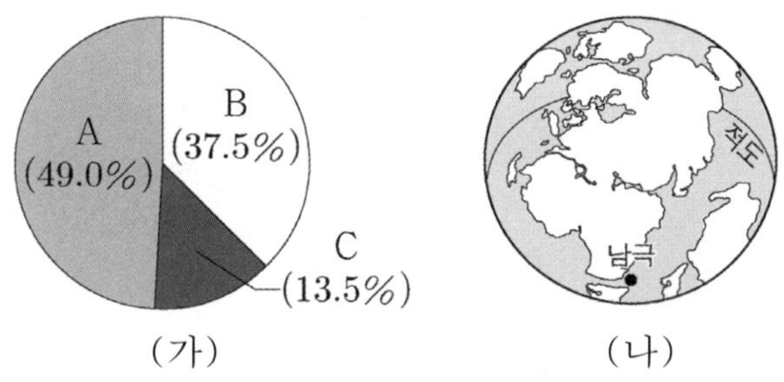

이 자료에 대한 설명으로 옳은 것만을 <보기>에서 있는 대로 고른 것은?

— < 보   기 > —

ㄱ. A는 원생 누대이다.

ㄴ. (나)는 A에 나타난 대륙 분포이다.

ㄷ. 다세포 동물은 B에 출현했다.

① ㄱ   ② ㄴ   ③ ㄷ   ④ ㄱ, ㄴ   ⑤ ㄴ, ㄷ

추가로 물어볼 수 있는 선지

1. 로디니아가 형성된 시기는 에디아카라 동물군 화석이 형성된 누대와 같다. (O , X)

2. 고생대 후기에 대규모 조산 운동이 일어났다. (O , X)

3. 대서양의 면적은 현재보다 1억 년 전이 더 넓다. (O , X)

정답 : 1. (O), 2. (O), 3. (X)

KEY POINT #로디니아, #누대, #다세포 생물

문항의 발문 해석하기

각 누대의 지속 기간은 원생 누대, 시생 누대, 현생 누대 순인 것을 알아야 한다. 또한 로디니아는 약 12억 년 존재했던 초대륙임을 떠올려야 한다.

문항의 자료 해석하기

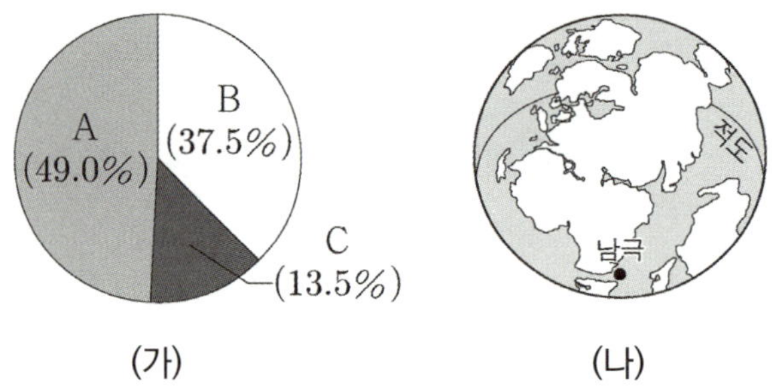

1. (가) 자료에서 가장 큰 비율을 차지하고 있는 A는 원생 누대인 것을 알아야 한다. B는 시생 누대, C는 현생 누대이다.

2. (나) 자료는 로디니아의 모습이다. 로디니아는 약 12억 년 전 존재했던 초대륙으로써, 원생 누대에 존재했음을 알 수 있어야 한다.

선지 판단하기

ㄱ 선지 A는 원생 누대이다. (O)

　　　가장 긴 지속 기간을 가진 누대인 A는 원생 누대이다.

ㄴ 선지 (나)는 A에 나타난 대륙 분포이다. (O)

　　　로디니아는 원생 누대인 A에 나타난 초대륙이다.

ㄷ 선지 다세포 동물은 B에 출현했다. (X)

　　　최초의 다세포 생물은 원생 누대 말기에 출현했다.
　　　그 일부는 에디아카라 동물군 화석으로 남아 있다. B는 시생 누대이므로 틀린 선지이다.
　　　시생 누대 때 출현한 생물은 단세포 생물인 남세균이다.

기출문항에서 가져가야 할 부분

1. 누대별 지속 기간 암기하기 (원생 누대 〉 시생 누대 〉 현생 누대)

2. 시생 누대와 원생 누대의 생물 암기하기

3. 초대륙 로디니아의 형성 시기 암기하기

기출 문제로 알아보는 유형별 정리

[누대]

1 시생 누대와 원생 누대

그림은 지질 시대 동안 일어난 주요 사건을 나타낸 것이다.

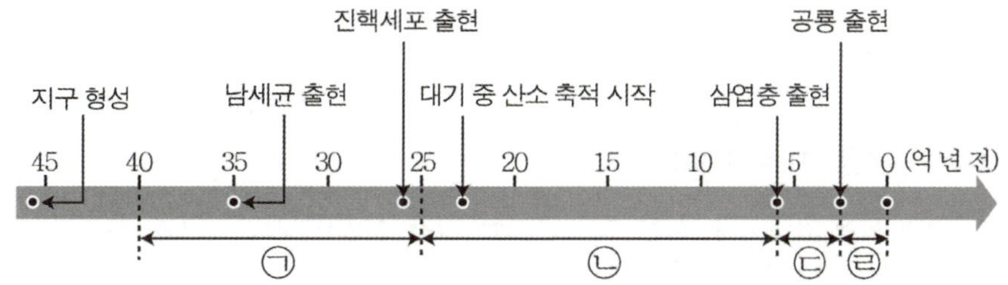

① 최초의 다세포 생물이 출현한 지질 시대는 ㉠이다. (X)

- 최초의 다세포 생물은 원생 누대 말 에디아카라 동물군 화석으로 남아 있다. ㉠은 남세균이 출현한 시생 누대이므로 틀린 선지이다.
- **시생 누대**에는 **발견된 생물체 중 가장 먼저 출현한 생물체인 남세균이 출현**했다. 남세균은 바다에서 **광합성**을 하여 대기 중 산소의 양을 늘리기 시작했다. 이들은 얕은 바다에 **스트로마톨라이트를 형성**하였다.
- **원생 누대**에는 **최초의 다세포 생물**이 출현하였으며 일부가 **에디아카라 동물군 화석**으로 남아 있다.

그림은 40억 년 전부터 현재까지의 지질 시대를 3개의 누대로 나타낸 것이다.

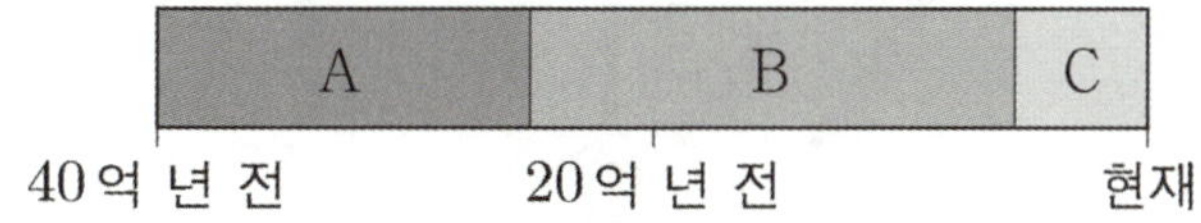

ㄱ. 대기 중 산소의 농도는 A 시기가 B 시기보다 높았다. (X)

- A는 시생 누대, B는 원생 누대이다. 시간이 지나며 대기 중 산소의 양은 광합성을 하는 생물체의 영향으로 점점 높아졌다. 따라서 대기 중 산소의 농도는 B 시기가 A 시기보다 높았다.
- **시간이 지나며** 조금씩 **산소의 양은 증가**했다는 것을 알아두자.
- 시생 누대는 약 40억 년 전 ~ 약 25억 년 전이고, 원생 누대는 약 25억 년 전 ~ 5억 4천만 년 전이다. 따라서 **원생 누대가 시생 누대보다 지속 기간이 길었다.**

① 표준 화석과 시상 화석 비교 지Ⅱ 2018년 4월 학력평가 15번

다음은 화석에 대한 수업 장면을 나타낸 것이다.

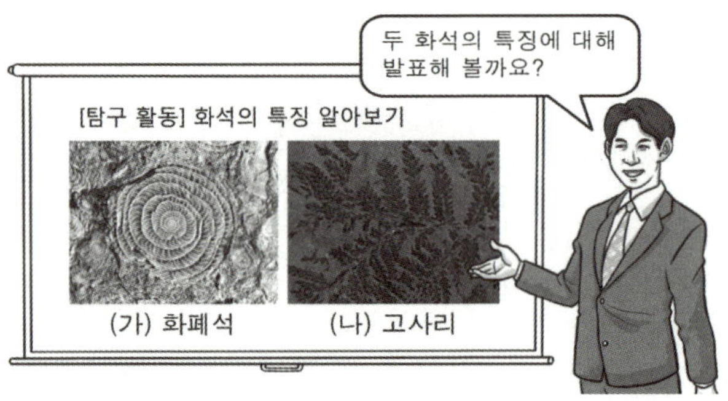

영희 : (나)는 지질 시대를 구분할 때 주로 이용해요. (X)

- (나)는 고사리로 대표적인 시상 화석이다. **시상 화석은 생물체가 살았던 자연환경을 추정하는 데 이용되는 화석으**
  로 지질 시대를 구분할 때 이용하지 않는다.
- **지질 시대를 구분하는 화석**은 (가)와 같은 **표준 화석**이라는 것을 알아두자.

② 화석을 통한 지질 시대 구분 지Ⅱ 2019년 7월 학력평가 11번

그림은 어느 지역의 지질 단면도와 지층에서 산출되는 화석의 범위를 나타낸 것이다.

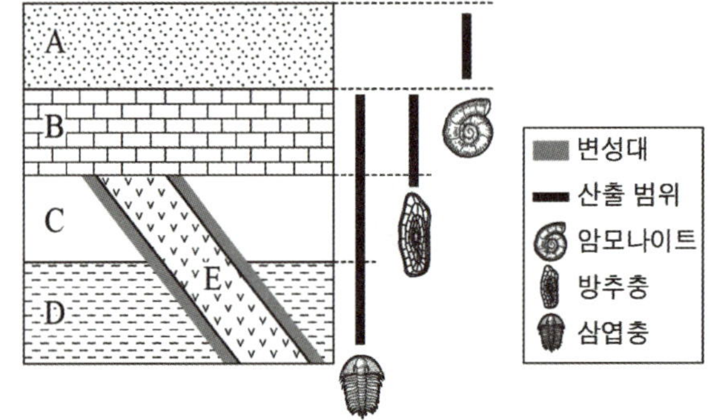

ㄱ. A~D는 해양 환경에서 퇴적된 지층이다. (O)

- 네 지층에서 나타나는 화석은 **모두 해양 생물의 화석**이다. 따라서 해양 환경에서 퇴적된 지층이라고 할 수 있다.
- 위 자료에서 A와 B층 사이를 확인해보자. **B층까지 삼엽충과 방추충이 산출**되었지만 **A층부터 두 화석은 산출되지**
  않고 암모나이트가 산출되고 있다. 이를 토대로 A와 B층 사이는 산출되는 **화석의 종류가 크게 달라졌으므로 지질 시**
  대가 바뀌었다고 해석할 수 있다.

추가로 물어볼 수 있는 선지 해설

1. 로디니아는 약 12억 년 전 원생 누대 때 만들어졌다. 에디아카라 동물군 화석 또한 원생 누대 때 만들어졌으므
   로 같은 누대에서 만들어졌다고 볼 수 있다.
2. 고생대 후기에는 판게아가 형성되었으므로 대규모 조산 운동이 일어났다.
3. 대서양의 면적은 판게아 분리 이후 계속해서 커졌다. 따라서 1억 년 전보다 현재의 면적이 더 넓다.

2022학년도 9월 모의평가 지Ⅰ 1번

그림은 주요 동물군의 생존 시기를 나타낸 것이다. A, B, C는 어류, 파충류, 포유류를 순서 없이 나타낸 것이다. 이에 대한 설명으로 옳은 것만을 <보기>에서 있는 대로 고른 것은?

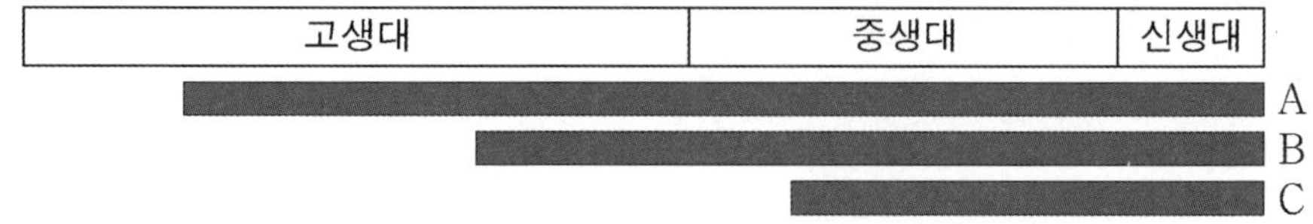

이 모형에 대한 설명으로 옳은 것만을 <보기>에서 있는 대로 고른 것은?

─── <보　기> ───

ㄱ. A는 어류이다.

ㄴ. C는 신생대에 번성하였다.

ㄷ. B가 최초로 출현한 시기와 C가 최초로 출현한 시기 사이에 히말라야 산맥이 형성되었다.

① ㄱ 　　② ㄴ 　　③ ㄷ 　　④ ㄱ, ㄴ 　　⑤ ㄴ, ㄷ

추가로 물어볼 수 있는 선지

1. 공룡이 번성했던 시기 이후에 최대 규모의 생물 대멸종이 일어나 생물 종의 수는 현재가 더 적다. (O , X)

2. 속씨식물 출현 이전에 화폐석이 번성하였다. (O , X)

3. 오존층의 형성 이후 육상 생물이 나타났다. (O , X)

정답 : 1. (X), 2. (X), 3. (O)

02 2022학년도 9월 모의평가 지Ⅰ 1번

문항의 발문 해석하기

현생 누대에 출현한 동물군의 출현 시기를 떠올려야 한다. 어류는 고생대 오르도비스기, 파충류는 고생대 석탄기, 포유류는 중생대 트라이아스기임을 떠올리고 자료 해석을 하자.

문항의 자료 해석하기

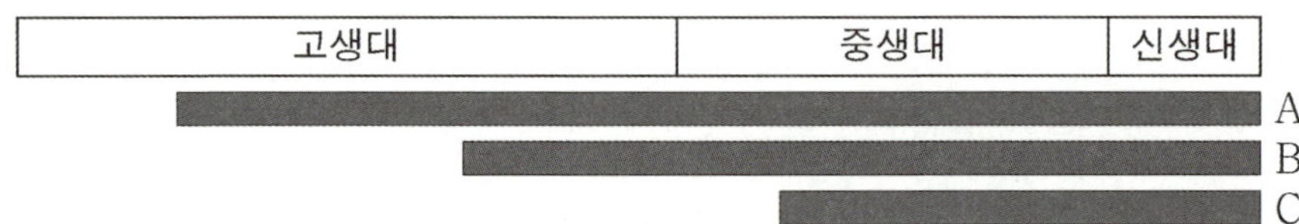

A는 고생대 초 오르도비스기에 출현한 어류, B는 고생대 중후반부 석탄기에 출현한 파충류, C는 중생대 초 트라이아스기에 출현한 포유류에 해당한다.

선지 판단하기

ㄱ 선지 A는 어류이다. (O)

　　A는 어류에 해당한다.

ㄴ 선지 C는 신생대에 번성하였다. (O)

　　C는 포유류로 신생대에 번성하였다.

ㄷ 선지 B가 최초로 출현한 시기와 C가 최초로 출현한 시기 사이에 히말라야산맥이 형성되었다. (X)

　　B와 C가 최초로 출현한 시기 사이는 고생대~중생대에 해당한다. 히말라야산맥은 신생대에 형성되었으므로 틀린 선지이다.

기출문항에서 가져가야 할 부분

1. 각 시기별 출현 및 번성했던 동식물 암기하기
2. 히말라야산맥은 신생대 초 북상하는 인도 대륙과 유라시아 대륙이 충돌해서 형성되었음을 암기하기

▌기출 문제로 알아보는 유형별 정리

[현생 누대]

1 현생 누대의 지질학적 대사건

① 오존층의 출현과 육상 생물   지Ⅱ 2016년 4월 학력평가 19번

그림은 자연사 박물관에 전시된 어떤 화석에 대한 설명판이다.

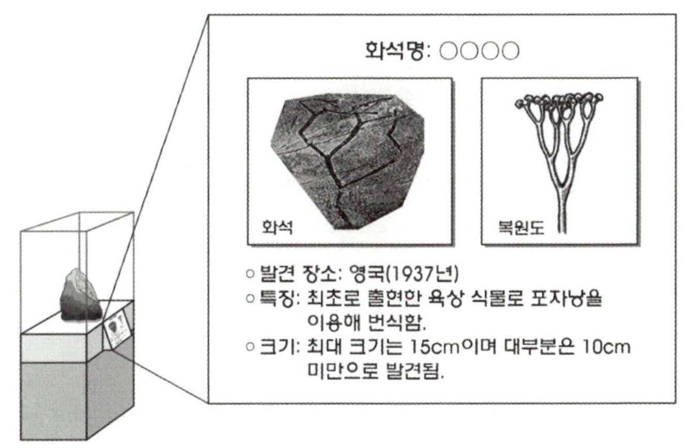

영희 : 오존층이 생성되어서 육지에 이 식물이 출현할 수 있었어. (O)

- **오존층은 고생대 실루리아기에 형성**되었다. 오존층의 형성으로 지구로 입사하는 자외선이 대폭 줄어들어 육상에 생물체가 출현할 수 있게 되었다.
- 오존층이 형성되기 전에는 지구 표면으로 입사하는 자외선의 양이 많아 생물체가 육지에서 살 수 없었다. 따라서 자외선을 피해 생물체들은 바다 속에만 있었던 것이다. 바다에서 **광합성을 하는 생명체에 의해 대기 중 산소의 양이 증가하며 형성된 오존층**의 영향으로 **최초의 육상 식물이 등장**하고 육상 동물이 차례로 등장할 수 있게 되었다.

② 생물의 대멸종   2023학년도 9월 모의평가 7번

그림은 현생 누대 동안 생물 과의 멸종 비율과 대멸종이 일어난 시기 A, B, C를 나타낸 것이다

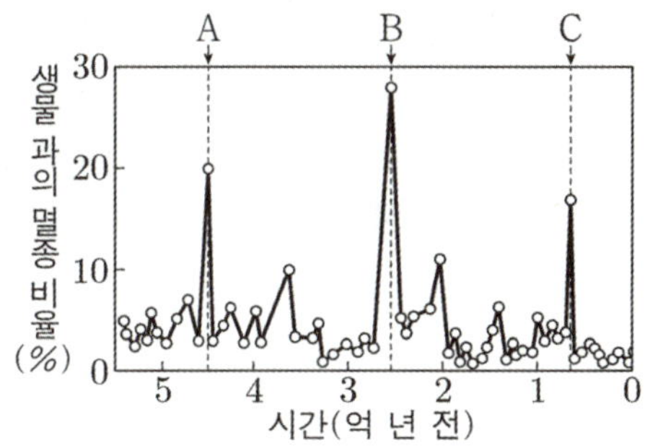

ㄱ. 생물 과의 멸종 비율은 A가 B보다 높다. (X)

- 생물 과의 멸종 비율은 A보다 B에서 높은 것을 확인할 수 있다.
- 생물의 대멸종은 5차례 있었다.
  오르도비스기 말, 데본기 말, 페름기 말(고생대 말), 트라이아스기 말, 백악기 말(중생대 말)이다.
  위 자료에서 A는 오르도비스기 말, B는 페름기 말, C는 백악기 말에 해당한다.
- 이때, 대멸종 중 **가장 큰 규모의 대멸종은 페름기 말(B)**에 일어난 대멸종이다. 이는 초대륙 판게아의 형성으로 **대륙붕의 면적이 줄어들어 해양 생물의 90% 이상이 멸종한 대사건**이다.

2 각 시대별 특징

① 중생대에 빙하기는 없었다. 2020년 7월 학력평가 3번

그림 (가), (나), (다)는 고생대, 중생대, 신생대의 모습을 순서 없이 나타낸 것이다.

(가)　　　　　　(나)　　　　　　(다)

ㄷ. (다) 시대에는 여러 번의 빙하기가 있었다. (X)

- (다) 자료에는 공룡의 모습이 나타나 있다. 공룡은 중생대에 살았던 생물이다. **중생대는 대체로 온난하였으며** 빙하기가 존재하지 않았다.
- 중생대는 유일하게 빙하기가 없었던 지질 시대로 중간에 한랭했던 시기는 있었지만, 빙하기는 찾아오지 않았다.
- (가)는 신생대 매머드의 모습, (나)는 고생대 삼엽충의 모습인 것도 함께 알아두자.

② 식물의 종류 2021년 10월 학력평가 10번

그림은 현생 누대의 일부를 기 단위로 구분하여 생물의 생존 기간과 번성 정도를 나타낸 것이다. ㉠과 ㉡은 각각 양치식물과 겉씨식물 중 하나이다.

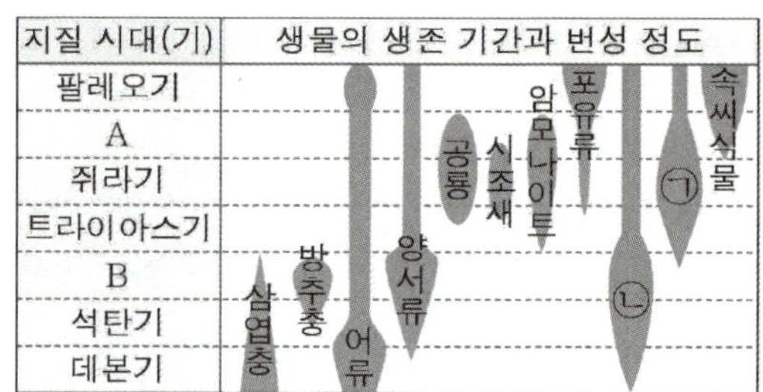

지질 시대(기)	생물의 생존 기간과 번성 정도
팔레오기	
A	
쥐라기	
트라이아스기	
B	
석탄기	
데본기	

ㄴ. ㉠은 겉씨식물이다. (O)

- 지질 시대의 순서로 보아 A는 백악기, B는 페름기다. 겉씨식물은 페름기에 출현한 식물로 ㉠에 해당한다.
- **양치식물은 실루리아기에 출현했고 고생대에 가장 크게 번성**하였다. 대표적인 고사리가 있다.
- **겉씨식물은 페름기에 출현했고 중생대에 가장 크게 번성**하였다. 대표적으로 소철과 은행나무가 있다.
- **속씨식물은 백악기에 출현했고 신생대에 가장 크게 번성**하였다. 대표적으로 단풍나무가 있다.
- 어떤 지질 시대에 출현했고 번성하였는지를 반드시 암기하도록 하자.

표는 고생대와 중생대를 기 단위로 구분하여 시간 순서대로 나타낸 것이다.

대	고생대						중생대		
기	캄브리아기	오르도비스기	A	데본기	B	페름기	C	쥐라기	백악기

ㄷ. C 시기에 히말라야산맥이 형성되었다. (X)

- C는 트라이아스기로 **히말라야산맥은 신생대에 형성**되었기 때문에 틀린 선지이다.
- 히말라야산맥은 신생대 초 인도 대륙의 북상으로 유라시아 대륙과 충돌하여 형성된 습곡산맥인 것을 알자.

3 산소 동위 원소 비

　다음은 빙하 코어를 이용한 고기후 연구 방법을, 그림은 그린란드 빙하 코어를 분석하여 알아낸 산소 동위 원소 비를 나타낸 것이다.

○ ㉠빙하 코어에 포함된 공기 방울의 이산화 탄소 농도와 얼음의 ㉡산소 동위 원소 비를 측정한다.
○ ㉠의 농도와 얼음의 ㉡이 높을 때 기온이 높다고 추정한다.

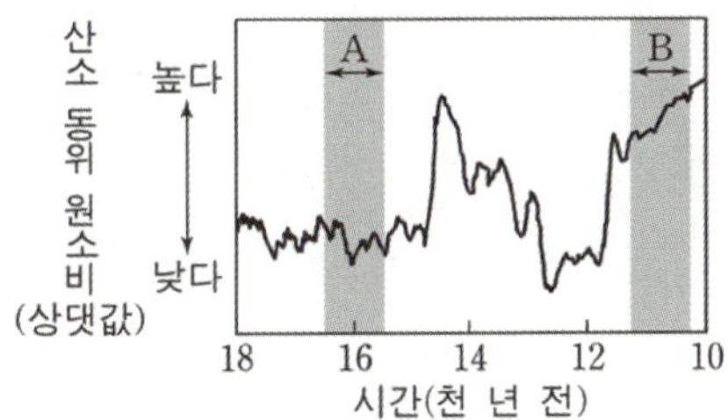

ㄴ. 해수에서 증발하는 수증기의 ㉡은 A 시기가 B 시기보다 높다. (X)

- 빙하 코어 속 산소 동위 원소 비가 높다는 것은 지구의 기온이 높았다는 것을 의미한다. 따라서 A 시기보다 B 시기에 지구 평균 기온이 높았을 것이므로 증발하는 수증기의 산소 동위 원소 비도 B 시기에 높다.
- **지구가 따뜻했던 시기에는 빙하 코어 속 산소 동위 원소 비가 높고, 지구가 한랭했던 시기에는 빙하 코어 속 산소 동위 원소 비가 낮다.**

그림은 지질 시대에 따른 해양 생물 화석의 산소 동위 원소 비($^{18}O/^{16}O$)를 나타낸 것이다.

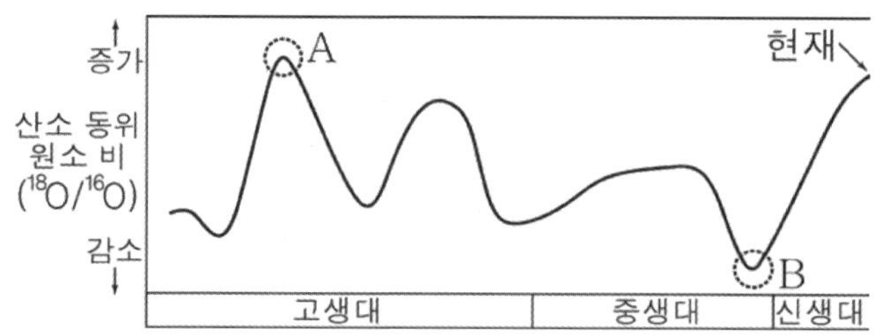

ㄷ. 해수면의 높이는 현재가 B 시기보다 낮을 것이다. (O)

- 해양 생물 속 산소 동위 원소 비가 높았다는 것은 지구의 온도가 낮았다는 것을 의미한다. B 시기는 산소 동위 원소 비가 현재보다 낮으므로 B 시기의 지구 평균 기온이 현재보다 더 높았다. 온도가 더 높았던 B 시기에는 빙하가 많이 녹아 해수면의 높이가 높았다. 따라서 한랭한 현재의 해수면의 높이가 더 낮을 것이다.

- **지구가 따뜻했던 시기에는 해양 생물 속 산소 동위 원소 비가 낮고, 지구가 한랭했던 시기에는 해양 생물 속 산소 동위 원소 비가 높다.**

- 아래의 그림을 보고 빙하와 해양 생물의 산소 동위 원소에 대해서 생각할 수 있도록 하자.

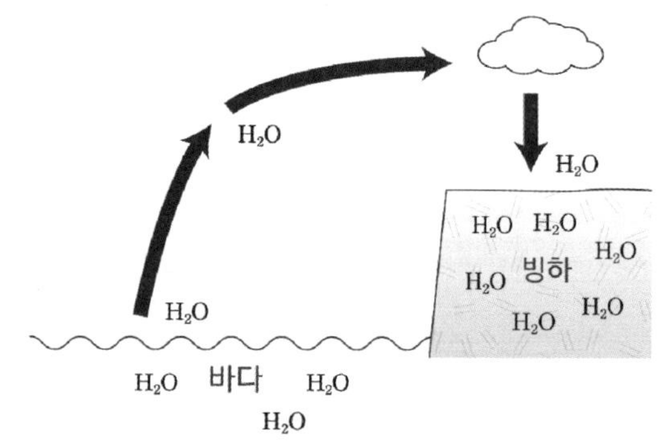

▲ 지구의 기온이 높았던 시기

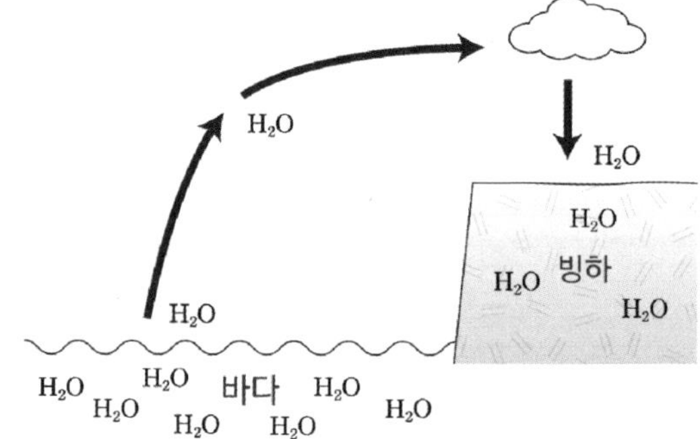

▲ 지구의 기온이 낮았던 시기

추가로 물어볼 수 있는 선지 해설

1. 대멸종이 일어나도 시간이 지나면서 생물 종의 수는 계속해서 늘어났으므로 현재의 생물 종의 수가 더 많다.

2. 속씨식물은 백악기에 출현했다. 따라서 화폐석은 팔레오기와 네오기 때 번성했으므로 속씨식물의 출현 이후에 화폐석이 번성했다.

3. 오존층이 형성되면서 태양의 해로운 자외선이 지표로 닿지 못하게 되었다. 따라서 육상에 생물체가 등장할 수 있게 되었다.

Theme

03

대기의 변화

기압과 기단에 따른 날씨 변화

▌기압과 기단에 따른 날씨 변화

1. 기압

기압이란 단위 면적에 대한 공기가 누르는 압력을 뜻한다. 이때 기압의 단위로는 hPa(헥토파스칼)을 이용하며 지표면에서의 평균 대기압은 $1013hPa$이다.

주변에 비해서 **상대적으로 기압이 높다면 고기압, 기압이 낮다면 저기압**이라고 한다.

상대적이라는 단어가 가장 중요한데, 같은 기압이라고 할지라도 주변의 기압에 따라서 저기압이 될 수도, 고기압이 될 수도 있다는 뜻이다.

일반적으로 공기가 많은 고기압에서 공기가 적은 저기압 쪽으로 공기의 흐름이 나타나는데 이때의 상태를 **고기압에서 저기압으로 바람이 분다**고 이야기한다.

고기압	저기압
• 상대적으로 주변보다 기압이 높은 곳 • 중심 부근에서 **하강 기류가 발달**한다. **북반구 지표면에서** 공기가 **시계 방향**으로 불어 나간다. (남반구에서는 반시계 방향으로 나타난다.) • 주로 공기의 온도가 올라가고 습도가 낮아져 **맑은 날씨**가 나타난다.	• 상대적으로 주변보다 기압이 낮은 곳 • 중심 부근에서 **상승 기류가 발달**한다. **북반구 지표면에서** 공기가 **반시계 방향**으로 불어 들어간다. (남반구에서는 시계 방향으로 나타난다.) • 주로 공기의 온도가 낮아지고 습도가 높아져 **구름이 형성**되고 날씨가 흐려진다.

전향력이란 지구가 **자전하면서 발생하는 힘**이다. (전향력은 지구과학1에서 다루는 힘은 아니지만 지구에서 나타나는 다양한 현
상들을 서술하는데 꼭 필요한 개념이다. 따라서 너무 깊게 생각하지 말고 그냥 이런 힘이 존재한다는 것 정도만 알고 넘어가도록
하자.)

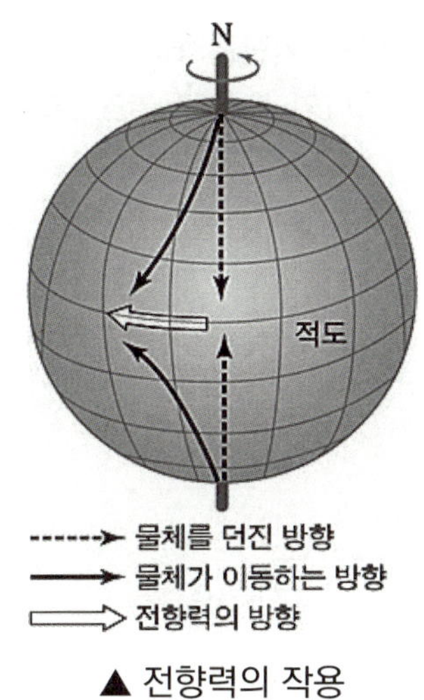

▲ 전향력의 작용

- 전향력은 **북반구에서는 물체가 움직이는 방향의 오른쪽으로**, **남반구에서는 물체가 움
  직이는 방향의 왼쪽**으로 **작용**한다.

- 북극에서 던진 물건은 **지구의 자전에 의해서 휘어지며 날아간다**.
  이때, 휘어지는 힘을 전향력이라 하며 북반구에서는 진행 방향의 오른쪽으로, 남반구에
  서는 진행 방향의 왼쪽으로 작용하는 것이다.

- 대기와 해수는 전향력의 영향을 받아 움직이므로 전향력의 개념에 대해 알아두면 2단원
  의 개념 이해와 문제 풀이에 도움이 될 것이다. (전향력은 고기압과 저기압에서 바람의 방향
  이 다르게 나타나는 이유이다.)

기단이란 넓은 지역에 걸쳐 기온이나 습도 등의 **성질이 비슷한 거대한 공기 덩어리**를 말한다. 주로 넓은 대륙 위나 해양 위에서 공기가 오랫동안 머물면서 형성되며 **형성된 지역의 특성**(건조, 다습, 한랭, 온난)**을 닮아갈** 때 기단이 형성된다.

기단이 형성되는 발원지의 장소에 따라서 **해양성 기단과 대륙성 기단**으로 나누어진다.
해양성 기단은 해수의 증발로 인해 수증기의 양이 많아서 **다습**한 성질을 가지고 **대륙성 기단**은 해양보다 증발이 적게 일어나기 때문에 **건조**하다는 성질을 가지고 있다.

저위도일 때 단위 면적당 입사하는 태양 복사 에너지 양이 많으므로 따뜻하다. 따라서 **저위도**에서 발생하는 기단 역시 **온난**한 성질을 가진다. 반대로 **고위도**에서 형성되는 기단일수록 **한랭한** 성질을 가진다.
기단의 성질을 다음과 같은 표로 정리하자.

발원지	
해양	다습
대륙	건조
저위도	온난
고위도	한랭

우리나라에 영향을 미치는 기단은 계절에 따라서 **양쯔강 기단, 북태평양 기단, 오호츠크해 기단, 시베리아** 기단 등이 있다.

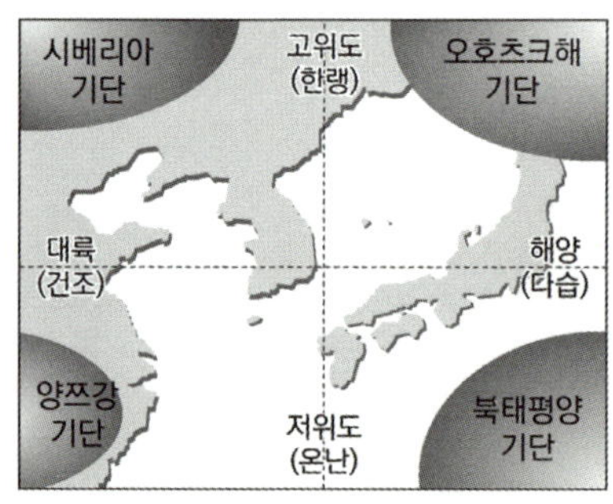

▲ 우리나라 주변 기단

기단	성질	주로 영향을 주는 계절
양쯔강 기단	온난 건조	봄, 가을
오호츠크해 기단	한랭 다습	초여름, 장마철, 가을
북태평양 기단	고온 다습	여름
시베리아 기단	한랭 건조	겨울

▲ 우리나라 주변 기단의 특징

- **기단의 이동과 성질 변화** : 기단이 발생한 지역을 떠나 다른 지역으로 이동하면 지표면이나 해수면과 열이나 수증기를 교환하며 성질이 달라질 수 있다.

구분	변질 과정
한랭한 기단이 저위도로 이동할 때	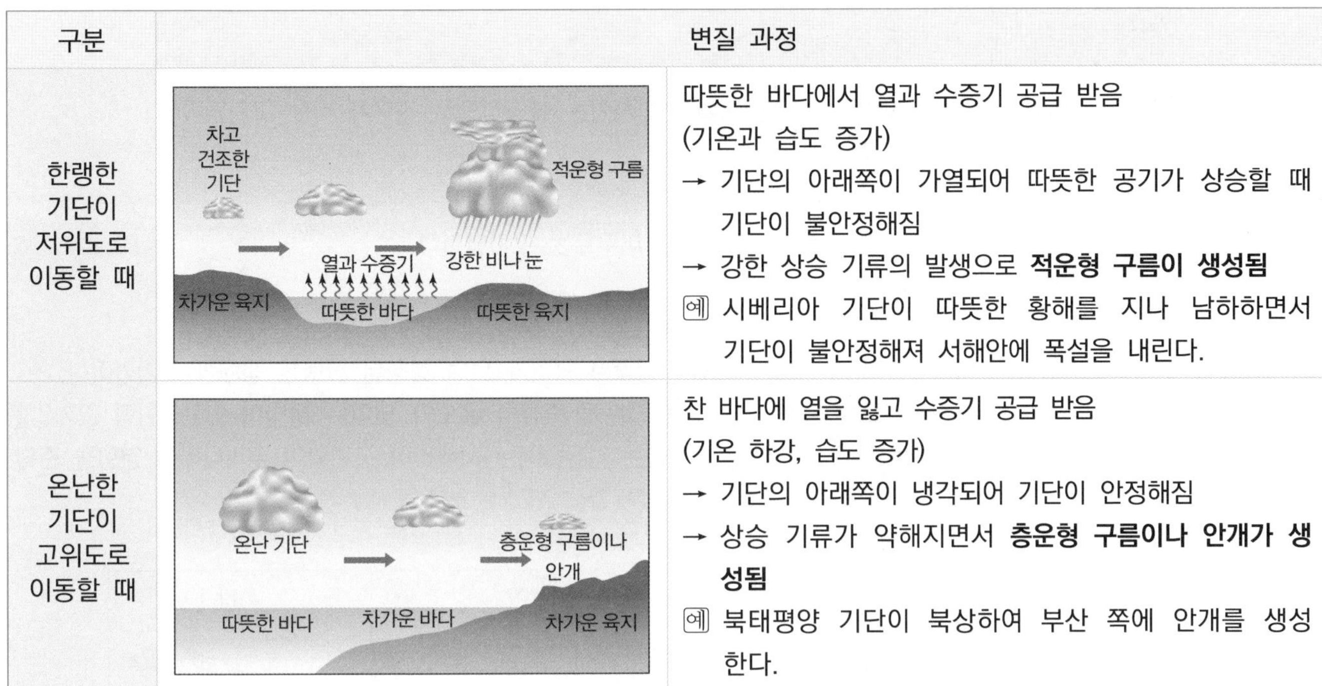 따뜻한 바다에서 열과 수증기 공급 받음 (기온과 습도 증가) → 기단의 아래쪽이 가열되어 따뜻한 공기가 상승할 때 기단이 불안정해짐 → 강한 상승 기류의 발생으로 **적운형 구름이 생성됨** 예 시베리아 기단이 따뜻한 황해를 지나 남하하면서 기단이 불안정해져 서해안에 폭설을 내린다.
온난한 기단이 고위도로 이동할 때	찬 바다에 열을 잃고 수증기 공급 받음 (기온 하강, 습도 증가) → 기단의 아래쪽이 냉각되어 기단이 안정해짐 → 상승 기류가 약해지면서 **층운형 구름이나 안개가 생성됨** 예 북태평양 기단이 북상하여 부산 쪽에 안개를 생성한다.

고기압은 이동 상태에 따라 정체성 고기압과 이동성 고기압으로 구분한다. **정체성 고기압**이란 고기압의 중심부가 거의 이동하지 않고 **한 장소에 오랜 시간 머무르는** 고기압이다.

ex. 시베리아 고기압, 북태평양 고기압

이동성 고기압이란 **고기압의 중심부가 이동**하면서 날씨를 변화시키는 상대적으로 규모가 작은 고기압이다.

(1) 정체성 고기압

고기압의 중심부가 거의 이동하지 않고 한 장소에 오랜 시간 머무르는 고기압이다.

ex. 시베리아 고기압, 북태평양 고기압

① **시베리아 고기압** : 겨울철 대륙의 찬 지표면에 의해 복사 냉각된 공기가 모여 형성된 한랭한 정체성 고기압이다. **냉각된 공기가 밀도가 커져서 가라앉으면 한랭 고기압**이 되는데 중심부 **온도가 낮다**는 특징이 있고, 한랭 고기압을 **키 작은 고기압**이라고도 부른다. 시베리아 고기압이 발달하는 겨울철에는 시베리아 고기압이 우리나라에 영향을 준다.

(일기도에서 시베리아 기단이 위치하는 곳에 강한 고기압이 형성되어 있음을 알 수 있다.)

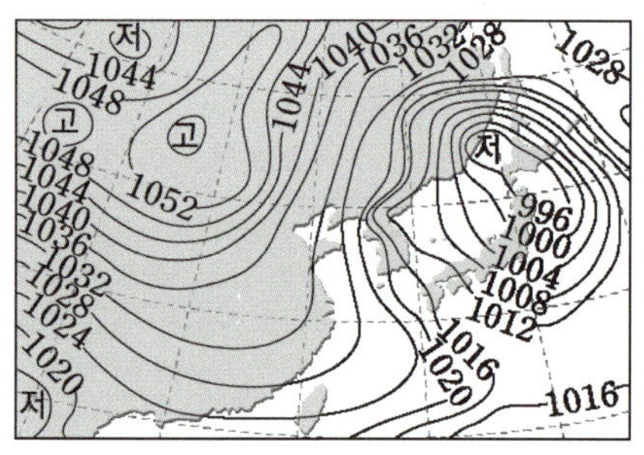

▲ 시베리아 고기압(겨울철)

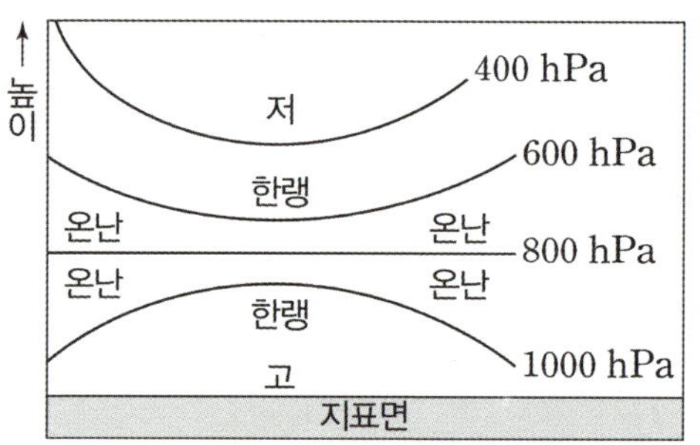

▲ 한랭 고기압의 연직 구조

② **북태평양 고기압** : 대기 대순환(이는 Theme 04에서 집중적으로 다룰 내용이다.)에 의해 아열대 상공(위도 약 30°)에서 수렴한 공기가 하강하며 형성된 **온난 고기압**이다. 온난 고기압의 중심부는 한랭 고기압에 비해 **온도가 높고, 키 큰 고기압**이라고도 부른다. (일기도를 확인해 본다면 북태평양 기단이 위치하는 곳에 고기압이 형성되어 있음을 알 수 있다.)

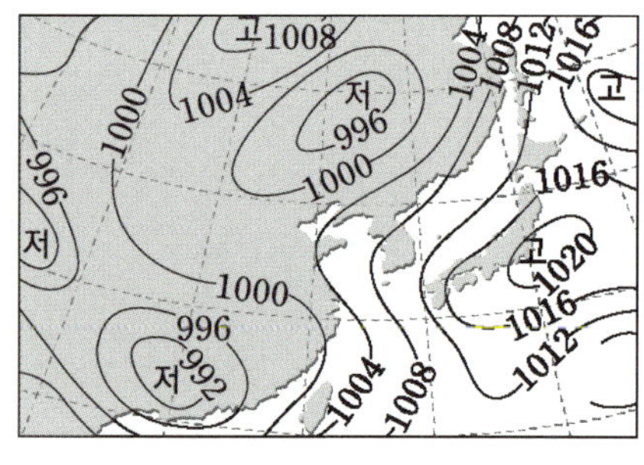

▲ 북태평양 고기압(여름철)

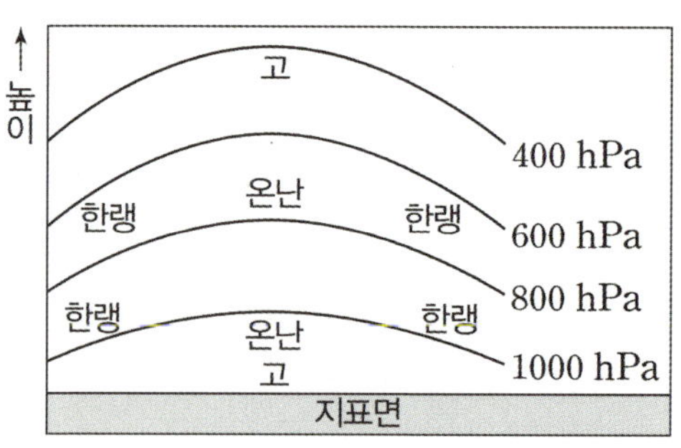

▲ 온난 고기압의 연직 구조

(2) 이동성 고기압

시베리아 기단에서 일부가 떨어져 나오거나 양쯔강 기단에서 발달하여 **빠른 속도로 이동**하는 비교적 규모가 작은 고기압이다. 우리나라로 다가오는 이동성 저기압은 **편서풍의 영향**을 받아 **서쪽에서 동쪽**으로 이동해 온다.
(편서풍은 Theme 04에서 집중적으로 다룰 내용이다.)
이동성 고기압이 우리나라를 통과할 때 2~3일 정도 맑은 날씨가 이어지다가 뒤이어 다가오는 이동성 저기압의 영향을 받아 흐리거나 비가 내리기도 한다.

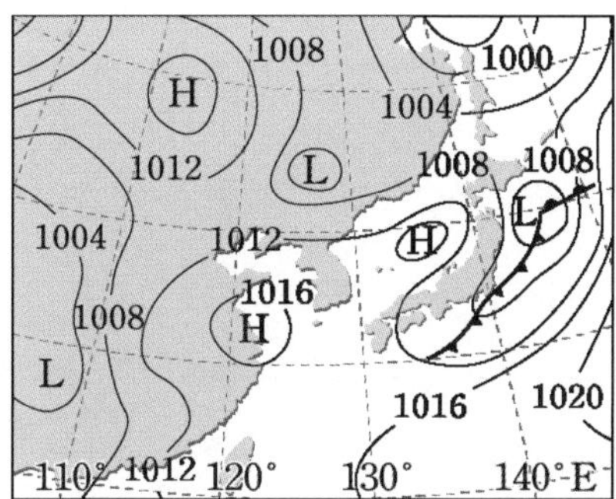

▲ 이동성 고기압이 발달한 경우(봄, 가을)

그림 (가)와 (나)는 어느 날 같은 시각 우리나라 부근의 가시 영상과 지상 일기도를 각각 나타낸 것이다.

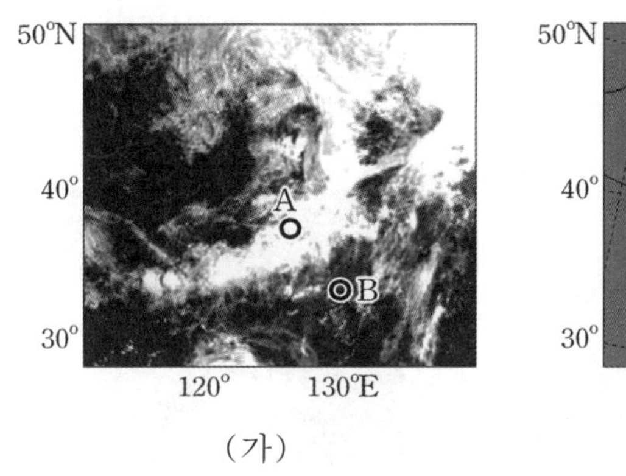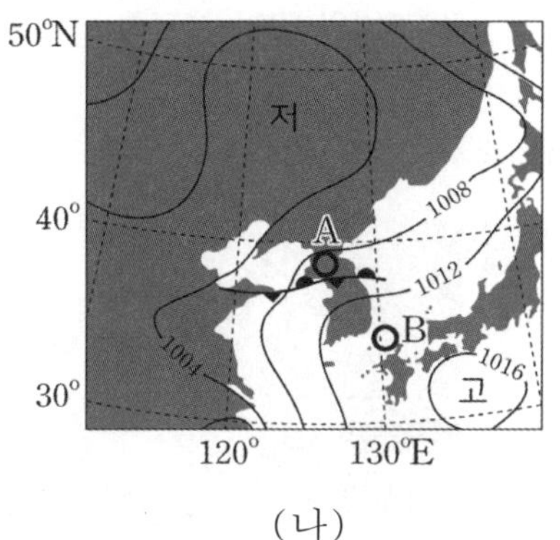

(가)   (나)

이 자료에 대한 설명으로 옳은 것만을 <보기>에서 있는 대로 고른 것은?

─── <보 기> ───

ㄱ. 구름의 두께는 A 지역이 B 지역보다 두껍다.

ㄴ. A 지역의 구름을 형성하는 수증기는 주로 전선의 남쪽에 위치한 기단에서 공급된다.

ㄷ. B 지역의 지상에서는 남풍 계열의 바람이 분다.

① ㄱ   ② ㄴ   ③ ㄱ, ㄷ   ④ ㄴ, ㄷ   ⑤ ㄱ, ㄴ, ㄷ

추가로 물어볼 수 있는 선지

1. 남반구의 정체 전선에서 강수량은 남쪽보다 북쪽이 많다. (O , X)

2. 시베리아 기단이 우리나라 쪽으로 남하하면, 서해 부근에 폭설을 내린다. (O , X)

3. 우리나라 부근의 정체 전선에서 남쪽 지역에 영향을 주는 기단은 고온 다습하다. (O , X)

정답 : 1. (X), 2. (O), 3. (O)

KEY POINT #가시 영상, #정체 전선, #일기도

문항의 발문 해석하기

일기도를 통해 우리나라 주변의 기압 분포를 해석할 수 있어야 하고, 가시 영상의 특징을 생각할 수 있어야 한다.

문항의 자료 해석하기

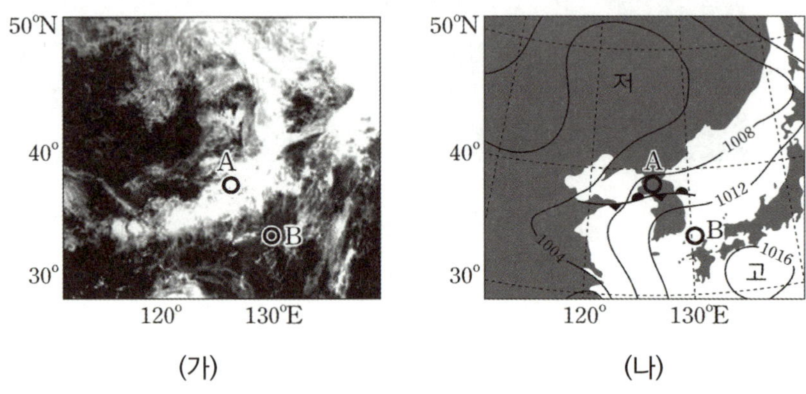

1. (가) 자료를 통해 A 지역과 B 지역에 있는 구름의 두께를 알 수 있다. 가시 영상은 태양빛이 구름에 반사되어 돌아오는 값을 측정한다. 이때 가시 영상은 구름의 두께가 두꺼울수록 밝게 보인다.

2. (나) 자료를 통해 우리나라 부근에는 정체 전선이 형성되어 있는 것을 확인할 수 있다. 이때 장마전선이 북반구에 나타난다면 장마전선의 북쪽에 전선면이 형성되어 A 지역에 강수 현상이 나타날 것이다.

선지 판단하기

ㄱ 선지 구름의 두께는 A 지역이 B 지역보다 두껍다. (O)

   (가) 자료에서 더 밝게 보이는 A 지역 구름의 두께가 더 두꺼울 것이다.

ㄴ 선지 A 지역의 구름을 형성하는 수증기는 주로 전선의 남쪽에 위치한 기단에서 공급된다. (O)

   A 지역은 정체 전선에 의해 구름이 형성되어 있다. 우리나라의 장마 전선은 초여름 남쪽에 위치한 북태평양 기단과 북쪽에 위치한 오호츠크해 기단이 만나 형성된다.
   이때, 장마 전선의 수증기는 전선의 남쪽에 위치한 북태평양 기단으로부터 공급된다.

ㄷ 선지 B 지역의 지상에서는 남풍 계열의 바람이 분다. (O)

   (나) 자료를 보면 고기압과 저기압이 나타나 있다. 이때, 지표면의 바람은 고기압에서 저기압 쪽으로 분다. 따라서 B에서는 남풍 계열의 바람이 불 것이다.

기출문항에서 가져가야 할 부분

1. 정체 전선의 형성 과정 이해하기

2. 가시 영상과 적외 영상의 특징 암기하기

3. 일기도 자료를 보고 해석하기

1 시베리아 기단

| ① 평년 풍향과 계절 판단 | 2020학년도 수능 7번 |

그림은 1월과 7월의 지표 부근의 평년 풍향 분포 중 하나를 나타낸 것이다.

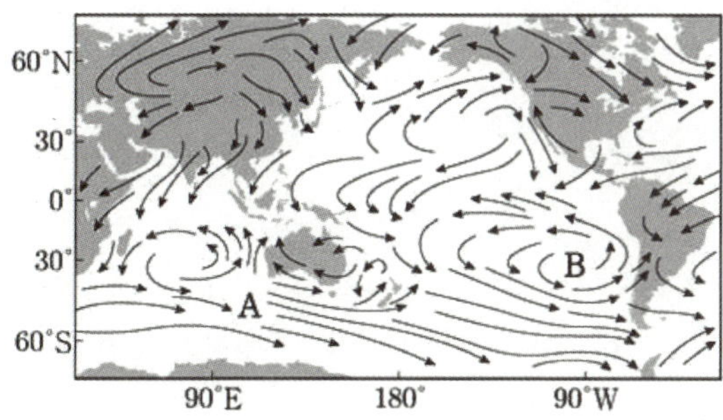

ㄱ. 1월의 평년 풍향 분포에 해당한다. (O)

- **우리나라 주변의 풍향**을 살펴본다면 **북서쪽에서** 바람이 불어오고 있다는 것을 파악할 수 있다. 이를 통해 시베리아 기단이 우리나라에 영향을 주고 있는 시기임을 알 수 있으므로 위 자료는 1월(겨울)의 평년 풍향 분포에 해당한다고 할 수 있다.

- 세계지도와 함께 평년 풍향 분포를 주고 몇 월인지 파악해야 하는 경우에는 우리나라를 위주로 보자. 다른 방법들보다 **우리나라를 통해 판단하는 것이 가장 빠르고 쉽다.**
  만약 위 자료에서 북서쪽에서 우리나라로 바람이 부는 것이 아니라 **남동쪽에서 바람이 불어온다면 북태평양 기단의 세력이 커진 7월(여름)**이라는 것을 파악할 수 있어야 한다.

| ② 시베리아 기단의 남하로 인한 폭설 | 2021년 3월 학력평가 12번 |

그림 (가)와 (나)는 우리나라 일부 지역에 폭설 주의보가 발령된 어느 날 21시의 지상 일기도와 위성 영상을 나타낸 것이다.

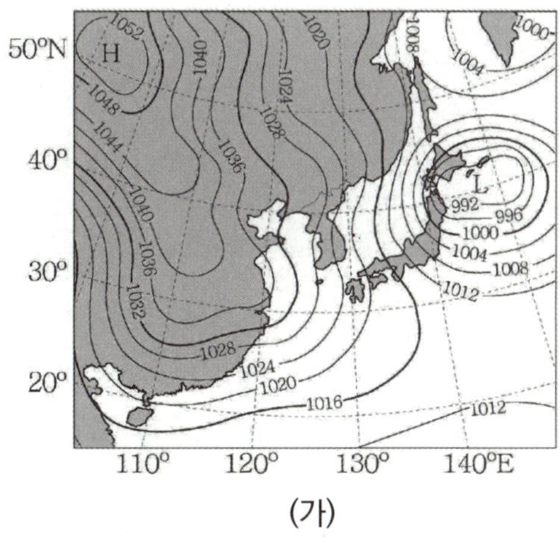

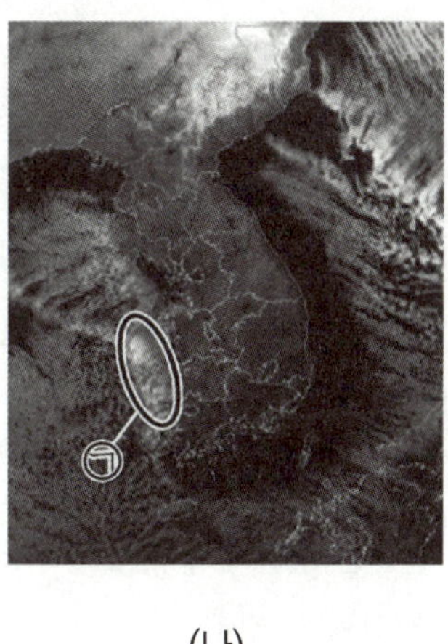

(가)　　　　　　　　(나)

ㄷ. 폭설이 내릴 가능성은 서해안보다 동해안이 높다. (X)

- (나) 자료를 통해 우리나라 서해안에 구름이 형성되어 있는 것을 파악할 수 있다. 따라서 서해안에서 폭설이 내릴 것이다.
- (가) 자료를 통해 우리는 시베리아 기단이 강해진 겨울철이라는 것을 파악해야 한다. 이때 시베리아 기단이 남하하며 따뜻한 **서해를 지나는 과정에서 기단의 변질**이 일어나게 되는 것을 함께 파악하자.

그림 (가)는 겨울철 어느 날의 일기도를, (나)는 이날 A와 B 지점에서 측정한 높이에 따른 기온 분포를 나타낸 것이다.

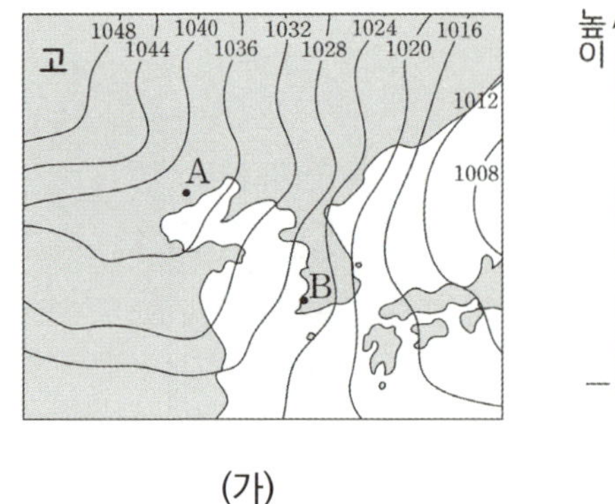

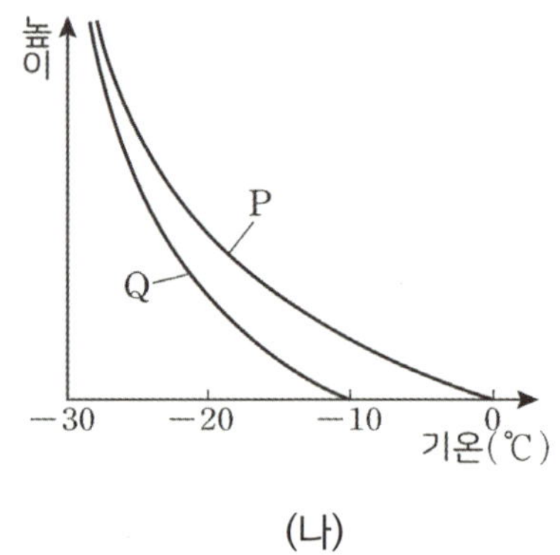

(가)   (나)

ㄴ. A에서 측정한 기온 분포는 Q이다. (O)

- (가) 자료는 겨울철 시베리아 기단의 영향을 받는 날의 일기도이다. (나) 자료의 높이 0m에서의 기온을 보면 기온이 더 낮은 Q가 더 고위도인 A에서 측정한 자료임을 알 수 있다.

- (가) 자료에서는 현재 시베리아 고기압이 우리나라까지 영향을 미치고 있다는 사실을 알 수 있으면 좋겠다. 시베리아 기단이 A → B로 남하하는 과정에서 따뜻한 서해의 영향을 받아 기단의 하층부가 가열되었을 것이므로 P의 기온이 더 높다고도 해석할 수 있다.

- 이처럼 지표면의 온도를 판단할 때는 **높이 0m일 때를 먼저 살펴보자.**
  (고위도로 갈수록 기온이 낮아지는 이유는 p.240에서 위도에 따른 에너지 불균형을 보도록 하자.)

2 정체 전선

그림 (가)는 우리나라 주변의 초여름 일기도이고, (나)는 (가)의 일기도에서 전선면의 모습을 나타낸 모식도이다.

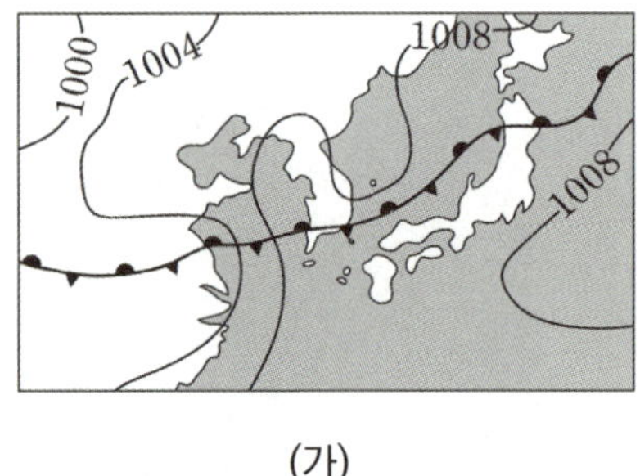

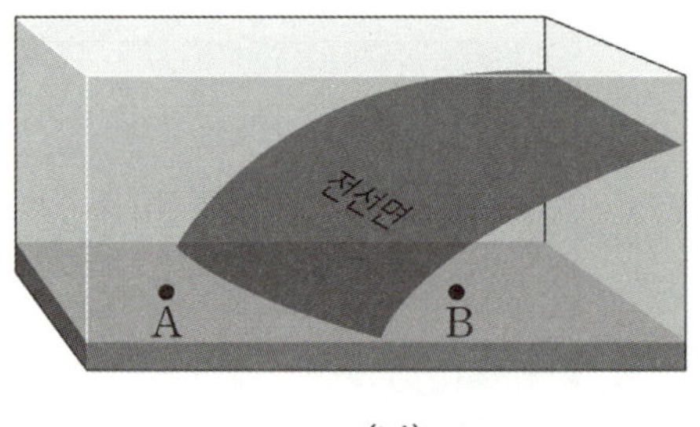

(가)   (나)

ㄱ. A 지역보다 B 지역에 강수량이 많다. (O)

- A 지역의 상공에는 전선면이 존재하지 않아 구름이 존재하지 않는다. B 지역 상공에는 전선면이 존재하므로 구름이 존재하여 강수 현상이 나타날 것이다.

- 위 자료에서 알아가야 하는 것은 **전선면이 존재하는 곳에서 강수 현상**이 나타나는 것이다. 그 이유는 따뜻한 공기가 찬 공기 위로 타고 올라가며 구름을 생성하기 때문이다.
  이때 전선면은 북쪽에 위치해 있기 때문에 정체 전선 기준으로 북쪽에 강수 현상이 나타난다. 따라서 강수 현상이 나타나는 B가 A보다 더 고위도에 위치한다.

그림은 정체 전선의 영향으로 호우가 발생했던 어느 날 자정에 관측한 우리나라 부근의 기상 위성 영상이다.

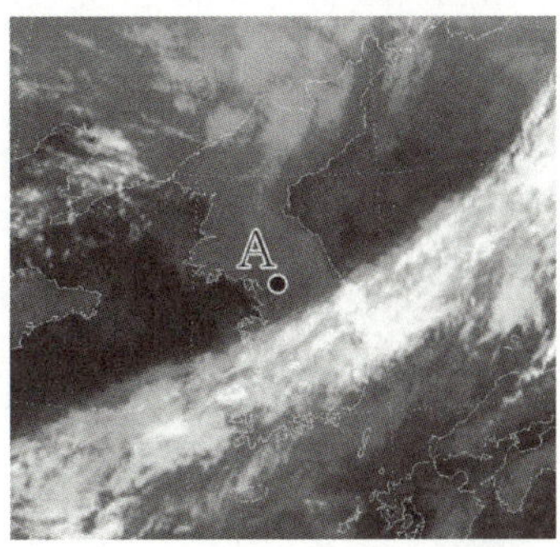

ㄷ. 정체 전선은 북동 – 남서 방향으로 발달해 있다. (O)

- 정체 전선에서 전선의 위치는 구름의 남쪽에 있을 것이다. 이때, 전선을 그려본다면 아래 자료와 같이 전선이 형성되는 것을 알 수 있다.
- 구름의 아래쪽에 전선이 형성되는 이유는 정체 전선의 형성 과정과 관련이 있다.
  우선 남쪽의 따뜻한 공기가 북상하고, 북쪽의 찬 공기가 남하하여 전선이 형성된다. 따뜻한 공기의 진행 방향은 북쪽이고 찬 공기의 진행 방향은 남쪽이므로 **밀도가 더 낮은 따뜻한 공기가 밀도가 더 큰 찬 공기를 타고 올라가 전선면은 전선을 기준으로 북쪽으로 형성되는** 것이다. 이는 북반구 기준이다. 남반구는 남쪽으로 형성된다.

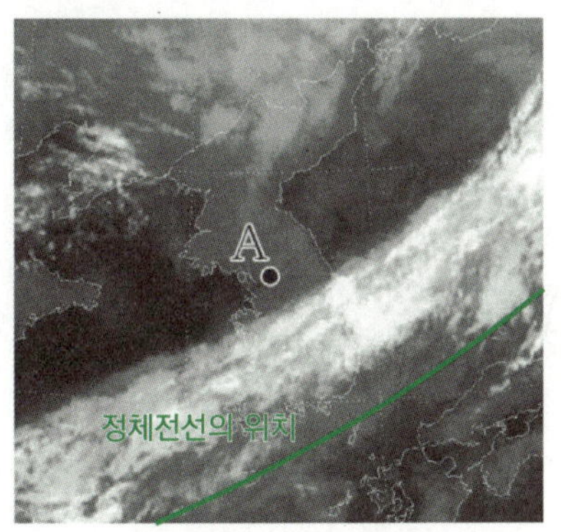

▲ 정체 전선의 위치

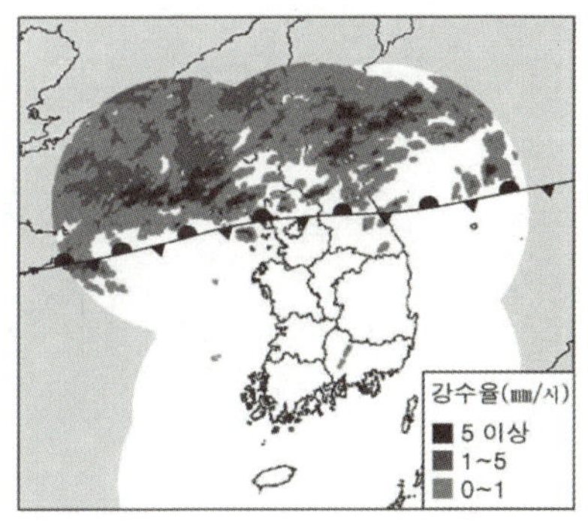

▲ 기상 레이더와 정체 전선

[2014년 10월 학력평가 12번]

그림은 우리나라에 영향을 준 어떤 전선의 6월 29일부터 7월 4일까지의 위치 변화를 나타낸 것이다.

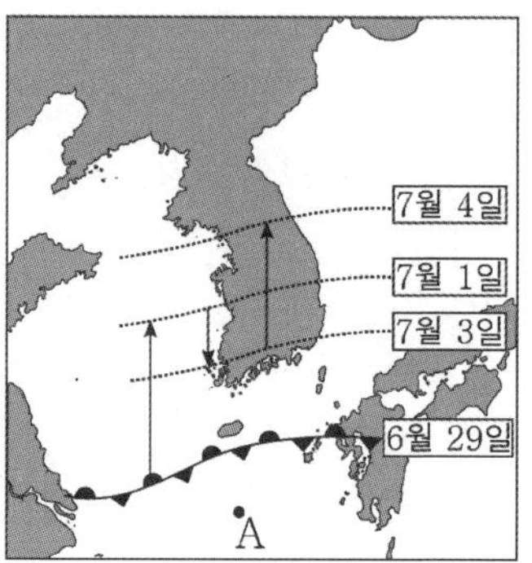

ㄷ. 이 기간 동안 한랭한 기단의 세력은 계속 확장되었다. (X)

- 우리나라에서 **한랭한 기단의 세력이 강해지면 정체 전선은 남하하고,** **따뜻한 기단의 세력이 강해지면 정체 전선은 북상**한다. 이때, 정체 전선은 북상과 남하를 반복했으므로 한랭한 기단의 세력이 계속 확장되었다고 할 수 없다.
- 정체 전선이 남하하면 찬 기단의 세력이 확장되고 있는 것이고, 정체 전선이 북상하면 따뜻한 기단의 세력이 확장되고 있는 것이다. 이와 같이 정체 전선의 북상과 남하를 통해 어떤 기단의 세력이 강해졌는지 파악할 수 있어야 한다.

그림은 어느 날 우리나라 부근의 일기도를 나타낸 것이다.

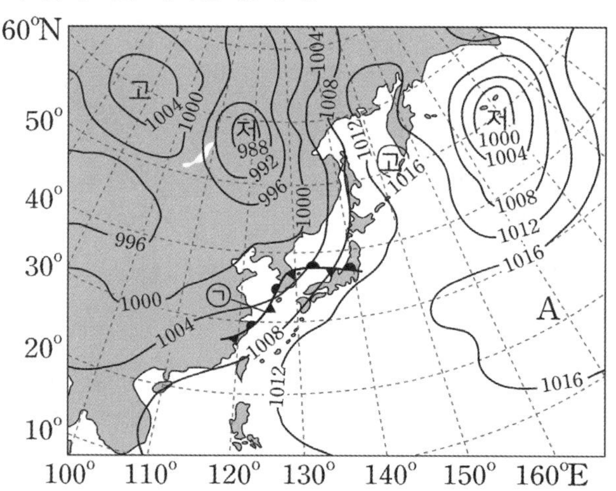

ㄷ. A의 세력이 커지면 ㉠은 남하한다. (X)

- **정체 전선은 저기압이므로 고기압과 섞이지 않는다.** 따라서 **고기압인 A의 세력이 커지면** 정체 전선은 고기압에 밀려 **북상할 것**이다.
- 기압과 관련된 전선의 이동은 확실하게 이해하고 넘어가야 한다. 만약 **북쪽의 고기압 세력이 커지면** 정체 전선은 **남하할 것**이다.

① 전선과 전선면의 구분

그림은 온대 저기압에서 볼 수 있는 두 전선을 나타낸 것이다.

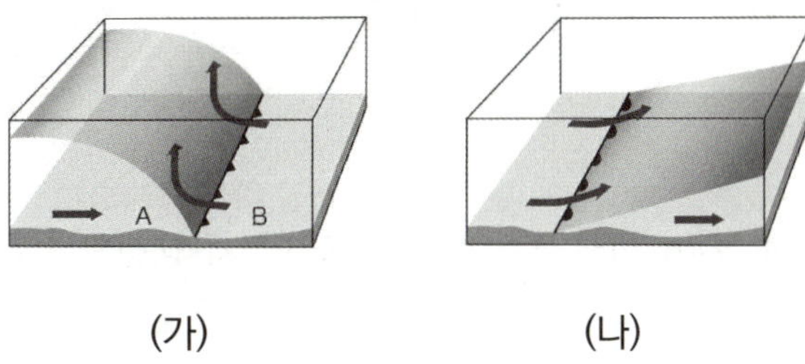

(가)   (나)

ㄱ. (가)에서 기단의 온도는 A<B이다. (O)

- (가)는 찬 공기가 따뜻한 공기의 밑을 파고들면서 전선면의 경사가 급하게 형성되는 한랭 전선이다.
  A는 찬 공기가, B는 따뜻한 공기가 위치하므로 기단의 온도는 A가 B보다 낮을 것이다.

- (나)는 따뜻한 공기가 찬 공기 위를 타고 올라가는 온난 전선이다. 이때 각각의 전선면에서 형성되는 **구름의 종류, 강수의 종류, 강수 구역, 온도 분포**를 이해하고 넘어가야 한다.
  또한 단면도를 보고 각각 어떤 전선에 해당하는지 바로 파악할 수 있어야 한다.

추가로 물어볼 수 있는 선지 해설

1. 남반구의 정체 전선은 북반구와 다르게 남쪽의 차가운 기단이 북상하고, 북쪽의 따뜻한 기단이 남하하여 형성된다. 따라서 전선면은 전선 남쪽에 형성되므로 강수량은 남쪽이 더 많다.
2. 시베리아 기단과 같이 차가운 기단이 우리나라 부근으로 남하하면 기단의 변질이 나타나 기단의 하층부가 가열되어 불안정해지면서 서해안 부근에 폭설을 내린다.
   ⇒ 반대로 따뜻한 기단이 북상하면 기단의 변질이 나타나 기단이 안정해져 안개를 형성한다.
3. 우리나라 부근의 정체 전선은 주로 남쪽의 따뜻한 북태평양 기단과 북쪽의 차가운 오호츠크해 기단이 만나 형성된다.

02 온대 저기압과 태풍

▌온대 저기압과 열대 저기압 – 전선

1. 전선면과 전선

찬 기단과 따뜻한 기단이 만날 때 밀도 차에 의해 두 기단이 대치하면서 생성되는 접촉면을 **전선면**이라고 부른다.
(이때 따뜻한 기단은 밀도가 작아 위로, 찬 기단은 밀도가 커 아래로 이동하려는 성질을 가진다.)
두 기단의 성질이 다르므로 전선면을 기준으로 앞뒤의 기상 현상이 달라진다.
이때, 전선면과 지표면이 만나는 지점을 **전선**이라 부른다. 전선의 종류로는 온대 저기압이 발달하는 과정에서 만들어지는 한랭 전선, 온난 전선 및 폐색 전선과 우리나라 여름철에 찾아오는 정체 전선 등이 있다.

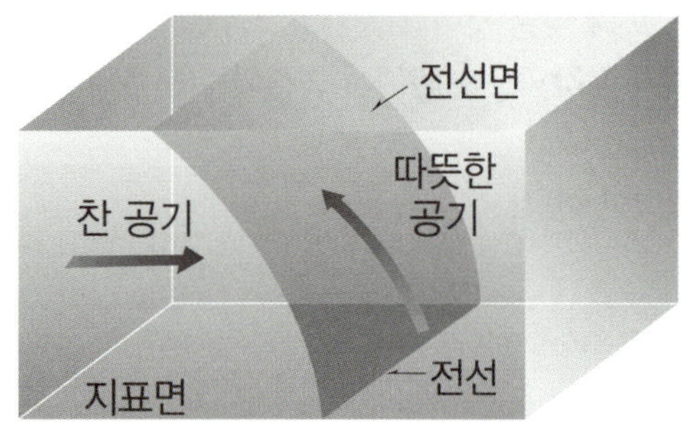

▲ 전선면과 전선의 모습

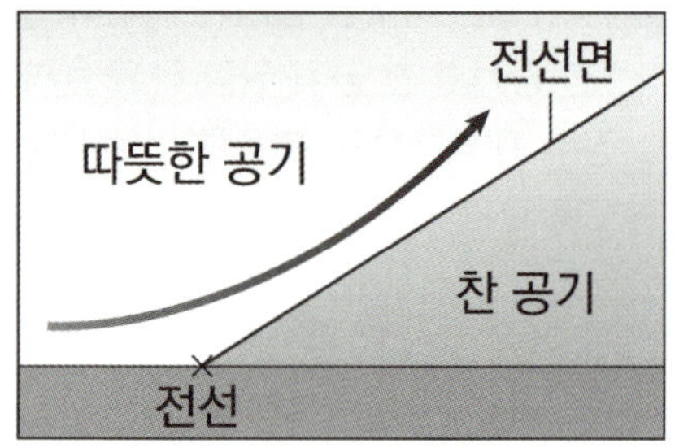

▲ 옆에서 바라본 전선과 전선면

2. 한랭 전선과 온난 전선

앞서 기단은 만들어지는 위치에 따라서 성질이 달라진다고 배웠다. 이때 차가운 공기와 따뜻한 공기의 움직임에 의해 한랭 전선과 온난 전선이 만들어진다.

(1) 한랭 전선

① **차가운 공기가 따뜻한 공기 아래를 파고들면서 형성**되는 전선이다.
　한랭 전선에서 차가운 공기의 밀도가 더 크기 때문에 아래쪽으로 파고들면서 따뜻한 공기를 위로 들어 올린다.
② 전선 뒤에 전선면이 형성되며 전선면을 따라 **좁은 영역**에서 **적운형 구름**이 만들어지며 **소나기**를 내린다.
　이때 형성되는 전선면은 **기울기가 가파른 형태**를 보이고 온난 전선에 비해 **이동속도가 빠르다.**
　(밀도가 큰 공기가 밀도가 작은 공기를 밀어내는 힘이 더 크기 때문)

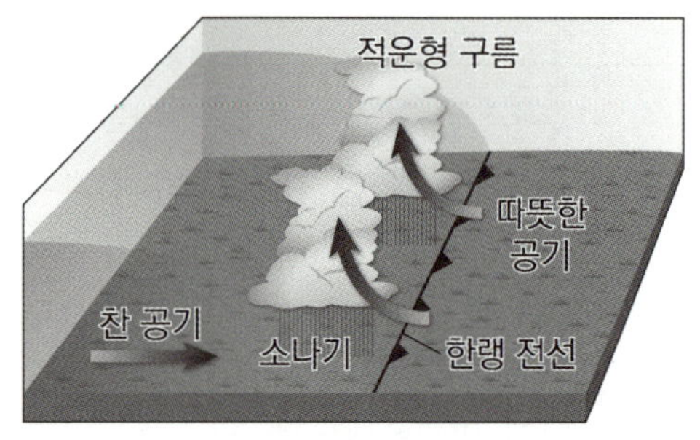

▲ 한랭 전선의 모습

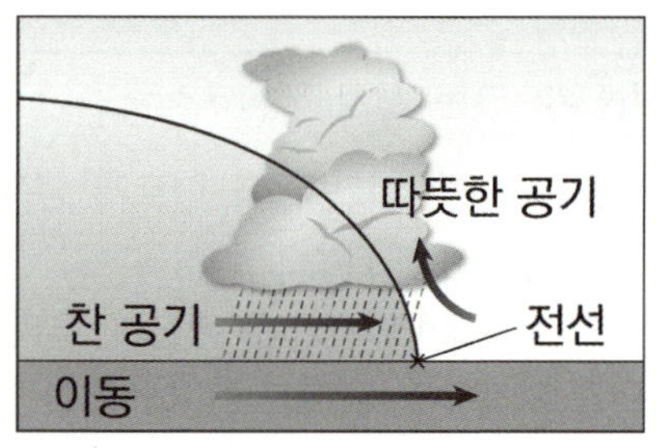

▲ 한랭 전선의 단면

(2) 온난 전선

① **따뜻한 공기가 차가운 공기를 타고 올라가며 형성되는 전선**이다.

온난 전선에서 따뜻한 공기의 밀도가 더 작기 때문에 차가운 공기보다 아래로 내려가지 못하고 위쪽으로 타고 올라간다.

② 전선 앞에 전선면이 형성되며 전선면을 따라 **넓은 영역에 층운형 구름**이 만들어지며 **지속적인 비**가 내린다.

③ 이때 형성되는 전선면은 **기울기가 완만한 형태**를 보이고 한랭 전선에 비해 **이동속도가 느리다.**

(완만한 형태인 이유는 밀도가 작은 공기가 밀도가 큰 공기를 밀어내는 힘이 더 작기 때문이다.)

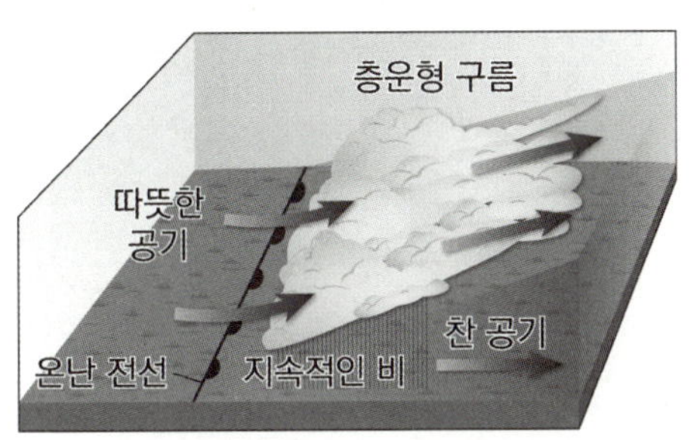

▲ 온난 전선의 모습

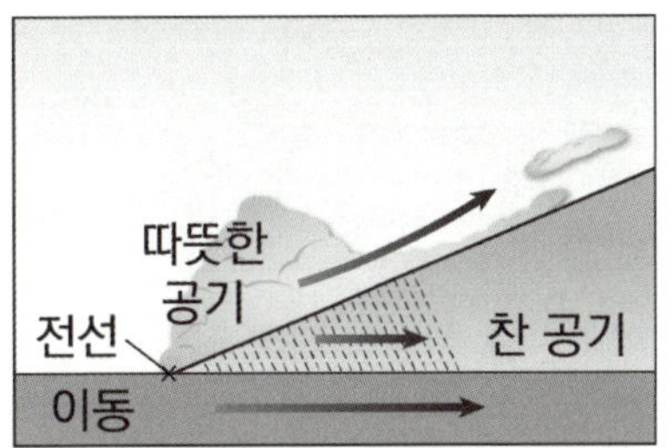

▲ 온난 전선의 단면

3. 폐색 전선

이동속도가 빠른 한랭 전선이 이동속도가 느린 앞쪽의 온난 전선을 **따라잡아 두 전선이 겹쳐진 전선**이다.

한랭 전선의 뒤쪽과 온난 전선의 앞쪽에서 강수 현상이 나타나므로 폐색 전선에서는 전선 **앞뒤로 모두 비가 내리게 된다.**

폐색 전선은 아래쪽에 찬 공기가, 위쪽에 따뜻한 공기가 위치한다면 소멸하게 된다. (공기의 밀도 차에 의해 안정한 상태가 되기 때문이다.)

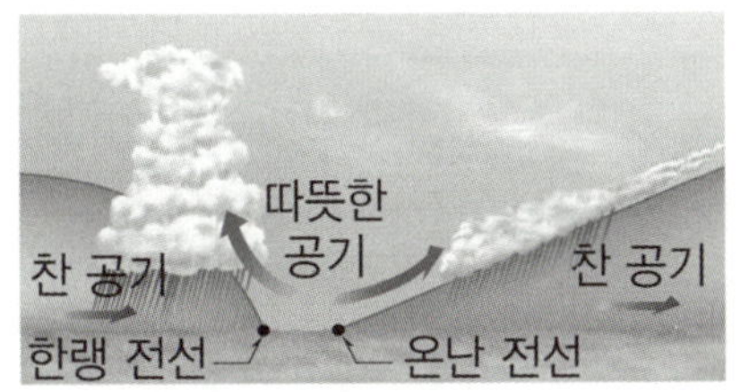

▲ 폐색 전선의 형성 과정

폐색 전선이 형성된 지표면에서는 한랭 전선과 온난 전선 중 한 가지 특성만 나타나게 된다. 지표면의 전선과 연결된 전선면이 한랭 전선이라면 한랭형 폐색 전선, 온난 전선이라면 온난형 폐색 전선이라 한다.

이와 같은 현상은 더 찬 공기의 밀도가 크기 때문에 아래로 내려감에 따라 나타난다.

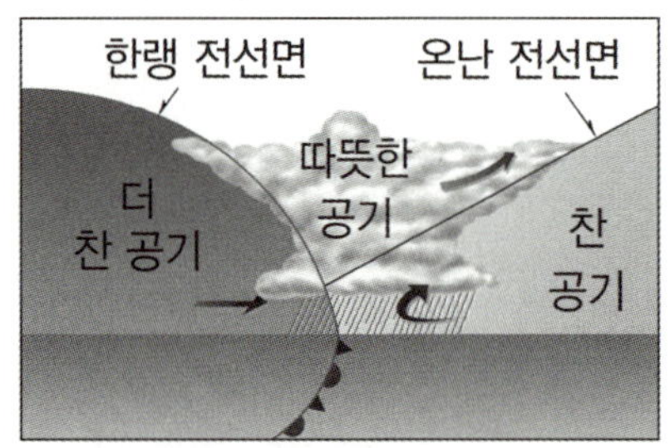

▲ 한랭형 폐색 전선

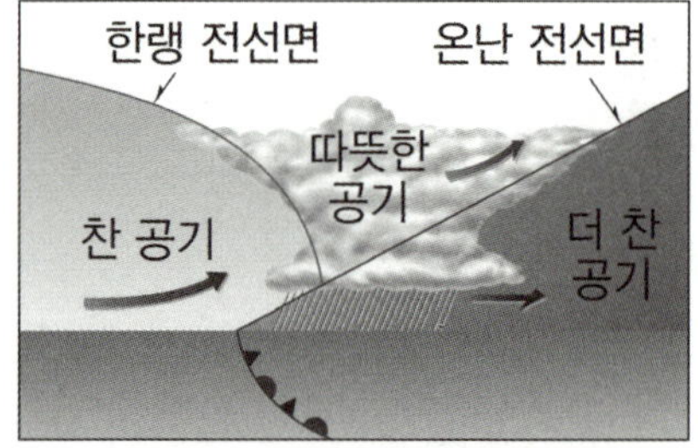

▲ 온난형 폐색 전선

차가운 기단과 따뜻한 기단의 세력이 비슷하여 전선이 거의 이동하지 않고 한 곳에 오랫동안 머무르는 전선이다.
일반적으로 위도와 거의 나란하게 형성되며 위아래 기단에서 수증기를 계속해서 공급받기 때문에 강수량이 많다. 주로
찬 기단 쪽에 전선면이 형성되기에 찬 기단 쪽에서 비가 내린다.
(북반구에서는 주로 전선의 북쪽, 남반구에서는 주로 전선의 남쪽에서 강수 현상이 나타난다.)
정체 전선은 우리나라에서 장마 전선으로 불린다. 장마 전선은 초여름에 온난 다습한 북태평양 기단과 한랭 다습한 오
호츠크해 기단이 만나 형성되는 전선으로 두 기단의 세력 확대 및 축소에 따라 남북으로 오르내리면서 많은 양의 비를
오랜 시간 동안 내린다.

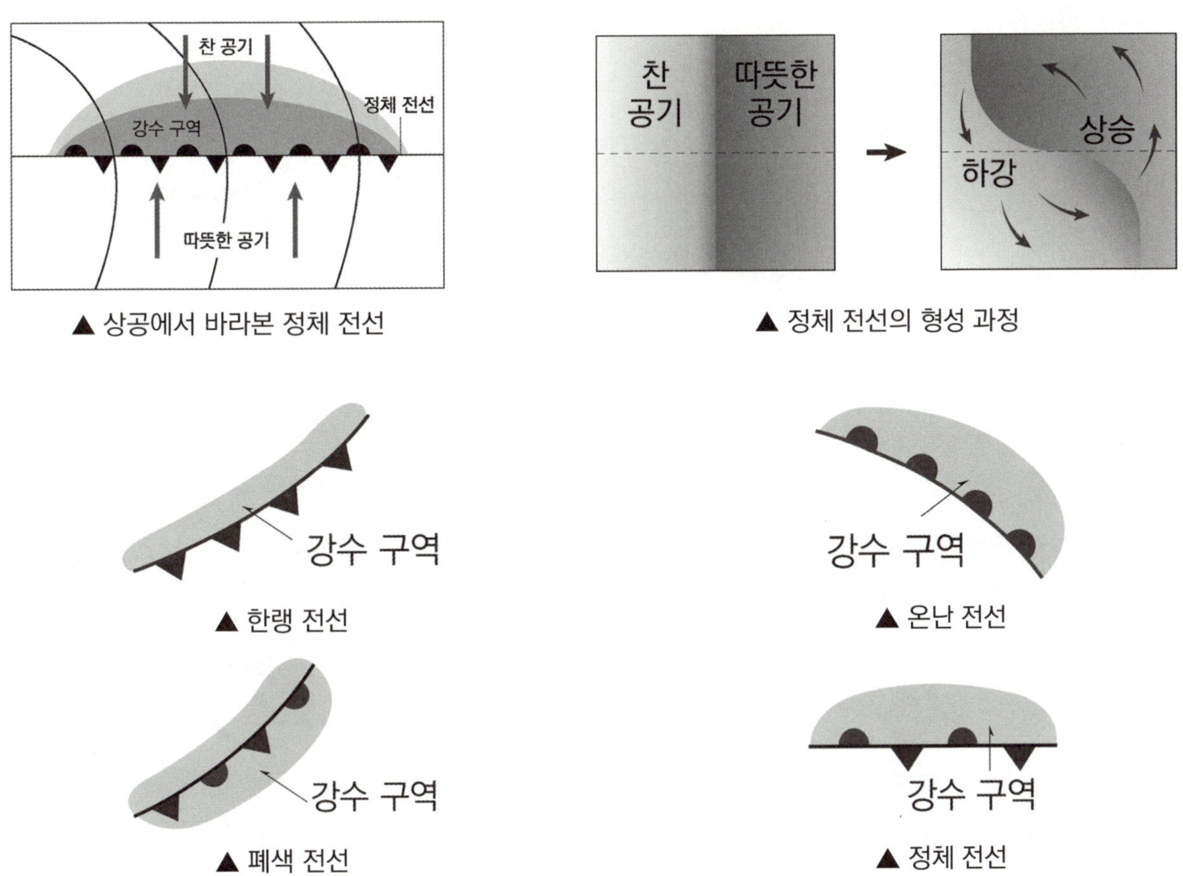

온대 저기압과 열대 저기압 - 온대 저기압

온대 저기압은 중위도의 온대 지방에서 발생하며 **전선을 동반하는 저기압**이다.
편서풍의 영향으로 서 → 동으로 이동하면서 중위도 지방 날씨에 영향을 준다. 주로 우리나라 봄과 가을철에 양쯔강 기단을 따라 이동하는 이동성 저기압의 일종이다.
정체 전선의 파동으로부터 발생하며 저기압 중심부 **왼쪽**에는 **한랭 전선**이, **오른쪽**에는 **온난 전선**이 위치한다.

(1) 정체 전선 형성	(2) 파동 발생
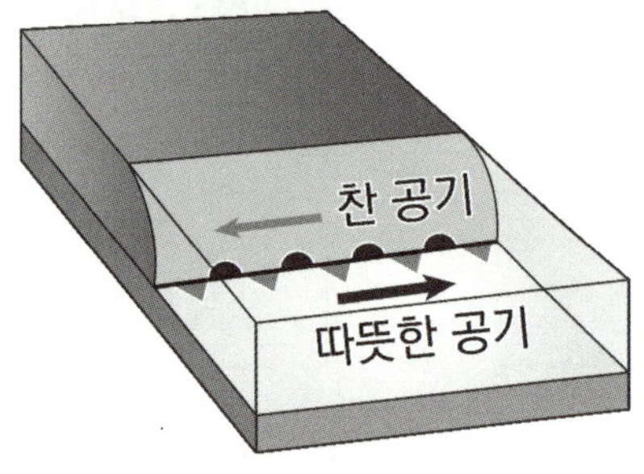	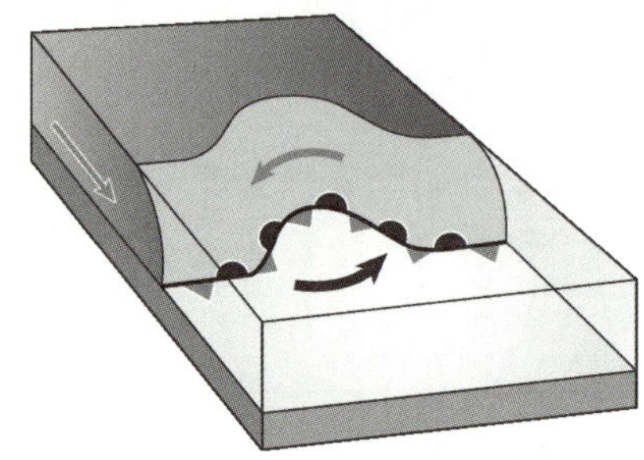
북쪽의 찬 기단과 남쪽의 따뜻한 기단이 만나 정체 전선이 형성되면서 기온에 따라 밀도 차이로 찬 기단은 위로, 따뜻한 기단은 아래로 움직이게 된다.	정체 전선을 사이에 두고 저기압성 회전에 의해 파동이 발생한다. 파동이 발생하면서 정체 전선이 한랭 전선과 온난 전선으로 분리된다.
(3) 온대 저기압 발달	(4) 폐색 전선 형성
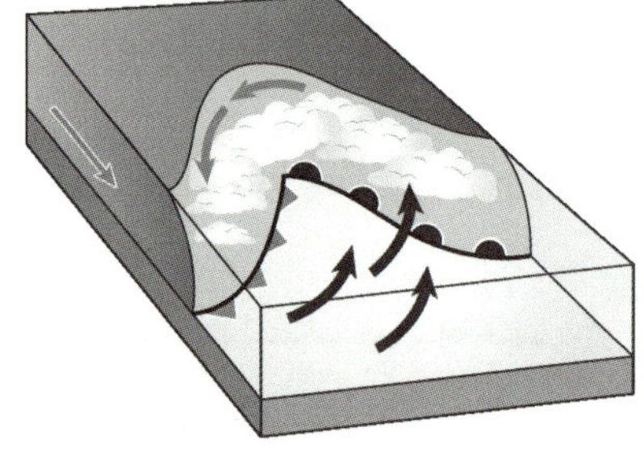	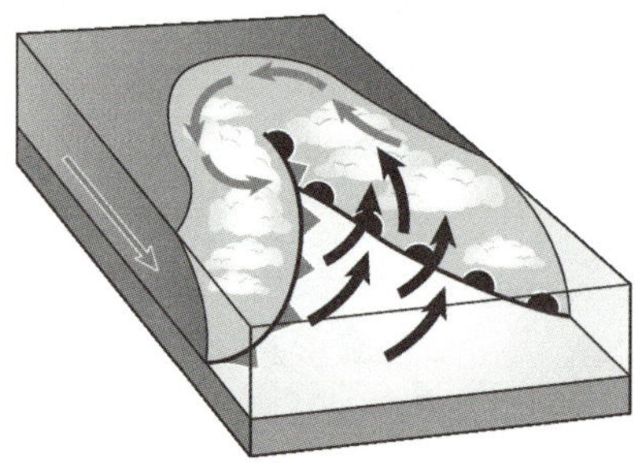
전선이 발달하며 중심부의 남서쪽에 한랭 전선을, 남동쪽에 온난 전선을 동반한 온대 저기압이 만들어진다.	한랭 전선의 이동속도가 온난 전선보다 빠르기 때문에 두 전선이 겹쳐지면서 폐색이 시작된다.
(5) 폐색 전선 발달	(6) 온대 저기압 소멸

폐색이 계속해서 일어나면서 폐색 전선이 길어지고 전선 양쪽에 찬 공기가 위치하면서 온대 저기압의 세력이 약해진다.	따뜻한 공기가 위로, 찬 공기가 아래쪽으로 모두 이동하면 안정해지면서 온대 저기압은 소멸한다.

▲ 온대 저기압의 일생

2. 온대 저기압의 구조

한랭 전선, 온난 전선, 폐색 전선 등을 동반하는 온대 저기압의 구조는 반드시 알고 넘어가야 한다.
상공 및 측면에서 바라본 모습, 구름의 종류와 모양, 강수 구역의 형태 등 다음과 같은 여러 자료를 통해 온대 저기압의 구조를 숙지하도록 하자.

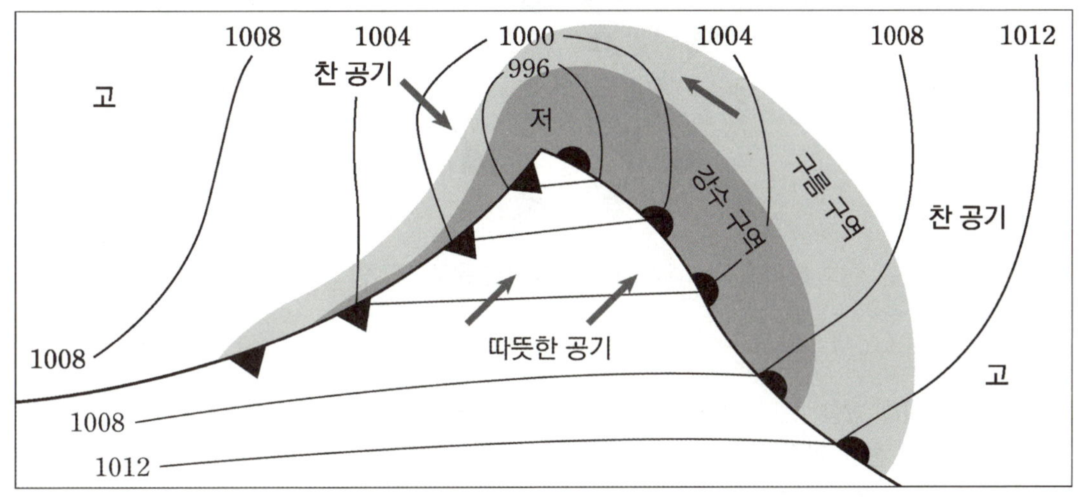

▲ 상공에서 내려다본 온대 저기압의 모습

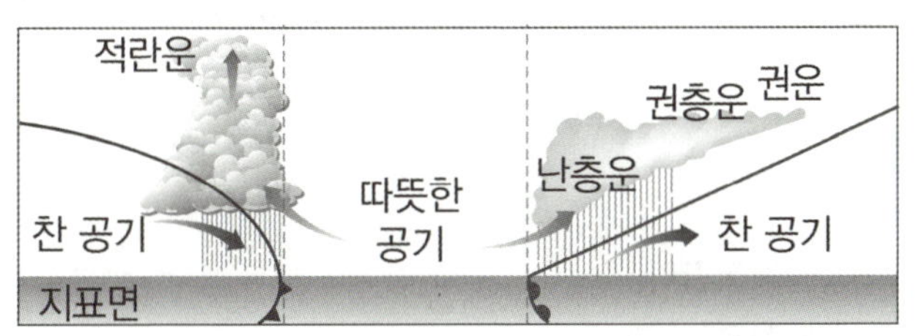

▲ 옆에서 바라본 폐색 전 온대 저기압

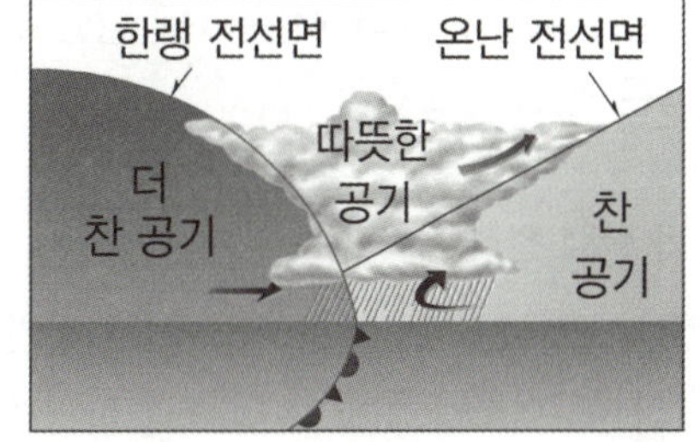

▲ 옆에서 바라본 폐색 중인 온대 저기압

구분		한랭 전선	온난 전선
전선면의 기울기		가파름	완만함
구름과 강수 형태		적운형 구름, 소나기 등	층운형 구름, 지속적인 비 등
구름과 강수 구역		전선 뒤쪽의 좁은 구역	전선 앞쪽의 넓은 구역
전선의 이동속도		빠르다	느리다
통과 전후의 변화	기온	하강	상승
	기압	상승	하강
	바람(북반구)	남서풍 → 북서풍	남동풍 → 남서풍

온대 저기압은 편서풍을 타고 어느 지역을 통과하면서 날씨 변화를 일으킨다. 다음을 통해 온대 저기압이 통과하며 나타나는 기상 현상 및 온대 저기압의 특징에 대해서 알아보자.

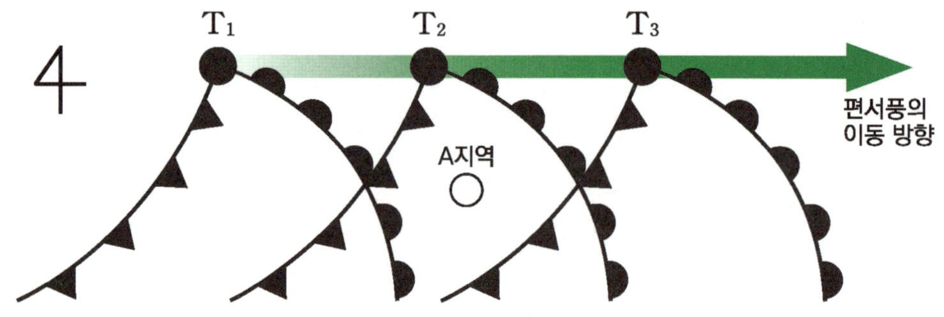

▲ 어느 지역에서의 시간에 따른 온대 저기압의 이동

(1) 온난 전선 앞 (T_1)

① **저기압의 중심으로 반시계 방향**(북반구)**을 따라 바람이 불어 들어간다.**
　따라서 T_1 시점의 온난 전선 앞쪽 A 지역은 남동풍이 분다.
② 온난 전선의 앞 지역에는 **층운형 구름**에 의해서 **넓은 영역에 지속적인 비가** 내린다.
③ 또한, 온난 전선의 구조를 생각해보면 전선에 가까워질수록 **구름의 고도가 낮아지는 경향**을 파악할 수 있다.
④ 온대 저기압은 편서풍을 따라 서 → 동 방향으로 이동하므로 온대 저기압 중심의 거리는 시간이 지날수록 가까워진다.
　따라서 **기압은 점점 감소**한다.

(2) 온난 전선과 한랭 전선 사이 (T_2)

① 저기압의 중심으로 반시계 방향(북반구)을 따라 바람이 불어 들어간다.
　따라서 T_2 시점의 온난 전선과 한랭 전선 사이 A 지역은 남서풍이 분다.
② 온난 전선과 한랭 전선 사이 지역에서는 **구름이 거의 존재하지 않기 때문에 강수 현상이 나타나지 않는다.**
③ T_1 ~ T_3 시기 중 온대 저기압 중심에 가장 가까이 있기에 **기압은 대체로 가장 낮고,** 따뜻한 공기가 있는 지역에 있어 **기온이 가장 높다.**

(3) 한랭 전선 뒤 (T_3)

① 저기압의 중심으로 반시계 방향(북반구)을 따라 바람이 불어 들어간다.
　따라서 T_3 시점의 한랭 전선 뒤쪽의 A 지역은 북서풍이 분다.
② 한랭 전선 뒤쪽 지역은 **적운형 구름**에 의해서 **좁은 영역에 소나기가** 내린다.
③ 온대 저기압 중심과의 거리는 시간이 지나면서 멀어진다. 따라서 **기압은 점점 증가**한다.

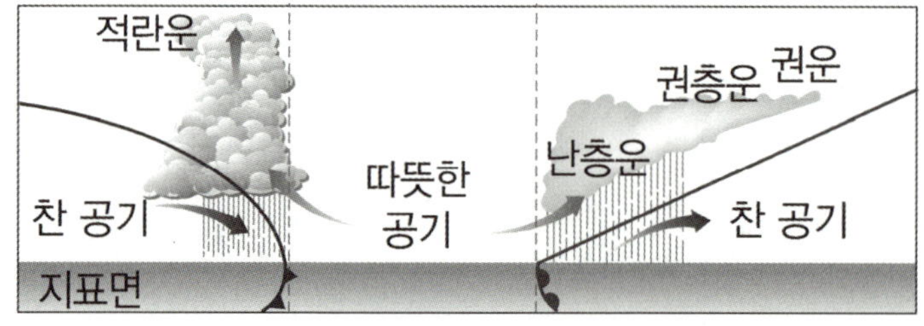

▲ 온대 저기압의 단면

온대 저기압은 관측하는 위치에 따라 시간이 지나면서 풍향이 달라진다. 온대 저기압의 중심을 기준으로 달라지는 풍향 변화에 대해서 알아보자.

(1) 관측소가 온대 저기압 중심보다 남쪽에 위치할 때

① 온대 저기압이 $T_1 \rightarrow T_2 \rightarrow T_3$의 경로를 따라 움직일 때 A지역에서 **풍향은 시계 방향으로 변한다.**

② T_1 일 때 온난 전선 앞쪽에 위치하므로 **남동풍**이, T_2 일 때 온난 전선과 한랭 전선 사이에 위치하므로 **남서풍**이, T_3 일 때 한랭 전선 뒤쪽에 위치하므로 **북서풍**이 나타난다.

(단순히 온대 저기압의 중심 쪽으로 반시계 방향을 그리며 바람이 불어야 한다고 생각해도 무방하다.)

③ 이를 시간에 따라 나타내면 A지역의 풍향이 시계 방향으로 변화하는 것을 확인할 수 있다.

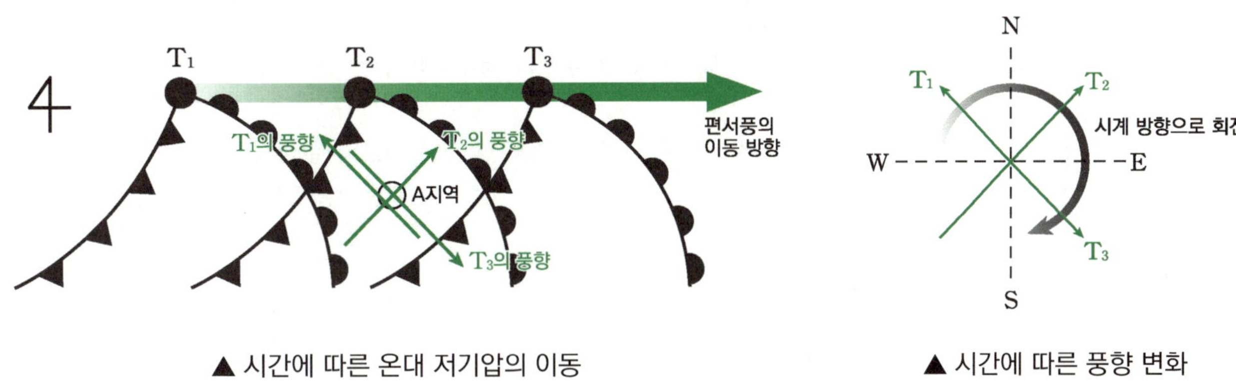

▲ 시간에 따른 온대 저기압의 이동　　▲ 시간에 따른 풍향 변화

(2) 관측소가 온대 저기압 중심보다 북쪽에 위치할 때

① 온대 저기압이 $T_1' \rightarrow T_2' \rightarrow T_3'$의 경로를 따라 움직일 때 B지역에서 **풍향은 반시계 방향으로 변한다.**

② T_1' 일 때 **북동풍**이, T_2' 일 때 **북풍**이, T_3' 일 때 **북서풍**이 나타난다.

③ 이를 시간에 따라 나타내면 B지역의 풍향이 반시계 방향으로 변화하는 것을 확인할 수 있다.

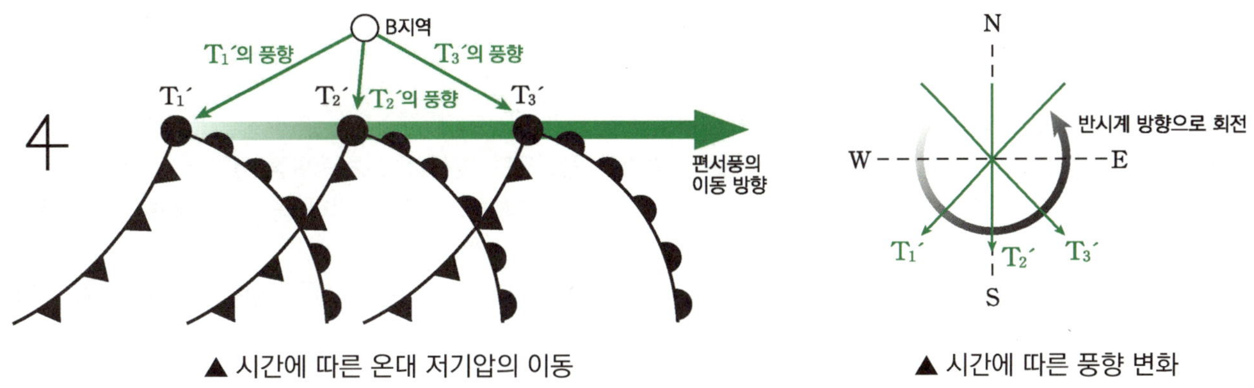

▲ 시간에 따른 온대 저기압의 이동　　▲ 시간에 따른 풍향 변화

█ 온대 저기압과 태풍 – 태풍

태풍이란 강한 바람과 비를 동반하는 기상 현상으로, **수온이 약** 27 ℃ **이상인 위도** 5 ˚ ~ 25 ˚ 의 열대 해상에서 발생한다. 또한, 중심 부근 **최대 풍속이** 17 m / s **이상**으로 성장한 **열대 저기압**을 말한다.

(1) 태풍의 발생 지역

① 태풍은 **위도** 5 ˚ ~ 25 ˚ 의 따뜻한 해역에서 발생한다.

② 적도 부근인 **위도** 5 ˚ **이하**에서는 **전향력이 약해** 태풍이 회전하는 데 필요한 힘을 얻지 못하기 때문에 **태풍이 발생하지 못한다.**

③ **위도** 25 ˚ **이상**인 해역에서는 **표층 수온이 낮으므로 태풍이 발생할 수 없다.**

④ 열대 저기압의 종류 중 동아시아로 향하는 것을 '태풍'이라고 부르며 열대 저기압은 남반구 해역보다 북반구 해역에서 더 많이 발생한다.

⑤ 이때 무역풍의 영향으로 동태평양보다 수온이 더 높은 서태평양에서 열대 저기압의 발생 빈도가 높다.

(동태평양 페루 부근은 용승으로 인해 수온이 낮기 때문이다. 이와 관련된 내용은 p.278에서 다루었다.)

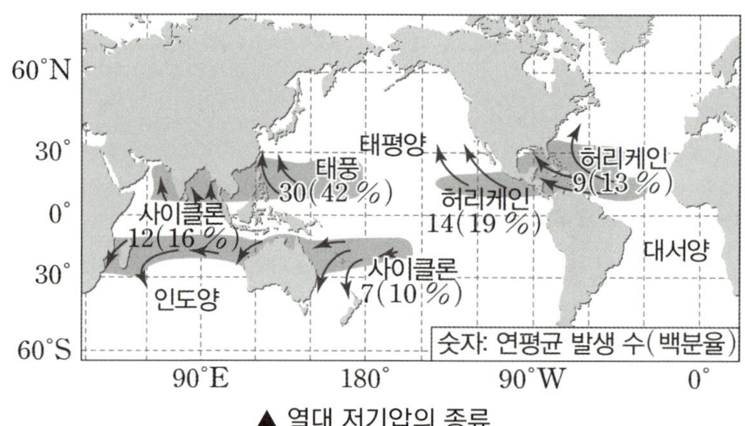

▲ 열대 저기압의 종류

(2) 태풍의 에너지원

① 저위도의 따뜻한 열대 해상에서 열과 수증기를 공급받은 공기가 상승한다.

이때, 태풍의 에너지원은 **물이 증발하며 발생하는 수증기가 응결되며 발생하는 숨은열(잠열)**이다.

② 응결하면서 방출되는 숨은열에 의해 가열된 공기가 상승하고, 전향력에 의해 주변의 공기가 회전하면서 태풍이 발달하게 된다.

태풍이 육지로 상륙하거나 수증기의 공급을 덜 받는 고위도 해역으로 이동하면 태풍의 세력이 약해지다가 소멸하게 된다.

태풍은 반지름이 평균 수백 km에 이르는 거대한 구름이며 한반도를 뒤덮을 크기로도 성장할 수 있다.
매우 강한 저기압을 이루며 여러 구조를 보이는데 다음을 통해 알아보자.

(1) 태풍의 규모

① 태풍의 반지름은 약 200km~ 1500km로 매우 크며 높이는 약 12km ~ 15km에 이른다.

(2) 태풍의 구조

① 전체적으로 상승 기류가 발달하여 **중심부로 갈수록 두꺼운 적운형 구름이 형성**된다. 중심부로 갈수록 바람이 강해
지다가 태풍의 눈에서 약해지며, 중심 쪽으로 갈수록 기압은 계속해서 낮아진다. (아래 자료를 통해 일기도 상에서 태
풍은 조밀한 동심원 형태의 등압선을 가진 구조로 관측된다는 것을 알 수 있다.)

또한 태풍은 온대 저기압과 달리 **전선을 동반하지 않는다.**

② **태풍의 눈** : 태풍 중심으로부터 약 15 ~ 30km에 이르는 지역으로 **약한 하강 기류**가 나타나 날씨가 맑고 바람이 약
하다. (하강 기류가 나타나지만, 고기압인 것은 절대 아니다.)

약한 하강 기류가 나타나서 구름이 존재하지 않고 강수 현상 또한 나타나지 않는다.

(태풍의 눈이 관측된다면 최전성기의 태풍일 가능성이 높다.)

③ 태풍의 눈 벽 ~ 외곽 : 공기의 상승에 의한 저기압이 나타나며 시계 반대 방향(북반구)을 따라 공기가 매우 빠르게
불어 들어가며 상승한다.

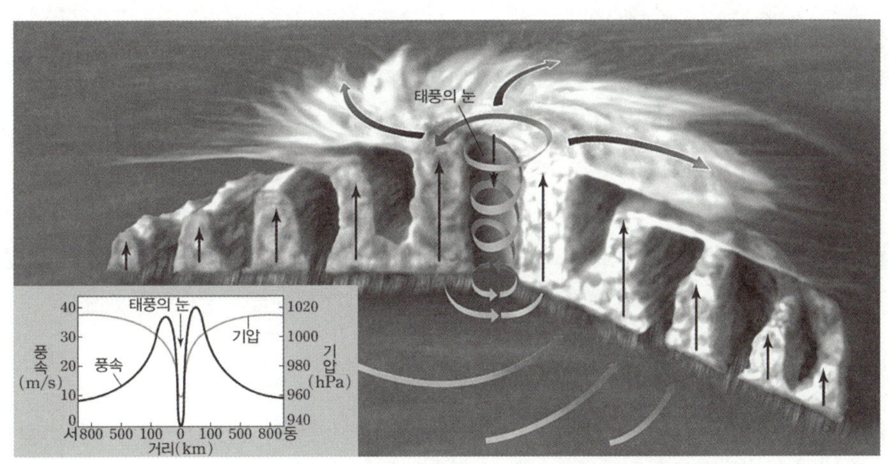

▲ 북상하는 태풍의 단면과 기압 및 풍속

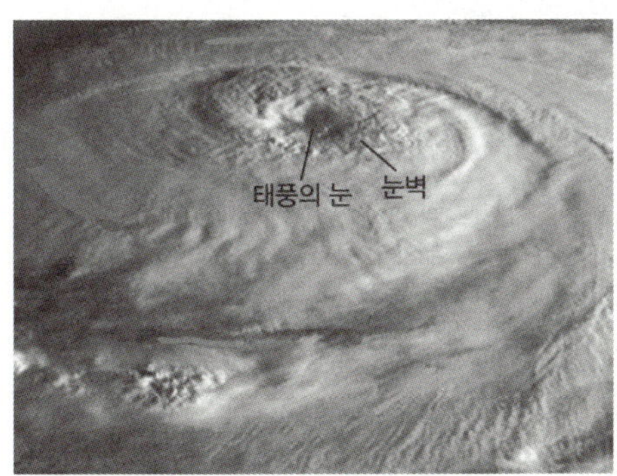

▲ 상공에서 바라본 태풍

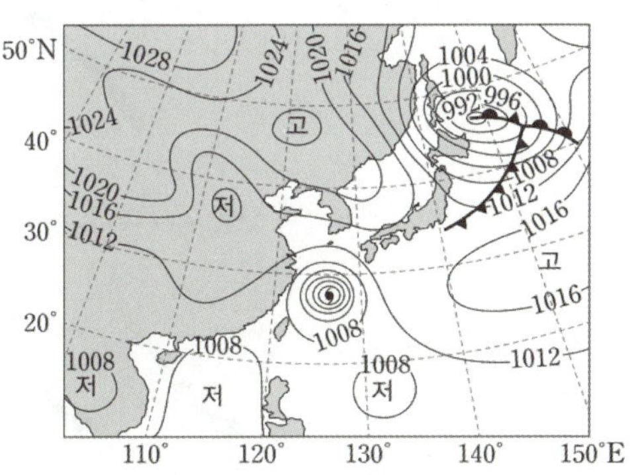

▲ 일기도 상의 조밀한 동심원의 등압선

태풍은 **대기 대순환**과 **주변 기압 배치의 영향**을 받아 **진행 경로가 결정**된다.

(1) 발생 초기

① 태풍은 위도 5 ˚ ~ 25 ˚에서 형성되므로 **무역풍의 영향**을 받아 **북서쪽으로 이동**한다.

(2) 위도 30 ˚ 이후 태풍의 경로

① 위도 30 ˚ 부근에 다다르면 **편서풍의 영향**을 받기 시작해 북동쪽으로 이동한다.
② 이때 **태풍의 진행 방향이 뒤바뀌는 지점을 전향점**이라 한다. 또한 **전향점을 지난 후**에는 태풍의 진행 방향과 편서풍의 방향이 일치하여 **이동 속도가 대체로 빨라진다.**

(3) 주변 기압 배치

① 우리나라로 북상하는 태풍은 여름철 **북태평양 고기압의 영향**을 받는다.
② 태풍은 **북태평양 고기압의 가장자리를 따라 북상**하므로 월별로 달라지는 태풍의 이동 경로를 확인할 수 있다.
③ 우리나라 남동쪽에 위치하는 북태평양 고기압의 **세력이 약해진다면** 태풍의 **이동 경로는 일본 쪽**으로 이동하고, **세력이 강해진다면 우리나라와 중국 쪽**으로 이동한다.

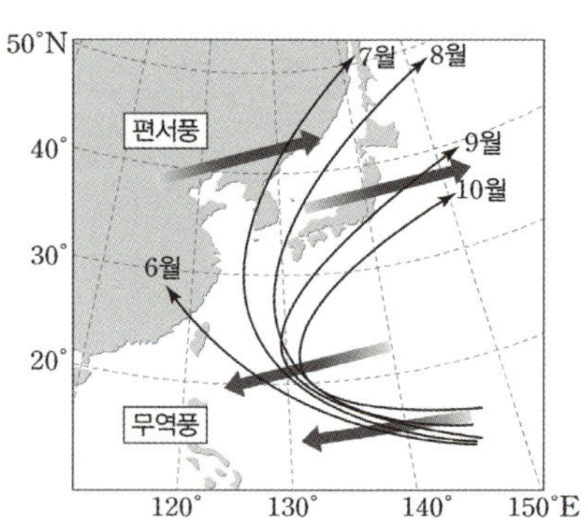

▲ 월별 태풍의 이동 경로

이처럼 태풍은 **포물선 궤도**를 보이며 북상한다는 것을 확인할 수 있다.
이때 태풍 진행 경로의 오른쪽은 위험 반원, 왼쪽은 안전 반원이라 하는데 다음을 통해 알아보자.

(4) 위험 반원

태풍 진행 방향의 오른쪽을 위험 반원이라 한다. **대기 대순환(무역풍, 편서풍)의 방향이 태풍 내 바람 방향과 같아 풍속이 상대적으로 강하기 때문**이다. (태풍은 저기압이므로 바람이 반시계 방향으로 불어 들어가기 때문)

(5) 안전 반원

태풍 진행 방향의 왼쪽을 안전 반원이라 한다. **대기 대순환(무역풍, 편서풍)의 방향이 태풍 내 바람 방향과 달라 풍속이 상대적으로 약하기 때문**이다.

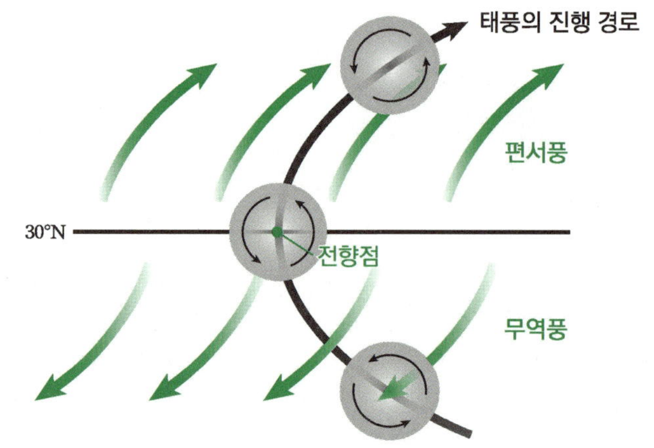

▲ 대기 대순환과 태풍의 이동 경로 및 위험 반원과 안전 반원

온대 저기압과 마찬가지로 관측하는 위치에 따라 시간이 지나면서 풍향이 달라진다. 위험 반원과 안전 반원에서의 풍향 변화를 알아보자.

(1) 관측소가 태풍 중심의 오른쪽(위험 반원)에 위치할 때	(2) 관측소가 태풍 중심의 왼쪽(안전 반원)에 위치할 때

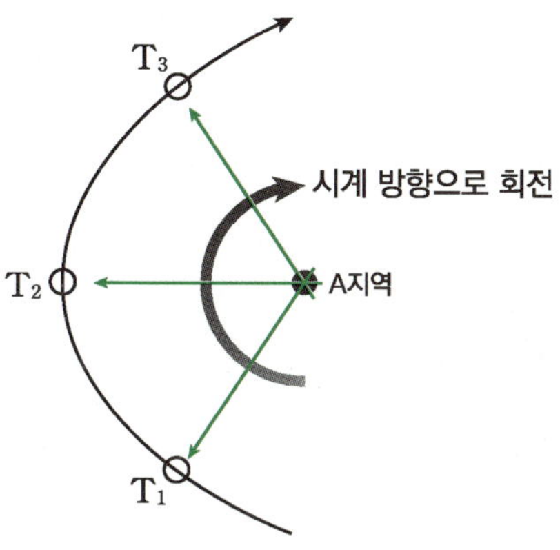

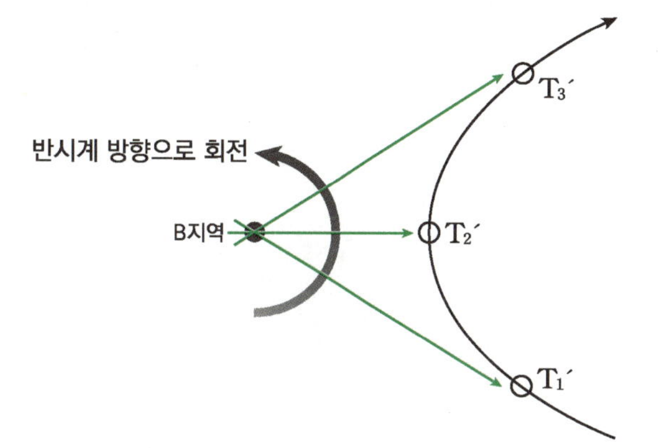

- 태풍이 $T_1 \rightarrow T_2 \rightarrow T_3$의 경로를 따라 움직일 때 A 지역에서 **풍향은 시계 방향으로 변한다.**
- 태풍은 A 지역에 비해 저기압이므로 태풍 쪽으로 공기가 이동해야 하기 때문이다.

- 태풍이 $T_1' \rightarrow T_2' \rightarrow T_3'$의 경로를 따라 움직일 때 B 지역에서 **풍향은 반시계 방향으로 변한다.**
- 태풍은 B지역에 비해 저기압이므로 태풍 쪽으로 공기가 이동해야 하기 때문이다.

memo

2021학년도 9월 모의평가 지Ⅰ 4번

그림 (가)는 어느 날 21시 우리나라 주변의 지상 일기도를, (나)는 (가)의 21시부터 14시간 동안 관측소 A와 B 중 한 곳에서 관측한 기온과 기압을 나타낸 것이다.

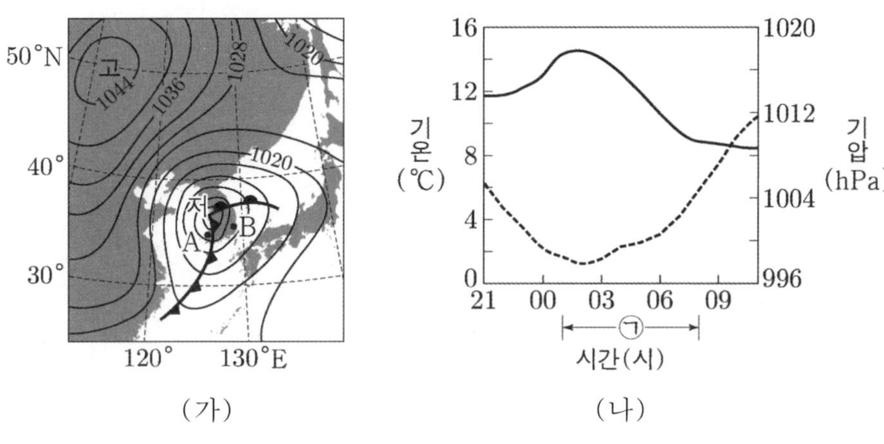

이 자료에 대한 설명으로 옳은 것만을 <보기>에서 있는 대로 고른 것은?

<보 기>

ㄱ. (가)에서 A의 상층부에는 주로 층운형 구름이 발달한다.

ㄴ. (나)는 B의 관측 자료이다.

ㄷ. (나)의 관측소에서 ㉠기간 동안 풍향은 시계 반대 방향으로 바뀌었다.

① ㄱ   ② ㄴ   ③ ㄱ, ㄷ   ④ ㄴ, ㄷ   ⑤ ㄱ, ㄴ, ㄷ

추가로 물어볼 수 있는 선지

1. 온대 저기압은 페렐 순환이 하강하는 부근에서 만들어진다. (O , X)
2. 지점 A의 상공에는 전선면이 발달한다. (O , X)
3. 남반구의 온대 저기압에서는 온대 저기압 중심 남쪽에 전선이 존재한다. (O , X)

정답 : 1. (X), 2. (O), 3. (X)

KEY POINT #온대 저기압, #풍향 변화, #전선

문항의 발문 해석하기

우리나라 부근의 일기도를 해석해서 어떤 변화가 나타나는지 파악할 수 있어야 한다. 또한 기온과 기압에 해당하는 그래프를 찾을 수 있어야 한다.

문항의 자료 해석하기

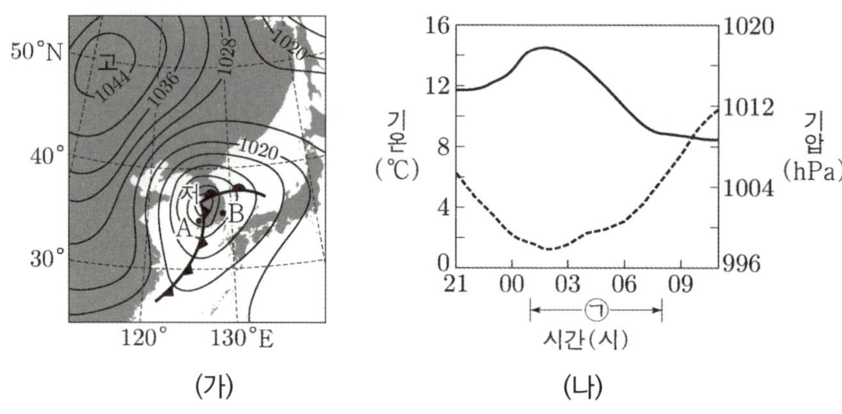

1. (가) 자료에서 우리나라 주변에 온대 저기압이 통과하고 있다. 이때 편서풍에 의해 온대 저기압은 시간이 지나며 동쪽 방향으로 이동할 것이다. A는 한랭 전선 뒤에 위치하고 있고, B는 온난 전선과 한랭 전선 사이에 위치하고 있다.

2. (나) 자료에서는 시간이 지나면서 변화하는 기온과 기압을 나타내고 있다. 이때, 우리나라 주변의 온대 저기압은 시간이 지나면서 동쪽으로 이동할 것이다.
   온대 저기압이 다가오면 기압이 낮아지고 멀어지면 기압이 올라가므로 점선은 기압에 해당할 것이다. 따라서 실선은 기온에 해당할 것이다.

선지 판단하기

ㄱ 선지 (가)에서 A의 상층부에는 주로 층운형 구름이 발달한다. (X)

　　A는 한랭 전선의 후면이다. 따라서 A의 상층부에서는 적운형 구름이 발달한다.

ㄴ 선지 (나)는 B의 관측 자료이다. (O)

　　(나) 자료에서 기온은 상승했다가 02시 이후 다시 하강하는 것을 확인할 수 있다. 따라서 02시에 한랭 전선이 통과한 것을 확인할 수 있다. (가) 자료에서 아직 한랭 전선이 통과하지 않은 것은 B이므로 B의 관측 자료이다.

ㄷ 선지 (나)의 관측소에서 ㉠기간 동안 풍향은 시계 반대 방향으로 바뀌었다. (X)

　　(나)의 관측은 B에서 이루어졌다. B는 온대 저기압 중심의 남쪽에 위치하므로 풍향은 시계 방향으로 변한다.

기출문항에서 가져가야 할 부분

1. 온대 저기압과 한랭 전선, 온난 전선을 이해할 수 있어야 한다.
2. 온대 저기압 중심의 위치에 따라 달라지는 풍향 변화를 알 수 있어야 한다.
3. 전선면과 구름의 관계를 이해할 수 있어야 한다.

기출 문제로 알아보는 유형별 정리

[온대 저기압]

1 온대 저기압의 이동

① 일기도를 활용한 이동 2018년 7월 학력평가 7번

그림 (가)와 (나)는 어느 날 12시간 간격의 지상 일기도를 순서 없이 나타낸 것이다.

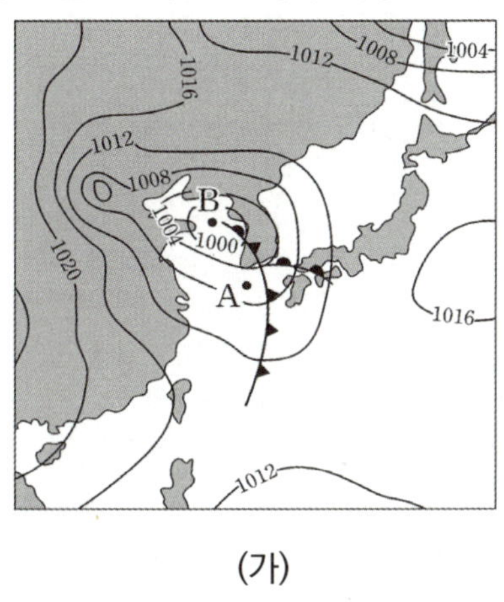

(가)

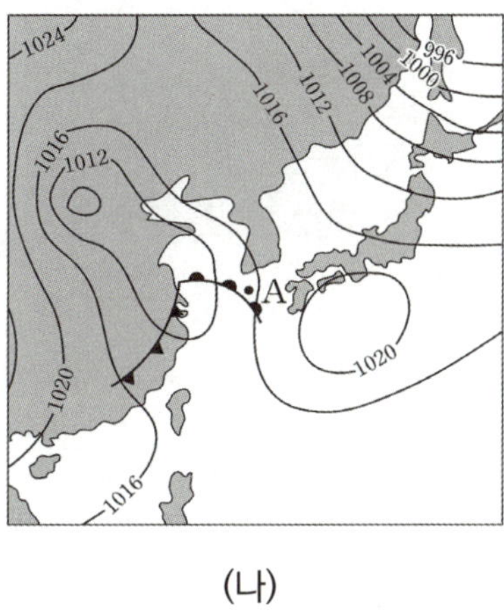

(나)

ㄴ. (가)는 (나)보다 12시간 후의 일기도이다. (O)

- 온대 저기압은 편서풍을 타고 서 → 동으로 이동한다. 따라서 조금 더 동쪽으로 이동한 (가)가 12시간 후의 일기도일 것이다.
- **온대 저기압은 편서풍에 의해 서쪽에서 동쪽으로 이동한다는** 사실을 항상 기억하면서 문제를 풀어야 한다. 또한, 한랭 전선의 이동 속도가 온난 전선의 이동 속도보다 빠르기 때문에 시간이 지나며 **한랭 전선이 온난 전선을 따라잡아 폐색 전선이 형성**된다는 것 또한 알아야 한다.

2 온대 저기압의 기압과 기온, 풍향 그래프 해석

① 통과한 전선의 종류를 찾자! 2016학년도 수능 13번

그림 (가)는 어느 날 온대 저기압이 우리나라 어느 관측소를 통과하는 동안 관측한 기온과 기압을, (나)는 이날 6시, 12시, 18시에 관측한 풍향과 풍속을 ㉠, ㉡, ㉢으로 순서 없이 나타낸 것이다.

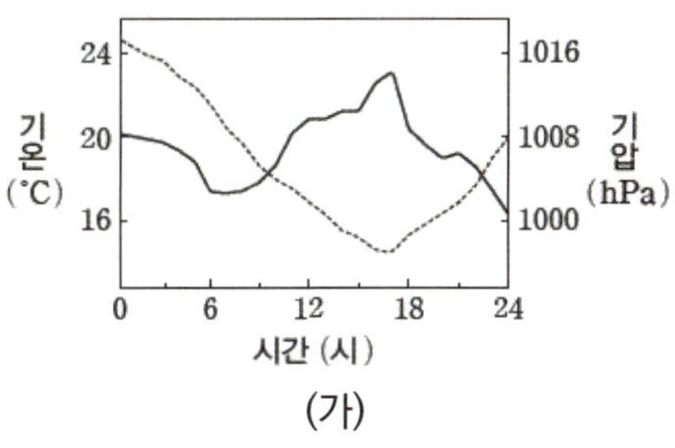

ㄴ. 온난 전선은 17시경에 통과하였다. (X)

(가)

- 온대 저기압이 시간이 지나면서 **중심에 가까워지면 기압이 감소하고, 중심에서 멀어지면 기압은 상승**하므로 기압은 점선에 해당한다.

  온대 저기압이 통과하는 지역은 **온난 전선이 먼저 통과**하고 **한랭 전선이 나중에 통과**한다. 이때, 온난 전선이 통과하면 기온은 상승, 한랭 전선이 통과하면 기온은 하강한다. 기온을 나타내는 실선 그래프를 보면 6시에 기온이 상승하고, 17시에 기온이 하강하므로 온난 전선은 6시경에 통과하였다.

① 관측소가 온대 저기압 중심보다 남쪽에 있을 경우   2023학년도 9월 모의평가 8번

그림 (가)는 어느 온대 저기압 중심의 이동 경로와 관측 지역을, (나)의 A, B, C는 이 온대 저기압 중심이 우리나라를 통과하는 동안 원주와 거제 중 한 지역에서 관측한 풍향과 풍속을 시간 순서에 관계 없이 나타낸 것이다.

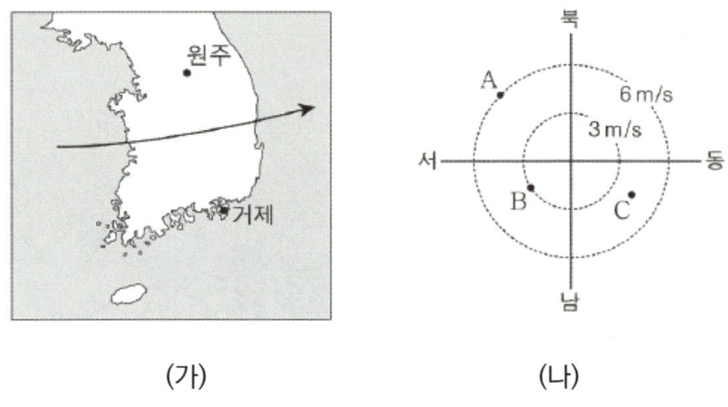

(가)   (나)

ㄱ. (나)는 거제에서 관측한 결과이다. (O)

- (나) 자료를 보면 A는 북서풍, B는 남서풍, C는 남동풍이 분다. 만약, **원주에서 관측한 자료라면** 온대 저기압 중심으로 바람이 불어 들어가야 하므로 **남풍이 불 수 없다.** 따라서 (나)는 온대 저기압 중심의 남쪽에 위치한 거제에서 관측한 결과이다.

- 대부분의 문제를 풀다 보면 관측소는 온대 저기압 중심보다 남쪽에 있었을 것이다. 우리는 관측소의 위치에 따라서 부는 풍향을 이해할 수 있어야 한다. 또한 (나) 자료에서 풍향은 C → B → A 순서로 불었을 것이다. **시계 방향으로 풍향이 변화**한다는 것도 기억해야 한다.

②-1 관측소가 온대 저기압 중심보다 북쪽에 있을 경우   2018년 3월 학력평가 14번

그림 (가)는 어느 날 우리나라를 통과한 온대 저기압의 이동 경로를, (나)는 이날 관측소 A, B 중 한 곳에서 관측한 풍향의 변화를 나타낸 것이다.

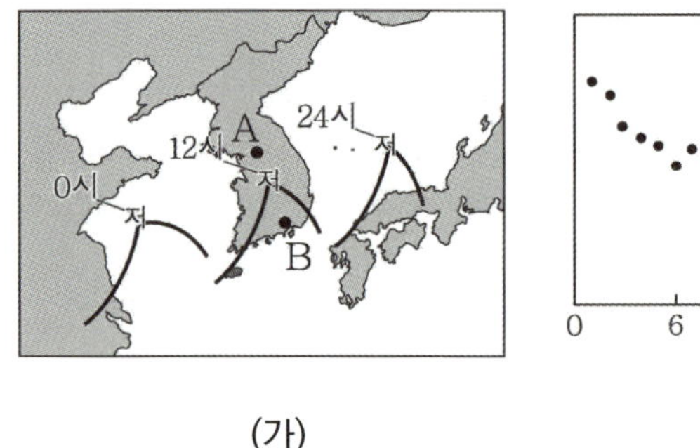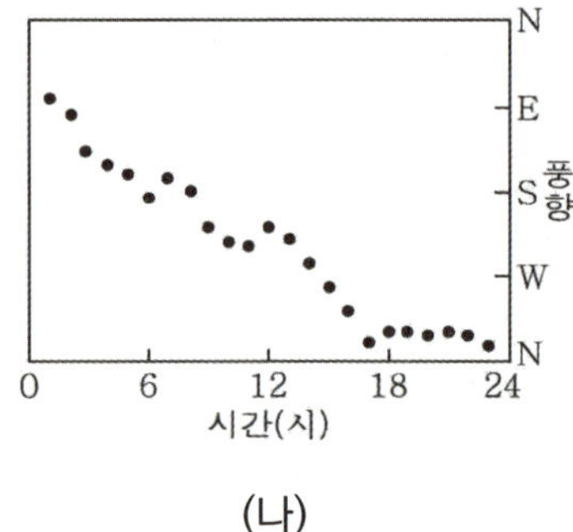

(가)   (나)

ㄴ. (나)는 A에서 관측한 결과이다. (X)

- (나) 자료를 보면 시간이 지나면서 풍향이 시계 방향으로 변화하고 있는 것을 확인할 수 있다. 따라서 관측소는 온대 저기압 중심보다 남쪽에 위치한 B에서 관측한 자료일 것이다.

- 온대 저기압의 이동 과정을 보면 **A는 온대 저기압 중심보다 북쪽에 위치하므로 반시계 방향으로 풍향이 변화**할 것이다.

그림 (가)와 (나)는 어느 온대 저기압이 우리나라를 통과하는 동안 A와 B 지역의 기압과 풍향을 관측 시작 시각으로부터의 경과 시간에 따라 각각 나타낸 것이다. A와 B는 동일 경도 상이며, 온대 저기압의 영향권에 있었다.

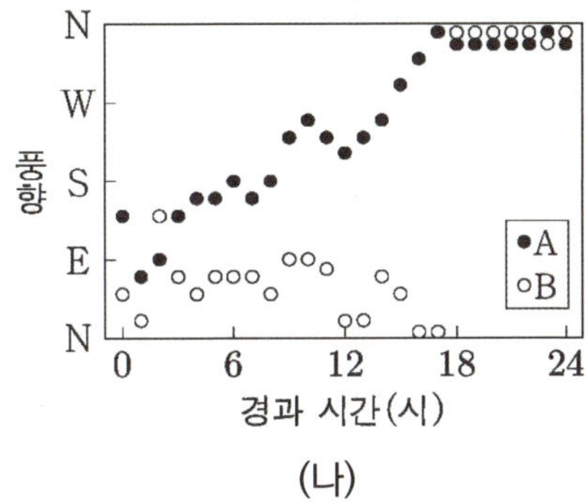

(나)

ㄷ. A는 B보다 저위도에 위치한다. (O)

- (나) 자료를 보면 **A는 시계 방향으로 풍향이 변화**하고 있고, **B는 반시계 방향으로 풍향이 변화**하고 있는 것을 확인할 수 있다. 따라서 온대 저기압은 우리나라를 통과하므로 **A는 온대 저기압 중심보다 남쪽**에 위치할 것이고, **B는 온대 저기압 중심보다 북쪽**에 위치할 것이다.
  따라서 A는 B보다 저위도에 위치한다.

- 이처럼 풍향을 보고 온대 저기압 중심보다 고위도인지, 저위도인지 파악할 수 있다.

4 폐색 중인 온대 저기압

그림 (가)와 (나)는 어느 날 같은 시각의 지상 일기도와 적외 영상을 나타낸 것이다. 이때 우리나라 주변에는 전선을 동반한 2개의 온대 저기압이 발달하였다.

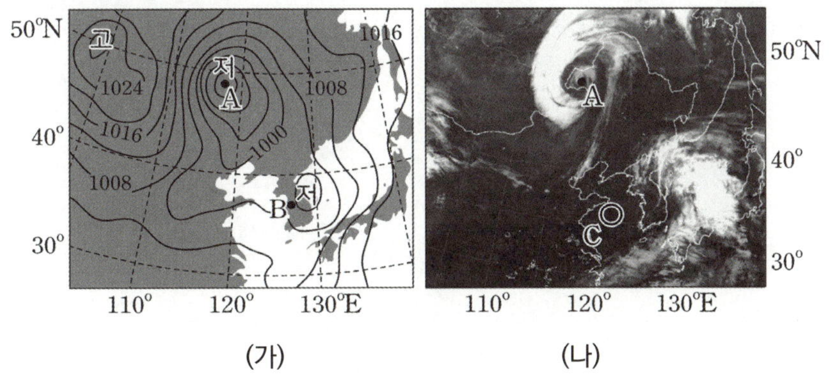

(가)   (나)

ㄱ. A 지점의 저기압은 폐색 전선을 동반하고 있다. (O)

- (가)와 (나)의 A 위치를 비교해보자. (가) 자료에서 A는 저기압이고 (나) 자료에서 A는 구름의 중심부에 있다고 볼 수 있다. 이때 A는 온대 저기압이지만 우리가 흔히 알고 있는 온대 저기압과 형태가 다르게 생겼다. **위와 같은 형태의 구름이 나타나면 폐색 전선이 나타나 있음을 알 수 있다.**

 그림은 폐색 전선을 동반한 온대 저기압 주변 지표면에서의 풍향과 풍속 분포를 강수량 분포와 함께 나타낸 것이다. 지표면의 구간 X−X′과 Y−Y′에서의 강수량 분포는 각각 A와 B 중 하나이다.

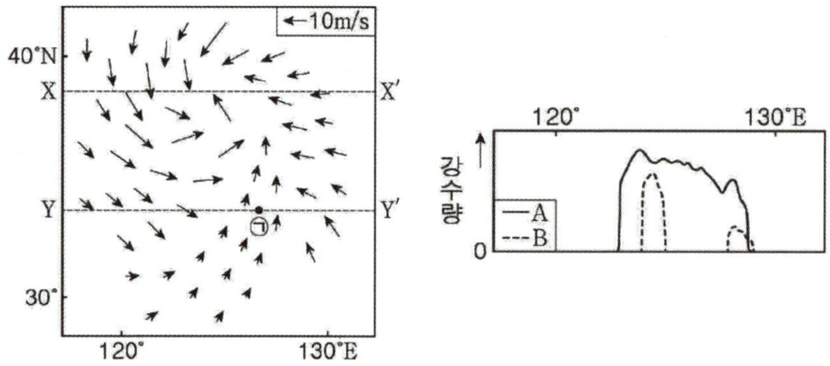

ㄴ. Y−Y′에는 폐색 전선이 위치한다. (X)

- 풍향 자료를 통해 온대 저기압의 모습을 직접 그려 볼 수 있어야 한다.
  온대 저기압 중심으로 공기는 반시계 방향을 그리며 불어 들어가므로 오른쪽 그림과 같이 온대 저기압이 형성될 것이다.
  폐색 전선은 저기압의 중심부부터 나타나게 되고, 발문에서 폐색 전선을 동반한다고 했으므로 X−X′에 폐색 전선이 나타난다는 것을 알 수 있다.

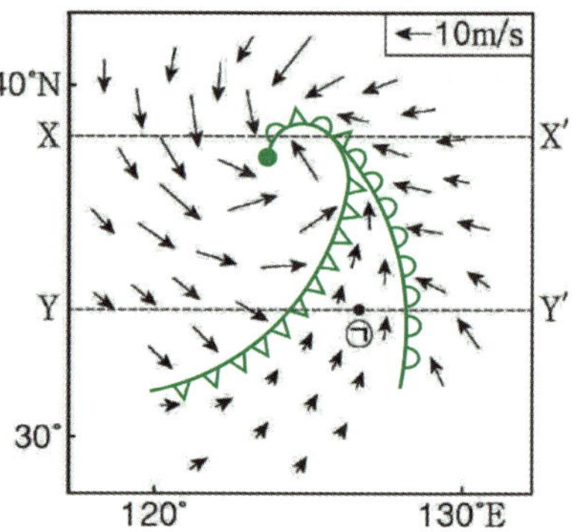

- 이 문제는 직접 그림을 그려보지 않았다면 정말 힘들게 문제를 풀 수밖에 없다. 그러나 온난 전선의 앞쪽에는 남동풍이, 온난 전선과 한랭 전선 사이에는 남서풍이, 한랭 전선 후면에는 북서풍이 불어야 한다는 것을 기억해 그려봤다면 어렵지 않게 문제를 해결했을 것이다.
- 또한 강수량 분포를 보면 Y−Y′의 가운데 지역인 ㉠**에서는 전선면이 존재하지 않으므로 강수량이 없었을** 것이다. 따라서 Y−Y′의 강수량 분포는 B이다.
- 폐색 전선은 다른 전선들과 달리 전선 앞 뒤로 모두 강수 현상이 나타난다는 것도 알 수 있다.

① 자료를 하나로 합치자.　　　　　　　　　　　　　　2024학년도 9월 모의평가 9번

　그림 (가)와 (나)는 우리나라에 온대 저기압이 위치할 때, 이 온대 저기압에 동반된 온난 전선과 한랭 전선 주변의 지상 기온 분포를 순서 없이 나타낸 것이다. (가)와 (나)는 같은 시각의 지상 기온 분포이고, (나)에서 전선은 구간 ㉠과 ㉡ 중 하나에 나타난다.

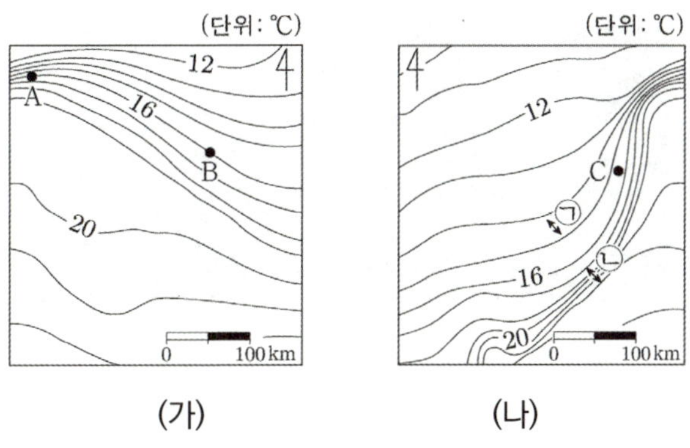

(가)　　　　　　　　　　(나)

ㄴ. 기압은 지점 A가 지점 B보다 낮다. (O)

- 기온 변화가 급격하게 나타나는 지점에는 전선이 존재한다. (가)는 동쪽 부근의 기온이 낮으므로 온난 전선이, (나)는 서쪽 부근의 기온이 낮으므로 한랭 전선이 나타난다.
　두 자료를 아래와 같이 합성하여 하나의 **온대 저기압의 형태를 유추**할 수 있다. 따라서 온대 저기압 중심과 더 가까운 A의 기압이 더 낮다.
- 위 자료와 같이 온대 저기압 주변의 자료를 준다면 전선의 종류를 찾은 후 하나의 온대 저기압 그림으로 합성할 수 있어야 한다.

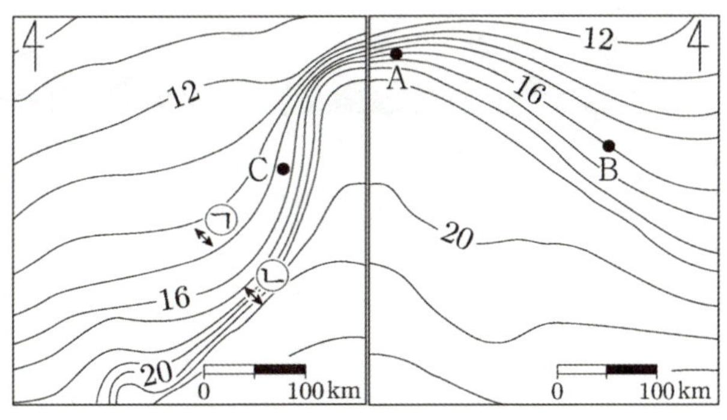

▲ (가)와 (나)를 합성한 자료

① 반드시 북반구만 나오는 것이 아니다!!　　　　　　　　　　　　2022년 7월 학력평가 8번

　그림은 전선을 동반한 온대 저기압의 모습을 인공위성에서 촬영한 가시광선 영상이다. ㉠과 ㉡은 각각 온난 전선과 한랭 전선 중 하나이다.

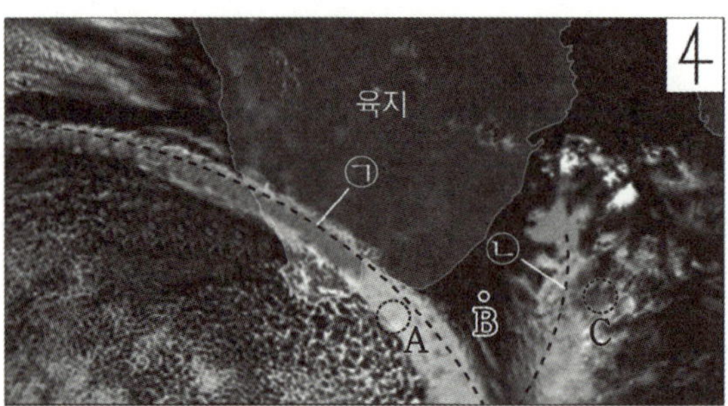

ㄱ. 온난 전선은 ㉡이다. (O)

- 온대 저기압은 중위도 지역에서 편서풍을 타고 이동한다. 온대 저기압은 앞쪽의 온난 전선, 뒤쪽에 한랭 전선이 위치하므로 ㉠은 한랭 전선, ㉡은 온난 전선일 것이다.

- 남반구의 온대 저기압은 우리가 잘 알고 있는 북반구의 온대 저기압이 반대로 뒤집힌 것처럼 생겼다. 따라서 이 자료는 남반구에서 촬영한 온대 저기압의 모습이다. 아래 자료를 통해 온대 저기압의 모습과 이동 방향을 이해하자.

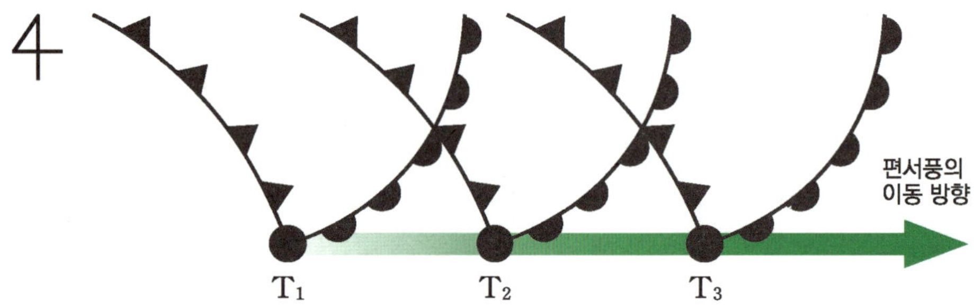

▲ 남반구에서의 시간에 따른 온대 저기압의 이동

추가로 물어볼 수 있는 선지 해설

1. 온대 저기압은 페렐 순환이 상승하여 만들어진 위도 $60°$ 부근의 한대 전선대에서 형성된다.
2. 지점 A는 한랭 전선의 후면이다. 한랭 전선 후면에는 전선면이 존재하여 소나기 등의 강수 현상이 나타난다.
3. 남반구의 온대 저기압은 북반구의 온대 저기압과 남북 방향으로 대칭인 형태이다. 따라서 온대 저기압 중심보다 북쪽에 한랭 전선과 온난 전선이 분포한다.

2023학년도 수능 지Ⅰ 7번

그림 (가)는 어느 날 18시의 지상 일기도에 태풍의 이동 경로를 나타낸 것이고, (나)는 이 시기에 태풍에 의해 발생한 강수량 분포를 나타낸 것이다.

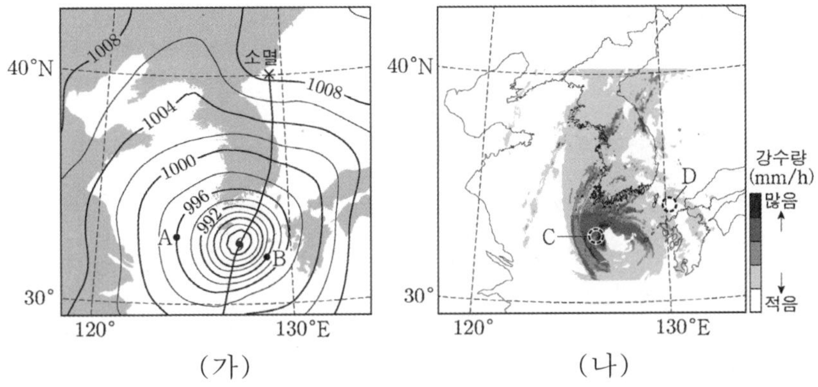

이 자료에 대한 설명으로 옳은 것만을 <보기>에서 있는 대로 고른 것은?

<보 기>

ㄱ. 풍속은 A 지점이 B 지점보다 크다.
ㄴ. 공기의 연직 운동은 C 지점이 D 지점보다 활발하다.
ㄷ. C 지점에서는 남풍 계열의 바람이 분다.

① ㄱ   ② ㄴ   ③ ㄷ   ④ ㄱ, ㄴ   ⑤ ㄴ, ㄷ

추가로 물어볼 수 있는 선지

1. 대부분의 태풍은 수온이 높은 적도 부근에서 만들어진다. (O , X)
2. 태풍의 눈은 태풍 내에서 풍속과 기압이 가장 높은 곳이다. (O , X)
3. 태풍의 속력은 무역풍의 영향을 받을 때보다 편서풍의 영향을 받을 때 더 빠르다. (O , X)

정답 : 1. (X), 2. (X), 3. (O)

KEY POINT #태풍, #위험 반원, #저기압성 회전

문항의 발문 해석하기

일기도에서 나타나는 태풍의 기압을 보고 위험 반원과 안전 반원을 구분할 수 있어야 한다. 또한, 강수량 분포를 보고 구름의 양을 생각할 수 있어야 한다.

문항의 자료 해석하기

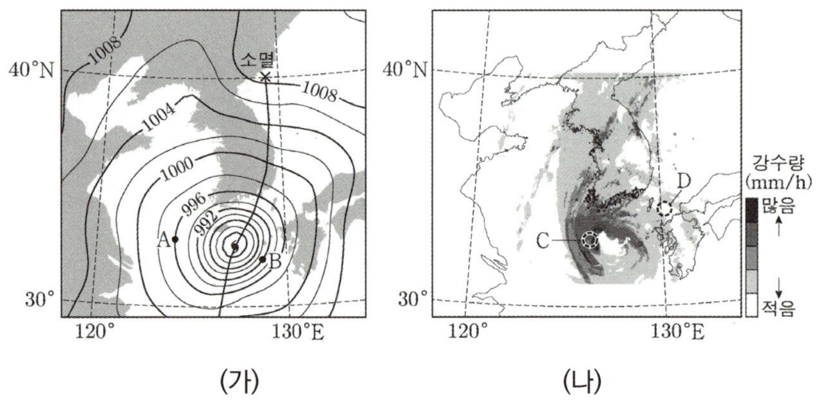

1. (가) 자료에서 일기도 상에 동심원 형태의 태풍이 나타나고 있다. 이때 위도를 살펴보면 편서풍대에 위치함을 알 수 있다. 또한, B는 태풍 진행 방향의 오른쪽이므로 위험 반원, A는 왼쪽이므로 안전 반원에 해당한다.

2. (나) 자료에서는 태풍과 강수량의 관계를 알려주고 있다. D 지역보다 C 지역에서 강수량이 높게 나타나고 있다. 또한 태풍의 눈에 해당하는 지점은 약한 하강 기류가 나타나므로 구름이 없어 강수량이 나타나지 않는 것을 확인할 수 있다.

선지 판단하기

ㄱ 선지 풍속은 A 지점이 B 지점보다 크다. (X)

풍속은 등압선 간격이 좁을수록 크게 나타난다. 위 자료에서 A보다 B에서의 등압선 간격이 좁으므로 B 지점의 풍속이 더 크다.

ㄴ 선지 공기의 연직 운동은 C 지점이 D 지점보다 활발하다. (O)

공기의 연직 운동이 활발할수록 구름의 양이 많아진다. 이때, (나) 자료에서 C 지역이 D 지역보다 강수량이 많으므로 구름의 양이 더 많을 것이다. 따라서 공기의 연직 운동은 C 지점이 더 활발하다.

ㄷ 선지 C 지점에서는 남풍 계열의 바람이 분다. (X)

C 지점은 태풍 중심의 북서쪽에 위치하는 곳이다. 태풍은 저기압이므로 북반구에서 시계 반대 방향으로 바람이 불어 들어간다. 따라서 C 지역에서 시계 반대 방향을 그려보면 북풍 계열의 바람이 불고 있을 것이다.

기출문항에서 가져가야 할 부분

1. 일기도 상에서 등압선의 간격이 좁을수록 풍속은 강해진다는 것 이해하기
2. 태풍의 진행 방향을 보고 위험 반원, 안전 반원 구분하기
3. 태풍 주변의 풍향 변화 이해하기

기출 문제로 알아보는 유형별 정리

[태풍]

1 태풍의 이동

① 무역풍대와 편서풍대의 이동   2018학년도 수능 10번

그림 (가)는 어느 해 9월 9일부터 18일까지 태풍 중심의 위치와 기압을 1일 간격으로 나타낸 것이고, (나)는 12일, 14일, 16일에 관측한 이 태풍 중심의 이동 방향과 이동 속도를 ㉠, ㉡, ㉢으로 순서 없이 나타낸 것이다. 화살표의 방향과 길이는 각각 이동 방향과 속도를 나타낸다.

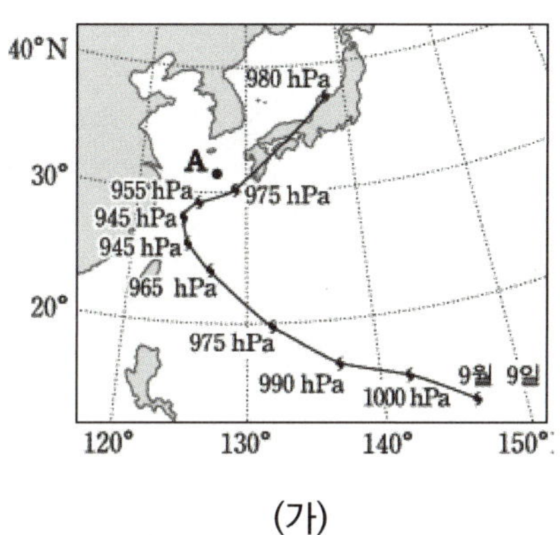

ㄱ. 태풍의 세력은 10일이 16일보다 약하다. (O)

- 1일 간격으로 태풍의 이동 경로를 나타냈으므로 10일의 기압은 1000hPa, 16일의 간격은 955hPa이다. **태풍은 중심 기압이 낮을수록 세력이 강하다.** 따라서 태풍의 세력은 10일이 약하다.
- 태풍은 무역풍대에서 발생하여 전향점을 지나 편서풍대인 우리나라로 접근해온다. **무역풍대**에서의 태풍의 진행 방향은 **북서 방향, 편서풍대**에서의 태풍의 진행 방향은 **북동 방향**이다.

2 태풍의 기압과 풍속, 풍향 그래프 해석

① 태풍의 눈을 지나는 그래프   2023학년도 9월 모의평가 13번

그림은 태풍의 영향을 받은 우리나라 어느 관측소에서 24시간 동안 관측한 시간에 따른 기압, 풍향, 풍속, 시간당 강수량을 순서 없이 나타낸 것이다. 이 기간 동안 태풍의 눈이 관측소를 통과하였다.

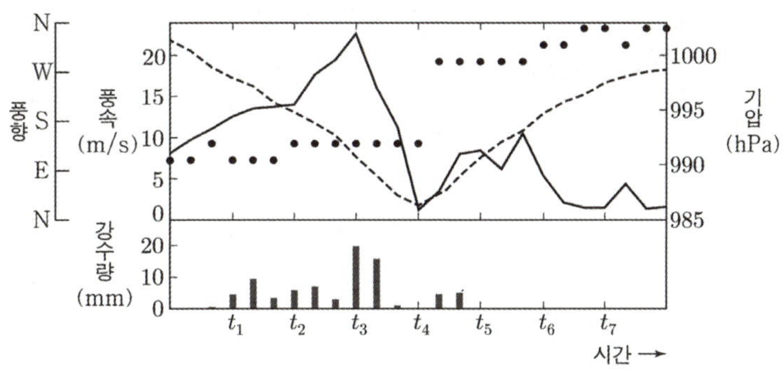

ㄱ. 관측소에서 풍속이 가장 강하게 나타난 시각은 t_3이다. (O)

- **태풍이 다가오면 기압은 낮아지고 멀어지면 기압은 높아진다.** 따라서 점선 그래프는 기압을 나타낸다.
  태풍이 다가올 때 풍속은 빨라지지만, 태풍의 눈에서의 풍속은 매우 약하다. 따라서 실선 그래프는 풍속을 나타내고, t_4일 때 태풍의 눈이 통과하고 있는 것을 확인할 수 있다.
  관측소에서 풍속이 가장 강하게 나타난 시각은 t_3이다.
- **태풍의 눈에서는** 기압이 가장 낮지만 **약한 하강 기류의 발생**으로 맑은 날씨가 나타난다는 사실도 함께 기억하자.

그림은 북반구 어느 지점에서 태풍이 통과하는 동안 관측한 기압, 풍속, 풍향을 나타낸 것이다.

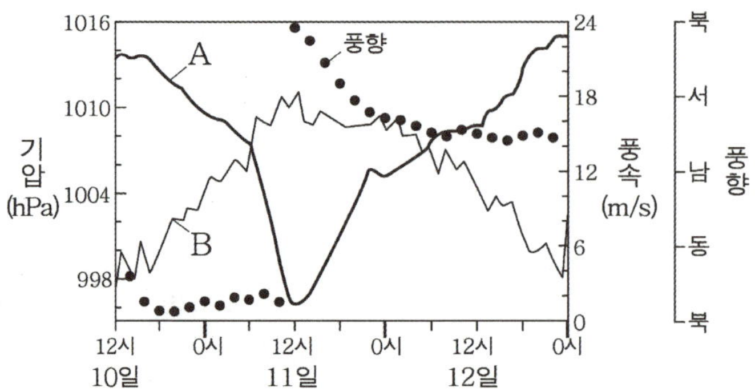

ㄱ. A는 풍속이다. (X)

- 태풍이 다가오면 기압은 낮아지고 멀어지면 기압은 높아진다. 또한, 태풍의 눈이 통과하지 않는다면 풍속은 기압과 반대로 태풍이 다가오면 풍속이 빨라지고 멀어지면 풍속은 느려질 것이다.
  따라서 A는 기압에 해당하고, B는 풍속에 해당한다.
- **태풍은 저기압**이므로 **다가오면 기압이 낮아지고 멀어지면 기압은 높아진다**. 또한, 관측소에서 태풍의 눈이 통과하지 않는다면 중심부로 갈수록 풍속이 빨라지므로 태풍이 **다가오면 풍속이 빨라지고 멀어지면 풍속이 느려질 것**이다.

3 위험 반원과 안전 반원

① 위험 반원의 풍향   2018학년도 9월 모의평가 7번

그림 (가)는 어느 태풍의 이동 경로와 중심 기압을 나타낸 것이고, a와 b 중 하나는 실제 이동 경로이다. (나)는 이 태풍이 우리나라를 통과하는 동안 P에서 관측된 기압과 풍향 변화를 시간에 따라 나타낸 것이다.

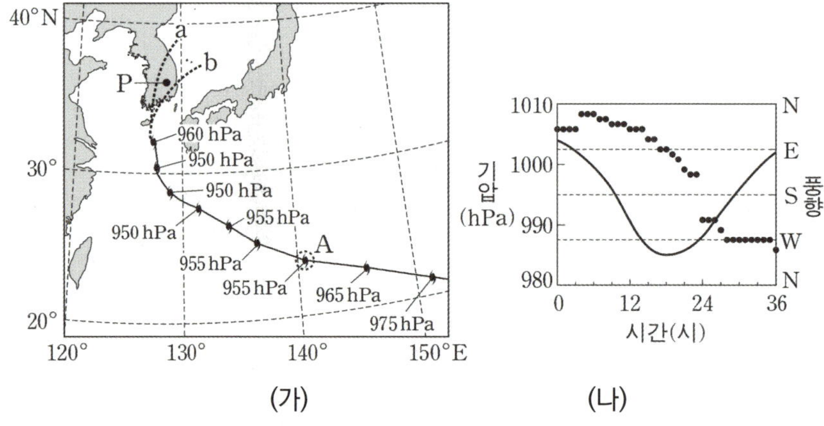

ㄷ. (가)에서 태풍의 실제 이동 경로는 a이다. (O)

- (나) 자료를 보면 시간이 지나면서 **풍향이 시계 방향**으로 변화하고 있다. 따라서 P는 **위험 반원**에 위치해야 하므로 태풍의 실제 이동 경로는 a일 것이다.
- 위험 반원은 태풍 진행 경로의 오른쪽을 이야기하는 것이다. 따라서 a로 이동해야 P가 위험 반원에 위치한다는 것을 알아야 한다.

그림은 북반구 해상에서 관측한 태풍의 하층(고도 2km 수평면) 풍속 분포를 나타낸 것이다. (단, 등압선은 태풍의 이동방향 축에 대해 대칭이라고 가정한다.)

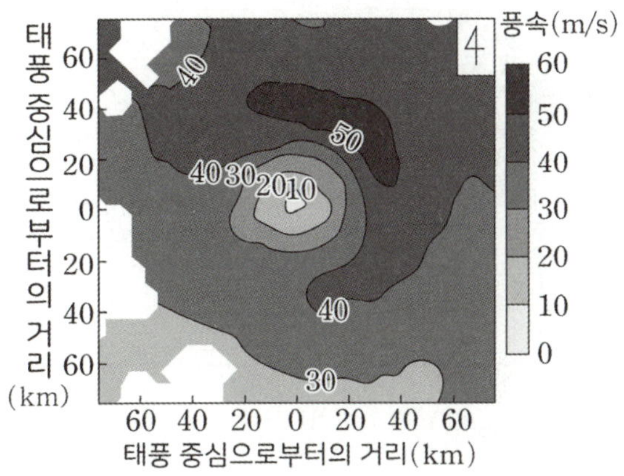

ㄱ. 태풍은 북동 방향으로 이동하고 있다. (X)

- 태풍 진행 경로의 오른쪽은 위험 반원이다. 이때 중심으로부터 같은 거리에 위치할 때, **위험 반원의 풍속은 안전 반원보다 더 강하다.**

  따라서 위 자료에서 풍속이 $50\,\mathrm{m/s}$로 나타나는 부분이 위험 반원임과 동시에 태풍 진행 방향의 오른쪽이므로 태풍 진행 방향은 북서 방향일 것이다.
- **위험 반원은 태풍의 진행 방향과 대기 대순환에 의한 바람의 이동 경로가 같은 부분이므로 풍속이 더 빠르다.**

그림 (가)와 (나)는 어느 날 동일한 태풍의 영향을 받은 우리나라 관측소 A와 B에서 측정한 기압, 풍속, 풍향의 변화를 순서 없이 나타낸 것이다.

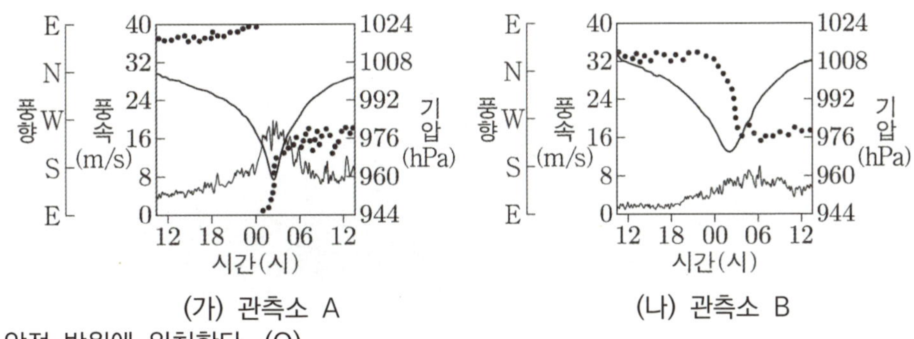

ㄷ. B는 태풍의 안전 반원에 위치한다. (O)

- (나) 자료를 보면 B는 시간이 지나면서 **풍향이 반시계 방향**으로 변화하고 있다. 따라서 관측소 B는 **안전 반원**에 위치할 것이다.
- 태풍 진행 경로의 왼쪽을 이야기하는 것이다. 풍향을 보고 안전 반원임을 확인할 수 있어야 한다.

  또한, 안전 반원은 위험 반원에 비해 상대적으로 풍속이 약하므로 이를 이용해 안전 반원임을 확인해도 된다.
- **만약 A와 B가 동일한 위도에 있다면 관측소 B는 관측소 A보다 서쪽에 위치할 것**이다.

그림 (가)는 어느 날 18시의 지상 일기도에 태풍의 이동 경로를 나타낸 것이고, (나)는 이 시기에 태풍에 의해 발생한 강수량 분포를 나타낸 것이다.

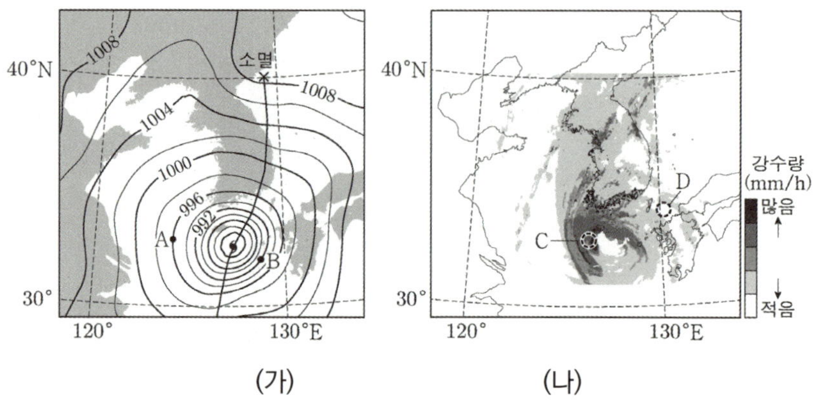

ㄷ. C 지점에서는 남풍 계열의 바람이 분다. (X)

- 자료 (나)에서 **C는 안전 반원**에 해당한다. **태풍은 저기압이므로 공기가 반시계 방향**을 따라 불어 들어가야 한다. 따라서 자료 (가)에 저기압의 풍향을 그려본다면 **C에서는 북풍 계열**의 바람이 불어야 할 것이다.
- 이처럼 시간이 지남에 따라 변화하는 풍향과 저기압에서의 풍향을 같이 연결 지어서 생각할 수 있어야 한다.

4 태풍의 에너지원

그림 (가)는 어느 해 7월에 관측된 태풍의 위치를 24시간 간격으로 표시한 이동 경로이고, (나)는 이 시기의 해양 열용량 분포를 나타낸 것이다. 해양 열용량은 태풍에 공급할 수 있는 해양의 단위 면적당 열량이다.

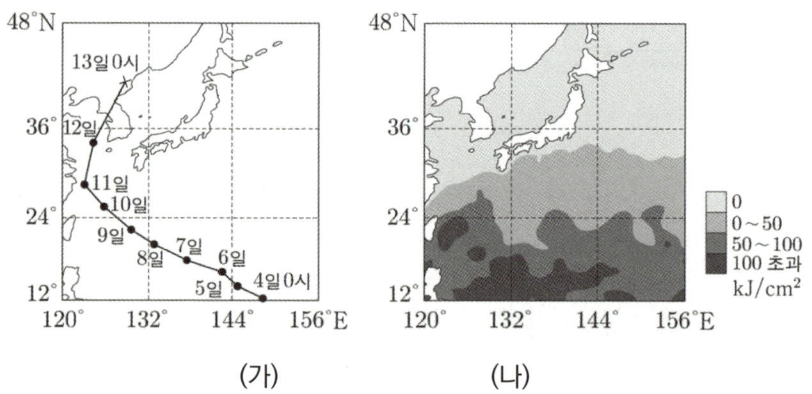

ㄷ. 해양에서 이 태풍으로 공급되는 에너지양은 12일이 10일보다 적다. (O)

- 자료 (나)를 보면 저위도로 갈수록 해양 열용량이 늘어난다. 이때 12일보다 10일에 태풍은 저위도에 있으므로 태풍으로 공급되는 에너지는 10일에 더 많다.
- **태풍은 위도 5° ~ 25°의 수증기의 공급이 원활한 열대 해상에서 발생한다. 적도 ~ 5°에서 태풍이 발생하지 않는 이유는 전향력이 매우 약하게 존재해** 저기압성 회전이 일어나지 않기 때문이다.

① 태풍의 중심과 관측소의 위치에 따른 풍향　　　　　　　　　　2022년 10월 학력평가 17번

　그림 (가)는 위도가 동일한 관측소 A, B, C의 위치와 태풍의 이동 경로를, (나)는 태풍이 우리나라를 통과하는 동안 A, B, C에서 같은 시각에 관측한 날씨를 ㉠, ㉡, ㉢으로 순서 없이 나타낸 것이다.

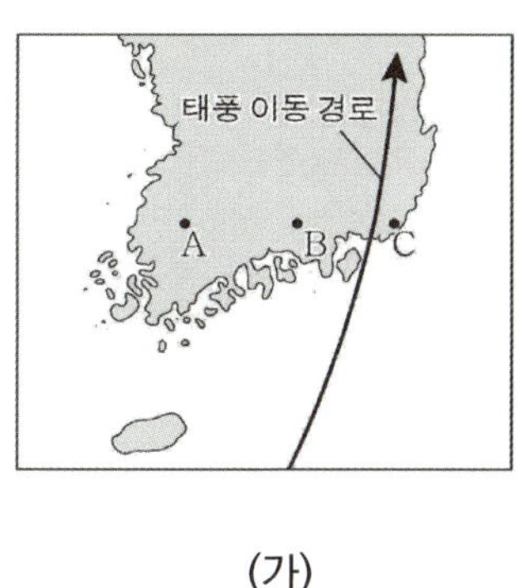
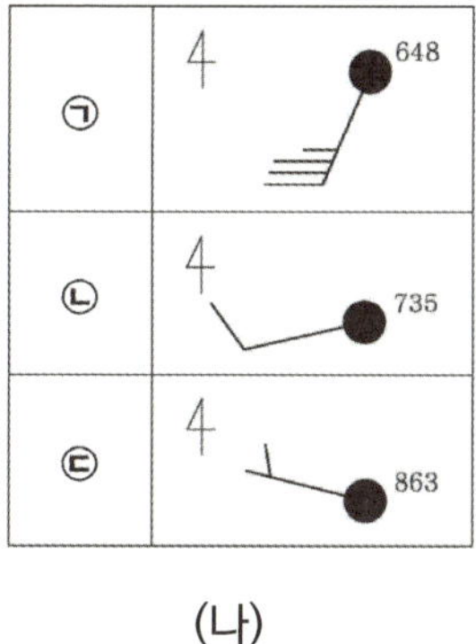

(가)　　　　　　　　　　　(나)

ㄴ. (나)는 태풍의 중심이 세 관측소보다 고위도에 위치할 때 관측한 자료이다. (O)

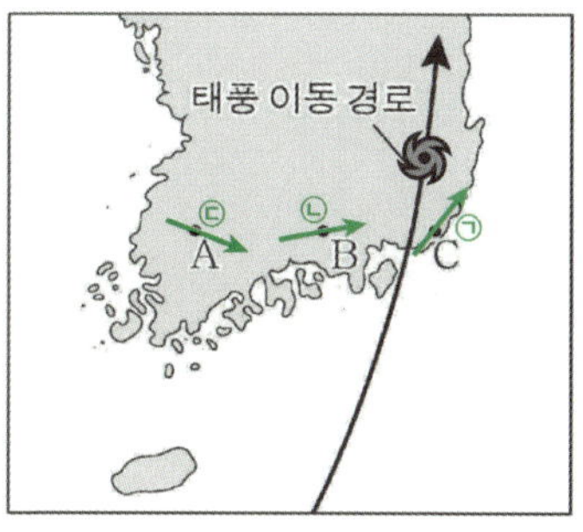

- 만약 태풍의 중심이 세 관측소보다 **저위도에 위치했다면** C에서는 **A, B, C 모두 북풍 계열의 바람**이 불었을 것이다. 그러나 ㉠과 ㉡에서 남풍 계열의 바람이 불고 있으므로 태풍의 중심은 고위도에 위치한다.
  태풍의 중심이 세 관측소보다 고위도에 위치하므로 C에서는 ㉠과 같이 남서풍이 불 수 있는 것이다.
- **태풍은 저기압이므로 반시계 방향을 따라서 공기가 불어 들어가야 한다.** 풍향은 오른쪽 자료와 같이 형성되어 있는 것이라고 판단하자.

6 태풍의 상층부

① 북반구 태풍의 상층부는 시계 방향으로 불어 나간다!　　　　　2021학년도 6월 모의평가 18번

　그림은 북반구 해상에서 관측한 태풍의 하층(고도 2km 수평면) 풍속 분포를 나타낸 것이다. (단, 등압선은 태풍의 이동방향 축에 대해 대칭이라고 가정한다.)

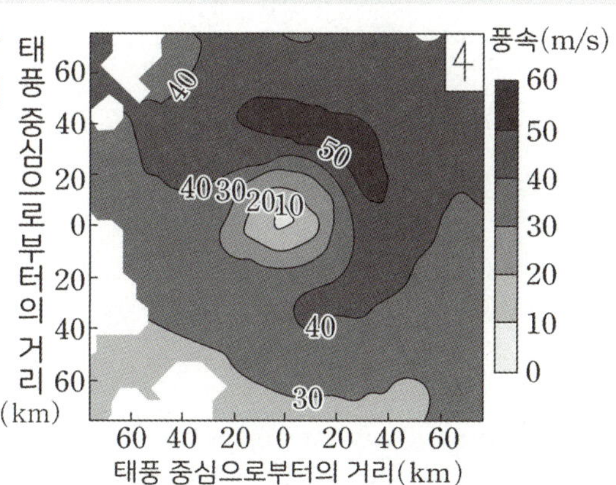

ㄷ. 태풍의 상층 공기는 반시계 방향으로 불어 나간다. (X)

- 태풍의 상층부에서는 하층부에서 들어온 바람이 불어 나간다. 이때, 상층부에서 바람은 **전향력에 의해 시계 방향을 그리며 불어 나간다.**
- '북반구 태풍이므로 저기압이네? 무조건 반시계 방향!'이라는 생각을 했다면 틀린 생각이다. 태풍의 **하층부에서는 공기가 수렴하므로 반시계 방향**을 그리며 들어오지만, **상층부에서는 공기가 빠져나가야 한다.** 이때 고기압에서의 상황과 같은 원리로 바람은 발산할 때 전향력에 의해 시계 방향으로 불어 나간다.

1. 태풍은 전향력이 존재하는 5 ˚ ~ 25 ˚ 사이의 따뜻한 열대 해상에서 만들어진다.
   ⇒ 적도 부근은 전향력이 매우 약하게 존재해 태풍이 발생하지 않는다.
2. 태풍의 눈은 저기압의 중심이므로 기압이 가장 낮다. 그리고 태풍의 눈 부근은 바람이 거의 불지 않아 약한 하강 기류가 나타나는 지역이다.
3. 태풍은 위도 30 ˚ 부근의 전향점을 넘어가면 편서풍의 영향으로 태풍의 진행 방향과 편서풍의 방향이 일치해져서 이동 속도가 빨라진다.

우리나라의 주요 악기상

1. 뇌우

강한 상승 기류가 발생하는 곳에 적란운이 형성되면서 천둥, 번개와 함께 강한 소나기가 내리는 현상을 말한다.

(1) 뇌우의 발생 조건
① 여름철 강한 태양빛에 의해 지표면이 **국지적으로 가열**되어 강한 상승 기류가 나타나는 경우
② **온대 저기압**이나 **태풍** 등에 의해 강한 상승 기류가 발달하는 경우
③ **한랭 전선**의 **뒤쪽**에서 따뜻한 공기가 빠르게 상승하는 경우

(2) 뇌우의 발달 단계
① 적운 단계
- **강한 상승 기류에 의해 적운이 만들어지는 단계**이다. 지표면의 고온 다습한 공기가 상승하면서 그 속에 들어있는 수증기에 의해 거대한 구름이 만들어진다. 강한 상승 기류로 의해 **강수 현상은 거의 없다**.
② 성숙 단계
- 적운에서 성장한 물 입자들이 점점 커지고 무거워져 하강하기 시작한다. 따라서 **상승 기류와 하강 기류가 공존**한다. 이 하강 기류를 따라 강한 소나기가 내리며 동시에 **천둥·번개 및 우박**이 동반된다. **뇌우의 세력이 가장 강력한 시기**이다.
③ 소멸 단계
- 줄어든 상승 기류와 **계속된 하강 기류로 인해서 뇌우의 세력이 약해지는 단계**다. 구름 속에 있는 입자들이 점차 사라지며 뇌우 역시 소멸한다.

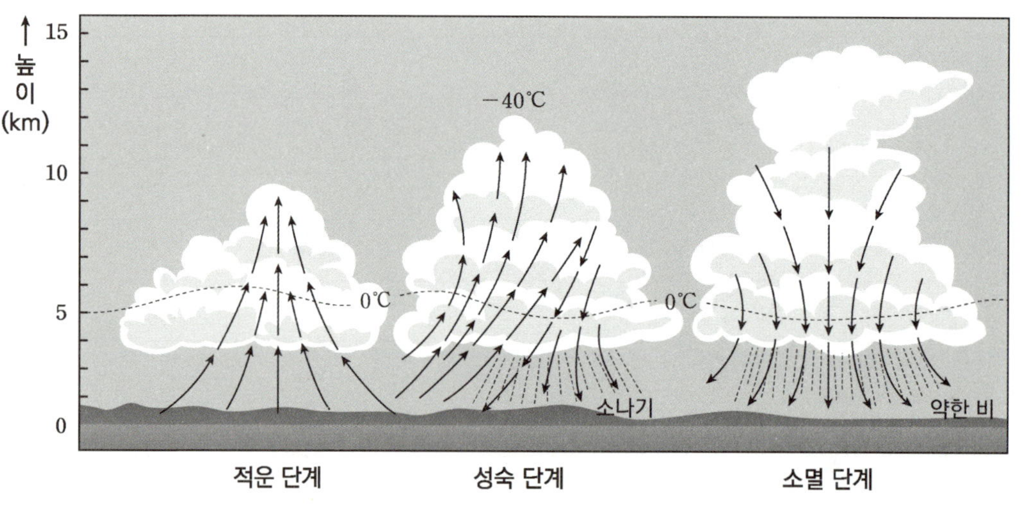

▲ 뇌우의 발달 단계

물방울들이 얼어붙어 형성된 얼음덩어리다. **상승 기류와 하강 기류가 계속되어 대기가 매우 불안정한 상태에서 형성되**며 지름이 5mm 이상이면 우박이다.

(1) 우박의 발생 조건

강력한 상승 기류와 하강 기류가 공존하는 과정에서 형성된다. 강한 상승 기류가 일어나야 하므로 **적란운 내부에서 형성**된다. **뇌우에 동반되어 형성**되기도 한다.

(2) 우박의 성장 과정

- 적란운 내부에서 하강하는 빙정(얼음 덩어리)이 온도가 올라가 녹는 지점까지 내려온 후 다시 상승 기류를 만나서 상승한다.
- 빙정은 상승과 하강을 반복하면서 덩어리의 크기를 크게 만든다.
- 성장하여 무거워진 우박은 더 이상 상승하지 않고 지표면으로 떨어진다.

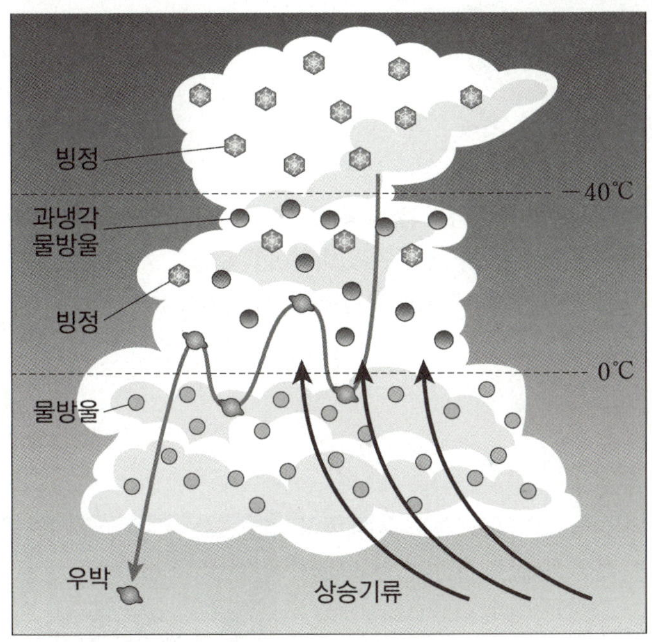

▲ 우박의 성장 과정

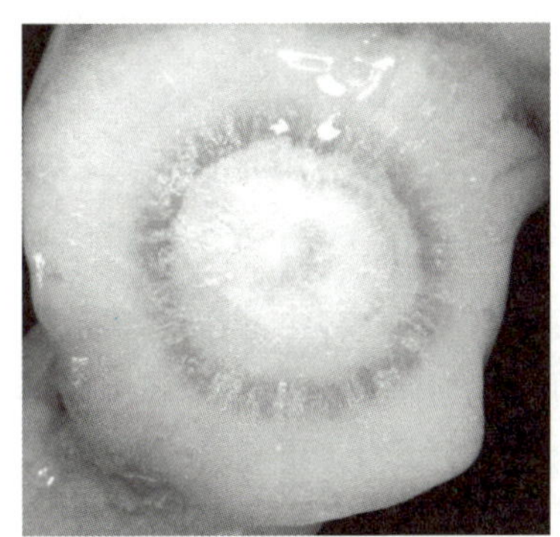

▲ 우박의 단면
(우박은 상승과 하강을 반복하여 형성되므로
특유의 층상 구조가 나타난다.)

3. 호우

시간과 공간의 규모에 제한 없이 많은 비가 연속적으로 내리는 현상을 말한다. 강한 상승 기류를 동반한 적란운이 형성되면 호우가 발생한다.

- 국지성 호우(집중 호우) : **국지적**으로 짧은 시간 동안 많은 양의 비가 집중적으로 내리는 현상을 말한다.
  국지성 호우의 조건으로는 한 시간에 30mm 이상, 하루에 80mm 이상 또는 연 강수량의 10% 이상의 비가 **하루** 동안 내리는 것이다.

황사는 발원지에서 강한 바람이 불어 상공으로 올라간 많은 양의 모래 입자가 편서풍을 타고 멀리까지 날아가 하강 기류를 타고 내려온 곳에 모래와 먼지가 서서히 내려오는 자연 현상을 말한다.

우리나라에서 나타나는 대부분의 황사는 주로 중국과 몽골의 사막에서 기원한다.

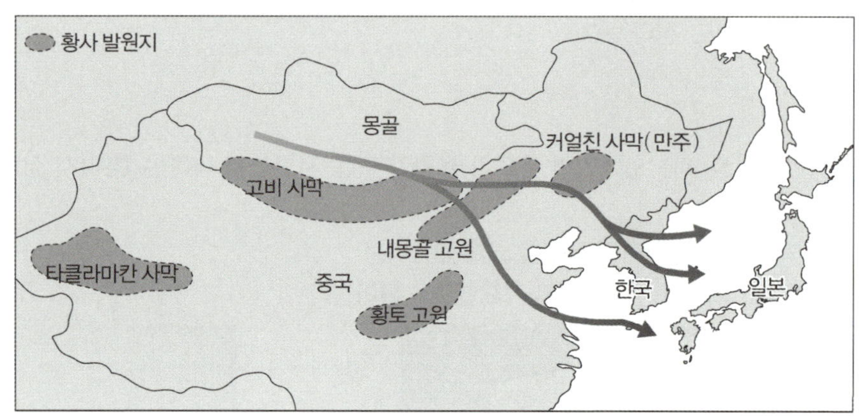

▲ 황사의 발원지와 이동 경로

황사가 발생하기 위해서는 **발원지**의 **토양이 건조**해야 하며, **입자의 크기가 작을수록** 잘 발생한다. 또한 발원지에서 저기압에 의해 **강한 상승 기류**가 나타나 토양의 입자들이 쉽게 공중으로 떠오를 수 있어야 한다.
이후 **우리나라에 고기압이 형성**되면 하강 기류가 나타나 토양의 입자가 내려오면 황사가 형성된다.
황사는 주로 **우리나라**에서 **봄철**에 발생한다.

5. 폭설

겨울철에 짧은 시간 동안 많은 양의 눈이 내리는 기상 현상을 말한다. 겨울 **시베리아 기단**이 **남하**하면서 따뜻한 황해의 영향을 받아 변질되어 불안정해진 기단이 우리나라 서해안에 폭설을 내린다. (Theme 03-1 p.157 참고)

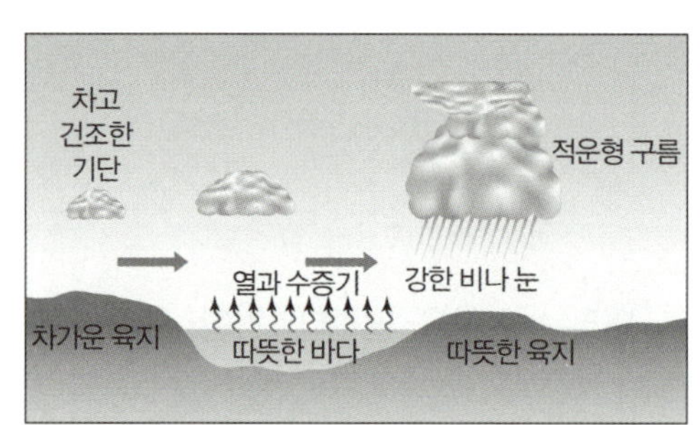

▲ 시베리아 기단의 변질 과정

▲ 겨울철 우리나라 위성 영상

6. 강풍

10분 동안의 평균 풍속이 $14m/s$ 이상인 바람을 말한다. 겨울철 시베리아 기단의 영향을 받을 때나 여름철 태풍의 영향을 받을 때 주로 발생한다.

2022학년도 6월 모의평가 지Ⅰ 10번

그림 (가)는 지난 20년간 우리나라에서 관측한 우박의 월별 누적 발생 일수와 월별 평균 크기를 나타낸 것이고, (나)는 뇌우에서 우박이 성장하는 과정을 나타낸 모식도이다.

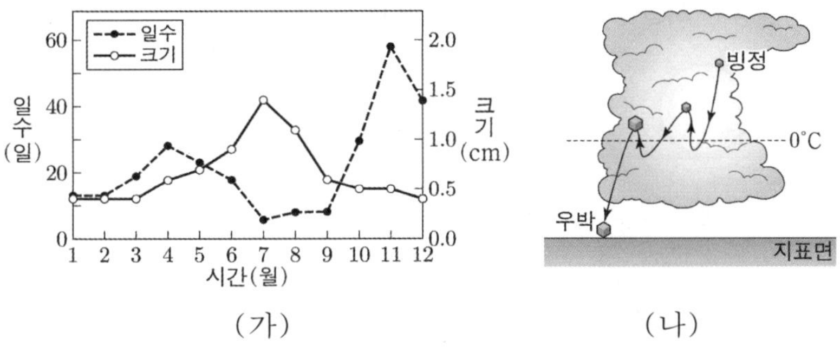

이 자료에 대한 설명으로 옳은 것만을 <보기>에서 있는 대로 고른 것은?

―――――――――― <보 기> ――――――――――

ㄱ. 우박은 7월에 가장 빈번하게 발생하였다.

ㄴ. (나)에서 빙정이 우박으로 성장하기 위해서는 과냉각 물방울이 필요하다.

ㄷ. 상승 기류는 여름철 우박의 크기가 커지는 주요 원인이다.

① ㄱ　　　　② ㄴ　　　　③ ㄷ　　　　④ ㄱ, ㄴ　　　　⑤ ㄴ, ㄷ

추가로 물어볼 수 있는 선지
1. 우박은 주로 추운 겨울철에 형성된다. (O , X)
2. 천둥, 번개가 가장 잘 발생하는 단계는 성숙 단계이다. (O , X)
3. 하루에 연 강수량의 약 10%의 비가 내리는 현상을 국지성 호우라고 한다. (O , X)

정답 : 1. (X), 2. (O), 3. (O)

KEY POINT #우박, #뇌우, #상승 기류

문항의 발문 해석하기

우박의 형성 과정과 계절별로 나타나는 우박의 빈도수를 생각할 수 있어야 한다. 또한 우박은 뇌우 발달 과정 중 성숙 단계에서 형성된다는 사실을 알 수 있어야 한다.

문항의 자료 해석하기

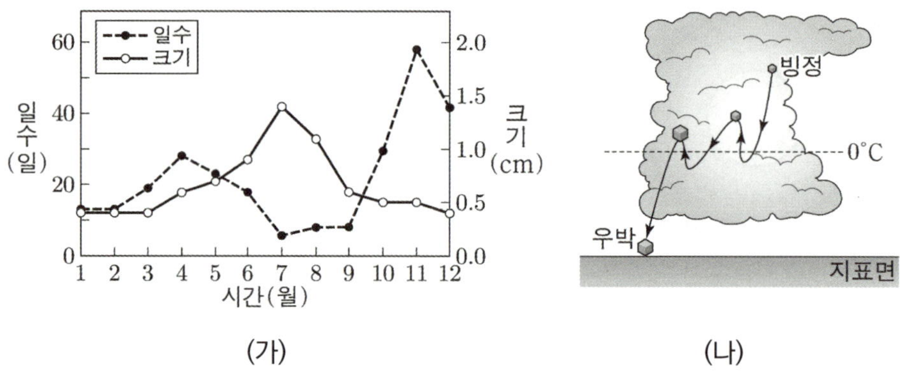

1. (가) 자료를 보면 월별 우박의 발생 일수와 크기가 나타나 있다. 우박은 주로 봄과 가을철에 잘 나타난다. 우박이 여름 잘 발생하지 않는 이유는 지표면으로 낙하하면서 녹기 때문이고, 겨울에 지표면까지 나타나지 않는 이유는 겨울철에는 거대한 적운형 구름의 형성이 잘 안 되기 때문이다.

2. (나) 자료를 보면 우박의 형성 과정이 나타나 있다. 우박은 상승 기류와 하강 기류를 타고 이동해 얼었다 녹았다를 반복하여 빙정의 크기가 커진다.

선지 판단하기

ㄱ 선지 우박은 7월에 가장 빈번하게 발생하였다. (X)

　　　(가) 자료를 해석해보면 7월은 우박의 크기는 크지만 발생 일수는 가장 작은 것을 확인할 수 있다.

ㄴ 선지 (나)에서 빙정이 우박으로 성장하기 위해서는 과냉각 물방울이 필요하다. (O)

　　　우박은 빙정이 상승 기류와 하강 기류를 반복해 이동하면서 크기가 커진다. 이때, 우박이 커지는 과정에서 과냉각된 물방울이 필요하다.

ㄷ 선지 상승 기류는 여름철 우박의 크기가 커지는 주요 원인이다. (O)

　　　우박은 뇌우 속 상승 기류에 의해 상승하여 크기가 커진다.

기출문항에서 가져가야 할 부분

1. 우박의 형성 과정 이해하기

2. 계절별 우박의 발생 일수 암기하기

3. 뇌우와 우박 연결지어 암기하기

기출 문제로 알아보는 유형별 정리

[뇌우, 우박, 집중 호우]

1 뇌우

① 뇌우의 발달 과정 2014년 7월 학력평가 12번

그림은 뇌우의 발달 과정을 순서 없이 나타낸 것이다.

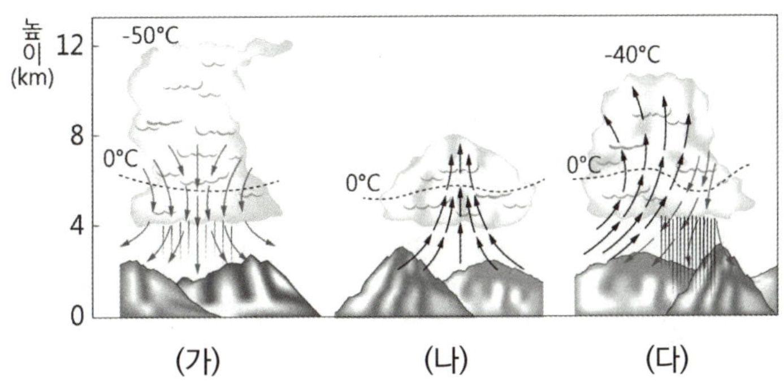

ㄱ. 뇌우의 발달 과정은 (나) → (다) → (가) 순이다. (O)

- 뇌우는 적운 단계, 성숙 단계, 소멸 단계의 발달 단계를 거친다. 이때 적운 단계에서는 상승 기류만, 성숙 단계에서는 상승 기류와 하강 기류, 소멸 단계에서는 하강 기류만 나타난다. 따라서 (가)는 소멸 단계, (나)는 적운 단계, (다)는 성숙 단계이다. 뇌우의 발달 과정은 (나) → (다) → (가) 순이다.
- 뇌우의 발달 과정 순서를 반드시 기억할 수 있어야 한다. 각 단계에서 나타나는 기류도 알고 있어야 한다.
- 성숙 단계에는 짧은 시간 동안 강한 소나기가 내린다. 이 과정에서 상승 기류와 하강 기류를 타며 얼음 덩어리가 위 아래로 이동해 우박이 형성된다는 것을 기억하자.

② 뇌우의 발생 조건 2023학년도 수능 8번

그림은 어느 온대 저기압이 우리나라를 지나는 3시간($T_1 \rightarrow T_4$) 동안 전선 주변에서 발생한 번개의 분포를 1시간 간격으로 나타낸 것이다. 이 기간 동안 온난 전선과 한랭 전선 중 하나가 A 지역을 통과 하였다.

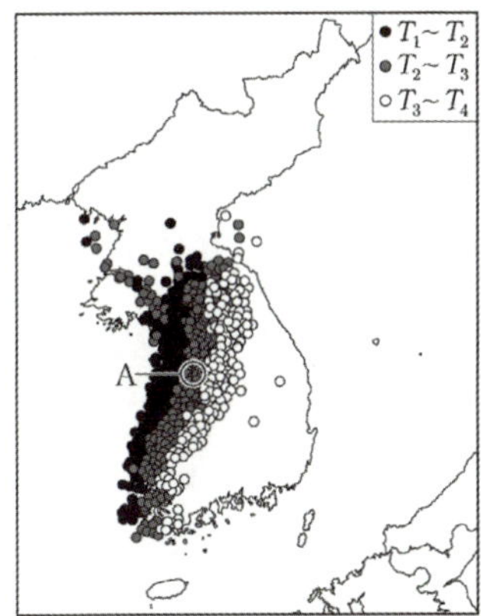

ㄴ. $T_2 \sim T_3$ 동안 A에서는 적운형 구름이 발달하였다. (O)

- 번개는 뇌우에 의해서 나타난다. 뇌우는 강한 상승 기류가 나타나는 곳에서 형성되는데, $T_2 \sim T_3$ 동안 번개가 발생했으므로 A에는 강한 상승 기류가 발생하는 적운형 구름이 발달했다고 할 수 있다.
- 뇌우가 발생하는 지역은 강한 상승 기류가 나타나 적운형 구름이 형성되는 곳이다. 대표적으로 한랭 전선의 후면에서 혹은, 태풍이 발생했을 때 뇌우가 형성된다. 또한, 여름철 국지적으로 가열된 공기가 빠르게 상승하면 뇌우가 발생할 수 있다. ('국지적'이라는 용어는 한정된 좁은 영역을 의미한다는 사실도 기억하자.)

① 우박의 형성

다음은 뇌우와 우박에 대하여 학생 A, B, C가 나눈 대화를 나타낸 것이다.

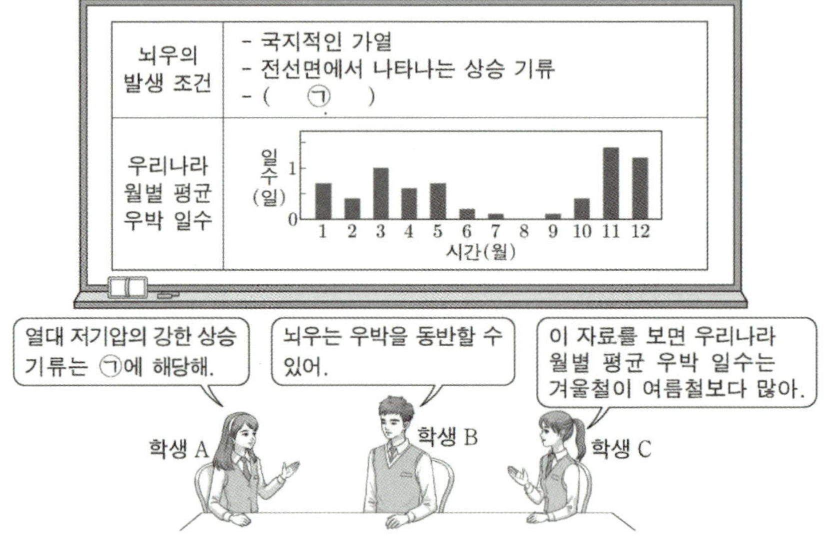

⑤ A, B, C (O)

- 학생 A : 뇌우는 열대 저기압의 강한 상승 기류에 의해서 형성될 수 있다.
  학생 B : 뇌우의 성숙 단계에서 우박이 형성될 수 있다.
  학생 C : 자료를 보면 여름철에는 우박이 거의 발생하지 않는 것을 확인할 수 있다.
- **우박은 뇌우에 동반**되어 형성된다는 사실을 기억해야 한다.
  또한, 우박 일수를 보면 봄, 가을~초겨울에 활발히 형성되고 여름철에는 거의 발생하지 않는 것을 확인할 수 있다. 이는 여름에 우박이 상공에 형성되어도 내려오는 도중에 다 녹기 때문이다.

　그림 (가)는 우리나라에 집중 호우가 발생했을 때의 기상 레이더 영상을, (나)와 (다)는 (가)와 같은 시각의 위성 영상을 나타낸 것이다.

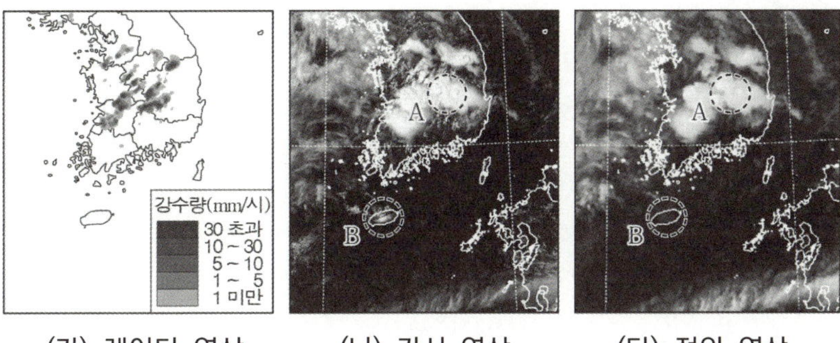

(가) 레이더 영상　　　　　(나) 가시 영상　　　　　(다) 적외 영상

ㄱ. A 지역의 대기는 불안정하다. (O)

- A 지역은 (나) 자료와 (다) 자료에서 모두 밝은 색을 나타내고 있다. (이는 구름의 두께가 두껍고 고도가 높다는 것을 의미한다.) 따라서 A 지역은 적운형 구름이 형성되어 있는 곳이므로 강한 상승 기류가 나타나고, 대기가 불안정하다.

- **집중 호우의 발생 조건은 1시간에 30mm 이상의 비가 내리거나, 하루 동안 80mm 이상의 비가 내리거나, 하루 동안 연 강수량의 10%에 달하는 비가 내리는 것이다.**
  이때 (가) 자료에서 레이더 영상을 보면 A 지역은 강수량(mm/시)이 30을 초과한다는 것을 알 수 있다. 따라서 집중 호우의 조건을 만족한다.

추가로 물어볼 수 있는 선지 해설

1. 겨울철에는 강한 상승 기류가 일어나지 않으므로 뇌우가 형성되지 않아 우박이 형성되지 못한다. 만약 형성되더라도 기온이 낮고 수증기의 양이 적어서 우박이 커지기 힘들다.
2. 천둥, 번개는 뇌우의 단계 중 성숙 단계에서 가장 잘 발생한다.
3. 국지성 호우의 조건은 한 시간에 30mm 이상의 비가 내리거나 하루 동안 80mm 또는 하루 동안 연 강수량의 10% 이상의 비가 내려야 하는 것이다.

memo

2022학년도 수능 지Ⅰ 1번

그림 (가)는 우리나라에 영향을 준 어느 황사의 발원지와 관측소 A와 B의 위치를 나타낸 것이고, (나)
는 A와 B에서 측정한 이 황사 농도를 ㉠과 ㉡으로 순서 없이 나타낸 것이다.

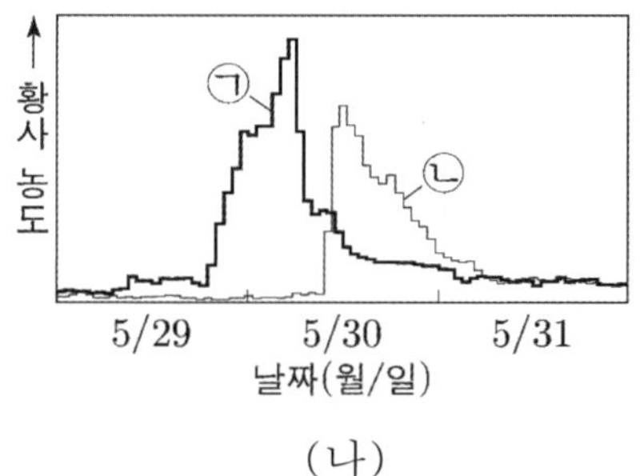

이 황사에 대한 설명으로 옳은 것만을 <보기>에서 있는 대로 고른 것은?

─────────── <보 기> ───────────

ㄱ. A에서 측정한 황사 농도는 ㉠이다.
ㄴ. 발원지에서 5월 30일에 발생하였다.
ㄷ. 무역풍을 타고 이동하였다.

① ㄱ 　　② ㄴ 　　③ ㄱ, ㄷ 　　④ ㄴ, ㄷ 　　⑤ ㄱ, ㄴ, ㄷ

추가로 물어볼 수 있는 선지

1. 사막의 면적이 줄어들면 황사의 발생 횟수는 감소할 것이다. (O , X)
2. 황사는 발원지에서 강한 고기압이 발생하여 바람이 강하게 불면 나타난다. (O , X)
3. 우리나라에서 황사는 시베리아 기단의 영향이 우세한 계절에 주로 발생한다. (O , X)

정답 : 1. (O), 2. (X), 3. (X)

KEY POINT #발원지, #편서풍, #봄철

문항의 발문 해석하기

황사가 우리나라로 넘어오는 과정을 생각할 수 있어야 한다.

문항의 자료 해석하기

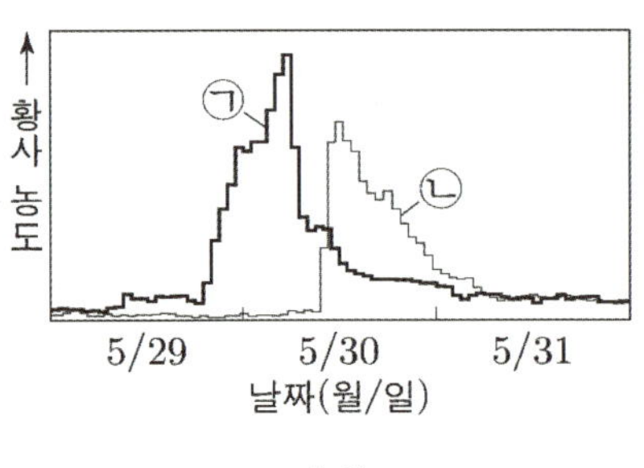

(가)   (나)

1. (가) 자료에서는 발원지에서 상승한 모래와 먼지 등이 편서풍을 타고 우리나라로 넘어오는 것을 보여주고 있다. 이때, 발원지에서 상승 기류, 우리나라에서 하강 기류가 나타난다면 황사가 발생한다. 황사는 A에서 먼저 관측될 것이다.

2. (나) 자료에서는 황사의 농도를 알려주고 있다. 이때 ㉡보다 ㉠에서 먼저 황사의 농도가 증가했다.
   또한, a가 b보다 발원지에 가까이 있으므로 황사의 농도가 높게 나타나는 것 까지 알 수 있다.
   따라서 ㉠은 (가)의 A, ㉡은 (나)의 B에서 관측한 것이라는 것을 알 수 있다.

선지 판단하기

ㄱ 선지 A에서 측정한 황사 농도는 ㉠이다. (O)

    (가)와 (나)를 비교하면 A에서 관측한 황사의 농도는 발생 일수가 먼저인 ㉠이라는 것을 확인할 수 있다.

ㄴ 선지 발원지에서 5월 30일에 발생하였다. (X)

    (나) 자료에서 황사는 5월 29일부터 발생했다. 따라서 발원지에서 모래 먼지가 상승한 것은 5월 29일 이전일 것이다.

ㄷ 선지 무역풍을 타고 이동하였다. (X)

    우리나라로 넘어오는 황사는 편서풍을 타고 온다.

기출문항에서 가져가야 할 부분

1. 발원지에서는 상승 기류가, 우리나라에서는 하강 기류가 발생해야 황사가 일어날 수 있음을 이해하기

2. 황사의 이동은 편서풍에 의해 나타나는 것을 이해하기

3. 황사는 우리나라에서 주로 봄철에 발생함을 암기하기

기출 문제로 알아보는 유형별 정리

1 황사

 그림은 우리나라에 영향을 주는 황사의 발원지와 이동 경로를, 표는 우리나라의 관측소 ㉠과 ㉡에서 최근 20년간 관측한 황사 발생 일수를 계절별로 누적하여 나타낸 것이다. A와 B는 각각 ㉠과 ㉡ 중 한 곳이다.

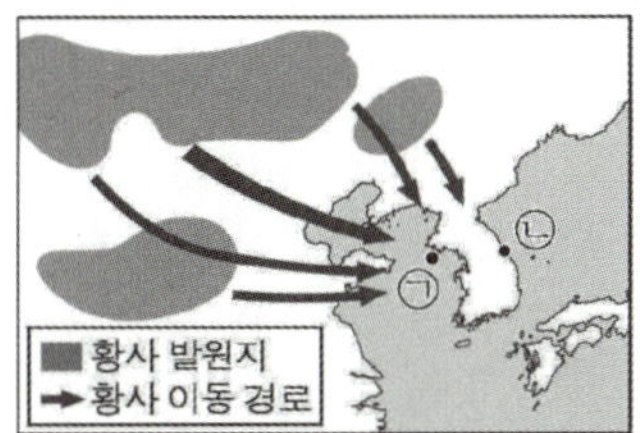

관측소\계절	A	B
봄 (3~5월)	95	170
여름 (6~8월)	0	0
가을 (9~11월)	8	30
겨울 (12~2월)	22	32

ㄴ. 우리나라에서 황사는 북태평양 기단의 영향이 우세한 계절에 주로 발생한다. (X)

- 자료에서 알 수 있듯 우리나라의 **황사는 주로 봄철에 발생**한다. 봄철에 우세한 기단은 양쯔강 기단이다.
- 황사는 대륙 주변의 **발원지에서 상승 기류**가 발생하면 모래 먼지가 **편서풍**을 타고 우리나라로 이동해 온다.
  이때, **우리나라에서 하강 기류**가 나타나면 모래 입자들이 낙하하여 **황사가 발생**한다.

 그림 (가)는 어느 해 우리나라에 영향을 미친 황사가 발원한 3월 4일의 일기도를, (나)는 3월 4일부터 8일까지 백령도에서 관측된 황사 농도를 나타낸 것이다.

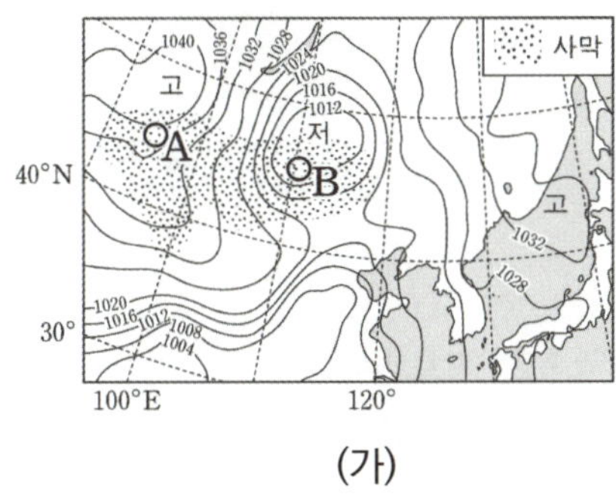

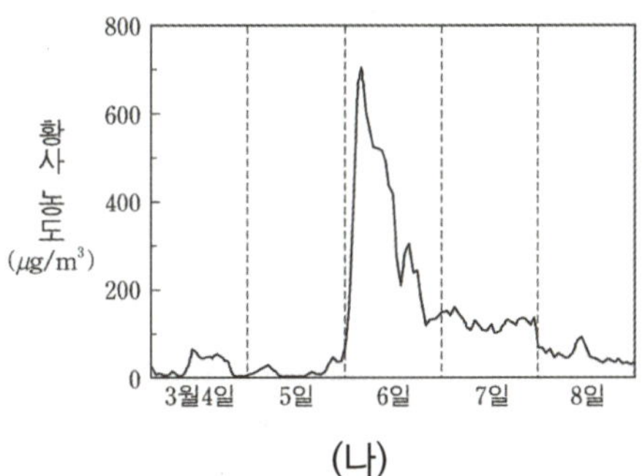

(가)   (나)

ㄱ. (가)에서 황사의 발원지는 B지역보다 A지역일 가능성이 크다. (X)

- 황사는 발원지에서 상승 기류가 나타나야 발생할 가능성이 크다. 따라서 B는 저기압이 나타나므로 상승 기류가 발생하여 모래 먼지가 우리나라로 편서풍을 타고 이동해 3월 6일에 황사를 발생시켰을 것이다.
- A 지역은 고기압이 나타나므로 하강 기류가 발달하여 모래 입자들이 공중으로 떠오르지 못할 것이다.

추가로 물어볼 수 있는 선지 해설

1. 사막의 면적이 줄어들면 우리나라로 불어오는 모래의 양이 감소하여 황사의 발생 횟수는 감소한다.
2. 황사는 발원지에서 저기압에 의해 강한 상승 기류가 발생한 후 모래 먼지가 편서풍을 타고 우리나라 부근으로 와서 고기압에 의한 하강 기류가 발달해야 나타난다.
3. 우리나라에서 황사는 주로 봄철에 발생하므로 주로 양쯔강 기단과 함께 나타난다.

04 일기도와 위성 영상

일기도와 위성 영상

1. 일기도

일정 지역의 특정한 시각의 날씨 상태를 쉽게 알아보기 위해 약속한 기호로 표현한 그림이다. 기압, 풍속, 풍향 등을 측정하여 등압선, 등온선 등으로 표시한다.

(1) 등압선

기압이 동일한 지점을 연결한 선을 말한다.
일반적으로 4hPa**마다 선을 표시**한다.
이때, 등압선의 간격이 좁을수록 그 지역에서의 **바람이 강하게 분다**는 것을 의미한다. (바람은 고기압 → 저기압 쪽으로 불기 때문에 간격이 조밀할수록 고기압에서 저기압으로 공기의 이동이 빠르게 일어난다고 생각하면 된다.)

(2) 고기압, 저기압

일반적으로 고기압은 오른쪽 그림과 같이 'H' 또는 '고'로 표시한다.
저기압은 오른쪽 그림과 같이 'L' 또는 '저'로 표시한다.

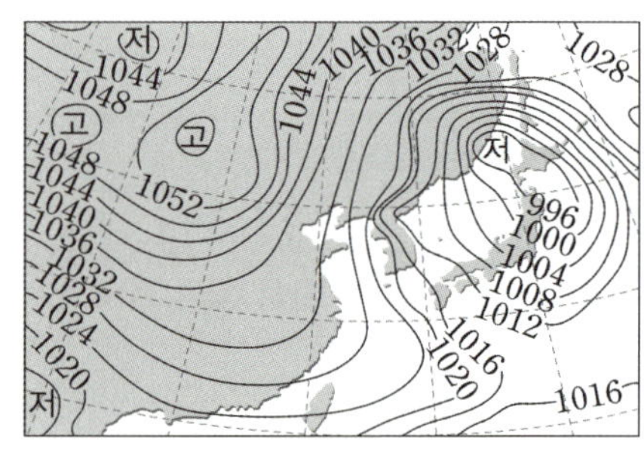

▲ 겨울철 우리나라의 일기도

2. 일기 기호

일정 지역의 특정한 시각의 날씨 상태를 쉽게 알아보기 위해 약속한 기호이다.
풍속 및 전선과 기압은 반드시 암기하도록 하고 일기와 운량(구름의 양) 등은 개념 정도만 숙지하도록 하자.

▲ 일기 기호

- 풍향 : 오른쪽 기호에서의 풍향은 남서풍이 아닌 북동풍이다. 풍향을 읽을 때는 **바람이 불어오는 방향**을 읽는 것을 반드시 기억하자.

- 풍속 : 긴 막대기 하나당 $5\,\text{m/s}$이고 짧은 막대기 하나당 $2\,\text{m/s}$이다. 풍속은 모두 합하면 된다.

- 기압 : 일기 기호의 오른쪽 숫자는 기압을 의미한다. 그러나 그대로 읽는 것이 아닌 일정한 규칙을 따라 읽어줘야 한다.

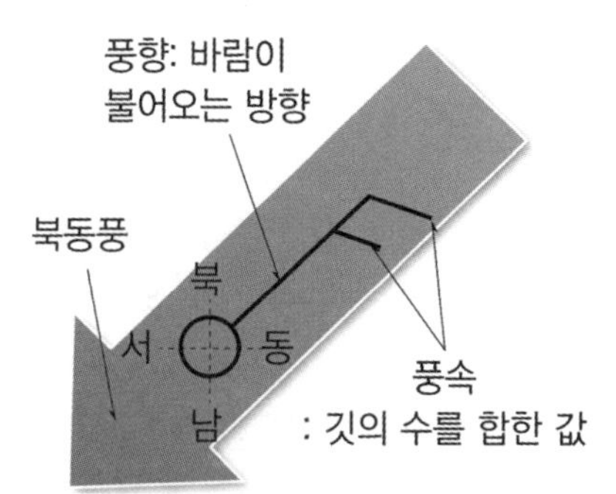

  (1) 앞자리가 4 이하인 숫자로 시작하는 경우

     그림과 같이 280은 1028.0hPa로 읽어 주어야 한다.

  (2) 앞자리가 5 이상인 숫자로 시작하는 경우

     일기 기호에 853과 같은 숫자가 적혀 있는 경우에는 985.3hPa로 읽어 주어야 한다.

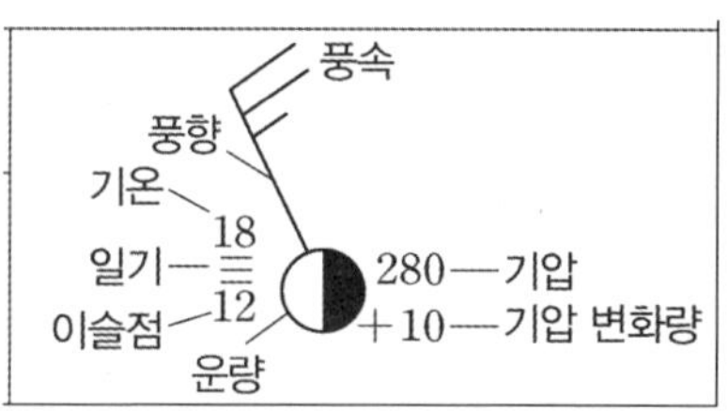

이렇게 판단하는 이유는 지구의 평균 기압이 1013hPa이라서 최대한 이와 가까운 값이 나타나야 하기 때문이다.

3. 위성 영상

지구 주위를 돌고 있는 위성의 영상을 통해 실시간으로 변화하는 일기를 파악하는 방법이다. 여러 파장 영역 중 가시 광선과 적외선 두 파장 영역에서 촬영한 영상을 알아보자.

(1) 가시 영상

① 가시광선 영역에서 촬영한 영상을 말한다. 가시광선이란 여러 파장 영역 중 인간의 눈으로 파악할 수 있는 영역의 빛을 의미한다.

② 가시 영상에서는 **태양빛이 구름이나 지표면에 반사되는 것을** 촬영한다. 주로 구름을 측정하는 것에 이용되며 반사되는 빛이 강할수록 밝게 보인다. **구름의 두께가 두꺼울수록 밝게** 나타난다. (반사가 잘되기 때문)

③ 가시광선 영역의 빛을 촬영하므로 태양빛이 없는 밤에는 관측이 불가능 하다.

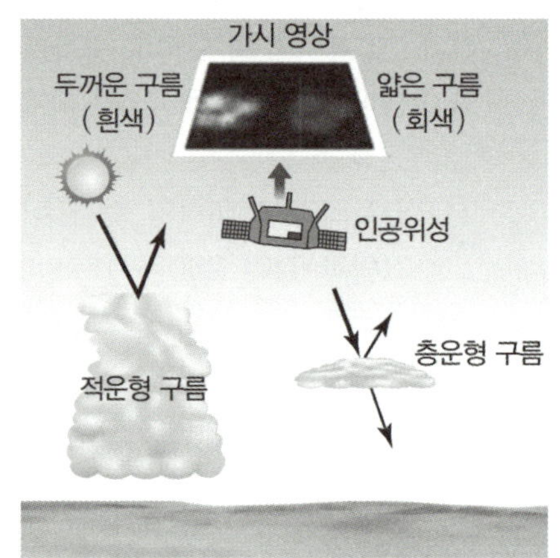

(2) 적외 영상

① 적외선 영역에서 촬영한 영상을 말한다. 적외선이란 여러 파장 영역 중 온도를 가진 물체가 방출하는 복사 에너지의 세기를 의미한다.

② 적외 영상에서는 구름이 방출하는 복사 에너지를 촬영한다. 보통 구름의 고도가 높을수록 온도가 낮아 구름이 방출하는 복사 에너지양 은 줄어든다. 적외 영상은 **구름의 고도가 높을수록 밝게** 나타난다. 따라서 적외 영상에서 밝기는 온도에 반비례한다. (적외 영상은 고도가 높은 구름을 찾기 위해 사용된다.)

③ 적외선은 밤에도 방출되므로 태양빛이 없는 밤에도 관측이 가능하다.

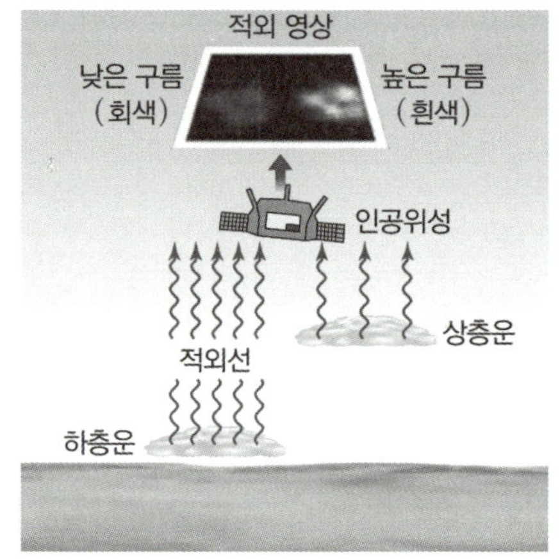

만약 **두 영역에서 모두 밝게 보인다면** 그 지역은 구름의 **두께가 두껍고 고도도 높은 적운형 구름**이 있을 가능성이 크다.

구분	가시 영상	
	구름의 종류	특징
밝은 색	적운형 구름	태양빛을 많이 반사한다
어두운 색	층운형 구름	태양빛을 덜 반사한다
구분	적외 영상	
	구름의 종류	특징
밝은 색	상층운	고도가 높다 (구름의 온도가 낮다)
어두운 색	하층운	고도가 낮다 (구름의 온도가 높다)

2020년 7월 학력평가 지Ⅰ 6번

그림 (가)는 어느 날 우리나라 주변의 지상 일기도를, (나)는 B, C 중 한 곳의 날씨를 일기 기호로 나타
낸 것이다.

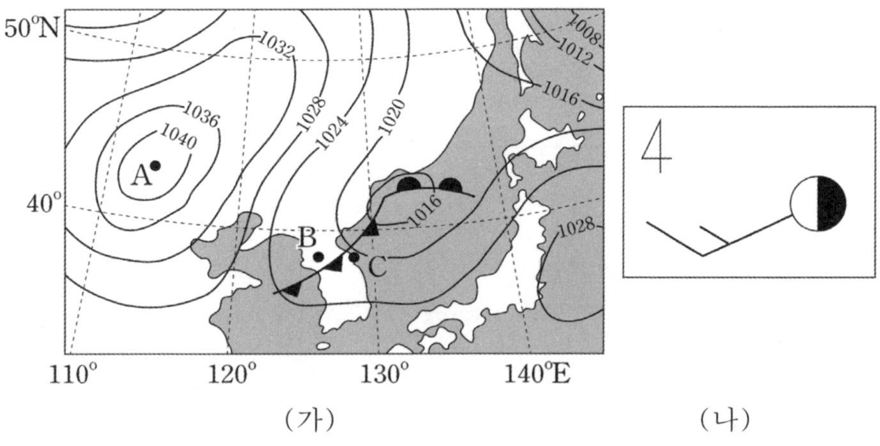

(가)   (나)

이에 대한 옳은 설명만을 <보기>에서 있는 대로 고른 것은?

─────────── < 보   기 > ───────────

ㄱ. A에는 하강 기류가 나타난다.

ㄴ. 기온은 B가 C보다 높다.

ㄷ. (나)는 B의 일기 기호이다.

① ㄱ   ② ㄴ   ③ ㄱ, ㄷ   ④ ㄴ, ㄷ   ⑤ ㄱ, ㄴ, ㄷ

추가로 물어볼 수 있는 선지

1. 적외 영상은 태양빛이 없는 야간에도 관측이 가능하다. (O , X)
2. 일기도 상에서 등압선 간격이 좁을수록 바람이 강하게 분다. (O , X)
3. A 지역은 한랭한 기단의 영향을 받고 있다. (O , X)

정답 : 1. (O), 2. (O), 3. (O)

01

KEY POINT #일기도, #일기 기호, #온대 저기압

문항의 발문 해석하기

어느 쪽이 고기압인지, 어느 쪽이 저기압인지 기압 배치를 보고 일기도를 해석할 준비를 해야 한다. 또한 일기 기호에 나타나 있는 자료를 해석할 수 있어야 한다.

문항의 자료 해석하기

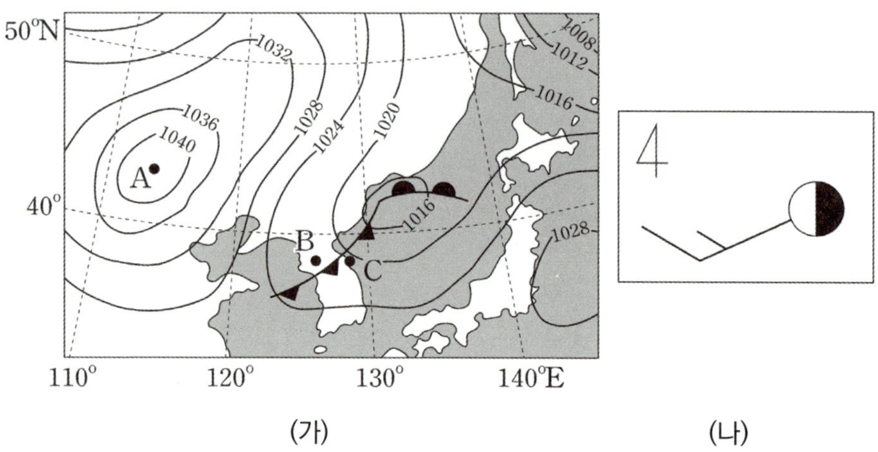

(가)   (나)

1. (가) 자료에서 각 지역의 기압 배치를 알 수 있다. 또한 온대 저기압이 나타나 있는 것을 확인할 수 있다. 이때 A는 주변보다 기압이 높으므로 고기압이 나타날 것이며 B는 한랭 전선의 후면, C는 온난 전선과 한랭 전선 사이에 위치해 있다는 것을 판단할 수 있다.

2. (나) 자료는 일기 기호를 알려주고 있다. 이때, 남서풍이 불고 있다는 것을 확인할 수 있으므로 이는 C의 풍향을 알려주고 있는 것이다.

선지 판단하기

ㄱ 선지 A에는 하강 기류가 나타난다. (O)

    A는 주위보다 기압이 상대적으로 높으므로 고기압이 나타난다. 따라서 A에서는 하강 기류가 나타난다.

ㄴ 선지 기온은 B가 C보다 높다. (X)

    B는 한랭 전선의 후면, C는 온난 전선과 한랭 전선 사이의 지역이므로 적운형 구름이 나타나는 B 지역의 기온이 더 낮을 것이다.

ㄷ 선지 (나)는 B의 일기 기호이다. (X)

    (나)의 자료는 남서풍을 나타내고 있다. 따라서 온난 전선과 한랭 전선 사이 지역인 C의 일기 기호일 것이다. B는 한랭 전선 후면이므로 북서풍이 불어야 할 것이다.

기출문항에서 가져가야 할 부분

1. 일기도의 기압 배치를 보고 고기압, 저기압 판단하기

2. 일기 기호 해석하기

3. 일기도와 일기 기호를 보고 풍향 판단하기

기출 문제로 알아보는 유형별 정리

① 등압선 간격과 풍속   2021학년도 9월 모의평가 19번

그림 (가)는 어느 날 05시 우리나라 주변의 적외 영상을, (나)는 다음날 09시 지상 일기도를 나타낸 것이다.

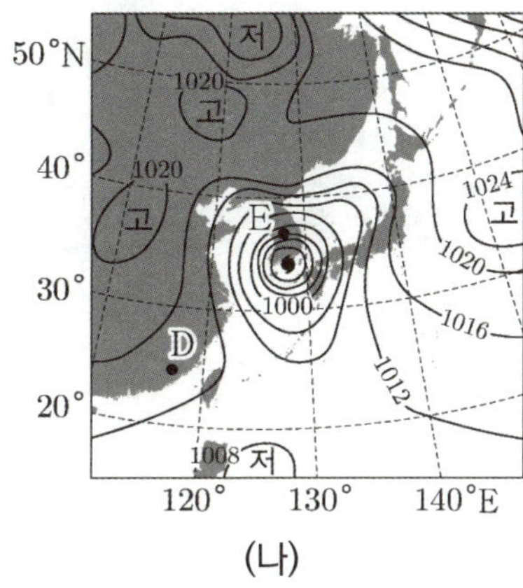

(나)

ㄷ. (나)에서 풍속은 E가 D보다 크다. (O)

- 일기도에서 **등압선의 간격이 좁을수록 풍속은 커진다**. 이때, D보다 E에서 등압선의 간격이 좁으므로 E의 풍속이 빠르다.
- 등압선의 간격과 풍속 사이의 관계는 반드시 알고 있어야 한다. 등압선의 간격이 좁을수록 풍속이 빨라지는 이유는 기압이 급격히 변화하면서 공기의 흐름이 빠르게 변화하기 때문이다.

① 일기 기호 해석 방법   2022년 10월 학력평가 17번

그림 (가)는 위도가 동일한 관측소 A, B, C의 위치와 태풍의 이동 경로를, (나)는 태풍이 우리나라를 통과하는 동안 A, B, C에서 같은 시각에 관측한 날씨를 ㉠, ㉡, ㉢으로 순서 없이 나타낸 것이다.

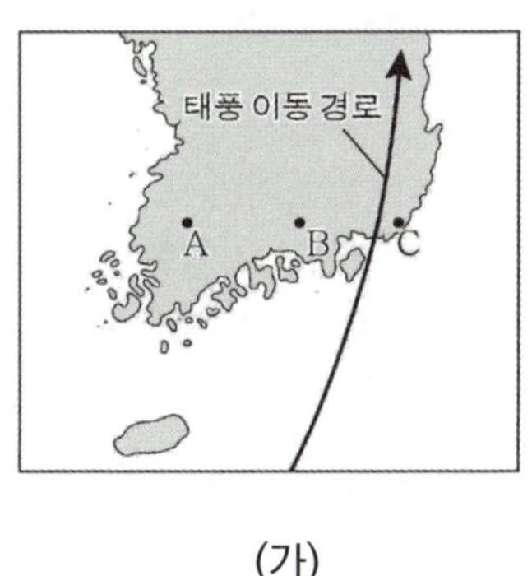

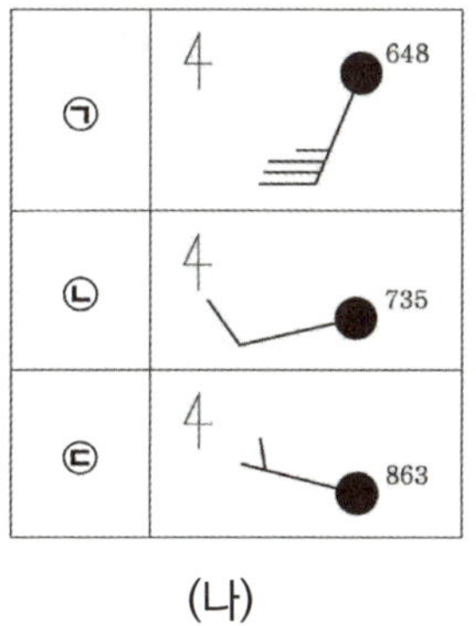

(가)   (나)

ㄴ. ㉠은 C에서 관측한 자료이다. (O)

- (나) 자료에서는 일기 기호를 통해 기압과 풍향을 알려주고 있다. 이때 태풍의 이동 경로와 가장 가까운 C에서의 풍속이 빠르고 기압이 가장 낮을 것이므로 ㉠에 해당한다. (풍향, 태풍의 위치를 이용한 풀이는 p.195를 참고하자.)
- (나) 자료에서 우리는 상황에 따른 기압을 읽을 수 있어야 한다. ㉠의 기압은 964.8hPa에 해당하고, ㉡의 기압은 973.5hPa, ㉢의 기압은 986.3hPa에 해당한다. 일기 기호 **오른쪽 숫자가 500보다 크다면 앞자리 9를 붙인 후 소수점 한자리를 붙여 읽고, 500보다 작다면 앞자리 10을 붙인 후 소수점 한자리를 붙여서 읽어야 한다.**

① 가시 영상　　　　　　　　　　　　　　　　　　　　　2021학년도 수능 8번

그림 (가)와 (나)는 어느 날 같은 시각 우리나라 부근의 가시영상과 지상 일기도를 각각 나타낸 것이다.

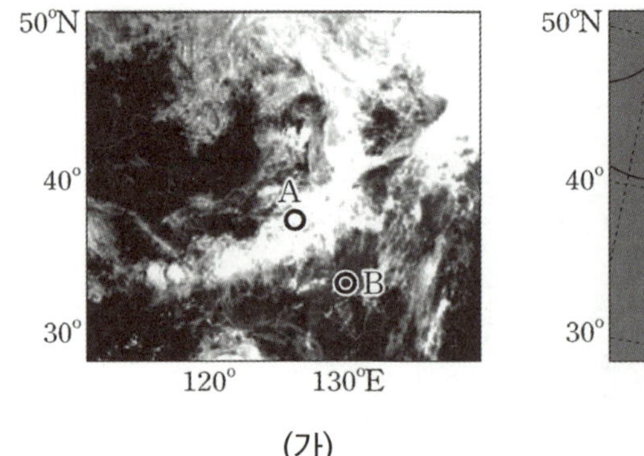
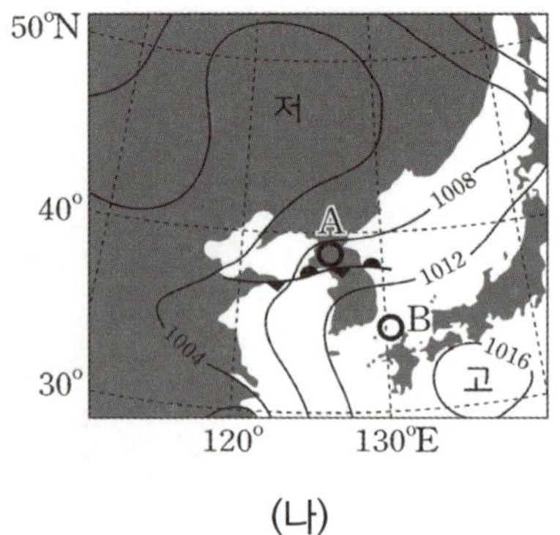

(가)　　　　　　　　　　　　　　(나)

ㄱ. 구름의 두께는 A 지역이 B 지역보다 두껍다. (O)

- **가시 영상**에서는 **구름의 두께가 두꺼울수록 밝게 보인다.** 따라서 더 밝은 A 지역의 두께가 더 두꺼울 것이다.
- 가시 영상은 구름의 두께를 알려준다는 사실을 기억하자. 구름의 두께가 두꺼울수록 적운형 구름일 가능성이 높다.

② 적외 영상　　　　　　　　　　　　　　　　　　　　2020년 3월 학력평가 15번

그림은 정체 전선의 영향으로 호우가 발생했던 어느 날 자정에 관측한 우리나라 부근의 기상 위성 영상이다.

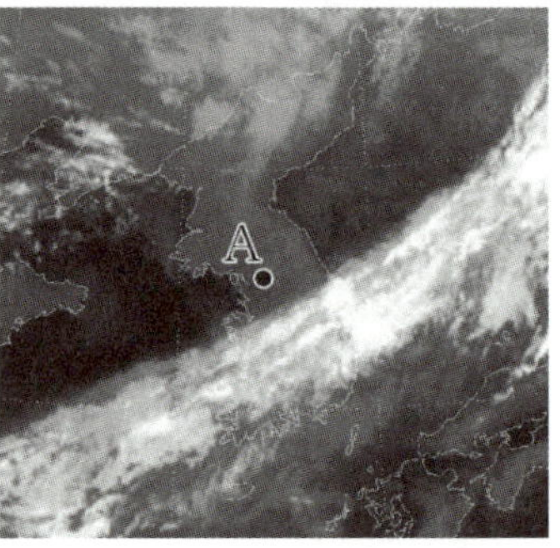

ㄱ. 가시광선 영역을 촬영한 영상이다. (X)

- **가시 광선 영역은 태양빛이 있는 낮 동안만 관측이 가능**하다. 발문에서 이 영상은 **자정**에 관측한 자료라고 했으므로 **태양빛이 없는 밤**에 관측한 영상일 것이다. 이 영상은 적외선 영역을 이용한 **적외 영상**일 것이다.
- 가시 영상, 적외 영상의 자료를 이용하는 문제는 반드시 **관측 시각이 언제인지 먼저 판단**해야 한다.

그림 (가)와 (나)는 같은 시각에 우리나라 주변을 관측한 가시 영상과 적외 영상을 순서 없이 나타낸 것이다.

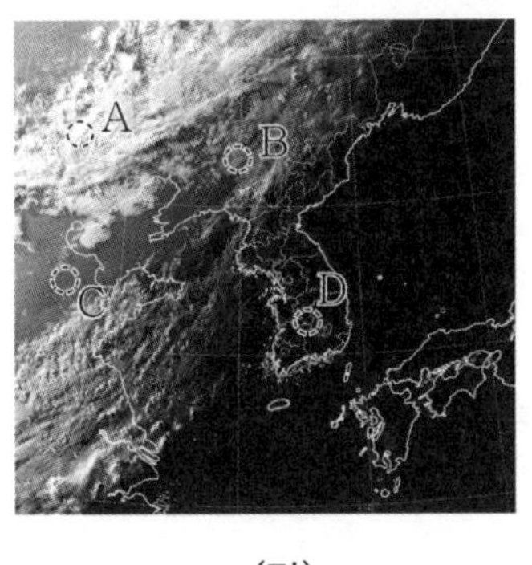 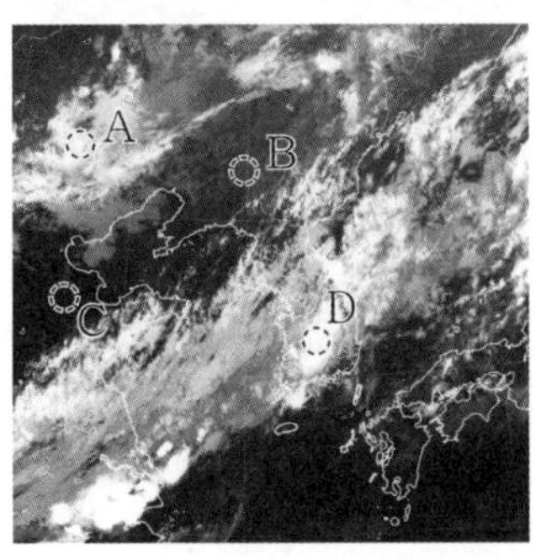

(가)   (나)

ㄱ. 관측 파장은 (가)가 (나)보다 길다. (X)

- (가) 자료는 우리나라 동쪽이 관측되지 않지만, (나) 자료는 우리나라 주변 전체가 관측되므로 (가)는 가시 영상, (나)는 적외 영상이다. 따라서 관측 파장은 (가)가 더 짧다.
- (가) 자료처럼 가시 영상을 관측할 때 우리나라 **동해안 쪽이 보이지 않는다면** 우리나라는 **일몰 후** 즉, 오후라는 것을 알아두자.
- 반대로 우리나라 **서해안 쪽이 보이지 않는다면** 우리나라는 **일출 전** 즉, 오전이라는 것을 알아두자.

추가로 물어볼 수 있는 선지 해설

1. 적외 영상은 물체의 온도를 측정하기 때문에 빛이 없는 야간에도 촬영 가능하다.
   ⇒ 가시 영상은 태양빛이 없는 야간에 촬영 불가능하다.
2. 일기도에서 등압선의 간격이 좁을수록 바람은 강하게 분다.
3. A 지역은 시베리아 기단과 같이 차가운 기단의 영향을 받으므로 한랭하다.

Theme
04

해양의 변화

01 해수의 성질

▎해수의 성질 – 염분

1. 해수의 염분

해수에 녹아 있는 성분들을 염류라 한다. 이때 해수 1kg에 녹아 있는 **염류의 총량을 염분**이라 하며 염분의 단위는 psu를 사용한다.

psu는 실용 염분 단위라 불리며 해수 1kg에 염류 35g이 들어 있다면 35psu라 한다.

전 세계 해수의 염분은 대부분 33psu~37psu이고, 평균 염분은 약 35psu이다.

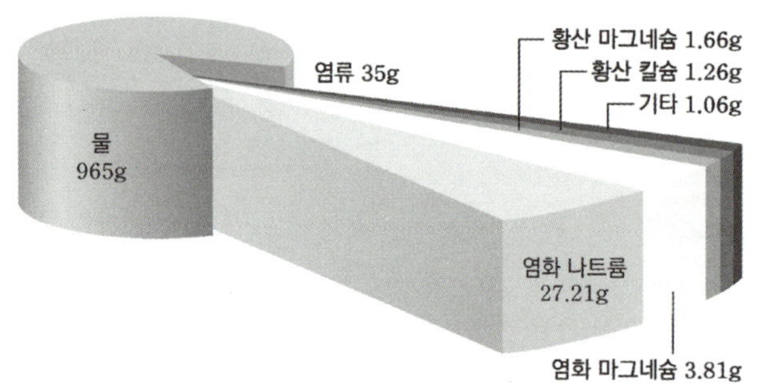

염류	총 염류(35psu)
NaCl	27.21g
MgCl	3.81g
$MgSO_4$	1.66g
$CaSO_4$	1.26g
기타	1.06g

▲ 염분이 35psu인 해수의 들어 있는 염류의 양

- 염분비 일정의 법칙 : 해수의 염분은 그 지역의 환경에 따라 달라지지만 각 염류가 녹아 있는 비율은 세계 어디서나 일정하다는 법칙이다. (ex. 모든 해수 속 염화 나트륨 : 모든 해수 속 염화 마그네슘 = 27.21g : 3.81g)

2. 표층 해수의 염분 변화 요인

염분 변화 요인은 여러 가지가 존재한다.

(1) 증발량과 강수량

- 염분 변화에 가장 큰 영향을 주는 요인이다. **증발량이 많을수록, 강수량이 적을수록 염분이 높게 나타난다.**
  주로 **(증발량 – 강수량)**의 값을 통해 나타나며 이 값은 **염분과 대체로 비례**한다. (강물의 유입과 극지방 빙하 분포에 의해 달라질 수 있다.)

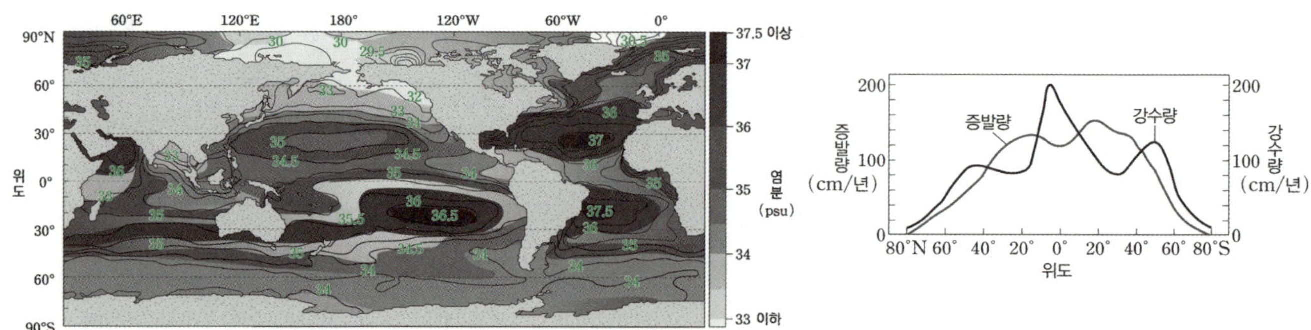

▲ 전 세계 해수의 표층 염분 분포
(태평양보다 대서양에서 높다)

▲ 증발량과 강수량 분포

(2) 육지로부터 강물의 유입

① 해수에 비해 염분이 적게 포함된 **강물**(담수)**이 흐르는 연안 부근은 염분이 낮다**. 따라서 대양의 중심부보다 연안 해역 에서의 염분이 더 낮다.

② 중국과 우리나라로 둘러싸인 서해는 동해보다 강물의 유입이 많아 2월과 8월의 표층 염분이 낮다.

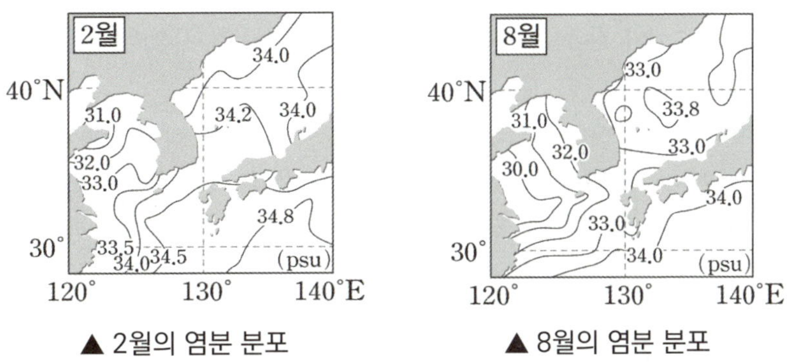

▲ 2월의 염분 분포　　　　▲ 8월의 염분 분포

(3) 해수의 결빙과 해빙에 의한 빙하의 분포

해수의 결빙이 일어나는 **겨울철**은 **염분이 증가**하고, **해빙**이 일어나는 **여름철**은 **염분이 감소**한다.

해수의 결빙이 일어날 때 염분이 포함되지 않은 순수한 물만 얼기 때문이다. (주로 극지방에서 이러한 효과가 나타나므로 극지방에서의 염분 변화는 증발량과 강수량, 강물의 유입보다 빙하에 의한 요인을 먼저 살펴보자.)

3. 위도에 따른 염분 변화

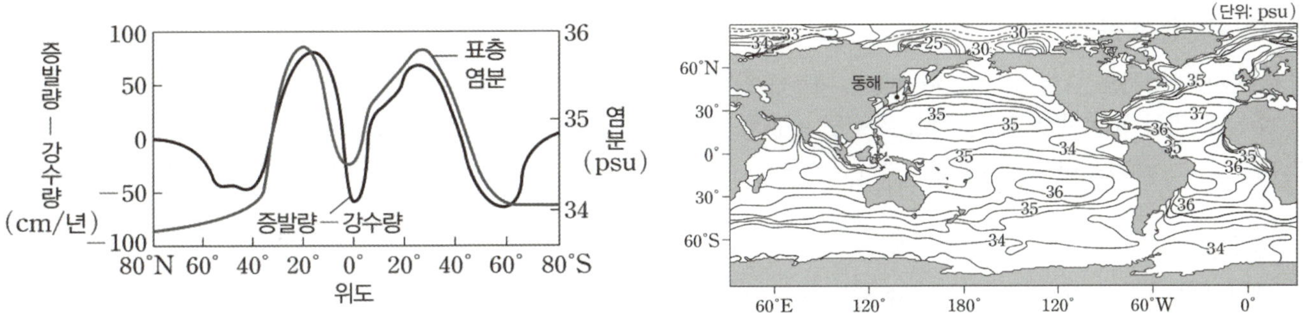

고위도에 비해 저위도 쪽으로 갈수록 대체로 증발량이 늘어나고 있는 것을 확인할 수 있다. 그 이유는 **저위도에서 태 양 복사 에너지를 더 많이 받기 때문**이다. (자세한 내용은 Theme 04 지구의 대기 대순환과 표층 순환에서 알아보자.)

염분은 **위도 30 ° 에서 가장 높다**는 것을 알 수 있다. 위도 30 ° 부근은 **고압대가 위치하여 강수량이 적기 때문**이다.

(강수량은 위도 별로 일정하지 않은 분포를 보이는데 이 역시 Theme 04 지구의 대기 대순환과 표층 순환에서 알아보자)

또한, 앞서 이야기한 것처럼 **(증발량 – 강수량) 값은 대체로 표층 염분과 비례**한다는 것을 확인할 수 있다.

해수의 성질 – 수온

1. 해수의 수온

표층 해수의 수온 변화에는 **태양 복사 에너지가 가장 큰 영향**을 미친다. 태양 복사 에너지는 **위도에 따라 다르게 나타나며 계절에 따라서도 달라진다.** 또한, 수심이 깊어질수록 수온은 낮아지므로 깊이에 따라 **해수의 층상 구조**가 나타나게 된다.

2. 위도에 따른 표층 수온 분포

해수의 **표층 수온은 태양 복사 에너지의 입사량이 많을수록 높게 나타난다.** 따라서 태양 복사 에너지의 입사량이 많은 **저 위도에서 수온이 높게 나타나고 고위도로 갈수록 수온은 낮아진다.** 표층 수온 분포는 대체로 위도와 나란하게 나타난다.

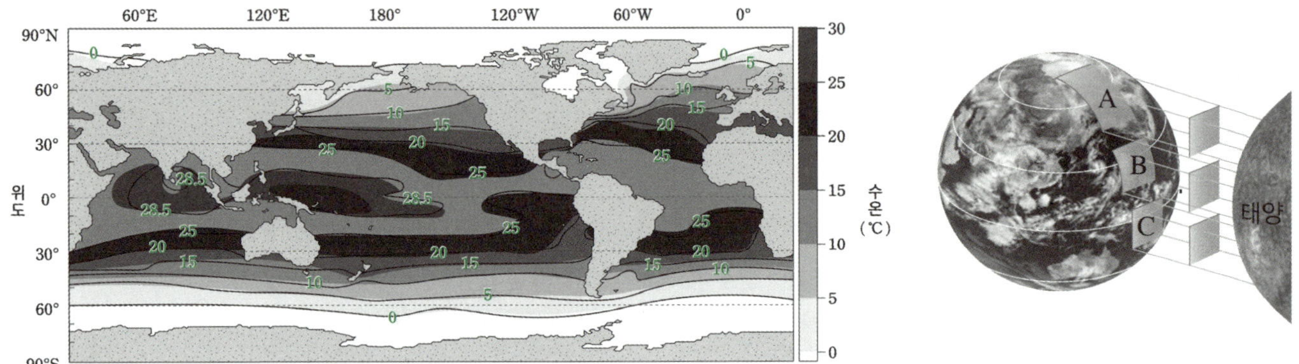

▲ 전 세계 해수의 표층 수온 분포

▲ 지표에 입사하는 태양 복사 에너지
(단위 면적 당 입사하는 에너지 C 〉 B 〉 A)

3. 수온의 연직 분포

태양 복사 에너지는 수심 100m 이내에서 대부분 흡수되고, 수심 300m보다 깊은 곳까지 거의 도달하지 않는다. 따라서 **수심에 따라 수온 변화**가 생긴다. 해수는 수온의 연직 분포에 따라 **혼합층, 수온 약층, 심해층**으로 구분한다. (대체로 수심이 깊어질수록 수온은 감소하는 특징을 가진다.)

(1) 혼합층

① 태양 복사 에너지에 의한 가열로 수온이 높고, **바람의 혼합 작용**으로 인해 수심이 깊어져도 **수온이 거의 일정한 층**이다.

② **혼합층의 두께**는 대체로 **바람이 강하게 부는 지역**일수록 **두껍다.**

(2) 수온 약층

① 혼합층 아래에서 **수심이 깊어질수록 수온이 급격히 낮아지는 층**이다. 바람에 의한 혼합 작용이 일어나지 않기 때문이다.

② 수온 약층은 수심이 깊어질수록 밀도가 커지므로 **매우 안정하다.** 따라서 밀도에 의한 혼합(대류)이 일어나지 않으므로 혼합층과 심해층의 **물질 및 에너지 교환을 차단**한다.

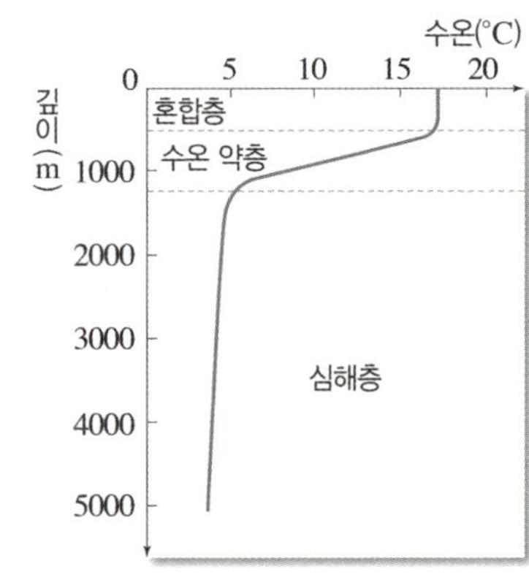

▲ 해수의 층상 구조

(3) 심해층

① 수온 약층 아래에서 **연중 수온 변화가 거의 없는 층**이다.

태양 복사 에너지가 도달하지 않으므로 계절이 달라지거나 수심이 깊어져도 수온의 변화는 거의 없다.

위도별 해양의 층상 구조도 조금씩 다르게 나타난다.

(1) 저위도 해역

표층과 심층의 수온 차이가 크게 나타난다. 이때 **수온 약층이 발달**했다고 한다.

(2) 중위도 해역

대기 대순환에 의해 저위도 지방보다 **중위도 지방**에서 **바람이 강하게 불기 때문**에 **혼합층의 두께**는 중위도 지역에서 **두껍게 나타난다**. 이를 **혼합층이 발달**했다고 한다.

(3) 고위도 해역

표층과 심층의 수온 차이가 거의 없어 **혼합층과 수온 약층이 발달하지 않는다**.

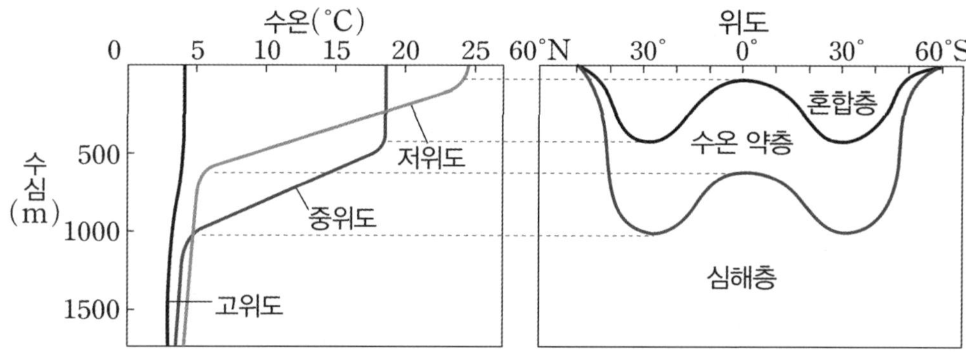

▲ 위도에 따른 해양의 수온 분포와 층상 구조

해수의 성질 - 밀도

1. 해수의 밀도

해수의 밀도는 주로 수온과 염분에 의해서 결정된다. **수온이 낮을수록, 염분이 높을수록 밀도는 커진다.**
깊이에 따른 압력의 효과를 무시할 때 해수의 밀도는 약 $1.021 \sim 1.027 \, \text{g/cm}^3$로 순수한 물보다 크다.

이때, 밀도가 큰 해수는 가라앉고 밀도가 작은 해수는 위로 올라간다.

① 왼쪽 그래프를 통해 **수온 분포**와 **밀도 분포**는 대체로 **반비례**한다는 사실을 알 수 있다.
  극지방에서는 염분 변화에 의해 밀도 분포가 변하므로 수온과 밀도가 완전히 반비례하지 않는다는 것을 알 수 있다.
② 수온은 수심이 증가할수록 감소하는 경향이 있으며 수온 약층에서 급격히 감소한다.
  수온과 밀도는 반비례하므로 **수온 약층에서 수심이 증가할수록 밀도는 급격히 상승**한다. 이를 **밀도 약층**이라 부르
  며 수온 약층과의 깊이와 역할이 거의 유사하다.

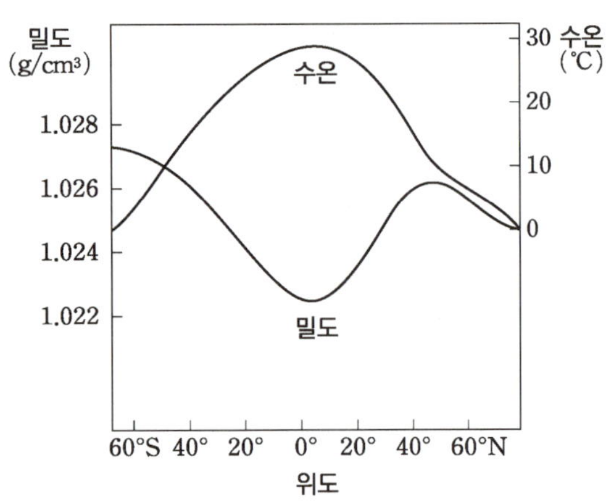

▲ 위도에 따른 표층 해수의 수온과 밀도 분포

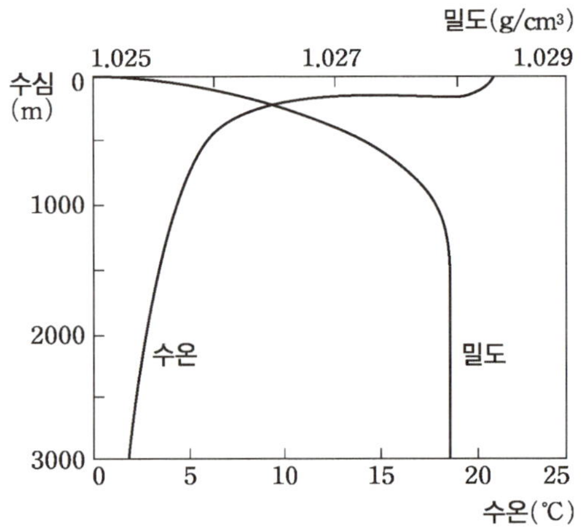

▲ 수심에 따른 수온과 밀도 분포

2. 수온 염분도 (T - S 도)

수온 염분도는 해수의 특성을 나타내는 그래프로 수온(Temperature)과 염분(Salinity)의 첫 글자를 딴 것이다.
주로 x축을 **염분**으로, y축을 **온도**로 둔 그래프에 나타나 있는 **등밀도선을 이용해 해수의 밀도를 측정**한다.

- 어느 지역의 수온과 염분을 알고 있다면 수온 염분도에서 등밀도선을 찾아 밀도
  를 알 수 있다.

- 수온과 염분이 다르더라도 **같은 등밀도선에 위치**한다면 두 지점의 **밀도는 같은
  것**이다.

- 수온 염분도에서 **오른쪽 아래로 갈수록 밀도는 증가**한다.

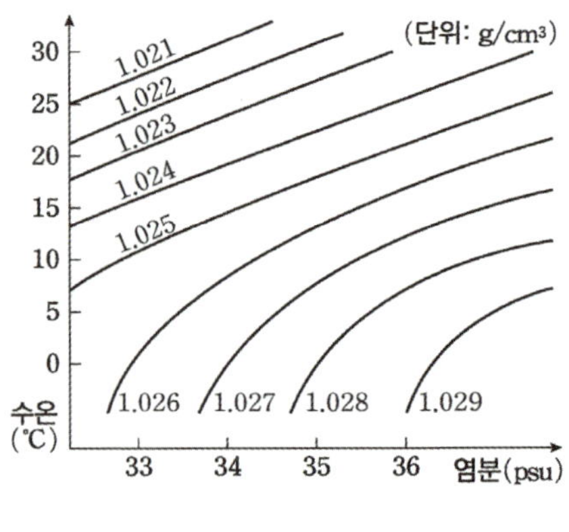

▲ 수온 염분도

해수의 성질 – 용존 기체

용존 기체란 **해수의 표면을 통해 해수 속으로** 직접 **용해**되어 들어온 산소, 이산화 탄소, 질소 등 여러 종류의 기체를 말한다.

용존 기체의 용해도는 주로 수온과 염분의 영향을 받는다. **수온이 낮을수록, 염분이 낮을수록 기체의 용해도는 증가**한다.

용존 기체 중 해양 생물에게 영향을 주는 산소와 이산화 탄소의 깊이에 따른 변화에 대해서 알아보자.

(1) 용존 산소

대기 중의 산소가 해수 표면으로 녹아 들어오거나 해양 식물의 광합성 작용으로 생성되어 공급되며, 해양 생물의 생명 활동에 반드시 필요한 기체이다.

- 표층 해수
  식물성 플랑크톤과 해양 식물의 **광합성 작용**으로 생성되는 산소와 **대기로부터 직접 녹아 들어온** 산소로 인해 **용존 산소량이 가장 높다**.

- 수심 $100\,\mathrm{m} \sim 1000\,\mathrm{m}$
  수중 생물들의 **호흡**과 **사체 분해**에 **산소가 소모**되어 용존 산소량이 **급격히 감소**한다.

- 심층 해수
  해양 생물의 수가 적어 **소모되는 산소의 양이 줄어들고 극 해역**의 산소를 머금은 **차가운 해수가 유입**되므로 용존 산소량이 **조금씩 증가**한다.
  (이는 심층 순환과 관련된 내용이므로 p.265를 참고하자.)

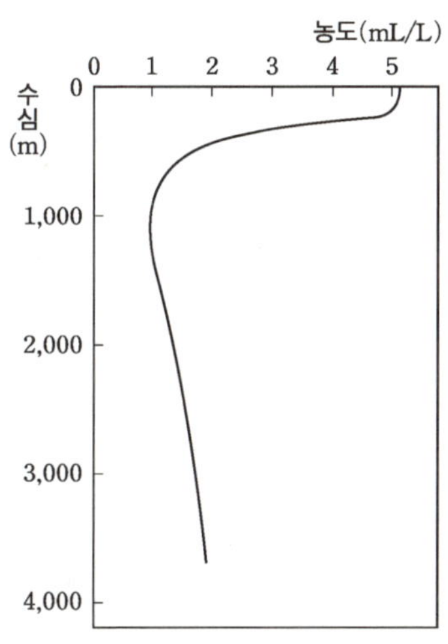

▲ 수심에 따른 용존 산소량의 변화

(2) 용존 이산화 탄소

- **해수 표층**에서 대기 중의 이산화 탄소가 해수 표면으로 직접 녹아 들어온다. 그러나 **광합성에 이산화 탄소가 소모**되므로 용존 이산화 탄소량이 가장 적다.
  (모든 범위에서 용존 산소보다 용존 이산화 탄소의 양이 훨씬 많다는 사실을 암기하자. 또한, 축의 단위에 주의하여 문제를 풀자.)

- 수심이 깊어질수록 해양 생물의 광합성 작용은 줄어들고 생물의 호흡 활동이 늘어나므로 용존 이산화 탄소량은 늘어난다.

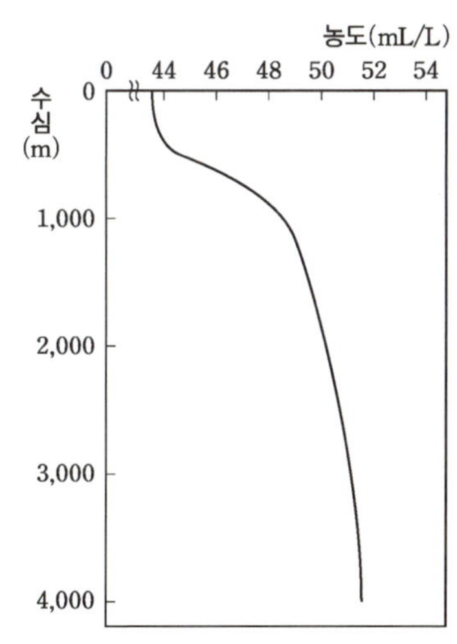

▲ 수심에 따른 용존 이산화 탄소량의 변화

memo

2022학년도 9월 모의평가 지Ⅰ 12번

그림 (가)는 어느 날 우리나라 주변 표층 해수의 수온과 염분 분포를, (나)는 수온－염분도를 나타낸 것이다.

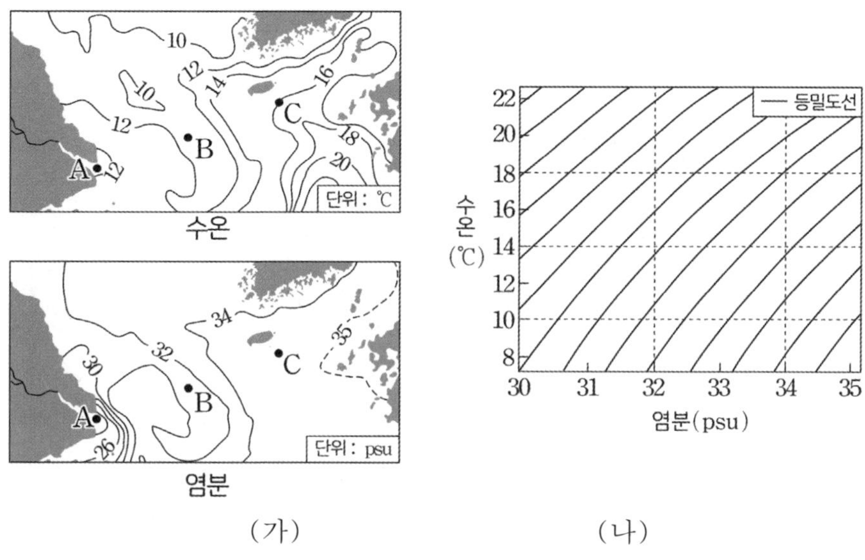

(가)   (나)

이 자료에서 해역 A, B, C의 표층 해수에 대한 설명으로 옳은 것만을 <보기>에서 있는 대로 고른 것은?

─────── <보 기> ───────

ㄱ. 강물의 유입으로 A의 염분이 주변보다 낮다.

ㄴ. 밀도는 B가 C보다 작다.

ㄷ. 수온만을 고려할 때, 산소 기체의 용해도는 B가 C보다 작다.

① ㄱ   ② ㄷ   ③ ㄱ, ㄴ   ④ ㄴ, ㄷ   ⑤ ㄱ, ㄴ, ㄷ

추가로 물어볼 수 있는 선지

1. 해수에 도달하는 태양 복사 에너지는 수심이 깊어질수록 줄어든다. (O , X)
2. 수온 약층에서의 밀도 변화는 수온보다 염분의 영향이 더 크다. (O , X)
3. 수온과 염분이 다르고 밀도가 같은 동일한 양의 두 해수를 혼합하면 밀도는 변하지 않는다. (O , X)

정답 : 1. (O), 2. (X), 3. (X)

KEY POINT #우리나라, #수온-염분도, #강물의 유입

문항의 발문 해석하기

우리나라 부근에서 변화하는 수온과 염분에 대한 특징을 생각하고 특정 계절이나 조건에 의해 변화하는 해수의 물리적 특징에 대해서 생각해야 한다.

문항의 자료 해석하기

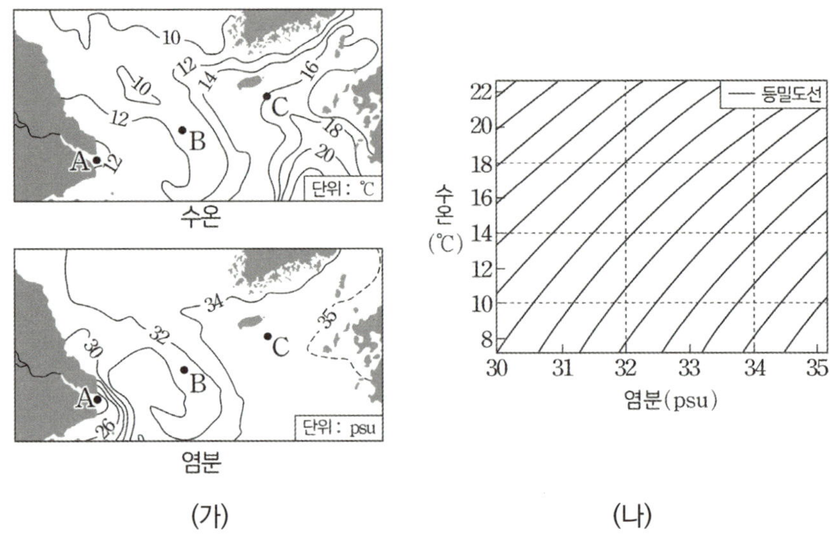

(가)   (나)

1. (가) 자료에서 B, C와 달리 A에서 염분이 더 낮은 것을 확인할 수 있다. 염분이 감소하는 원인은 강수량 증가, 빙하 융해, 담수의 유입 등이 있는데, A가 위치한 연안에서는 담수의 유입이 활발하기 때문에 A는 담수의 유입에 의한 염분 감소가 나타난다.

2. (가)에 있는 A, B, C의 수온과 염분을 직접 (나)의 그래프에 표시하여 밀도를 찾아야 한다. 수온-염분도를 문제에서 직접 주었기 때문에 보다 정확한 밀도를 확인할 수 있다.

3. (가) 자료와 같이 우리나라 부근에 대한 자료는 위치부터 파악하는 편이 좋다. 그림을 보면 우리나라 남해안과 제주도가 보인다. 또한, 오른쪽은 일본, 왼쪽은 중국 연안을 나타내고 있다.

선지 판단하기

ㄱ 선지 강물의 유입으로 A의 염분이 주변보다 낮다. (O)

　　　A는 연안에 위치하므로 강물의 유입으로 주변 해역보다 염분이 낮다.

ㄴ 선지 밀도는 B가 C보다 작다. (O)

　　　수온-염분도에 B, C의 수온과 염분을 표시하면 B의 밀도가 더 작은 것을 확인할 수 있다.

ㄷ 선지 수온만을 고려할 때, 산소 기체의 용해도는 B가 C보다 작다. (X)

　　　기체의 용해도는 수온이 낮을수록 증가한다. B의 수온이 C보다 낮으므로 기체의 용해도는 B가 더 클 것이다.

기출문항에서 가져가야 할 부분

1. 지도를 자료로 준다면 대륙, 섬 등의 모양으로 지도에 나타난 위치를 파악해보기
2. 문제에 주어진 수온, 염분 자료를 수온-염분도에 직접 대입시켜보는 연습하기
3. 해수의 성질에 관련된 여러 가지 물리량을 유기적으로 연결시키기

기출 문제로 알아보는 유형별 정리

#1 해수의 염분

① 염분과 (증발량-강수량)   2022학년도 6월 모의평가 2번

그림은 북대서양의 연평균 (증발량-강수량) 값 분포를 나타낸 것이다.

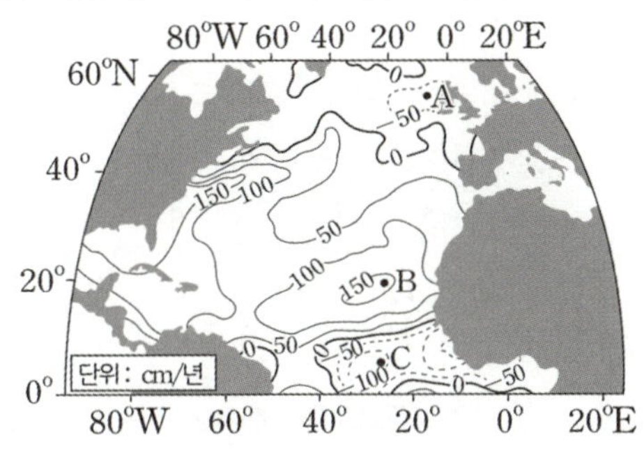

ㄴ. B 지점은 대기 대순환에 의해 형성된 저압대에 위치한다. (X)

- (증발량-강수량) 값은 염분과 비례한다는 사실을 반드시 기억해야 한다. 따라서 B 부근에는 비가 거의 내리지 않는다고 할 수 있다. 염분은 증발량이 많은 중위도 고압대에서 가장 높다.
  그러므로 위 자료에서 주변보다 염분이 높은 B 부근에는 저압대가 위치하지 않는다.
- **염분에 가장 큰 영향을 주는 원인**이 **(증발량-강수량)**이라는 사실을 반드시 기억하고 대기 대순환과 연결할 수 있도록 반복적으로 암기하자.

② 염분과 담수의 유입   2021년 7월 학력평가 8번

그림 (가)와 (나)는 어느 시기 우리나라 주변의 표층 수온과 표층 염분을 나타낸 것이다.

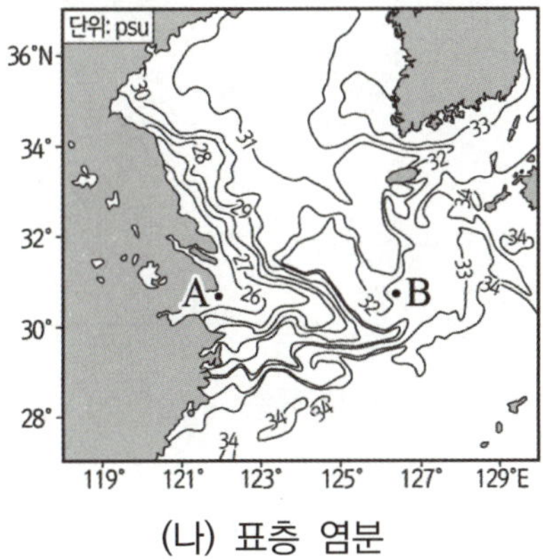

(나) 표층 염분

ㄴ. A 해역에는 담수 유입이 일어나고 있다. (O)

- A 해역은 주변 해역에 비해 염분이 낮다. 또한 A 해역은 대륙 주변에 있으므로 담수의 유입에 의해서 염분이 낮다고 볼 수 있다.
- **담수의 유입**은 **염분을 낮추는 원인** 중 하나이다. 담수는 염분이 거의 존재하지 않으므로 담수의 유입이 일어나는 지역은 염분이 낮아진다.

③ 염분과 해수의 결빙 및 해빙 2020년 10월 학력평가 1번

그림 (가)는 북대서양의 표층 순환과 심층 순환의 일부를, (나)는 고위도 해역에서 결빙이 일어날 때 해수의 움직임을 나타낸 것이다.

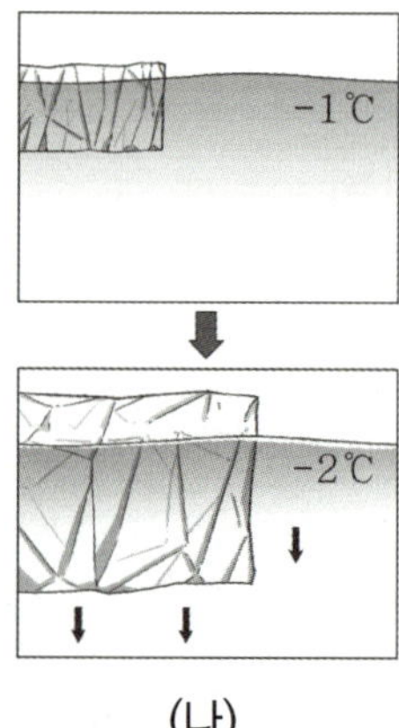

(나)

ㄴ. (나)의 과정에서 빙하 주변 표층 해수의 밀도는 커진다. (O)

- (나) 과정에서 해수의 결빙에 의해 염분이 높아졌을 것이다. 해수의 결빙이 일어날 때 염류가 포함된 물이 아닌 **순수한 물만 얼기 때문에 염분이 증가**하게 된다. 같은 부피의 해수 속에 염류가 증가했으므로 해수의 밀도도 증가하게 된다.
- **해수의 결빙**은 **염분 증가**를, **빙하의 해빙**은 **염분 감소**를 나타낸다는 사실을 반드시 기억하자.

① 수온과 위도 및 계절 2021년 7월 학력평가 8번

그림 (가)와 (나)는 어느 시기 우리나라 주변의 표층 수온과 표층 염분을 나타낸 것이다.

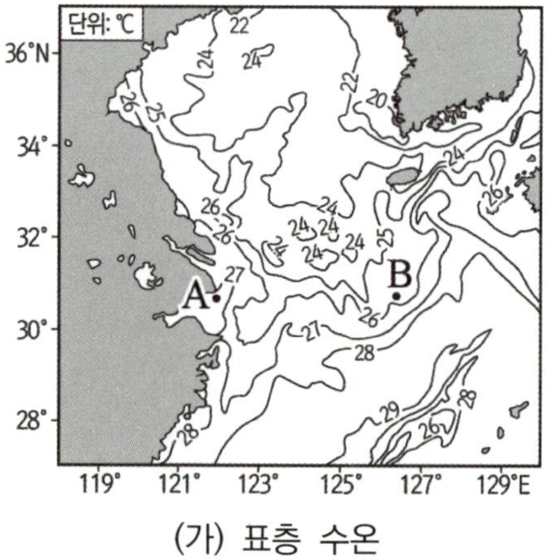

(가) 표층 수온

ㄱ. 겨울철에 관측한 것이다. (X)

- 우리나라 겨울철 해수의 평균 수온은 10도 안팎이고, 여름철 해수의 평균 수온은 25도 안팎이므로 위 자료의 계절은 여름철일 것이다.
- 자료를 살펴보면 저위도에서 **고위도로 이동할수록 대체로 수온이 감소**하는 것을 확인할 수 있다. 이는 고위도로 갈수록 **지표면에 입사하는 태양 복사 에너지가 감소**하기 때문이다.
- **수온을 통해 계절을 판단하는 문제**라면 주어진 자료가 연중 언제 관측되었는지를 물어볼 것이다.
  이때 **북반구인지 남반구인지를 먼저 파악**할 수 있도록 하자. 북반구의 여름은 7월, 겨울은 1월이고, 남반구의 여름은 1월, 겨울은 7월이다.

① 밀도와 부피가 같은 두 해수의 혼합

지Ⅱ 2020학년도 수능 13번

그림은 같은 시기에 관측한 두 해역의 표층에서 심층까지의 수온과 염분을 수온 – 염분도에 나타낸 것이다. A와 B는 각각 저위도와 고위도 해역 중 하나이고, ㉠과 ㉡은 밀도가 같은 해수이다.

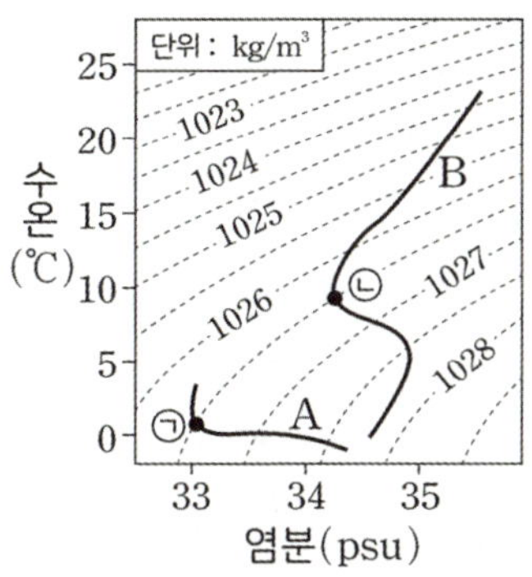

ㄴ. 같은 부피의 ㉠과 ㉡이 혼합되어 형성된 해수의 밀도는 ㉠보다 크다. (O)

- ㉠과 ㉡은 수온과 염분이 다르지만 밀도가 같은 해수이다. 이때 같은 부피의 두 해수를 섞는다면 오른쪽 그림과 같이 두 해수의 수온과 염분이 중점을 이루는 지점 ㉢에 물리량이 결정될 것이다. 따라서 밀도는 증가한다.

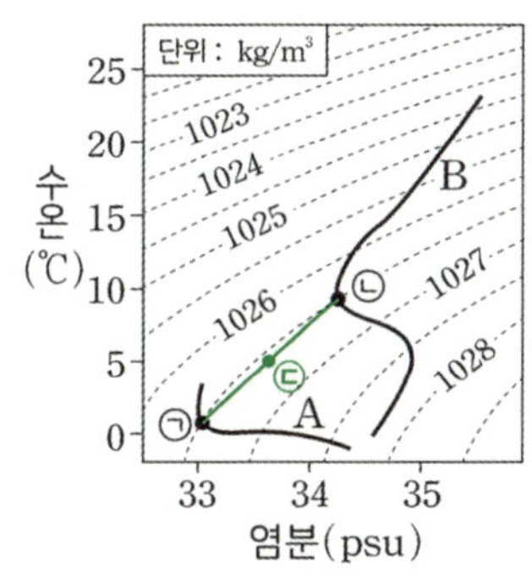

  오른쪽 그림을 유심히 살펴본다면 수온-염분도에서 해수의 수온과 염분이 다르지만 **밀도가 같은 지점** 즉, **등밀도선에 놓인 두 점을 연결**한다면 **반드시 밀도가 커진다**는 것을 확인할 수 있다.

② 수온- 염분도의 해석과 밀도

지Ⅱ 2017년 10월 학력평가 14번

그림은 어느 해역에서 측정한 깊이에 따른 수온과 염분의 분포를 나타낸 것이다.

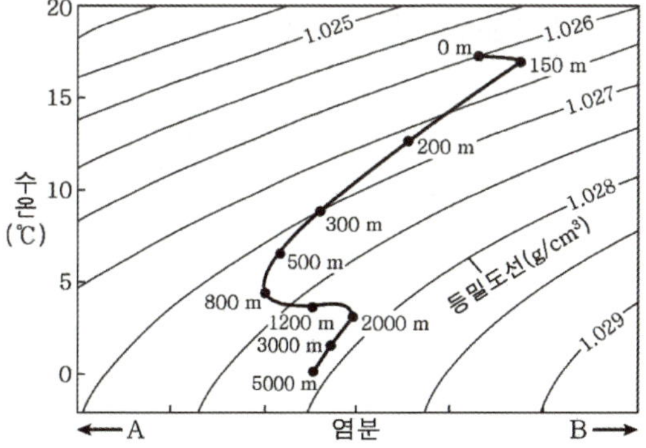

ㄱ. 염분은 B 방향으로 갈수록 높아진다. (O)

- 밀도가 오른쪽 아래 방향으로 증가하고 있다. 수온 감소, 염분 증가가 일어나야 밀도가 증가하므로 염분은 B 방향으로 갈수록 높아질 것이다.
- 수온-염분도에서 가장 중요한 것은 그래프 해석이다. 항상 **가로축, 세로축에 해당하는 물리량을 잘 보고 판단**할 수 있어야 한다. 또한 수온-염분도의 그래프 해석에 중점을 두도록 하자.
- 또한, 밀도가 증가하기 위한 조건, 밀도가 감소하기 위한 조건 모두를 이해하고 있다면 빠른 문제 풀이에 도움이 될 것이다.

  밀도가 증가하기 위한 조건 : 수온 감소, 염분 증가

  밀도가 감소하기 위한 조건 : 수온 증가, 염분 감소

① 수온, 염분, 밀도를 자유롭게 바꿀 수 있어야 한다.　　　　　2021학년도 6월 모의평가 4번

다음은 해수의 염분에 영향을 미치는 요인을 알아보기 위한 실험이다.

[실험 과정]

(가) 염분이 34.5psu인 소금물 900mL를 만들고, 3개의 비커에 각각
　　 300mL씩 나눠 담는다.

(나) 각 비커의 소금물에 다음과 같이 각각 다른 과정을 수행한다.

과정	실험 방법
A	증류수 100mL를 넣어 섞는다.
B	10분간 가열하여 증발시킨다.
C	표층이 얼음으로 덮일 정도까지 천천히 얼린다.

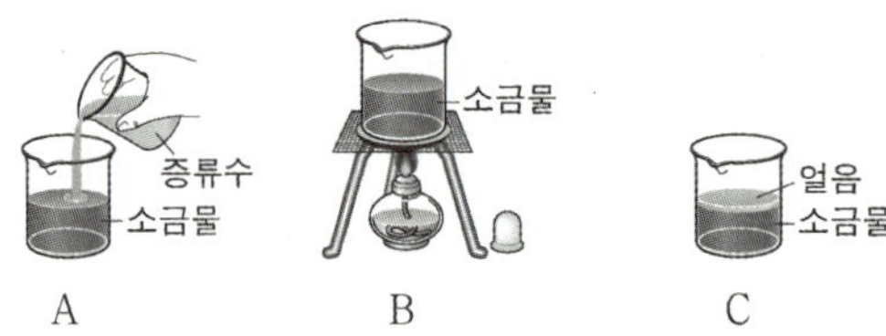

(다) 각 비커에 있는 소금물의 염분을 측정하여 기록한다.

[실험 결과]

과정	A	B	C
염분(psu)	㉠	㉡	㉢

- 지구과학1의 [실험 과정]으로 출제될 수 있는 대표적인 테마가 바로 해수의 물리량이다.
  실험 조건들을 천천히 읽어가며 주어진 실험 과정이 **어떤 개념과 연결되어 있는지 파악**할 수 있도록 하자.
- 위 자료를 보면 A 과정은 강수량의 증가를, B 과정은 증발량의 증가를, C 과정은 해수의 결빙을 나타내고 있다.

추가로 물어볼 수 있는 선지 해설

1. 태양 복사 에너지는 수심이 깊어질수록 점차 흡수되어 수심 100m 이내에서 90%이상이 흡수된다. 또한 수심
   300m보다 깊은 곳에는 태양 복사 에너지가 거의 도달하지 않는다.
2. 수온 약층은 수온이 급격히 감소하는 구간이다. 이 구간에서 수심이 깊어질수록 밀도는 급격히 증가하므로 밀도
   약층이 생긴다. 따라서 밀도 변화는 염분보다 수온의 영향이 크다.
3. 수온-염분도에 있는 등밀도선을 살펴본다면 직선이 아니라 위로 볼록한 형태를 띠고 있는 것을 확인할 수 있다.
   수온과 염분이 다르지만 밀도가 같은 두 지점을 연결한 후 수온과 염분의 중점을 표시하면 본래 두 지점의 밀도
   보다 커진다.

2020년 4월 학력평가 지Ⅰ 9번

그림은 어느 해역에서 서로 다른 시기에 수심에 따라 측정한 수온과 염분을 수온 - 염분도에 나타낸 것이다.

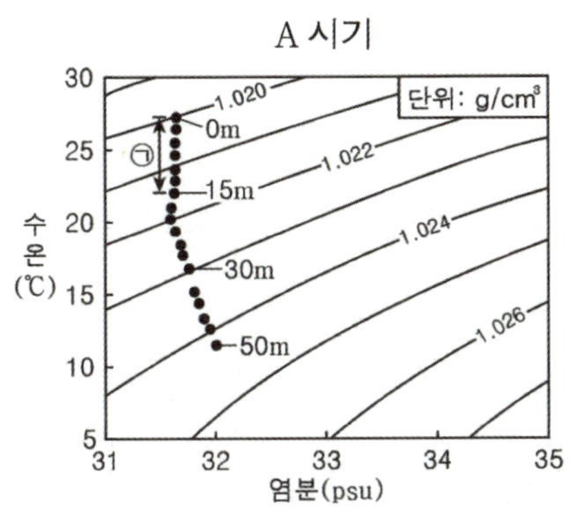

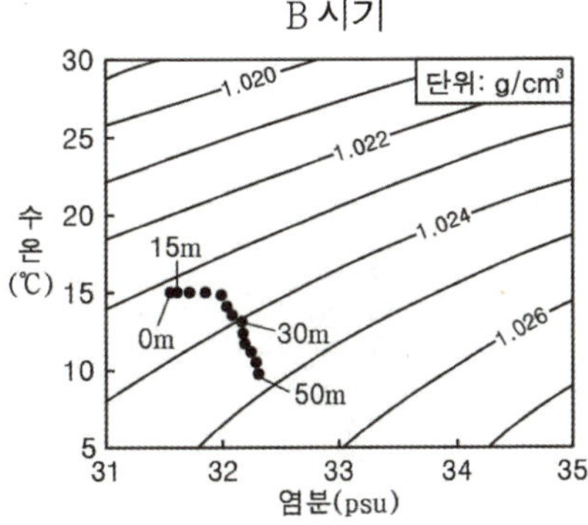

이에 대한 옳은 설명만을 <보기>에서 있는 대로 고른 것은?

─── <보 기> ───

ㄱ. 이 해역의 해수면에 입사하는 태양 복사 에너지양은 A보다 B 시기에 많다.

ㄴ. A 시기에 ㉠ 구간에서의 밀도 변화는 수온보다 염분의 영향이 크다.

ㄷ. 혼합층의 두께는 A보다 B 시기에 두껍다.

① ㄱ　　　　② ㄷ　　　　③ ㄱ, ㄴ　　　　④ ㄴ, ㄷ　　　　⑤ ㄱ, ㄴ, ㄷ

추가로 물어볼 수 있는 선지

1. 표층에서 기체의 용해도는 이산화 탄소가 산소보다 크다. (O , X)
2. 용존 산소량은 수심이 깊어질수록 계속 줄어든다. (O , X)
3. 수심 증가에 따라 용존 산소량이 감소하는 것은 광합성의 감소와 해양 생물의 호흡 활동 증가 때문이다.
(O , X)

정답 : 1. (O), 2. (X), 3. (O)

KEY POINT #층상 구조, #혼합층, #수온 약층

문항의 발문 해석하기

수심에 따라 달라지는 수온의 특징을 생각해야 한다. 또한 수심에 따른 수온은 해수의 층상 구조와 관련이 있음을 떠올릴 수 있어야 한다.

문항의 자료 해석하기

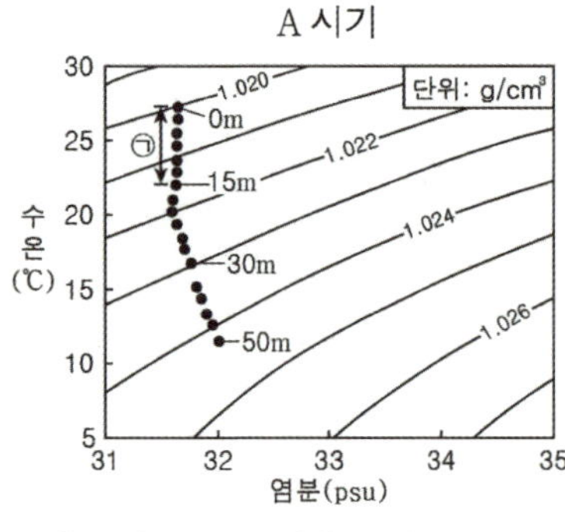

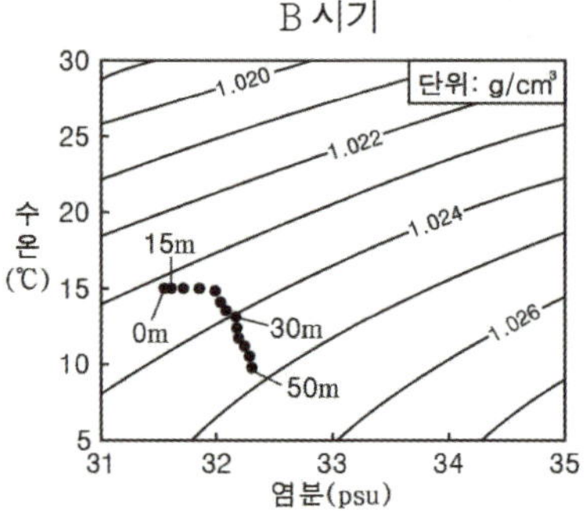

1. 문항의 자료는 수온-염분도를 이용하여 A, B 시기를 나타내고 있다.
   우리는 흔히 해수의 층상 구조를 생각하면 오른쪽과 같이 물리량이 수온과 수심으로 이루어진 그래프가 떠오를 것이다. 자료의 수온과 수심을 바탕으로 직접 오른쪽과 같은 그래프를 그리자.

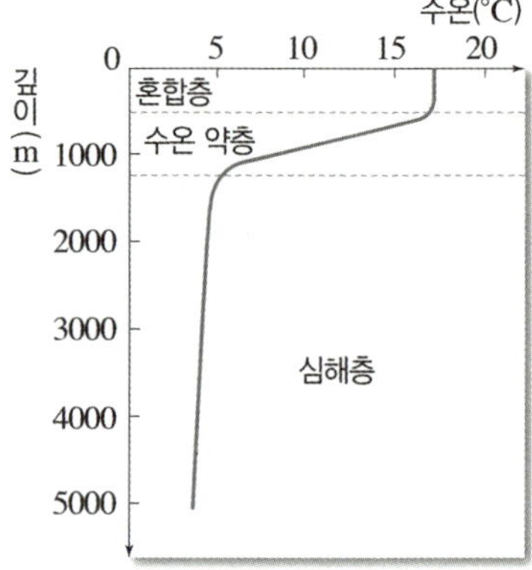

2. A 시기에는 0m~50m까지 수온이 계속해서 떨어지고 있다.
   B 시기에는 0m에서 15m보다 더 깊은 수심까지 수온이 일정하다. 혼합층은 바람에 의해 수온이 일정한 구간이다. 따라서 혼합층은 B 시기에 더 발달해 있고, 바람이 더 강하다고 판단할 수 있다.

선지 판단하기

ㄱ 선지 이 해역의 해수면에 입사하는 태양 복사 에너지양은 A보다 B 시기에 많다. (X)
   문항의 자료 중 태양 복사 에너지와 가장 큰 관련이 있는 물리량은 수온이다. 이때 해수면에 입사하는 태양 복사 에너지는 수심 0m의 수온 즉, 표층 해수의 수온을 보면 알 수 있다. 수온은 A가 B보다 높으므로 태양 복사 에너지양은 A 시기에 더 많다.

ㄴ 선지 A 시기에 ㉠ 구간에서의 밀도 변화는 수온보다 염분의 영향이 크다. (X)
   ㉠ 구간에서 수심이 깊어질수록 발생하는 밀도 증가는 염분보다 수온의 영향이 크다. 염분은 거의 변화가 없고 수온으로 인해 밀도가 증가하고 있기 때문이다.
   밀도 변화에 어떤 요인이 더 큰 영향을 미쳤는지 묻는 선지의 경우, 밀도에 두 요인이 영향을 주는 방향성이 다르다. 따라서 염분과 수온이 밀도에 어떤 영향을 미쳤는지 각각 파악하면 된다.

ㄷ 선지 혼합층의 두께는 A보다 B 시기에 두껍다. (O)
   혼합층의 두께는 표층에서 더 깊은 수심까지 수온이 일정한 B 시기에 더 두껍다.

기출문항에서 가져가야 할 부분

1. 수심과 수온에 따른 해수의 층상구조 이해하기
2. 혼합층의 판단은 수심 0m 부근에서 판단하기
3. 변화의 경향성은 확실한 물리량으로 판단하기

기출 문제로 알아보는 유형별 정리

[수온의 연직 분포]

1 혼합층

① 연직 수온 자료와 혼합층　　　　　　　　　　　　　　2023학년도 6월 모의평가 5번

그림 (가)와 (나)는 어느 해 A, B 시기에 우리나라 두 해역에서 측정한 연직 수온 자료를 각각 나타낸 것이다.

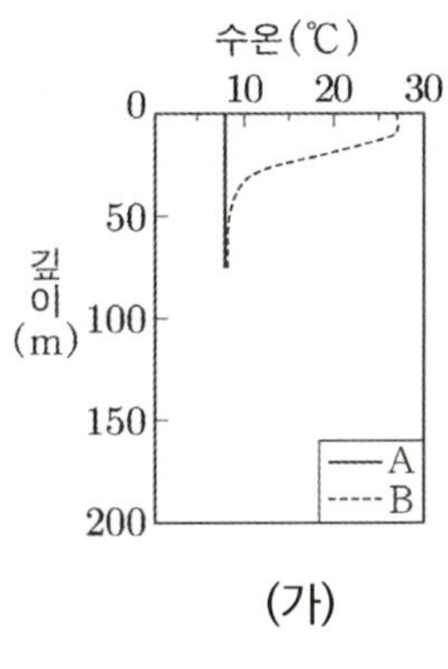

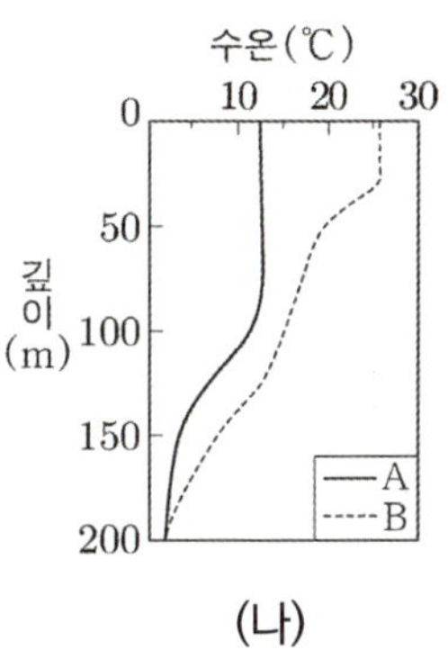

ㄷ. B의 혼합층 두께는 (나)가 (가)보다 두껍다. (O)

- 혼합층은 해수의 표층에서 부는 바람에 의해 해수가 섞여 형성된다. 표층 부근의 해수는 섞이면서 수온이 비슷해지는데, 이때 혼합층의 두께는 수심 0m로부터 수온이 일정한 층까지의 수심과 같다. 따라서 B의 혼합층의 두께는 (나)가 (가)보다 두껍다.
- 위 자료와 같이 수온과 깊이에 대한 그래프가 보이면 혼합층, 수온 약층, 심해층을 구분할 수 있어야 한다.
- **혼합층의 두께는 '수심 0m'부터 수온 변화가 시작되는 깊이까지**라고 생각하면 된다. 그 이유는 **수심 0m에서부터 바람에 의한 혼합 작용**이 일어나기 때문이다.

② 깊이에 따른 수온-염분도와 혼합층　　　　　　　지Ⅱ 2020학년도 9월 모의평가 4번

그림은 어느 해역에서 깊이에 따른 수온과 염분을 수온 – 염분도에 나타낸 것이다.

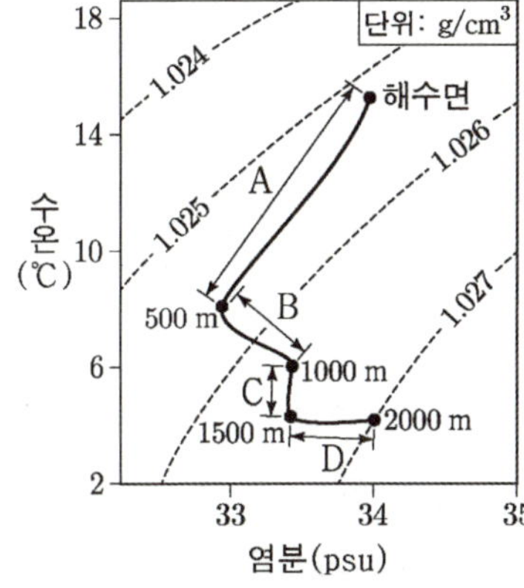

ㄱ. A 구간은 혼합층이다. (X)

- 혼합층은 수온이 일정한 구간을 말한다. 따라서 수온-염분도 상에서도 수온이 일정하게 나타나야 한다. 그러나 A 구간에서는 수심이 깊어질수록 수온이 감소하므로 혼합층이 아니다.
- 그렇다면 **D 구간은 수심이 일정하므로 혼합층**인가?
  역시 아니다. 그 이유는 **수심 0m부터의 수온이 일정하지 않기 때문**이다. **혼합층에서 가장 중요한 것은 수심 0m부터 수온이 일정해야** 함을 반드시 기억하자. (해수의 층상 구조 그래프를 떠올리면 쉽게 이해할 수 있다.)

그림은 겨울철 동해의 혼합층 두께를 나타낸 것이다.

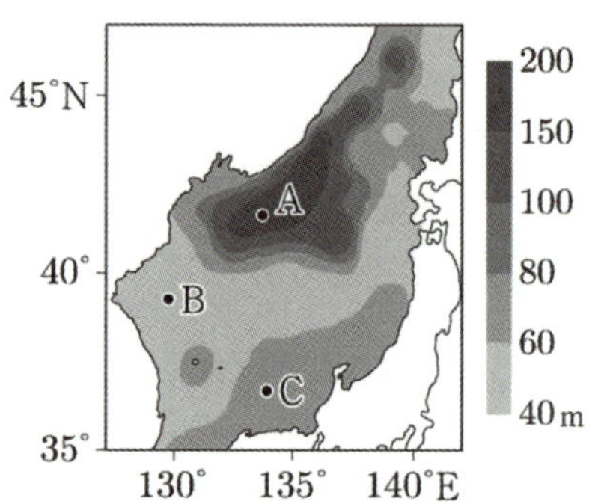

ㄱ. A의 혼합층의 두께는 겨울이 여름보다 얇다. (X)

- 혼합층은 바람에 의해서 해수가 섞이면서 형성된다. 바람이 강하게 불수록 혼합이 잘 일어나므로 혼합층의 두께는 두꺼워진다. 우리나라에서 평균적인 바람의 세기는 여름보다 겨울에 강하다. 따라서 A의 혼합층의 두께는 겨울이 여름보다 두껍다.

- **'혼합층의 두께는 바람의 세기와 비례한다.'**라는 것을 생각할 수 있으면 된다.
  또한, 우리나라 **겨울과 여름의 평균적인 풍속까지 비교**할 수 있어야 한다. 우리나라의 평균 풍속은 여름철보다 **겨울철이 더 크다.** (겨울철은 상대적으로 강한 고기압인 시베리아 고기압의 영향을 받는 계절이기 때문이다.)

2 수온 약층

그림은 어느 해역에서 측정한 깊이에 따른 수온과 염분의 분포를 나타낸 것이다.

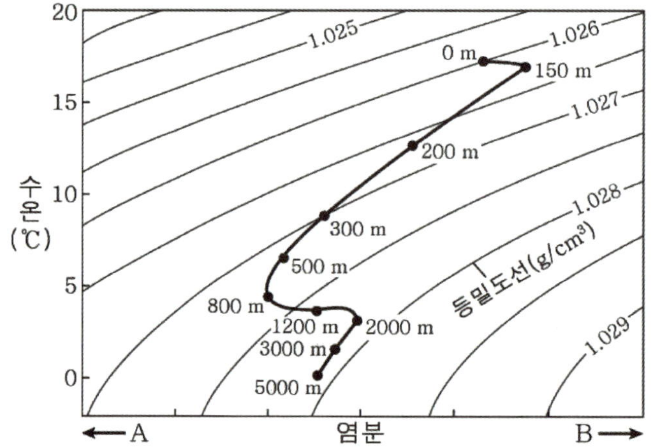

ㄴ. 수온 약층은 800m~2000m 구간에서 뚜렷하게 나타난다. (X)

- 수온 약층은 수온이 급격히 감소하는 깊이에서 나타난다. 800m~2000m에서는 수온이 거의 일정하므로 수온 약층이 뚜렷하게 나타나지 않는다.
- 위 자료에서 수온 약층은 **수온이 급격히 감소하는** 150m~800m이다. 이때 이 구간에서 밀도는 증가하므로 밀도 약층과 겹친다.

그림은 북반구 중위도 어느 해역에서 1년 동안 관측한 수온 변화를 등수온선으로 나타낸 것이다.

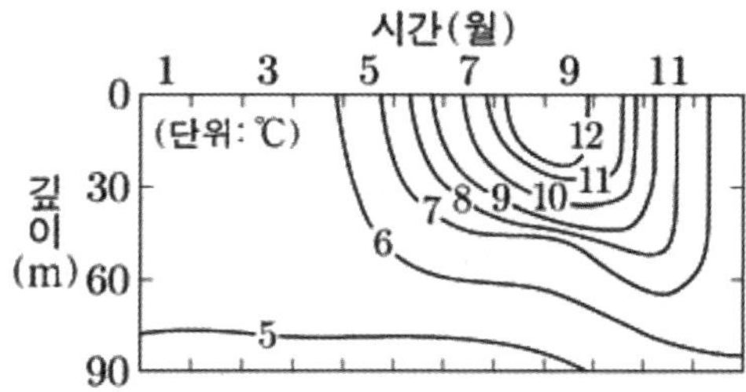

ㄴ. 수온 약층은 9월이 5월보다 뚜렷하게 나타난다. (O)

- 9월은 30m~60m까지 약 $6\,^\circ\text{C}$정도 감소했다. 같은 구간에서 5월은 온도 변화가 거의 없으므로 **온도 변화가 뚜렷한 9월에 수온 약층**이 뚜렷하게 나타난다.

- 수온 약층은 혼합층 바로 아래에서 나타난다. 9월의 혼합층이 0m~30m에서 나타나기 때문에 위와 같은 해석을 할 수 있는 것이다.

그림은 해수의 위도별 층상 구조를 나타낸 것이다. A, B, C는 각각 혼합층, 수온 약층, 심해층 중 하나이다.

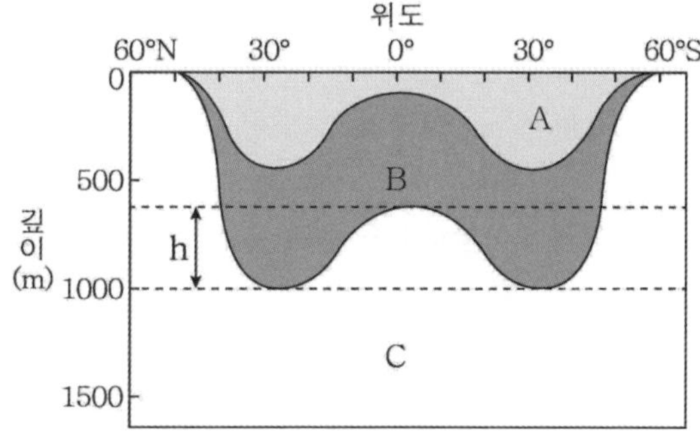

ㄴ. B층은 A층과 C층 사이의 물질 교환을 억제하는 역할을 한다. (O)

- A는 표면에 위치한 혼합층, B는 그 아래 위치한 수온 약층, C는 빛이 들어오지 않는 심해층이다. 수온 약층은 수심이 깊어질수록 온도가 낮아져 밀도가 증가하는 층으로, 매우 안정된 층이다. 안정된 층의 특징은 연직 혼합이 나타나지 않는 것이다. 따라서 수온 약층 위에 있는 혼합층과 아래에 있는 심해층의 물질과 에너지의 혼합을 막는 역할을 한다.

① 심해층의 역할　　　　　　　　　　　　　　　　　　　　　　　　　지Ⅱ 2016학년도 수능 2번

　그림은 해수에 녹아 있는 두 기체 A와 B의 수심에 따른 농도를 나타낸 것이다.
A와 B 중 하나는 산소이고 다른 하나는 이산화 탄소이다.

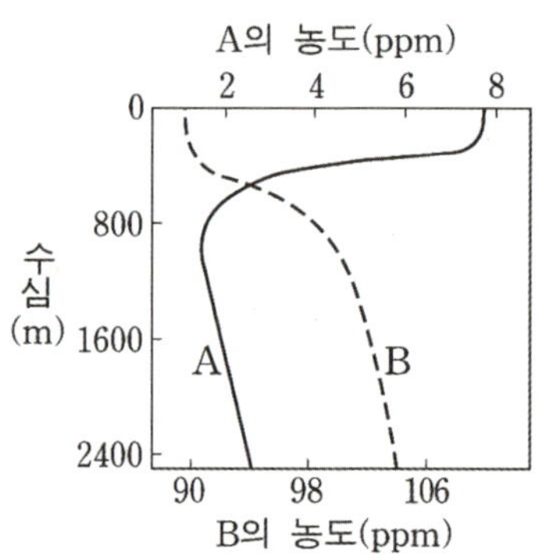

ㄷ. 심해층의 A는 극지방의 표층 해수로부터 공급된다. (O)

- A는 표층에서 가장 많고 수심이 깊어질수록 감소하다가 심해에서 조금씩 증가하는 산소이다. 심해에서 용존 산소량이
  증가하는 이유는 해저 밑바닥을 따라 흐르는 심층 해수가 산소를 공급하기 때문이다.
- 또한 **심해층은 일 년 내내 수온, 염분 등의 변화는 없다**는 사실을 함께 기억하도록 하자.

① 용존 산소량과 용존 이산화 탄소량　　　　　　　　　　　　　　　　지Ⅱ 2016학년도 수능 2번

　그림은 해수에 녹아 있는 두 기체 A와 B의 수심에 따른 농도를 나타낸 것이다. A와 B 중 하나는 산소이고 다른
하나는 이산화 탄소이다.

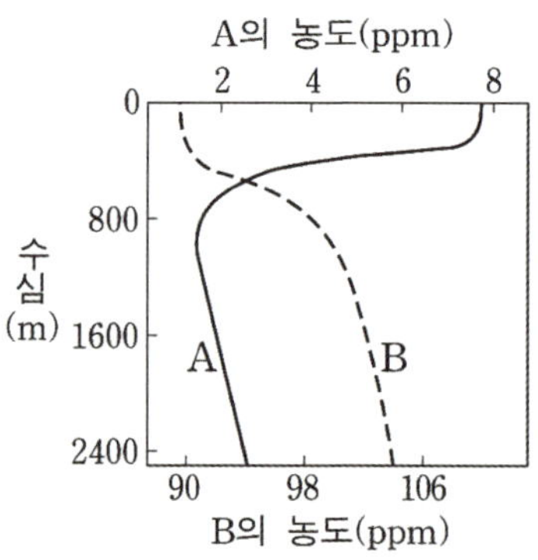

ㄷ. A는 농도는 표층에서 가장 낮다. (X)

- A의 그래프를 해석하면 표층에서의 농도가 가장 높은 것을 확인할 수 있다.
- **용존 산소량**인 A는 **표층에서 가장 높고** 수심이 깊어질수록 감소하다가 심해에서 심층 해수의 영향으로 다시 증가한다
  는 것을 알고 있어야 한다. 이때, 표층에서 용존 산소량이 가장 높은 이유는 생물의 **광합성**을 통해 이산화 탄소가 산소
  로 바뀌거나, **대기 중의 산소**가 유입되기 때문이다.
- **용존 이산화 탄소량**인 B는 **수심이 깊어질수록 광합성의 양이 감소**하고 상대적으로 호흡의 양이 증가하므로 그 값은
  증가한다는 것을 알고 있어야 한다.
- 이때 표층에서의 용존 기체량은 용존 산소인 A가 많아 보이지만 그래프의 축을 자세히 본다면 A의 농도, B의 농도를
  각각 다른 축을 사용한 것을 확인할 수 있다. **표층에서의 농도가 높은 용존 기체는 용존 이산화 탄소이다.**
  (그래프의 축을 항상 잘 보도록 하자.)

그림 (가)는 어느 날 우리나라 주변 표층 해수의 수온과 염분 분포를, (나)는 수온-염분도를 나타낸 것이다.

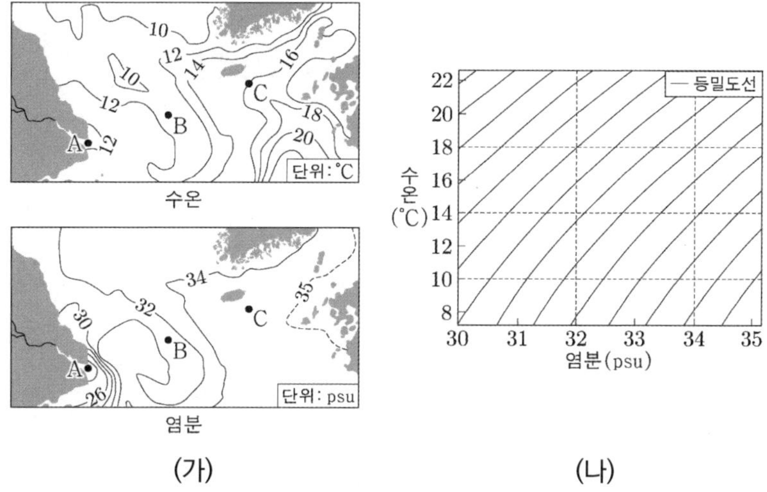

ㄷ. 수온만을 고려할 때, 산소 기체의 용해도는 B가 C보다 작다. (X)

- 용존 기체의 용해도는 수온이 낮을수록, 염분이 낮을수록 증가한다. 따라서 B의 수온이 C보다 낮으므로 산소 기체의 용해도는 B가 C보다 크다.

- 용존 기체 용해도는 **수온이 낮을수록, 염분이 적을수록 증가한다는 것을 기억하자.**

추가로 물어볼 수 있는 선지 해설

1. 표층에서의 기체의 용해도는 이산화 탄소가 약 44mL/L이고, 산소는 약 5mL/L로 이산화 탄소가 더 많다.
   (본문 p.225에 있는 자료를 보고 오자.)
2. 용존 산소량은 표층에서 가장 많다. 수심이 깊어질수록 용존 산소량은 줄어들다가 심층 해수의 영향을 받는 깊이에서부터 조금씩 증가하기 시작한다.
3. 수심 증가에 따라 용존 산소량이 감소하는 이유는 해양 생물이 광합성을 하지 못하고, 해양 생물의 호흡에 의해 산소가 이산화 탄소로 바뀌기 때문이다.

▌지구의 대기 대순환과 해수의 표층 순환 – 대기 대순환

1. 위도에 따른 에너지 불균형

지구는 **구형**이기에 **위도에 따라 단위 면적 당 입사하는 태양 복사 에너지의 양이 다르다.**
극지방보다 적도 지방이 받는 복사 에너지의 양이 더 많은데 이러한 열적 불균형을 해소하기 위해 대기와 해수의 순환
이 일어난다.

지구의 복사 평형과 열수지

- 위도에 따라 지구가 흡수하는 태양 복사 에너지의 양과 지구가 방출하는 복사 에너지의 차이가 나타난다.
- 복사 에너지의 양은 위도에 따라 다르게 나타나지만, 지구 전체에 **흡수된 태양 복사 에너지양과 지구 복사 에너지양**
  은 같다.
- 이때 **저위도**는 **에너지 과잉**, **고위도**는 **에너지 부족** 상태다. 에너지가 균형 상태를 이루는 **위도 38°부근에서는 에너**
  지 수송량이 최대이다.

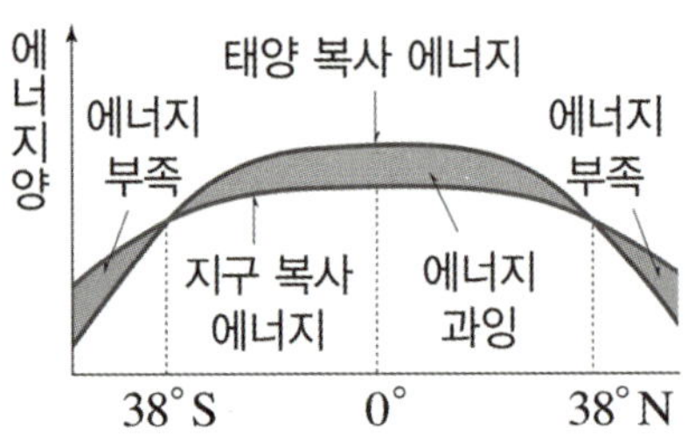

▲ 위도별 에너지 양의 분포

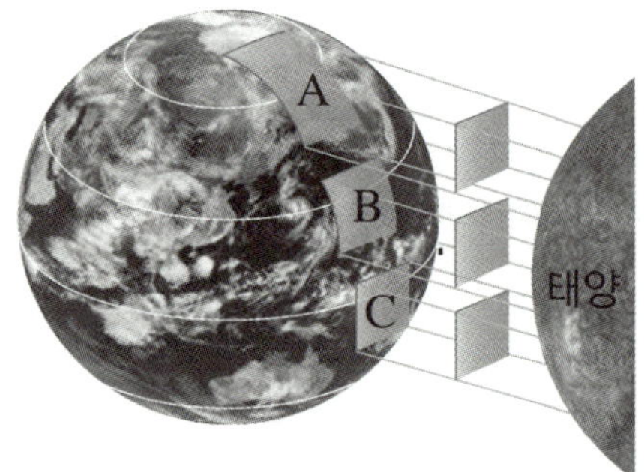

▲ 위도에 따른 복사 에너지의 분포

위도에 따른 에너지 불균형을 해소하기 위해 전 지구적인 규모로 대기의 순환이 일어나는 것을 말한다.

(1) 단일 세포 순환 모형 (지구의 자전 X)

① 지구가 자전하지 않는 대기 순환 모형이다.

② 적도 지방에서는 뜨거워진 공기가 상승하여 상승 기류가, 극지방에서는 차가워진 공기가 하강하여 하강 기류가 나타나 **북반구 지상**에서는 **북풍**만, **남반구 지상**에서는 **남풍**만 나타난다.

③ 지구가 자전하지 않으므로 전향력 또한 존재하지 않는다.

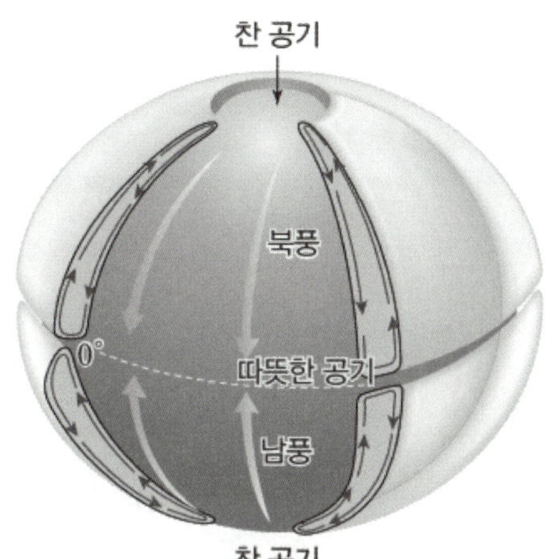

▲ 지구가 자전하지 않을 때 대기 대순환 모형

(2) 대기 대순환 모형 (지구의 자전 O)

지구가 자전하는 대기 순환 모형이다. 지구가 자전하면서 발생하는 힘인 전향력의 영향으로 각 반구에 3개의 순환 세포가 형성된다.

- 해들리 순환 : **적도 ~ 위도 30°** 사이의 **직접 순환**을 말한다. 적도 지방에서 뜨거워진 공기가 직접 상승하여 위도 30° 부근에서 하강하여 지표면을 타고 남쪽으로 이동한 공기가 순환을 이룬다.
  지표면에서는 **동쪽에서 서쪽으로 부는 무역풍이 형성**된다.

- 페렐 순환 : **위도 30° ~ 위도 60°** 사이의 **간접 순환**을 말한다. 30° 부근에서 하강한 공기와 90° 부근에서 하강한 공기가 만나 60° 부근에서 다시 상승한다.
  지표면에서는 **서쪽에서 동쪽으로 부는 편서풍이 형성**된다.

- 극 순환 : **위도 60° ~ 극** 사이의 **직접 순환**을 말한다. 극지방에서 차가워진 공기가 직접 하강하여 위도 60° 부근에서 따뜻한 공기와 만나 다시 상승한다.
  지표면에서는 **동쪽에서 서쪽으로 부는 극동풍이 형성**된다.

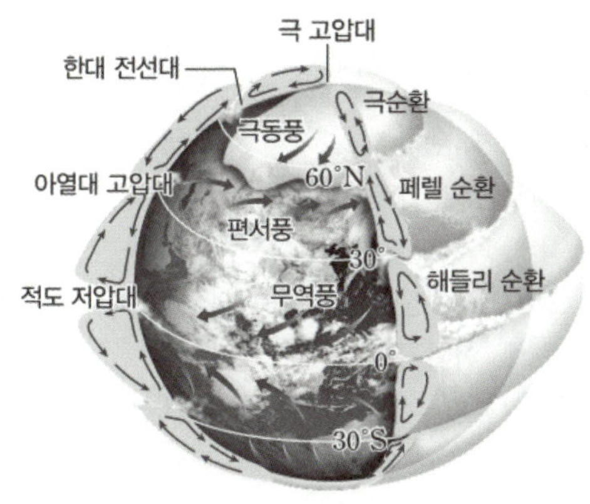

▲ 지구가 자전할 때 대기 대순환 모형

(3) 직접 순환과 간접 순환

해들리 순환과 **극 순환**은 공기의 직접적인 이동에 의해 형성된 열적 순환으로 **직접 순환에 해당**한다.

두 순환 사이에서 형성된 **페렐 순환**은 가열된 공기가 상승하거나 냉각된 공기가 하강하여 형성된 순환이 아니므로 **간접 순환**에 해당한다.

(4) 대기 대순환에 의한 기압대의 형성

① 적도 저압대(열대 수렴대) : 적도 지역의 뜨거운 공기가 상승하여 저기압 지대가 형성된다.

② 중위도 고압대(아열대 고압대) : 위도 30° 부근은 대기 대순환의 하강으로 고기압 지대가 형성된다.

③ 한대 전선대 : 위도 60°에서 **남쪽의 따뜻한 공기**와 **북쪽의 찬 공기**가 만나 **정체 전선을 형성**되어 저기압 지대가 형성된다.

④ 극 고압대 : 극 지역의 찬 공기가 하강하여 고기압 지대가 형성된다.

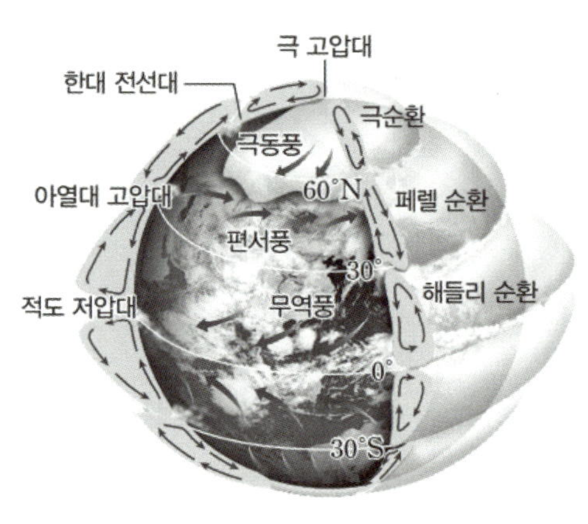

▲ 지구의 대기 대순환

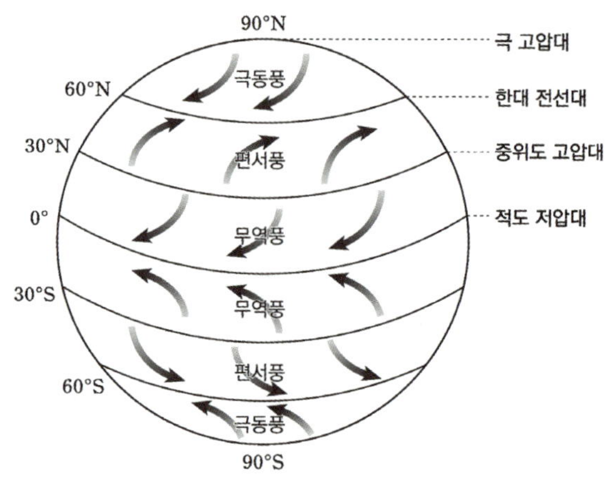

▲ 대기 대순환에 의한 기압대 형성

 : 대기 대순환에 의한 지표면의 풍향

대기 대순환에 의해서 지표면에서는 위도별로 다른 풍향이 나타나게 된다.

지표면에서 부는 바람의 남북 방향 성분은 대기 대순환에 의해 0° ~ 30°N는 **북풍**이, 30°N ~ 60°N는 **남풍**이, 60°N ~ 90°N은 **북풍**이 부는 것을 확인할 수 있다. (남반구에서는 반대)

현재 지구는 자전을 해서 전향력이 생기므로 북반구에서는 진행 방향의 오른쪽으로, 남반구에서는 진행 방향의 왼쪽**으로 휘어지며 분다.**

따라서 0° ~ 30°는 무역풍이, 30° ~ 60°은 편서풍이, 60° ~ 90°N은 극동풍이 부는 것이다.

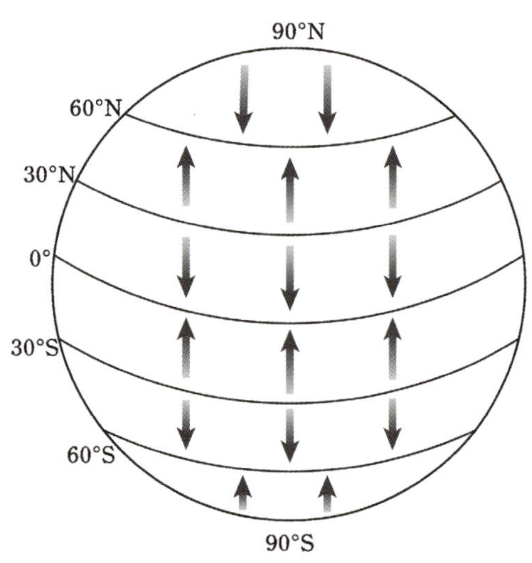

▲ 대기 대순환에 의해 지표에서 부는 바람의 남북 방향 성분

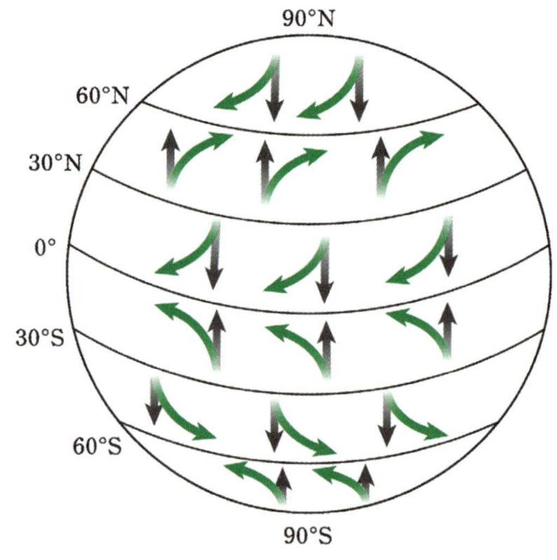

▲ 전향력이 고려된 지표면의 풍향

█ 지구의 대기 대순환과 해수의 표층 순환 − 표층 순환

표층에서 이동하는 해류를 **표층 해류**라 한다. **대기 대순환에서 발생한 바람에 의해** 표층 해류는 동−서 방향으로 흐른다. 동서 방향으로 이동하는 표층 해류는 대륙 분포에 의해 남−북 방향으로 흐르게 된다.

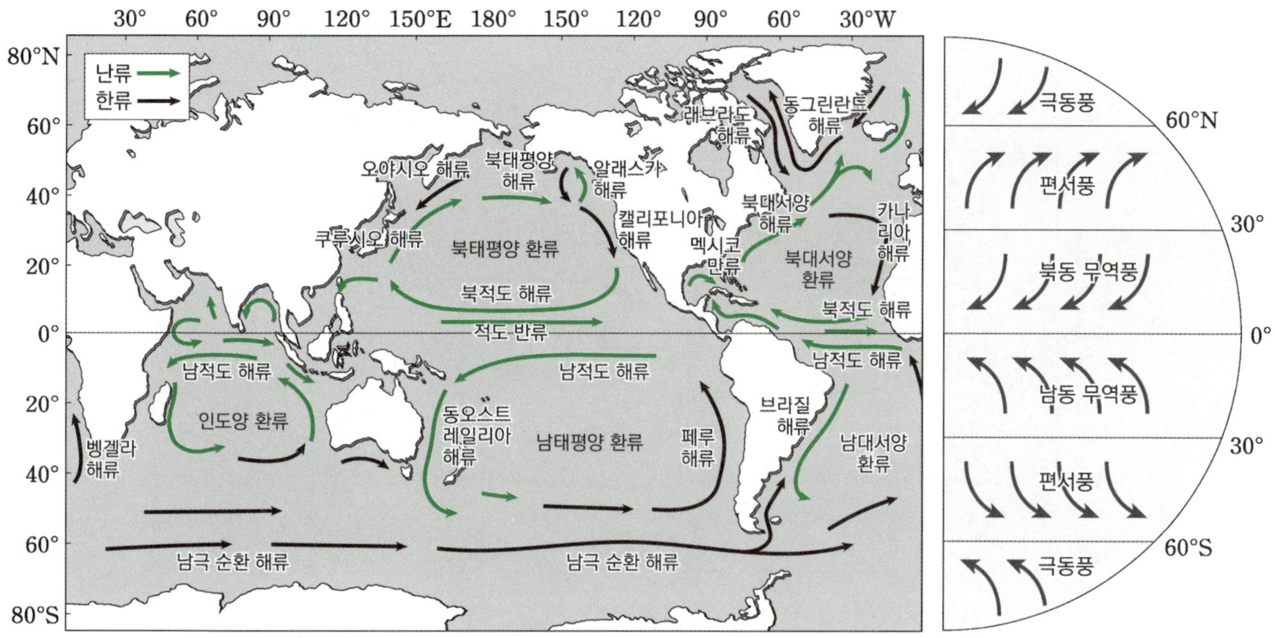

▲ 대기 대순환에 의한 표층 해류의 순환

(1) 동−서 방향의 해류

- 무역풍 지대 : **무역풍**의 영향으로 **동에서 서**로 흐르는 북적도 해류와 남적도 해류가 형성된다.
  (두 해류의 영향으로 반대 방향인 서에서 동으로 흐르는 적도 반류도 존재한다.)
- 편서풍 지대 : 편서풍의 영향으로 **서에서 동**으로 흐르는 북태평양 해류, 북대서양 해류, **남극 순환 해류** 등이 형성된다.
  (남극 순환 해류는 극동풍에 의해 형성되는 것이 아니라는 것을 기억하자)

(2) 남−북 방향의 해류

무역풍이나 편서풍에 의해 동−서 방향으로 흐르던 해류가 **대륙 분포로 인해 막히면 남−북 방향으로 흐르게 된다**.

- 무역풍에 의한 해류 : 무역풍의 영향으로 흐르던 해류가 **대륙의 동안**에 막히면 더 이상 서쪽으로 이동하지 못하고 남−북 방향으로 흐르게 된다.
- 편서풍에 의한 해류 : 편서풍의 영향으로 흐르던 해류가 **대륙의 서안**에 막히면 더 이상 동쪽으로 이동하지 못하고 남−북 방향으로 흐르게 된다.

표층 해류의 이동은 여러 개의 순환을 이루는데 이를 표층 순환이라 한다. 표층 순환은 북반구와 남반구가 서로 대칭을 이루며 위도에 따라 열대 순환, 아열대 순환, 아한대 순환으로 구분된다. (북반구와는 달리 남반구에는 아한대 순환이 존재하지 않는다.)

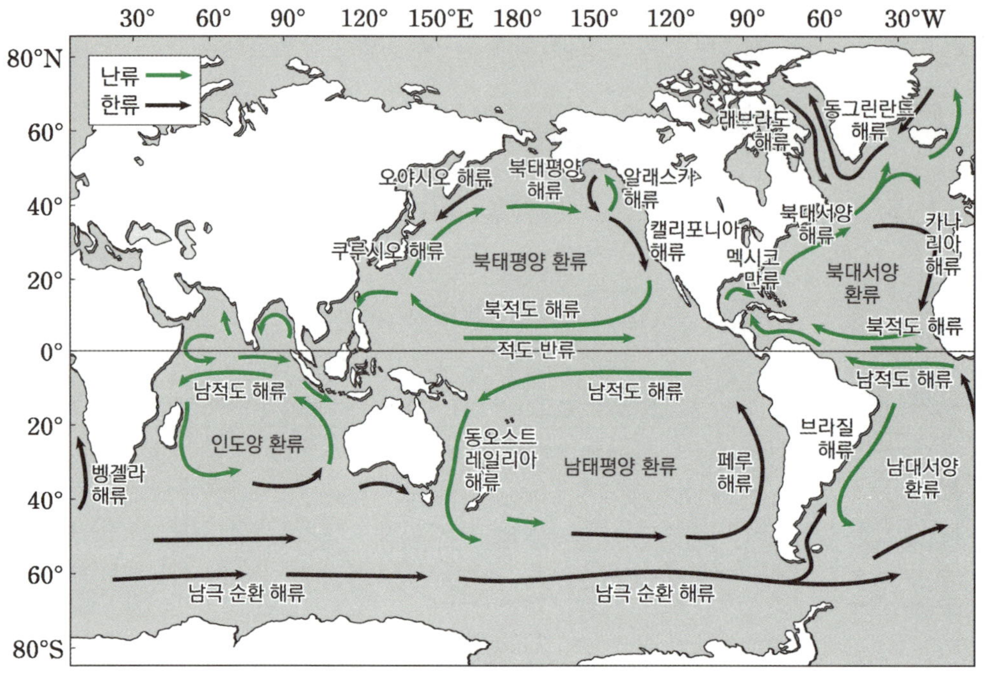

▲ 전 세계 주요 표층 해류

(1) 열대 순환

적도 부근에서 일어나는 해수의 순환으로, **북적도 해류**와 **남적도 해류**가 **적도 반류**와 합쳐지며 순환하는 표층 순환이다. 열대 순환은 북반구와 남반구가 적도 부근을 경계로 대칭적 형태를 보인다.

북반구 : 북적도 해류 → 적도 반류 → 북적도 해류
남반구 : 남적도 해류 → 적도 반류 → 남적도 해류

(2) 아열대 순환
* **무역풍과 편서풍의 영향**을 받아 형성되는 해수의 순환이다.
* 무역풍대에서 동 → 서 방향으로 형성되는 적도 해류가 대륙에 막혀 북반구에서는 북쪽으로 흐르고 남반구에서는 남쪽으로 흐른다.
* 이 해류들이 편서풍대에서 서 → 동 방향으로 흐르다가 다시 대륙에 막히면 북반구에서는 남쪽으로 흐르고 남반구에서는 북쪽으로 흐르며 적도 해류를 만나 거대한 순환을 이룬다. (태평양과 대서양의 아열대 순환은 반드시 암기하자)
* 아열대 순환은 **북반구**와 **남반구**에서 적도 부근을 경계로 **대칭적인 형태를 보인다**.

북태평양 : 북적도 해류 → 쿠로시오 해류 → 북태평양 해류 → 캘리포니아 해류 → 북적도 해류
(시계 방향)

남태평양 : 남적도 해류 → 동오스트레일리아 해류 → 남극 순환류 → 페루 해류 → 남적도 해류
(반시계 방향)

북대서양 : 북적도 해류 → 멕시코 만류 → 북대서양 해류 → 카나리아 해류 → 북적도 해류
(시계 방향)

남대서양 : 남적도 해류 → 브라질 해류 → 남극 순환류 → 벵겔라 해류 → 남적도 해류
(반시계 방향)

---

(3) 아한대 순환

편서풍과 극동풍의 영향을 받아 형성되는 해수의 순환이다. 대륙이 존재하는 **북반구에서만 나타나며** 대륙이 없어 해류의 흐름을 막지 않는 남반구에서는 형성되지 않는다.

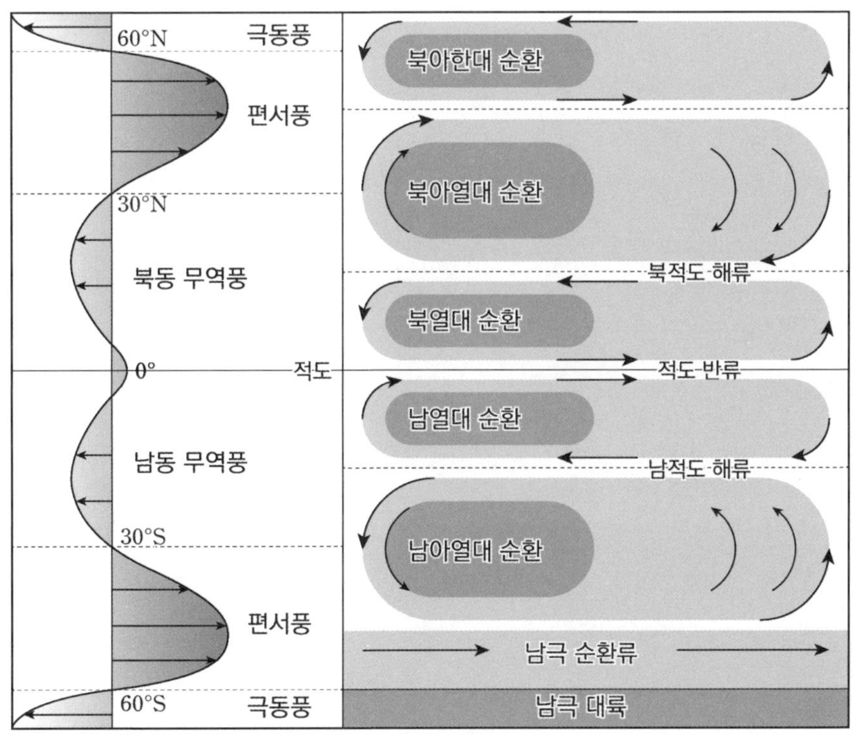

▲ 위도별 대기 대순환과 표층 순환

앞서 표층 해류는 **위도별 에너지 불균형 해소**에 기여한다고 배웠다. **저위도에서 고위도로** 흐르는 해류를 **난류**라 하고 난류는 **열을 전달**한다. **고위도에서 저위도로** 흐르는 해류를 **한류**라 하고 한류는 **열을 흡수**한다.

(난류가 반드시 수온이 높은 게 아니고 한류가 반드시 수온이 낮은 게 아니다. 어느 위도로 흐르는지 파악해야 한다.)

(1) 난류 (앞선 해류 자료를 통해 난류를 직접 찾아보자.)

같은 위도에서 주변 해역보다 **수온과 염분**이 **높고**, **용존 산소량과 영양 염류**가 **적어** 식물성 플랑크톤이 적다.

(2) 한류 (앞선 해류 자료를 통해 한류를 직접 찾아보자.)

같은 위도에서 주변 해역보다 **수온과 염분**이 **낮고**, **용존 산소량과 영양 염류**가 **많아** 식물성 플랑크톤이 많다. 식물성 플랑크톤이 많아 **좋은 어장이 형성**된다.

+ 시야 넓히기 : 해류가 기후에 미치는 영향

- 난류는 열에너지를 주변 지역으로 방출하여 기후를 따뜻하게 한다.
- 실제로 비슷한 위도에 있는 캐나다의 퀘백과 영국의 런던에서 1월 평균 기온을 비교해 보면 런던의 기온이 $16\,^\circ\mathrm{C}$ 정도 높은 것을 확인할 수 있다.
- 이는 북대서양 아열대 순환의 일부인 멕시코 만류의 영향으로 난류가 저위도에서 고위도로 흐르며 주변 지역으로 열에너지를 방출하기 때문이다.

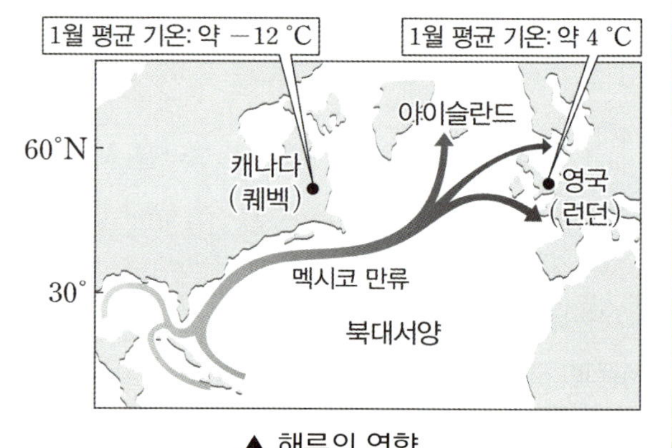

▲ 해류의 영향

4. 우리나라 주변의 표층 해류

우리나라 주변에 흐르는 난류의 근원은 북태평양 아열대 순환의 일부인 쿠로시오 해류다. 또한, 우리나라 주변으로 여러 난류와 한류가 흐른다.

난류	• 황해 난류 : 쿠로시오 해류의 일부가 황해로 북상하여 흐른다. • 대마 난류 : 쿠로시오 해류의 일부가 대한 해협을 거쳐 동해로 흘러 북상한다. (대마 난류를 쓰시마 난류라고도 한다.) • 동한 난류 : 대마 난류의 일부가 동해로 흘러가면서 조경 수역을 만든다.
한류	• 연해주 한류 : 러시아 연안을 따라 남하하는 한류다. • 북한 한류 : 연해주 한류의 일부가 동해안을 따라 흘러가면서 생성되며 조경 수역을 만든다.
조경 수역	• **난류와 한류가 만나는 해역**으로 난류성 어종과 한류성 어종이 모두 잡혀 좋은 어장이 형성된다. • 우리나라에서는 동해안에서 동한 난류와 북한 한류가 만나 형성된다. **여름철**에는 난류의 세기가 강하여 **조경 수역**의 위치가 **북상**하고, **겨울철**에는 한류의 세기가 강하여 **조경 수역**의 위치가 **남하한다**.

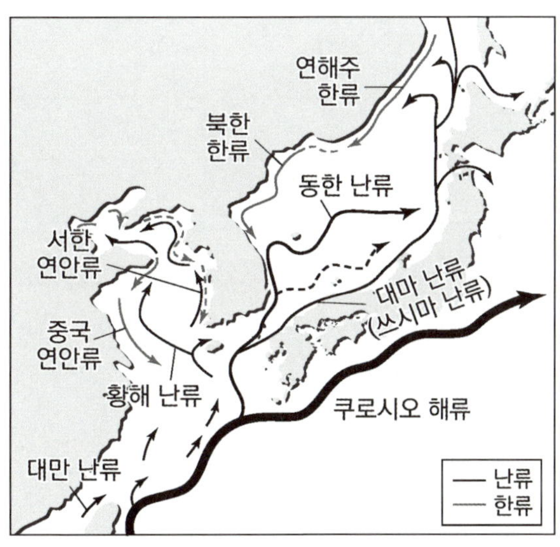

▲ 우리나라 주변의 표층 해류

memo

2022학년도 6월 모의평가 지Ⅰ 15번

그림은 해수면 부근에서 부는 바람의 남북 방향의 연평균 풍속을 나타낸 것이다. ㉠과 ㉡은 각각 60°N 과 60°S 중 하나이다.

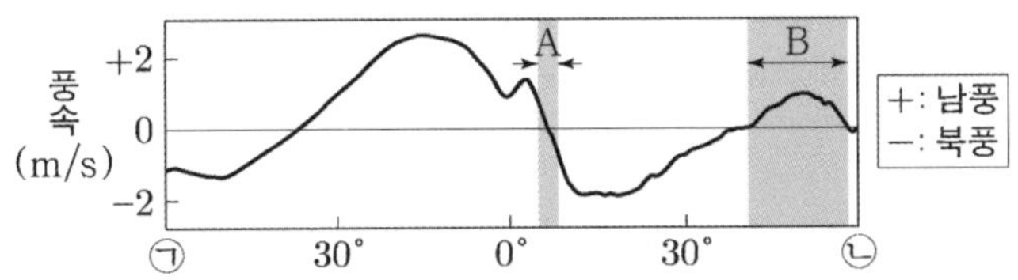

이 자료에 대한 설명으로 옳은 것만을 <보기>에서 있는 대로 고른 것은?

<보 기>

ㄱ. ㉠은 60°S이다.

ㄴ. A에서 해들리 순환의 하강 기류가 나타난다.

ㄷ. 페루 해류는 B에서 나타난다.

① ㄱ   ② ㄷ   ③ ㄱ, ㄴ   ④ ㄴ, ㄷ   ⑤ ㄱ, ㄴ, ㄷ

추가로 물어볼 수 있는 선지

1. 온대 저기압은 주로 해들리 순환과 페렐 순환의 경계 부근에서 형성된다. (O , X)
2. 표층 순환은 적도 부근을 중심으로 북반구와 남반구가 거의 대칭을 이룬다. (O , X)
3. 우리나라에서는 주로 페렐 순환에 의해 지상에서 남풍 계열의 바람이 분다. (O , X)

정답 : 1. (X), 2. (O), 3. (O)

01 2022학년도 9월 모의평가 지Ⅰ 15번

 #연평균 풍속, #북풍, #남풍

문항의 발문 해석하기

남북 방향의 연평균 풍속이 의미하는 바가 무엇인지 생각하고, ㉠과 ㉡을 각각 북반구와 남반구 중 무엇인지 판단하는 방법을 알아야 한다.

문항의 자료 해석하기

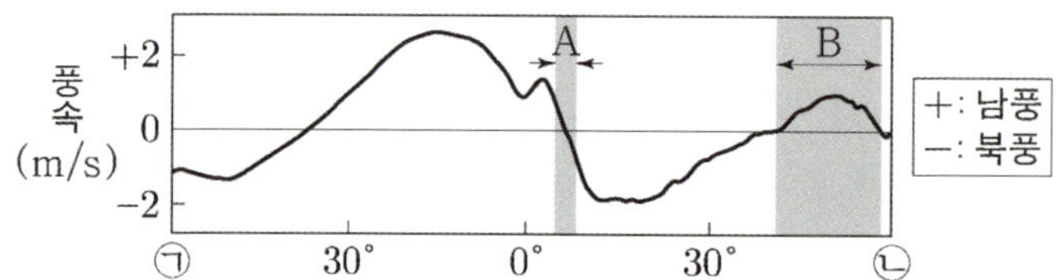

1. 가로축에는 위도에 관련된 자료가, 세로축에는 풍속과 관련된 자료가 나타나 있다.
   (+)값은 남풍, (−)값은 북풍이라는 것을 통해 북반구, 남반구를 파악할 수 있다.

2. 적도를 기준으로 북쪽에는 북동 무역풍이, 남쪽에는 남동 무역풍이 분다.
   따라서 0°~30°에서 남풍이 부는 곳은 남반구이다. 자료에서는 남풍에 해당하는 (+) 값이 나타나는 부분이 남반구이기 때문에 ㉠은 60°S이다. 마찬가지로 (−) 값이 나타나는 부분은 북반구이며, ㉡은 60°N이다.

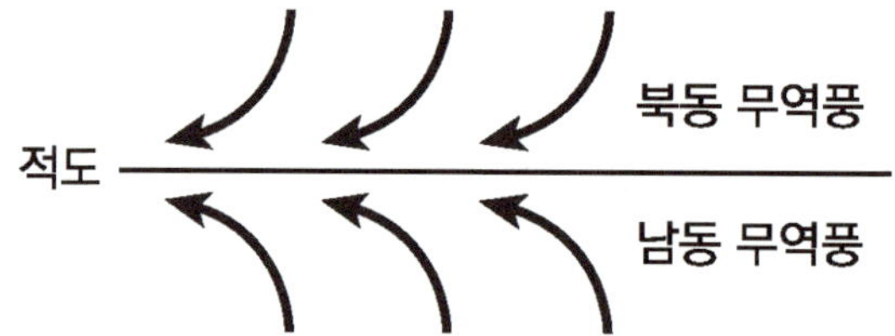

선지 판단하기

ㄱ 선지 ㉠은 60°S이다. (O)

　　자료에서 위도 0°를 기준으로 왼쪽의 0°~30° 부근은 남동 무역풍이 나타나므로 ㉠은 남반구다. 따라서 ㉠은 60°S이다.

ㄴ 선지 A에서 해들리 순환의 하강 기류가 나타난다. (X)

　　A는 적도 부근에서 북동 무역풍과 남동 무역풍이 만나 상승 기류가 나타나는 지역이다.

ㄷ 선지 페루 해류는 B에서 나타난다. (X)

　　페루 해류는 남태평양 아열대 순환을 이루는 표층 해류다. B는 북반구이므로 페루 해류가 나타날 수 없다.

기출문항에서 가져가야 할 부분

1. 북반구와 남반구를 판단할 수 있는 근거 생각하기
2. 대기 대순환에 의한 무역풍, 편서풍, 극동풍의 풍향 생각하기
3. 표층 순환이 나타나는 해역의 위도 암기하기

▌기출 문제로 알아보는 유형별 정리

[대기 대순환]

1 대기 대순환의 형성

① 대기 대순환의 형성과 전향력   2018년 10월 학력평가 12번

그림은 대기 대순환에 의해 지표 부근에서 부는 바람 A, B, C와 북태평양의 주요 표층 해류 ㉠, ㉡, ㉢을 나타낸 것이다.

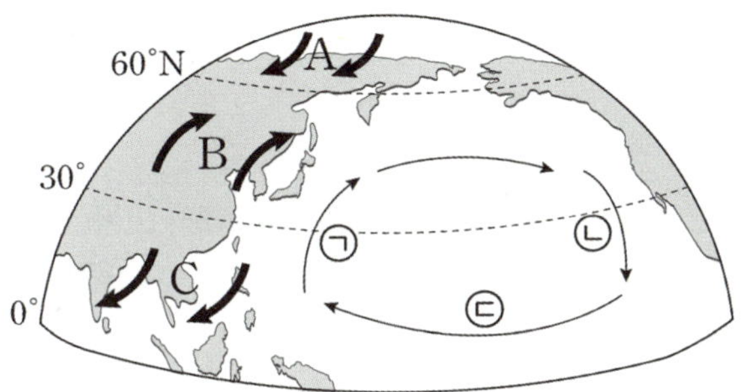

ㄱ. 페렐 순환에 의해 형성된 바람은 B이다. (O)

- B는 위도 30°~60°에서 형성되었으므로 페렐 순환이다.
- 대기 대순환은 형성 과정을 **반드시 암기**해야 한다.

  1. 적도 부근에서 뜨거워진 공기가 상승하여 북반구와 남반구로 이동한다.

  2. 위도 30° 부근에서 전향력에 의해 공기가 하강한 후 지표면을 따라 위, 아래로 흐른다.

  3. 극 부근에서 차가워진 공기가 하강하여 저위도로 이동한다.

  4. 위도 60° 부근 지표면에서 해들리 순환의 하강으로 형성된 따뜻한 공기와 극 순환의 하강으로 형성된 찬 공기가 만나 정체 전선이 형성되어 다시 공기의 상승이 일어나며 **3개의 순환 세포**가 만들어져 대기 대순환이 완성된다.

  이때 이동하는 바람은 **전향력**에 의해 **북반구**에서는 **진행 방향의 오른쪽**으로, **남반구**에서는 **진행 방향의 왼쪽**으로 휘어져서 이동하게 된다.

- 이때 위도 0°~30°에서는 해들리 순환이, 위도 30°~60°에서는 페렐 순환이, 60°~극에서는 극순환이 나타난다.

  대기 대순환 형성 과정에 의해 해들리 순환과 극순환은 직접 순환, 페렐 순환은 간접 순환이다.

- 지표면에서는 전향력에 의해 0°~30°에서는 동 → 서로 이동하는 무역풍이, 30°~60°에서는 서 → 동으로 이동하는 편서풍이, 60°~극에서는 동 → 서로 이동하는 극동풍이 형성된다.

① 대기 대순환의 단면도   2017년 4월 학력평가 10번

다음은 북반구의 대기 대순환에 의한 기후의 특징이다.

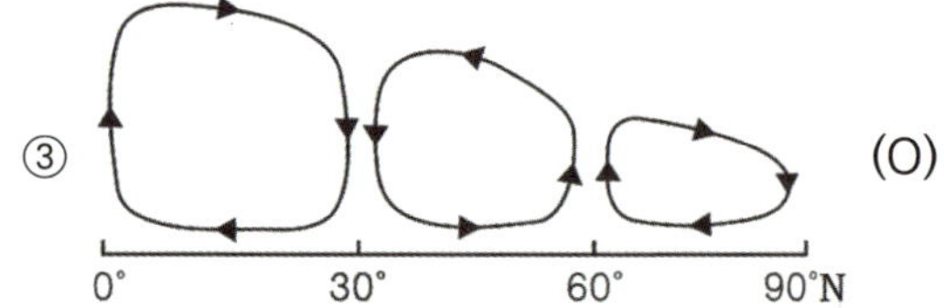

- 적도 지역에는 저압대, 극 지역에는 고압대가 형성된다.
- 30°N 지역은 연평균 증발량이 강수량보다 많다.
- 60°N 지역에는 한대 전선대가 형성된다.

③ (O)

- **적도 부근**은 해들리 순환의 상승으로 저압대가 나타난다. **적도 저압대**라고 불린다.
- **위도 30° 부근**은 해들리 순환과 페렐 순환의 하강으로 고압대가 나타난다. **중위도 고압대**라고 불린다.
- **위도 60° 부근**은 지표면에서 찬 공기와 따뜻한 공기가 만나 전선이 형성되며 상승 기류가 나타나 저압대가 나타난다. **한대 전선대**라고 불린다.
- 극 부근은 극 순환의 하강으로 고압대가 나타난다. **극 고압대**라고 불린다.
- 각 순환 세포의 연직 높이를 비교해보면 해들리 순환에서 가장 높게 나타나고, 극 순환에서 가장 낮게 나타나는 것을 확인할 수 있다. 이처럼 순환 세포마다 높이가 다른 이유는 **극지방 쪽으로 갈수록 온도가 낮아져 공기가 잘 상승하지 않기 때문**이라는 것 또한 알아두자.

② 위도별 기압 분포   2022학년도 수능 10번

그림은 평균 해면 기압을 위도에 따라 나타낸 것이다.

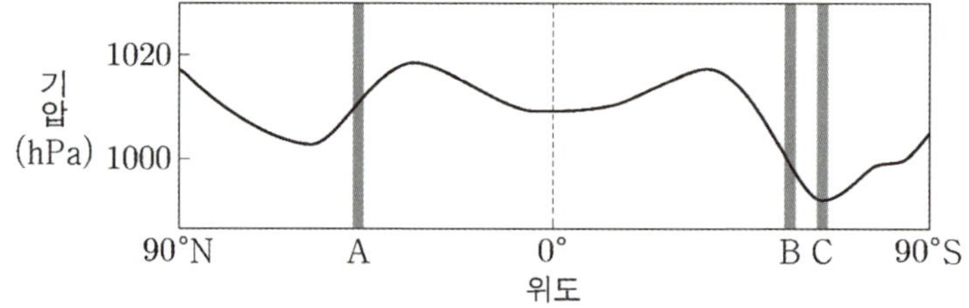

ㄷ. C 해역에서는 대기 대순환에 의해 표층 해수가 발산한다. (O)

- C는 위도 60°에서 저압대가 나타나는 한대 전선대 부근이다. 따라서 저기압이 나타나 표층 해수의 발산이 나타난다.
  (Theme 05의 '저기압성 용승'을 함께 떠올려야 한다.)
- 위도별 기압대를 평균 해면 기압 및 평균 염분 자료와 연결지어 생각할 수 있도록 하자.

그림은 북반구의 대기 대순환을 나타낸 것이다. A, B, C는 각각 해들리 순환, 페렐 순환, 극순환 중 하나이다.

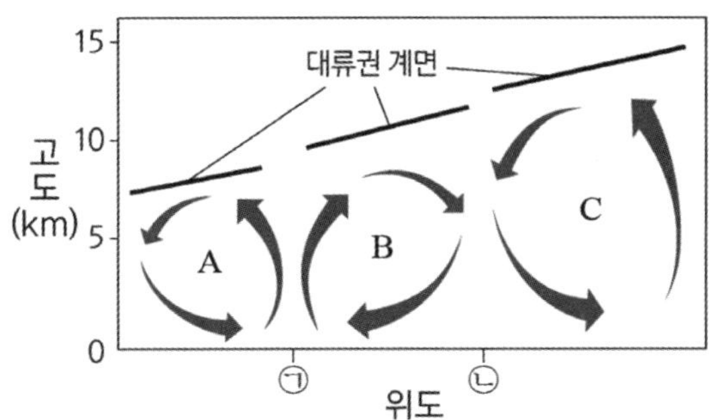

ㄱ. A의 지상에는 동풍 계열의 바람이 우세하게 분다. (O)

- 대기 대순환 사이에서 **상승 기류**가 나타나는 ㉠은 60 ° 부근, **하강 기류**가 나타나는 ㉡은 30 ° 부근이다. 따라서 A는 극 순환, B는 페렐 순환, C는 해들리 순환이다. 극 순환이 부는 지상에서는 극동풍이 분다.

- 대류권 계면이란 성층권과 대류권 사이의 경계를 말한다.
  대류권 계면의 높이는 여러 가지 원인이 있지만 가장 큰 원인은 성층권에서 일어나는 대기의 상승 기류의 세기에 따라 달라진다.
  상승 기류가 강한 적도 부근에서는 **대류권 계면의 높이가 높고**, **상승 기류가 약한 극 지방**에서는 **대류권 계면의 높이가 낮다.**

- 대기 대순환의 상승 기류와 하강 기류를 통해 30 °, 60 °를 구분할 수 있어야 한다.

① 대기와 해양의 에너지 수송   2020학년도 6월 모의평가 6번

그림은 대기와 해양에서 남북 방향으로의 연평균 에너지 수송량을 위도별로 나타낸 것이다. A와 B는 각각 대기와 해양 중 하나이다.

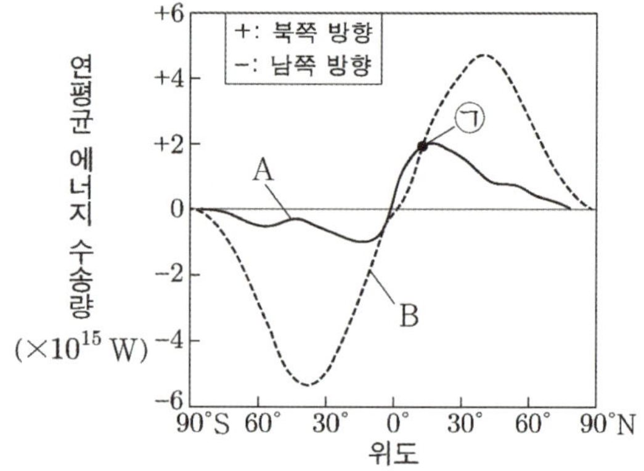

ㄱ. A는 대기에 해당한다. (X)

- 대기와 해수 중 저위도의 남는 에너지를 에너지가 부족한 고위도로 수송을 많이 하는 것은 대기이다. 따라서 B가 대기에 해당한다.

- 표층 해수에 비해서 **대기가 더 빠르게 이동하고 이동량** 또한 많기 때문에 **연평균 에너지 수송량은 대기가 더 많다.**

② 태양 복사 에너지의 흡수와 지구 복사 에너지의 방출   지Ⅱ 2019학년도 6월 모의평가 2번

그림은 복사 평형을 이루고 있는 지구가 흡수한 연평균 태양 복사 에너지와 방출한 연평균 지구 복사 에너지를 위도에 따라 나타낸 것이다.

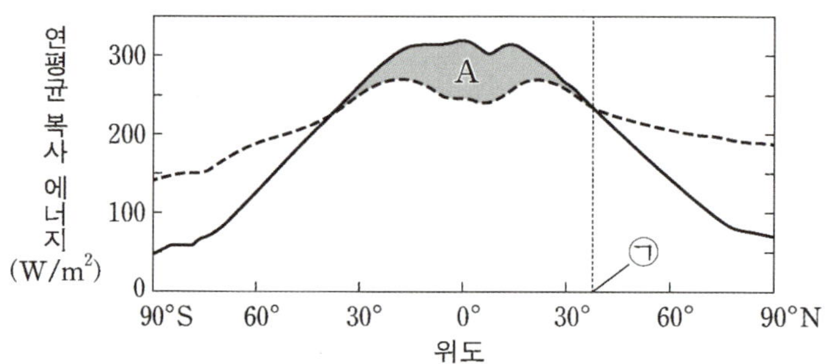

ㄴ. ㉠에서 남북 방향의 에너지 수송은 일어나지 않는다. (X)

- ㉠은 흡수한 태양 복사 에너지와 방출한 지구 복사 에너지의 양이 같은 **위도 38° 부근**이다. **위도 38° 부근은 에너지 수송이 최대로 나타나는 곳**이다. 지구 복사 에너지와 태양 복사 에너지 그래프의 교점이라고 해서 에너지 수송이 일어나지 않는 것이 아니다.

- 위도 38°를 기준으로 고위도는 에너지 부족, 저위도는 에너지 과잉이므로 위도 38°는 에너지를 최대한 흘려보내 주는 역할을 한다고 생각하자.

추가로 물어볼 수 있는 선지 해설

1. 온대 저기압은 페렐 순환과 극 순환의 경계 부근인 위도 60° 부근의 한대 전선대부근에 형성된 정체 전선으로부터 형성된다.
2. 해수의 표층 순환은 아한대 순환을 제외하고 북반구와 남반구가 거의 대칭을 이룬다.
3. 페렐 순환은 지구 표면에 편서풍을 형성한다. 북반구에서의 편서풍은 위도 30° 부근에서 하강한 공기가 북쪽으로 이동하며 전향력에 의해 휘어져 주로 남서풍의 형태로 지상에서 분다.

2016학년도 수능 지Ⅰ 9번

그림은 태평양의 주요 표층 해류가 흐르는 해역 A, B, C를 나타낸 것이다.

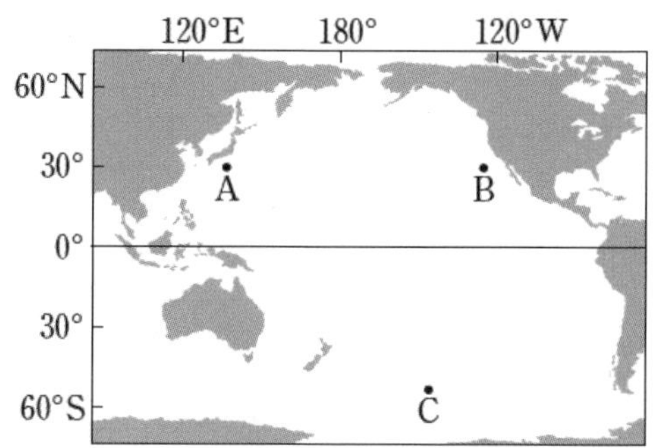

이에 대한 설명으로 옳은 것만을 <보기>에서 있는 대로 고른 것은?

<보　기>

ㄱ. C의 표층 해류는 극동풍에 의해 형성된다.
ㄴ. 표층 해류의 용존 산소량은 B보다 A에 많다.
ㄷ. 남반구 아열대 표층 순환의 방향은 시계 반대 방향이다.

① ㄱ　　　② ㄴ　　　③ ㄷ　　　④ ㄱ, ㄴ　　　⑤ ㄴ, ㄷ

추가로 물어볼 수 있는 선지

1. A와 B는 북반구 아열대 순환이다. (O , X)
2. 난류의 수온은 한류보다 항상 높다. (O , X)
3. 적도 반류는 위도 0°부근에서 흐른다. (O , X)

정답 : 1. (O), 2. (X), 3. (X)

02 2016학년도 수능 지Ⅰ 9번

문항의 발문 해석하기

암기한 태평양의 주요 해류를 떠올려야 한다.

문항의 자료 해석하기

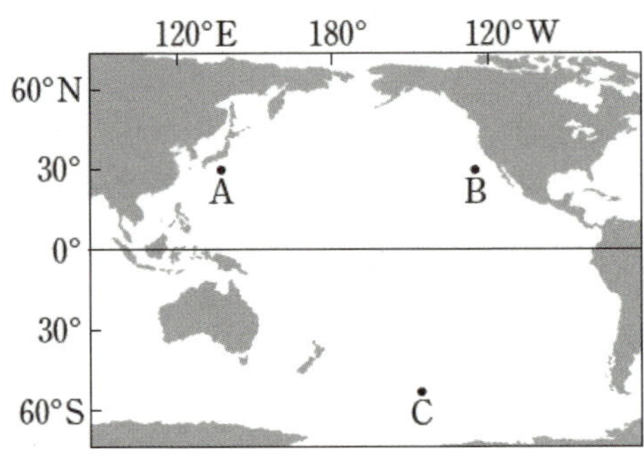

1. 자료의 위치로 봤을 때 A는 쿠로시오 해류, B는 캘리포니아 해류, C는 남극 순환 해류가 흐르고 있다. 자료에 나오지 않은 다른 해류도 함께 떠올릴 수 있도록 하자.

2. A와 B는 비슷한 위도에 위치하고 있다. 그리고 각각 난류와 한류가 흐르고 있는 해역인 것을 자료만 보고 판단할 수 있어야 한다.

3. C는 남극 순환 해류가 흐르고 있는 해역이다. C는 '남극'이라고 해서 극동풍에 의해서 생기는 것이 절대 아니다. 남극 순환 해류는 편서풍에 의해 생긴다는 것을 명심하자.

선지 판단하기

ㄱ 선지 C의 표층 해류는 극동풍에 의해 형성된다. (X)

    남극 순환 해류는 편서풍에 의해 형성된다.

ㄴ 선지 표층 해류의 용존 산소량은 B보다 A에 많다. (X)

    용존 산소량은 수온이 낮은 한류에 더 많다. 따라서 난류인 A는 B보다 용존 산소량이 적다.
    이는 같은 위도이기에 비교가 가능한 것이다. 만약 두 해역이 다른 위도였다면 다른 조건을 더 살펴봐야 한다.

ㄷ 선지 남반구 아열대 표층 순환의 방향은 시계 반대 방향이다. (O)

    남반구 아열대 표층 순환은 남적도 해류, 동오스트레일리아 해류, 남극 순환 해류, 페루 해류로 이루어져 있다. 이를 암기하고 있다면 해류가 시계 반대 방향으로 이동한다는 것을 확인할 수 있다.

기출문항에서 가져가야 할 부분

1. p.243를 통해 전 세계 표층 해류 모두 암기하기
2. 남극 순환 해류는 편서풍에 의해 생긴다는 사실 이해하기
3. p.245를 통해 열대, 아열대, 아한대 표층 순환 이해하기

기출 문제로 알아보는 유형별 정리

① 북태평양 아열대 순환   2015년 4월 학력평가 6번

그림은 북태평양의 표층 해류를 나타낸 것이다.

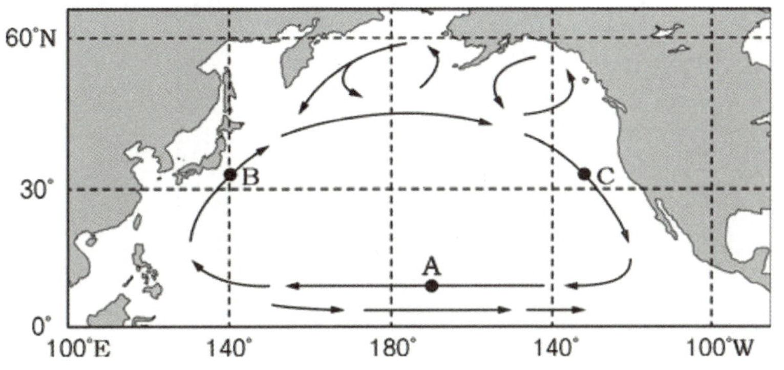

ㄷ. 북태평양에서 아열대 순환의 방향은 시계 방향이다. (O)

- 북적도 해류부터 시작해서 쿠로시오 해류, 북태평양 해류, 캘리포니아 해류를 거쳐 다시 북적도 해류로 돌아오는 북태평양 아열대 순환의 방향은 **시계 방향**이다.
- 가장 대표적으로 물어보는 아열대 순환이다. 이들은 무역풍과 편서풍에 의해서 형성되는 해류와 대륙에 가로막혀 형성되는 해류가 순환하는 것이다. 반드시 암기와 함께 각종 개념을 이해할 수 있도록 해야 한다.

② 남태평양 아열대 순환   2015년 10월 학력평가 11번

그림은 남태평양의 아열대 순환을 나타낸 것이다.

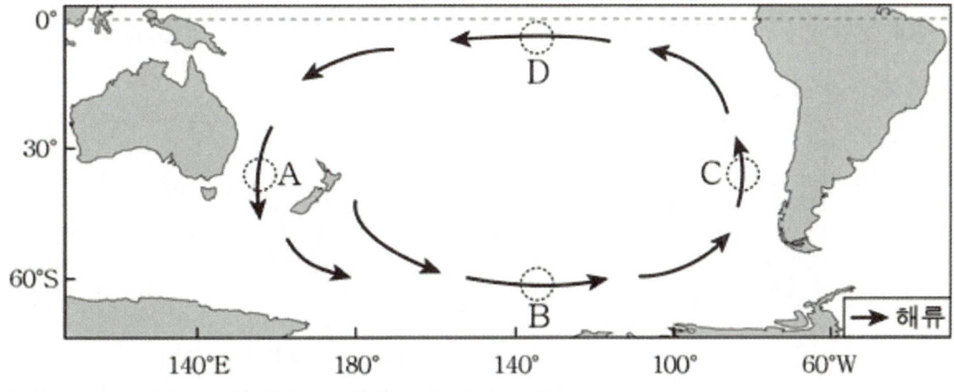

ㄴ. 표층 해수의 용존 산소량은 B 해역이 D 해역보다 많다. (O)

- 표층 해수의 용존 산소량은 수온이 낮을수록, 염분이 낮을수록 많아진다. 이때, B는 D보다 고위도 이므로 표층 수온이 낮아 용존 산소량이 더 많을 것이다. (동일 위도였다면 한류가 흐르는 지역의 용존 산소량이 더 높다.)
- A는 동오스트레일리아 해류, B는 남극 순환류, C는 페루 해류, D는 남적도 해류이다. 각 해류의 순환 방향은 **반시계 방향**이다.
- 남극 순환류는 이름 때문에 극동풍에 의해서 생겼을 것이라는 오해를 하면 안 된다. 남극 순환류는 편서풍으로 인해 형성되었기에 아열대 순환에 포함되는 것이다.

③ 대서양 아열대 순환

그림은 대서양의 표층 순환을 나타낸 것이다. A~D는 해류이다.

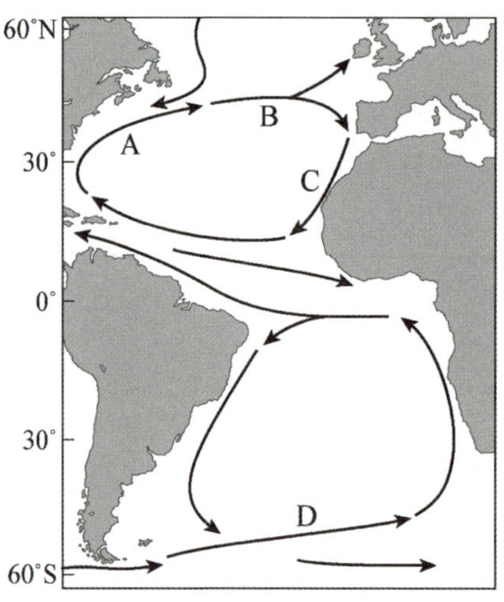

ㄴ. B와 D는 편서풍의 영향을 받는다. (O)

- B는 북대서양 해류, D는 남극 순환류이다. 두 해류 모두 편서풍에 의해서 서 → 동 방향으로 흐른다.
- 북대서양 아열대 순환은 북적도 해류로 시작해서 멕시코 만류, 북대서양 해류, 카나리아 해류를 거쳐 다시 북적도 해류로 돌아온다.

  남대서양 아열대 순환은 남적도 해류로 시작해서 브라질 해류, 남극 순환류, 벵겔라 해류를 거쳐 다시 남적도 해류로 돌아온다.
- **북대서양 아열대 순환은 시계 방향, 남대서양 아열대 순환은 반시계 방향**이므로 적도 부근을 경계로 대칭적이라는 것도 함께 알아두자.

2 열대 순환

① 적도 반류와 열대 순환의 생성

그림은 북반구에서 해수의 표층 순환을 나타낸 것이다.

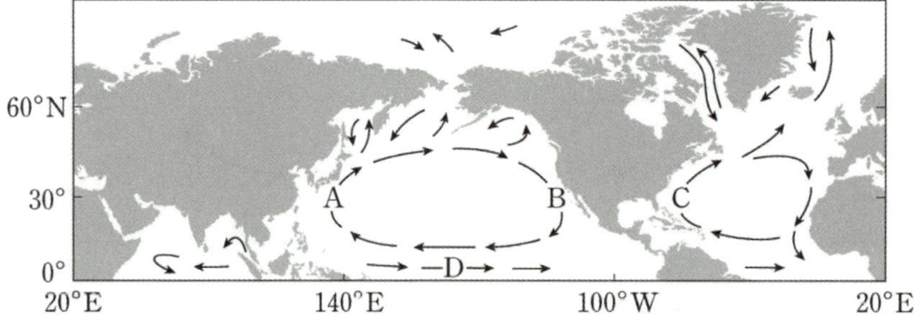

ㄷ. D를 지나는 해류는 편서풍에 의해 형성된다. (X)

- D는 **위도 5°N 근처**에서 형성되는 적도 반류이다.

  적도 부근에서는 무역풍에 의해 표층 해수가 동→서 방향으로 이동하면서 해수면의 경사가 생겨 다시 서→동 방향으로 이동하는 적도 반류가 형성된다.
- 열대 순환은 적도 반류와 적도 해류가 순환하며 생긴다. 또한, 적도 반류는 북적도 해류와 남적도 해류 사이에서 형성된다는 사실을 함께 기억하자.

① 아한대 순환, 암기해야 하나?   2021학년도 9월 모의평가 10번

 그림은 어느 해 태평양에서 유실된 컨테이너에 실려 있던 운동화가 발견된 지점과 표층 해류 A와 B의 일부를 나타낸 것이다.

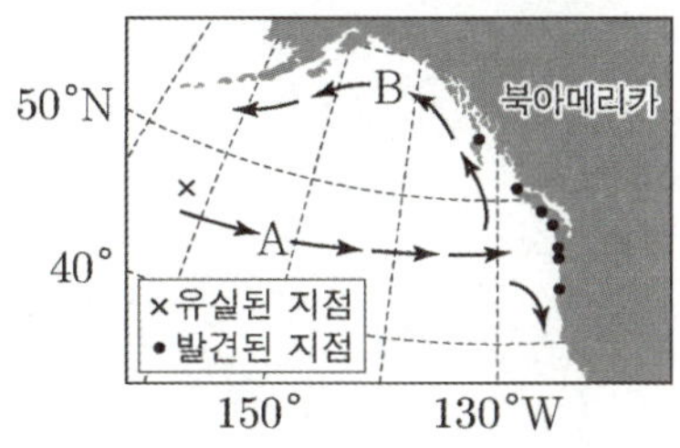

ㄴ. B는 아열대 순환의 일부이다. (X)

- B는 북태평양 해류인 A가 북아메리카 대륙을 만나 북상하면서 형성된 아한대 순환의 일부이다.

- 아한대 순환을 구성하는 해류의 이름을 암기할 이유는 전혀 없지만, **아한대 순환이 생기는 과정** 정도는 **이해**하고 넘어갈 수 있어야 한다.

① 난류와 한류의 특징   2019년 3월 학력평가 11번

 그림 (가)는 북태평양의 두 해역 A, B의 위치를, (나)는 A-B구간에서 측정한 표층 해수의 수온과 염분을 나타낸 것이다.

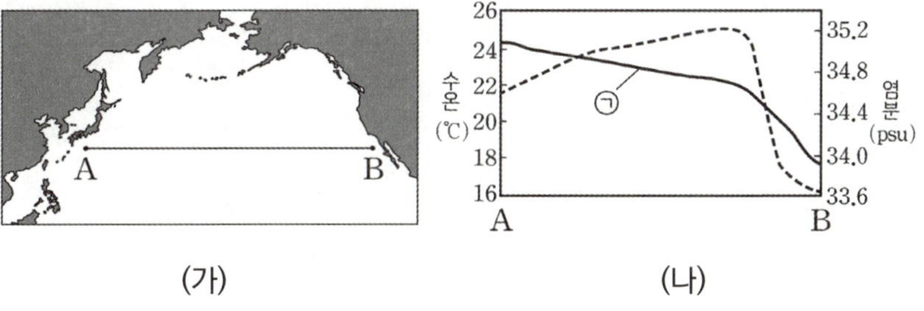

ㄱ. ㉠은 염분이다. (X)

- A는 쿠로시오 해류가 흐르는 지역이므로 난류가, B는 캘리포니아 해류가 흐르는 지역이므로 한류가 흐른다. 이때 난류는 수온과 염분이 높게 나타난다. 염분은 대륙 주변에서 담수의 유입 등으로 대양 중앙에 비해 낮게 나타나므로 ㉠은 염분이 아닌 수온 그래프이다.

- 난류와 한류에서의 염분, 수온을 암기할 수 있어야 한다. 그러나 이때 가장 중요한 것은 난류와 한류를 비교하기 위해서는 같은 위도대여야 한다는 것이다. **저위도에서 흐르는 한류와 고위도에서 흐르는 난류** 중 어떤 해류가 따뜻하겠는가? **저위도의 한류가 더 따뜻할 것**이다. (물론 위도 차이가 클 경우이다.)
  따라서 난류와 한류를 비교하기 전에는 **같은 위도대인지를 먼저 파악**해야 한다.

- 그리고 이 문제에서 **대륙 주변 해수**는 대양 중심부 해수보다 **염분이 낮다**는 사실 또한 알려주고 있다. 염분과 연결 지어서 생각하자.

① 조경 수역의 생성과 북상, 남하　　　　　　　　　　　　　　2021년 4월 학력평가 10번

그림은 우리나라 주변의 해류를 나타낸 것이다. A, B, C는 각각 동한 난류, 북한 한류, 쿠로시오 해류 중 하나이다.

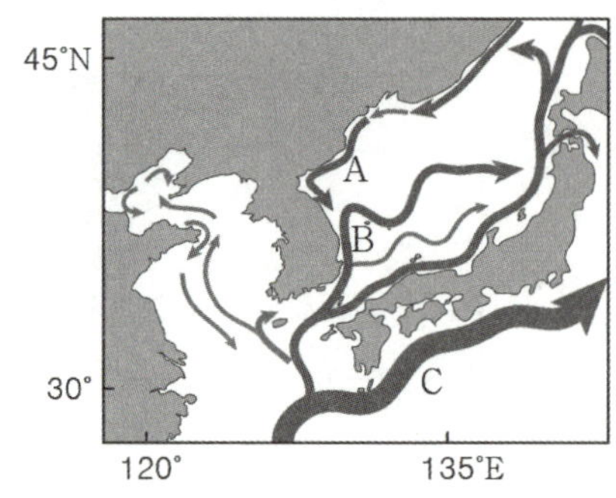

ㄴ. 동해에서는 A와 B가 만나 조경 수역이 형성된다. (O)

- A는 북한 한류, B는 동한 난류이다. 이때 한류와 난류가 만나 조경 수역이 형성된다.

- 조경 수역은 한류성 어종과 난류성 어종이 모두 잡히는 곳이기 때문에 좋은 어장이 형성된다.
  이때 조경 수역의 위치는 난류와 한류의 세기에 따라서 달라진다. 북반구에서 **한류의 세기가 강해지면 조경 수역의 위치는 남하**하고, **난류의 세기가 강해지면 조경 수역의 위치는 북상**한다.

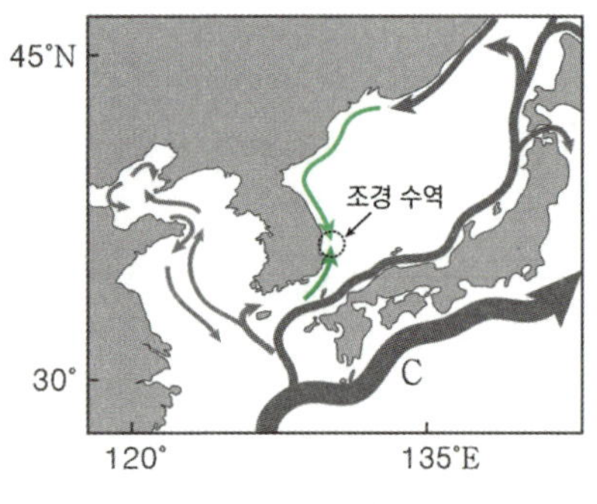

▲ 조경 수역의 위치 남하

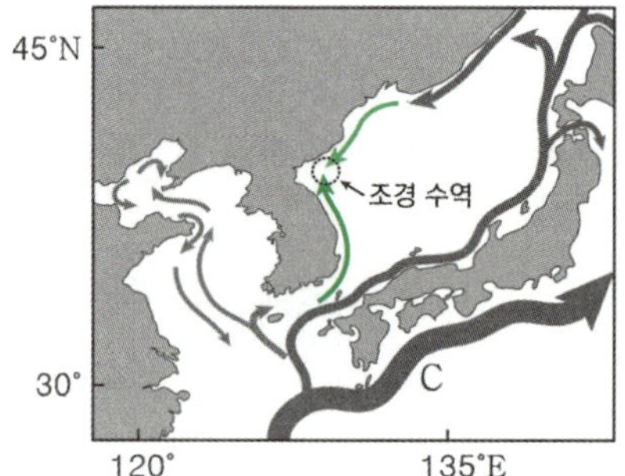

▲ 조경 수역의 위치 북상

② 아한대 순환과 조경 수역　　　　　　　　　　　　　　2017학년도 6월 모의평가 12번

그림은 북태평양의 표층 순환을 나타낸 것이다.

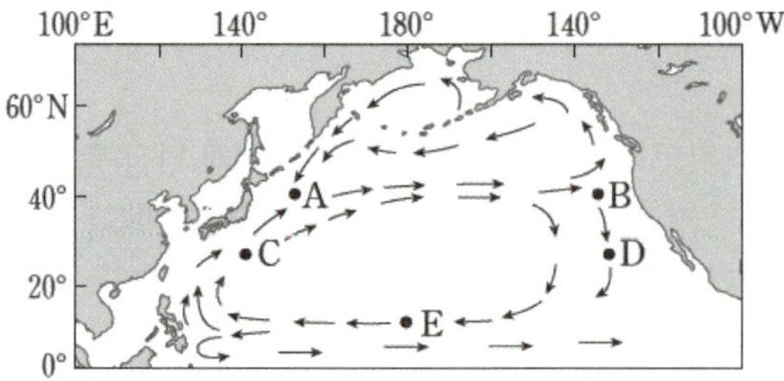

ㄱ. 조경 수역은 A가 B보다 잘 형성된다. (O)

- 조경 수역은 한류와 난류가 만나는 곳에서 형성된다. B는 북태평양 해류가 대륙을 만나 남, 북으로 흐르므로 조경 수역이 형성되기 어렵다. 그러나 A는 쿠로시오 해류가 북상하고 아한대 순환의 일부가 남하하므로 조경 수역이 형성될 수 있다.

- 아한대 순환을 구성하는 해류의 종류를 암기할 필요는 없다. 고위도에서 저위도로 이동하는 해수의 흐름은 한류라는 것 정도는 알아두자.

해수의 심층 순환

1. 심층 순환

표층 순환은 바다의 깊이를 고려해봤을 때 매우 일부이다. 표층뿐만 아니라 바람의 영향이 거의 없는 심층에도 해류가 존재하는데 이렇게 **심층에서 일어나는 순환**을 심층 순환이라 한다.

심층 순환은 표층에서 수온이 낮아지거나 염분이 높아져 **밀도가 커진 해수가 심해로 가라앉아 형성**된다.

따라서 심층 순환은 수온과 염분의 변화에 의한 밀도 변화로 형성되므로 **열염 순환이라고도 한다.**

심층 순환이 형성되는 과정은 다음과 같다.

겨울철 극지방에서 냉각된 표층 해수가 얼어 염분이 높아지면 밀도가 커진 해수가 심층으로 침강한다. 이후 침강한 해수는 저위도로 이동하여 온대나 열대 해역에 걸쳐 매우 천천히 상승하고 표층의 순환을 따라 다시 극 쪽으로 이동한다.

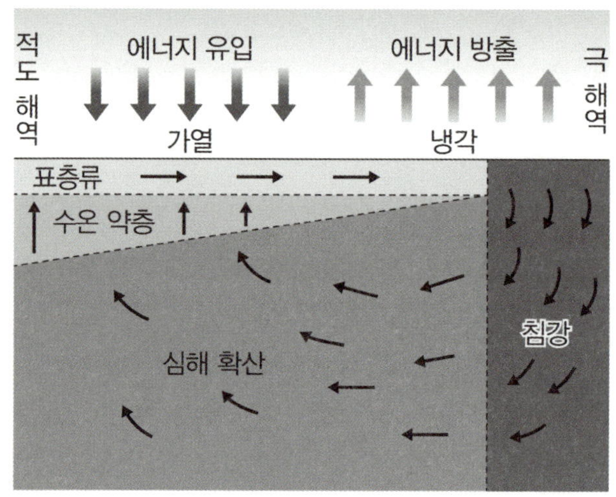

▲ 심층 순환 모형

+ 시야 넓히기 : 심층 순환의 발생 원리 모형

(가) 그림은 수돗물이 담긴 수조에 물감을 첨가한 얼음물을 넣은 것이다. **얼음물은 수돗물에 비해 온도가 낮아서 밀도가 크기 때문에** 수조 밑바닥을 따라 흐른다.

(나) 그림은 수돗물이 담긴 수조에 물감을 첨가한 소금물을 넣은 것이다. 얼음물과 마찬가지로 **소금물은 수돗물에 비해 염분이 높아서 밀도가 크기 때문에** 수조 밑바닥을 따라 흐른다.

이처럼 주변보다 밀도가 큰 해수는 침강하여 심해의 밑바닥을 따라 흐르게 된다는 것을 알아두자.

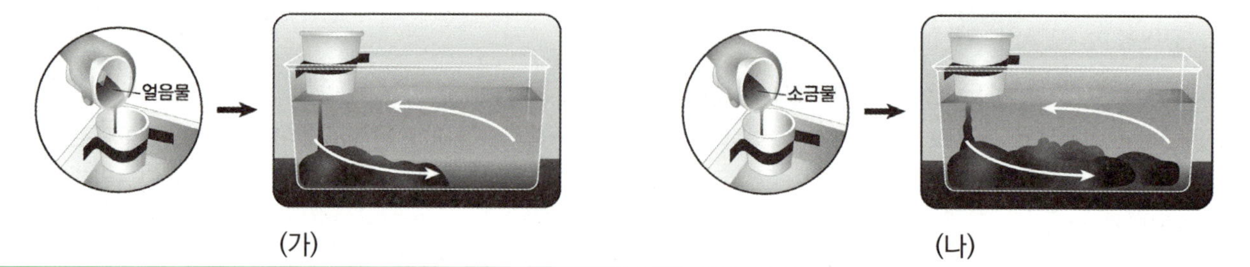

심층 순환은 심해에서 매우 느리게 일어나기 때문에 심층 순환의 흐름을 **직접 관측하기 어렵다**. 따라서 해수의 수온과 염분 및 밀도를 조사하여 간접적으로 흐름을 알아낼 수 있다.

이 흐름은 **수괴**를 통해서 알 수 있는데, 표층에서 침강하면서 **수온과 염분이 거의 일정하게 유지되는 해수 덩어리를 수괴**라 한다. 수괴는 성질이 다른(밀도가 다른) 수괴와 잘 섞이지 않기 때문에 수온과 염분이 거의 변하지 않는다.
(물과 기름의 밀도가 달라 섞이지 않는 것을 생각하면 된다.)
수괴의 측정은 수온 염분도를 이용해서 파악할 수 있다.

+ 시야 넓히기 : 수온 염분도를 이용한 수괴의 이동

지중해에서 대서양으로 넘어가는 해수 C는 **다른 해수들과 섞이지 않고 흐르는 것**을 확인할 수 있다. 이때 수온 염분도를 통해 해수의 밀도는 B 〉 C 〉 A 순인 것을 알 수 있다.
밀도가 가장 큰 해수 B가 가장 아래쪽에 위치하고, 밀도가 가장 작은 해수 A가 가장 위쪽에 있는 것을 파악할 수 있다. 해수의 이동은 수괴의 성질을 이용하여 관측할 수 있는 것이다.

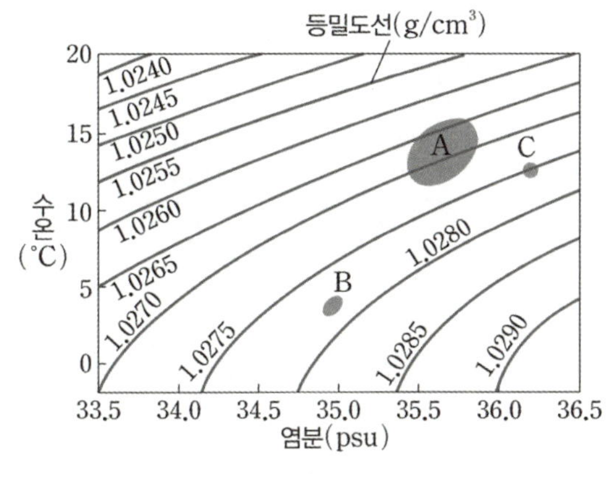

▲ 대서양 수괴의 수온 염분도

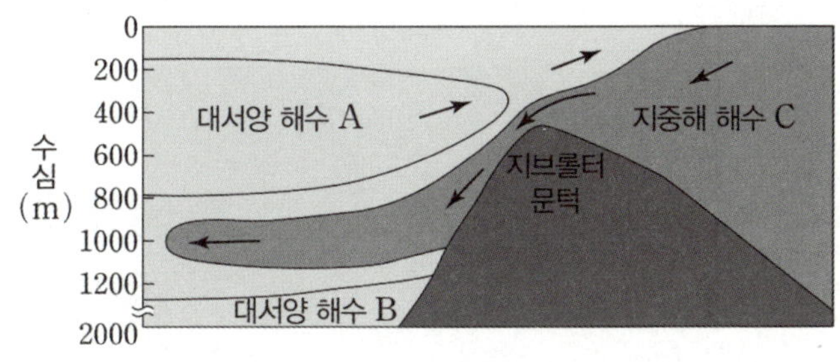

▲ 대서양으로 이동하는 지중해의 해수

3. 대서양의 심층 순환

대서양에서는 거대한 심층 순환이 관측되는데, 남극 대륙 주변과 북대서양 주변 해역 등에서 침강이 일어난다. 대표적인 심층 순환들을 알아보자.

(1) 남극 저층수

① **남극 웨델해**(80°S 부근) **주변**에서 만들어져서 해저를 따라 **북쪽으로 이동하여 30°N까지 흐른다.**
② 겨울철 결빙으로 염분이 높아져서 밀도가 커진 해수가 심층으로 가라앉아 형성된다.
③ 지구상에서 **밀도가 가장 큰 수괴**로 대서양에서 **수심이 가장 깊은 곳을 따라 흐른다.**

(2) 북대서양 심층수

① **북반구의 그린란드 해역**(60°N 부근)에서 만들어져서 **남쪽으로 확장하며 60°S까지 흐른다.**
② 표층수의 냉각으로 인해 해수가 침강하여 형성된다.
③ 남극 저층수보다 밀도가 작아 **남극 저층수 위쪽을 따라 흐른다.**

(3) 남극 중층수

① 60°S **부근**에서 침강하여 흐르면서 수심 약 1000m의 중층을 따라 **북쪽으로 이동하여 20°N까지 흐른다.**
② 북대서양 심층수보다 밀도가 작아 **북대서양 심층수와 표층수 사이에서 흐른다.**

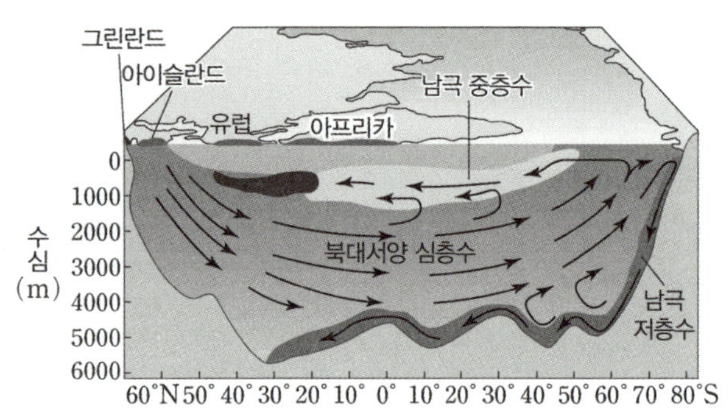

▲ 대서양의 심층 순환 모습

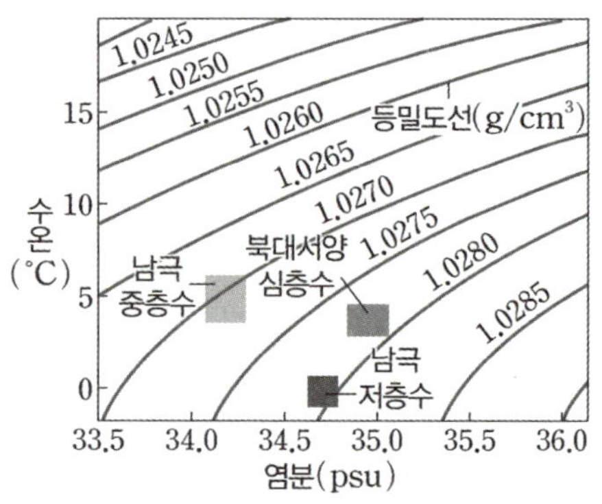

▲ 대서양 수괴의 수온 염분도

오른쪽 그림과 같이 표층수와 심층수는 서로가 **컨베이어 벨트와 같이 연결**되어 순환하고 있다.

㉠ 부근의 **그린란드 해역**에서는 따뜻하고 염분이 높은 해수가 캐나다 북부로부터 불어온 찬 바람에 의해 냉각되면서 가라앉아 **북대서양 심층수**가 형성된다.
㉡ 부근의 **웨델해**에서는 수온이 낮은 해수가 결빙하는 과정에서 염분이 높아져 밀도가 커진 해수가 침강하여 **남극 저층수**가 형성된다.

어느 한쪽의 흐름이 약해진다면 다른 한쪽도 흐름이 약해진다는 것을 알아두자.

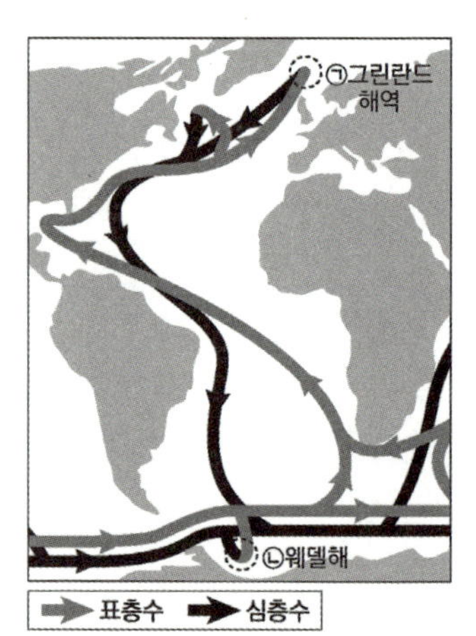

▲ 대서양 해수의 흐름

심층 순환은 거의 전 수심과 전 위도에 걸쳐 일어나면서 해수를 순환시킨다. 따라서 다양한 역할을 수행한다.

(1) 해수의 열에너지 수송

심층 순환은 표층 순환과 거대한 컨베이어 벨트와 같이 연결되어 저위도의 남는 열에너지를 고위도로 수송하여 **위도 간 열에너지 불균형**을 **해소**시킨다. (한 번 순환하는 데 약 1000년이 걸린다.)

(2) 물질 공급

① 극지방에서 용존 산소를 머금고 침강한 심층 해수는 산소가 부족한 **심해층에 산소를 공급해주는 역할**을 한다.
　　(p.225 심해층에서 용존 산소의 양이 조금씩 늘어나는 이유다.)
② 차가운 심해의 영양 염류를 표층으로 운반하여 해양 생물의 생존에 도움을 준다.

(3) 전 지구적 기후 변화

심층 순환이 약해지면 컨베이어 벨트와 같이 연결된 표층 순환도 약해져 지구 전반적인 영역에 걸쳐 기후 변화가 일어난다.

+ 시야 넓히기 : 심층 해수와 영거 드라이아스 빙하기

과거 그린란드 지역에서 녹은 빙하가 극지방 해역으로 흘러 들어갔다. 그 결과 극지방의 염분이 낮아지고 밀도가 낮아져서 침강이 약해지는 연쇄 반응이 일어났다. 침강이 약해짐으로써 심층 순환의 세기가 약해지고 표층 순환의 세기가 약해져 극지방으로의 에너지 전달이 약해졌다. 그 영향으로 지구에는 소빙하기가 찾아왔다.

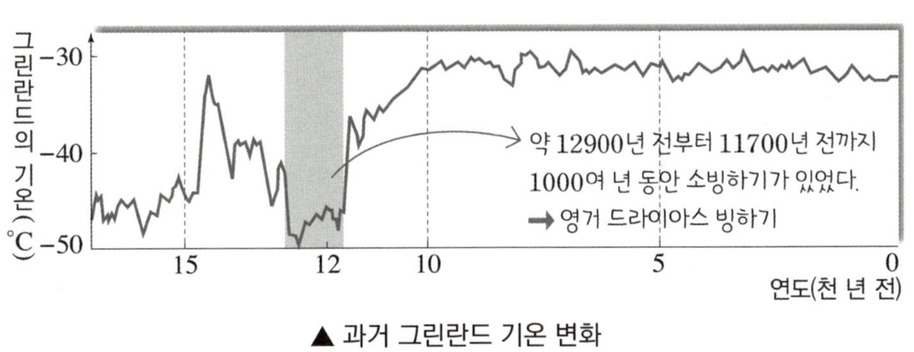

▲ 과거 그린란드 기온 변화

2022학년도 9월 모의평가 지Ⅰ 3번

그림은 대서양의 심층 순환을 나타낸 것이다. 수괴 A, B, C는 각각 남극 저층수, 남극 중층수, 북대서양 심층수 중 하나이다.

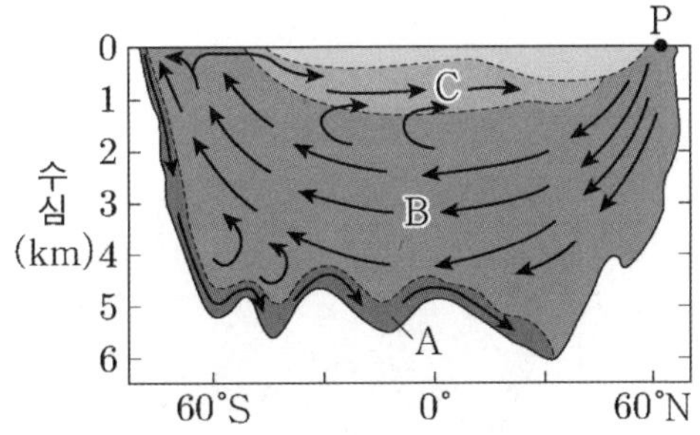

이에 대한 설명으로 옳은 것만을 <보기>에서 있는 대로 고른 것은?

<보　기>

ㄱ. A는 남극 저층수이다.

ㄴ. 밀도는 C가 A보다 크다.

ㄷ. 빙하가 녹은 물이 해역 P에 유입되면 B의 흐름은 강해질 것이다.

① ㄱ 　　② ㄴ 　　③ ㄷ 　　④ ㄱ, ㄴ 　　⑤ ㄴ, ㄷ

추가로 물어볼 수 있는 선지

1. 남극 저층수의 침강은 7월이 1월보다 약하다. (O , X)
2. 남극 중층수는 남극 대륙 주변의 웨델해에서 생성된다. (O , X)
3. 해수의 결빙으로 인해 빙하 주변 표층 해수의 밀도는 커진다. (O , X)

정답 : 1. (X), 2. (X), 3. (O)

2022학년도 9월 모의평가 지 I 3번

KEY POINT #대서양 심층 순환, #빙하

문항의 발문 해석하기

대서양 심층 순환의 특징을 생각해야 한다. 또한 세 가지 심층 순환의 밀도에 의한 해수의 위치를 알아야 한다.

문항의 자료 해석하기

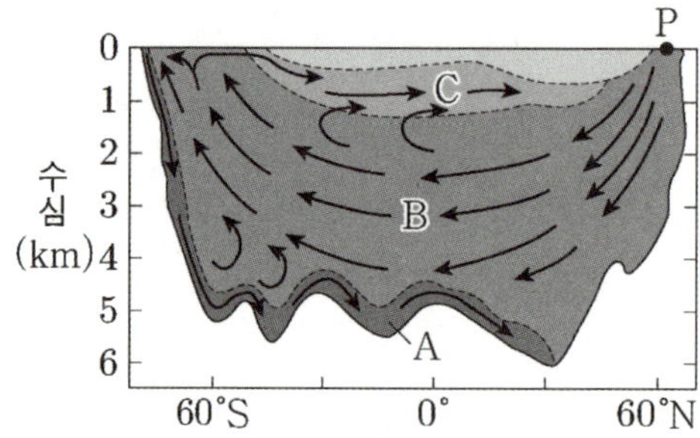

1. 대서양 심층 순환 세 종류의 밀도는 남극 저층수 〉 북대서양 심층수 〉 남극 중층수이다. 따라서 밀도가 가장 큰 남극 저층수는 가장 밑바닥인 A, 그 다음인 북대서양 심층수는 B, 남극 중층수는 C에 해당한다.

2. P는 북대서양 심층수가 침강하는 극지방에 위치하고 있다.

선지 판단하기

ㄱ 선지 A는 남극 저층수이다. (O)

　　밀도가 가장 커 가장 밑바닥을 따라 북쪽으로 흐르는 A는 남극 저층수이다.

ㄴ 선지 밀도는 C가 A보다 크다. (X)

　　남극 중층수인 C는 밀도가 가장 작아 표층수 바로 아래에서 흐른다. 따라서 밀도는 C가 남극 저층수인 A보다 작다.

ㄷ 선지 빙하가 녹은 물이 해역 P에 유입되면 B의 흐름은 강해질 것이다. (X)

　　빙하가 녹은 물이 P에 유입되면 염분이 낮아진다. 염분이 낮아지면 밀도가 작아지므로 해수의 침강이 약해진다. 해수의 침강이 약해지면 심층 순환의 세기도 약해지므로 B의 흐름은 약해질 것이다.

기출문항에서 가져가야 할 부분

1. 대서양 심층 순환의 종류 및 밀도 암기하기

2. 극지방 밀도 변화와 심층 순환 연쇄적으로 이해하기

3. 염분과 밀도의 관계 이해하기

기출 문제로 알아보는 유형별 정리

① 심층 순환의 생성과 연직 단면도   2021학년도 9월 모의평가 16번

그림은 대서양 심층 순환의 일부를 모식적으로 나타낸 것이다. 수괴 A, B, C는 각각 북대서양 심층수, 남극 저층수, 남극 중층수 중 하나이다.

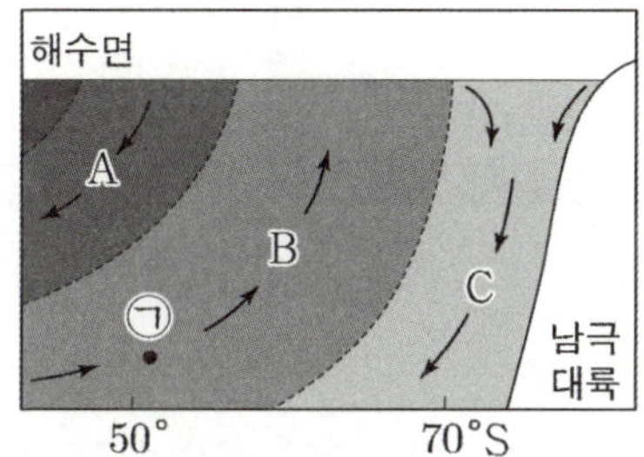

ㄷ. C는 표층 해수에서 (증발량 – 강수량) 값의 감소에 의한 밀도 변화로 형성된다. (X)

- (증발량 – 강수량) 값은 염분과 비례한다. 따라서 이 값이 커지면 염분이 늘어나 밀도가 커진다.
  C에 해당하는 남극 저층수는 밀도가 커지면 침강이 활발해지면서 형성된다.
  따라서 (증발량 – 강수량) 값이 감소하면 밀도가 작아져 심층 순환이 잘 형성되지 않는다.
- 그렇다면 **(증발량 – 강수량) 값이 증가하면 밀도가 커져 심층 순환이 형성될까?**
  그렇지 않다. 남극 저층수가 염분 변화로 인해 형성되는 것은 (증발량 – 강수량) 값 증가에 의한 염분 증가로 생기는 것이 아닌 겨울철 해수의 결빙에 의해 염분이 증가하여 형성될 것이다.
- 이처럼 어느 지역에서의 밀도, 염분, 수온 등의 물리량 변화를 문제에서 물어본다면 상황에 맞게 대처하도록 하자.

② 심층 순환의 세기 변화   지Ⅱ 2017학년도 수능 3번

ㄷ. 극지방의 빙하가 녹을 경우 해수의 심층 순환이 강화될 것이다. (X)

- 빙하에는 염분이 섞여 있지 않기 때문에 빙하가 녹는다면 주변 해역의 염분은 낮아질 것이다. 따라서 밀도가 낮아지며 침강이 약해져서 심층 순환은 약화될 것이다.
- 이처럼 해수의 물리량과 심층 순환의 세기 변화는 연쇄적으로 생각할 수 있어야 한다.

① 대서양 심층 순환의 종류   2020년 3월 학력평가 16번

그림 (가)는 대서양의 심층 순환을, (나)는 수온 – 염분도를 나타낸 것이다. (나)의 A, B, C는 각각 북대서양 심층수, 남극 중층수, 남극 저층수 중 하나이다.

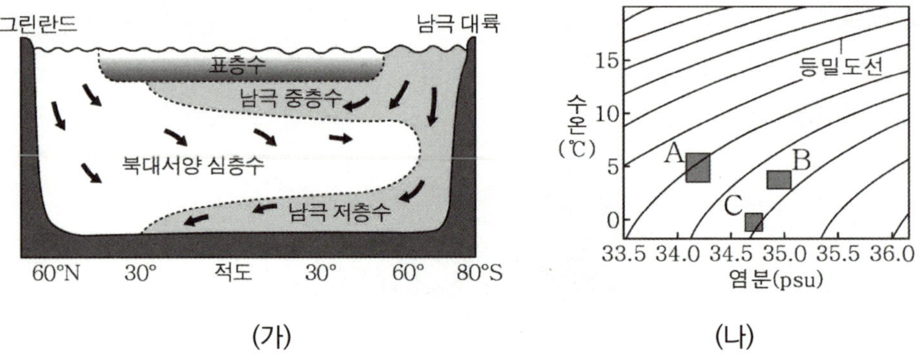

- 대서양의 심층 순환 3가지는 반드시 외워야 하는 자료이다. (가)의 자료처럼 대서양의 단면도가 자료로 주어진다면 북반구, 남반구를 파악한 후 각 순환의 밀도를 떠올려야 한다.
- 수온–염분도를 (나) 자료처럼 준다면 밀도를 생각해서 각 심층 순환을 바로 떠올릴 수 있어야 한다. (아니면 (나) 자료에 있는 각 심층 순환의 수온과 염분을 외우는 것도 좋은 방법이다.)

② 대서양 심층 순환의 이동   2021년 7월 학력평가 12번

표는 심층 순환을 이루는 수괴에 대한 설명을 나타낸 것이다. (가), (나), (다)는 각각 남극 저층수, 북대서양 심층수, 남극 중층수 중 하나이다.

구분	설명
(가)	해저를 따라 북쪽으로 이동하여 30°N에 이른다.
(나)	수심 1000m 부근에서 20°N까지 이동한다.
(다)	수심 약 1500~4000m 사이에서 60°S까지 이동한다.

- 위 자료처럼 그림으로 자료를 주지 않아도 머릿속으로 대서양의 단면도가 떠올라야 한다. 또한 심층 순환이 생성되는 위치(위도)와 어느 위도까지 이동하는지 떠올릴 수 있어야 한다.

① 심층 순환과 해수의 물리량을 판단하자   지Ⅱ 2017학년도 9월 모의평가 4번

다음은 북대서양 심층수와 남극 저층수의 발생 원리를 알아보기 위한 모형실험이다.

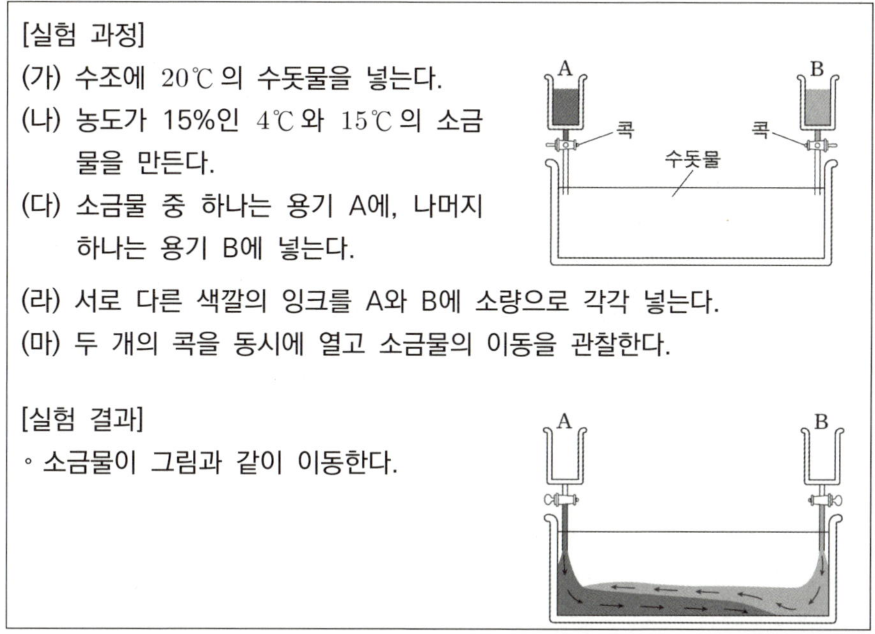

- [실험 과정]으로 나오는 대표적인 테마다. 주로 해수의 물리량을 이용한 문제로 출제된다. 물리량을 보고 밀도를 파악해서 해당하는 해수를 찾을 수 있어야 한다.
- 심층 순환이 실험 과정 문제로 출제된다면 편안한 마음으로 해수의 물리량을 파악해서 대입만 시키자.

추가로 물어볼 수 있는 선지 해설

1. 남극 저층수의 침강은 주로 겨울철에 일어난다. 남반구의 겨울은 7월이므로 침강은 7월에 활발하다.
2. 남극 중층수는 남극 대륙 주변이 아닌 위도 50°S ~ 60°S부근에서 형성된다.
3. 해수의 결빙이 일어날 때 순수한 물만 얼고 염류는 주변 해수로 빠져나오므로 주변 해수의 염분이 증가하고 밀도 또한 증가한다.

memo

2021학년도 수능 지Ⅰ 13번

그림은 북대서양 심층 순환의 세기 변화를 시간에 따라 나타낸 것이다.

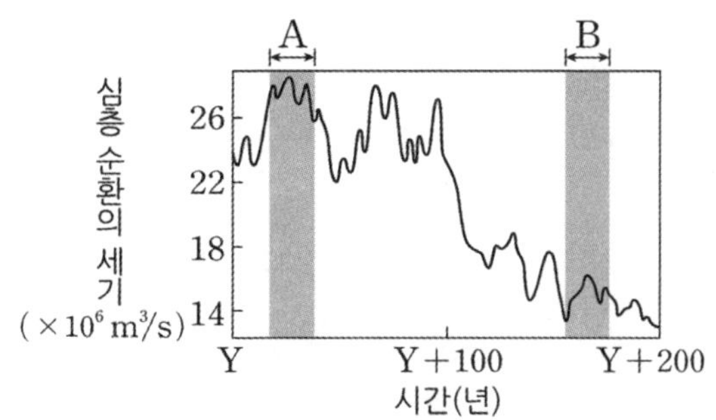

A 시기와 비교할 때, B 시기의 북대서양 심층 순환과 관련된 설명으로 옳은 것만을 <보기>에서 있는 대로 고른 것은?

─────────── <보 기> ───────────

ㄱ. 북대서양 심층수가 형성되는 해역에서 침강이 약하다.

ㄴ. 북대서양에서 고위도로 이동하는 표층 해류의 흐름이 강하다.

ㄷ. 북대서양에서 저위도와 고위도의 표층 수온 차가 크다.

① ㄱ   ② ㄴ   ③ ㄱ, ㄷ   ④ ㄴ, ㄷ   ⑤ ㄱ, ㄴ, ㄷ

추가로 물어볼 수 있는 선지

1. 심층 순환이 약해지면 위도 간 열수지 불균형이 심해진다. (O , X)

2. 해수의 평균 유속은 심층수와 표층수가 대체로 비슷하다. (O , X)

3. 그린란드 주변의 빙하가 녹은 물이 유입되면 북대서양에서 해수의 순환은 약해질 것이다. (O , X)

정답 : 1. (O), 2. (X), 3. (O)

KEY POINT #북대서양 심층 순환, #표층 수온 차

문항의 발문 해석하기

심층 순환의 세기는 해수의 침강과 관련이 있다는 것을 생각해야 한다.

문항의 자료 해석하기

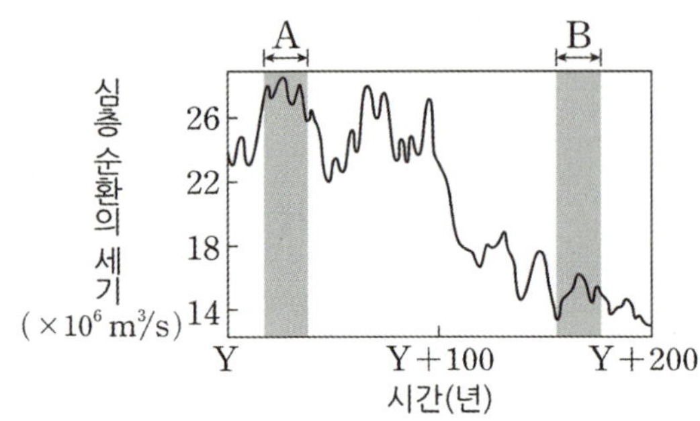

1. 시간이 지나면서 심층 순환의 세기가 감소하고 있는 것을 확인할 수 있다. 이는 극지방 해수의 침강이 느려 졌다는 것을 의미한다. 해수의 침강은 밀도가 작을수록 느리게 일어난다.
   극지방에서 해수의 밀도가 작아지는 이유로는 수온 상승 또는 염분 감소가 있다.

2. 심층 순환의 세기가 약해진 B 시기는 A보다 표층 순환의 세기도 약할 것이다. 컨베이어 벨트와 같이 연결되 어 있기 때문에 하나가 약해지면 다른 하나도 약해지는 것이다.

선지 판단하기

ㄱ 선지 북대서양 심층수가 형성되는 해역에서 침강이 약하다. (O)

 심층 순환의 세기가 약해졌기 때문에 극지방에서의 침강이 약해졌다고 판단할 수 있다.

ㄴ 선지 북대서양에서 고위도로 이동하는 표층 해류의 흐름이 강하다. (X)

 심층 순환의 세기가 약해지면서 표층 순환의 세기도 함께 약해졌기 때문에 표층 해류의 흐름도 약해졌다.

ㄷ 선지 북대서양에서 저위도와 고위도의 표층 수온 차가 크다. (O)

 심층 순환 약화로 표층 순환의 세기가 약해지면서 저위도의 남는 에너지가 고위도로 잘 전달되지 못한 다. 따라서 저위도는 더 뜨거워지고 고위도는 더 추워져 표층 수온 차이는 커진다.

기출문항에서 가져가야 할 부분

1. 심층 순환의 약화 원인 이해하기
2. 심층 순환과 표층 순환의 관계 이해하기
3. 심층 순환과 해수의 침강 연결하기

기출 문제로 알아보는 유형별 정리

① 심층 순환의 세기와 표층 순환 　　　　　　　　　　　2020년 10월 학력평가 1번

　그림 (가)는 북대서양의 표층 순환과 심층 순환의 일부를, (나)는 고위도 해역에서 결빙이 일어날 때 해수의 움직임을 나타낸 것이다.

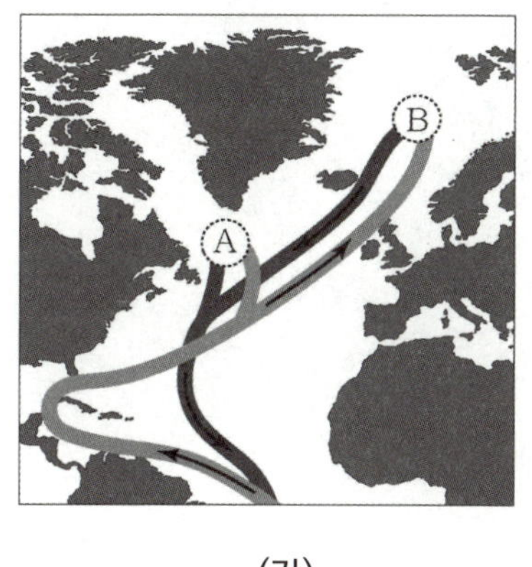
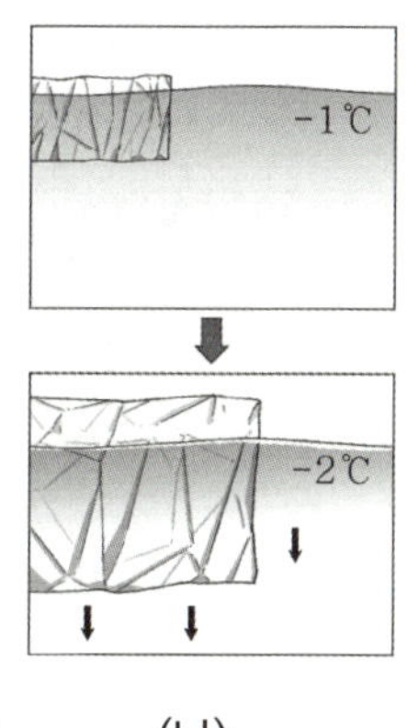

(가) 　　　　　　　　　　　(나)

ㄷ. A와 B에 빙하가 녹은 물이 유입되면 북대서양의 심층 순환이 강화될 것이다. (X)

- 빙하가 녹은 물이 극지방에 유입되면 염분이 낮아지므로 밀도가 감소하고 침강이 약해져 심층 순환 또한 약해질 것이다.
- (가) 자료처럼 **심층 순환은 표층 순환**과 **컨베이어 벨트와 같이 연결**되어 있기 때문에 어느 한쪽에서 세기 변화가 일어난다면 다른 한쪽도 같은 변화가 일어난다고 생각할 수 있어야 한다.
- 겨울철 해수의 결빙에 의한 염분 증가는 (나) 자료처럼 진행된다고 생각하면 된다.

② 전 세계 표층 순환과 심층 순환 　　　　　　　　지Ⅱ 2018년 10월 학력평가 14번

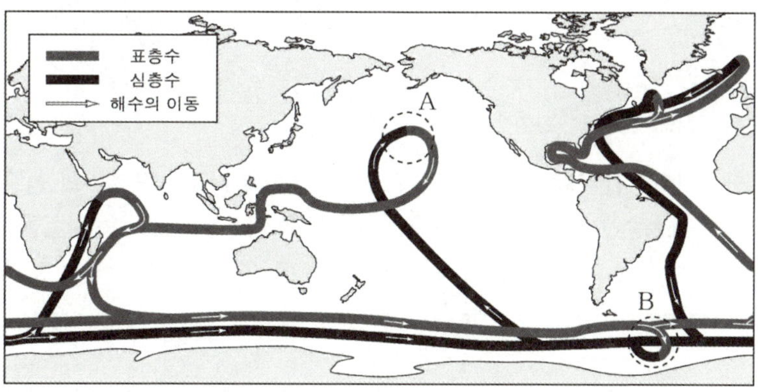

- 위 자료처럼 전 세계 해수의 표층수와 심층수는 연결되어 있다는 사실을 기억하자.

① 남반구에서의 해수의 순환　　　　　　　　　지Ⅱ 2017년 7월 학력평가 17번

그림은 전 지구적인 해수의 순환을 나타낸 것이다.

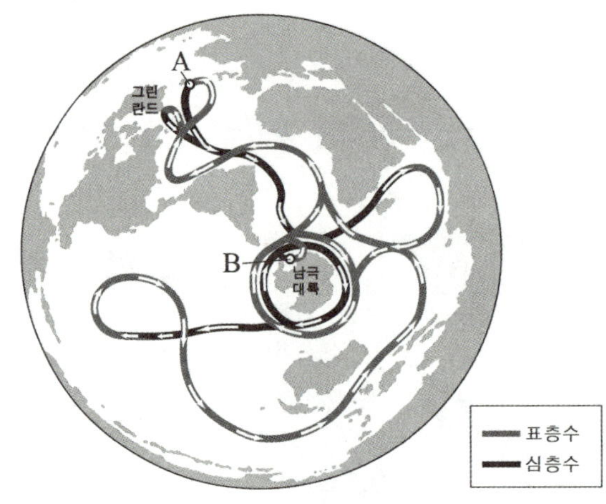

- 위 자료는 **남반구 위에서 내려다본 해수의 순환**이다. 대체로 저위도에서 고위도로 이동하는 표층수와 고위도에서 침강해서 움직이는 심층수의 모습을 이해하자.
- 남극 대륙 주변을 회전하고 있는 표층수는 남극 순환류일 것이다.
  이는 **편서풍에 의해서 생긴다**는 사실을 함께 기억하자.

② 북반구에서의 해수의 순환 및 순환의 단면도　　　　　　　2021년 4월 학력평가 7번

그림은 대서양 표층 순환과 심층 순환의 일부를 확대하여 나타낸 것이다. ㉠과 ㉡은 각각 표층수와 심층수 중 하나이다.

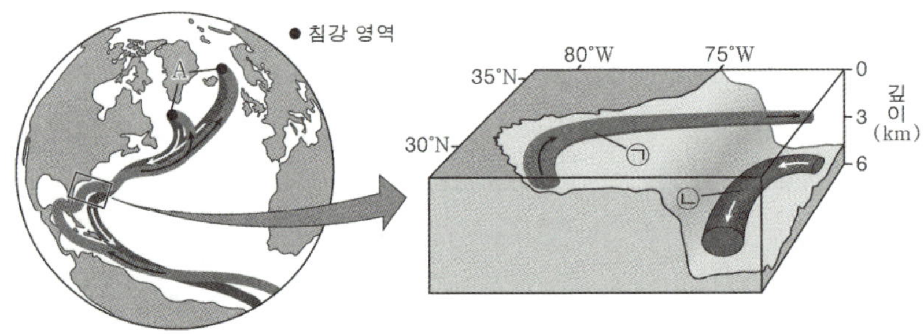

- 왼쪽 자료는 **북반구 위에서 내려다본 해수의 순환**이다. 또한, 오른쪽 자료는 표층수와 심층수를 구분할 수 있는 해수의 연직 단면도이다. 대체로 표층수는 고위도로, 심층수는 저위도로 이동하고 있다는 사실을 함께 기억하자.

추가로 물어볼 수 있는 선지 해설

1. 심층 순환이 약해지면 연쇄적 반응에 의해 표층 순환이 약해져 저위도의 남는 에너지가 고위도로 잘 전달되지 못하므로 위도별 열수지 불균형이 심해진다.
2. 표층 순환은 수 년~수십 년마다 순환하지만, 심층 순환은 한번 순환하는데 1000년 이상 걸린다. 따라서 해수의 평균 유속은 표층수가 더 빠르다.
3. 빙하가 녹은 물이 유입되면 염분이 낮아져 밀도가 함께 낮아지므로 연쇄적 반응에 의해 심층 순환의 세기가 약해져 표층 순환의 세기도 함께 약해지므로 북대서양 전체의 순환은 약해질 것이다.

Theme

05

대기와 해양의 상호작용

해수의 용승과 침강

1. 에크만 수송

북반구에서의 해수는 평균적으로 바람 진행 방향의 오른쪽 90° 방향으로 이동하고 남반구에서의 해수는 평균적으로 바람 진행 방향의 왼쪽 90° 방향으로 이동하는 것을 에크만 수송이라 한다. (에크만 수송은 지구과학 II 과목에서 심층적으로 다룬다. 지구과학1에서는 용승과 침강에 대해 이해하기 위해서 필요한 개념이므로 에크만 수송 자체에 대해 깊이 있게 알 필요는 없다.)

+ 시야 넓히기 : 에크만 수송(북반구)

- **지구의 전향력**으로 인해 북반구에 존재하는 표면 해수는 **바람 방향의 오른쪽으로** 45° **편향**되어 흐른다. 표면 해수에서 수심이 깊어지면, 해수의 흐름은 계속해서 오른쪽으로 편향되고 유속은 느려진다. 이때의 형태를 **에크만 나선**이라 한다.
- 에크만 나선을 따라 내려가다 보면 표면 해수의 이동 방향과 반대가 되는 층이 나타나게 되는데 이 층까지를 모두 **에크만층**이라고 한다. **에크만층**에서 북반구 **해수의 평균적인 이동 방향은 바람 방향의 오른쪽** 90° **방향**으로 나타나는데, 이를 **에크만 수송**이라고 한다.

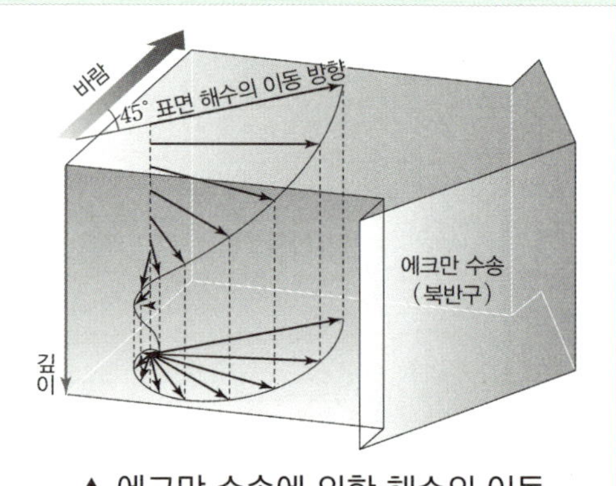

▲ 에크만 수송에 의한 해수의 이동

---

2. 용승과 침강

(1) 용승

표층 해수의 발산에 의해 **심층의 차가운 해수가 표층으로 올라오는 현상**을 말한다.

(2) 침강

표층 해수의 수렴 또는 냉각에 의해 **표층의 해수가 심층으로 내려가는 현상**을 말한다.

(3) 전 세계 주요 용승 해역

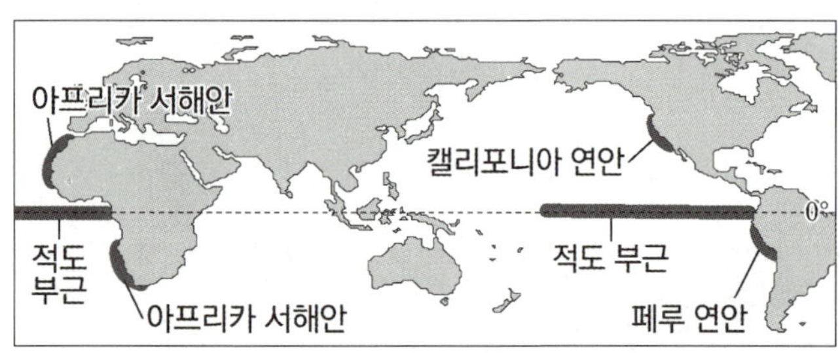

① **적도 용승**
  ⇒ 적도 부근

② **연안 용승**
  ⇒ 캘리포니아 연안, 아프리카 서해안, 페루 연안

용승과 침강은 주로 에크만 수송에 의해서 나타난다. 용승과 침강이 일어나는 이유는 여러 가지가 있는데, 주로 연안에서 육지에 가로막혀 발생하거나. 기압에 의해 발생하거나, 대기 대순환에 의해서 발생한다.

(1) 연안 용승과 연안 침강

① **연안 용승** : 대륙의 연안에서 에크만 수송에 의해 **표층 해수가 먼 바다 쪽으로 이동**하면 **연안에는 해수의 양이 부족**해진다. **이를 보충해주기 위해 심층의 차가운 해수가 올라오는 현상**이다.

② **연안 침강** : 대륙의 연안에서 에크만 수송에 의해 **표층 해수가 대륙의 연안 쪽으로 이동**하면 **연안에는 해수의 양이 넘쳐**난다. **이를 해소하기 위해 심층으로 해수가 내려가는 현상**이다.

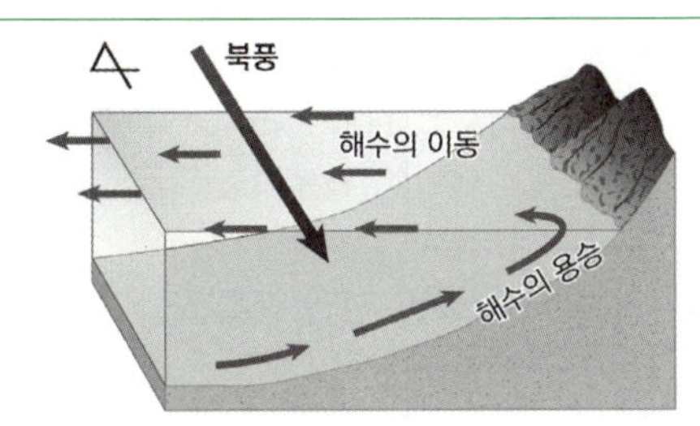

▲ 연안 용승 (북반구)

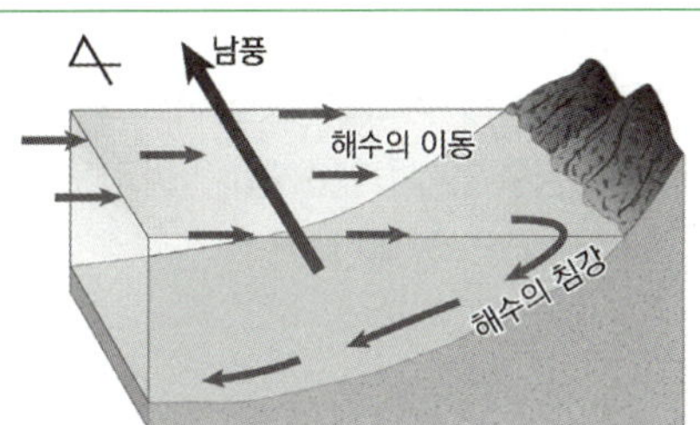

▲ 연안 침강 (북반구)

- 대륙의 서해안에서 **북풍**이 지속적으로 불고 있다. 에크만 수송에 의해 **해수는 바람 방향의 오른쪽90°로 이동**하므로 서쪽으로 이동한다.
- 이를 보충해주기 위해서 **심층의 차가운 물이 올라오는** 연안 용승이 발생한다.

- 대륙의 서해안에서 **남풍**이 지속적으로 불고 있다. 에크만 수송에 의해 **해수는 바람 방향의 오른쪽 90°로 이동**하므로 동쪽으로 이동한다.
- 해수의 **진행 방향에는 대륙이 있으므로** 해수는 계속해서 쌓이다가 연안 침강이 발생한다.

+ 직접 해보기 : 연안 용승과 연안 용승을 직접 그려보자

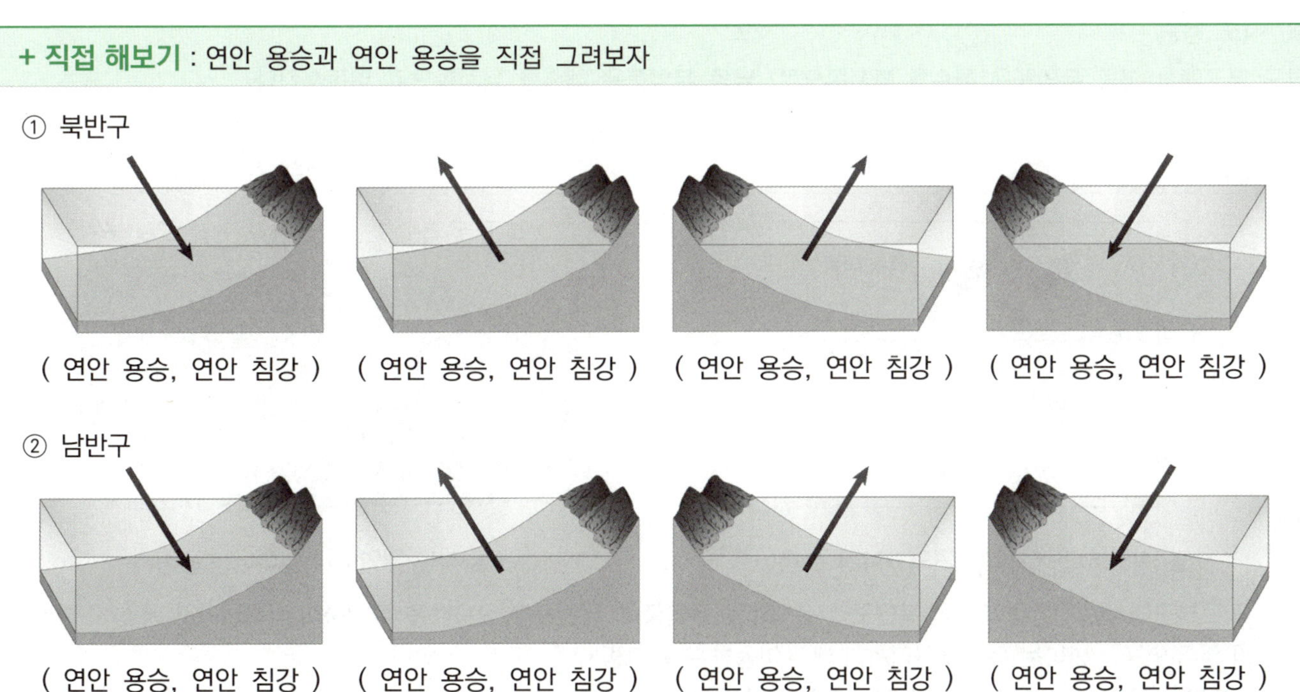

(2) 저기압성 용승과 고기압성 침강

① **저기압성 용승** : 북반구 저기압에서의 바람은 **반시계 방향으로 수렴**한다. 이때, 에크만 수송에 의해 표층 해수는 저기압 중심에서 바깥쪽으로 발산한다. 따라서 저기압 중심부에서는 용승이 일어난다.

② **고기압성 침강** : 북반구 고기압에서의 바람은 **시계 방향으로 발산**한다. 이때, 에크만 수송에 의해 표층 해수는 고기압 바깥쪽에서 안쪽으로 수렴한다. 따라서 고기압 중심부에서는 침강이 일어난다.

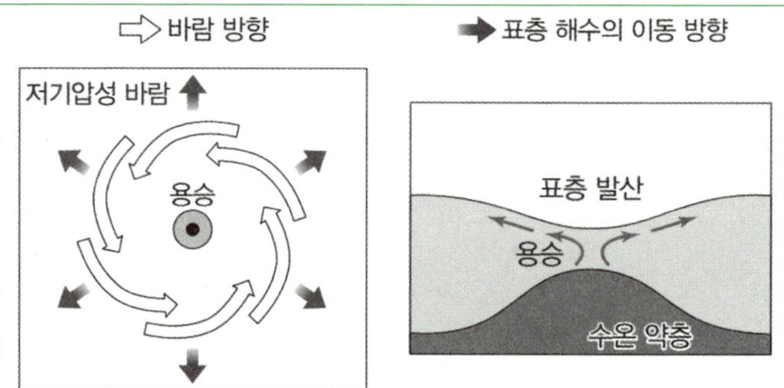

- **저기압**에서 **반시계 방향**으로 바람이 불고 있다. 에크만 수송에 의해 북반구의 해수는 **바람 방향의 오른쪽 90°로 이동**하므로 발산한다.

- 해수가 저기압 바깥쪽으로 발산하므로 이를 보충해 주기 위해서 심층의 차가운 물이 올라오는 저기압성 용승이 발생한다.

▲ 저기압성 용승(북반구)과 표층 해수의 단면도

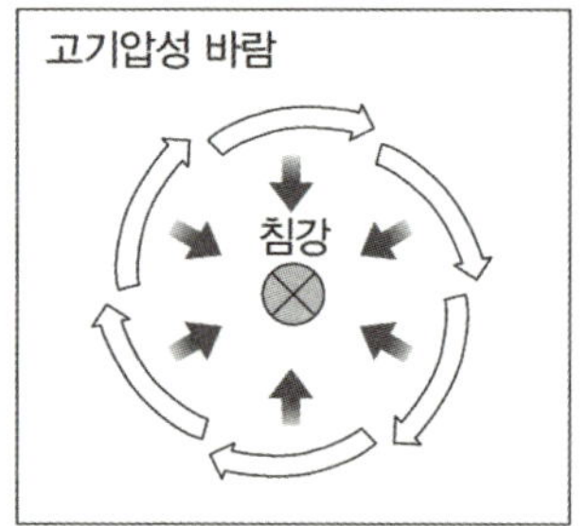

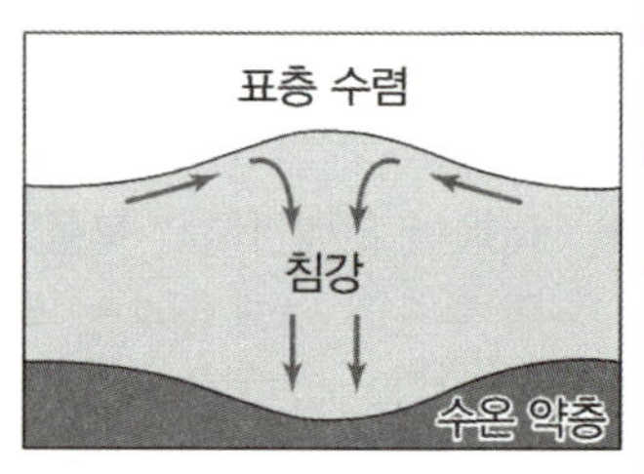

- **고기압**에서 **시계 방향**으로 바람이 불고 있다. 에크만 수송에 의해 북반구의 해수는 **바람 방향의 오른쪽 90°로 이동**하므로 수렴한다.

- 해수가 고기압 안쪽으로 수렴하므로 계속해서 쌓이는 해수가 내려가는 고기압성 침강이 발생한다.

▲ 고기압성 침강(북반구)과 표층 해수의 단면도

(3) 적도 용승

적도 부근에서 **북동 무역풍은 해수를 북서쪽으로, 남동 무역풍은 해수를 남서쪽으로 이동**시킨다.
적도 용승은 이를 채우기 위해 심층에서 차가운 해수가 올라오는 현상이다.

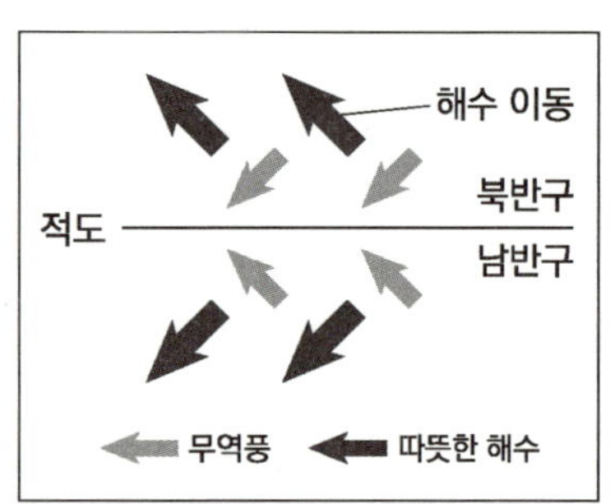

▲ 적도 부근에서의 대기와 해수의 흐름

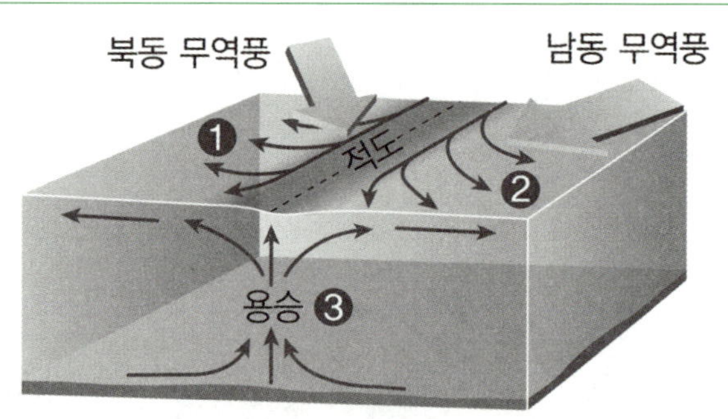

▲ 적도 해역에서 일어나는 용승

- 적도 부근에서는 **전향력**에 의해 **북반구**에서는 **북동 무역풍**이, **남반구**에서는 **남동 무역풍**이 나타난다고 배웠다. 따라서 이 두 무역풍이 만나는 적도 부근에서의 해수 이동을 왼쪽 그림처럼 나타낼 수 있다.

- **에크만 수송에 의해 북반구의 해수는 북서 방향으로, 남반구의 해수는 남서 방향으로 이동하므로 적도에서의 해수는 발산**한다. 해수의 발산에 의해 적도에서는 **용승**이 일어난다.

(1) 용승의 영향

① 용승이 일어나는 지역은 수온이 낮아져 주변의 **대기가 냉각**되어 **안개**가 자주 발생하고, 강수량이 적어져 건조지대가 형성된다.

② **영양 염류가 풍부한 심해의 해수가** 솟아오르며 표층의 해양 생물에게 공급되어 **좋은 어장을 형성**한다.

　(영양 염류들은 식물성 플랑크톤의 먹이가 되고 식물성 플랑크톤은 작은 물고기들의 먹이이기 때문이다.)

(2) 침강의 영향

① 침강이 일어나는 지역은 따뜻한 표층의 해수가 모이므로 표층 수온이 상승하고 **수온 약층의 시작 깊이가 깊어진다.**

② 표층에 녹아 있는 많은 양의 **용존 산소가 심층으로 이동**하여 **심층의 해양 생물에게** 필요한 **산소가 공급**된다.

+ 시야 넓히기 : 연안 용승의 영향

북아메리카 서해안은 대표적으로 용승이 나타나는 곳이다. 수온 자료를 보면 연안에서 수온이 낮은 것을 확인할 수 있다. 이 지역에는 지속적으로 **북풍**이 불어 에크만 수송에 의해 해수가 **먼 바다 쪽으로 밀려나 용승이 발생하는 것**이다. 용승이 발생하면 영양 염류가 풍부한 심층의 해수가 연안에 공급되면서 식물성 플랑크톤의 농도가 짙어진다.

우리나라 동해안에서도 지속적인 **남풍**에 의해서 용승이 발생할 수 있다. 아래 자료에서 우리나라 동해안에 냉수대가 발달하여 수온이 낮은 것을 확인할 수 있다.

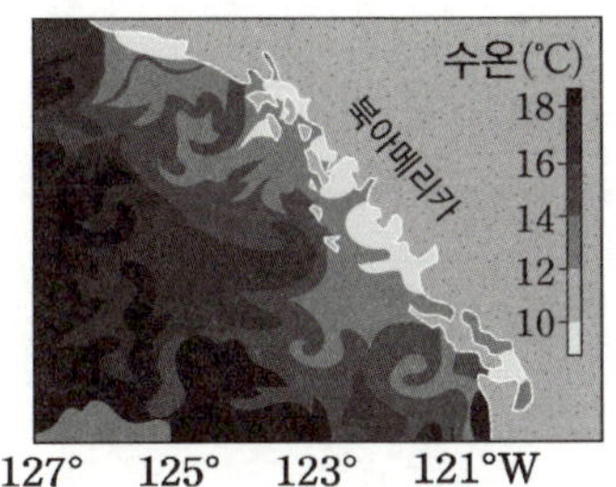

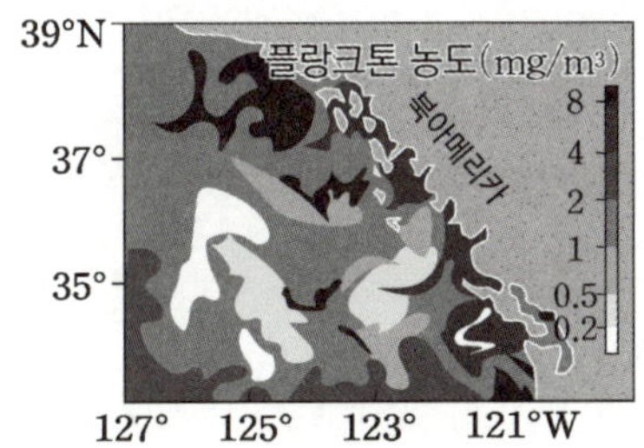

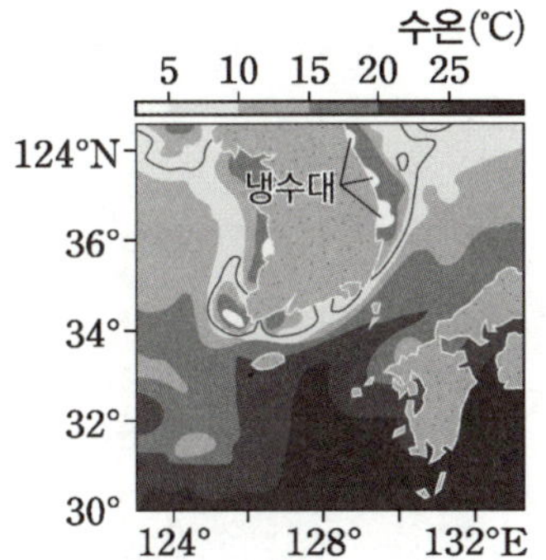

▲ 북아메리카 서해안의 수온과 식물성 플랑크톤 농도　　　▲ 우리나라 동해안의 용승

memo

2020년 3월 학력평가 지Ⅰ 16번

그림은 우리나라에서 연안 용승이 발생한 A 해역의 위치와 3일간의 표층 수온 변화를 나타낸 것이다.

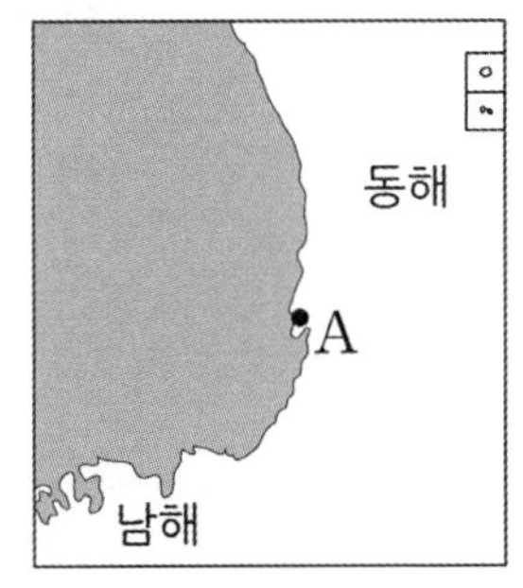

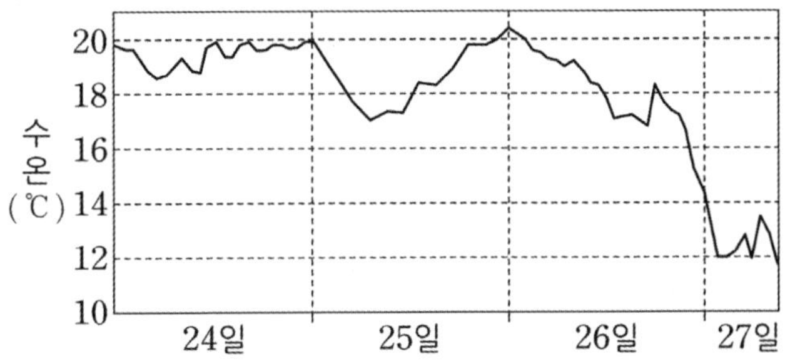

A 해역에 대한 옳은 설명만을 <보기>에서 있는 대로 고른 것은?

<보   기>

ㄱ. 연안 용승은 24일보다 26일에 활발하였다.

ㄴ. 연안 용승이 일어나는 기간에는 북풍 계열의 바람이 우세하였다.

ㄷ. 표층 해수의 용존 산소량은 24일보다 26일에 대체로 높았을 것이다.

① ㄱ　　　　② ㄷ　　　　③ ㄱ, ㄴ　　　　④ ㄱ, ㄷ　　　　⑤ ㄴ, ㄷ

추가로 물어볼 수 있는 선지

1. 해수가 수렴하여 침강이 일어나면 좋은 어장이 형성된다. (O , X)
2. 용승이 일어나면 안개가 자주 발생한다. (O , X)
3. 적도 반류는 무역풍의 직접적인 영향으로 형성된다. (O , X)

정답 : 1. (X), 2. (O), 3. (X)

01 2020년 3월 학력평가 지Ⅰ 16번

KEY POINT #우리나라, #연안 용승, #북풍 계열

문항의 발문 해석하기

용승이 일어나기 위한 여러 조건을 생각해야 한다. 그래프를 해석해서 나타날 수 있는 변화에 대해서 생각해야 한다.

문항의 자료 해석하기

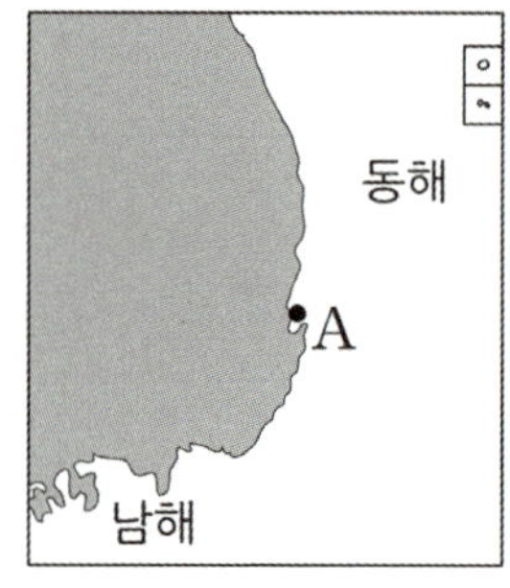

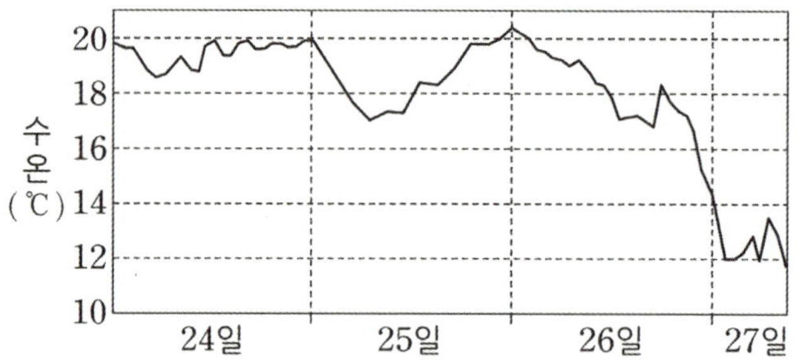

1. 우리나라는 북반구에 위치한다. 따라서 에크만 수송은 바람 방향의 오른쪽 $90°$ 로 이동한다.
   A 지역에서 용승이 일어난다는 것은 표층 해수가 먼 바다 쪽으로 이동한다는 것이다.

2. 수온 그래프를 보면 26일 ~ 27일에 수온이 낮아진 것을 확인할 수 있다.
   따라서 이 시기에 A 지역에서 연안 용승이 발생했을 것이다.

선지 판단하기

ㄱ 선지 연안 용승은 24일보다 26일에 활발하였다. (O)

   24일보다 26일에 표층 수온이 더 낮으므로 연안 용승은 26일에 활발했을 것이다.

ㄴ 선지 연안 용승이 일어나는 기간에는 북풍 계열의 바람이 우세하였다. (X)

   해수가 먼 바다 쪽으로 이동하기 위해서 A 지역에서는 오른쪽 그림과 같이
   남풍 계열의 바람이 불어야 한다. 만약 북풍 계열의 바람이 우세했다면 연안
   쪽으로 해수가 쌓여 연안 침강이 일어났을 것이다.

ㄷ 선지 표층 해수의 용존 산소량은 24일보다 26일에 대체로 높았을 것이다. (O)

   표층 해수의 용존 산소량은 수온의 영향을 받는다. 용존 기체의 농도는 수온이 낮을수록 올라가므로 용
   승의 영향을 받아 수온이 낮아진 26일에 용존 산소량이 높아졌을 것이다.

기출문항에서 가져가야 할 부분

1. 북반구, 남반구의 에크만 수송 이해하기

2. 에크만 수송을 이용해서 연안 용승의 조건 생각하기

3. 용존 기체 농도와 수온 및 염분 관계 이해하기

기출 문제로 알아보는 유형별 정리

#1 용승

  2021학년도 6월 모의평가 18번

그림은 북반구 해상에서 관측한 태풍의 하층(고도 2km 수평면) 풍속 분포를 나타낸 것이다.

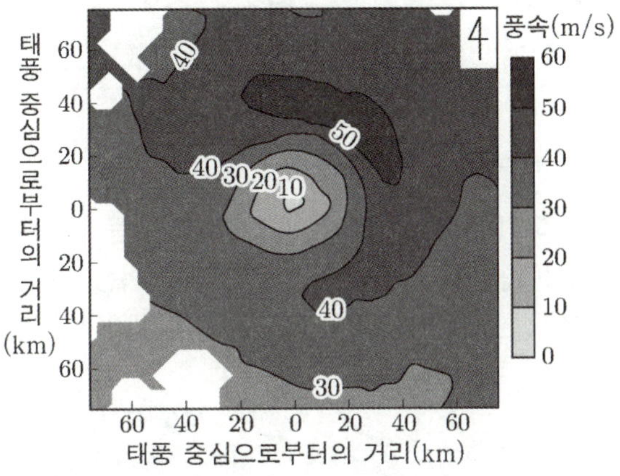

ㄴ. 태풍 중심 부근의 해역에서 수온 약층의 차가운 물이 용승한다. (O)

- 태풍은 열대 저기압이다. **북반구 저기압** 주변은 바람이 **반시계 방향**으로 회전하고, 에크만 수송에 의해 해수는 **바람 방향의 오른쪽 90 ° 로 이동**한다. 따라서 저기압 중심부에서 바깥쪽으로 물이 이동해 **용승**이 일어나는 것이다.

- 남반구의 경우도 함께 알아두자. **남반구 저기압** 주변은 바람이 **시계 방향**으로 회전하고, 에크만 수송에 의해 해수는 **바람 방향의 왼쪽 90 ° 로 이동**한다. 따라서 **북반구와 마찬가지로 저기압 주변에서 용승**이 일어나는 것이다.

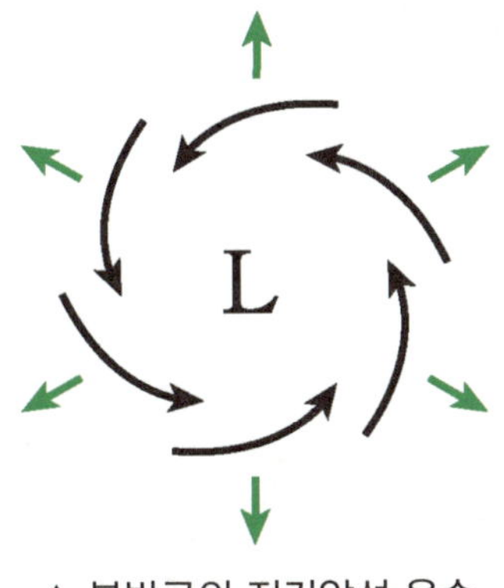

▲ 북반구의 저기압성 용승

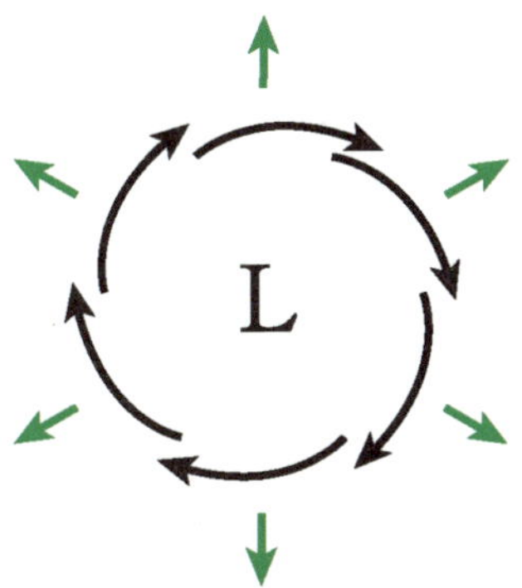

▲ 남반구의 저기압성 용승

그림은 1월과 7월의 지표 부근의 평년 바람 분포 중 하나를 나타낸 것이다.

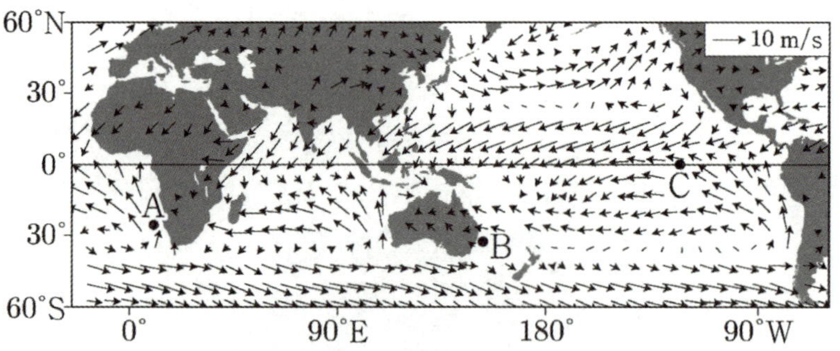

ㄷ. C에서는 대기 대순환에 의해 표층 해수가 수렴한다. (X)

- 적도 부근은 해들리 순환의 상승으로 대기의 수렴이 일어난다. 따라서 북동 무역풍과 남동 무역풍은 수렴한다.
  이에 따라 적도 부근에서는 용승이 일어난다는 사실을 기억해야 한다. 북동 무역풍과 남동 무역풍에 의해 표층 해수는
  각각 북서쪽, 남서쪽으로 이동하면서 오른쪽 그림과 같이 적도 용승이 일어나게 된다.

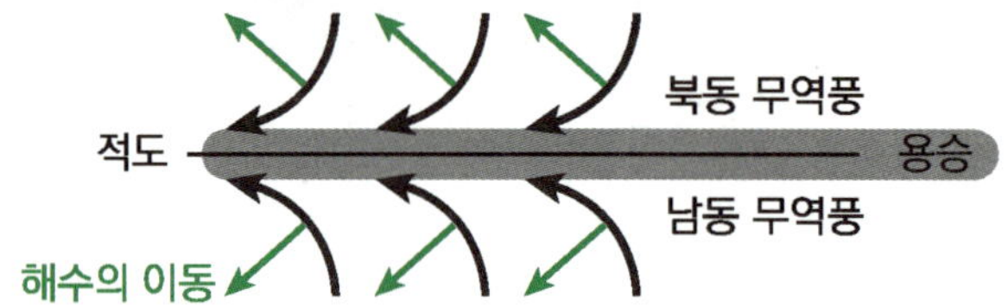

① 고기압성 침강

- 침강에 대한 최근 기출 문제는 없다. 연안 침강은 p.279에서 다루었으므로 북반구와 남반구에서의 고기압성 침강에 대해 알아보자.
- 아래 그림과 같이 **북반구 고기압** 주변의 바람은 **시계 방향**으로 회전한다. 이때, 에크만 수송에 의해 해수는 **바람 방향의 오른쪽 90˚로 이동**한다. 따라서 고기압 중심부로 해수가 몰리기 때문에 침강이 일어나는 것이다.
- 남반구의 경우도 함께 알아두자. **남반구 고기압** 주변의 바람은 **반시계 방향**으로 회전한다. 이때, 에크만 수송에 의해 해수는 **바람 방향의 왼쪽 90˚로 이동**한다. 따라서 고기압 중심부로 해수가 몰리기 때문에 들어와 침강이 일어나는 것이다.

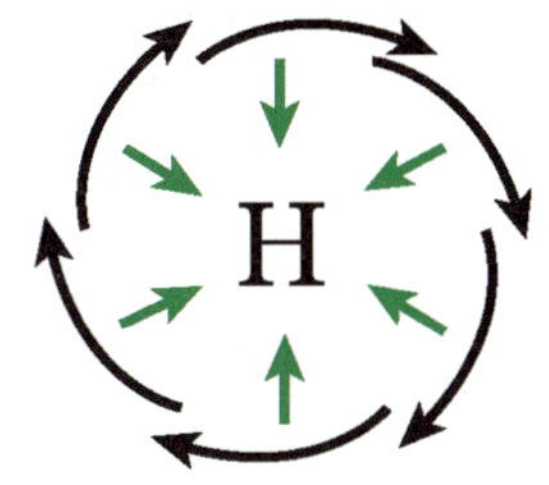

▲ 북반구의 고기압성 침강

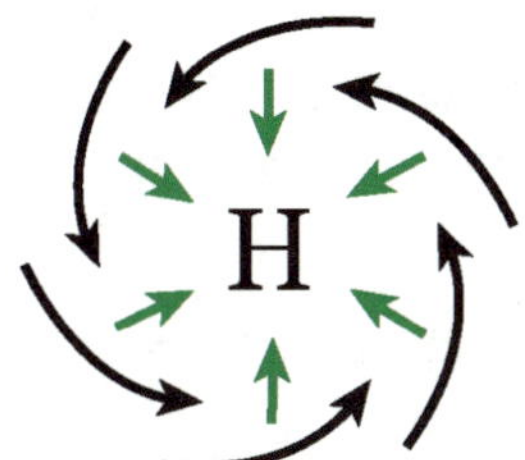

▲ 남반구의 고기압성 침강

추가로 물어볼 수 있는 선지 해설

1. 해수가 발산하여 용승이 일어나면 좋은 어장이 형성된다.
2. 용승이 일어나면 대기가 안정되므로 안개가 발생한다.
3. 적도 반류는 무역풍에 의해 직접적으로 형성되는 것이 아니다. 이는 무역풍에 의해 북적도 해류, 남적도 해류가 서쪽으로 이동하므로 해수면의 경사가 생겨 흐르는 것이다.

▌엘니뇨와 라니냐

1. 열대 태평양의 엘니뇨와 라니냐

(1) 평상시 열대 태평양의 수온 분포

① 평상시의 열대 태평양에는 **무역풍에 의해 동 → 서 방향으로 해수의 이동**이 일어난다. 따라서 **동태평양의 따뜻한 표층 해수가 서태평양으로 이동**한다.

② 이때 **부족해진 해수를 채우기 위해 동태평양 페루 연안**에서는 용승이 일어나 **표층 수온이 낮아지고 온난 수역의 두께가 얇아진다.**

③ **서태평양 부근**에서는 무역풍으로 몰려오는 따뜻한 해수로 인해 **표층 수온이 높아지고 온난 수역의 두께가 두꺼워진다.**

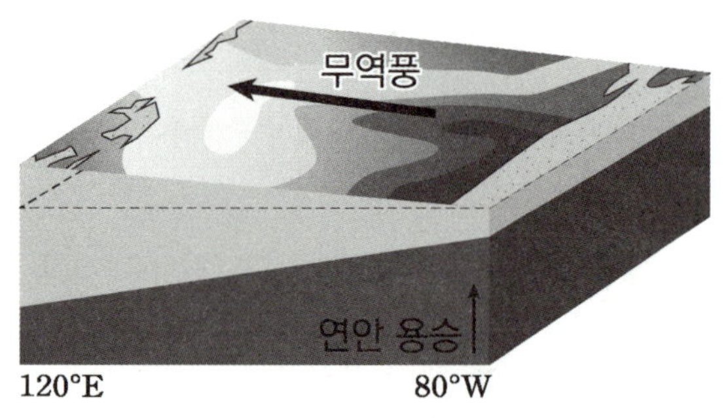

▲ 평상시 열대 태평양의 구조

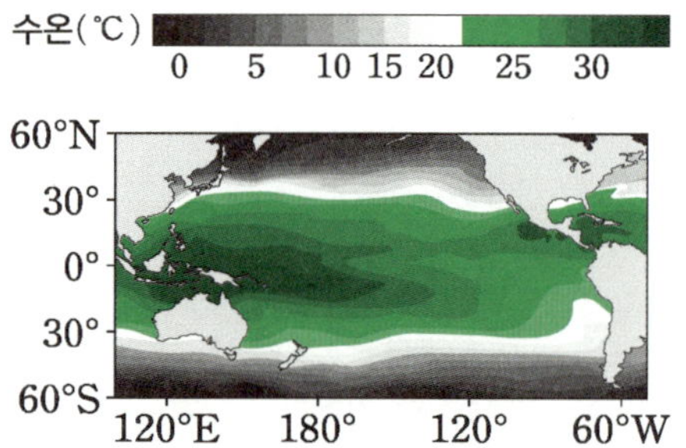

▲ 평상시 열대 태평양의 해수면 온도

(2) 엘니뇨 시기

① 평상시에 비해 **동태평양과 중앙 태평양 적도 부근 해수의 수온이 높아지는 현상**이다.
이는 **무역풍의 약화로 발생**한다.

② 무역풍이 약해지면서 **동태평양에서 서태평양으로 가는** 따뜻한 **표층 해수가 덜 이동**하게 된다.
따라서 **동태평양 해역에서의 용승이 약해진다.** 또한, **동태평양 해역의 표층 수온이 평상시에 비해 높아지고 평상시에 비해 온난 수역의 두께가 두꺼워진다.**

③ 평상시에 비해 **서태평양 부근에 따뜻한 해수가 덜 이동하기 때문에 표층 수온이 낮아지고 온난 수역의 두께가 얇아진다.** (평상시에 비해 서태평양 부근의 수온이 낮아지는 것이지 동, 서태평양의 온도가 역전되지는 않는다.)

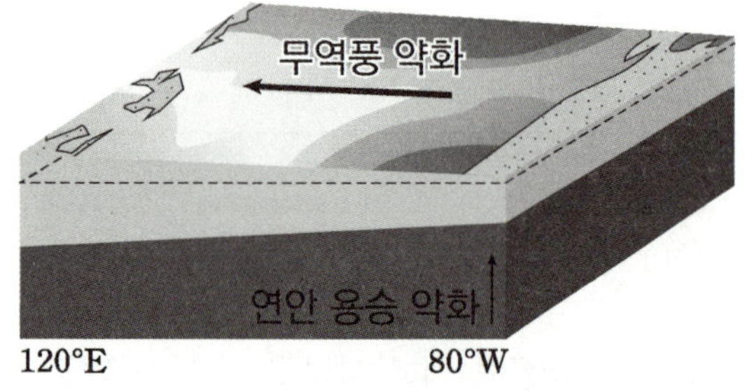

▲ 엘니뇨 시기 열대 태평양의 구조

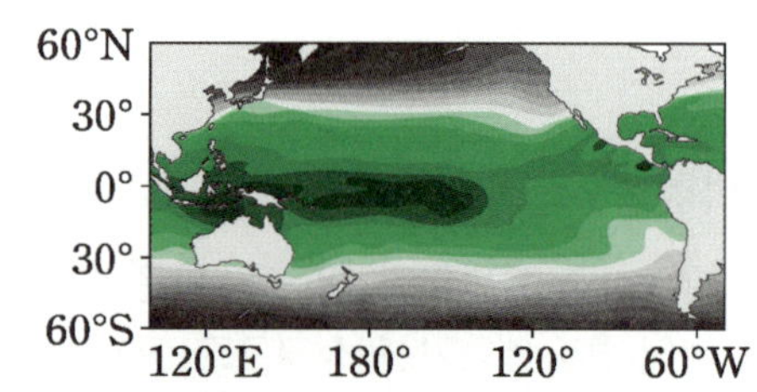

▲ 엘니뇨 시기 열대 태평양의 해수면 온도

(3) 라니냐 시기

① 평상시에 비해 **동태평양**과 중앙 태평양 적도 부근 해수의 수온이 낮아지는 현상이다.
이는 무역풍의 강화로 발생한다.

② 무역풍이 강해지면서 **동태평양에서 서태평양으로 가는** 따뜻한 **표층 해수가 더 이동**하게 된다.
따라서 동태평양 해역에서의 용승이 강해진다. 또한, **동태평양 해역의 표층 수온이 평상시에 비해 낮아지고 평상시에 비해 온난 수역의 두께가 얇아진다.**

③ 평상시에 비해 **서태평양 부근에 따뜻한 해수가 더 이동**하기 때문에 표층 수온이 높아지고 온난 수역의 두께가 두꺼워진다.

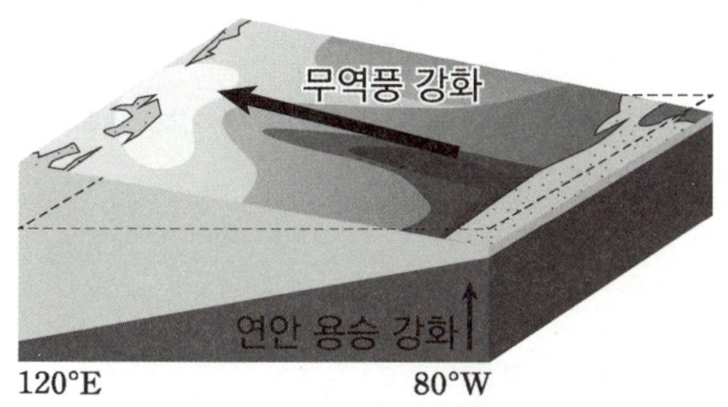

▲ 라니냐 시기 열대 태평양의 구조

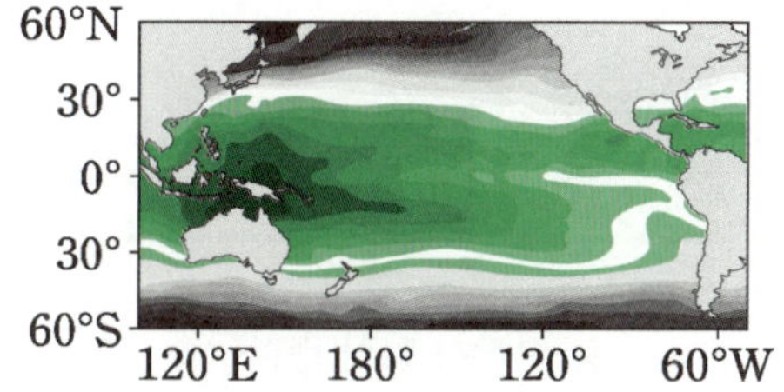

▲ 라니냐 시기 열대 태평양의 해수면 온도

무역풍이 부는 열대 **서태평양**에는 상대적으로 **따뜻한 해수**로 인해 열과 수증기를 공급받은 **공기의 상승**이, 열대 **동태평양**에는 상대적으로 **차가운 해수**(용승에 의한)로 인해 열과 수증기를 빼앗긴 **공기의 하강**이 나타난다. 이로 인해 열대 태평양 지역에서는 **동서 방향의 거대한 순환이 형성**되는데, 이를 **워커 순환**이라 한다.

(1) 평상시 대기 순환

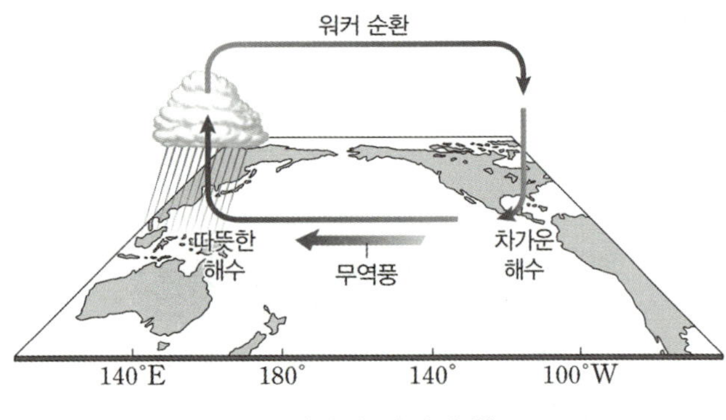

▲ 평상시 워커 순환

- 수온이 따뜻한 **서태평양**에서는 공기의 상승에 의한 **저기압**이 나타나 **강수량이 많다**.

- 수온이 차가운 **동태평양**에서는 공기의 하강에 의한 **고기압**이 나타나 **강수량이 적다**.

(2) 엘니뇨 시기

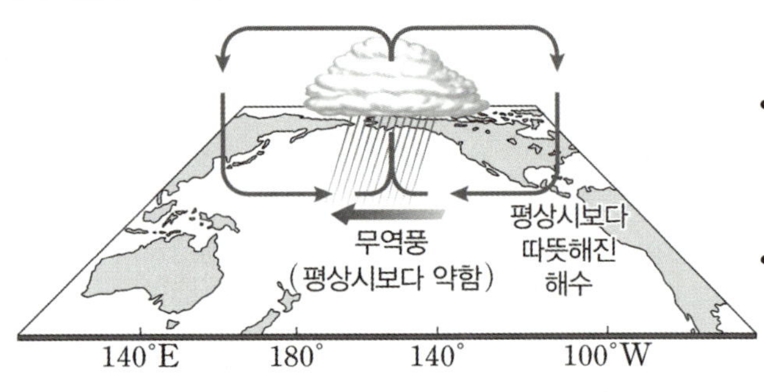

▲ 엘니뇨 시기 워커 순환

- **평상시에 비해 수온이 차가워진 서태평양**에서는 공기의 하강에 의한 **고기압**이 나타나 **강수량이 적어진다**.

- **평상시에 비해 수온이 높아진 동태평양**에서는 공기의 상승에 의한 **저기압**이 나타나 **강수량이 많아진다**.

(3) 라니냐 시기

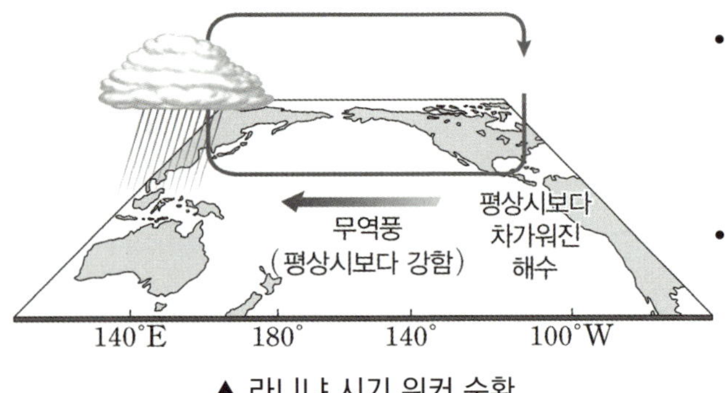

▲ 라니냐 시기 워커 순환

- **평상시에 비해 수온이 더 높아진 서태평양**에서는 평상시보다 강한 상승 기류에 의해 **더 강한 저기압**이 나타나 **강수량이 더 많아진다**.

- **평상시에 비해 수온이 더 낮아진 동태평양**에서는 평상시보다 강한 하강 기류에 의해 **더 강한 고기압**이 나타나 **강수량이 더 적어진다**.

(1) 남방 진동

수년에 걸쳐 **열대 태평양의 동서 기압 분포**가 서로 **반대로 나타나는** 주기적인 현상을 **남방 진동**이라 한다. 한쪽의 기압이 증가하면 한쪽의 기압이 감소하는 **시소와 같은 분포를 보인다.**

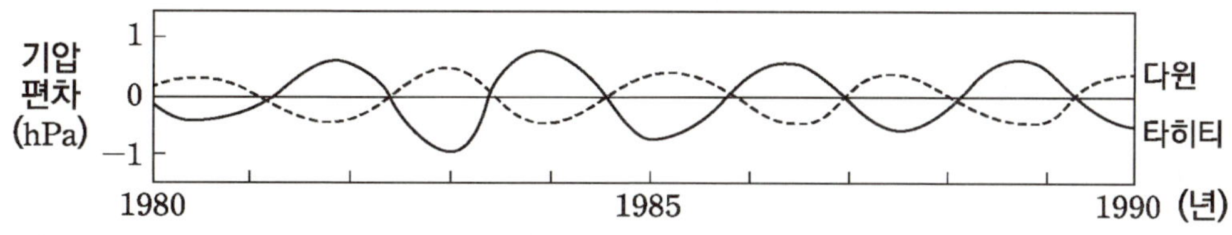

▲ 서태평양 다윈 섬과 동태평양 타히티 섬의 기압 분포

(2) 남방 진동 지수

엘니뇨, 라니냐의 규모와 크기는 남방 진동 지수로 알 수 있다.

> 남방 진동 지수 = (타히티의 해면 기압 편차 − 다윈의 해면 기압 편차)

- **평상시**에는 동태평양 부근인 **타히티의 기압이 높고** 서태평양 부근인 **다윈의 기압이 낮으므로** 남방 진동 지수는 **양의 값(+)**을 갖는다.
- **엘니뇨 시기**에는 동태평양 부근인 **타히티의 기압이 낮고** 서태평양 부근인 **다윈의 기압이 높으므로** 남방 진동 지수는 **음의 값(−)**을 갖는다.
- **라니냐 시기**에는 동태평양 부근인 **타히티의 기압이 더 높고** 서태평양 부근인 **다윈의 기압이 더 낮으므로** 남방 진동 지수는 평상시에 비해 **더 큰 양의 값(+)**을 갖는다.

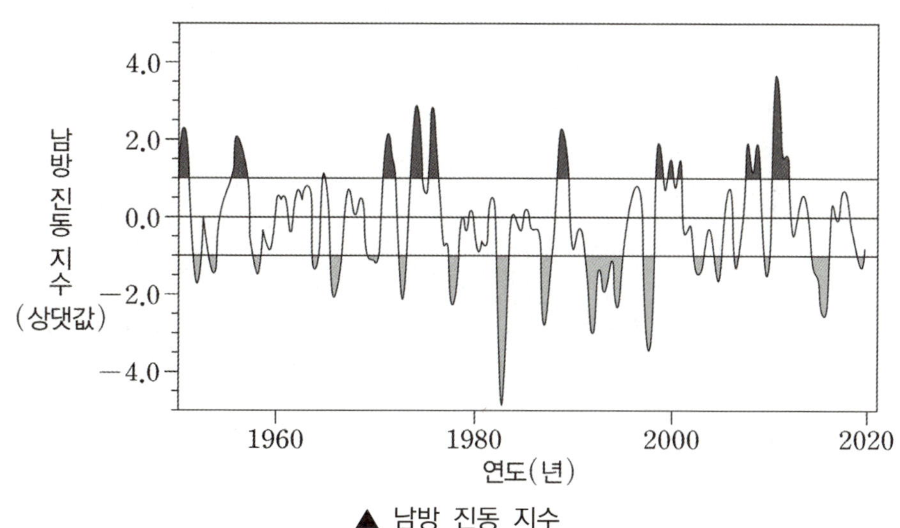

▲ 남방 진동 지수

(3) 엘니뇨 남방 진동(엔소, ENSO)

① **엘니뇨**와 **라니냐**는 **해양에서 발생하는 현상**이고 **남방 진동**은 **대기에서 나타나는 현상**이다.

② 두 현상은 독립적으로 나타나는 것이 아닌 **대기와 해양의 끊임없는 상호 작용의 결과**로 나타나는 것이다.

③ 대기의 변화와 해양의 변화가 **서로 영향을 주고받아 나타나는 현상**을 합쳐서 **엘니뇨 남방 진동 또는, 엔소**(ENSO, El Niño-Southern Oscillation)라 한다.

memo

2023학년도 수능 지Ⅰ 17번

그림 (가)는 태평양 적도 부근 해역에서 관측한 바람의 동서 방향 풍속 편차를, (나)는 이 해역에서 A와 B 중 어느 한 시기에 관측된 20°C 등수온선의 깊이 편차를 나타낸 것이다. A와 B는 각각 엘니뇨와 라니냐 시기 중 하나이고, (+)는 서풍, (−)는 동풍에 해당한다. 편차는 (관측값−평년값)이다.

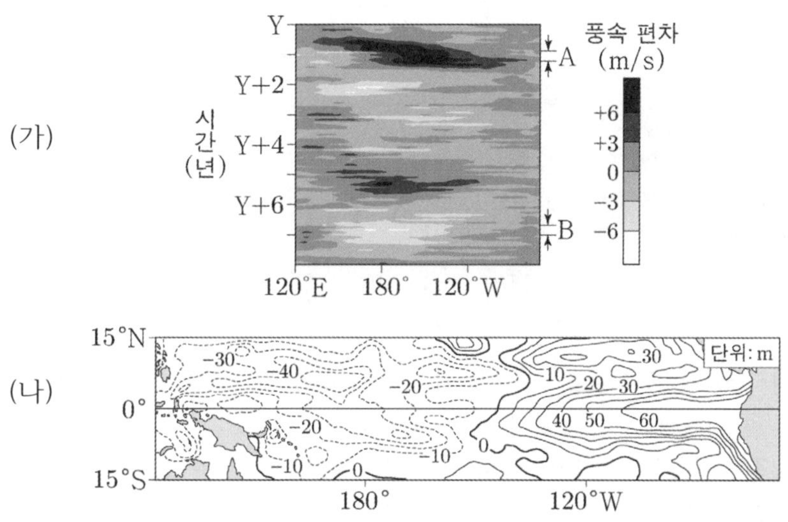

이에 대한 설명으로 옳은 것만을 <보기>에서 있는 대로 고른 것은?

<보 기>

ㄱ. (나)는 B에 해당한다.

ㄴ. 동태평양 적도 부근 해역에서 해수면 높이는 B가 평년보다 낮다.

ㄷ. 적도 부근의 (동태평양 해면 기압 − 서태평양 해면 기압)값은 A가 B보다 크다.

① ㄱ   ② ㄴ   ③ ㄷ   ④ ㄱ, ㄷ   ⑤ ㄴ, ㄷ

추가로 물어볼 수 있는 선지

1. 서태평양과 동태평양 적도 해역의 해수면의 높이차는 엘니뇨 시기에 더 크다. (O , X)

2. 동태평양 적도 해역에서 수온 약층이 시작하는 깊이는 라니냐 시기에 더 깊다. (O , X)

3. 엘니뇨와 라니냐의 영향력은 북태평양에 한정되어 있다. (O , X)

정답 : 1. (X), 2. (X), 3. (X)

KEY POINT #20˚C 등수온선, #해수면 높이

문항의 발문 해석하기

엘니뇨, 라니냐 관련된 문제인 것을 보고 엘니뇨, 라니냐와 관련된 이미지를 머릿속으로 떠올릴 수 있어야 한다.
20˚C 등수온선 관련 적도 부근의 단면을 직접 그려볼 수 있어야 한다.

문항의 자료 해석하기

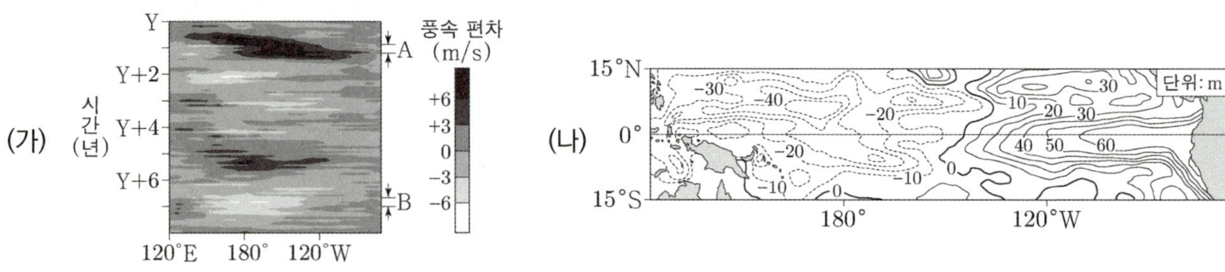

1. 풍속 변화를 나타내는 (가) 자료를 통해 A, B가 엘니뇨와 라니냐 중 어떤 시기인지 판단할 수 있다.
   A 시기는 (+)값을 나타내고 있으므로 서풍이 상대적으로 강해졌다. 적도 부근은 무역풍에 의해 동풍이 불고 있으므로 이 시기는 무역풍이 약해진 엘니뇨 시기인 것을 파악할 수 있다.
   B 시기는 (−)값을 나타내고 있으므로 동풍(무역풍)이 강해진 라니냐 시기인 것을 파악할 수 있다.

2. (나)에서 20˚C 등수온선이라는 단어를 보면 평상시, 엘니뇨, 라니냐 시기의 적도 태평양 부근의 단면도를 떠올릴 수 있어야 한다. (20˚C 등수온선은 전체 해수의 온도 중 따뜻한 편에 속한다.)

선지 판단하기

ㄱ 선지 (나)는 B에 해당한다. (X)

   (나)는 동태평양에 따뜻한 해수의 양이 많아졌으므로 A에 해당하는 엘니뇨 시기다.
   만약 라니냐 시기였다면 동태평양에서 20˚C 등수온선의 깊이가 얕아졌을 것이다.

ㄴ 선지 동태평양 적도 부근 해역에서 해수면 높이는 B가 평년보다 낮다. (O)

   B는 라니냐 시기다. 라니냐 시기에는 무역풍이 강해져 동 → 서로 이동하는 해수의 양이 많아진다. 따라서 동태평양 부근에서 해수면의 높이는 평상시보다 낮아진다.

ㄷ 선지 적도 부근의 (동태평양 해면 기압 − 서태평양 해면 기압)값은 A가 B보다 크다. (X)

   엘니뇨 시기의 동태평양은 평상시보다 상승 기류가 발달해 상대적으로 기압이 낮아지고, 서태평양은 평상시보다 하강 기류가 발달해 상대적으로 기압이 높아진다. 라니냐 시기는 반대의 현상이 나타난다. 따라서 적도 부근의 (동태평양 해면 기압 − 서태평양 해면 기압)값은 A보다 B가 크다.

기출문항에서 가져가야 할 부분

1. 20˚C 등수온선에 대한 자료를 준다면 동태평양 부근을 먼저 파악하기
2. 무역풍과 해수면의 높이의 관계 이해하기
3. 엘니뇨, 라니냐 시기의 단면도를 직접 그려보기

기출 문제로 알아보는 유형별 정리

[해수면, 수온 약층]

1 해수면 높이

① 자료를 통한 해수면 높이의 이해 　　　　　　　　　　　　　2017년 3월 학력평가 13번

그림 (가)와 (나)는 열대 태평양에서 엘니뇨 시기와 라니냐 시기의 해수면 높이를 순서 없이 나타낸 모식도이다.

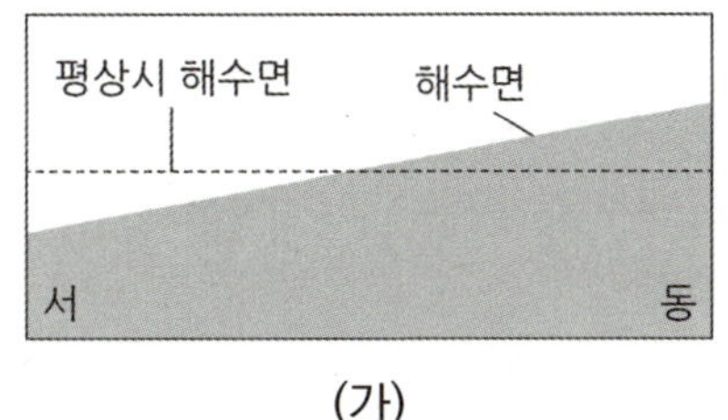

(가)

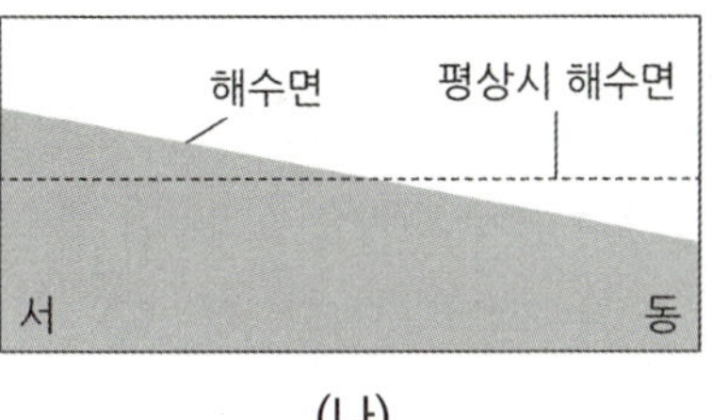

(나)

ㄱ. (가)는 엘니뇨, (나)는 라니냐 시기에 해당한다. (O)

- (가)는 **동태평양의 해수면이 높아지고 서태평양의 해수면이 낮아졌다**. 따라서 **엘니뇨 시기**이다.
  (나)는 **동태평양의 해수면이 낮아지고 서태평양의 해수면이 높아졌다**. 따라서 **라니냐 시기**이다.
- 해수면의 높이가 달라지는 이유는 **무역풍의 세기 변화 때문**이다. (따뜻한 해수의 열팽창에 의해서도 변화한다.)
  만약 해수면의 높이 변화에 대해서 물어본다면 위 자료를 떠올릴 수 있도록 하자.

② 동태평양과 서태평양 해수면 높이 차 　　　　　　　　　　　2022년 7월 학력평가 15번

그림 (가)와 (나)는 태평양 적도 부근 해역에서 엘니뇨와 라니냐 시기의 표층 풍속 편차(관측값 − 평년값)를 순서 없이 나타낸 것이다.

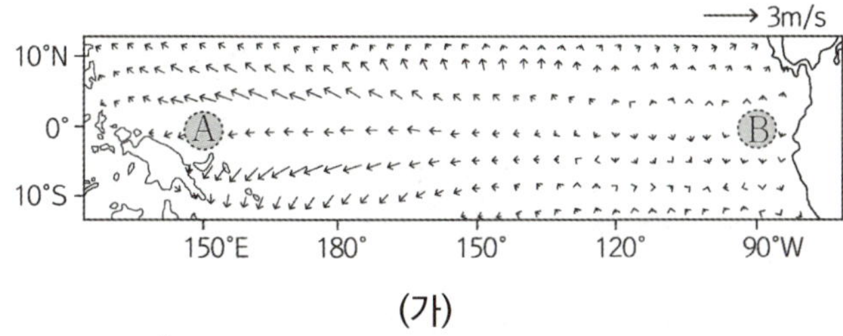

(가)

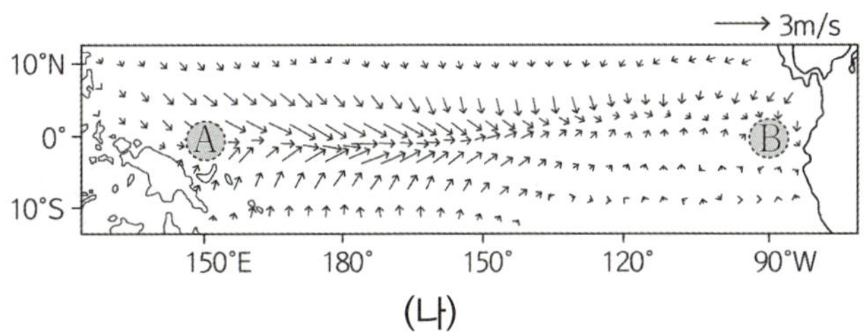

(나)

ㄷ. A 해역과 B 해역의 해수면 높이 차는 (가)일 때가 (나)일 때보다 크다. (O)

- (가) 자료는 상대적으로 동 → 서로 바람이 불고 있으므로 라니냐 시기이다.
  (나) 자료는 상대적으로 서 → 동으로 바람이 불고 있으므로 엘니뇨 시기이다.
  A는 서태평양, B는 동태평양이다. **두 지역 간의 해수면 높이 차는 라니냐 시기**인 (가)가 **더 크다**.
- 무역풍의 세기와 해수면 높이를 이해할 수 있어야 한다.
  무역풍의 세기가 강해질수록 동 → 서로 이동하는 해수의 양이 많아지므로 서태평양 해수면의 높이는 증가하고 동태평양 해수면의 높이는 감소한다.
- 수험장에서 갑자기 개념이 떠오르지 않는다면 **직접 그림을 그려 해결할 수 있도록 하자**.

① 자료를 통한 20°C 등수온선의 이해 　　　　　　　지Ⅱ 2019년 10월 학력평가 16번

그림 (가)와 (나)는 엘니뇨와 라니냐 시기의 태평양 적도 해역의 연직 수온 분포를 순서 없이 나타낸 것이다.

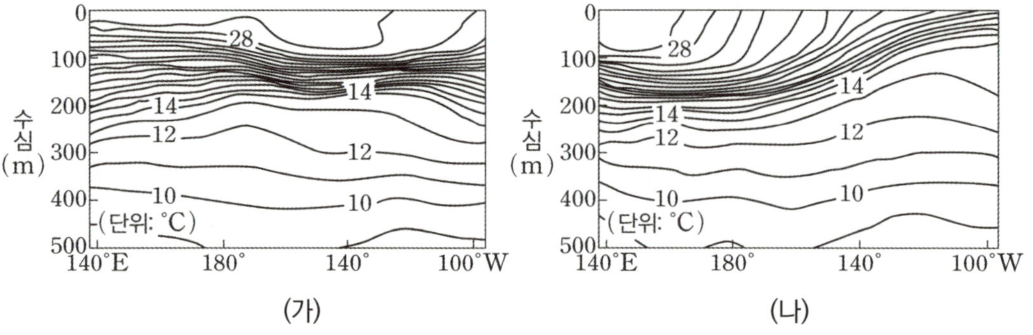

(가) 　　　　　　　　　　 (나)

ㄱ. (가)는 엘니뇨 시기, (나)는 라니냐 시기이다. (O)

- (가)와 (나) 자료의 동태평양을 비교해 보자. 상대적으로 (나) 자료의 동태평양을 보면 따뜻한 해수층의 두께가 (가) 자료의 두께보다 얇은 것을 확인할 수 있다. 이는 **용승의 영향으로 수온이 낮아진 것**이다. 따라서 (가)는 용승의 세기가 약해진 엘니뇨 시기, (나)는 용승의 세기가 강해진 라니냐 시기이다.

- 수온에 대해서 판단할 때는 항상 동태평양의 용승을 생각해서 문제를 해결하자. (나) 자료의 동태평양을 보면 등수온선의 깊이가 얕은 곳에 밀집되어 형성된 것을 확인할 수 있다. 이는 용승의 영향으로 차가운 해수가 위로 올라왔기 때문이다.

- 다른 문제들을 풀다 보면 20°C 등수온선이라는 용어가 자주 등장할 텐데, 위 자료와 같이 **동태평양에서 20°C 등수온선은 엘니뇨 때 깊어지고, 라니냐 때 얕아지는 것**이라고 기억하자.

① 자료를 통한 수온 약층의 이해 　　　　　　　지Ⅱ 2019년 10월 학력평가 16번

그림 (가)와 (나)는 엘니뇨와 라니냐 시기의 태평양 적도 해역의 연직 수온 분포를 순서 없이 나타낸 것이다.

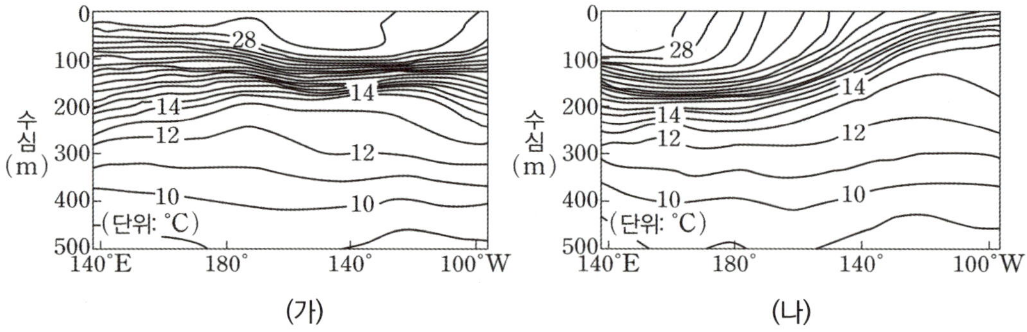

(가) 　　　　　　　　　　 (나)

ㄴ. 동태평양 적도 해역에서의 용승은 (가) 시기보다 (나) 시기에 약하다. (X)

- (나) 시기는 (가) 시기보다 동태평양의 수온이 낮다. 이는 용승에 의해 나타나는 현상이다.
　따라서 (나) 시기에 용승이 더 강하다고 판단할 수 있다.

- 위 자료를 보면 체감이 될 것이다.
　(나) 자료처럼 동태평양의 등수온선이 더 위로 솟아 있는 것은 용승 현상이 강하게 일어났기 때문이다.

- (가), (나) 자료처럼 **수온 분포가 밀집되어 있는 부분이 수온 약층이라는 것을 이해해야 한다.**

그림은 동태평양 적도 부근 해역의 강수량 편차와 수온 약층 시작 깊이 편차를 나타낸 것이다. A, B, C는 각각 엘니뇨와 라니냐 시기 중 하나이고, 편차는 (관측값 - 평년값)이다. 이 해역에 대한 설명으로 옳은 것만을 있는 대로 고른 것은?

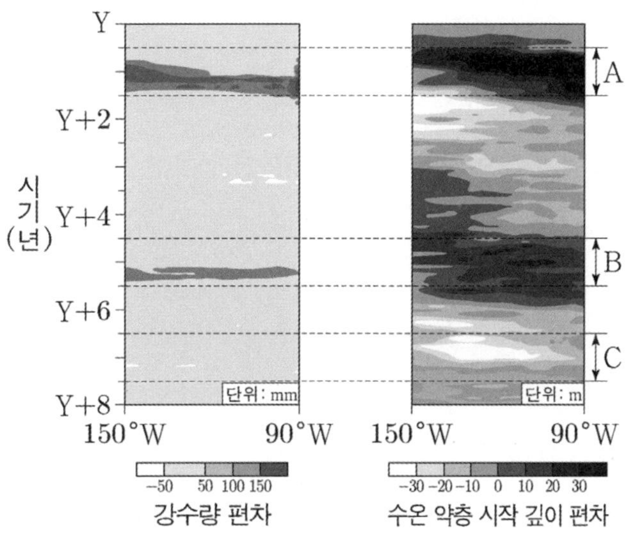

ㄷ. 평균 해수면 높이는 A가 C보다 높다. (O)

- A 시기에는 수온 약층 시작 깊이가 깊어졌으므로 평년에 비해 용승이 덜 일어나는 엘니뇨 시기이다. C 시기에는 수온 약층 시작 깊이가 얕아졌으므로 평년에 비해 용승이 더 잘 일어나는 라니냐 시기이다.
  따라서 동태평양의 평균 해수면 높이는 엘니뇨 시기인 A가 더 높다.
- 이처럼 **수온 약층이 시작하는 깊이에 대해서 물어본다면 용승 현상의 강화, 약화로 판단할 수 있도록 하자.** 앞선 '자료를 통한 수온 약층의 이해'를 참고한다면 더 도움이 될 것이다.

추가로 물어볼 수 있는 선지 해설

1. 엘니뇨 시기에는 무역풍의 약화로 해수가 평상시보다 덜 이동하므로 해수면의 높이 편차가 줄어든다.
2. 라니냐 시기의 동태평양에서는 용승이 강화되므로 수온 약층이 시작되는 깊이가 얕아진다.
3. 엘니뇨와 라니냐는 적도 태평양 부근에서만 발생하는 현상이지만, 전 세계적으로 영향을 끼친다.

memo

2023학년도 9월 모의평가 지Ⅰ 15번

그림 (가)는 동태평양 적도 해역과 서태평양 적도 해역의 시간에 따른 해면 기압 편차를, (나)는 (가)의 A와 B 중 한 시기의 태평양 적도 해역의 깊이에 따른 수온 편차를 나타낸 것이다. A와 B는 각각 엘니뇨 시기와 라니냐 시기 중 하나이고, 편차는 (관측값−평년값)이다.

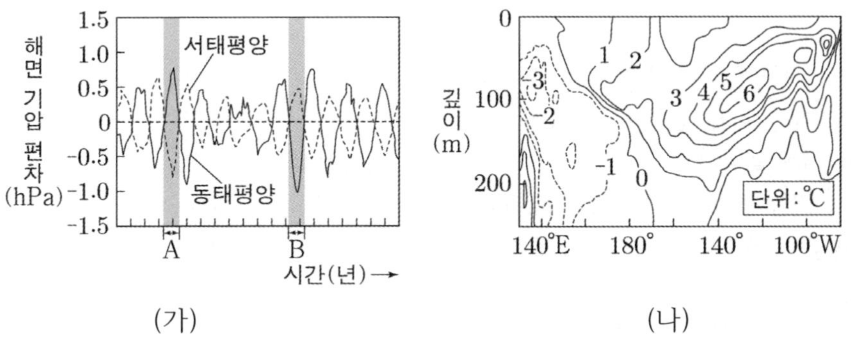

이에 대한 설명으로 옳은 것만을 <보기>에서 있는 대로 고른 것은?

───────────────── <보 기> ─────────────────

ㄱ. (나)는 B에서 측정한 것이다.

ㄴ. 적도 부근에서 (서태평양 평균 수온 편차 − 동태평양 평균 수온 편차) 값은 A가 B보다 크다.

ㄷ. 적도 부근에서 $\dfrac{동태평양\ 평균\ 해면\ 기압}{서태평양\ 평균\ 해면\ 기압}$ 은 A가 B보다 크다.

① ㄱ   ② ㄷ   ③ ㄱ, ㄴ   ④ ㄴ, ㄷ   ⑤ ㄱ, ㄴ, ㄷ

추가로 물어볼 수 있는 선지

1. 무역풍이 강해지면 동태평양 적도 해역의 표층 수온은 낮아진다. (O , X)

2. 워커 순환이 강해지면 동태평양의 적도 부근에서 따뜻한 해수층의 두께는 두꺼워진다. (O , X)

3. 평상시보다 서태평양 적도 해역의 표층 수온이 낮아졌다면 동태평양 적도 부근에서 용승이 약해졌을 것이다.
   (단, 엘니뇨 시기 또는 라니냐 시기 중 하나이다.) (O , X)

정답 : 1. (O), 2. (X), 3. (O)

02 2023학년도 9월 모의평가 지Ⅰ 15번

KEY POINT #해면 기압, #수온 편차

문항의 발문 해석하기

엘니뇨, 라니냐 관련된 문제인 것을 보고 엘니뇨, 라니냐와 관련된 이미지를 머릿속으로 떠올릴 수 있어야 한다.
수온 관련 적도 부근의 모습을 그려볼 수 있어야 한다.

문항의 자료 해석하기

1. (가) 자료에서 서태평양과 동태평양에서 남방
   진동에 의해 해면 기압 편차가 주기적으로
   교차하는 것을 확인할 수 있다.

2. (가) 자료에서 기압 편차에 대한 자료를 주고
   있다. 동태평양의 용승이 강해지는 라니냐
   시기에는 하강 기류가 발달해 기압이 높아
   지고 엘니뇨 시기에는 반대의 현상이 나타난
   다. 따라서 A는 라니냐, B는 엘니뇨 시기다.

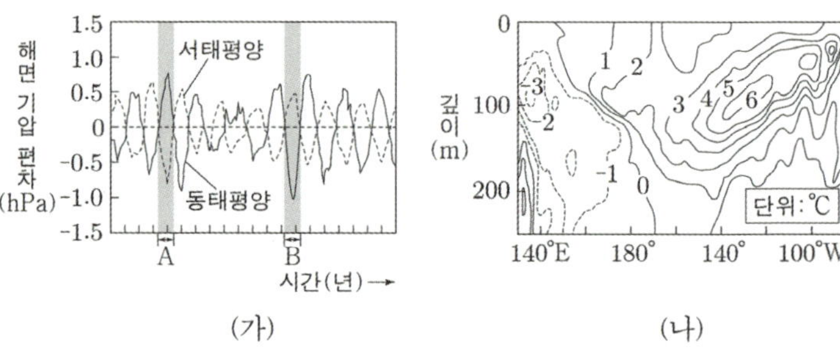

3. (나) 자료에서 수온에 대한 자료를 주고 있다. 동태평양 부근에서 수온이 높아졌으므로 엘니뇨 시기라고 판
   단할 수 있다. 이는 무역풍의 약화로 평년보다 용승이 약하게 일어나기 때문에 발생한다.

TIP.

엘니뇨, 라니냐를 구분하기 위해서는 **동태평양을 먼저 살펴보자**.
동태평양은 용승의 영향으로 수온 및 기압의 변화가 다른 해역에 비해 뚜렷하게 나타나기 때문이다.
다만 풍속의 변화는 적도 태평양 전체를 파악하면 구분이 더 쉽다.

선지 판단하기

ㄱ 선지 (나)는 B에서 측정한 것이다. (O)

   B는 엘니뇨 시기다. (나)의 동태평양에서 수온이 증가했으므로 평년보다 용승이 약해진 엘니뇨 시기라고 할 수 있다.

ㄴ 선지 적도 부근에서 (서태평양 평균 수온 편차 − 동태평양 평균 수온 편차) 값은 A가 B보다 크다. (O)

   라니냐 시기는 서태평양의 수온이 따뜻한 해수에 의해 평년보다 더 올라가고 동태평양의 수온이 용승에
   의해 평년보다 더 내려간다. 엘니뇨 시기는 반대의 현상이 나타난다. 따라서 (서태평양 평균 수온 편차
   − 동태평양 평균 수온 편차) 값은 A가 B보다 크다.

ㄷ 선지 적도 부근에서 $\dfrac{\text{동태평양 평균 해면 기압}}{\text{서태평양 평균 해면 기압}}$ 은 A가 B보다 크다. (O)

   엘니뇨 시기의 동태평양은 평상시보다 상승 기류가 발달해 상대적으로 기압이 낮아지고, 서태평양은 평
   상시보다 하강 기류가 발달해 상대적으로 기압이 높아진다. 라니냐 시기는 반대의 현상이 나타난다.

   따라서 $\dfrac{\text{동태평양 평균 해면 기압}}{\text{서태평양 평균 해면 기압}}$ 은 A가 B보다 크다. (O) (가) 자료로도 쉽게 판단할 수 있다.

기출문항에서 가져가야 할 부분

1. 열대 태평양에서 수온 및 기압의 변화가 나타난다면 동태평양에 대한 자료를 먼저 해석하기
2. 무역풍의 세기와 용승의 관계를 파악하고 엘니뇨, 라니냐를 판단하기
3. 엘니뇨, 라니냐 시기 열대 태평양의 단면도를 직접 그려보며 머릿속으로 항상 이미지화하기

기출 문제로 알아보는 유형별 정리

[기압, 구름]

1 해면 기압

① 적도 해역 대기 순환 모형 　　　　　　　2019년 7월 학력평가 12번

　그림 (가)와 (나)는 평상시와 엘니뇨 발생 시기의 태평양 적도 해역 대기 순환을 순서 없이 나타낸 것이다. (가)보다 (나)일 때 큰 값을 갖는 것만을 고른 것은?

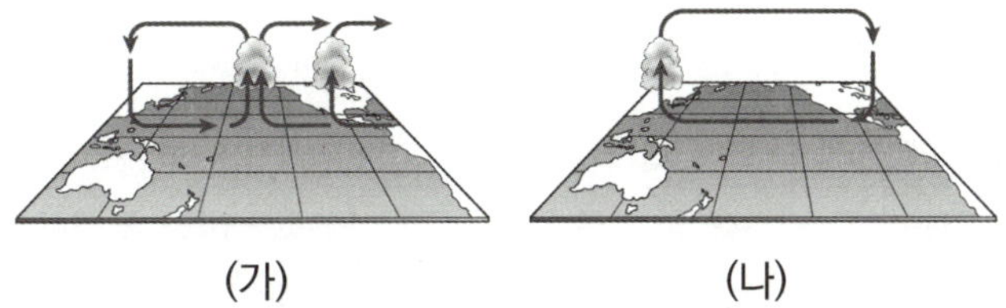

ㄱ. 무역풍의 세기 (O)

- 상승 기류가 (가)는 상대적으로 동쪽에 위치해 있고, (나)는 서쪽에 위치해 있으므로 (가)는 엘니뇨 시기, (나)는 평상시다. 이때, 무역풍의 세기는 엘니뇨 시기보다 평상시에 강하다.

- (가) 자료를 자세하게 보면 **상승 기류가 동태평양과 중앙 태평양 부근에 위치한 것을 확인할 수 있다.**
  다른 기출 문제들을 풀다 보면 항상 동태평양과 서태평양만 비교하지, 중앙 태평양에 대해서 물어본 적은 없을 것이다. 실제로 **엘니뇨 시기에는 중앙 태평양** (서경 150도 부근이다.) **쪽에서도 상승 기류가 발생**한다.
  우리는 문제를 풀 때 **중앙 태평양과 동태평양의 기압 배치가 비슷하게 일어나는 것으로 기억하자.**

---

② 동태평양과 서태평양의 기압 　　　　　　지Ⅱ 2019학년도 수능 12번

　그림 (가)는 태평양 적도 부근 해역에서 무역풍의 동서 성분 풍속 편차를, (나)는 해역 A와 B에서의 기압 편차를 나타낸 것이다. a 시기와 b 시기는 각각 엘니뇨 시기와 라니냐 시기 중 하나이고, A와 B는 각각 동태평양 적도 부근 해역과 서태평양 적도 부근 해역 중 하나이다. 편차는 (관측값−평년값)이다. (단, 무역풍에서 서쪽으로 향하는 방향을 양(+)으로 한다.)

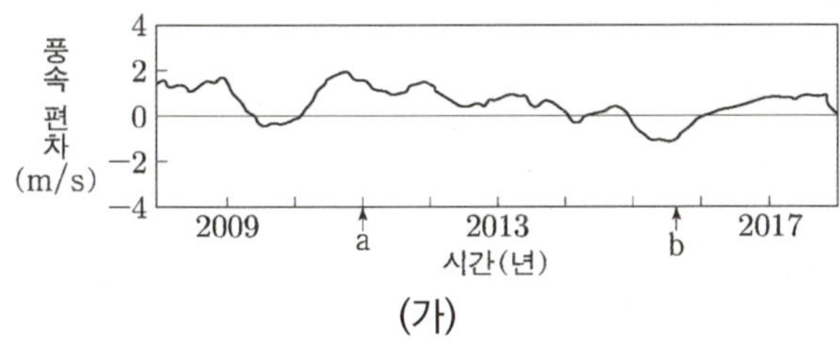
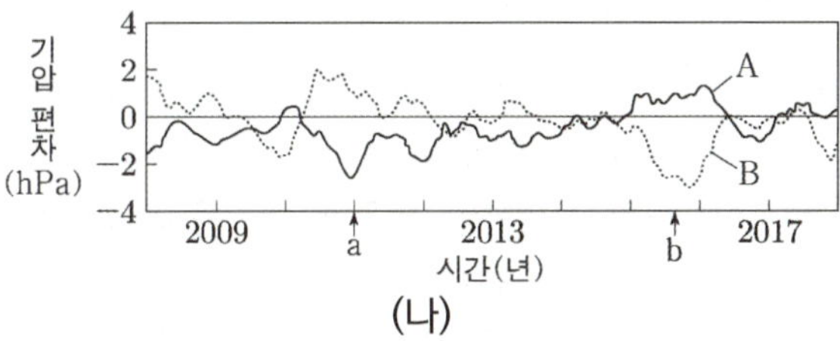

ㄱ. A는 동태평양 적도 부근 해역이다. (X)

- (가) 자료를 통해 a는 (+) 값이 나타나므로 무역풍의 세기가 강해진 라니냐 시기, b는 (−) 값이 나타나므로 무역풍의 세기가 약해진 엘니뇨 시기라는 것을 알 수 있다.
  이때, (나) 자료를 보면 a 시기에 A는 기압 하강, B는 기압 상승이 일어난 것을 확인할 수 있다. 따라서 A는 평상시보다 기압이 낮아진 서태평양, B는 평상시보다 기압이 높아진 동태평양이다.

- 동태평양과 서태평양의 기압을 판단하는 기준은 평상시에 비해 따뜻한 해수가 늘었냐 줄었냐로 판단하자.
  무역풍 세기의 변화로 **따뜻한 해수의 양이 늘었다면** **상승 기류가 더 발생**하여 **저기압**이, **차가운 해수의 양이 늘었다면** **하강 기류가 더 발생**하여 **고기압**이 발생한다고 생각하자.

① 표층 해류 속도 편차를 주는 경우   2018학년도 9월 모의평가 14번

그림 (가)는 동태평양 적도 부근 해역 표층 해류의 평년 속도를, (나)는 엘니뇨 또는 라니냐가 일어난 어느 시기 표층 해류의 속도 편차(관측 속도-평년 속도)를 나타낸 것이다. (나)의 A해역에 대한 설명으로 옳은 것은?

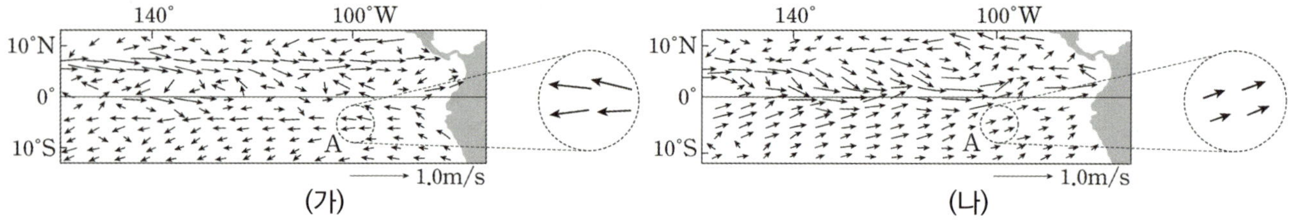

ㄱ. 해류는 평년보다 약하다. (O)

- (가)는 무역풍이 불고 있기 때문에 표층 해류가 서쪽을 향해 가고 있는 것을 확인할 수 있다. 그러나 (나)에서 표층 해류는 **상대적으로 동쪽을 향해 이동**하고 있는데 이는 편차값이므로 평년에 비해 **무역풍의 세기가 약화**된 엘니뇨 시기라고 할 수 있다. 따라서 (나)의 A해역에서의 해류의 세기는 평년보다 약하다.
- 적도 부근 태평양은 대기 대순환에 의한 무역풍이 일 년 내내 불고 있는 지역이다. (나) 자료처럼 표층 해수가 동쪽으로 이동하는 것처럼 보여도 사실은 평년에 비해 무역풍의 세기가 약해졌기 때문이지 실제로는 무역풍에 의해 서쪽으로 이동하고 있다.
- 위와 같은 자료를 통해 **표층 해류의 속도 편차는 무역풍의 세기와 연결 지어서 생각하자.**

② 동풍과 서풍을 나눠둔 경우   2018학년도 6월 모의평가 19번

그림은 서로 다른 시기에 태평양 적도 부근 해역에서 관측된 바람의 동서 방향 풍속을 나타낸 것이고, (+)는 서풍, (-)는 동풍에 해당한다. (가)와 (나)는 각각 엘니뇨와 라니냐 시기 중 하나이다.

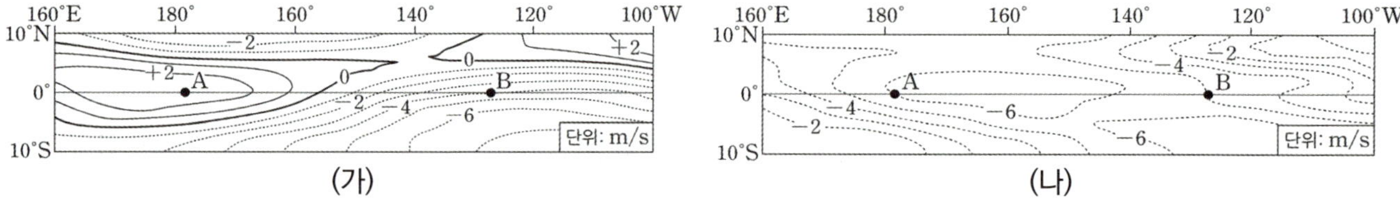

ㄷ. 무역풍으로 인해 발생하는 상승 기류는 (나)보다 (가)일 때 더 동쪽에 위치한다. (O)

- (가) 자료보다 (나) 자료는 전체적으로 더 동풍(-)의 경향을 보인다. 따라서 (나) 시기는 무역풍의 세기가 강화된 라니냐 시기라고 할 수 있다. 이때, 상승 기류는 엘니뇨 시기인 (가)가 더 동쪽에 위치한다.
- (가)와 (나) **모두 동태평양 부근에서는 동풍(-)**이 나타나고 있다. 이는 당연하게도 무역풍에 의해 나타나는 현상이다. 적도 태평양의 전체적인 모습을 보면 **(나)는 전체적으로 동풍(-)**이 나타나지만, **(가)는 A 지역 부근에서 서풍(+)**이 나타나므로 무역풍이 약화되었다는 생각을 가지면 좋을 것이다.
- (가) 지역의 풍향 자료를 통해 A와 B 사이 지역으로 바람이 모이고 있는 것을 확인할 수 있다. 엘니뇨 시기에는 동태평양과 더불어 중앙 태평양에서도 상승 기류 현상이 강해지기 때문이다.

① 적외선 방출 복사에너지　　　　　　　　　　　　　　　2021학년도 6월 모의평가 20번

　그림 (가)는 어느 해(Y)에 시작된 엘니뇨 또는 라니냐 시기 동안 태평양 적도 부근에서 기상위성으로 관측한 적외선 방출 복사 에너지의 편차(관측값−평년값)를, (나)는 서태평양과 동태평양에 위치한 각 지점의 해면 기압 편차(관측값−평년값)를 나타낸 것이다. (가)의 시기는 (나)의 ㉠에 해당한다. 이 자료에 근거해서 평년과 비교할 때, (가) 시기에 대한 설명으로 옳은 것만을 고른 것은?

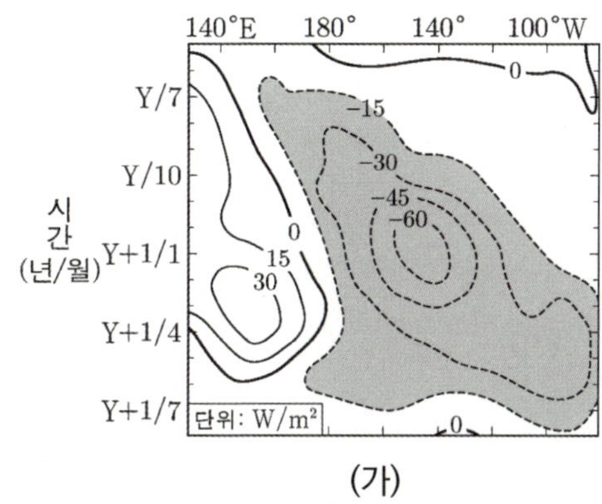

(가)

ㄱ. 동태평양에서 두꺼운 적운형 구름의 발생이 줄어든다. (X)

- (가)는 적외 영상을 통한 복사 에너지의 편차를 측정한 자료이다. 적외선은 주로 온도를 측정하는 데 이용되므로 (가) 자료에서 동태평양은 온도 감소, 서태평양은 온도 상승이 일어났다. 이때, **구름의 고도가 높을수록 온도는 감소하고, 구름의 고도가 낮을수록 온도는 증가한다**. 따라서 동태평양 주변의 구름의 고도는 높고, 서태평양 주변의 구름의 고도는 낮다. 즉, 평상시보다 **동태평양 구름의 고도는 높아졌으므로 구름의 양이 많아진 엘니뇨 시기**이다.
  따라서 동태평양에서 두꺼운 적운형 구름의 발생은 늘어난다.

- 이 문제를 틀린 학생 중 대부분은 (가) 자료를 해수의 수온을 나타낸 자료라고 착각했을 것이다. (가) 자료는 적외선을 통해 **해수의 수온을 나타낸 것이 아닌 구름의 상층부 온도를 통한 구름의 고도를 알려주는 자료라는 것을 기억하자**. 온도가 높은 물체일수록 적외선을 많이 방출한다.

- 위 자료처럼 적외 영상과 엘니뇨, 라니냐는 연쇄적으로 생각해야 할 것이 많으므로 주의하도록 하자.

그림 (가)는 서태평양 적도 부근 해역의 표층에 도달하는 태양 복사 에너지 편차(관측값−평년값)를, (나)는 태평양 적도 부근 해역에서 A와 B 중 한 시기에 1년 동안 관측한 20˚C 등수온선의 깊이 편차를 나타낸 것이다. A와 B는 각각 엘니뇨와 라니냐 시기 중 하나이다.

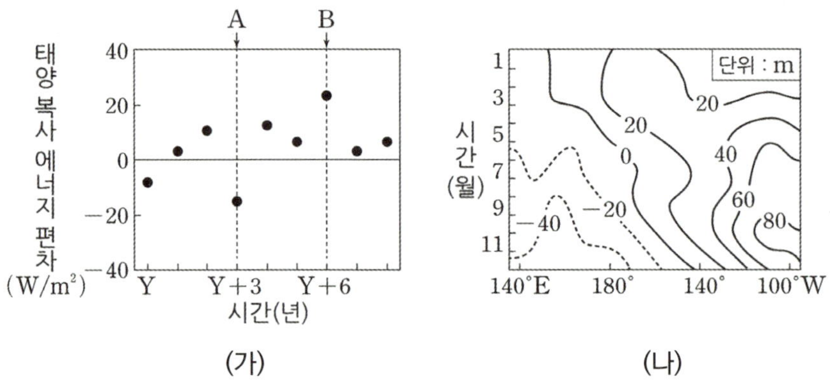

（가）　　　　　　　　　　　（나）

ㄱ. (나)는 A에 해당한다. (X)

- (가)에서 A는 **평상시보다 표층에 태양 복사 에너지가 적게 들어오므로 구름의 양이 많아진 라니냐 시기**, B는 **평상시보다 표층에 태양 복사 에너지가 많이 들어오므로 구름의 양이 적어진 엘니뇨 시기**이다.
  이때, (나) 자료에서 동태평양 20˚C 등수온선의 깊이가 깊어졌으므로 용승이 적게 일어난 엘니뇨 시기라고 할 수 있다. 따라서 (나)는 B에 해당한다.
- 이처럼 '**표층에 도달하는**' 태양 복사 에너지는 구름의 양이 적어질수록 많아진다는 것을 알아두자.

추가로 물어볼 수 있는 선지 해설

1. 무역풍이 강화되면 동태평양 적도 부근 해역에서 용승이 강화되므로 표층 수온이 낮아진다.
2. 워커 순환이 강해지면 동태평양 적도 부근 해역에서 용승이 강화되므로 따뜻한 해수층의 두께는 얇아진다.
3. 서태평양의 수온이 낮아졌다면 평상시보다 무역풍이 약해져 따뜻한 해수의 전달이 덜 일어나는 것이므로 엘니뇨 시기다. 엘니뇨 시기에는 동태평양에서 용승이 약화된다.

memo

고기후와 지구 기후 변화 요인 – 고기후

1. 고기후 연구

과거에 지구에 나타났던 기후를 고기후라 한다. 고기후 연구를 통해 과거의 기온과 강수량 등의 정보를 알 수 있다.

연구 방법	내용

(1) 화석 연구

① 시상 화석의 종류와 분포를 통해 과거 기후를 추정할 수 있다.

(2) 나무 나이테 연구

나무 나이테 수, 나이태 사이의 폭과 밀도를 측정하여 나무의 나이 및 과거의 기온과 강수량 변화를 추정할 수 있다.
나무는 따뜻하고 비가 많이 내리는 여름에 집중적으로 성장하고 겨울에는 비교적 성장하지 못한다. 이 겨울 시기에 나이테가 만들어진다. 즉 나무 나이테는 1년에 1개씩 생기며 여름에 성장을 하는 정도에 따라 나이테의 간격 및 밀도가 결정된다.

(3) 빙하 코어 분석

① 빙하가 만들어질 때 공기 방울이 생긴다. 공기 방울 속에 들어있는 공기는 빙하가 생성될 당시의 대기 성분을 그대로 포함하고 있다.
② 따라서 과거 대기 조성을 알 수 있고, 빙하를 구성하는 물 분자의 산소 동위 원소 비율($^{18}O/^{16}O$)로부터 기온 변화를 추정할 수 있다.

(4) 지층의 퇴적물 연구

지층 속에 포함된 꽃가루 등의 화석을 분석하여 퇴적물이 쌓일 당시의 환경 및 식물의 분포 등을 알 수 있다.
따뜻한 기후에서 서식하는 활엽수의 꽃가루와 추운 기후에서 서식하는 침엽수의 꽃가루 중 활엽수의 꽃가루 화석이 더 많이 퇴적되어 있다면 그 지역은 따뜻한 기후였다는 것을 알 수 있다.

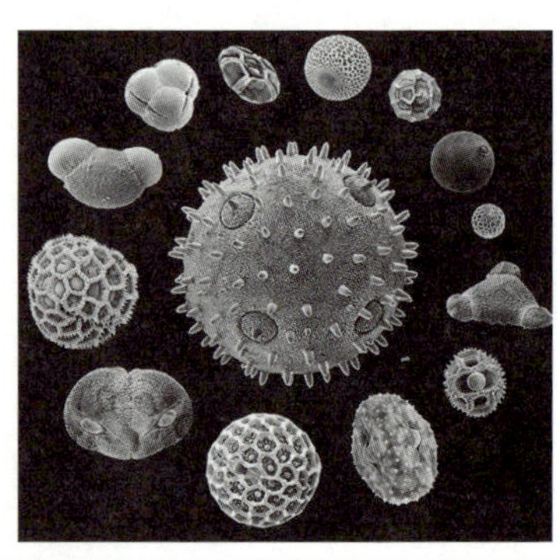

❘ 고기후와 지구 기후 변화 요인 – 자연적 요인

지구 기후 변화의 자연적 요인 중 지구 밖에서 일어나는 천문학적인 원인에 의해 기후가 변화하는 현상을 말한다.
주로 지구의 자전과 공전 운동의 변화와 관련이 있다. 또는 태양 활동의 변화에 의해 생긴다.

(1) 세차 운동 (다른 요인 고려 X)

- **지구의 자전축이 약 26000년을 주기로 지구 자전 방향과 반대로 회전**하는데, 이를 **세차 운동**이라 한다.
  지구의 자전축이 회전하여 약 **13000년 후에는** 자전축의 경사 방향이 **현재와 반대**가 된다.
  (다른 변화 요인이 없다면 13000년 전과 13000년 후는 똑같다는 사실을 기억하자)
- **현재 북반구**는 **원일점**에서 **여름**이다. 하지만 **13000년 후에는** 지구의 세차 운동에 의해 **근일점**에서 **여름**이 된다. 다른 변화
  요인이 없다면 북반구의 여름이 원일점 → 근일점으로 **태양과 가까워졌으므로 북반구 기온의 연교차는 현재보다 커진다.**
- 13000년 후의 남반구는 반대의 상황을 보일 것이다. 현재 남반구의 여름은 근일점이지만 13000년 후의 여름은 원일점이
  므로 여름의 위치가 태양에서 멀어진다. 따라서 **남반구 기온의 연교차는 현재보다 작아질 것이다.**

▲ 현재 지구 공전 궤도　　　　　　　　　　　▲ 13000년 후 자전축

현재 지구의 공전 궤도는 태양을 타원의 초점으로 하는 타원 궤도를 보인다. 따라서 타원의 정중앙에 **태양**이 위치
한 것이 아니라 **어느 한쪽으로 치우쳐져 있다.** 이때 **태양과 가장 가까운 지점을 근일점, 태양과 지구가 가장 먼
지점을 원일점**이라 한다. 지구의 자전축이 **태양을 향하는 쪽**을 반구의 **여름**, **태양을 향하지 않는 쪽**을 반구의 **겨울**
로 정했다. 따라서 **현재 지구의 공전 궤도**를 살펴보자.

① 원일점 : 북반구가 태양 쪽을 바라보고 있으므로 **북반구의 계절**은 **여름**, 바라보지 않는 **남반구**는 **겨울**이다.
② 근일점 : 남반구가 태양 쪽을 바라보고 있으므로 **남반구의 계절**은 **여름**, 바라보지 않는 **북반구**는 **겨울**이다.

왜 더 가까이 있는 근일점일 때 두 반구 모두 여름이 아닐까? 그 이유는 태양 복사의 입사각에 있다. 지구의 자전
축이 태양을 향하고 있을 때 태양 복사 에너지가 많이 들어오기 때문에 **태양과의 거리가 아닌 태양을 향하는 쪽으**
로 여름과 겨울을 정하는 것이다. (물론 근일점일 때 지구 전체에 입사하는 태양 복사 에너지양이 많은 것은 사실이다.)

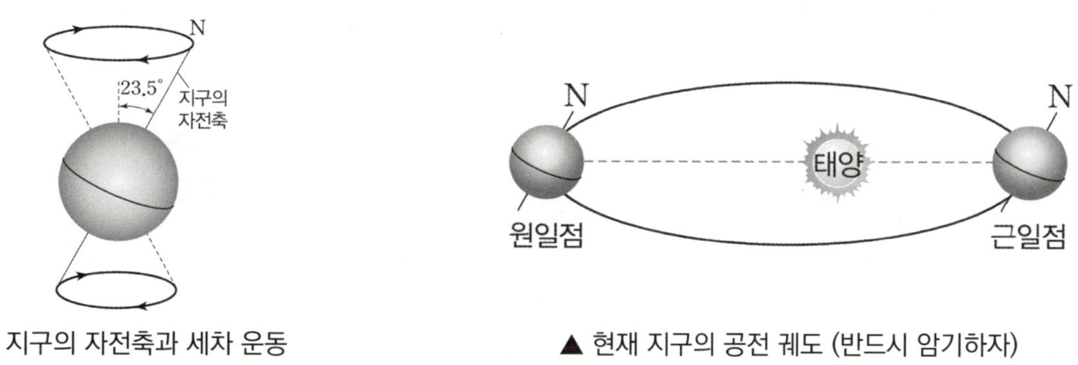

▲ 지구의 자전축과 세차 운동　　　　　　　▲ 현재 지구의 공전 궤도 (반드시 암기하자)

① **시간에 따른 세차 운동의 모습**

세차 운동은 다음과 같은 형태로 진행된다. **6500년마다** $\frac{1}{4}$ **바퀴**씩 회전하는 것을 알 수 있다.

특히 6500년 후 그림과 19500년 후 그림은 정확하게 이해할 수 있어야 한다. 자전축이 어느 곳을 바라보고 있는지 확인할 수 있어야 한다. (펜을 잡고 직접 돌려보는 연습을 해보도록 하자.)

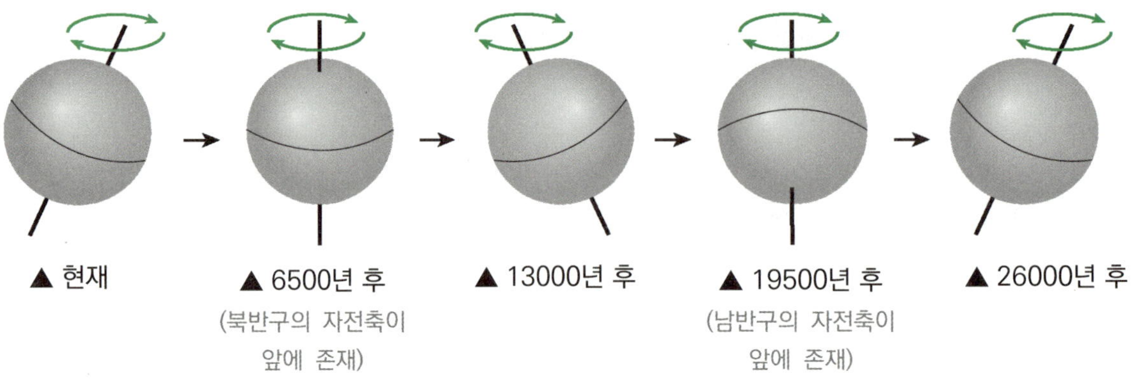

② **현재 세차 운동과 지구 공전 궤도**

현재 지구 공전 궤도에서의 계절을 나타낸 그림이다. **태양 쪽을 바라보는 곳의 계절이 여름**이라 생각해야 한다.

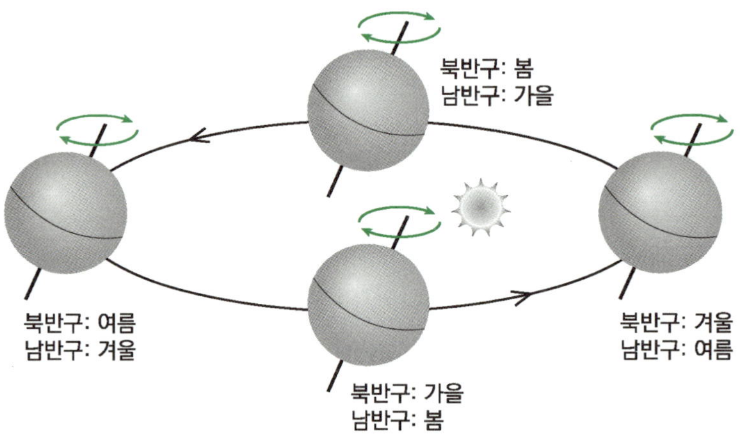

③ **6500년 후 세차 운동과 지구 공전 궤도**

현재로부터 6500년 후 세차 운동이 반영된 그림이다. 태양 쪽을 바라보는 곳의 계절이 여름이므로 나머지 위치에서 각 계절이 나타나는 이유를 생각해보자.

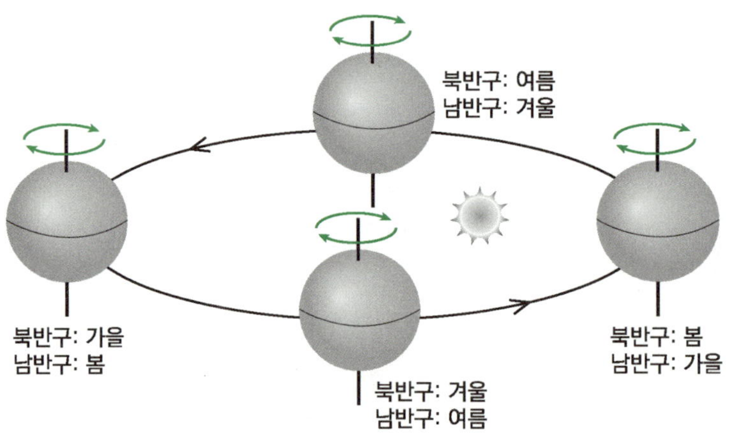

④ 13000년 후 세차 운동과 지구 공전 궤도

현재로부터 13000년 후 세차 운동이 반영된 그림이다. 각 계절이 나타나는 이유를 생각해보자.

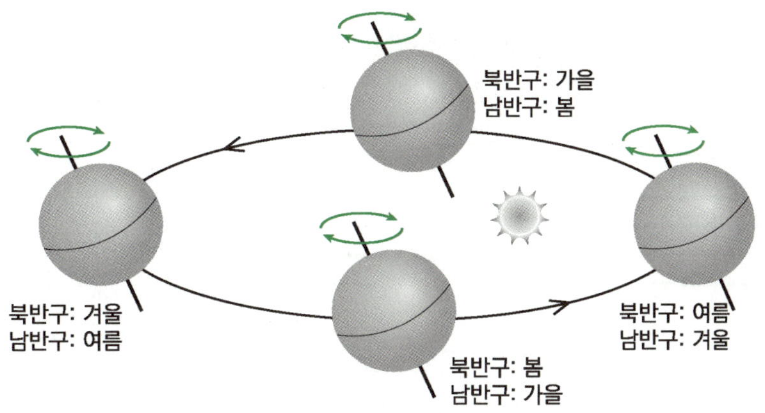

⑤ 19500년 후 세차 운동과 지구 공전 궤도

현재로부터 19500년 후 세차 운동이 반영된 그림이다. 각 계절이 나타나는 이유를 생각해보자.

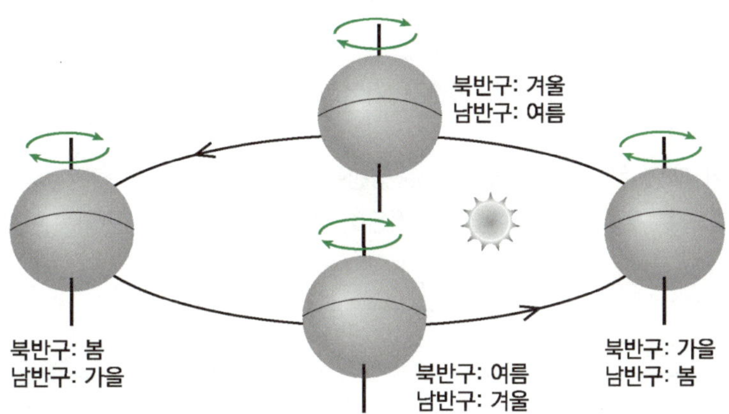

(2) 지구 자전축 기울기의 변화 (다른 요인 고려 X)

- 지구 자전축의 경사각이 약 **41000년을 주기**로 21.5˚ ~ 24.5˚ 사이에서 **기울기가 변한다.**
- 현재 **지구**는 약 23.5˚ **기울어져 있으며,** 지구 자전축의 기울기가 변화하면 각 위도에서 받는 일사량에 변화가 생기므로 기온의 연교차가 생긴다.

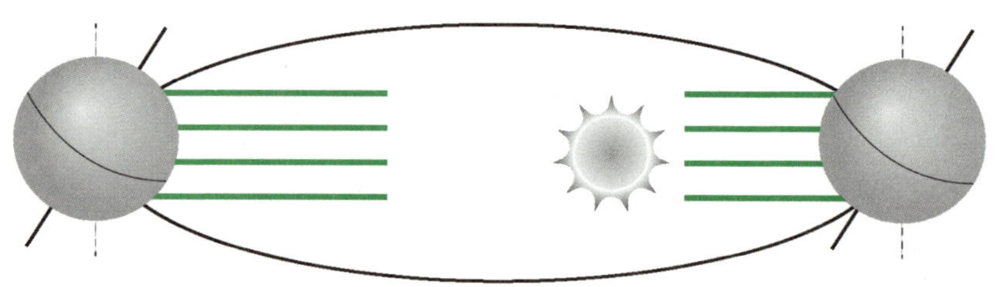

▲ 현재의 자전축 기울기와 입사하는 태양 복사 에너지

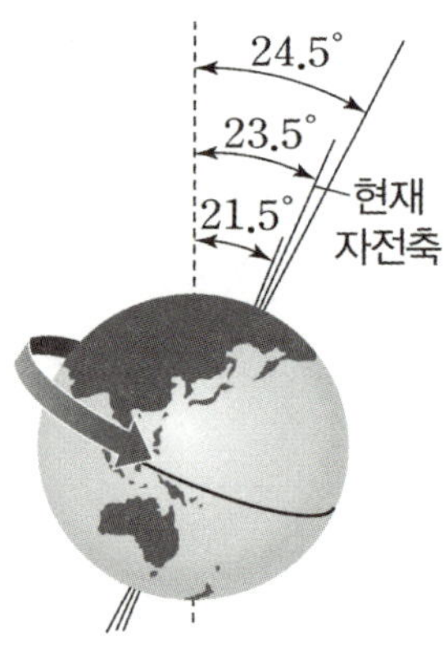

▲ 자전축 기울기의 변화

① **기울기가 증가한 경우** (그림 자료를 함께 보며 이해하도록 하자.)

- 지구 자전축 기울기가 현재보다 커진다면 **북반구와 남반구 모두 기온의 연교차가 커진다.**
- **북반구**는 원일점에서 **여름**이다.
  이때 현재에 비해 **북반구가 태양 쪽으로 기울었으므로** 북반구 기온이 **상승**한다. 북반구는 근일점에서는 **겨울**이고 현재에 비해 **남반구가 태양 쪽으로 기울었으므로** 북반구 기온이 **감소**한다. 따라서 북반구 기온의 **연교차는 커진다.**
- **남반구**는 원일점에서 **겨울**이다.
  이때 현재에 비해 **북반구가 태양 쪽으로 기울었으므로** 남반구 기온이 **감소**한다. **남반구**는 근일점에서는 **여름**이고 현재에 비해 **남반구가 태양 쪽으로 기울었으므로** 남반구 기온이 **상승**한다. 따라서 남반구 기온의 **연교차는 커진다.**

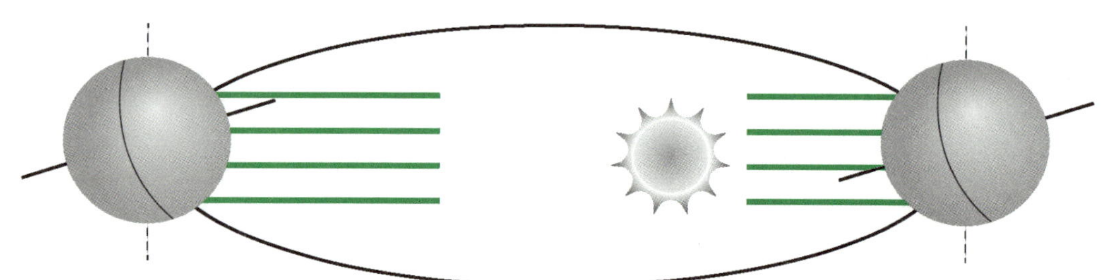

▲ 자전축 기울기가 증가했을 때 지구의 공전 궤도

② **기울기가 감소한 경우** (그림 자료를 함께 보며 이해하도록 하자.)

- 지구 자전축 기울기가 현재보다 작아진다면 **북반구와 남반구 모두 기온의 연교차가 작아진다.**
- **북반구**는 **원일점**에서 **여름**이다.
  이때 현재에 비해 **남반구가 태양 쪽으로 기울었으므로** 북반구 **기온**이 감소한다. **북반구**는 **근일점**에서는 **겨울**이고 현재에 비해 **북반구가 태양 쪽으로 기울었으므로** 북반구 **기온**이 상승한다. 따라서 북반구 기온의 **연교차는 작아진다.**
- 남반구는 원일점에서 겨울이다.
  이때 현재에 비해 **남반구가 태양 쪽으로 기울었으므로** 남반구 **기온**이 상승한다. 남반구는 근일점에서는 **여름**이고 현재에 비해 **북반구가 태양 쪽으로 기울었으므로** 남반구 **기온**이 감소한다. 따라서 남반구 기온의 **연교차는 작아진다.**

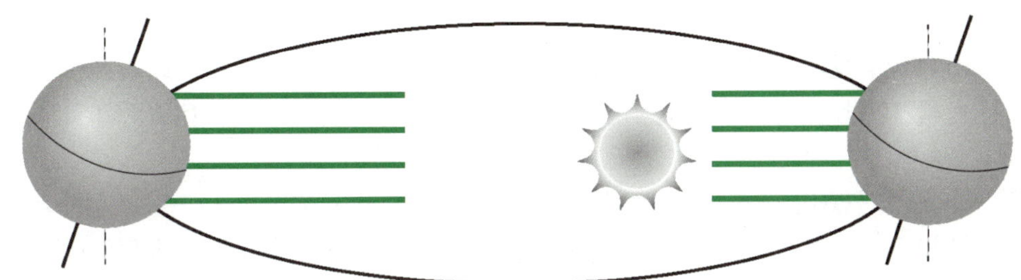

▲ 자전축 기울기가 감소했을 때 지구의 공전 궤도

+ 시야 넓히기 : 태양의 남중 고도

남중 고도란 쉽게 말해 태양이 지표면으로부터 얼마나 높게 떠 있는지를 이야기하는 것이다.

여름철에는 태양이 높게 떠 있어서 좁은 지역에 에너지가 집중되어 온도가 올라가고, 겨울철에는 태양이 낮게 떠 있어서 넓은 지역에 에너지가 분산되어 온도가 내려가는 것이다. 따라서 **여름철이 겨울철보다 남중 고도가 높다.**

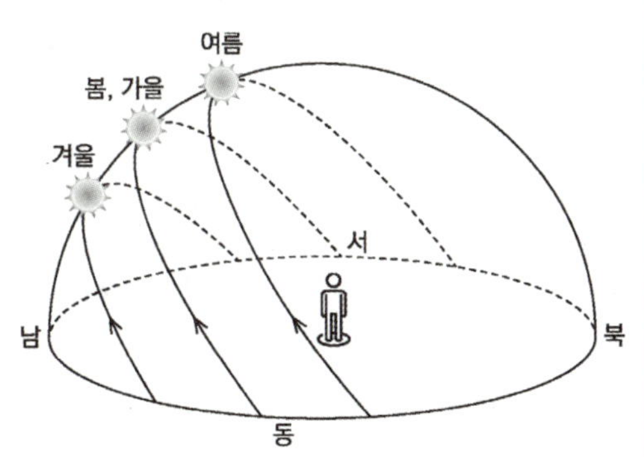

이때, 태양의 남중 고도는 지구 자전축 기울기가 변화하면 함께 변화한다.
자전축 기울기가 증가하면 여름철의 남중 고도는 증가하고, 겨울철의 남중 고도는 감소한다.
자전축 기울기가 감소하면 여름철의 남중 고도는 감소하고, 겨울철의 남중 고도는 증가한다.
즉, 다른 변화 요인이 없다면 다음이 성립한다.

> 자전축 기울기 증가 = 연교차 증가
> 자전축 기울기 감소 = 연교차 감소

(3) 공전 궤도 이심률의 변화 (다른 요인 고려 X)

① 지구 공전 궤도 이심률은 **약 10만 년을 주기로 변한다**.
이심률이란 **공전 궤도 모양이 납작한 정도**로, 이심률이 **클수록 납작한 타원
모양**이고 **0에 가까울수록 원**에 가깝다. 지구 공전 궤도가 변화하면서 원일점
과 근일점의 위치가 변화하게 된다.

② **이심률**이 **작아져** 공전 궤도가 현재보다 **원**에 가까워지면 근일점의 거리는
현재보다 멀어지고, 원일점의 거리는 현재보다 가까워진다.

③ **이심률**이 **커져** 공전 궤도가 현재보다 타원에 가까워지면 근일점의 거리는
현재보다 가까워지고, 원일점의 거리는 현재보다 멀어진다.

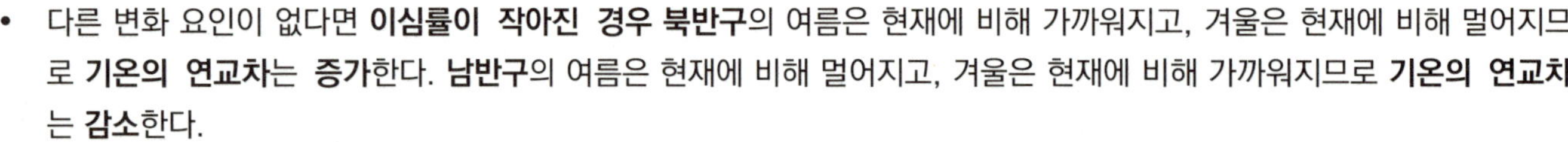

- 다른 변화 요인이 없다면 **이심률이 작아진 경우 북반구**의 여름은 현재에 비해 가까워지고, 겨울은 현재에 비해 멀어지므
로 **기온의 연교차는 증가**한다. **남반구**의 여름은 현재에 비해 멀어지고, 겨울은 현재에 비해 가까워지므로 **기온의 연교차
는 감소**한다.

- 다른 변화 요인이 없다면 **이심률이 커진 경우 북반구**의 여름은 현재에 비해 멀어지고, 겨울은 현재에 비해 가까워지므로
기온의 연교차는 감소한다. **남반구**의 여름은 현재에 비해 가까워지고, 겨울은 현재에 비해 멀어지므로 **기온의 연교차는
증가**한다.

- 이때 원일점과 근일점 사이의 거리는 변하지 않는다. $a + b = a' + b' = 2\,\mathrm{AU}$

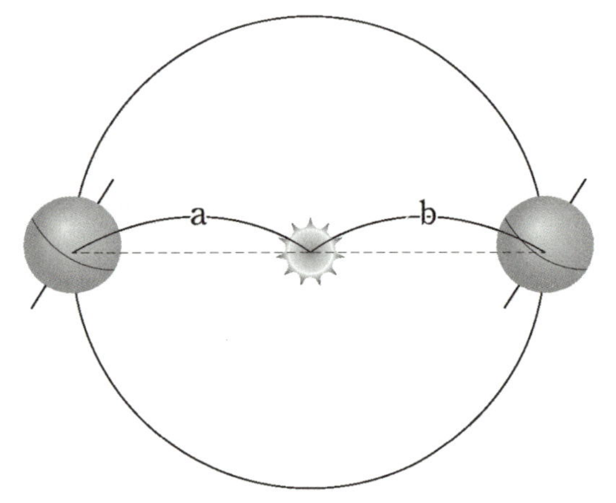

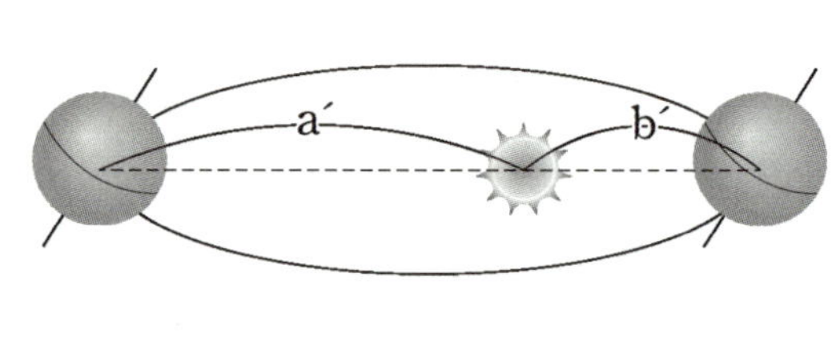

▲ 공전 궤도 이심률이 작아지는 경우   ▲ 공전 궤도 이심률이 커지는 경우

(4) 태양 활동의 변화

태양 활동이 달라지면 지구에 도달하는 태양 복사 에너지의 양이 달라진다.
태양 활동의 변화는 흑점 수 변화로 알 수 있다. 역사적으로 소빙하기로 알려진 시기에 태양 흑점 수가 매우 적었던
시기(마운더 극소기)가 존재한다.

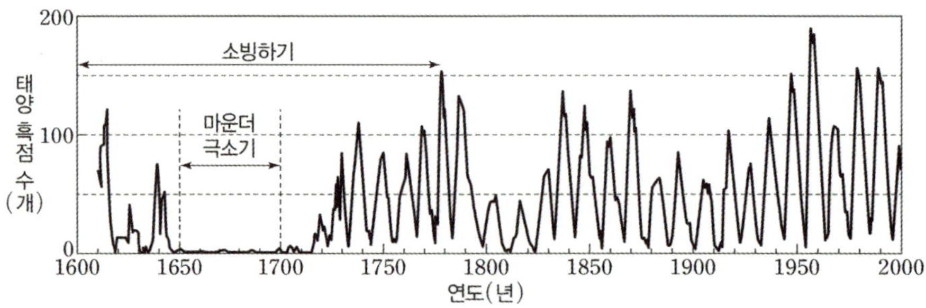

▲ 태양 흑점 수의 변화와 소빙하기

지구 외적 요인뿐만 아니라 지구 내부에서도 기후 시스템 내의 상호 작용 등의 요인에 의해서 기후 변화가 일어난다.

(1) 지표면 상태의 변화

① **극지방의 빙하 면적 변화**는 지표면의 태양 복사의 반사율을 변화시켜 기후를 변화시킨다.

② **빙하가 녹는다면** 지표면의 **반사율이 감소**하여 극지방 **기온이 높아진다.**

   (빛은 같은 색깔에 흡수된다. 흰색은 모든 빛을 반사한다.)

(2) 수륙 분포의 변화

① 해류의 경로 변화

- 북아메리카 대륙과 남아메리카 대륙과 연결된 후 북극해로 유입되는 대서양의 따뜻한 표층 해류가 감소하여 북극 주변에 빙하가 형성되었다. 이처럼 해류의 경로 변화는 기후 변화를 야기한다.

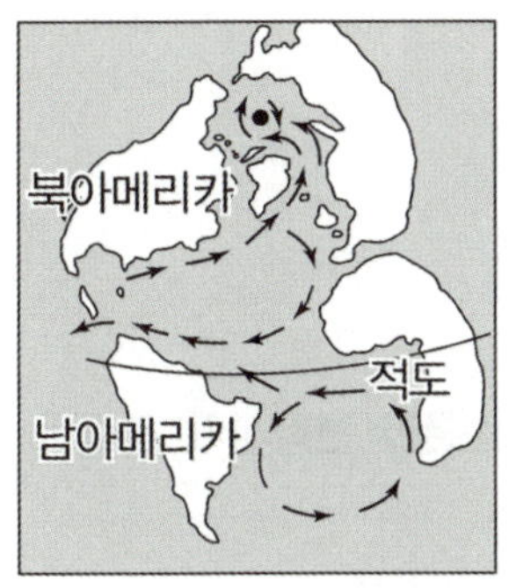

▲ 대륙의 이동에 의한 해류 이동 경로의 변화

② 초대륙 형성과 분리

- 초대륙 판게아가 형성되고 분리되는 과정에서 여러 대륙의 기후 변화가 나타났다.
- 예를 들어 판게아 형성 당시 인도 대륙은 남극 근처에 있어 매우 추웠지만 현재는 적도 근처에 있어 온난한 기후를 가진다.

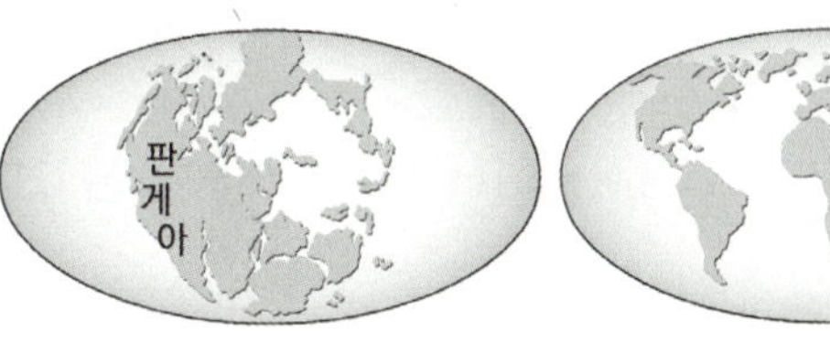

▲ 대륙의 이동

(3) 대기의 투과율 변화

대기의 투과율이 변화하면 지구 기온의 영향을 줄 수 있다.

화산 폭발이 크게 일어나 **많은 양의 화산재**가 분출되어 성층권에 퍼지면, 화산재가 **태양 빛을 반사시켜** 빛의 투과율이 감소하므로 **지표에 도달하는 태양 복사 에너지양이 줄어들어** 지구의 평균 기온이 하강한다.

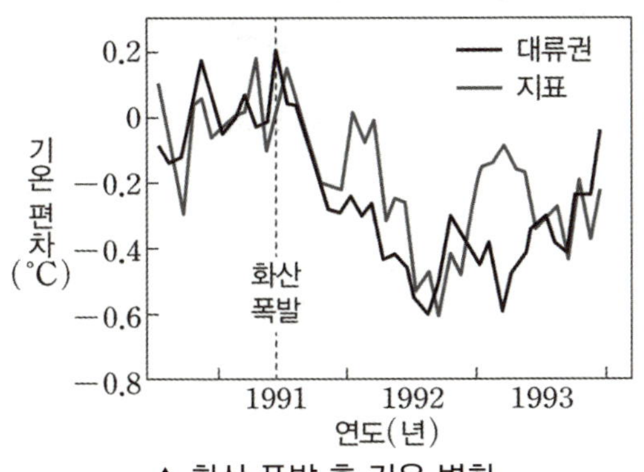

▲ 화산 폭발 후 기온 변화

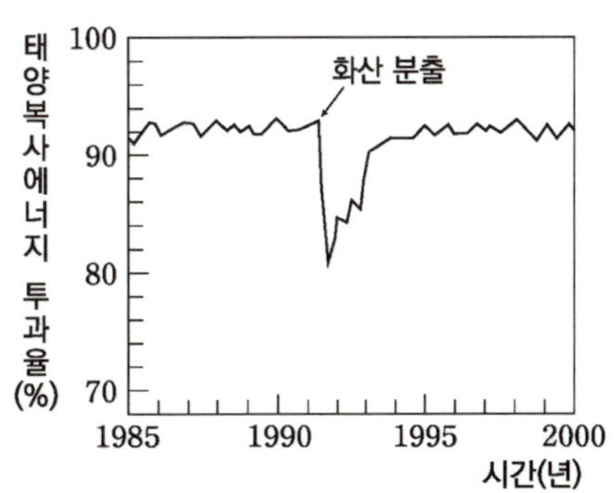

▲ 화산 폭발 후 대기의 투과율 변화

고기후와 지구 기후 변화 요인 – 인위적 요인

1. 온실 기체 증가

인간의 화석 연료 사용으로 인해 배출된 **온실 기체는 지구의 기온을 높인다.**

⇒ 온실 기체의 종류로는 수증기, **이산화 탄소**, **메테인**, 오존 등이 있으며 이들에 의해 대기 및 지표의 평균 온도가 상승하고 지구의 기후가 변한다. (온실 효과의 기여도 자체는 이산화 탄소가 메테인보다 높지만, 같은 양이 있을 때는 메테인의 기여도가 더 높다. 이러한 결과는 이산화 탄소의 양이 훨씬 많기 때문에 나타나는 것이다.)

온실 기체	온실 효과 기여도(%)
수증기	30~70
이산화 탄소	9~26
메테인	4~9
오존	3~7

2. 사막화

인간의 과잉 방목, 과잉 경작 등에 의한 사막화 현상은 대기 순환을 변화시켜 지구의 기후를 변화시키는 요인이 된다.

3. 에어로졸 배출

고체나 액체의 작은 방울이 기체 속에 흩어져 있는 것을 에어로졸이라 한다. 에어로졸은 산업 활동이나 화석 연료 사용 과정에서 대기로 배출되며 떠돌아다닌다. 이들은 지표면에 도달하는 태양 복사 에너지를 감소시켜 지구의 기온을 낮추는 역할을 한다.

에어로졸의 크기는 $1\,\text{nm} \sim 100\,\mu\text{m}$ 정도로 매우 작은 입자다.

4. 도시화

도로, 건물 등을 건설하여 숲이 도시화되면 지표의 반사율을 변화시켜 기후 변화가 나타난다.

구분	반사율(%)
빙하	50~70
숲	8~15
토양	5~40
모래 사막	20~45
아스팔트	4~12

2022학년도 수능 지Ⅰ 17번

그림 (가)는 현재와 A 시기의 지구 공전 궤도를, (나)는 현재와 A 시기의 지구 자전축 방향을 나타낸 것이다. (가)의 ㉠, ㉡, ㉢은 공전 궤도상에서 지구의 위치이다.

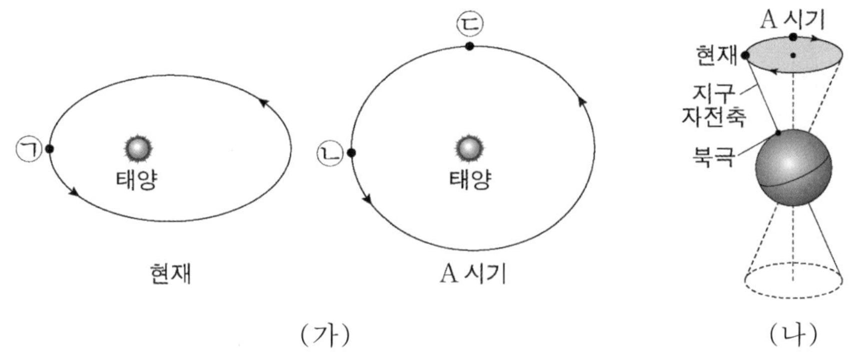

이에 대한 설명으로 옳은 것만을 <보기>에서 있는 대로 고른 것은? (단, 지구의 공전 궤도 이심률, 세차 운동 이외의 요인은 변하지 않는다고 가정한다.)

─────── <보 기> ───────

ㄱ. ㉠에서 북반구는 여름이다.

ㄴ. 37°N에서 연교차는 현재가 A 시기보다 작다.

ㄷ. 37°S에서 태양이 남중했을 때, 지표에 도달하는 태양 복사 에너지양은 ㉢이 ㉡보다 적다.

① ㄱ   ② ㄴ   ③ ㄷ   ④ ㄱ, ㄴ   ⑤ ㄴ, ㄷ

추가로 물어볼 수 있는 선지

1. 6500년 후에 남반구는 근일점에서 가을이다. (O , X)
2. 세차 운동 방향은 지구의 자전 방향과 일치한다. (O , X)
3. 13000년 후 원일점에서 지구의 남극은 태양을 바라보고 있다. (O , X)

정답 : 1. (O), 2. (X), 3. (O)

01 2022학년도 수능 지 I 17번

KEY POINT #남중, #연교차, #세차 운동

문항의 발문 해석하기

현재의 지구 자전축의 방향과 각도를 생각하고 지문 옆에 공전 궤도와 함께 그려두도록 하자. 현재의 궤도를 자료로 준다면 그릴 필요는 없다.

문항의 자료 해석하기

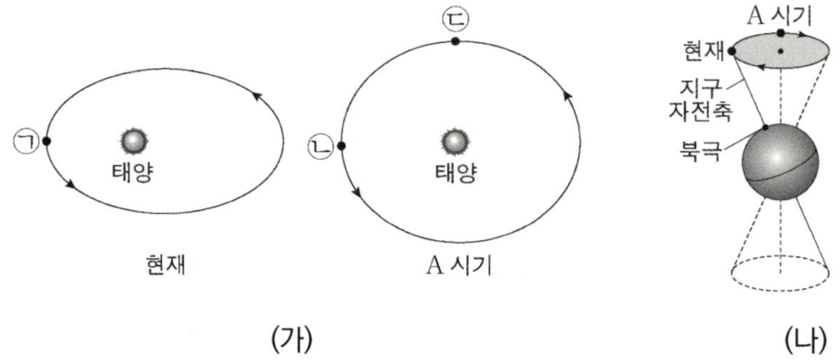

1. (가) 자료를 통해 현재의 공전 궤도를 이해할 수 있다. ⓐ은 근일점이므로 북반구와 남반구는 각각 겨울과 여름인 것을 알 수 있다. A 시기에 변화한 물리량을 판단해보면 이심률이 감소했다.

2. (나) 자료와 연결해서 보면 A 시기에 자전축의 방향이 $\frac{1}{4}$ 바퀴 회전했다. 따라서 세차 운동이 일어난 6500년 후인 것을 알아야 한다.

TIP.

연교차를 판단하는 우선순위는 세차 운동 → 이심률 → 자전축 기울기라고 생각하며 문제를 풀자.

(실제 지구 기후 변화는 지구의 자전축이 가장 큰 영향을 미친다. 그러나 지구과학1 문제를 더 빨리 풀기 위해서는 직관적으로 판단할 수 있는 근거를 알아두는 것이 좋다. 또한, 교육과정 내에서 서로 다른 요인이 서로 상충되는 방향으로 영향을 미칠 경우 판단할 수 없으므로 한가지 변화를 보고 문제를 풀어도 큰 문제가 없다.)

선지 판단하기

ㄱ 선지 ㉠에서 북반구는 여름이다. (X)

㉠은 현재 지구가 근일점일 때의 위치이므로 북반구의 계절은 겨울이다.

ㄴ 선지 37°N에서 연교차는 현재가 A 시기보다 작다. (O)

연교차를 판단하기 위해 계절을 생각하자. 북반구는 ㉢에서 겨울이고 ㉣ 위치에서 여름이다. 이때, 현재와 비교를 해보자. 현재와 비교한 겨울의 위치는 비슷하지만, 여름의 위치는 가까워졌다. 따라서 연교차는 현재가 A 시기보다 작다.

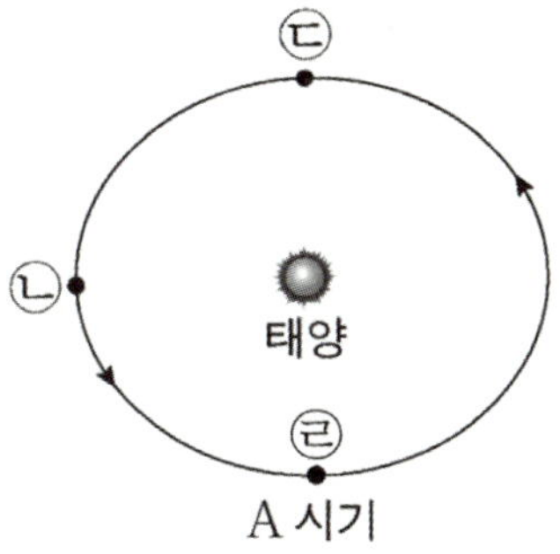

ㄷ 선지 37°S에서 태양이 남중했을 때, 지표에 도달하는 태양 복사 에너지양은 ㉢이 ㉡보다 적다. (X)

지표에 도달하는 태양 복사 에너지양은 계절로 판단하자. ㉡은 남반구의 가을, ㉢은 남반구의 여름이다. 이때 남반구의 지표에 도달하는 태양 복사 에너지양은 여름인 ㉢이 더 클 것이다.

기출문항에서 가져가야 할 부분

1. 현재의 지구 공전 궤도 이심률 및 세차 운동과 자전축 기울기 각도 그리기
2. 6500년 후 위치별 지구의 계절과 연교차 이해하기
3. 계절과 태양의 남중 고도 이해하기

❚ 기출 문제로 알아보는 유형별 정리

[세차 운동]

① 13000년 전, 13000년 후의 계절 및 연교차 판단   2017학년도 9월 모의평가 15번

그림 (가)와 (나)는 각각 현재와 미래 어느 시점의 지구 자전축의 경사 방향과 경사각을 나타낸 것이다. (나)일 때가 (가)일 때보다 큰 값을 갖는 것만을 있는 대로 고른 것은? (단, 지구 자전축의 경사 방향 및 경사각의 변화 이외의 요인은 변하지 않는다고 가정한다.)

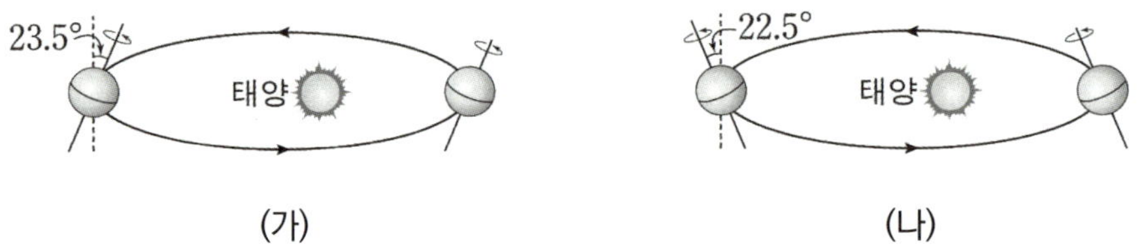

ㄱ. 남반구 기온의 연교차 (X)

- (가) 자료는 현재의 지구 자전축 경사 방향과 경사각과 같다.
  이때, (나) 자료에 나타난 지구는 **자전축 경사 방향이 180도 바뀌었으므로 세차 운동이 일어났다**고 판단할 수 있다. 이때 지구는 13000년이 지났다고 가정하자.
  13000년 후의 지구는 세차 운동이 일어나 계절이 바뀐다. **남반구는 원일점에서 여름, 근일점에서 겨울**이다. 따라서 현재보다 겨울은 가까워져 따뜻해지고, 여름은 멀어져 시원해졌으므로 연교차는 감소한다.
- 이처럼 세차 운동의 방향이 정반대가 되면 13000년이 지났다고 가정하고 문제를 풀자. (39000년, 65000년이 지난 것과 같은 의미이다.)

　그림 (가)와 (나)는 지구 공전 궤도면의 수직 방향에서 바라보았을 때, 지구 중심을 지나는 지구 공전 궤도면의 수직축에 대한 북극의 상대적인 위치를 나타낸 것이다. (단, 지구 자전축 경사 방향 이외의 요인은 변하지 않는다고 가정한다.)

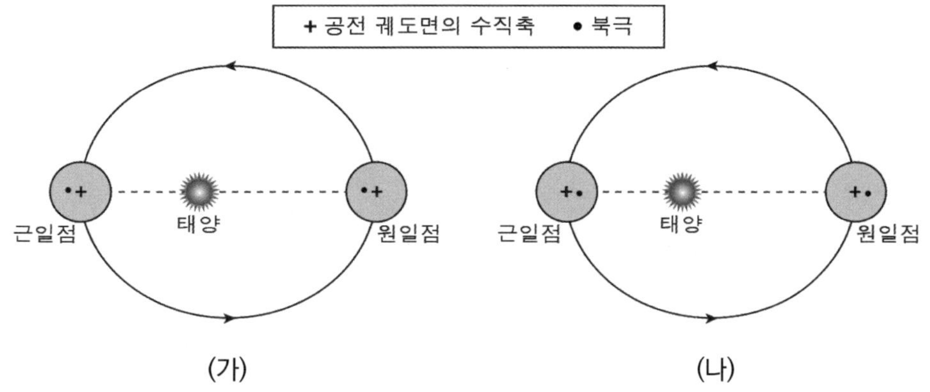

ㄱ. (가)에서 지구가 근일점에 위치할 때 북반구는 겨울이다. (O)

- (가)에서 근일점일 때 **남반구가 태양 쪽을 바라보고 있다**. 따라서 북반구의 계절은 겨울이다.

- 남반구가 태양을 바라보고 있는 것을 어떻게 알았을까?

　우리가 알고 있는 **극은 자전축이 지표면으로 들어가는 곳**을 의미한다. 따라서 (가)와 (나) 자료에 나와 있는 상대적 북극의 위치를 보고 자전축의 방향이라는 것을 알아야 한다.

　(나)는 자전축 방향이 반대이므로 13000년 후 지구의 공전 궤도 모습일 것이다.

① 6500년 전, 6500년 후의 계절 판단   2019학년도 9월 모의평가 14번

그림 (가)는 지구 공전 궤도 이심률의 변화를, (나)는 ㉠ 시기의 지구 자전축 방향과 공전 궤도를 나타낸 것이다. 지구 자전축 세차 운동의 주기는 약 26000년이며 방향은 지구의 공전 방향과 반대이다. (단, 지구 공전 궤도 이심률과 자전축 경사 방향 이외의 요인은 변하지 않는다고 가정한다.)

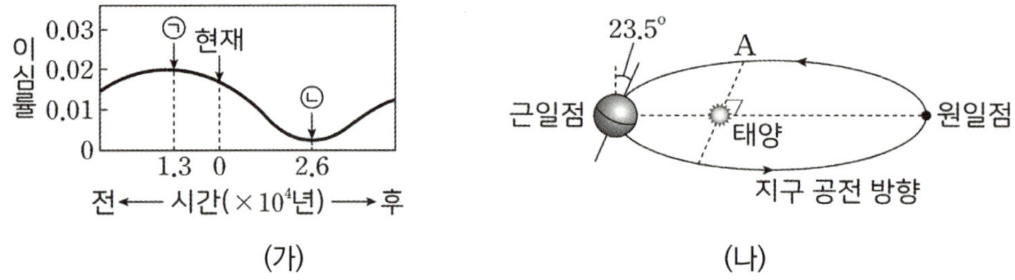

ㄴ. 현재로부터 약 6500년 전 지구가 A 부근에 있을 때 북반구는 겨울철이 된다. (X)

- **세차 운동은 지구 공전 방향과 반대로 진행**된다. (나) 자료에서 지구 공전은 반시계 방향으로 일어나고 있으므로 세차 운동의 방향은 시계 방향이다. 이때, **(나) 자료는 현재의 공전 궤도가 아니므로 현재의 공전 궤도를 그려두자.**

  6500년 전에는 $\frac{1}{4}$ 바퀴만큼 세차 운동이 거꾸로 일어났으므로 **A 위치에서 북반구가 태양 쪽을 바라본다.**

  따라서 A에서 북반구는 여름철이 된다.

- 6500년이 지나면 세차 운동에 의해 자전축이 $\frac{1}{4}$ 바퀴만큼, 19500년이 지나면 세차 운동에 의해 자전축이 $\frac{3}{4}$ 바퀴만큼

  돌아간다. 따라서 **13000년이 지날 때와는 달리 그림을 통해 이해하기 매우 까다롭다.**

  따라서 한손으로 펜을 잡고, **펜을 지구 자전축**이라 생각하고 다른 **한 손을 태양이라 가정한 후** 직접 세차 운동이 일어날 때의 상황을 이해해 보도록 하자. (p.308의 그림을 참고하자.)

- (나) 자료가 현재의 지구 공전 궤도가 아닌 것을 반드시 파악할 수 있어야 한다.

그림 (가)는 지구의 공전 궤도를, (나)는 지구 자전축 경사각의 변화를 나타낸 것이다. 지구 자전축 세차 운동의 방향은 지구 공전 방향과 반대이고 주기는 약 26000년이다. (단, 지구 자전축 세차 운동과 지구 자전축 경사각 이외의 요인은 변하지 않는다고 가정한다.)

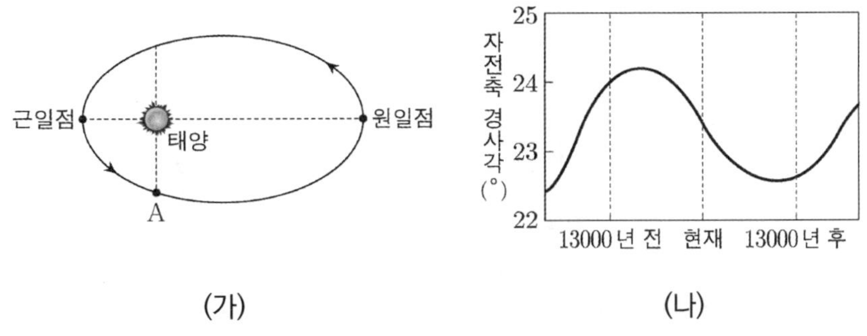

ㄴ. 35°N에서 기온의 연교차는 약 6500년 전이 현재보다 작다. (X)

- **세차 운동은 지구 공전 방향과 반대로 진행**된다. (가) 자료에서 지구 공전은 반시계 방향으로 일어나고 있으므로 세차 운동의 방향은 시계 방향이다.
  현재 지구는 근일점에서 남반구가 태양을, 원일점에서 북반구가 태양을 바라보고 있다.

  이때, 6500년 전에는 $\frac{1}{4}$ 바퀴만큼 세차 운동이 거꾸로 일어났으므로 A 위치에서 남반구가 태양 쪽을 바라본다.

  따라서 북반구는 A에서 겨울철이 된다.

- 이때 오른쪽 그림과 같이 B 부근에서의 북반구는 여름철이 된다.
  현재의 북반구 겨울의 위치인 **근일점의 태양과의 거리**와 6500년 전 북반구 겨울의 위치인 **A와 태양과의 거리는 큰 변화가 없다.**
  그러나 현재의 북반구 여름의 위치인 **원일점의 태양과의 거리**와 6500년 전 북반구 여름의 위치인 **B와 태양과의 거리**를 보면 **B의 거리가 훨씬 가깝다.** 따라서 연교차는 현재가 더 작다.

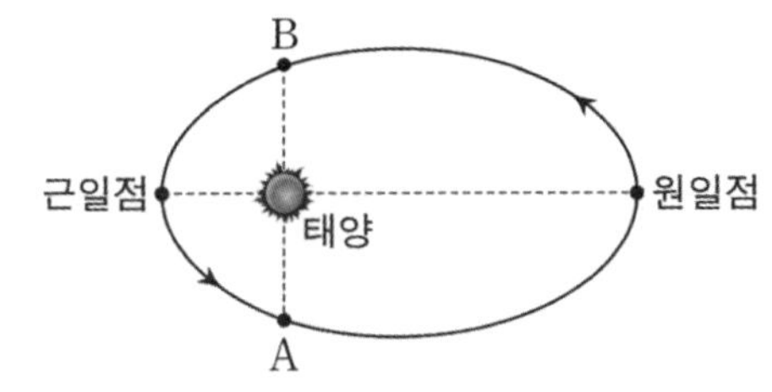

- 이처럼 연교차의 증감을 판단하기 위해서는 각 반구가 여름, 겨울일 때의 위치를 알 수 있어야 한다.

① 근일점과 원일점에서의 태양 크기   2020년 10월 학력평가 9번

표는 A, B, C 시기의 지구 공전 궤도 이심률을, 그림은 B 시기에 지구가 근일점과 원일점에 위치할 때 남반구에서 같은 배율로 관측한 태양의 모습을 각각 ㉠과 ㉡으로 순서 없이 나타낸 것이다. ㉠을 관측한 시기가 남반구의 겨울철일 때, 이에 대한 옳은 설명만을 있는 대로 고른 것은? (단, 지구 공전 궤도 이심률 이외의 요인은 변하지 않는다고 가정한다.)

시기	이심률
A	0.011
B	0.017
C	0.023

ㄱ. B 시기에 지구가 근일점을 지날 때 북반구는 겨울철이다. (O)

- 그림에서 ㉠은 B 시기에 남반구의 겨울철일 때 태양의 모습이다. ㉠은 ㉡보다 관측한 태양의 크기가 작으므로 ㉠은 원일점, ㉡은 근일점에 위치할 때의 태양의 모습이다. 이때, 원일점에서 남반구는 겨울철이므로 현재의 경사 방향과 같다. 따라서 지구가 근일점을 지날 때 북반구는 겨울철이다.

- 그림 자료를 통해 태양의 크기를 알려주고 있다. 태양과의 거리가 가까운 **근일점에서 태양의 크기는 크게 보이고,** 태양과의 거리가 먼 **원일점에서 태양의 크기는 작게 보인다.**

- 위 문제는 세차 운동을 고려하지 않은 문제다. 따라서 선지에서 설명하는 다른 변화 요인이 없다면 항상 북반구는 근일점에서 겨울, 원일점에서 여름이라는 것을 알아두자.

> **추가로 물어볼 수 있는 선지 해설**
>
> 1. 6500년 후는 $\frac{1}{4}$ 바퀴만큼 세차 운동이 일어났다. 이때 근일점일 때 남반구의 계절은 가을이다.
>
>   p.308를 참고한 후 직접 표현할 수 있도록 하자.
> 2. 세차 운동의 방향은 지구의 자전 방향과 반대이다.
> 3. 13000년 후에는 세차 운동에 의해 지구 자전축 방향이 반대가 된다. 이때, 원일점에서 남반구의 계절은 여름이 된다. 따라서 남극은 태양 쪽을 바라보고 있다.

2022년 3월 학력평가 지Ⅰ 17번

그림 (가)는 지구 자전축 경사각과 지구 공전 궤도 이심률의 변화를, (나)는 ㉠ 또는 ㉡ 시기의 지구 자전축 경사각을 나타낸 것이다.

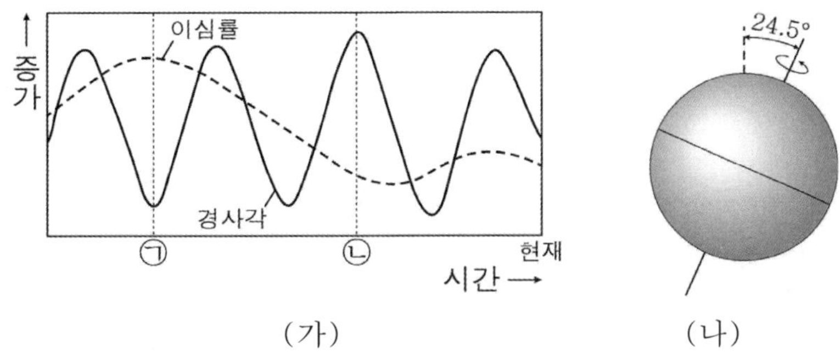

이에 대한 옳은 설명만을 <보기>에서 있는 대로 고른 것은? (단, 지구 자전축 경사각과 지구 공전 궤도 이심률 이외의 요인은 고려하지 않는다.)

<보 기>

ㄱ. 근일점 거리는 ㉠ 시기가 ㉡ 시기보다 가깝다.

ㄴ. (나)는 ㉠ 시기에 해당한다.

ㄷ. 우리나라에서 기온의 연교차는 현재가 ㉠ 시기보다 크다.

① ㄱ　　　　② ㄴ　　　　③ ㄱ, ㄷ　　　　④ ㄴ, ㄷ　　　　⑤ ㄱ, ㄴ, ㄷ

추가로 물어볼 수 있는 선지

1. 이심률이 커지면 원일점과 근일점 사이의 거리 차는 커진다. (O , X)

2. 지구 자전축 경사각 변화의 주기는 5만 년보다 짧다. (O , X)

3. 다른 변화 요인 고려 없이 지구의 자전축 경사각이 커지면 남반구의 연교차는 작아진다. (O , X)

정답 : 1. (X), 2. (O), 3. (X)

02 2022년 3월 학력평가 지Ⅰ 17번

KEY POINT #연교차, #경사각, #이심률

문항의 발문 해석하기

현재의 지구 자전축의 방향과 각도를 생각하고 지문 옆에 공전 궤도와 함께 그려두도록 하자. 현재의 궤도를 자료로 준다면 그릴 필요는 없다.

문항의 자료 해석하기

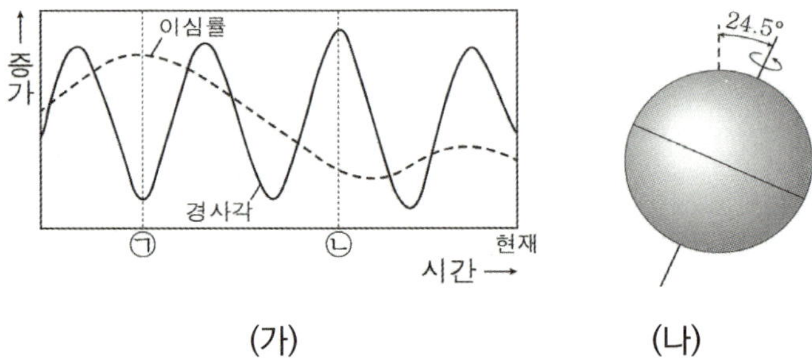

1. (가) 자료를 통해 ㉠ 시기에는 현재에 비해 이심률이 증가했고, 경사각이 줄어든 그림을 그릴 수 있어야 한다. ㉡ 시기에는 현재에 비해 이심률이 감소했고, 경사각이 늘어난 그림을 그릴 수 있어야 한다.

2. (나)에서 자전축이 24.5° 기울었으므로 현재보다 경사각이 커진 ㉡ 시기라는 것을 알 수 있다.

TIP.

(가), (나) 자료 중 현재의 이심률, 자전축 경사각, 세차 운동이 그려진 자료가 존재하지 않는다. 그렇다면 바로 현재의 그림을 시험지의 빈 곳에 그려두고 나머지와 비교하도록 하자. 또한, 연교차를 판단하는 우선순위는 세차 운동 → 이심률 → 자전축 기울기라고 생각하며 문제를 풀자.

선지 판단하기

ㄱ 선지 근일점 거리는 ㉠ 시기가 ㉡ 시기보다 가깝다. (O)
　　　세차 운동이 고려되지 않은 문제이므로 근일점 거리는 이심률의 영향만 받는다.
　　　이때, ㉠ 시기는 이심률이 커져 근일점에서의 태양과 지구 사이 거리가 줄어든다. 반대로, ㉡ 시기는 이심률이 작아져 근일점에서의 태양과 지구 사이 거리가 늘어난다.

ㄴ 선지 (나)는 ㉠ 시기에 해당한다. (X)
　　　자료 해석을 통해서 (나)는 자전축 기울기가 커진 ㉡ 시기인 것을 알 수 있다.

ㄷ 선지 우리나라에서 기온의 연교차는 현재가 ㉠ 시기보다 크다. (O)
　　　북반구에서 현재보다 이심률이 커지면 연교차는 감소한다. 원일점인 여름일 때 멀어지고, 근일점인 겨울일 때 가까워지기 때문이다. 따라서 연교차는 ㉠ 시기보다 현재가 크다. (자전축 경사각을 통해 해결해도 된다.)

기출문항에서 가져가야 할 부분

1. 연교차 판단하는 순서 알기
2. 이심률이 변화할 때 공전 궤도를 그려 원일점과 근일점에서 태양과의 거리 파악하기
3. 자전축 경사각 기울기에 따른 기온 변화 이해하기

[자전축 경사각 기울기, 이심률]

1 자전축 경사각 기울기의 변화와 남중 고도

| ① 경사각 기울기 증가, 감소 | 2022년 7월 학력평가 14번 |

그림은 지구 공전 궤도 이심률 변화, 지구 자전축의 기울기 변화, 북반구가 여름일 때 지구의 공전 궤도상 위치 변화를 나타낸 것이다. (단, 지구 공전 궤도 이심률과 자전축의 기울기, 북반구가 여름일 때 지구의 공전 궤도상 위치 이외의 요인은 변하지 않는다고 가정한다.)

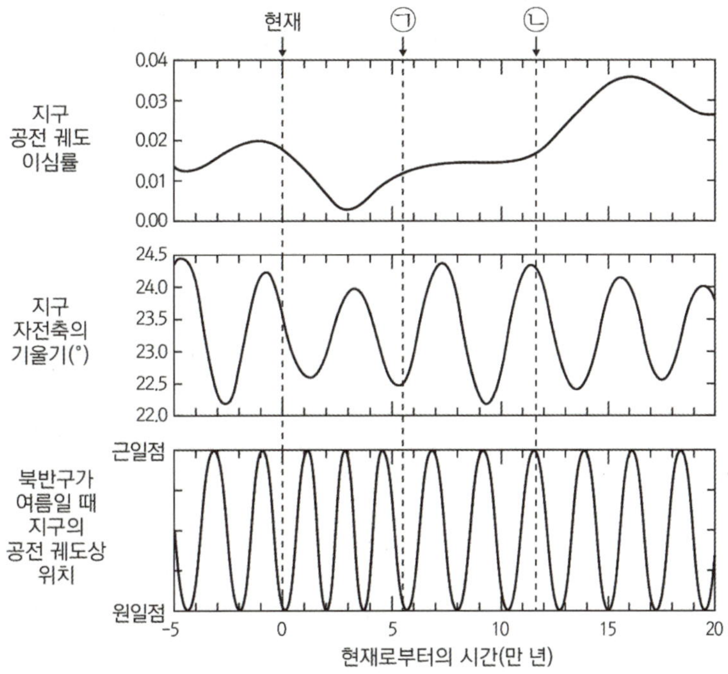

ㄱ. 남반구 기온의 연교차는 현재가 ㉠ 시기보다 크다. (O)

- ㉠ 시기는 현재와 비교했을 때 이심률의 큰 변화는 없고, 세차 운동 또한 일어나지 않았다.
  기울기는 감소했으므로 남반구가 겨울인 원일점의 기온은 증가하고, 남반구가 여름인 근일점의 기온은 감소한다. 따라서 ㉠ 시기의 연교차는 감소하므로 현재의 연교차가 더 크다.

- 위 자료처럼 세차 운동, 이심률, 자전축 기울기에 대한 내용을 **모두 다루고 있을 때** 특정 시기에 대한 내용을 물어본다면 3가지 지구 외적 요인 중 **고려하지 않아도 될 물리량을 빼고 생각하자**.

- 그림을 그려서 선지를 해결할 수 있다면 매우 잘한 것이다. 완벽히 습득하지 못한 학생들은 다음을 보고 그림을 그려서 왜 이렇게 되는 것인가 생각해보자.
  자전축 기울기 증가 : 북반구, 남반구 연교차 상승(여름 기온 상승, 겨울 기온 하강)
  자전축 기울기 감소 : 북반구, 남반구 연교차 감소(여름 기온 하강, 겨울 기온 상승)

그림은 지구 자전축 경사각의 변화를 나타낸 것이다. (단, 지구 자전축 경사각 이외의 요인은 변하지 않는다.)

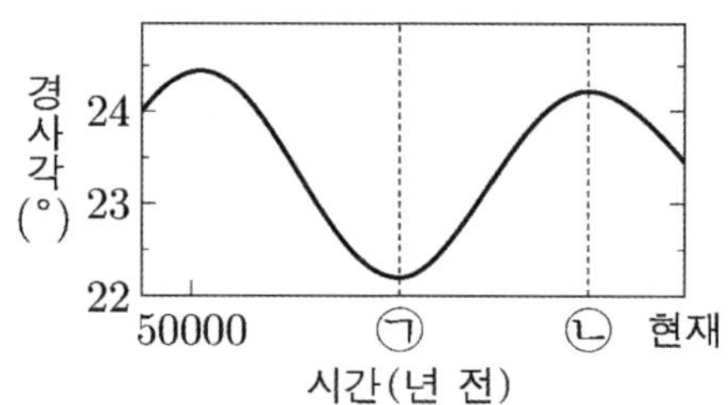

ㄴ. 30°N에서 겨울철 태양의 남중 고도는 현재가 ㉠ 시기보다 높다. (X)

- ㉠ 시기는 현재보다 자전축 경사각이 감소했다. 따라서 북반구가 겨울철일 때 태양의 남중 고도는 증가해야 한다.
- 자전축 경사각과 남중 고도에 대한 선지를 물어본다면 p.311의 내용을 기억하도록 하자.

2 지구의 공전 궤도 이심률 변화

그림은 현재와 A 시기에 근일점에 위치한 지구의 모습과 지구 공전 궤도 일부를 나타낸 것이다. (단, 지구 공전 궤도 이심률 이외의 요인은 변하지 않는다.)

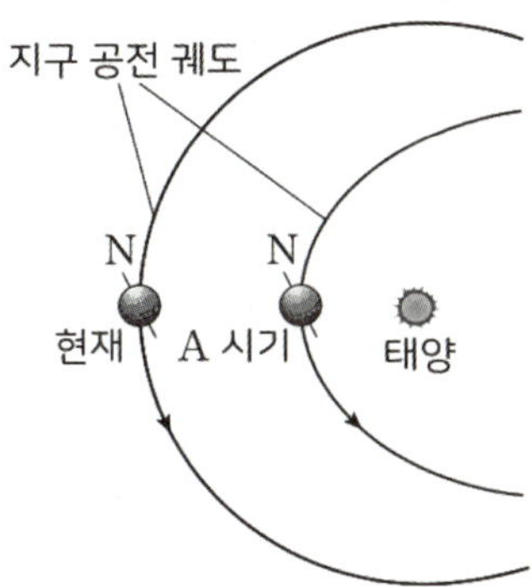

ㄷ. 지구가 원일점에 위치할 때, 지구가 받는 태양 복사 에너지양은 현재가 A 시기보다 많다. (O)

- 두 지구의 모습은 모두 근일점이다. 이때, A 시기에 근일점에서 태양과의 거리가 더 가까워졌으므로 이심률이 늘어난 것이다. 이때, A 시기는 **이심률이 증가했으므로 원일점과 태양 사이의 거리는 증가**했다.
  따라서 A 시기일 때 원일점에서 받는 태양 복사 에너지양은 현재보다 적다.
- 위 자료와 같이 태양과의 거리를 보고 이심률을 판단할 수 있어야 한다.

그림은 현재와 미래 어느 시점의 지구 공전 궤도, 자전축의 경사 방향과 경사각을 각각 나타낸 것이다. (나) 시기에 나타날 수 있는 현상에 대한 설명으로 옳은 것만을 있는 대로 고른 것은? (단, 공전 궤도 이심률, 자전축의 경사 방향과 경사각의 변화 이외의 요인은 변하지 않는다고 가정한다.)

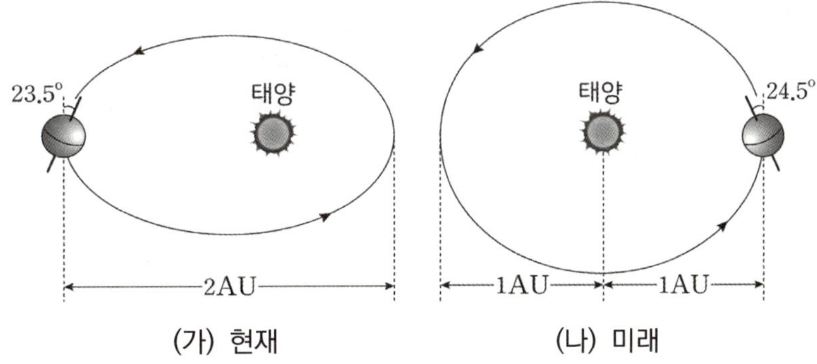

ㄷ. 지구에 입사하는 태양 복사 에너지양은 7월이 1월보다 많다. (X)

- 현재 지구는 근일점에서 1월, 원일점에서 7월이다. 미래에도 이는 변하지 않는다. 이때, (나) 자료를 보면 근일점과 원일점의 구분이 없어지고 1월과 7월에 각각 태양으로부터 똑같은 거리에 지구가 위치해 있다.
  따라서 **지구 전체에 입사하는 태양 복사 에너지양은 1월과 7월 모두 같다.**
- '북반구' 또는 '남반구'처럼 **특정 반구의 태양 복사 에너지양을 물어봤다면** 자전축의 방향과 계절에 따라 **달라졌겠지만**, '지구 전체'에 입사하는 태양 복사 에너지양은 거리가 같다면 같다는 것을 알자.
- 또한, **이심률이 달라져도 근일점과 원일점 사이의 거리는 2AU로 동일한 것을 확인할 수 있다.**

#3 지구 외적 요인 문제 TIP.

① 왜 연교차 판단 순서가 세차 운동, 이심률, 경사각 순서?

연교차를 판단하는 순서는 1. 세차 운동 2. 이심률 3. 경사각 변화로 판단하자.

그 이유는 지구의 경사각과 공전 궤도를 직접 그려본다면 알 수 있다.

우선 **세차 운동이 최우선**인 이유는 세차 운동이 일어나면 **계절이 달라지고 태양과의 거리가 달라지기 때문에 온도 변화를 판단하기 쉽다.** 이를 통해 연교차를 추정할 수 있다.

세차 운동을 고려하지 않는 문제라면 **이심률을 다음 순서**로 보자. 마찬가지 이유로 **태양과의 거리를 보고 쉽게 눈으로 연교차를 추정할 수 있기 때문**이다.

경사각 변화는 다른 두 가지를 고려하지 않는 문제일 때 생각하자. 다른 두 가지는 그림을 보고 빠르게 판단할 수 있지만, 경사각 변화는 그 변화가 미묘하기 때문이다. **이는 극단적인 그림을 통해 파악하자.**

세차 운동으로 판단하면 연교차가 감소하고 이심률로 판단하면 연교차가 증가하는 등의 상황에 대해 물어보는 문제가 출제되지는 않는다.

물론 어떤 변화가 일어날 때 나타나는 변화를 암기하고 있다면 이 모든 내용을 따를 필요는 없다.

② 항상 극단적인 그림을 예시로 들자

자료를 통해 **현재 지구의 경사각과 공전 궤도를 주지 않는다면 바로 현재의 그림을 그려두자.**

그 후 세차 운동, 이심률, 경사각 변화가 나타난다면 극단적으로 그림을 그리도록 하자.

극단적으로 그려야 하는 이유는 **알아보기 쉽게 하기 위함**이다. 실제로 수험장에서의 혼란스러운 상황으로 인해 직관적인 판단이 흐려질 때가 있다. 이를 방지하기 위해 **경사각이 커지면 매우 극단적으로 경사각을, 이심률이 커지면 극단적인 타원 궤도를 그리는** 등의 행동을 평상시부터 연습해두자.

③ (단, ~ 이외의 요인은 변하지 않는다.)

수능장에서 지구 외적 요인 문제를 풀 때 우리는 세차 운동, 이심률, 경사각 등의 요인을 모두 생각하고 있어야 한다. 그러나 문제를 풀다 보면 항상 조건으로 (단, 지구 공전 궤도 이심률, 자전축 경사각 이외의 요인은 변하지 않는다.)라는 것을 본 적이 있을 것이다. 이것의 의미는 '**세차 운동은 고려하지 말아라**'라고 하는 것과 같은 의미이다. **항상 지구 외적 요인 문제를 풀 때면 (단, ~)을 먼저 확인하도록 하자.**

추가로 물어볼 수 있는 선지 해설

1. 이심률이 커져도 원일점과 근일점 사이의 거리는 변하지 않는다.
   ⇒ 원일점과 근일점 사이의 거리는 평균적으로 항상 $2AU$라는 것을 기억하자.
2. 지구 자전축 경사각 변화의 주기는 약 41000년이다.
3. 현재보다 지구 자전축 경사각이 커진다면 원일점에서 겨울인 남반구의 기온은 내려가고 근일점에서 여름인 남반구의 기온은 올라가므로 연교차는 커질 것이다.

기후 변화의 영향

1. 지구의 열수지 평형

지구는 태양으로부터 복사 에너지를 흡수하고, 흡수한 에너지만큼 우주 공간으로 지구 복사 에너지를 방출하여 복사 평형을 이룬다. 복사 평형에 의해서 지구는 평균 온도가 일정하게 유지된다.

① 태양 복사 에너지 : 주로 가시광선으로, 지구 대기를 거의 통과한다.

② 지구 복사 에너지 : 주로 파장이 긴 적외선으로 대기 중 온실 기체에 잘 흡수된다.

지구 대기에 도달하는 태양 복사 에너지를 100이라 할 때 복사 평형인 지구의 열수지는 다음과 같다.

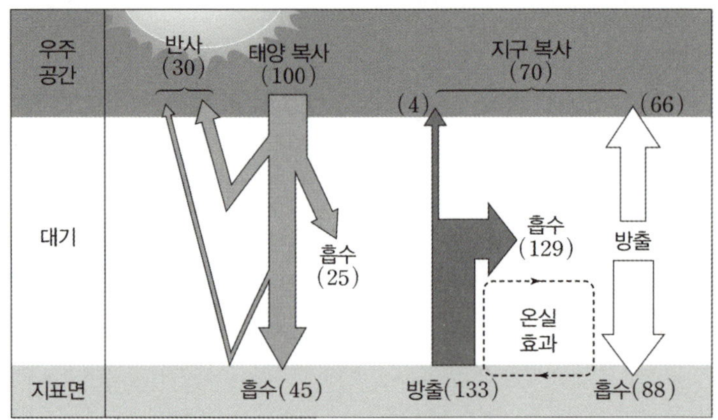

▲ 지구의 열수지 평형

위치	에너지 흡수량	에너지 방출량
대기	• 태양 복사 에너지 25 • 지표면의 방출 에너지 129	• 우주로의 방출 66 • 지구 내부로의 재복사 88
지표면	• 태양 복사 에너지 45 • 대기에서의 재복사 88	• 우주로의 방출 4 • 대기로의 방출 129
우주 공간	• 지표에서 받는 에너지 4 • 대기에서 받는 에너지 66	• 지표가 받는 에너지 45 • 대기가 받는 에너지 25

지구의 열수지는 각각의 숫자를 암기하고 있다면 문제 풀이에 도움이 될 것이다. 또한, 숫자가 바뀔 수 있음을 알아두자.

모든 영역에서의 흡수량과 방출량이 같은 것을 확인할 수 있다.

따라서 **지구는 열수지 평형**을 이루고 있다고 할 수 있다.

- 대기가 흡수한 에너지 : 태양 복사 에너지(25) + 지구 방출 에너지(129) = 154
- 대기가 방출한 에너지 : 우주로의 방출(66) + 지구 내부로 재복사(88) = 154
- 지표면이 흡수한 에너지 : 태양 복사 에너지(45) + 대기에서의 재복사(88) = 133
- 지표면이 방출한 에너지 : 우주로의 방출(4) + 대기로의 방출(129) = 133
- 우주에서 지구로 보낸 에너지 : 대기가 흡수한 에너지(25) + 지표가 흡수한 에너지(45) = 70
- 지구에서 우주로 보낸 에너지 : 지표에서 빠져나가는 에너지(4) + 대기에서 빠져나가는 에너지(66) = 70

지구 대기는 짧은 파장의 태양 복사 에너지(가시광선)는 잘 통과시키지만, 긴 파장의 지구 복사 에너지(적외선)는 대부분 흡수한 후 **지표로 재복사**하여 **지표면의 온도를 높이는데**, 이를 **온실 효과**라 한다.

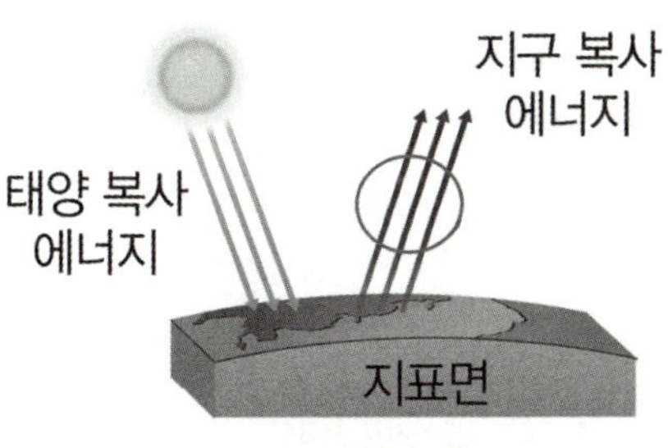

▲ 대기가 없을 때의 복사 에너지 이동

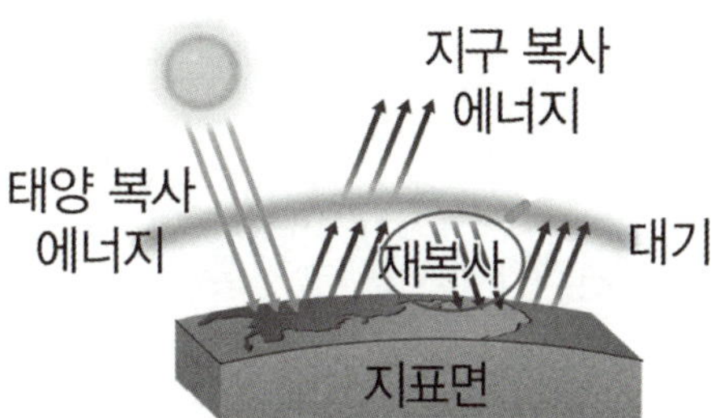

▲ 대기가 있을 때의 복사 에너지 이동
(온실 효과)

온실 효과가 강화되어 **지구의 평균 기온이 점점 상승하는 현상**이다. 주된 이유는 인간 활동에 의한 대기 중 **온실 기체의 양 증가** 때문이라고 알려져 있다.

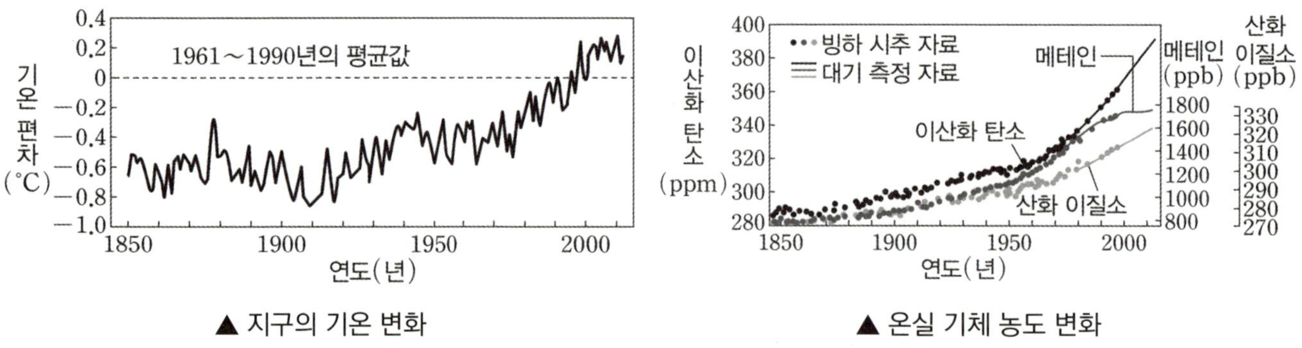

▲ 지구의 기온 변화　　　　　　▲ 온실 기체 농도 변화

+ 시야 넓히기 : 지구 온난화의 경향성

아래의 그림은 기후 모형으로 모의실험한 지구의 기온 변화와 실제 관측한 기온을 나타낸 것이다.
- 태양 활동 변화, 화산 활동 등 **자연적 요인만을 고려했을 때** 지구의 기온은 약간 낮아졌다가 다시 회복하는 경향이 있다.
- 자연적 요인과 인위적 요인을 함께 고려했을 때 기온 변화 모형은 관측된 기온 변화와 비슷한 경향을 보인다.
- **현재의 지구 온난화**는 자연적 요인보다는 **인위적 요인에 의해 나타난다.**

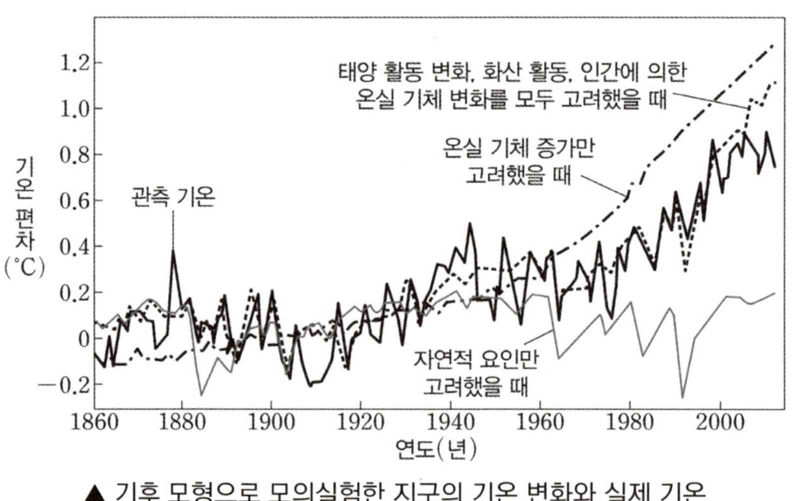

▲ 기후 모형으로 모의실험한 지구의 기온 변화와 실제 기온

(1) 지구 온난화의 영향

① 해수면 상승

해수의 온도가 상승하면 해수의 열팽창이 일어나 해수면이 상승한다. 또한 육지의 빙하가 녹아 바다로 흘러 들어가면 해수면이 상승한다. (바다 위의 빙하는 녹아도 해수면 상승과 큰 관련이 없다.)

② 기후대 변화

전 세계적으로 기후대가 변화하여 저위도에서 자라던 식물이 고위도에서도 자라고 있다. 이로 인한 식량 생산의 변화가 생기고, 해양 생태계의 변화에 의한 수산업 피해, 질병 발생 등의 피해가 생긴다.

③ 기상 이변 발생

태풍, 홍수, 가뭄 등 기상 이변에 의한 피해가 커지고 있다.

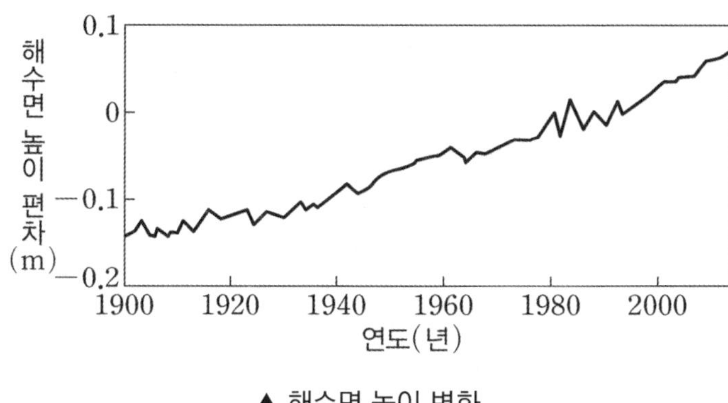

▲ 해수면 높이 변화

▲ 기상 이변으로 인한 홍수 피해

(2) 한반도의 기후 변화 경향성

① 겨울 일수와 열대야 일수 변화 : 겨울 일수가 감소하고, 열대야 일수가 증가하였다.
② 봄꽃의 개화 시기 변화 : 개나리와 벚꽃 등의 봄꽃 개화 시기가 빨라졌다.
③ 아열대 기후 지역 확대 : 대체로 온대 기후인 한반도에 아열대 기후 지역이 확대될 것으로 예상된다.

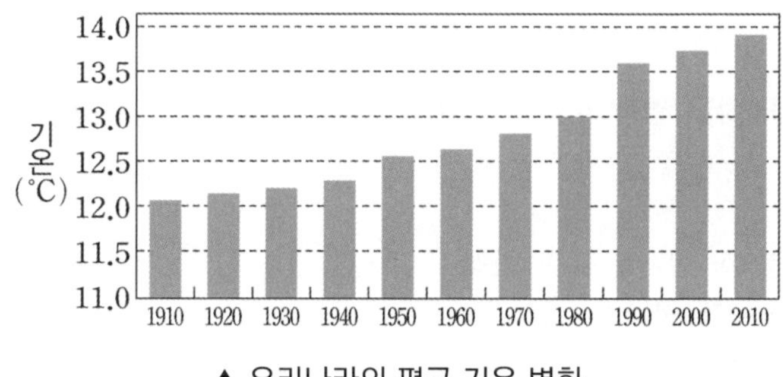

▲ 우리나라의 평균 기온 변화

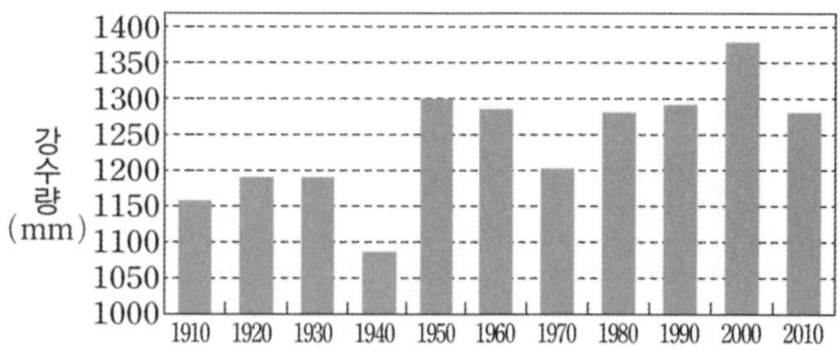

▲ 우리나라의 평균 강수량 변화

RCP란 대표농도경로의 약자로, 대기오염 물질 및 토지 이용 변화 등과 같은 요인들을 바탕으로 향후 온실 기체 배출량과 대기 중 농도가 2100년까지 어떻게 전개될지 나타내는 4가지 경로 시나리오이다.
- RCP 2.6은 이산화 탄소의 최소 배출량 시나리오, RCP 4.5와 RCP 6.0은 중간 수준의 저감 정책을 실시한 시나리오, RCP 8.5는 고농도 배출(현재 추세) 시나리오다.
- 현재 추세로 온실 기체가 배출된다면 21세기 말에 지구 지표면 온도는 현재보다 약 4 °C 상승할 것으로 예측된다.

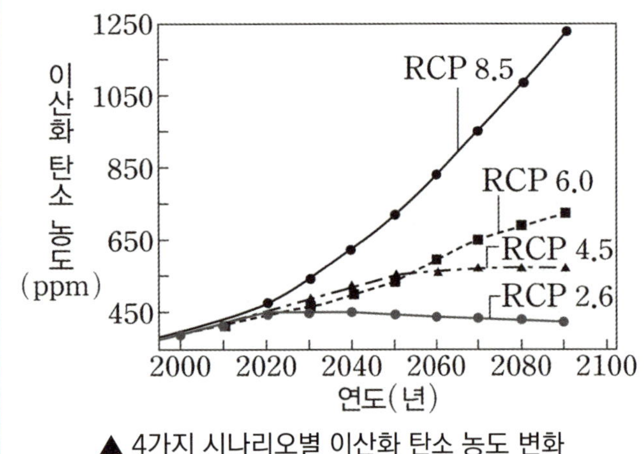

▲ 4가지 시나리오별 이산화 탄소 농도 변화

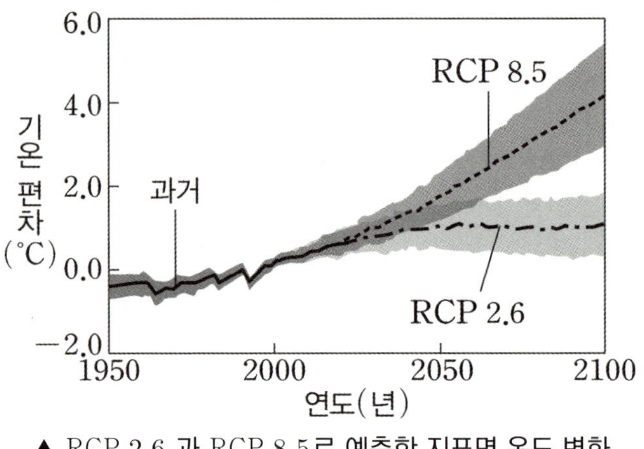

▲ RCP 2.6 과 RCP 8.5로 예측한 지표면 온도 변화

4. 지구 환경 보존을 위한 노력

지구 환경 보존을 위해 여러 국가와 단체들이 협력하고 있다.

(1) 온실 기체 배출량 감소

화석 연료의 사용을 줄이고 대체 에너지를 개발하여 자원을 절약한다.

(2) 지구 환경 보존을 위한 국제 협약

지구 차원의 환경 보호를 위해 세계 각국은 환경 협약을 체결하고 환경 보호에 대한 국가별 의무와 노력을 규정하고 있다.

① 기후 변화에 관한 국제 연합 기본 협약(1992년) : 지구 온난화 방지를 위한 협약
② 교토 의정서(1997년) : 온실 기체의 감축 목표치를 규정한 국제 협약
③ 파리 협정(2015년) : 전 세계 온실 기체 감축을 위한 국제 협약

2022년 7월 학력평가 지Ⅰ 12번

그림은 지구에 도달하는 태양 복사 에너지의 양을 100이라고 할 때, 복사 평형 상태에 있는 지구의 에너지 출입을 나타낸 것이다.

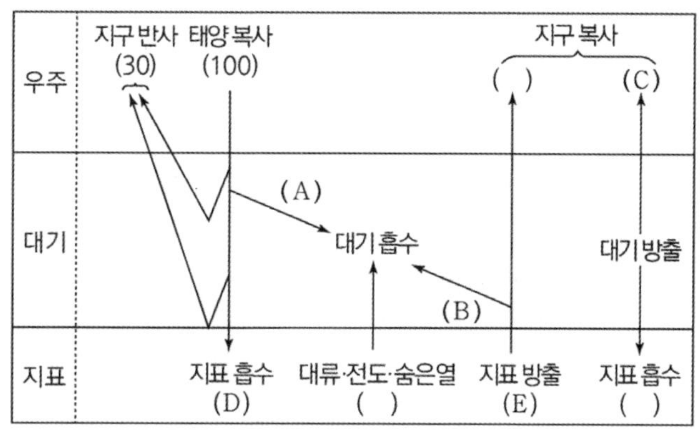

이에 대한 설명으로 옳은 것만을 <보기>에서 있는 대로 고른 것은?

─────────── <보 기> ───────────

ㄱ. A+B−C=E−D이다.

ㄴ. 지구 온난화가 진행되면 B가 증가한다.

ㄷ. C는 주로 적외선 영역으로 방출된다.

① ㄱ   ② ㄴ   ③ ㄱ, ㄷ   ④ ㄴ, ㄷ   ⑤ ㄱ, ㄴ, ㄷ

추가로 물어볼 수 있는 선지

1. 대기는 흡수하는 에너지와 방출하는 에너지가 평형을 이룬다. (O , X)

2. 대기 중 이산화 탄소의 양이 증가하면 대기에서 지표로 재흡수되는 에너지양은 증가한다. (O , X)

3. 화산 폭발이 진행되는 동안 발생하는 다량의 기체 및 화산재는 대기의 태양 복사 에너지 흡수도를 증가시킨다.

(O , X)

정답 : 1. (O), 2. (O), 3. (X)

KEY POINT #복사 평형, #적외선 #지구 온난화

문항의 발문 해석하기

복사 평형을 이루고 있는 지구의 열수지에 관련된 문제다. 모든 영역에서 에너지의 출입과 방출이 같은 값으로 일어나야 한다는 것을 기억하자.

문항의 자료 해석하기

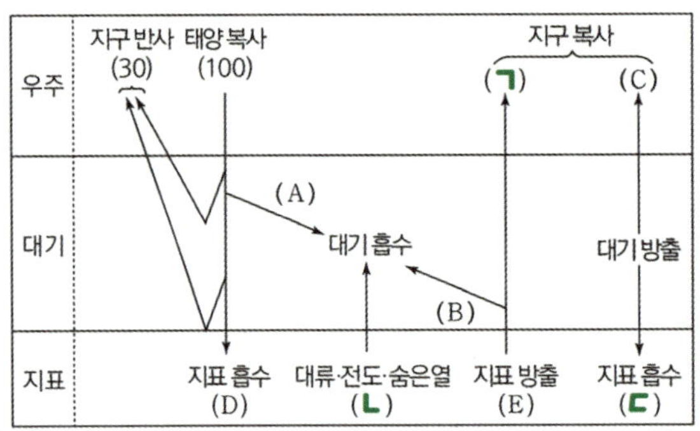

1. 우주, 대기, 지표에서 에너지의 출입 과정을 나타내주고 있다. 이때 지구는 복사 평형을 이루고 있으므로 받는 에너지와 나가는 에너지의 값이 같아야 한다. 다음과 같이 나타낼 수 있다.

2. 우주가 받은 에너지 : 지구 반사(30) + 지구 복사 (ㄱ+C)
   우주가 보낸 에너지 : 대기 흡수(A) + 지표 흡수(D)

   대기가 받은 에너지 : 대기 흡수(A+B) + 대류 전도 숨은열(ㄴ)
   대기가 보낸 에너지 : 지표 흡수(ㄷ) + 지구 복사(C) + 지구 반사

   지표가 받은 에너지 : 지표 흡수(D+ㄷ)
   지표가 보낸 에너지 : 대류 전도 숨은열(ㄴ) + 지표 방출(E)

선지 판단하기

ㄱ 선지 A+B-C=E-D이다. (O)

   문항의 자료를 이용하면 A+B-C=E-D이라는 것을 확인할 수 있다.

ㄴ 선지 지구 온난화가 진행되면 B가 증가한다. (O)

   지구 온난화로 온실 기체가 증가하면 대기가 흡수하는 에너지양은 증가한다.

ㄷ 선지 C는 주로 적외선 영역으로 방출된다. (O)

   대기로부터 우주로 방출되는 C는 주로 온도에 의한 적외선의 형태로 방출된다.

기출문항에서 가져가야 할 부분

1. 지구의 열수지 계산을 할 때 방출, 흡수된 에너지를 보고 판단하기

2. 지구의 열수지와 지구 온난화 연결 지어서 생각하기

3. 지구에서 방출되는 에너지는 주로 적외선 영역인 것 암기하기

기출 문제로 알아보는 유형별 정리

[지구의 열수지]

1 지구의 열수지

① 복사 평형 상태의 지구의 열수지 계산　　2016년 3월 학력평가 12번

그림은 지구에 도달하는 태양 복사 에너지를 100으로 하였을 때 복사 평형 상태에 있는 지구의 열수지를 나타낸 것이다.

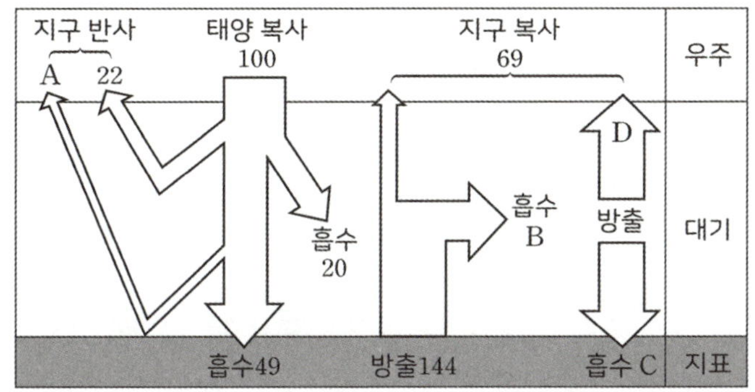

ㄴ. 20+B=C+D이다. (O)

- 20과 B는 대기가 받은 에너지이다. 따라서 대기에서 방출되는 에너지를 위 그래프에서 찾자.
  C는 대기로부터 지표로 흡수되고 있고, D는 대기로부터 우주로 방출되고 있다. 이외의 이동은 없으므로 20+B=C+D 이다.

- 좌변과 우변에 해당하는 값을 각각 찾아서 이용할 수 있도록 하자.

② 지구 온난화와 지구의 열수지　　2018년 3월 학력평가 19번

그림 (가)는 1979년부터 2015년까지 북극 빙하 면적의 변화를, (나)는 지구의 열수지를 나타낸 것이다.

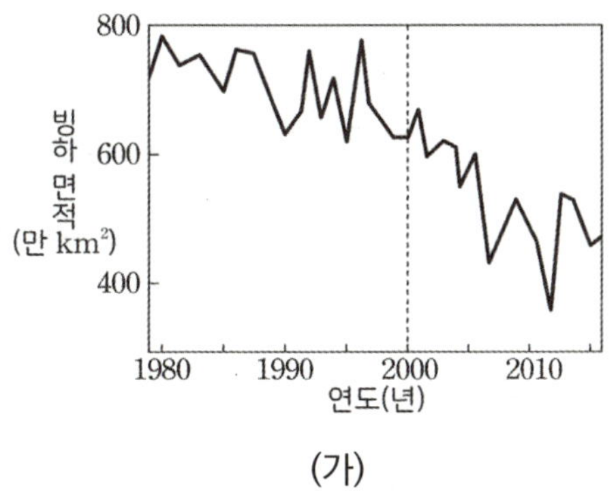

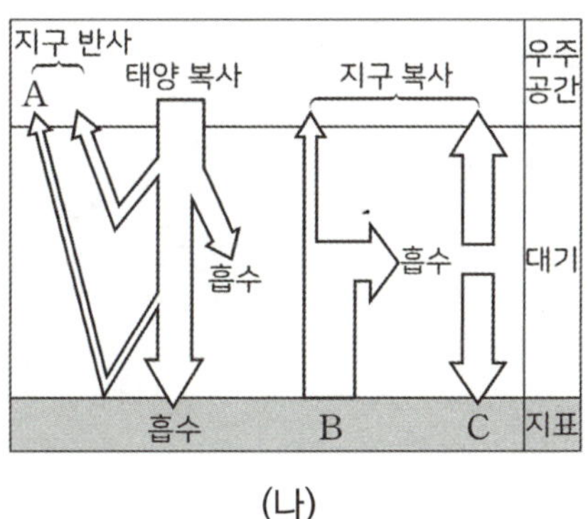

(가)　　　　　　　　　　(나)

ㄷ. B와 C에 해당하는 값은 증가하는 추세이다. (O)

- B는 지표에서 방출하는 에너지이고, C는 대기로부터 지표로 재복사되는 에너지이다.
  이때, (가) 자료를 통해 북극 빙하의 면적이 줄어들고 있는 것을 확인할 수 있다.
  이는 온실 효과로 인해 지구 온난화가 가속화되고 있고 할 수 있다.
  우리가 **온실 효과**라고 부르는 것은 온실 효과에 의해 대기로부터 **재복사된 에너지의 양(C)이 늘어나는 것**이다. 지구 기온 상승에 의한 지표에서의 에너지 방출량(B)이 늘어나므로 B와 C에 해당하는 값은 증가하는 추세이다.

1. 대기뿐만 아니라 모든 영역에서 지구는 에너지 평형을 이루고 있다.
2. 이산화 탄소는 온실 기체이므로 대기 중 농도가 증가하면 온실 효과에 의해 지표로 재흡수되는 에너지가 증가한다.
3. 다량의 기체 및 화산재는 대기 중을 떠돌며 지표로 입사하는 태양 복사 에너지를 반사하므로 흡수도는 감소한다.

2023학년도 수능 지 I 1번

그림 (가)는 1850 ~ 2019년 동안 전 지구와 아시아의 기온 편차(관측값−기준값)를, (나)는 (가)의 A 기간 동안 대기 중 CO_2 농도를 나타낸 것이다. 기준값은 1850 ~ 1900년의 평균 기온이다.

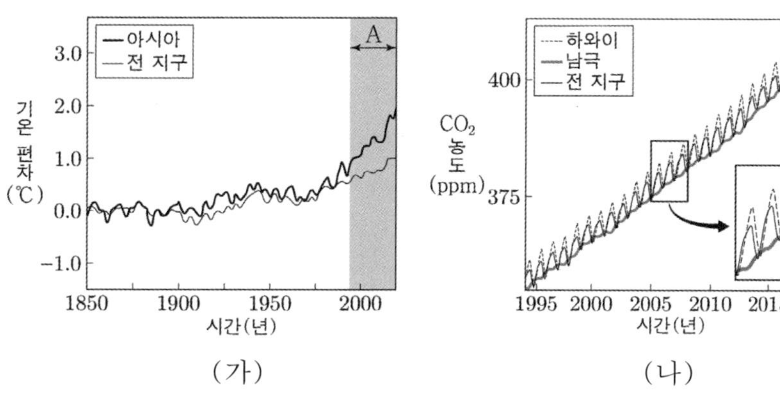

이 자료에 대한 설명으로 옳은 것만을 <보기>에서 있는 대로 고른 것은?

─ <보 기> ─

ㄱ. (가) 기간 동안 기온의 평균 상승률은 아시아가 전 지구보다 크다.

ㄴ. (나)에서 CO_2 농도의 연교차는 하와이가 남극보다 크다.

ㄷ. A 기간 동안 전 지구의 기온과 CO_2 농도는 높아지는 경향이 있다.

① ㄱ　　　② ㄷ　　　③ ㄱ, ㄴ　　　④ ㄴ, ㄷ　　　⑤ ㄱ, ㄴ, ㄷ

추가로 물어볼 수 있는 선지

1. 지구 해수면의 평균 높이는 현재가 20세기보다 높다. (O , X)

2. 온실 효과 기여도가 가장 높은 기체는 이산화 탄소이다. (O , X)

3. 빙하가 녹으면 태양빛의 지표 반사율이 감소한다. (O , X)

정답 : 1. (O), 2. (X), 3. (O)

KEY POINT #기온 상승률, #CO_2 농도

문항의 발문 해석하기

우리가 뉴스나 기사들을 통해 알고 있는 지구 온난화에 대한 내용을 떠올리자. 또한 시간이 지나면서 변화하는 전체적인 경향을 볼 수 있도록 해야 한다.

문항의 자료 해석하기

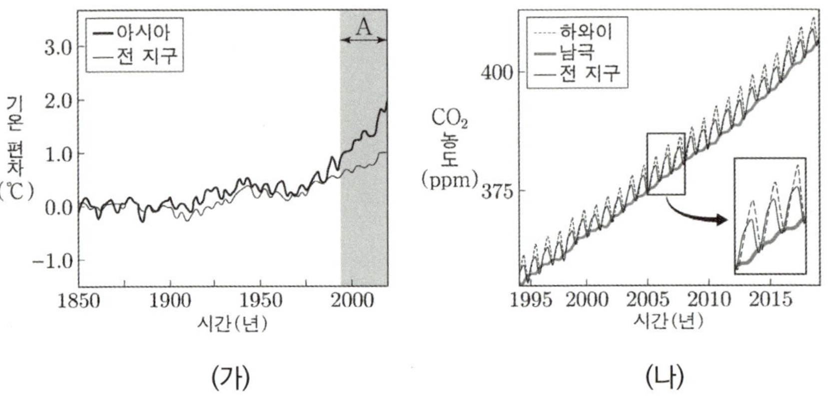

1. (가) 자료에서 전 지구와 아시아의 기온 상승에 대해서 알려주고 있다. 또한 아시아의 기온 상승 폭이 더 큰 것을 확인할 수 있다.

2. (나) 자료에서 CO_2 농도 상승에 대해서 알려주고 있다. CO_2는 온실 기체의 한 종류로 지구 온난화에 큰 영향을 끼친다. CO_2 농도가 상승하면 온실 효과에 의해 지구 기온도 함께 상승한다.

   또한, CO_2 농도가 주기적으로 변화하는 이유는 겨울철 광합성 감소와 북반구의 난방 사용 등을 이유로 북반구의 겨울철인 1월 부근에 상승하기 때문이다. (북반구의 인구가 더 많기 때문에 이러한 현상이 발생한다.)

선지 판단하기

ㄱ 선지 (가) 기간 동안 기온의 평균 상승률은 아시아가 전 지구보다 크다. (O)

   평균적인 경향을 봤을 때 기온 상승률은 아시아가 더 큰 것을 확인할 수 있다.

ㄴ 선지 (나)에서 CO_2 농도의 연교차는 하와이가 남극보다 크다. (O)

   (나) 자료를 해석하면 하와이의 연교차가 더 큰 것을 확인할 수 있다.

ㄷ 선지 A 기간 동안 전 지구의 기온과 CO_2 농도는 높아지는 경향이 있다. (O)

   A 기간에는 다른 기간에 비해 기온이 큰 폭으로 상승한 것을 확인할 수 있다. 따라서 지구 온난화가 가속화되었다고 볼 수 있으므로 온실 기체인 CO_2의 농도도 함께 상승했을 것이다.

기출문항에서 가져가야 할 부분

1. 알고 있는 지구 온난화 관련 상식을 떠올리기

2. 온실 효과와 지구 온난화의 연관성 생각하기

3. 온실 기체 종류 떠올리기

기출 문제로 알아보는 유형별 정리

[지구 온난화]

1 지구 온난화와 온실 기체

① 시간에 따른 평균 기온 편차 그래프 　　　　　2021학년도 9월 모의평가 14번

그림은 기후 변화 요인 ㉠과 ㉡을 고려하여 추정한 지구 평균 기온 편차(추정값−기준값)와 관측 기온 편차(관측값 −기준값)를 나타낸 것이다. ㉠과 ㉡은 각각 온실 기체와 자연적 요인 중 하나이고, 기준값은 1880년~1919년의 평 균 기온이다.

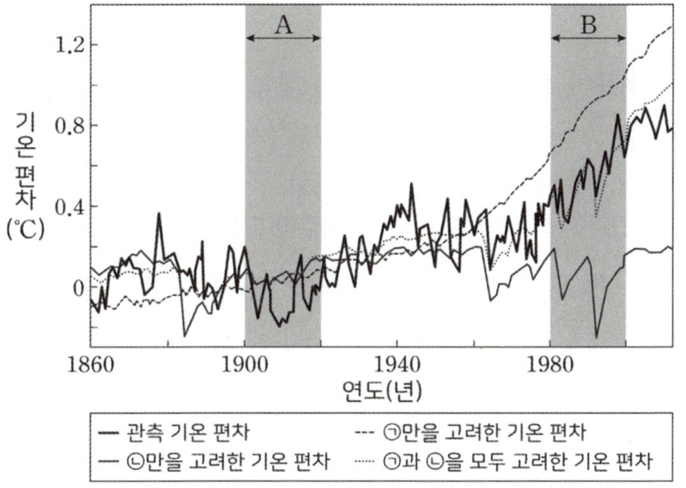

ㄷ. B 시기의 관측 기온 변화 추세는 자연적 요인보다 온실 기체에 의한 영향이 더 크다. (O)

- 현재 우리 지구는 **자연적 요인보다 온실 기체에 의한 온도 상승이 더 크다**. 따라서 ㉠은 온실 기체, ㉡은 자연적 요 인이다. 따라서 B 시기의 관측 기온 추세는 온실 기체에 의한 영향이 더 크다.
- 위와 같은 자료처럼 현재 지구는 여러 요인에 의해서 **평균적인 기온이 상승하는 추세**다. 이때, 최근에 들어서 기온은 가파르게 상승하고 있다는 것을 함께 알아두자.

---

② 온실 기체로 인한 지구 기온 상승 　　　　　2023학년도 6월 모의평가 3번

그림은 1750년 대비 2011년의 지구 기온 변화를 요인별로 나타낸 것이다.

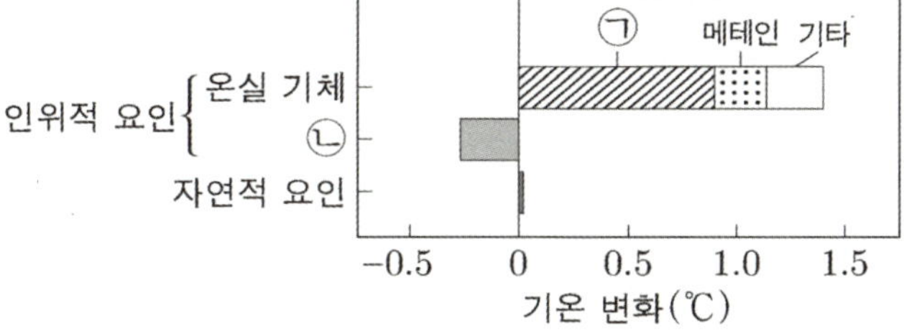

ㄱ. 기온 변화에 대한 영향은 ㉠이 자연적 요인보다 크다. (O)

- 자연적 요인에 의한 기온 상승은 매우 적게 일어난 반면, ㉠에 의한 기온 상승은 $1\,℃$가량 일어났다.
- 현재 지구는 자연적 요인만으로 지구 온난화가 일어났다고 판단하기 힘들다. 인간의 활동에 의해 지구 온난화가 일어나 고 있으며 아마도 ㉠은 **온실 기체 중 수증기 다음으로 가장 큰 영향을 미치는 이산화 탄소**일 것이다.
- 또한, 오히려 기온 감소가 일어나는 ㉡은 태양 빛을 반사하는 에어로졸일 것이다.

① 빙하의 융해로 인한 해수면 상승   2022학년도 9월 모의평가 5번

그림 (가)는 2004년부터의 그린란드 빙하의 누적 융해량을, (나)는 전 지구에서 일어난 빙하 융해와 해수 열팽창에 의한 평균 해수면의 높이 편차(관측값 − 2004년 값)를 나타낸 것이다.

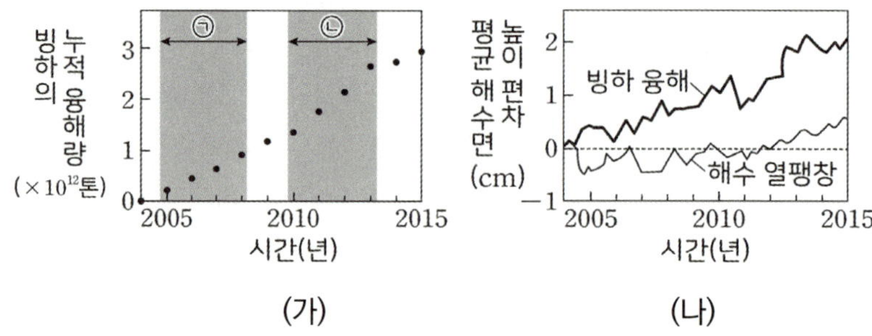

ㄷ. (나)의 전 기간 동안, 평균 해수면 높이의 평균 상승률은 해수 열팽창에 의한 것이 빙하 융해에 의한 것보다 크다. (X)

- (나) 자료를 보면 빙하 융해에 의한 해수면 높이 상승이 더 크다.
- 시간이 지나며 지구 온난화로 인한 빙하의 융해가 늘어나 해수면이 상승하고 있는 사실을 기억하자.

추가로 물어볼 수 있는 선지 해설

1. 평균 해수면 높이는 현재가 20세기보다 높으며 계속해서 증가하는 추세다.
2. 온실 효과 기여도가 가장 높은 기체는 수증기이다.
3. 빙하가 녹으면 지표면의 반사율이 감소한다. (빙하는 빛을 반사하는 흰색이기 때문이다.)

Theme

06

항성

▌별의 물리량 – 표면 온도

1. 별의 색과 표면 온도

흑체는 가상의 물체로, 입사되는 전자기파를 모두 흡수하고 모두 방출하는 이상적인 물체이다. 흑체는 모든 영역의 파장에서 전자기파를 방출하는데, **흑체의 표면 온도는 최대 에너지를 방출하는 파장(λ_{max})에 반비례**한다.

별은 흑체가 아니지만, 파장에 따른 복사 에너지의 분포를 보면 흑체와 매우 유사하다. 따라서 별은 흑체와 같이 복사한다고 가정한 후 표면 온도와 광도를 알 수 있다.

흑체는 표면 온도가 높을수록 최대 에너지를 방출하는 파장(λ_{max})이 짧아진다. 이를 **빈의 변위 법칙**이라 한다.

흑체가 복사하는 파장에 따른 복사 에너지 세기를 나타낸 곡선을 플랑크 곡선이라고 한다.

따라서 최대 에너지를 방출하는 파장의 크기를 이용하여 별의 표면 온도를 알아낼 수 있다는 것을 알 수 있다.

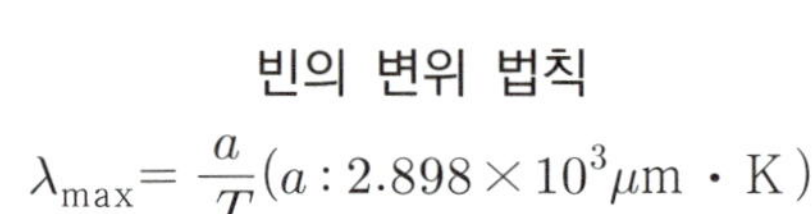

빈의 변위 법칙

$$\lambda_{max} = \frac{a}{T}\,(a : 2.898 \times 10^3 \mu m \cdot K)$$

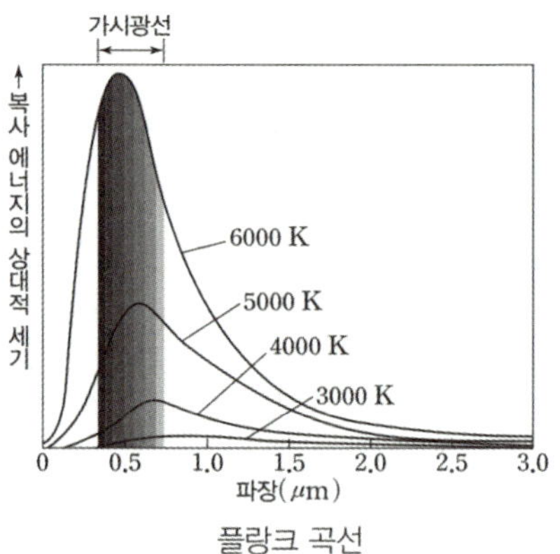

플랑크 곡선

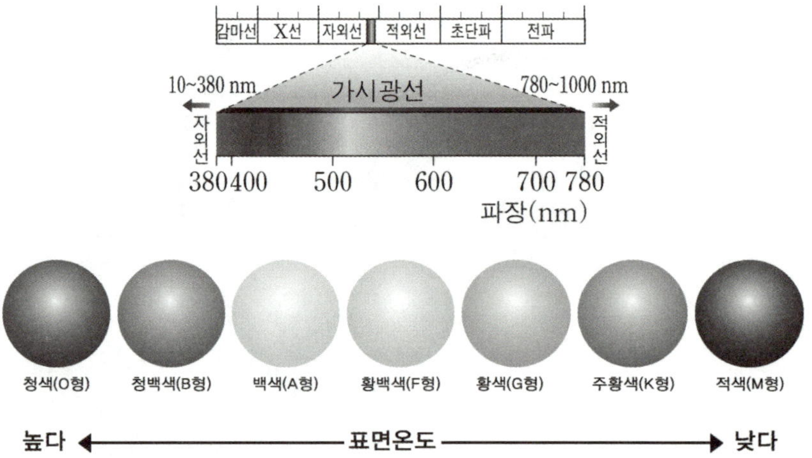

가시광선 영역의 전자기파의 파장을 보면 **파장이 짧을수록 청색**이고 **파장이 길수록 적색**으로 보인다. 빈의 변위 법칙에 의해 **표면 온도가 높은 별일수록 최대 에너지를 방출하는 파장이 짧아져 청색으로 보이고, 표면 온도가 낮은 별일수록 최대 에너지를 방출하는 파장이 길어져 적색으로 보인다.** 따라서 우리는 **파장을 이용해서 별의 색과 표면 온도를 추정할 수 있다.**

색지수에서 '지수'는 기준을 잡고 그 기준을 통해 대상을 비교할 때 사용한다.

색지수란 사진 등급(m_P)에서 안시 등급(m_V)을 뺀 값($m_P - m_V$)으로 10000K의 표면 온도를 보일 때의 색지수를 0 으로 하여, 10000K 보다 **고온의 별은 (−)값**을 가지고 **저온의 별은 (+)값**을 가진다.

	고온의 별(청색 별)	10000K 의 별(백색 별)	저온의 별(적색 별)
m_P	↓	−	↑
m_V	↑	−	↓
$m_P - m_V$	(−)	0	(+)

사진 등급(m_P)	안시 등급(m_V)
• 별을 사진으로 찍어서 관측했을 때의 밝기 등급 • 사진의 경우 파란색에 민감하기 때문에 파란색이 더 밝게 나타난다. • 푸른색이 강할수록 등급이 작게 나타난다.	• 별을 육안으로 관측했을 때의 밝기 등급 • 눈은 노란색에 민감하기 때문에 노란색이 더 밝게 나타난다. • 노란색이 강할수록 등급이 작게 나타난다.

사진 등급, 안시 등급 외에 B, V필터를 이용해 색지수를 나타낼 수 있다. B필터는 $0.44\mu m$, V필터는 $0.54\mu m$ 부근 파장의 빛만을 통과시킨다. 이 필터들로 정해지는 겉보기 등급을 각각 B등급, V등급이라고 한다. **사진 등급은 B 등급과 유사하고, 안시 등급은 V등급과 유사하므로 B−V를 색지수로 사용**한다.

표면 온도가 높은 별은 파장이 짧아 에너지를 많이 방출하기 때문에 B등급은 작고, 표면 온도가 낮은 별은 파장이 길 어 에너지를 많이 방출하기 때문에 V등급이 작다.

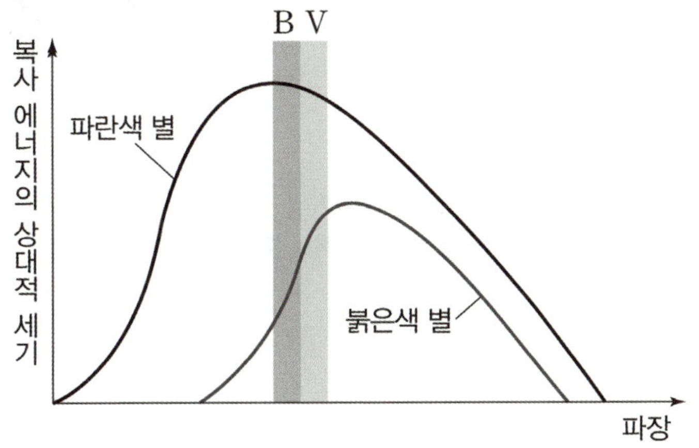

▲ 별의 색과 B, V 필터의 파장에 따른 빛의 투과 영역

	고온의 별(푸른 별)	10000K 의 별(백색 별)	저온의 별(붉은 별)
B	↓	−	↑
V	↑	−	↓
B − V	(−)	0	(+)

별의 스펙트럼을 관측하는 것을 분광 관측이라고 한다. 분광 관측은 별의 물리량 파악에 매우 중요한 역할을 한다. 스펙트럼의 종류는 크게 연속 스펙트럼, 흡수 스펙트럼, 방출 스펙트럼이 있다.

연속 스펙트럼	• 넓은 파장 범위에 걸쳐 색이 무지개처럼 연속적으로 나타나는 스펙트럼이다. 백열등의 빛이 프리즘을 통과하면 관측할 수 있다.
흡수 스펙트럼	• 연속 스펙트럼이 나타나는 빛을 온도가 낮은 기체에 통과시키면 연속 스펙트럼 위에 검은색 흡수선이 나타나는데, 이를 흡수 스펙트럼이라고 한다. 별의 중심부에서 방출하는 빛이 저온의 기체를 통과할 때 특정 파장의 빛이 흡수되어 흡수 스펙트럼이 나타난다.
방출 스펙트럼	• 기체가 고온으로 가열될 때 불연속적인 파장의 빛이 방출되는데, 특정 파장에 해당되는 빛의 밝은 방출선이 나타나는 스펙트럼을 방출 스펙트럼이라고 한다.

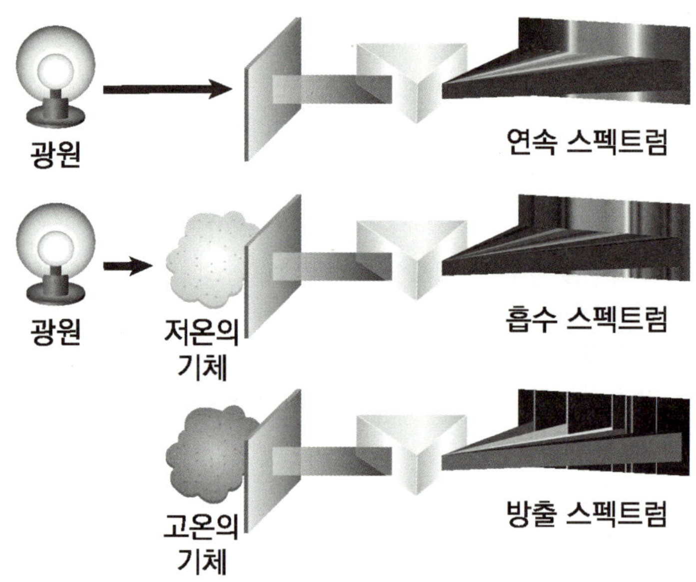

별빛이 대기를 통과할 때 대기에 존재하는 원소들이 특정 파장의 에너지를 흡수한다. **별의 대기**는 중심부에 비해 온도가 매우 낮으므로 광원에서 저온의 기체를 통과할때 **흡수 스펙트럼**이 나타난다.

분광형	스펙트럼 모습	표면 온도	색
O	H선 / He선	28000K 이상	청색
B	He선 C선	10000K ~ 28000K	청백색
A	Ca선 Fe선	7500K ~ 10000K	백색
F	Fe선 O선 Mg선 Na선	6000K ~ 7500K	황백색
G	O선	5000K ~ 6000K	황색
K	여러 가지 분자선	3500K ~ 5000K	주황색
M	여러 가지 분자선	3500K 이하	적색

위의 분광형을 토대로 분광형에 따른 흡수선의 종류와 세기를 표로 나타내면 다음과 같다.

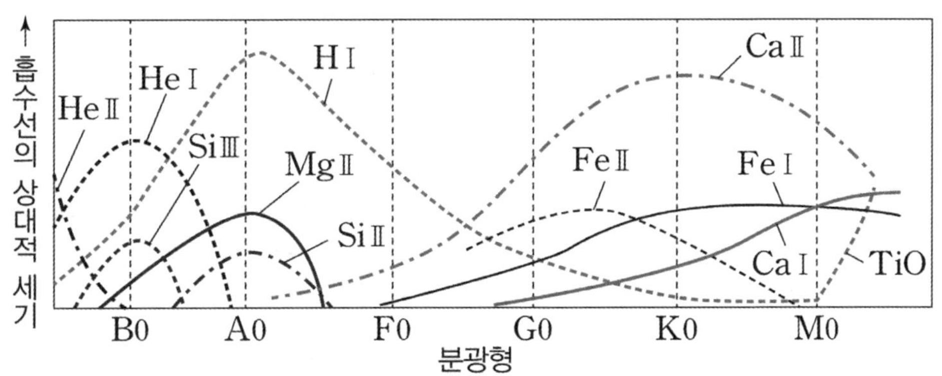

- O형 : 이온화된 헬륨 흡수선(He Ⅱ)이 강하게 나타난다.

  A형 : 수소(H) 흡수선이 가장 강하게 나타난다.

  G, K, M형 : 금속 원소들과 분자에 의한 흡수선이 강하게 나타난다.

별의 표면 온도는 파장, 색, 색지수, 분광형을 통해 알 수 있다.

표면 온도	파장	최대 에너지를 방출하는 파장이 짧을수록 고온의 별	
	색	청색	고온의 별
		백색	10000K의 별
		적색	저온의 별
	색지수	(−)	고온의 별
		0	10000K의 별
		(+)	저온의 별
	분광형	O	가장 고온의 별
		B	0~9단계로 세분화(ex. B2, F8, G2, K0) (숫자가 작을수록 고온의 별이다.)
		A	
		F	
		G	
		K	
		M	가장 저온의 별

※ 지금까지 별의 표면 온도와 관련된 물리량에 대해서 모두 알아봤다. 문제를 풀 때 분광형, 파장, 색지수, 색을 준다는 의미는 표면 온도를 제공했다는 의미로 받아들이자. 각기 다른 물리량이지만 결국 원하는 것은 표면 온도로 다 알 수 있다.

별의 물리량 – 광도

1. 별의 광도

광도는 별이 단위 시간 동안 전체 면적(표면)에서 방출하는 에너지의 총량이다. 이는 **별의 실제 밝기**로, 별이 방출하는 에너지의 총량을 나타내는 것이기 때문에 관측자와의 **거리에 관계없이 일정한 값을 갖는다.**
이렇게 알아낸 별의 밝기는 등급으로 나타낸다. 별의 실제 밝기는 절대 등급, 관측지에서 관측된 겉보기 밝기는 겉보기 등급으로 나타낸다. 이때 **등급은 작을수록 밝고, 클수록 어둡다**는 것을 꼭 숙지하고 있어야 한다.

절대 등급(M)	겉보기 등급(m)
• 별이 지구로부터 10pc의 거리에 있다고 가정했을 때의 관측 밝기를 등급으로 나타낸 것 • 모든 별이 동일한 거리에 있다고 가정하고 나타낸 등급이기 때문에 실제 밝기를 나타내며, **별의 광도를 나타낼 수 있다.**	• 관측지(태양계)에서 실제로 관측된 밝기를 등급으로 나타낸 것 • **관측자(지구)와 별 사이의 거리가 겉보기 등급에 영향을 줌** • 광도가 같은 두 별의 경우 거리가 가까우면 겉보기 등급이 작고, 거리가 멀면 겉보기 등급이 크다.

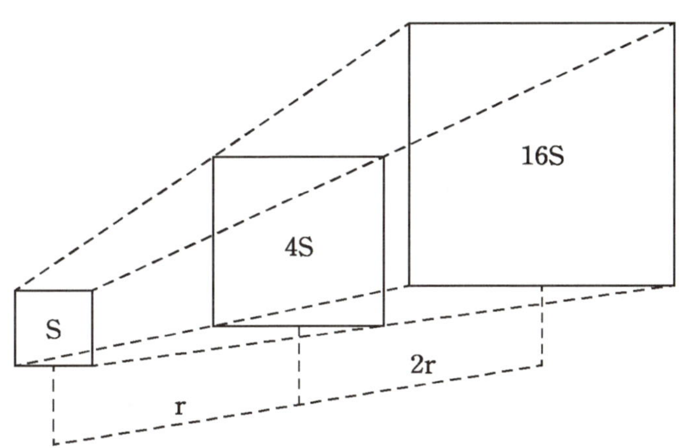

겉보기 등급과 절대 등급에 차이가 있는 이유를 알아보자. 다음과 같이 면적 S에서 방출되는 에너지는 거리 r인 지점에서 같은 양의 에너지를 면적 4S로 나눠야 하고, 거리 $2r$인 지점에서는 면적 16S와 나눠야 한다.
이를 통해 **별의 겉보기 밝기(l)는 거리(r)의 제곱에 반비례함을 알 수 있다.**

$$\boxed{\begin{array}{c} \text{별의 밝기와 거리} \\ l \propto \dfrac{1}{r^2} \end{array}}$$

별의 광도를 알아내기 위해선 우리가 측정할 수 있는 물리량을 통해 계산해야 한다. 실제로 별을 10pc의 거리로 가져올 수 없으므로, **지구에서 관측하는 모든 등급은 겉보기 등급일 수밖에 없다.** 겉보기 등급을 통해 절대 등급을 알아내려면 별까지의 거리를 알아야 하는데, 별까지의 거리는 연주 시차를 통해 측정할 수 있다. 따라서 연주 시차와 겉보기 등급 측정을 통해 절대 등급을 알아낼 수 있다. (연주 시차는 교과 외 과정이다. 이름 정도만 알아두자.)

<table>
<tr><td>별까지의 거리</td><td></td><td>별의 겉보기 등급</td><td></td><td>절대 등급</td></tr>
<tr><td>연주 시차 측정을 통해 별까지의 거리를 구한다.</td><td>+</td><td>지구에서 관측하는 별의 밝기를 통해 겉보기 등급을 구한다.</td><td>→</td><td>별까지의 거리와 거리 지수를 통해 절대 등급을 구한다.</td></tr>
</table>

별의 등급에 있어 **5등급 사이의 밝기 차는 100배**이다. 따라서 1등급인 별의 광도는 6등급인 별의 광도보다 100배 크다. 여기서 주의할 점은 한 등급 간의 별의 광도 차가 아닌 광도비이기 때문에 $x^5 = 100$에서 $x = 100^{\frac{1}{5}}$ 즉, **1등급 차이 밝기비는** $100^{\frac{1}{5}} \fallingdotseq 2.5$ 즉, **2.5배만큼의 차이**가 난다.

▌별의 물리량 – 크기(반지름)

광도를 직접 구할 수 없듯이 별의 크기 또한 직접 구할 수 없다. 매우 먼 거리에 있어 지구에서 관측하면 점으로 보이기 때문이다. 따라서 앞서 측정한 다양한 물리량을 통해 크기를 계산해야 한다.

별의 크기를 구하기 위해서는 슈테판-볼츠만 법칙을 알고, 이를 통해 유도되는 광도 식을 알아야 한다. 슈테판-볼츠만 법칙은 **흑체가 단위 시간 동안 단위 면적에서 방출하는 에너지양(E)은 표면 온도(T)의 4제곱에 비례**한다는 내용이다.

슈테판-볼츠만 법칙

$$E = \sigma T^4 \, (\sigma = 5.670 \times 10^{-8} \mathrm{W \cdot m^{-2} \cdot K^{-4}})$$

이를 통해 별의 광도를 구할 수 있다. 앞서 별의 **광도는 별이 단위 시간 동안 전체 면적(표면)에서 방출하는 에너지의 총량**이라고 했다. 슈테판-볼츠만 법칙을 자세히 보면 **흑체가 단위 시간 동안 단위 면적에서 방출하는 에너지양(E)은 표면 온도(T)의 4제곱에 비례**한다고 되어있다. 별은 흑체와 같이 복사한다고 했기 때문에 광도와 슈테판-볼츠만 법칙은 방출하는 복사 에너지가 전체 면적인지와 단위 면적인지의 차이뿐이다. 즉, 슈테판·볼츠만 법칙에 별의 전체 면적을 곱해준다면 광도 식을 구할 수 있다.

별은 구형으로 생겼으므로 반지름이 R인 구의 표면적 공식인 $4\pi R^2$ 을 곱해주면 광도 식을 구할 수 있다.

별의 광도

$$L = 4\pi R^2 \cdot \sigma T^4$$

여기서 별의 크기를 구하기 위해서는 표면 온도(T)와 광도(L)를 알아야 한다.

앞서 공부한 내용을 다시 복습해보면, 표면 온도는 별의 파장, 색, 색지수, 분광형을 통해서 알 수 있었다. 광도는 별까지의 거리와 겉보기 등급을 통해 구할 수 있다.

태양의 물리량은 반드시 알아두는 것이 좋다.

태양의 물리량
절대 등급 : 4.8등급
표면 온도 : 약 5800K
분광형 : G2
색 : 황색
가장 강하게 나타나는 흡수선 : 이온화된 칼슘($Ca\,\mathrm{II}$)

2022학년도 수능 지Ⅰ 13번

1. 표는 별 (가), (나), (다)의 분광형, 반지름, 광도를 나타낸 것이다.

별	분광형	반지름 (태양=1)	광도 (태양=1)
(가)	(　)	10	10
(나)	A0	5	(　)
(다)	A0	(　)	10

<보　기>

ㄱ. 복사 에너지를 최대로 방출하는 파장은 (가)가 가장 짧다.

ㄴ. 절대 등급은 (나)가 가장 작다.

ㄷ. 반지름은 (다)가 가장 크다.

① ㄱ　　　　② ㄴ　　　　③ ㄷ　　　　④ ㄱ, ㄴ　　　　⑤ ㄴ, ㄷ

추가로 물어볼 수 있는 선지

1. 겉보기 등급이 같은 두 별 A, B가 있다. 이때 A의 절대 등급이 B의 절대 등급보다 5등급 크다면 A는 B보다 10배 멀리 있다. (O , X)

2. 흑체가 단위 시간 동안 단위 면적에서 방출하는 복사 에너지양은 표면 온도의 네제곱에 비례한다. (O , X)

3. 색지수가 클수록 별의 표면 온도는 높다. (O , X)

정답 : 1. (X), 2. (O), 3. (X)

01 2022년도 수능 지Ⅰ 13번

KEY POINT #슈테판-볼츠만 법칙, #표면 온도, #광도, #반지름

문항의 발문 해석하기

슈테판-볼츠만 법칙으로 유도되는 광도를 구하는 공식을 생각해야 한다.

문항의 자료 해석하기

별	분광형	반지름(태양=1)	광도(태양=1)
(가)	( )	10	10
(나)	A0	5	( )
(다)	A0	( )	10

1. 문제에서 알려주는 분광형은 표면 온도에 대한 물리량이다. 위 문제에서 나타난 반지름과 광도의 물리량은 태양을 기준으로 정했다. 따라서 표면 온도 역시 태양을 기준으로 비교하자.

   태양의 표면 온도는 약 5800K이고, A0의 표면 온도는 10000K이다. 따라서 10000K은 태양의 표면 온도에 약 1.72배에 해당하는 값이다. 문제를 빠르게 풀기 위해서는 근접한 값을 대입시켜보도록 하자.

   태양의 표면 온도를 6000K으로 생각하면 10000K은 3:5의 비율로 표면 온도를 나타낼 수 있다.

	L	=	R^2	×	T^4
태양	1	=	1^2	×	1^4
(가)	10	=	10^2	×	$\left(\dfrac{1}{\sqrt[4]{10}}\right)^4$

	L	=	R^2	×	T^4
태양	81	=	1^2	×	3^4
(나)	$(5)^6$	=	5^2	×	$(5)^4$
(다)	810	=	$\left(\dfrac{9\sqrt{10}}{5^2}\right)^2$	×	$(5)^4$

2. 위와 같이 LRT 표에 각각에 해당하는 물리량을 대입할 수 있어야 한다. 이때, 태양의 표면 온도를 6000K으로 나타냈다고 해서 불안해하지 말자. 왜냐하면 이렇게 물리량을 설정했음에도 불구하고 각 별의 물리량 차이가 매우 큰 것을 확인할 수 있기 때문이다.

TIP.

위 자료와 같이 광도, 반지름, 분광형(표면 온도)에 대한 자료가 나온다면 지문 옆에 LRT(슈테판 볼츠만 법칙으로 유도되는 광도 계산 식)표를 위와 같이 그려두자.

ㄱ 선지 복사 에너지를 최대로 방출하는 파장은 (가)가 가장 짧다. (X)

　　　복사 에너지를 최대로 방출하는 파장은 표면 온도에 반비례한다. 이때 (가)의 표면 온도가 가장 낮으므로 복사 에너지를 최대로 방출하는 파장은 (가)가 가장 길 것이다.

ㄴ 선지 절대 등급은 (나)가 가장 작다. (O)

　　　광도가 클수록 절대 등급은 작다. 이때 (나)의 광도가 가장 크기 때문에 절대 등급이 가장 작을 것이다.

ㄷ 선지 반지름은 (다)가 가장 크다. (X)

　　　계산한 LRT 표를 확인하면 (다)의 반지름이 가장 작은 것을 확인할 수 있다.

1. LRT 표 나타내는 연습하기

2. 표면 온도와 관련된 물리량 암기하기 (ex. 파장, 색, 색지수, 분광형)

3. 태양의 물리량 암기하기

기출 문제로 알아보는 유형별 정리

[LRT 표]

1 슈테판 볼츠만 법칙을 이용한 광도 계산 식

① 절대 등급은 광도를 이용해서 구하자.   2023학년도 9월 모의평가 14번

표는 별 ㉠, ㉡, ㉢의 표면 온도, 광도, 반지름을 나타낸 것이다. ㉠, ㉡, ㉢은 각각 주계열성, 거성, 백색 왜성 중 하나이다.

별	표면 온도(태양=1)	광도(태양=1)	반지름(태양=1)
㉠	$\sqrt{10}$	( )	0.01
㉡	( )	100	2.5
㉢	0.75	81	( )

ㄴ. (㉠의 절대 등급 − ㉡의 절대 등급) 값은 10이다. (O)

- 절대 등급을 구하기 위해 슈테판−볼츠만 법칙으로 유도되는 광도 계산 식을 이용해야 한다.
  아래와 같이 LRT그래프를 그려 자료에 나타나지 않은 물리량을 찾을 수 있도록 하자.
  ㉠은 태양보다 100배 어두운 별이고, **㉡은 태양보다 100배 밝은 별**이다. 따라서 태양의 절대 등급을 5라 하면 ㉠은 10등급, ㉡은 0등급인 별이므로 (㉠의 절대 등급 − ㉡의 절대 등급) 값은 10이다.
- 이처럼 표면 온도, 광도, 반지름 중 2가지를 알고 있다면 LRT그래프를 통해 나머지 물리량을 구할 수 있다. 모든 문제 옆에 아래와 같이 LRT그래프를 그릴 수 있도록 하자.
- 절대 등급은 별의 밝기를 나타내는 물리량으로 **광도가 100배 밝은 별은 절대 등급이 5등급 낮다.**
  위 문제에서는 광도가 10000배 차이가 났으므로 등급은 10등급 차이가 난 것이다.
- 위 문제와 별개로 등급 간의 밝기 차이를 정확하게 이해하고 넘어가도록 하자.
  1등급 차이 : 밝기 약 2.5배 차이, $(2.5)^1 = 2.5$
  2등급 차이 : 밝기 약 6.25배 차이, $(2.5)^2 = 6.25$
  3등급 차이 : 밝기 약 16배 차이, $(2.5)^3 \simeq 16$
  4등급 차이 : 밝기 약 40배 차이, $(2.5)^4 \simeq 40$
  5등급 차이 : 밝기 약 100배 차이, $(2.5)^5 \simeq 100$
  9등급 차이 : 밝기 약 4000배 차이, $(2.5)^9 \simeq 4000$ or $(2.5)^4 \times (2.5)^5 \simeq 4000$
  10등급 차이 : 밝기 약 10000배 차이, $(2.5)^{10} \simeq 100^2$ or $(2.5)^5 \times (2.5)^5 \simeq 10000$

	L	=	R^2	$\times$	T^4
㉠	$\dfrac{1}{100}$	=	$(\dfrac{1}{100})^2$	$\times$	$(\sqrt{10})^4$
㉡	100	=	$\left(\dfrac{5}{2}\right)^2$	$\times$	2^4
㉢	81	=	16^2	$\times$	$\left(\dfrac{3}{4}\right)^4$

표는 태양과 별 (가), (나), (다)의 물리량을 나타낸 것이다. (가), (나), (다) 중 주계열성은 2개이고, (나)와 (다)의 겉보기 밝기는 같다.

별	복사 에너지를 최대로 방출하는 파장(μm)	절대 등급	반지름 (태양=1)
태양	0.50	+4.8	1
(가)	(㉠)	−0.2	2.5
(나)	0.10	( )	4
(다)	0.25	+9.8	( )

ㄷ. 지구로부터의 거리는 (나)가 (다)의 1000배이다. (O)

- 우선 절대 등급을 구하기 위해 슈테판-볼츠만 법칙으로 유도되는 광도 계산 식을 이용해야 한다.
  아래와 같이 LRT그래프를 그려 자료에 나타나지 않은 물리량을 찾을 수 있도록 하자.

  (나)의 광도는 태양의 10000배 즉, 10^4배이고, (다)의 광도는 태양의 $\frac{1}{100}$ 즉, 10^{-2}배이다. 따라서 **두 별의 광도 차이는 10^6배**이다.

  이때, 발문에서 두 별의 겉보기 밝기는 같다고 했으므로 지구와의 거리에 관계가 있음을 생각하자.
  두 별의 광도가 다름에도 별의 겉보기 밝기가 같다는 의미는 실제로는 **매우 밝은 (나)가 10^3배 멀리 있다는 것이다.** 따라서 지구로부터의 거리는 (나)가 (다)의 1000배이다.

- 우리는 '**겉보기**'라는 용어를 주의 깊게 살펴봐야 한다. 겉보기란 말 그대로 겉으로 보기에는 누가 더 밝아 보인다~ 라는 뜻과 같다. 즉, **실제 밝기가 아닌 지구와의 거리에 따라 달라지는 밝기인 것이다.**

- 별의 밝기와 거리 계산 식은 다음과 같다. **별의 겉보기 밝기(l)는 거리(r)의 제곱에 반비례**함을 이해하자.

$$l \propto \frac{1}{r^2}$$

	L	=	R^2	$\times$	T^4
태양	1	=	1^2	$\times$	1^4
(가)	100	=	$\left(\frac{5}{2}\right)^2$	$\times$	2^4
(나)	10000	=	4^2	$\times$	5^4
(다)	$\frac{1}{100}$	=	$\left(\frac{1}{40}\right)^2$	$\times$	2^4

그림은 별 A ~ D의 상대적 크기를, 표는 별의 물리량을 나타낸 것이다. 별 A ~ D는 각각 ㉠ ~ ㉣ 중 하나이다.

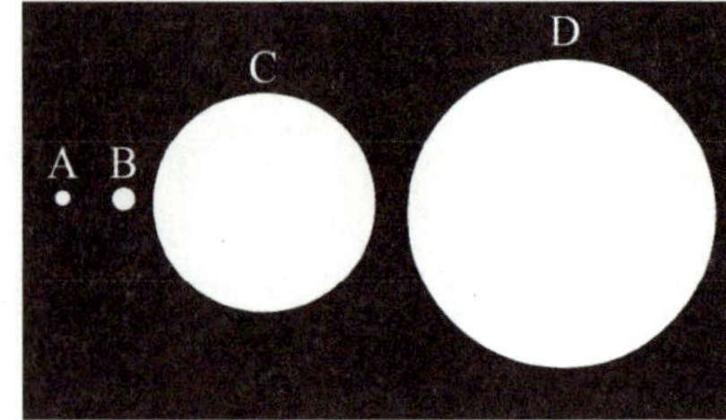

별	광도(태양=1)	표면 온도(태양=1)
㉠	0.01	1
㉡	1	1
㉢	1	4
㉣	2	1

ㄴ. 광도는 B가 D보다 작다. (O)

- 각 별을 찾기 위해 슈테판-볼츠만 법칙으로 유도되는 광도 계산 식을 이용해야 한다.
  LRT그래프를 그려 반지름을 찾아 각 별을 ㉠ ~ ㉣에 대입하자.
  아래와 같이 반지름을 찾아 대입해보면 ㉠은 B, ㉡은 C, ㉢은 A, ㉣은 D인 것을 알 수 있다.
  따라서 광도는 B인 ㉠이 D인 ㉣보다 작다.
- 이처럼 별의 물리량을 보고 각 별의 반지름을 찾을 수 있어야 한다.

	L	=	R^2	×	T^4
㉠	0.01	=	$\left(\dfrac{1}{10}\right)^2$	×	1^4
㉡	1	=	1^2	×	1^4
㉢	1	=	$\left(\dfrac{1}{16}\right)^2$	×	4^4
㉣	2	=	$\left(\sqrt{2}\right)^2$	×	1^4

추가로 물어볼 수 있는 선지 해설

1. B의 절대 등급이 A보다 5등급 높으므로 광도는 100배 어둡다. 이때 겉보기 등급은 같은데, 이는 겉보기 밝기와 거리가 제곱에 반비례한다는 사실을 기억해야 한다. 겉보기 등급이 같을 때 B의 광도가 A의 광도보다 100배라는 것은 10배 가까이 있다는 것이다. 따라서 A는 B보다 10배 가까이 있다.
2. 단위 시간 동안 단위 면적에서 방출하는 복사 에너지양은 슈테판-볼츠만 법칙에 의해 표면 온도의 네제곱에 비례한다.
   ⇒ 단위 시간 동안 방출하는 복사 에너지 양은 표면 온도의 네제곱 및 반지름의 제곱에 비례한다.
3. 색지수가 클수록 표면 온도는 작아진다.
   ⇒ 색지수가 0일 때 표면 온도는 10000K이라는 것을 함께 기억하자.

2022학년도 6월 모의평가 지 I 14번

그림은 분광형이 서로 다른 별 (가), (나), (다)가 방출하는 복사 에너지의 상대적 세기를 파장에 따라 나타낸 것이다. (가)의 분광형은 O형이고, (나)와 (다)는 각각 A형과 G형 중 하나이다.

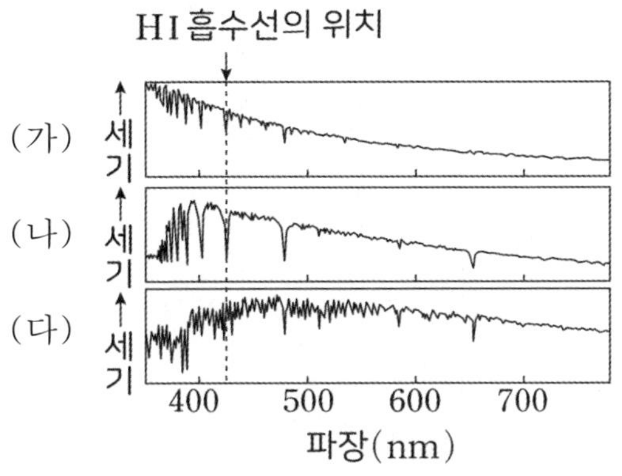

이 자료에 대한 설명으로 옳은 것만을 <보기>에서 있는 대로 고른 것은?

— <보 기> —

ㄱ. H I 흡수선의 세기는 (가)가 (나)보다 강하게 나타난다.

ㄴ. 복사 에너지를 최대로 방출하는 파장은 (나)가 (다)보다 길다.

ㄷ. 표면 온도는 (나)가 태양보다 높다.

① ㄱ   ② ㄴ   ③ ㄷ   ④ ㄱ, ㄴ   ⑤ ㄴ, ㄷ

추가로 물어볼 수 있는 선지

1. 주계열성에서 B0형보다 표면 온도가 높은 별일수록 H I 흡수선 세기가 강해진다. (O , X)

2. 태양의 구성 물질 중 가장 많은 원소는 Ca II 이다. (O , X)

3. He I 은 이온화된 헬륨이다. (O , X)

정답 : 1. (X), 2. (X), 3. (X)

KEY POINT #분광형, #복사 에너지의 세기, #파장

문항의 발문 해석하기

별의 분광형에 따라 다르게 나타나는 흡수선의 종류를 떠올릴 수 있어야 한다.

문항의 자료 해석하기

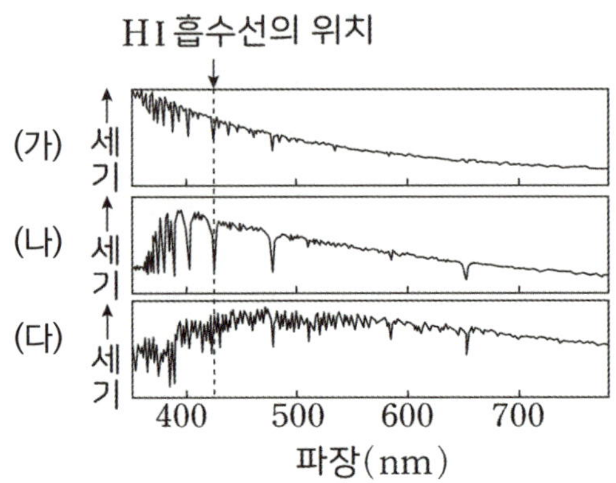

위 자료에서 (가)는 O형 별이고 HI 흡수선의 위치에 대한 정보가 나와있다. (나)는 (다)보다 HI의 흡수가 많이 일어나므로 A형 별이라고 판단할 수 있다. 따라서 (다)는 G형 별이다.

또한, 최대 복사 에너지의 세기가 나타나는 곳의 파장을 보고도 분광형을 구분할 수 있어야 한다.

최대 복사 에너지의 세기가 나타나는 곳의 파장이 짧은 (나)가 A형 별, 따라서 (다)가 G형 별임을 알 수 있어야 한다.

선지 판단하기

ㄱ 선지 HI 흡수선의 세기는 (가)가 (나)보다 강하게 나타난다. (X)

수소 흡수선의 세기는 분광형이 A형일 때 가장 강하게 나타난다. 따라서 (나)가 가장 강하게 나타난다.

ㄴ 선지 복사 에너지를 최대로 방출하는 파장은 (나)가 (다)보다 길다. (X)

(나)의 분광형은 A형, (다)의 분광형은 G형이므로 복사 에너지를 최대로 방출하는 파장은 표면 온도가 더 높은 (나)가 더 짧다.

ㄷ 선지 표면 온도는 (나)가 태양보다 높다. (O)

(나)의 분광형은 A형, 태양의 분광형은 G형이므로 표면 온도는 A형인 (나)가 더 높다.

기출문항에서 가져가야 할 부분

1. 각 분광형에서 가장 강하게 나타나는 흡수선의 종류 암기하기 (ex. A형 HI, G형 CaⅡ)

2. 분광형과 표면 온도 사이의 관계 암기하기

3. 복사 에너지의 상대적 세기와 파장 그래프에서 흡수선의 의미 이해하기

▌기출 문제로 알아보는 유형별 정리

[별의 물리량]

1 복사 에너지 세기와 파장 그래프 해석 방법

① 복사 에너지의 세기가 최대인 파장은 별의 표면 온도와 반비례한다.　　　　2021년 7월 학력평가 16번

그림은 지구 대기권 밖에서 단위 시간 동안 관측한 주계열성 A, B, C의 복사 에너지 세기를 파장에 따라 나타낸 것이다.

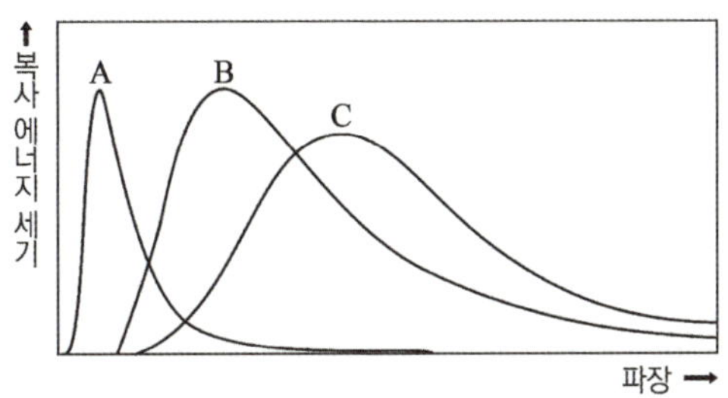

ㄱ. 표면 온도는 A가 B보다 높다. (O)

- 복사 에너지 세기와 파장 그래프에서 각 별의 표면 온도를 나타내는 물리량인 **파장은 오른쪽 그림과 같이 복사 에너지의 세기가 최대인 곳의 파장이다.**
  따라서 파장이 가장 짧은 A의 표면 온도가 가장 높을 것이다.

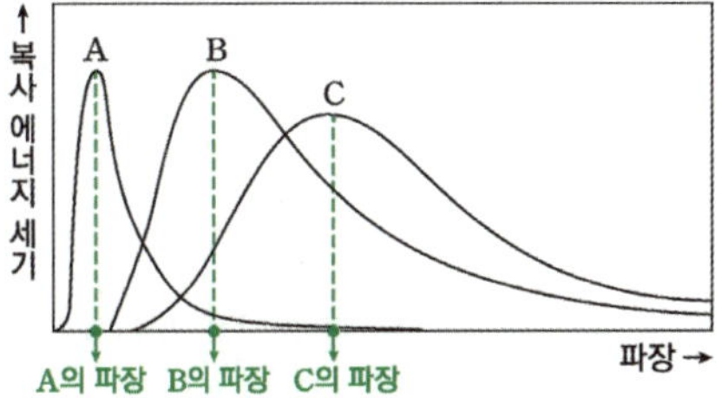

- 이렇게 자료를 해석해야 하는 이유는 빈의 변위 법칙에 의해 **최대 에너지를 방출하는 파장이 온도에 반비례하기 때문이다.** 항상 에너지의 세기가 최대인 곳의 파장을 읽도록 하자.
- **표면 온도가 높을수록 최대 에너지를 방출하는 파장은 짧고, 표면 온도가 낮을수록 최대 에너지를 방출하는 파장은 길다.**

② 단위 시간 복사 에너지 그래프 아래 면적은 광도와 비례한다.　　　　2022년 10월 학력평가 10번

그림은 단위 시간 동안 별 ㉠과 ㉡에서 방출된 복사 에너지 세기를 파장에 따라 나타낸 것이다. 그래프와 가로축 사이의 면적은 각각 S, 4S이다.

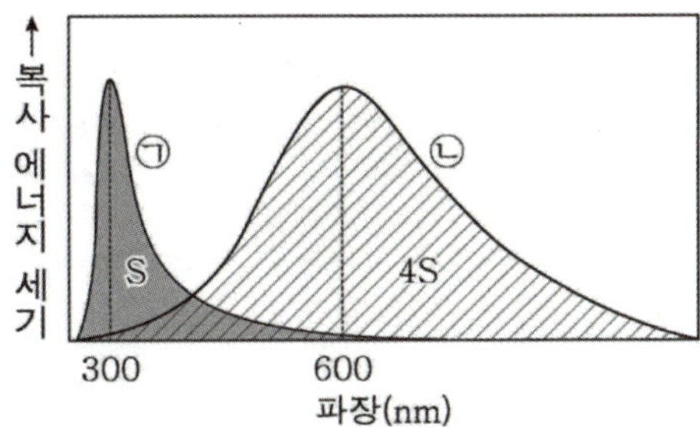

ㄱ. 광도는 ㉡이 ㉠의 4배이다. (O)

- 단위 시간 복사 에너지 그래프에서 **각 곡선을 적분한 값 즉, 그래프와 가로축 사이의 면적은 그 별의 광도에 비례한다.** ㉡의 면적이 ㉠의 4배이므로 광도 또한 4배이다.
- 슈테판-볼츠만 법칙으로 유도되는 광도 계산식에서 **단위 시간 동안 방출하는 에너지가 광도에 해당하므로 '별에서 방출하는 총 에너지'가 그래프 아래 면적에 비례하는 것이다.**

③ 단위 면적당 단위 시간 복사 에너지 그래프 아래 면적은 표면 온도의 네제곱에 비례한다.

표는 별 A, B의 표면 온도와 반지름을, 그림은 A, B에서 단위 면적당 단위 시간에 방출되는 복사 에너지의 파장에 따른 세기를 ㉠과 ㉡으로 순서 없이 나타낸 것이다.

별	A	B
표면 온도(K)	5000	10000
반지름(상댓값)	2	1

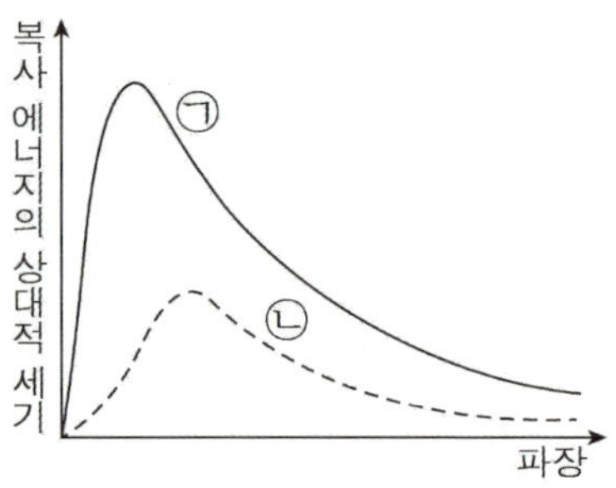

ㄱ. A는 ㉡에 해당한다. (O)

- 별 A는 별 B보다 표면 온도가 낮으므로 파장이 더 길 것이다. 이때, 복사 에너지와 파장 그래프에서 복사 에너지의 세기가 최대인 곳의 파장을 보면 ㉡이 더 긴 것을 확인할 수 있다. 따라서 A는 ㉡에 해당한다.

- 이처럼 일반적으로 표면 온도와 파장의 관계를 이용해서 문제를 풀 수 있다.
  이때, 우리는 그림을 집중해서 살펴보자. 그림은 **'단위 면적당'** 단위 시간에 **방출되는 복사 에너지**의 파장에 따른 세기를 나타내주고 있다. 따라서 **그래프 아래 면적은 슈테판-볼츠만 법칙에 의해 표면 온도의 네제곱에 비례할 것이다.**

2 분광형에 따른 흡수선의 상대적 세기

① 흡수선 그래프

그림은 별의 분광형에 따른 흡수선의 상대적 세기를 나타낸 것이다.

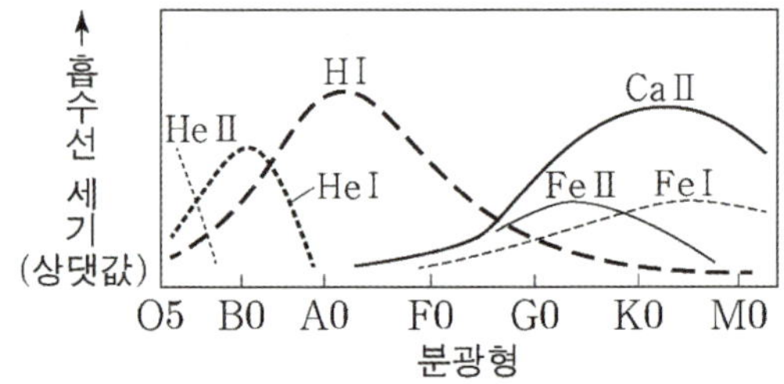

ㄷ. 태양과 광도가 같고 반지름이 작은 별의 Ca II 흡수선은 G2형 별보다 강하게 나타난다. (X)

- 태양과 **광도가 같고 반지름이 작은 별**은 **표면 온도가 태양보다 높은 별일 것이다.** 따라서 위 자료에서 분광형은 G2보다 왼쪽에 위치할 것이다. 이때, 자료를 보면 G2보다 표면 온도가 높을수록(왼쪽으로 갈수록) Ca II 흡수선의 세기는 약해지고 있는 것을 확인할 수 있다.

- 우선 슈테판-볼츠만 법칙으로 유도되는 광도 계산식을 머릿속으로 떠올릴 수 있어야 한다.
  그 후 분광형과 표면 온도 사이의 관계를 파악해서 각 분광형에 나타나는 흡수선의 세기에 대한 내용을 이해할 수 있어야 한다.
  분광형을 **표면 온도가 높은 순서대로 나타내면 O, B, A, F, G, K, M이다.**

- **최초의 분광형은 수소 흡수선이 강하게 나타나는 순서대로 A, B, C, D...로 나타냈었다.** 이후 표면 온도가 높은 순서대로 다시 배열한 것이다. 간단하게 알아두자.

그림 (가)는 H-R도에 별 ㉠, ㉡, ㉢을, (나)는 별의 분광형에 따른 흡수선의 상대적 세기를 나타낸 것이다.

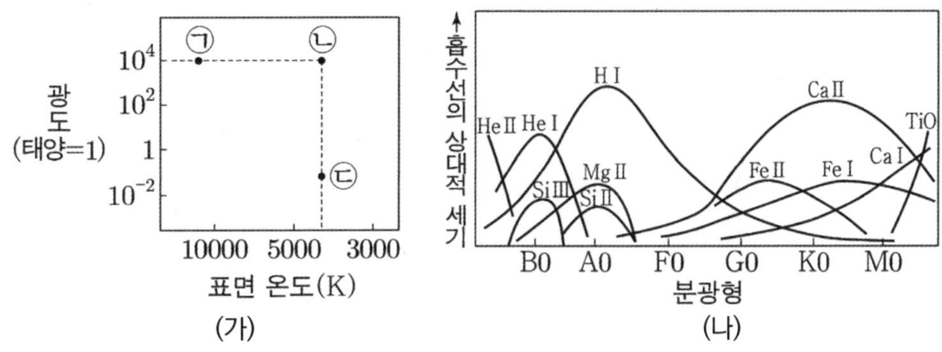

ㄷ. ㉢에서는 H I 흡수선이 Ca II 흡수선보다 강하게 나타난다. (X)

- (가) 자료에서 ㉢의 표면 온도는 5000K보다 낮게 나타나고 있다. G0의 표면 온도는 6000K이므로 (나) 자료에서 G0 보다 오른쪽에 나타난 분광형일 것이다. 따라서 H I 흡수선보다 Ca II 흡수선이 강하게 나타난다.
- **분광형 A0와 G0의 물리량과 특징은 암기할 수 있도록 하자.**
  A0 : 10000K, 색지수 0, 흰색, H I 흡수선이 가장 강하게 나타남
  G0 : 6000K, 주황색, Ca II 흡수선이 가장 강하게 나타남

그림은 세 별 (가), (나), (다)의 스펙트럼에서 세기가 강한 흡수선 4개의 상대적 세기를 나타낸 것이다. (가), (나), (다)의 분광형은 각각 A형, O형, G형 중 하나이다.

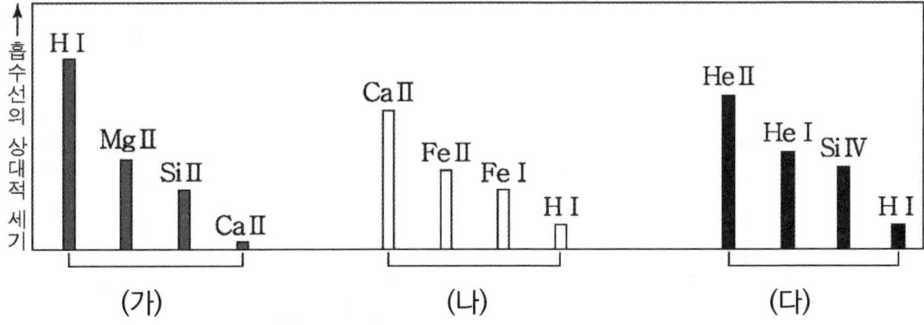

ㄴ. (나)의 구성 물질 중 가장 많은 원소는 Ca이다. (X)

- (나)는 Ca II 이 가장 강하게 나타나므로 분광형은 G형이다. 그러나 구성 물질 중 가장 많은 원소는 Ca이 아닌 H이다.
- 우리가 착각하지 말아야 할 것이 있다. 분광형은 **표면 온도에 따라서 특정 물질의 흡수되는 세기가 달라지는 것이다. 따라서 구성 물질과는 전혀 관련이 없다. 별의 주요 구성 성분은 별의 표면 온도와 상관없이 거의 동일하며, 수소와 헬륨이 대부분을 차지하고 있다.**
  (이는 Theme 08 빅뱅 우주론에서 자세하게 다룬다.)

④ 스펙트럼상에서 수소 흡수선의 세기를 통한 분광형 구분 2023년 4월 학력평가 13번

그림은 서로 다른 별의 스펙트럼, 최대 복사 에너지 방출 파장(λ_{max}), 반지름을 나타낸 것이다. (가), (나), (다)의 분광형은 각각 A0Ⅴ, G0Ⅴ, K0Ⅴ 중 하나이다.

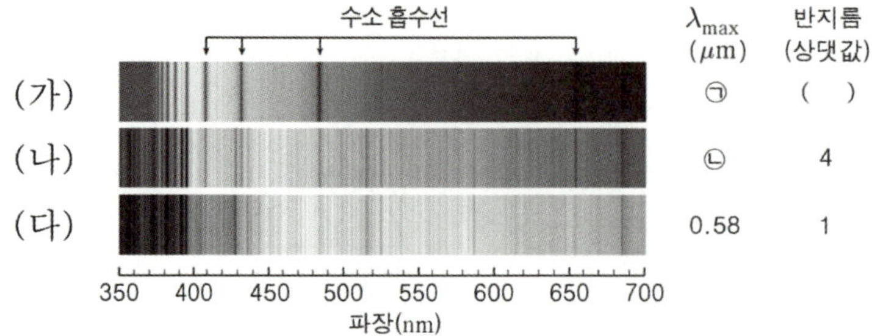

ㄱ. (가)의 분광형은 A0Ⅴ이다. (O)

- 수소 흡수선이 나타나는 영역 중 (가)에서 가장 많이 흡수되었다는 것을 알 수 있다. 따라서 (가) 자료는 수소 흡수선의 세기가 가장 강한 A0Ⅴ이다.

- 위 자료와 같이 수소 흡수선의 세기 비교는 스펙트럼에서 흡수된 정도로 비교한다는 것을 알 수 있다.

3 색지수와 등급

① 흡수선 그래프 지Ⅱ 2016년 10월 학력평가 11번

그림은 주계열성의 색지수(B-V)와 표면 온도의 관계를 나타낸 것이다.

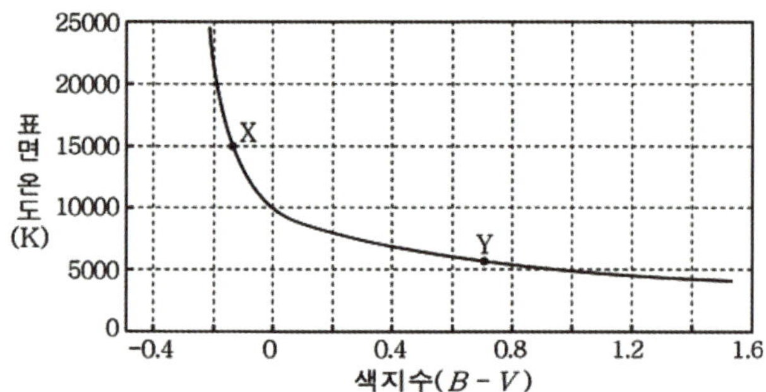

ㄴ. 표면 온도가 5000K인 별은 B 등급이 V 등급보다 크다. (O)

- 위 자료를 통해 표면 온도가 5000K인 별의 색지수는 0.8 정도인 것을 확인할 수 있다.
  따라서 B 등급이 V 등급보다 크다.
- **태양의 색지수는 약 0.65**라는 것을 알아두자.

① 슈테판-볼츠만 법칙은 별이 내뿜는 에너지에 관한 공식이다.　　　　　　　　　　2020년 7월 학력평가 12번

　그림은 별 A와 B에서 단위 시간당 동일한 양의 복사 에너지를 방출하는 면적을 나타낸 것이다. A의 광도는 B의 40배이다. (단, A, B는 흑체로 가정한다.)

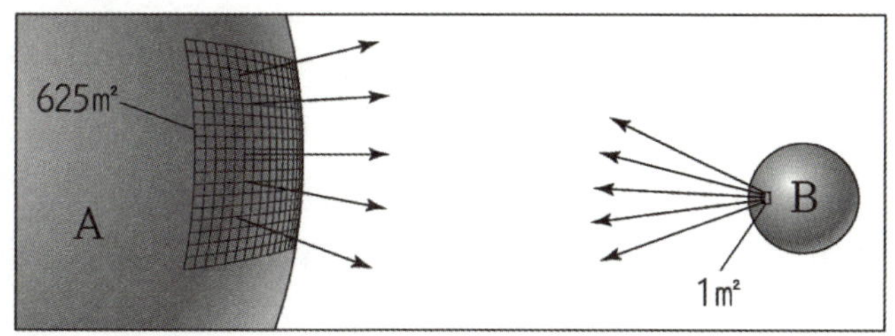

ㄱ. 표면 온도는 B가 A보다 5배 높다. (O)

- 자료에는 A와 B가 단위 시간 동안 동일한 양의 복사 에너지를 방출하는 면적이 나타나 있다. 따라서 **단위 시간 동안 단위 면적에서 방출하는 에너지는 B가 A의 625배**이다.
  슈테판-볼츠만 법칙에 의해 단위 시간 동안 단위 면적에서 방출하는 복사 에너지는 표면 온도에 네제곱에 비례하므로 **표면 온도는 B가 A보다 5배 높다.**
- 이처럼 슈테판-볼츠만 법칙은 같은 시간 동안 같은 면적에서 내뿜는 에너지라고 생각하면 된다.

추가로 물어볼 수 있는 선지 해설

1. $H\,I$ 흡수선의 세기는 표면 온도가 10000K인 A0일 때 가장 강하게 나타난다. 표면 온도가 A0보다 높아진다면 $H\,I$ 흡수선의 세기는 감소하므로 B0보다 표면 온도가 높은 별 또한 세기가 약하다.
2. 태양의 구성 물질 중 가장 많은 원소는 H이다.
   ⇒ $Ca\,II$ 은 태양과 같은 분광형이 G형인 별에서 흡수선의 세기가 가장 강한 원소일 뿐이다.
3. $He\,I$ 은 중성 원자 상태의 헬륨이다.
   ⇒ $He\,II$ 이 이온화된 상태의 헬륨이다.

▎H-R도와 별의 진화 – H-R도

1. H-R도의 특징

H-R도는 여러 별의 분포를 나타내는 그래프로 물리량에 따라서 구분한다. 가로축에는 표면 온도와 관련된 물리량이, 세로축에는 광도와 관련된 물리량이 올 수 있다. 이를 따라서 별들을 구분한다면 특정한 분포를 보이는데 이 분포를 따라서 별을 구분한다.

가로축과 세로축에 들어갈 수 있는 물리량은 다음과 같다.

가로축 : 표면 온도, 분광형, 색, 색지수 등
세로축 : 별의 광도, 절대 등급 등

H-R도에서 **위로 갈수록 광도가 커진다.** 이때 **절대 등급은 위로 갈수록 작아진다**는 사실을 기억해야 한다. 또한, **왼쪽으로 갈수록 표면 온도가 높아진다.** (수학처럼 오른쪽으로 갈수록 커지는 것이 아니다. 축의 증가 방향을 잘 보자.)

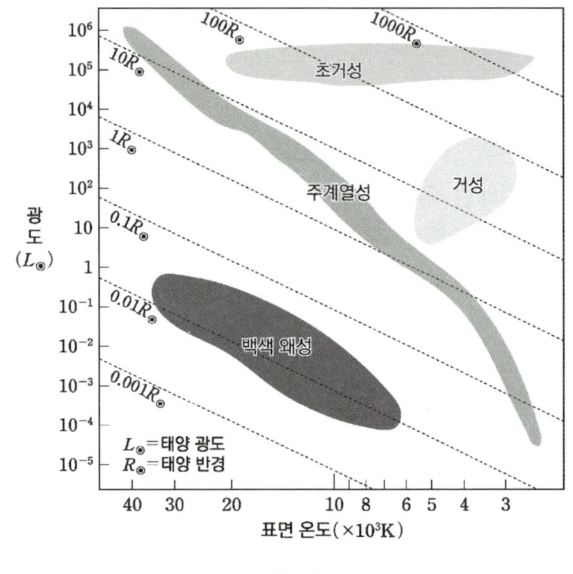

▲ H-R도

2. H-R도와 별의 종류

H-R도는 별들의 지도라고 생각하면 편하다. 여러 별의 분포를 나타내는 그래프이기 때문에 H-R도를 직접 그려보며 별의 종류를 파악할 수 있다. 주계열성, 백색 왜성, 거성, 초거성이 H-R도에 포함되어 있다. 다음을 통해 각 별의 특징들을 파악하고 이해하자.

① **주계열성 : H-R도의 왼쪽 위에서부터 오른쪽 아래까지 대각선의 좁은 띠 영역에 분포**하는 별들이다. 관측되는 전체 별의 약 80~90% 정도가 주계열성이다. (태양 또한 주계열성에 속한다.)
주계열성은 다른 별들과는 다르게 특별한 성질을 가지고 있는데 **왼쪽 위에 분포하는 별일수록 표면 온도가 높고 광도가 크며 질량과 반지름이 크다.** (주계열성이라는 단어가 나오면 바로 이 내용을 기억하자.)

② **거성 : H-R도에서 주계열성 오른쪽 위에 분포**한다. 대체로 **표면 온도가 낮아 붉은색을** 띤다. 표면 온도는 낮지만, **반지름이 매우 크기 때문에 광도가 크다.** 반지름은 태양의 약 10배~100배이며, 광도는 태양의 10배~1000배까지 차이가 난다. 반지름이 매우 크기 때문에 부피 또한 커서 평균 밀도가 작다.

③ **초거성 : H-R도에서 거성보다 더 위쪽인 최상단에 분포**한다. **반지름이 태양의 수백 배~1000배 이상인 거대한 별**이다. **광도는 태양의 수만 배~수십만 배로 매우 밝다.** 반지름이 거성보다 더 크기 때문에 평균 밀도는 더 작다.

④ **백색 왜성 : H-R도에서 주계열성 왼쪽 아래에 분포**한다. **표면 온도가 높아서 백색으로** 보인다. 그러나 **반지름은 지구 정도의 크기로 매우 작기 때문에 광도가 작다.** 또한 반지름이 작아서 평균 밀도는 매우 크다.

광도 계급이란 **별들을 광도에 따라 계급으로 나눈 것**을 말한다. 같은 분광형을 갖는 별들의 표면 온도는 모두 같다. 이때 별의 밀도가 작을수록 흡수선의 폭이 좁아지는데 이를 바탕으로 계급을 나누었다. 광도 계급은 로마자로 나타내며 광도 계급의 숫자가 작을수록 광도가 밝다.

광도 계급은 H-R도에 나타낼 수 있다. 태양은 표면 온도가 약 $5800K$ 이고 주계열성에 해당하므로 태양의 분광형과 광도 계급은 G2 V 로 나타낼 수 있다.

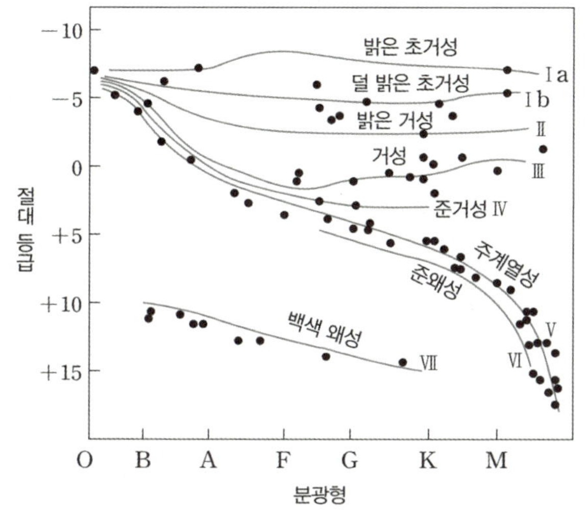

▲ H-R도로 나타낸 광도 계급

광도 계급	별의 종류
Ia	밝은 초거성
Ib	덜 밝은 초거성
II	밝은 거성
III	거성
IV	준거성
V	주계열성(왜성)
VI	준왜성
VII	백색 왜성

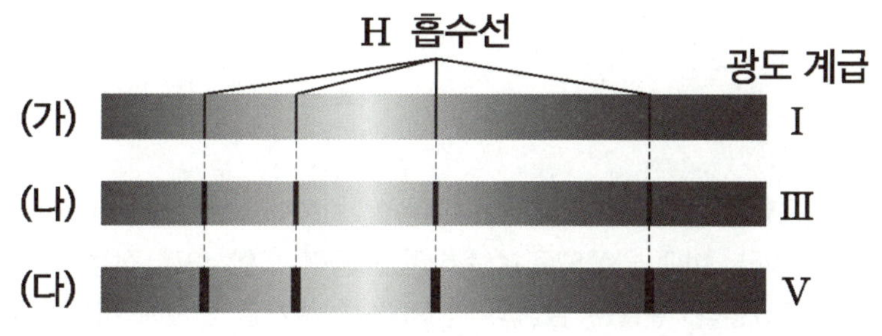

▲ 분광형이 A0인 별들의 수소 흡수선

※ **광도가 클수록 대체로 별 표면의 밀도는 작다.** 따라서 광도 계급의 숫자가 작을수록 흡수선의 두께가 얇아진다. 따라서 분광형이 같을 때 광도가 가장 큰 초거성의 흡수선의 두께는 얇고 광도가 가장 작은 백색 왜성의 흡수선의 두께가 두껍다는 것을 반드시 암기해두자.

▎H−R도와 별의 진화 − 별의 진화

별은 밀도가 크고 온도가 낮은 성운에서 만들어진다. 성운을 구성하는 성간 물질이 모여 서로의 중력에 의해 거대한 성운은 회전하면서 수축한다. 이 과정에서 성운은 중력에 의해 부피는 작아지고 밀도는 커지며 원시별이 형성된다. 이 때 **중력에 의해 수축하면서 발생하는 힘을 '중력 수축 에너지'**라 한다. 중력 수축 에너지는 원시별 내부 온도를 상승시키고 **표면 온도가 약 1000K에 이르면 가시광선을 방출**하기 시작한다. 이때 원시별은 '전주계열성'에 도달했다 한다. 원시별이 중력 수축을 계속하여 **중심부의 온도가 약 1000만 K이 되면 중심부에서는 막대한 양의 에너지를 생산하는 수소 핵융합 반응**이 일어나고 이때 주계열성에 도달했다 한다. **원시별의 질량이 클수록** 중력이 강해지므로 중력 수축 에너지는 커지며 중력 수축 에너지가 강할수록 올라가는 내부 온도도 빠르게 증가하므로 **빠르게 주계열성에 도달**한다.

(1) H−R도에서의 진화 경로

- H−R도에서 왼쪽 위의 주계열성에 도달하는 원시별일수록 진화 시간이 짧다.
- H−R도에서 **질량이 큰 원시별일수록 수평 방향**으로 진화하고, (광도는 거의 유지되고 표면 온도만 상승) **질량이 작은 별일수록 수직 방향**으로 진화한다. (광도는 감소하고 표면 온도는 거의 유지)

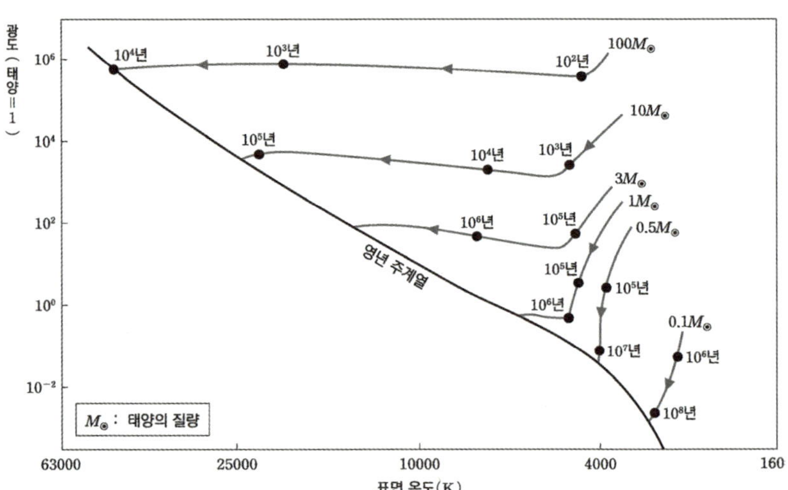

▲ 질량에 따른 원시별의 진화 시간

주계열성은 **중심핵에서 수소 핵융합을 하는 별**이다. 수소 핵융합 반응에 의해 생성된 에너지가 기체 압력을 증가시켜 밖으로 팽창하려 하는 힘이 증가한다. 이때 안쪽으로 수축하려는 중력 또한 함께 작용하므로 주계열성은 이 힘이 평형을 이루어 **정역학 평형 상태**에 도달한다. 별들은 일생의 약 90%를 주계열 단계에 머무른다. 따라서 관측되는 별 중에서 주계열성이 가장 많다.

분광형	색지수 $(B-V)$	표면 온도 (K)	반지름 (태양 반지름=1)	질량 (태양 질량=1)	광도 (태양 광도=1)	주계열성의 수명(년)
O5 V	−0.33	40000	12	40	500,000	100만
B0 V	−0.3	28000	7	18	20,000	1000만
A0 V	0	10000	2.5	3.2	80	5억
F0 V	+0.3	7400	1.3	1.7	6	27억
G0 V	+0.58	6000	1.05	1.1	1.2	90억
K0 V	+0.81	4900	0.85	0.8	0.4	140억
M0 V	+1.4	3500	0.6	0.5	0.06	2000억

▲ 주계열성의 주요 물리량

3. 주계열성의 특징

여러 별 중 주계열성만이 갖는 물리적인 특징이 존재한다. 그 이유는 주계열성의 질량에 있다. **질량이 커질수록 별 내부의 중력은 커지므로 중심 온도가 더욱 증가**한다. 중심 온도가 높아지면 더욱 많은 수소 핵융합 반응이 일어나기 때문에 소모되는 수소의 양이 증가하여 막대한 에너지를 생산해낸다.

따라서 광도가 커지고 반지름이 커지며 표면 온도가 높아지게 되는 것이다. 그러나 중심부의 수소가 빨리 고갈되기 때문에 수명은 짧아진다.

- 문제에 **주계열성**이라는 단어가 등장하면 다음과 같은 생각을 할 수 있도록 하자.

$$\text{질량} \fallingdotseq \text{반지름} \fallingdotseq \text{표면 온도} \fallingdotseq \text{광도} \fallingdotseq \frac{1}{\text{수명}}$$

4. 주계열성 이후의 진화

중심핵의 **수소가 모두 고갈**되면 더 이상 중심핵에서 수소 핵융합 반응이 일어나지 못한다. (이때부터는 주계열성이 아니다. 왜냐하면 주계열성은 '중심핵에서 수소 핵융합 반응을 하는 별'이기 때문이다.) 따라서 별은 더 높은 단계의 핵융합을 하기 위해서 수축하게 되는데 이때, 질량이 태양과 비슷한 주계열성과 질량이 태양보다 큰 주계열성의 진화 경로가 다르다.

(1) 질량이 태양과 비슷한 주계열성의 진화

① 주계열성 → 거성

- 주계열성 중심부의 수소가 모두 소모되어 **헬륨만으로 이루어진 중심핵**이 되면 수소 핵융합 반응이 일어나지 않으므로 중심핵은 수축한다.
- 이 과정에서 중력 수축 에너지에 의해 중심핵 온도가 상승한다. 이때 **중심핵 부근 또한 함께 온도가 상승**한다. 주계열성 단계에서 수소 핵융합 반응이 일어나지 않았던 **중심핵 부근의 온도가 1000만 K이 넘게 되면** 수소 핵융합 반응이 일어나므로 다시 별의 외곽 부근은 팽창하기 시작한다. 이때 중심핵 주위에서 일어나는 수소 핵융합 반응을 '**수소 껍질 연소**'라 한다. 이 과정에서 **별의 반지름은 커지고 표면 온도는 감소**한다.
- 그 후 별의 **중심핵의 온도가 1억 K에 도달**하면 중심핵에서 **헬륨 핵반응**이 일어나 탄소와 산소를 생성하는 거성 단계가 된다. 주계열성일 때에 비해 반지름이 매우 커졌으므로 거성의 **밀도는 매우 작아진다**.

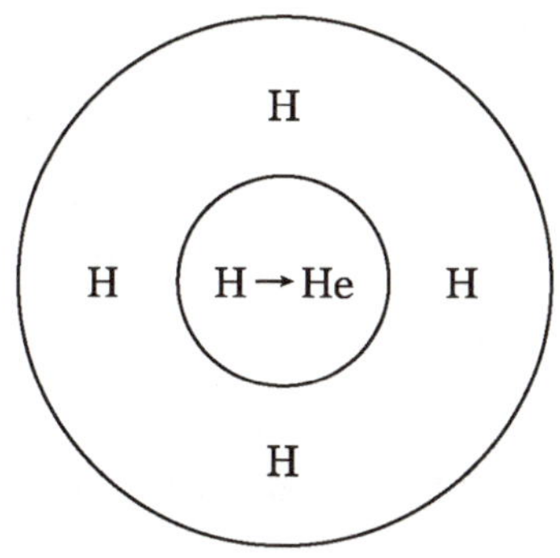

▲ 주계열 단계의 내부 구조

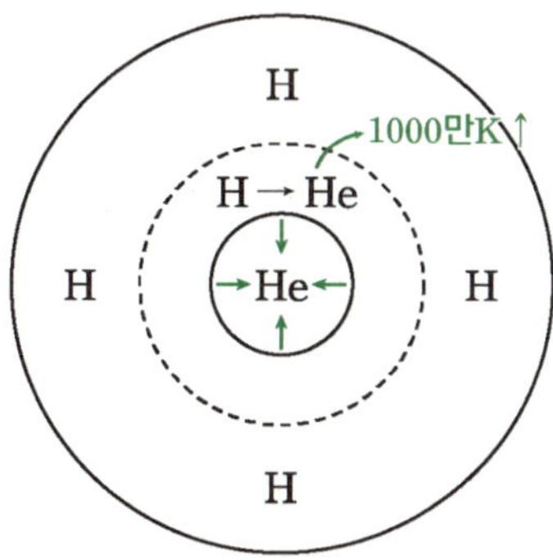

▲ 주계열 단계 이후 내부 구조

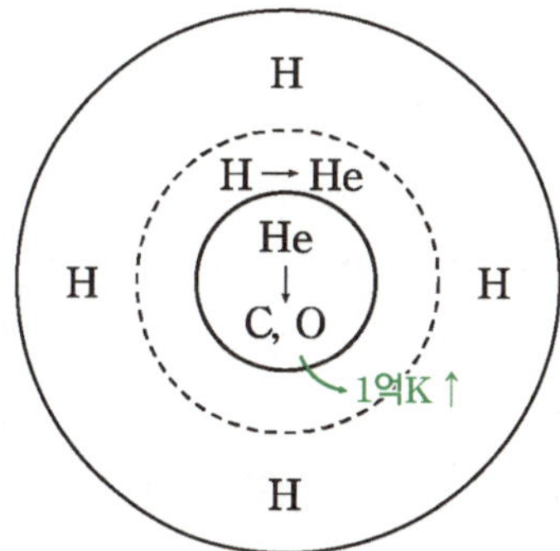

▲ 거성의 내부 구조

② 거성 → 행성상 성운, 백색 왜성

- 거성 중심부의 헬륨이 모두 소모되어 **탄소와 산소만으로 이루어진 중심핵**이 되면 중심핵에서 헬륨 핵반응이 일어나지 않으므로 중심핵은 수축한다.
- 중심 부근은 계속 수축하고, 별의 외곽 부근은 정역학 평형 상태를 이루기 위해 수축과 팽창을 반복하여 반지름과 표면 온도, 광도가 주기적으로 변하는 **맥동 변광성 단계**를 거친다.
- 질량이 태양 정도인 거성의 중심핵은 중력 수축 에너지가 높지 않아서 **탄소 핵융합 반응이 일어나는 온도에 도달하지 못한다**. 따라서 중심 부근의 수축은 서서히 멈추게 되며 중력이 약해져 별의 외곽 부근 물질이 우주 공간으로 방출되는 행성상 성운이 만들어진다.
- **남은 중심핵은 백색 왜성이 되어** 서서히 식어가며 종말을 맞이한다. 이때 백색 왜성의 크기는 **지구 정도**로 질량은 태양과 비슷하지만, 반지름이 매우 작아져 **밀도가 매우 커지게 된다**.

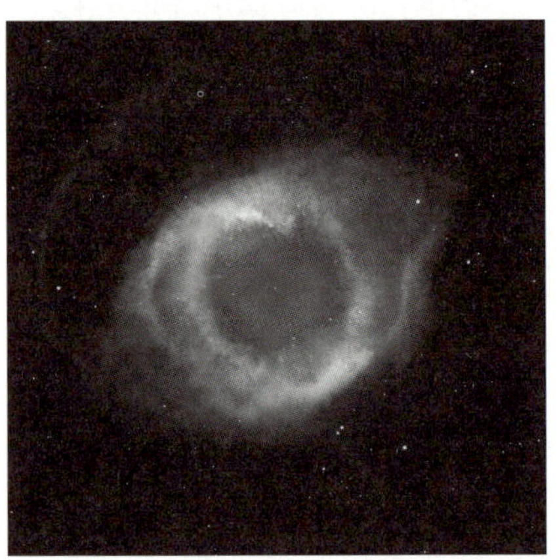

▲ 행성상 성운과 백색 왜성

(2) 질량이 태양보다 큰 주계열성의 진화

① 주계열성 → 초거성

- 질량이 작은 주계열성의 진화와 마찬가지로 중심핵의 수소가 모두 소모되어 헬륨으로 된 핵이 만들어지면 중심핵은 수축하여 온도를 올린 후 1억 K에 도달하면 헬륨 핵반응이 일어난다.
- 그 후 중심핵 부근의 헬륨이 모두 고갈되면 중심핵은 더욱 수축하여 온도를 올린 후 탄소 핵융합 반응이 일어난다. **충분히 질량이 크기 때문에 높은 단계의 핵융합이 계속해서 일어난다**. 따라서 중심핵에서는 더 무거운 질량의 원소를 생산해낸다.
- **모든 별 내부에서** 핵융합 반응에 의해 **최종적으로 생성될 수 있는 원소는 철**이다. 철로 이루어진 중심핵이 만들어지는 단계를 초거성 단계라 한다.

② 초거성 → 초신성 폭발

- 중심부에 철로 이루어진 핵이 만들어지면 더 무거운 원소를 만들기 위해 중심핵은 수축한다. 그러나 철은 별 내부에서 만들 수 있는 원소들 중 가장 안정한 원소이기 때문에 **이보다 더 높은 핵융합을 진행하게 되면 불안정**해진다. 따라서 핵융합을 진행하기 위해 중력 수축을 하는 순간 거대한 폭발이 일어나며 우주 공간으로 흩어지는데 이를 **초신성 폭발**이라 한다.
- **초신성 폭발 과정에서 엄청난 에너지가 방출되는데 이 에너지에 의해 철보다 무거운 원소의 합성이 일어난다**. 폭발로 인해 흩어진 물질들은 초기의 성간 물질과 함께 성운의 일부가 되고 새로운 별을 만드는 재료가 된다.

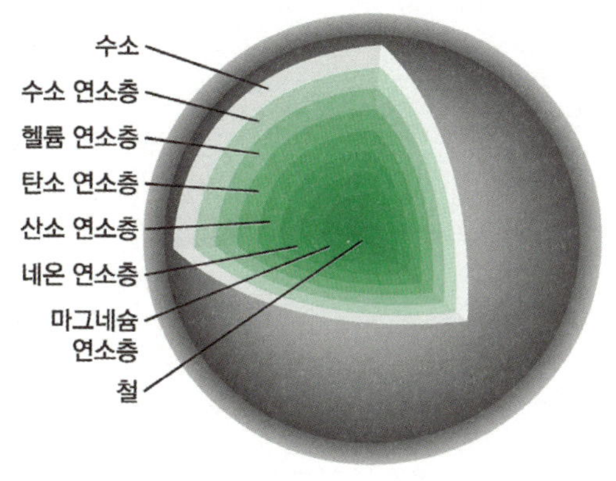

▲ 여러 연소층이 나타나는 초거성의 내부 구조

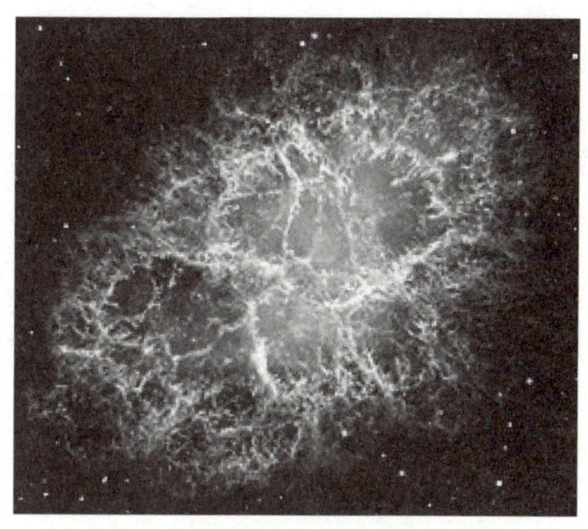

▲ 초신성 폭발

③ 초신성 폭발 → 중성자별, 블랙홀

- 초신성 폭발 이후 남은 중심핵은 고밀도로 수축하게 되는데 **태양 질량의 10배~25배인 별**(숫자를 굳이 외울 필요는 없다. 태양보다 질량이 크다는 것만 알아두자.)은 중성자로 이루어진 **중성자별**이 되어 종말을 맞이한다. 백색 왜성에 비해 질량은 크지만, 반지름은 훨씬 작아 **밀도가 더 크다.** (매우 작은 천체이기 때문에 중성자별의 근접 관측 자료는 존재하지 않는다.)

- **태양 질량의 25배 이상인 별**은 중력이 매우 강해서 빛조차도 빠져나올 수 없는 **블랙홀**이 된다. 빨려 들어간 빛이 탈출하지 못할 정도로 중력이 매우 강해서 보이지 않는다는 뜻의 '블랙'홀로 불린다. 중성자별에 비해서 질량이 크고 반지름은 훨씬 작으므로 **밀도가 매우 큰 천체**이다.

▲ 이론상의 천체였던 블랙홀의 실제 관측 사진

2021학년도 6월 모의평가 지Ⅰ 12번

표는 질량이 서로 다른 별 A~D의 물리적 성질을, 그림은 별 A와 D를 H-R도에 나타낸 것이다. L◉ 는 태양 광도이다.

별	표면 온도(K)	광도(L◉)
A	( )	( )
B	3500	100000
C	20000	10000
D	( )	( )

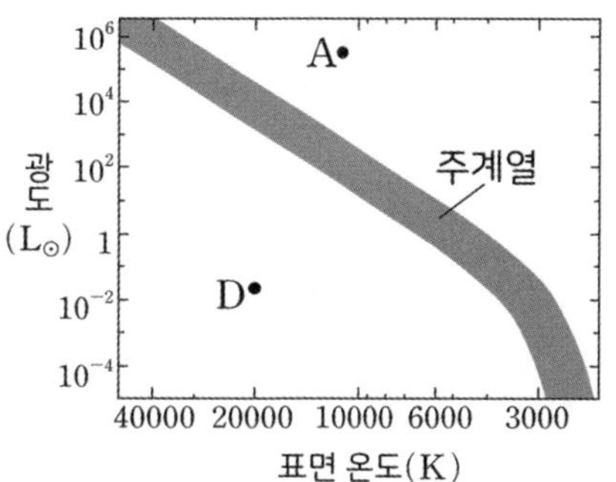

이 자료에 대한 설명으로 옳은 것만을 <보기>에서 있는 대로 고른 것은?

<보 기>

ㄱ. A와 B는 적색 거성이다.

ㄴ. 반지름은 B > C > D이다.

ㄷ. C의 나이는 태양보다 적다.

① ㄱ   ② ㄷ   ③ ㄱ, ㄴ   ④ ㄴ, ㄷ   ⑤ ㄱ, ㄴ, ㄷ

추가로 물어볼 수 있는 선지

1. 분광형이 같을 때 광도가 서로 다른 별들의 스펙트럼에 나타나는 흡수선의 폭은 같다. (O , X)

2. 별의 중심부의 온도는 A와 C 중 A가 높다. (O , X)

3. 별의 중심부의 평균 밀도는 A와 C 중 A가 크다. (O , X)

정답 : 1. (X), 2. (O), 3. (O)

KEY POINT #별의 종류, #거성, #별의 나이

문항의 발문 해석하기

H-R도의 특성을 생각하며 각 별의 종류를 파악할 수 있어야 한다. 태양 광도를 알려주었으니 태양의 표면 온도, 절대 등급을 떠올려 비교할 수 있어야 한다.

문항의 자료 해석하기

별	표면 온도(K)	광도(L⊙)
A	( )	( )
B	3500	100000
C	20000	10000
D	( )	( )

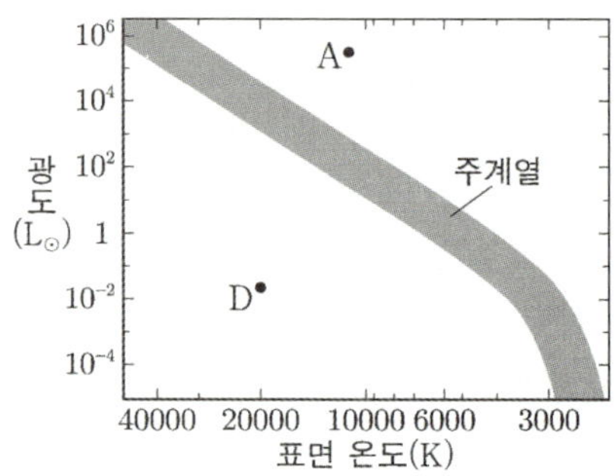

1. 표에는 별 B와 C에 대한 물리량이, H-R도에는 A와 D에 대한 물리량이 나와 있다. H-R도에 나타난 물리량을 표에 적어둘 수 있도록 하자. 또, 표에 나타난 물리량을 H-R도에 적어둘 수 있도록 하자.

2. H-R도에 나타난 별들의 위치를 보면 A와 B는 초거성, C는 주계열성, D는 백색 왜성인 것을 알 수 있다.

선지 판단하기

ㄱ 선지 A와 B는 적색 거성이다. (X)

A는 H-R도 상의 위치로 보아 초거성인 것을 알 수 있고, B는 H-R도 상의 위치와 광도로 보아 초거성인 것을 확인할 수 있다. 따라서 두 별은 모두 초거성이다.
또한, A의 표면 온도는 10000K이므로 별의 색은 적색이 아닌 흰색이다.

ㄴ 선지 반지름은 B 〉 C 〉 D이다. (O)

별의 반지름은 슈테판-볼츠만 법칙을 이용한 광도 계산으로 구할 수 있다. 하지만 별의 종류를 보고 판단할 수도 있는데 B는 초거성, C는 주계열성, D는 백색 왜성이다.
별의 종류에 따른 반지름은 초거성 〉 주계열성 〉 백색 왜성이므로 맞는 선지이다.

ㄷ 선지 C의 나이는 태양보다 적다. (O)

C는 주계열성이다. 이때, 표면 온도와 광도를 보고 태양보다 질량이 매우 큰 주계열성임을 알 수 있다. 따라서 C는 태양보다 진화 속도가 빠른 별이므로 같은 주계열성일 때 태양보다 나이가 적다는 것을 알 수 있다.

기출문항에서 가져가야 할 부분

1. H-R도에 별들의 위치를 나타내보기

2. 주계열성의 특징 암기하기
   ex. 주계열성은 질량이 클수록 표면 온도, 광도, 반지름 등이 크다. 그러나 수명은 짧다.

3. 별의 질량과 수명 관계 이해하기

기출 문제로 알아보는 유형별 정리

[H-R도와 별의 물리량]

1 H-R도

① H-R도를 보고 별의 종류를 찾자. 　　　　　　　　　　2020년 3월 학력평가 12번

그림은 H-R도에 별 (가)~(라)를 나타낸 것이다.

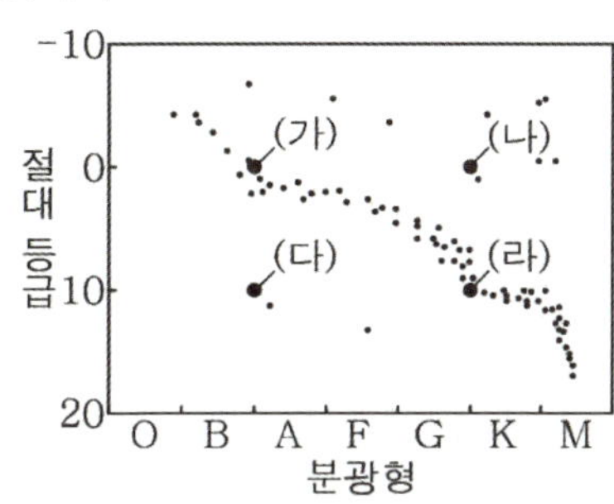

ㄱ. 별의 평균 밀도는 (가)가 (나)보다 크다. (O)

- H-R도에서 (가)와 (라)는 주계열성, (나)는 거성, (다)는 백색 왜성이다. 이때 **별의 평균 밀도는 백색 왜성 > 주계열성 > 거성 > 초거성**이므로 주계열성인 (가)가 거성인 (나)보다 크다.

- 이처럼 H-R도에 나타난 별의 위치를 보고 별의 종류를 찾을 수 있어야 한다. 반드시 암기하도록 하자.

② 표면 온도? 중심 온도? 　　　　　　　　　　지Ⅱ 2019학년도 수능 13번

그림은 같은 성단의 별 a~d를 H-R도에 나타낸 것이다.

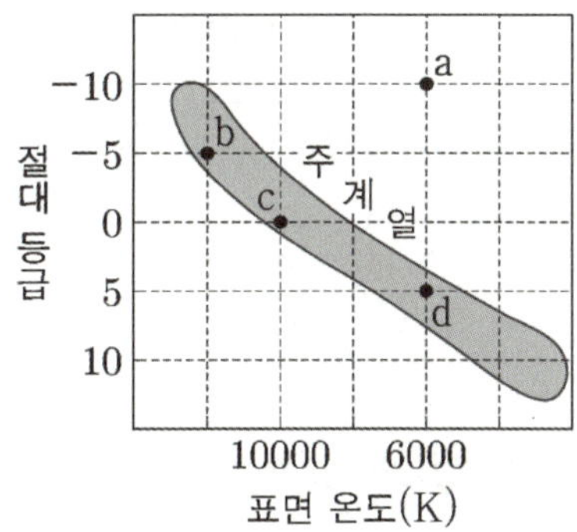

ㄴ. 중심 온도가 가장 높은 별은 b이다. (X)

- H-R도에 나타난 별의 물리량은 표면 온도, 광도와 관련된 물리량만 알 수 있다. 이때, 별의 표면 온도는 b에서 가장 높게 나타난다.
  그러나 a는 초거성, b는 주계열성이므로 중심부의 온도는 a가 가장 높게 나타난다.

- **주계열성의 중심부에서는 수소 핵융합 반응을** 하고 **초거성의 중심부에서는 수소 핵융합 반응보다 더 높은 단계의 핵융합을 진행할 것이다.** 따라서 중심부의 온도는 초거성인 a가 높은 것이다.

- **표면 온도와 중심 온도는 전혀 다른 것임을 이해할 수 있어야 한다.**

① 별의 종류와 광도 계급　　　　　　　　　　　　　　2020년 10월 학력평가 16번

표는 별 ㉠~㉣의 절대 등급과 분광형을 나타낸 것이다. ㉠~㉣ 중 주계열성은 2개, 백색 왜성과 초거성은 각각 1개이다.

별	절대 등급	분광형
㉠	+12.2	B1
㉡	+1.5	A1
㉢	-1.5	B4
㉣	-7.8	B8

ㄷ. 광도 계급의 숫자는 ㉡이 ㉣보다 크다. (O)

- 별의 종류를 구분하기 위해서는 태양과 비교하자.

  ㉠은 태양보다 광도가 작고 표면 온도가 높으므로 백색 왜성이다. ㉡은 태양보다 광도가 크고 표면 온도가 높으므로 주계열성이다. ㉢은 태양보다 광도가 크고 표면 온도가 높으므로 주계열성이다. ㉣은 태양보다 광도가 훨씬 크고 표면 온도가 높으므로 초거성이다.

  이때, 광도 계급은 **초거성이 Ⅰ, 거성이 Ⅲ, 주계열성이 Ⅴ, 백색 왜성이 Ⅶ**이다.

  따라서 광도 계급의 숫자는 주계열성인 ㉡이 초거성인 ㉣보다 크다.

- 이처럼 별의 물리량을 보고 별의 종류를 판단할 수 있어야 한다. 또한, 별의 종류에 따른 광도 계급도 암기할 수 있도록 하자.

② H-R도에 직접 나타내보기　　　　　　　　　　　　2021학년도 수능 9번

표는 별 (가), (나), (다)의 분광형과 절대 등급을 나타낸 것이다.

별	분광형	절대 등급
(가)	G	0.0
(나)	A	+1.0
(다)	K	+8.0

ㄱ. (가)의 중심핵에서는 주로 양성자 · 양성자 반응(p-p 반응)이 일어난다. (X)

- (가), (나), (다)의 별을 H-R도에 나타내어 별의 종류를 찾아보자. (가)는 태양과 분광형이 같지만 광도가 더 크므로 거성이다. 거성은 중심핵에서 p-p 반응이 일어나지 않는다.
- 오른쪽 그림과 같이 별의 물리량을 보고 H-R도에 표시해보는 연습을 하자. 이때 **항상 태양의 위치를 고정해두고 다른 별을 찾을 수 있도록 하자.**
- 태양의 **표면 온도는 약 5800 K**(G형), **절대 등급은 +4.8**이다.

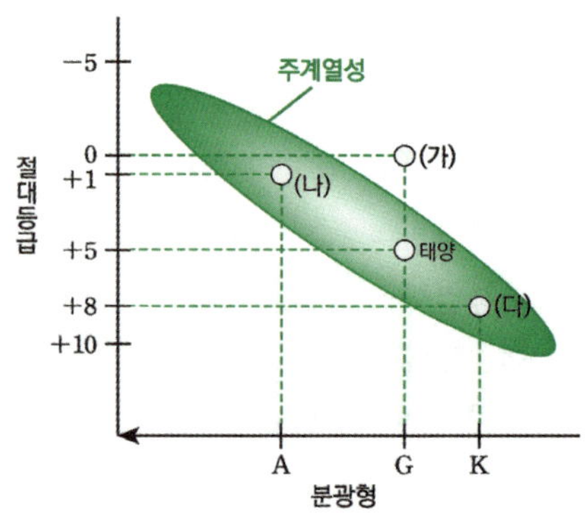

표는 별 S_1~S_6의 광도 계급, 분광형, 절대 등급을 나타낸 것이다. (가)와 (나)는 각각 광도 계급 Ib(초거성)와 V (주계열성) 중 하나이다.

별	광도 계급	분광형	절대 등급
S_1		A0	(㉠)
S_2	(가)	K2	(㉡)
S_3		M1	−5.2
S_4		A0	(㉢)
S_5	(나)	K2	(㉣)
S_6		M1	9.4

ㄷ. |㉠ − ㉢| 〈 |㉡ − ㉣| 이다. (O)

- S_3와 S_6의 광도를 비교할 때, S_3의 광도가 매우 크므로 (가)가 초거성이라는 것을 알 수 있다.

  오른쪽 그림과 같이 H−R도를 떠올려보면 초거성의 절대 등급은 표면 온도에 상관없이 비슷한 것을 알 수 있다.

  그러나 주계열성은 표면 온도가 낮을수록 광도가 작아지므로 |㉠ − ㉢| 〈 |㉡ − ㉣| 이다.

- **초거성의 광도는 표면 온도와 상관없이 비슷**하다는 것을 반드시 알아두자.

- **분광형이 같은 초거성과 주계열성의 광도 차이는 표면 온도가 낮을수록 많이 난다.**

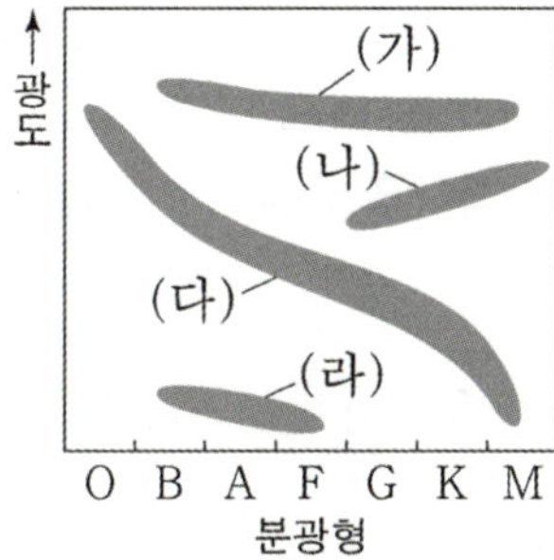

▲ H−R도

(2024학년도 9월 모의고사 2번)

①-1 주계열성끼리는 물리량이 비례해야 한다.　　　　　　　　　　2022년 7월 학력평가 13번

표는 별 A ~ D의 특징을 나타낸 것이다. A ~ D 중 주계열성은 3개이다.

별	광도(태양=1)	표면 온도(K)
A	20000	25000
B	0.01	11000
C	1	5500
D	0.0017	3000

ㄷ. 별의 평균 밀도가 가장 큰 것은 D이다. (X)

- A는 태양보다 광도와 표면 온도의 값이 크므로 주계열성이다. C는 광도가 태양과 같고 표면 온도 또한 태양과 유사하므로 주계열성이다. D는 태양보다 광도와 표면 온도 값이 작으므로 주계열성이다.
  그러나 B는 태양보다 광도가 작지만 표면 온도가 높다. 따라서 주계열성이 아닌 **백색 왜성**이다.
  주계열성보다 백색 왜성의 반지름이 더 작으므로 백색 왜성의 평균 밀도가 더 크다.
- 이처럼 태양과 물리량을 비교하여 주계열성을 찾을 수 있어야 한다. **주계열성끼리는 질량과 광도, 표면 온도, 반지름은 비례하고 수명은 반비례한다는 것을 반드시 기억하자.**

①-2 주계열성끼리는 물리량이 비례해야 한다.　　　　　　　　　2022학년도 6월 모의평가 17번

그림 (가)는 별의 질량에 따라 주계열 단계에 도달하였을 때의 광도와 이 단계에 머무는 시간을, (나)는 주계열성을 H-R도에 나타낸 것이다. A와 B는 각각 광도와 시간 중 하나이다.

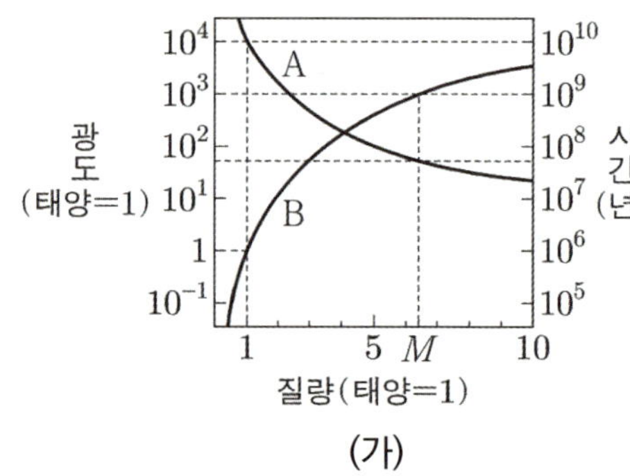

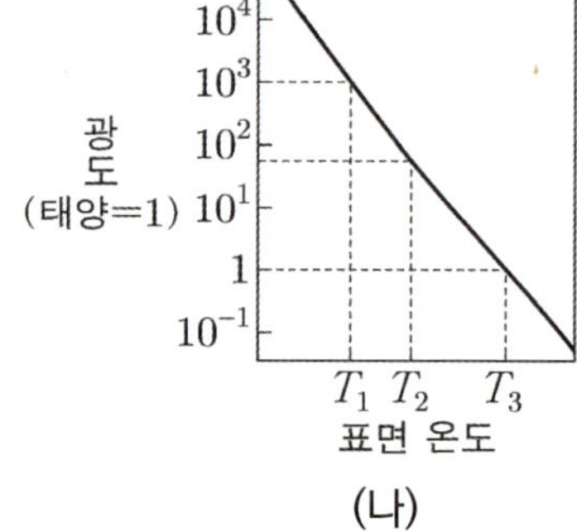

ㄱ. B는 광도이다. (O)

- (가) 자료를 보면 질량이 커질수록 A는 감소하고 B는 증가하고 있다. 주계열성은 질량이 커질수록 광도가 증가하므로 B는 광도이다.
- 위 자료와 같이 '**주계열성**'이라는 단어가 나오면 머릿속으로 바로 '주계열성은 **질량, 광도, 표면 온도, 반지름은 비례하고 수명은 반비례한다.**'라는 내용을 떠올릴 수 있어야 한다.
- 자료를 해석해보면 (가)의 A는 주계열 단계에 머무르는 시간 즉, 수명을 이야기하는 것이고, (나) 자료에서는 광도가 커질수록 표면 온도는 증가해야 하므로 $T_1 > T_2 > T_3$이다.

표는 주계열성 A, B의 물리량을 나타낸 것이다.

주계열성	광도(태양=1)	질량(태양=1)	예상 수명(억 년)
A	1	1	100
B	80	3	X

ㄷ. 중심핵의 단위 시간당 질량 감소량은 A가 B보다 많다. (X)

- A는 광도와 질량이 태양과 같은 주계열성이고 B는 태양보다 질량이 큰 주계열성이다.
  주계열성의 질량이 클수록 중심핵에서 핵융합에 의해 소모되는 수소의 양은 증가한다. 이때, **핵융합 과정에서 질량 결손이 발생**하므로 질량이 큰 B가 단위 시간당 질량 감소량이 더 크다.
- **질량이 크면 클수록 중심부의 온도는 높아 수소를 소모하여 더 많은 에너지를 생산한다.**
  따라서 주계열 단계에서는 질량이 클수록 수소의 양이 빨리 바닥나 수명이 짧은 것이다.

추가로 물어볼 수 있는 선지 해설

1. 분광형이 같을 때 광도가 클수록 스펙트럼에 나타나는 흡수선의 폭이 좁아진다.
2. A는 초거성, C는 주계열성이다. 표면 온도는 C가 크지만 중심부의 온도는 수소 핵융합보다 더 높은 단계의 반응을 하고 있는 초거성인 A가 더 높을 것이다.
3. A는 초거성, C는 주계열성이다. 별의 평균 밀도는 반지름이 더 큰 초거성이 작지만, 중심부의 밀도는 중심부의 수축이 더 많이 일어난 초거성이 크다.

memo

2021학년도 수능 지Ⅰ 16번

그림은 주계열성 A와 B가 각각 A′와 B′로 진화하는 경로를 H-R도에 나타낸 것이다. B는 태양이다.

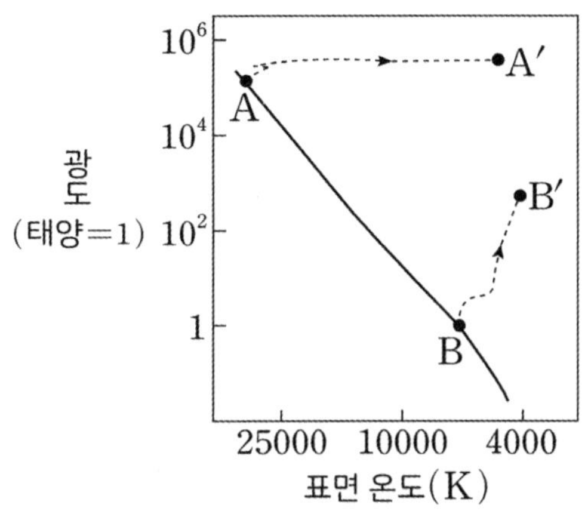

이에 대한 설명으로 옳은 것만을 <보기>에서 있는 대로 고른 것은?

─────── <보　기> ───────

ㄱ. A가 A′로 진화하는 데 걸리는 시간은 B가 B′로 진화하는 데 걸리는 시간보다 짧다.

ㄴ. B와 B′의 중심핵은 모두 탄소를 포함한다.

ㄷ. A는 B보다 최종 진화 단계에서의 밀도가 크다.

① ㄱ　　　　② ㄷ　　　　③ ㄱ, ㄴ　　　　④ ㄴ, ㄷ　　　　⑤ ㄱ, ㄴ, ㄷ

추가로 물어볼 수 있는 선지

1. $\dfrac{A′의\ 반지름}{A의\ 반지름} > \dfrac{B′의\ 반지름}{B의\ 반지름}$ 이다. (O , X)

2. A′과 B′의 내부에서는 수소 핵융합 반응이 일어나지 않는다. (O , X)

3. 별의 나이는 A′이 B′보다 적다. (O , X)

정답 : 1. (O), 2. (X), 3. (O)

02 2021학년도 수능 지Ⅰ 16번

KEY POINT #주계열성, #별에 포함된 원소, #최종 진화 단계

문항의 발문 해석하기

주계열성의 특징을 생각하여 물리량을 비교할 수 있어야 한다. H−R도에 태양의 위치를 표시할 수 있어야 한다.

문항의 자료 해석하기

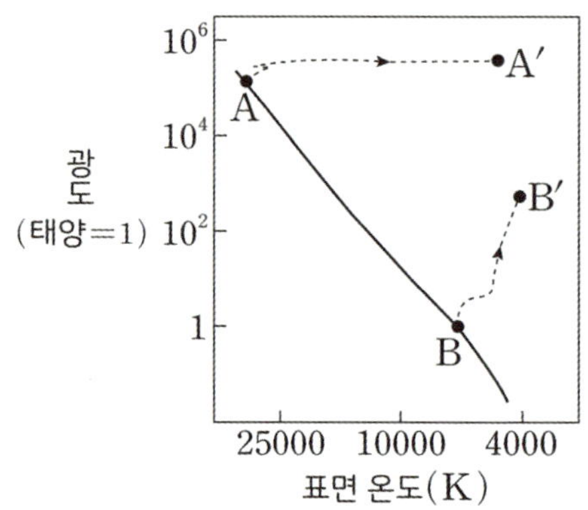

1. 질량이 다른 주계열성의 진화 경로를 나타내주고 있다. 이때, A는 B보다 질량이 큰 주계열성이라는 것을 알 수 있다. 또한, B는 태양이므로 관련된 물리량을 태양과 비교할 수 있도록 하자.
   질량이 태양보다 큰 A는 초거성으로 진화하고, 태양인 B는 거성으로 진화하고 있다.

선지 판단하기

ㄱ 선지 A가 A′로 진화하는 데 걸리는 시간은 B가 B′로 진화하는 데 걸리는 시간보다 짧다. (O)

　　A는 태양보다 질량이 큰 별이다. 따라서 A는 B보다 진화 속도가 빠르므로 진화하는데 걸리는 시간이 더 짧다.

ㄴ 선지 B와 B′의 중심핵은 모두 탄소를 포함한다. (O)

　　B는 별의 중심부에서 수소 핵융합을 하는 주계열성, B′은 별의 중심부에서 헬륨 핵반응을 하는 거성이다. 따라서 B′에서는 탄소가 생성되지만, B에서는 탄소가 생성되지 못한다.
　　그러나 B에도 탄소가 포함되어 있다. B는 수소 핵융합의 종류 중 CNO 순환 반응을 하므로 탄소(C)가 포함된 것이다.

ㄷ 선지 A는 B보다 최종 진화 단계에서의 밀도가 크다. (O)

　　A는 태양보다 질량이 큰 주계열성이므로 중성자별 또는 블랙홀로 진화하고, B는 태양이므로 백색 왜성으로 진화한다. 백색 왜성에 비해 반지름이 매우 작은 중성자별이나 빛조차도 빠져나오지 못하는 중력을 가진 블랙홀의 밀도가 더 크다.

기출문항에서 가져가야 할 부분

1. 태양은 주계열 단계에서 탄소를 생성하지 못하지만 포함하고 있음을 이해하기

2. 주계열성의 특징 암기하기
   ex. 주계열성은 질량이 클수록 표면 온도, 광도, 반지름 등이 크다. 그러나 수명은 짧다.

3. 별의 최종 진화 단계에서의 밀도는 블랙홀 〉 중성자별 〉 백색 왜성임을 암기하기

기출 문제로 알아보는 유형별 정리

[별의 진화]

1 원시별에서 주계열성

① 원시별 단계에서 변화하는 물리량　　　　　　　　　　　　　　2023학년도 수능 13번

　그림은 질량이 태양 정도인 어느 별이 원시별에서 주계열 단계 전까지 진화하는 동안의 반지름과 광도 변화를 나타낸 것이다. A, B, C는 이 원시별이 진화하는 동안의 서로 다른 시기이다.

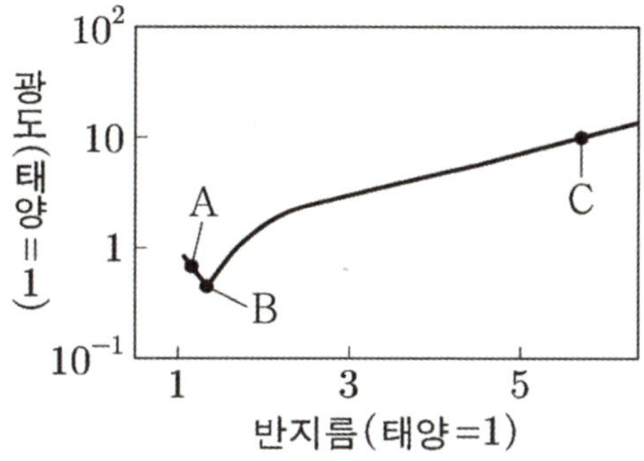

ㄱ. 평균 밀도는 C가 A보다 작다. (O)

- 원시별은 주계열 단계에 도달하기 위해 중력 수축을 하며 중심부의 온도를 높인다. 따라서 시간에 따른 원시별의 순서는 C → B → A이다. 반지름이 더 큰 C의 평균 밀도가 더 작을 것이다.
- **원시별이 진화하는 과정에서 반지름과 광도는 감소하고 표면 온도는 증가한다**는 사실을 기억하자.

② 질량과 진화 속도　　　　　　　　　　　　　　　　　2020년 7월 학력평가 15번

　그림은 주계열성 A, B, C가 원시별에서 주계열성이 되기까지의 경로를 H-R도에 나타낸 것이다.

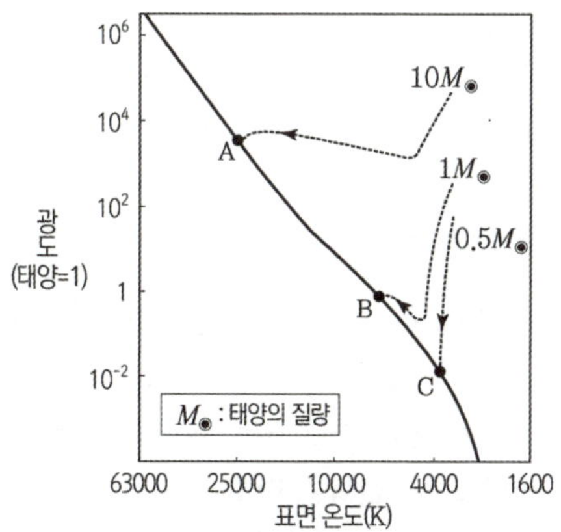

ㄱ. 주계열성이 되는 데 걸리는 시간은 A가 B보다 길다. (X)

- A는 B보다 원시별일 때의 질량이 더 크다. **질량이 큰 원시별일수록 중력이 강해 원시별이 더 빠르게 수축하여 중심부의 온도를 올리므로 주계열성이 되는 데 걸리는 시간이 줄어든다.** 따라서 A가 B보다 짧다.
- 이처럼 질량이 큰 원시별일수록 주계열 단계에 빨리 도달한다는 사실을 기억하자. 또한, **질량이 큰 원시별일수록 가로 방향으로 진화, 질량이 작은 원시별일수록 세로 방향으로 진화**한다는 사실도 기억하자.

① 질량에 따른 별의 진화 과정　　　　　　　　　　　지Ⅱ 2018년 7월 학력평가 10번

그림은 별의 진화 과정을 나타낸 것이다.

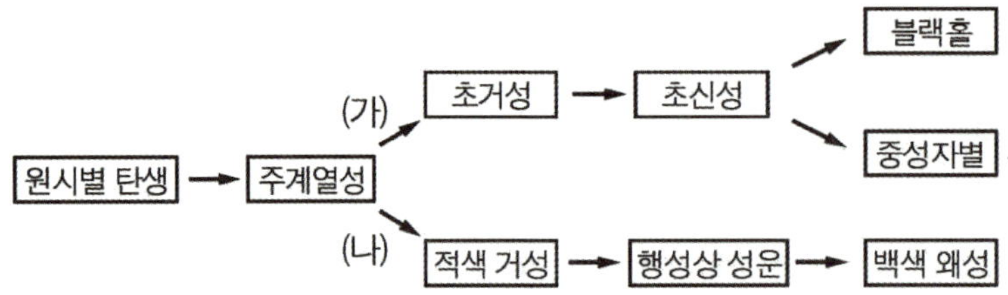

ㄴ. 태양 정도의 질량인 별은 (가) 과정을 따라 진화한다. (X)

- 태양은 주계열성 중 질량이 그렇게 크지 않은 편에 속한다. 따라서 질량이 작은 별의 진화 과정인 (나) 과정을 따라 진화한다.

- 위 자료와 같이 별의 진화 순서는 반드시 암기하고 있어야 한다.
  질량이 작은 주계열성은 (나) 과정으로 진화한다.
  질량이 큰 주계열성은 (가) 과정으로 진화한다.

② 거성으로의 진화 중 광도 변화량　　　　　　　　　　　2021년 7월 학력평가 13번

그림은 주계열성 A와 B가 각각 거성 A′와 B′로 진화하는 경로의 일부를 H-R도에 나타낸 것이다.

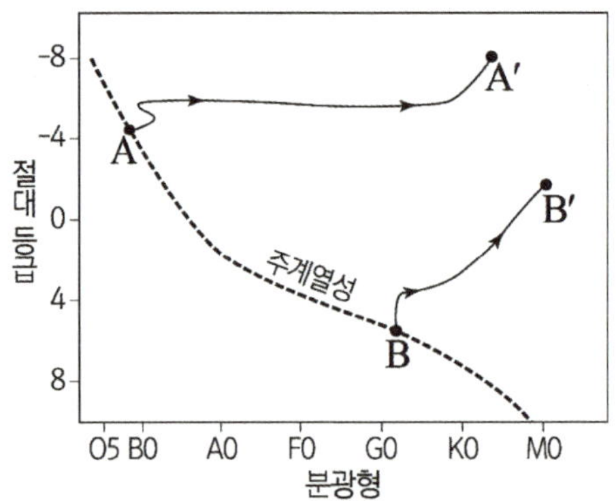

ㄴ. 절대 등급의 변화량은 A가 A′로 진화했을 때가 B가 B′로 진화했을 때보다 크다. (X)

- 대략 A에서 A′으로 진화할 때는 −4등급에서 −8등급이 되었고, B에서 B′으로 진화할 때는 6등급에서 −2등급이 되었다. 따라서 절대 등급의 변화량은 B가 B′으로 진화했을 때가 더 크다.

- **A는 질량이 큰 주계열성이므로 초거성으로 진화**하고 B는 **질량이 작은 주계열성이므로 거성으로 진화**한다. 이때 **A는 가로 방향으로 진화, B는 세로 방향으로 진화**를 하고 있으므로 절대 등급 변화량은 질량이 작은 주계열성인 B가 더 큰 것이다.

- 만약 위 문제에서 **광도의 변화량을 물어봤다면 A의 변화량이 더 크다.** 각각의 별의 절대 등급을 광도로 표현해보자.
  6등급인 별의 광도를 1이라 하면 −2등급은 약 1600, −4등급은 10000, −8등급은 약 400000이다.
  따라서 B는 진화하면서 1599만큼 광도가 증가했지만, A는 진화하면서 390000만큼 광도가 증가했다.
  이처럼 절대 등급의 변화량과 광도의 변화량은 차이가 있다는 사실을 함께 기억하자.

① 질량에 따른 별의 진화 과정   지Ⅱ 2014학년도 9월 모의평가 14번

표는 주계열성 (가), (나), (다)의 질량(M)과 최종 진화 단계를 나타낸 것이다.

주계열성	질량(태양=1)	최종 진화 단계
(가)	$0.26 \leq M \leq 1.5$	A
(나)	$8 \leq M < 25$	중성자별
(다)	$M \geq 25$	블랙홀

ㄷ. A는 백색 왜성이다. (O)

- (가)는 태양 질량의 0.26배에서 1.5배 사이의 별인 것을 알 수 있다. **태양 정도인 질량의 별의 최종 진화 단계는 백색 왜성**이므로 A는 백색 왜성이다.

- 이처럼 별의 질량에 따른 진화 과정을 이해할 수 있어야 한다. 위 자료는 별의 전체 질량에 따른 별의 최종 진화 단계이고, **중심핵의 질량에 따른 별의 최종 진화 단계**도 아래 표를 통해 알아두자.

별의 중심핵 질량(태양=1)	별의 최종 진화 단계
$M < 1.4$	백색 왜성
$1.4 < M < 3$	중성자별
$M > 3$	블랙홀

추가로 물어볼 수 있는 선지 해설

1. A는 초거성으로, B는 적색 거성으로 진화를 한다. 이때 주계열 단계보다 반지름이 훨씬 더 커지는 것은 초거성이므로 $\dfrac{A'의\ 반지름}{A의\ 반지름} > \dfrac{B'의\ 반지름}{B의\ 반지름}$ 이다.

2. A'과 B'은 모두 주계열 단계를 벗어났으므로 중심부에서 수소 핵융합 반응은 일어나지 않는다. 그러나 중심부 주변에서 수소각 연소가 일어나므로 수소 핵융합 반응은 일어난다.

3. 주계열성인 A와 B 중 질량이 큰 별은 A이다. 따라서 주계열성의 특징에 따라 진화 속도가 빠른 A의 수명은 짧다. 따라서 별의 나이는 A'이 B'보다 적다.

별의 에너지원과 내부 구조 – 별의 에너지원

1. 원시별의 에너지원

별이 에너지를 생산하는 과정은 진화 단계에 따라서 달라진다.

① 원시별의 에너지원은 **중력 수축 에너지**이다. 성간 물질이 중력에 의해 수축하면서 위치에너지의 감소로 에너지가 방출되는데 일부는 복사 에너지로 방출되고, 나머지는 원시별 내부의 온도를 높이는 데 사용된다. 중력 수축 에너지는 별이 만들어지는 초기 단계에서 **핵융합이 일어날 수 있을 때까지 내부 온도를 높이는 데 사용**되는 매우 중요한 에너지원이다.

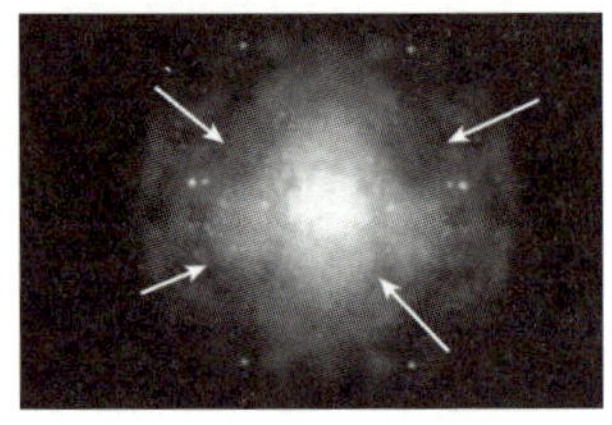

▲ 성운의 수축

▲ 원시별의 형성

▲ 내부의 밀도와 온도 상승

2. 주계열성의 에너지원

① 태양이 만들어내는 중력 수축 에너지로 현재의 태양 광도에 도달하기 위해 방출하는 에너지양은 현재 태양 광도와 비교했을 때 약 1600만 년 동안 방출한 양에 해당한다. 태양의 나이는 46억 년이므로 중력 수축 에너지만으로는 현재 태양이 방출하는 에너지의 양을 설명할 수 없다. (태양의 수명은 약 100억 년이다.)

② **주계열성**의 주된 **에너지원**은 **수소 핵융합 반응**이다. **온도가 1000만 K 이상인 주계열성의 중심부에서 일어난다.** 4개의 수소 원자핵이 융합하여 1개의 헬륨 원자핵을 만드는 반응으로, 핵융합 반응에서 0.7%만큼의 질량 결손이 발생하는데 질량-에너지 등가 원리에 의해 줄어든 질량만큼 에너지로 전환된다.

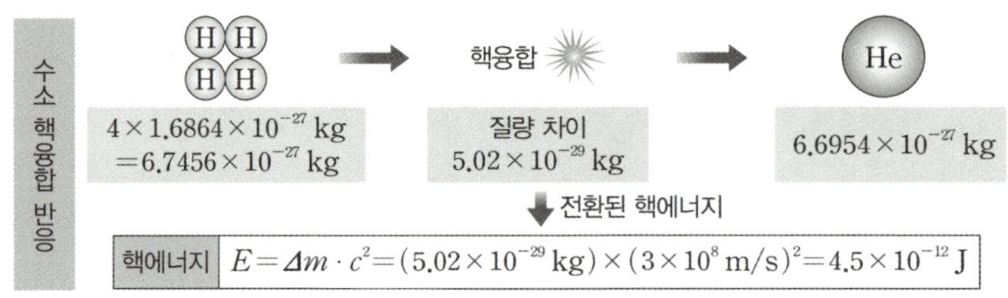

▲ 수소 핵융합 반응의 원리

③ 수소 핵융합 반응이 일어나기 위해서는 (+)전하를 띠는 수소 원자핵 사이의 강한 전기적 반발력을 이길 수 있는 충분한 에너지가 필요하므로 별 내부 온도가 1000만 K 이상이 되어야 한다.

주계열성에서 일어나는 수소 핵융합 반응의 종류로는 크게 두 가지가 있는데 **양성자-양성자 반응(p-p 반응)과 탄소-질소-산소 순환 반응(CNO 순환 반응)**이 있다.

구분	양성자-양성자 반응(p-p반응)	탄소-질소-산소 순환 반응(CNO 순환 반응)
특징	• 질량이 태양과 비슷하여 중심부 온도가 1800만 K 이하인 별에서 우세하게 일어난다.	• 질량이 태양보다 커 중심부 온도가 1800만 K 이상인 별에서 우세하게 일어난다.
반응 과정	• 수소 원자핵 6개가 충돌하여 1개의 헬륨 원자핵이 생성되고 2개의 수소 원자핵이 방출된다.	• 수소 원자핵 4개가 반응에 참여하여 헬륨 원자핵이 만들어진다. **탄소, 산소, 질소는 촉매 역할만 한다.**

④ **태양 중심핵의 온도는 약 1500만 K이다.** 따라서 p-p반응이 우세하다. 그러나 CNO 순환 반응이 일어나지 않는 것은 아니다. **두 반응 모두 일어나지만 단지 p-p 반응이 우세한 것이다.**

핵의 온도가 높아질수록 p-p 반응, CNO 순환 반응으로 생성되는 에너지의 양은 급격하게 많아진다. 따라서 **온도가 높은 주계열성에서는 수소 소모량이 커 수명이 짧아지는 것**이다.

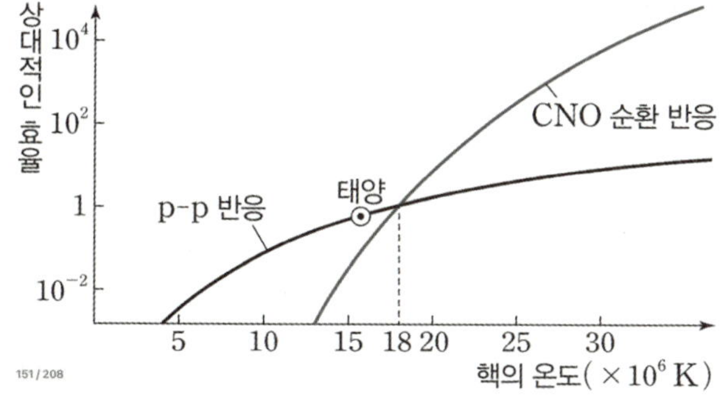

중심핵의 온도가 약 **1800만 K을 경계로 우세한 반응이 달라진다.**

온도가 높으면 CNO 순환 반응이, 온도가 낮으면 p-p 반응이 우세하다.

⑤ **태양의 수명 계산 방법**

• 핵융합 반응에 참여한 수소의 질량($4 \times 1.6864 \times 10^{-27}$kg)에 대한 질량 결손 비율은 다음과 같다.

$$\Rightarrow \frac{(4 \times 1.6864 \times 10^{-27}\text{kg}) - (6.6954 \times 10^{-27}\text{kg})}{4 \times 1.6864 \times 10^{-27}\text{kg}} \times 100 = \frac{5.02 \times 10^{-29}\text{kg}}{6.7456 \times 10^{-27}\text{kg}} \times 100 ≒ 0.7\%$$

• 태양의 질량(2×10^{30}kg)중 수소 핵융합 반응에 참여하는 중심핵의 질량을 전체의 10%라 할 때, 태양이 수소 핵융합 반응으로 방출할 수 있는 총 에너지는 다음과 같다.

$$\Rightarrow E = \Delta mc^2 = (2 \times 10^{30}\text{kg}) \times 0.1 \times 0.007 \times (3 \times 10^8 \text{m/s})^2 = 1.26 \times 10^{44}\text{J}$$

• 태양의 수명을 구한다. 수소 핵융합 반응으로 방출할 수 있는 에너지를 현재 태양의 광도인 4×10^{26}J/초로 나누면 3.15×10^{17}초가 되는데 이를 계산하면 약 100억년이다.

현재 태양의 나이는 약 50억 년이므로 남은 50억 년 동안 태양은 현재의 광도로 빛날 것이다.

주계열성의 중심핵에서는 수소 핵융합 반응으로 인해 시간이 지나면서 수소의 비율은 줄어들고 헬륨의 비율은 증가하고 있다. 이때, 아래 자료에서 중심핵이라고 부를 수 있는 지역은 중심으로부터의 거리에서 수소와 헬륨의 비율이 변화하는 지점까지이다.

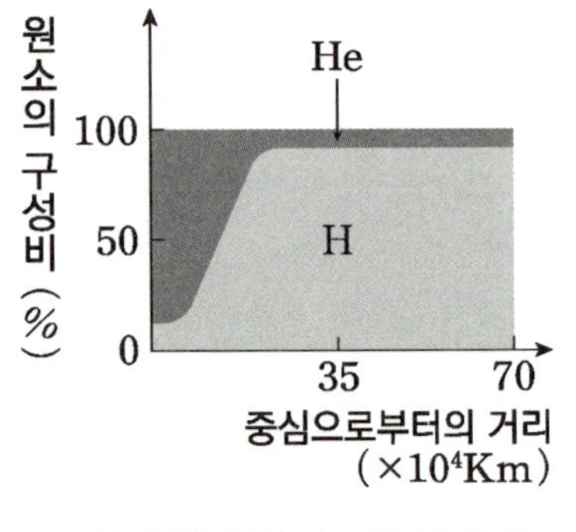

▲ 주계열 단계에 도달한 직후

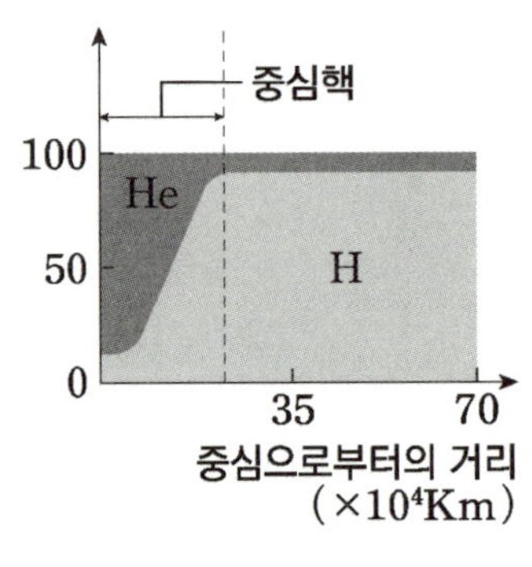

▲ 50억 년 후

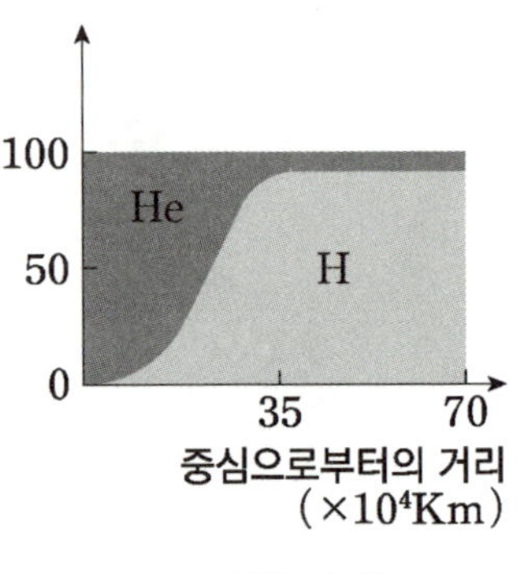

▲ 100억 년 후

질량이 태양과 비슷한 거성의 경우에는 **헬륨 핵융합 반응까지만** 일어날 수 있다. **질량이 훨씬 큰 주계열성**이 진화한 초거성은 중심부 온도가 더 높기 때문에 **계속된 핵융합**으로 네온, 마그네슘, 규소, 철까지 만들어진다.

(1) 헬륨 핵반응 반응

중심부의 온도가 1억 K 이상이 되면 3개의 헬륨 원자핵이 반응하여 1개의 탄소 원자핵을 만드는 헬륨 핵반응이 일어난다. 두 개의 헬륨 원자핵이 핵융합하여 베릴륨 원자핵을 만들고 다시 헬륨 원자핵과 반응하여 탄소 원자핵을 만든다.

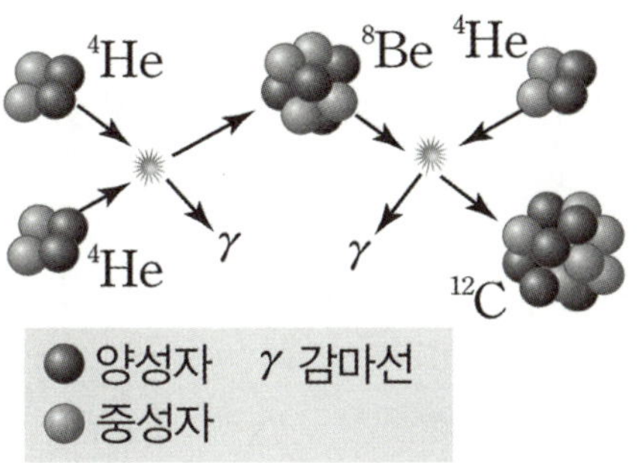

(2) 더 무거운 원소의 핵융합 반응

질량이 큰 별은 더 높은 에너지를 생산할 수 있으므로 중심부의 온도가 더 높아 헬륨보다 무거운 원소들의 핵융합 반응이 일어날 수 있다. 별의 질량이 클수록 중심부에서는 헬륨 이후에 탄소, 산소, 네온, 마그네슘, 규소 등의 핵융합 반응이 순차적으로 일어나고 **최종적으로 철이 만들어진다.**

핵융합 반응의 순서 : H→He→C→ … →Fe(철은 핵융합 X)

핵융합 반응	주 연료	주요 생성물	반응 온도
수소 핵융합	수소(H)	헬륨(He)	1×10^7K 이상
헬륨 핵융합	헬륨(He)	탄소(C)	1×10^8K 이상
탄소 핵융합	탄소(C)	산소(O), 네온(Ne), 나트륨(Na), 마그네슘(Mg)	8×10^8K
네온 핵융합	네온(Ne)	산소(O), 마그네슘(Mg)	1.5×10^9K
산소 핵융합	산소(O)	마그네슘(Mg) ~ 황(S)	2×10^9K
규소 핵융합	마그네슘(Mg) ~ 황(S)	철(Fe)	3×10^9K

▲ 별 내부에서 일어나는 주요 핵융합 반응

별의 에너지원과 내부 구조 – 별의 내부 구조

① 별의 중심핵에서 내부 온도가 상승하여 핵융합을 진행하면서 발생하는 에너지에 의해 **바깥쪽으로 팽창하려는 힘**이 작용하는데, 이 힘을 **기체 압력 차에 의한 힘**이라 한다. 우주에서 질량이 있는 모든 물체는 중력을 가지고 있다. 주계열성의 내부에서는 바깥쪽으로 팽창하려는 기체 압력 차에 의한 힘과 중심 쪽으로 수축하려는 중력이 평형을 이루고 있는데 이를 **정역학 평형 상태**라 한다.

② **주계열 단계**에서는 정역학 평형 상태를 유지하기 때문에 **반지름이 일정하게 유지**된다.

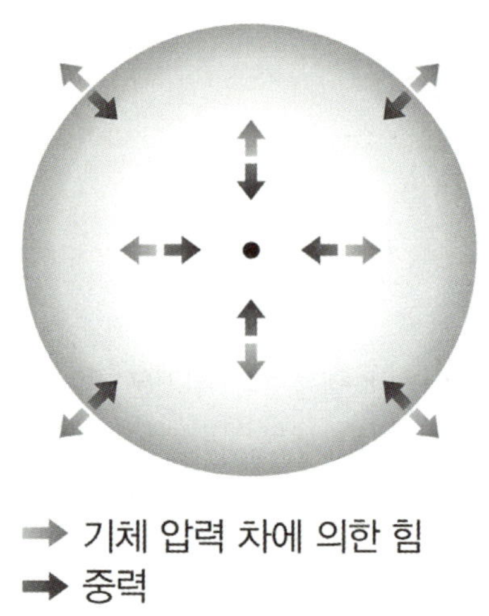

▲ 정역학 평형 상태의 별

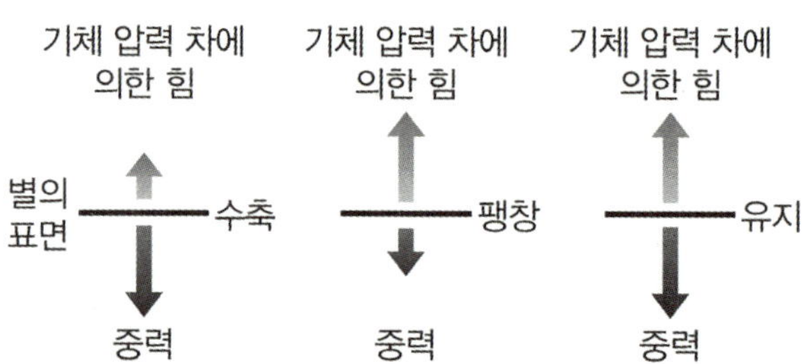

▲ 별의 표면에서 힘과 평형 관계

태양을 포함한 주계열성은 정역학 평형 상태에서 안정적으로 에너지를 생산해낸다. 이때 에너지가 전달되는 방식은 주로 복사와 대류 두 가지 방법으로 나누어진다.

(1) 복사

물질의 이동 없이 에너지가 빛과 같은 **전자기파의 형태로 전달되는 것을 의미한다.** (태양 복사 에너지가 태양 빛을 통해 지구로 전달되는 것과 같다.)

(2) 대류

물질이 직접 이동하거나 순환에 의해 에너지가 전달되는 것을 의미한다. 대류는 별 내부의 온도 차이가 클 때 에너지를 효과적으로 전달한다.

질량이 태양과 비슷한 주계열성	질량이 태양의 2배 이상인 주계열성
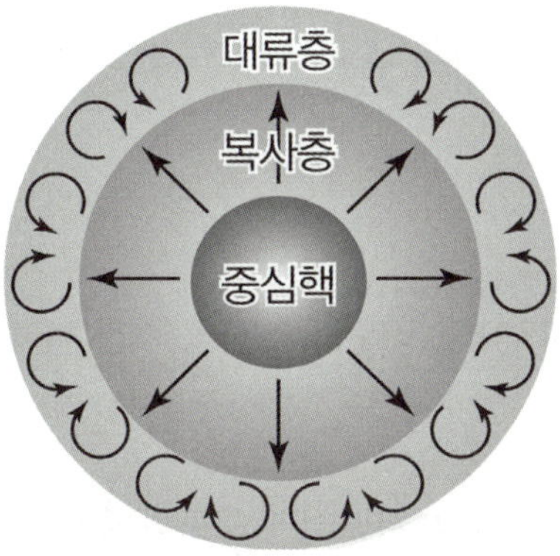	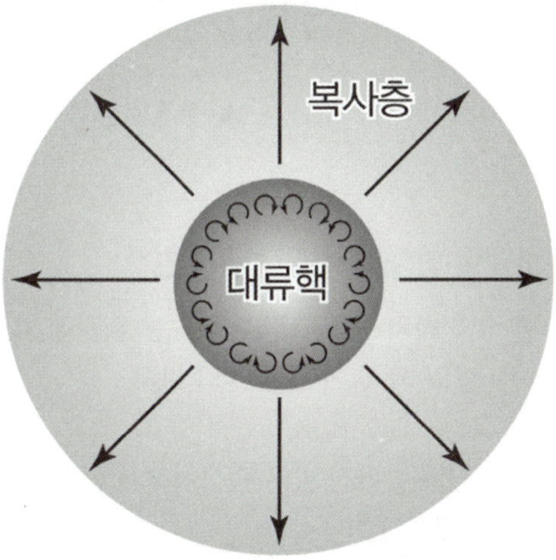
• 중심핵 : 주로 **p-p 반응에 의한 수소 핵융합 반응**이 일어나며 복사가 우세하다. • 복사층 : 중심부에서 생성된 에너지가 복사의 형태로 전달되는 영역으로 중심으로부터 별의 반지름 약 70%에 이르는 거리까지에 해당된다. • 대류층 : 표면 쪽으로 갈수록 온도가 낮아지며 에너지가 대류의 형태로 전달된다.	• 대류핵 : 주로 **CNO 순환 반응에 의한 수소 핵융합 반응**이 일어나며 에너지를 효과적으로 전달하기 위해 대류가 우세하다. • 복사층 : 질량이 작은 별에 비해 별 내부의 온도가 높기 때문에 복사의 형태로 에너지가 전달된다.

3. 거성으로 진화할 때의 내부 구조

주계열성에서 중심부의 수소가 모두 소모되어 **헬륨으로 이루어진 중심핵이 되면 중심부는 수축하기 시작한다.** 이때 별의 중심부가 수축하면서 발생한 열에 의해 중심핵 주변의 온도가 1000만 K 이상이 되면 중심핵 주변에서 수소 핵융합 반응이 발생하게 된다. 이를 수소각 연소 또는, **수소 껍질 연소**라 부르고 **중심핵에서는 질량에 따라 더 높은 단계의 핵융합 반응이 일어나게 된다.**

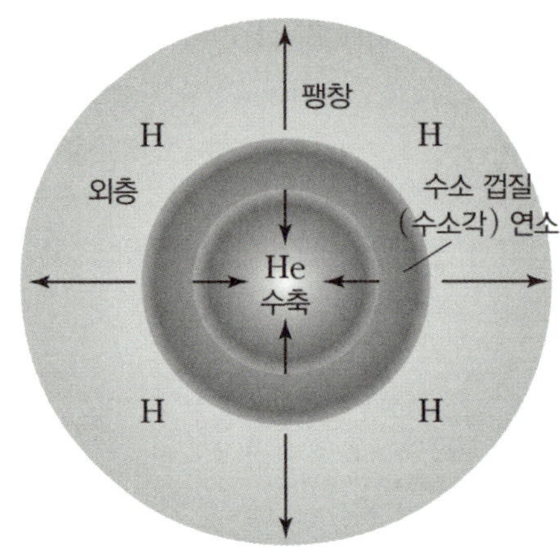

▲ 주계열성 → 거성(초거성)으로 진화할 때의 내부 구조

4. 별의 마지막 단계에서의 내부 구조

별이 최후를 맞이하기 전의 내부 구조는 질량에 따라 다른 모습을 보인다. 태양 정도의 질량을 가진 별과 태양보다 질량이 매우 큰 별의 내부 구조를 살펴보자.

- **태양 정도 질량**을 가진 별은 중심핵에서 **헬륨 핵반응까지만 일어난다.** 핵융합이 끝난 내부 구조의 중심부는 탄소와 소량의 산소가 존재한다.
- **태양보다 매우 큰 질량**을 가진 별은 질량이 매우 크기 때문에 중심부의 온도가 충분히 높아 더 **높은 단계의 핵융합 반응**이 일어나고, 핵융합 반응으로는 최종적으로 철까지 만들어진다.
  (이러한 구조는 양파 껍질같이 겹겹이 쌓여 있기에 양파 껍질과 같은 구조를 이룬다고 한다.)

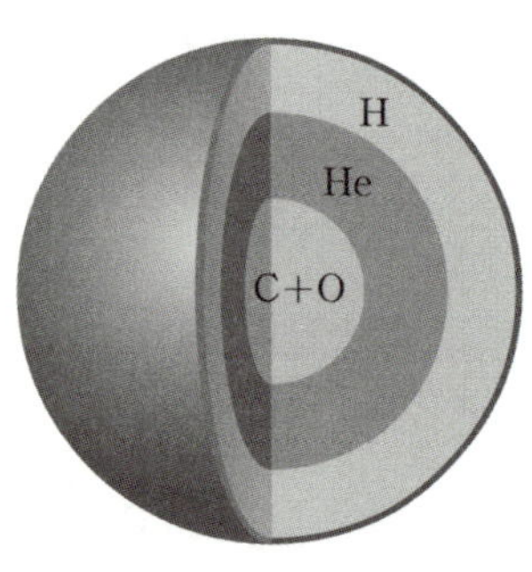

▲ 질량이 태양 정도인 별

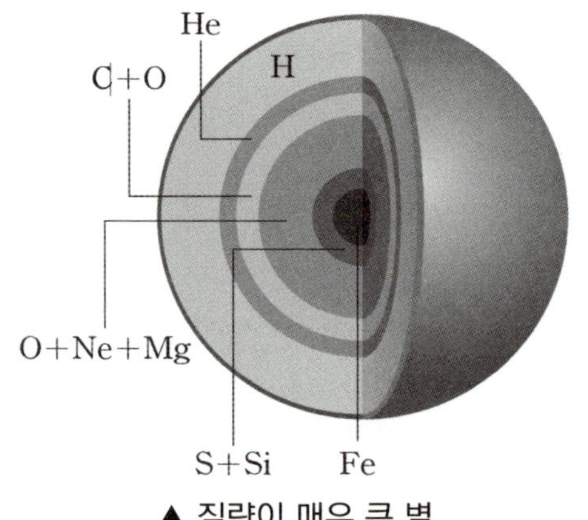

▲ 질량이 매우 큰 별

2021학년도 6월 모의평가 지Ⅰ 19번

그림 (가)와 (나)는 주계열에 속한 별 A와 B에서 우세하게 일어나는 핵융합 반응을 각각 나타낸 것이다.

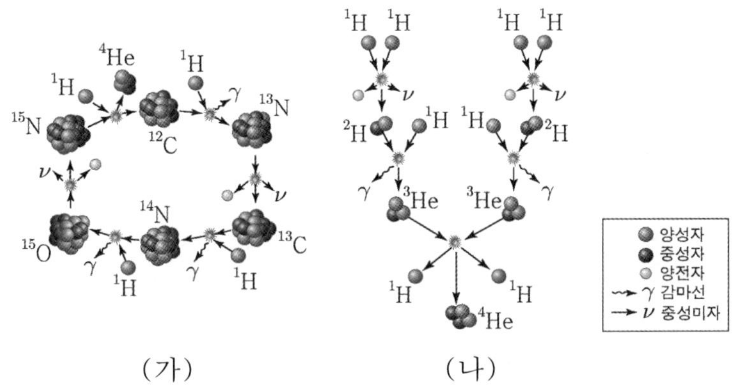

(가)   (나)

이에 대한 설명으로 옳은 것만을 <보기>에서 있는 대로 고른 것은?

<보 기>

ㄱ. 별의 내부 온도는 A가 B보다 높다.

ㄴ. (가)에서 ^{12}C는 촉매이다.

ㄷ. (가)와 (나)에 의해 별의 질량은 감소한다.

① ㄱ   ② ㄷ   ③ ㄱ, ㄴ   ④ ㄴ, ㄷ   ⑤ ㄱ, ㄴ, ㄷ

추가로 물어볼 수 있는 선지

1. 태양의 중심부 온도는 약 2000만 K 이므로 p-p 반응이 우세하다. (O , X)

2. CNO 순환 반응의 평균 온도는 헬륨 핵반응 반응의 평균 온도보다 높다. (O , X)

3. 태양보다 질량이 큰 주계열성에서 CNO 순환 반응으로 만들어지는 에너지의 양은 태양에서보다 크다. (O , X)

정답 : 1. (X), 2. (X), 3. (O)

01 2021학년도 6월 모의평가 지Ⅰ 19번

 #수소 핵융합 반응의 종류, #촉매, #내부 온도

문항의 발문 해석하기

주계열 단계에서 일어나는 핵융합 반응은 수소 핵융합 반응이고, 수소 핵융합 반응의 종류는 p-p 반응과 CNO 순환 반응이 있음을 떠올려야 한다. 또한, 질량에 따라 우세한 반응이 달라지는 것을 알 수 있어야 한다.

문항의 자료 해석하기

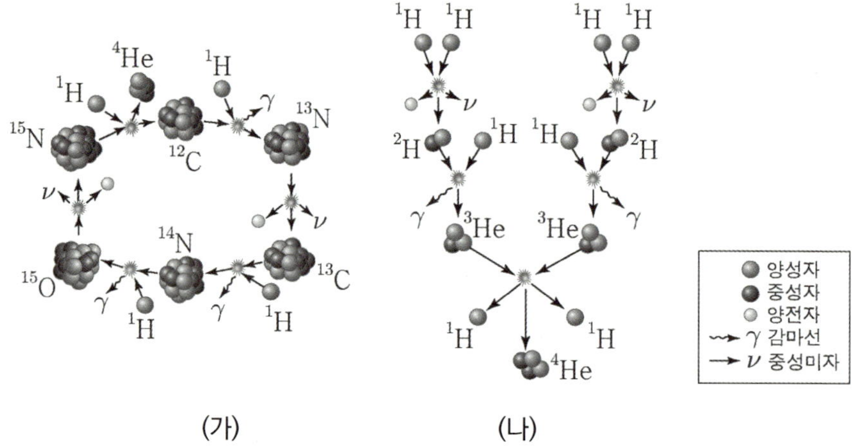

1. (가)의 핵융합 과정에 C, N, O 등의 원소가 있는 것으로 보아 CNO 순환 반응임을 알 수 있다.

   (나)의 핵융합 과정에 수소(H) 6개가 참여하는 것으로 보아 p-p 반응임을 알 수 있다.

   이때, 두 핵융합 반응 중 중심부의 온도가 1800만 K 이상일 때 우세한 반응은 CNO 순환 반응이므로 별 A의 중심부 온도가 더 높은 것을 알 수 있다.

선지 판단하기

ㄱ 선지 별의 내부 온도는 A가 B보다 높다. (O)

   CNO 순환 반응이 우세하게 일어나는 별 A의 내부 온도가 더 높다.

ㄴ 선지 (가)에서 ^{12}C는 촉매이다. (O)

   CNO 순환 반응은 수소로 헬륨을 만드는 수소 핵융합 반응이다. 이때 C, N, O는 융합을 촉진하는 촉매의 역할을 한다.

ㄷ 선지 (가)와 (나)에 의해 별의 질량은 감소한다. (O)

   (가)와 (나)는 모두 수소 핵융합 반응이다. 이때, 핵융합 과정에서 0.7%만큼의 질량 결손이 발생하므로 별의 질량은 시간이 지나며 점점 감소한다.

기출문항에서 가져가야 할 부분

1. 태양 정도 질량의 주계열성은 p-p 반응과 CNO 순환 반응 중 p-p 반응이 우세함을 암기하기

2. 중심부의 온도가 높을수록 에너지 생산량이 증가해 진화 속도가 빨라짐을 이해하기

3. 핵융합 과정에서 별의 질량은 감소함을 암기하기

[별의 에너지원]

1 원시별의 에너지원

① 중력 수축 에너지   2022년 10월 학력평가 16번

그림은 원시별 A, B, C를 H–R도에 나타낸 것이다. 점선은 원시별이 탄생한 이후 경과한 시간이 같은 위치를 연결한 것이다.

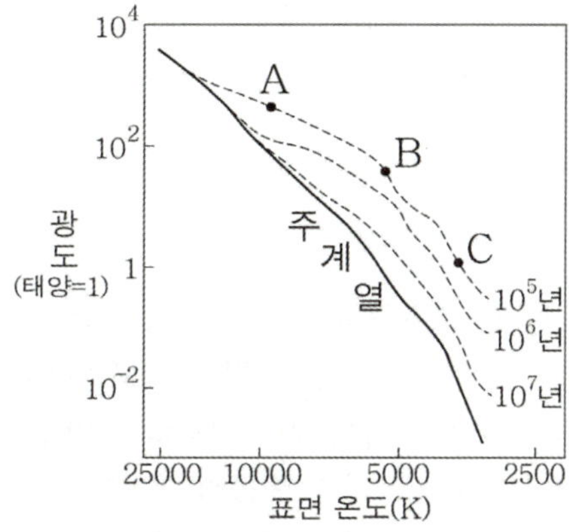

ㄷ. C는 표면에서 중력이 기체 압력 차에 의한 힘보다 크다. (O)

- A, B, C는 모두 원시별이다. 원시별의 에너지원은 중력 수축 에너지인데, 이는 기체 압력 차에 의한 힘보다 **중력이 더 강해 원시별이 수축하면서 발생하는 에너지**이다.

- 원시별은 중심부의 온도가 1000만 K보다 낮아 수소 핵융합 반응을 진행할 수 없다.
  따라서 **수소 핵융합 반응을 진행하기 전까지는 중력 수축 에너지로 중심부의 온도를 계속해서 올린다.**

① p-p 반응과 CNO 순환 반응   **2021학년도 9월 모의평가 11번**

그림 (가)의 A와 B는 분광형이 G2인 주계열성의 중심으로부터 표면까지 거리에 따른 수소 함량 비율과 온도를 순서 없이 나타낸 것이고, ㉠과 ㉡은 에너지 전달 방식이 다른 구간을 표시한 것이다. (나)는 별의 중심 온도에 따른 p-p 반응과 CNO 순환 반응의 상대적 에너지 생산량을 비교한 것이다.

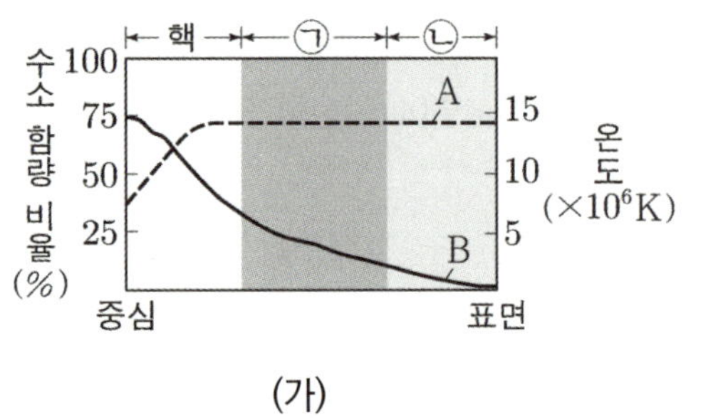
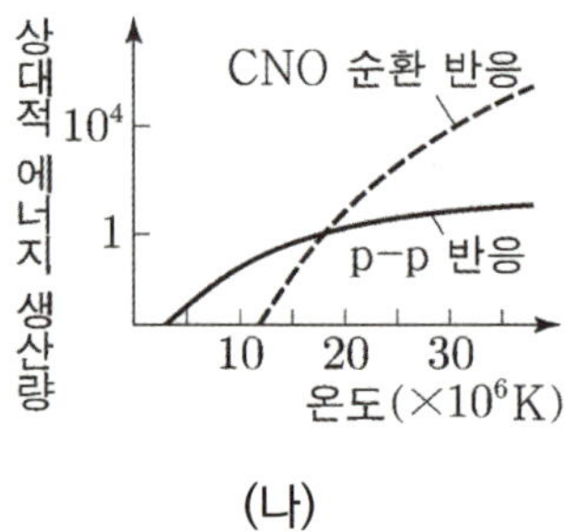

(가)   (나)

ㄴ. (가)의 핵에서는 CNO 순환 반응보다 p-p 반응에 의해 생성되는 에너지의 양이 많다. (O)

- 분광형이 G2인 주계열성은 태양과 물리량이 비슷하다. 따라서 질량이 태양 정도인 주계열성의 중심핵에서는 CNO 순환 반응보다 p-p 반응이 우세하므로 p-p 반응에 의해 생성되는 에너지의 양이 많다.
- 주계열성은 중심핵에서 수소 핵융합 반응을 한다. 이때 **태양 정도의 질량을 가진 주계열성은 p-p 반응이 우세하고, 태양보다 질량이 더 큰 주계열성**(약 2배)**은 CNO 순환 반응이 우세**하다.
- 이때, 어느 한쪽이 우세하다고 해서 다른 한 반응이 일어나지 않는 것이 아니다. (나) 자료를 보면 알 수 있듯이 **두 반응이 모두 일어나지만 어느 한쪽이 우세할 뿐이다.**
- (가) 자료를 보고 A가 수소 함량 비율인 것을 알 수 있어야 한다. 왜냐하면 A는 중심 쪽으로 갈수록 비율이 줄고 있는데, 이는 중심핵에서 일어나는 수소 핵융합 반응 때문이다.

② p-p 반응과 CNO 순환 반응의 우세 온도   **2020년 7월 학력평가 16번**

그림은 중심부 온도에 따른 p-p 반응과 CNO 순환 반응에 의한 광도를 A, B로 순서 없이 나타낸 것이다.

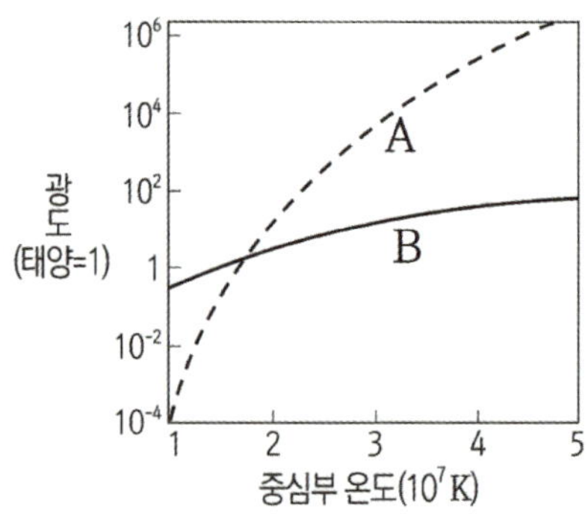

ㄴ. 태양의 중심부 온도는 2000만 K이다. (X)

- 태양의 중심부에서는 p-p 반응이 더 우세하다. 이때, 1800만 K 이상부터 우세한 A가 CNO 순환 반응이고 B가 p-p 반응이다. 따라서 2000만 K에서는 CNO 순환 반응이 우세하므로 태양의 중심부 온도는 2000만 K보다 낮을 것이다.
- 우리는 **중심부의 온도가 1800만 K보다 낮을 경우 p-p 반응이 우세하고, 1800만 K보다 높을 경우 CNO 순환 반응이 우세**한 것을 알아야 한다. 또한, **태양의 중심부 온도는 약 1500만 K**이라는 것을 암기하자.
- 위 자료를 통해 중심부의 온도가 올라갈수록 p-p 반응과 CNO 순환 반응 모두 에너지 생산량이 늘어나므로 광도 또한 증가한다는 것을 알 수 있다. 이때, A가 더 급격히 증가하므로 **온도에 따른 CNO 순환 반응의 에너지 생산량의 변화량이 더 큰 것을 알 수 있다.**

① 헬륨 핵융합 반응   2021년 10월 학력평가 12번

그림 (가)는 H-R도를, (나)는 별 A와 B 중 하나의 중심부에서 일어나는 핵융합 반응을 나타낸 것이다.

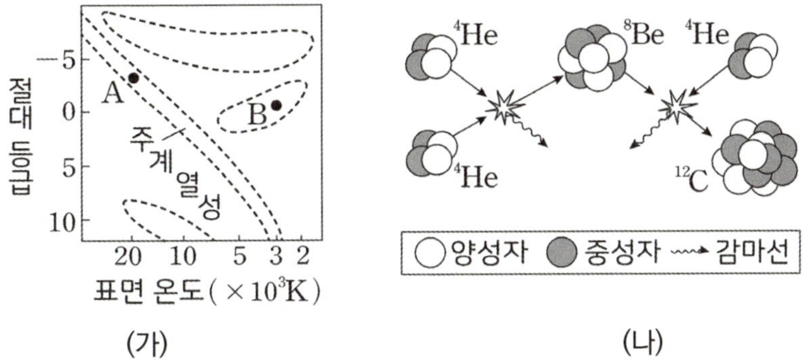

. (나)는 A의 중심부에서 일어난다. (X)

- (가)에서 A는 H-R도에서 주계열성에 위치한다. (나)는 헬륨을 이용하여 탄소를 만드는 헬륨 핵반응이다. A는 주계열성이므로 중심핵에서 헬륨 핵반응이 일어날 수 없다.
- **헬륨 핵반응은 주계열 단계를 떠나 B와 같이 거성으로 진화하게 되면 중심부에서 일어날 수 있다.** (나) 자료와 같이 헬륨 핵반응의 모습을 기억할 수 있도록 하자.

---

② 별 내부에서 합성되는 원소, 그 외의 원소   2021년 10월 학력평가 9번

그림은 중심부의 핵융합 반응이 끝난 별 (가)와 (나)의 내부 구조를 나타낸 것이다.

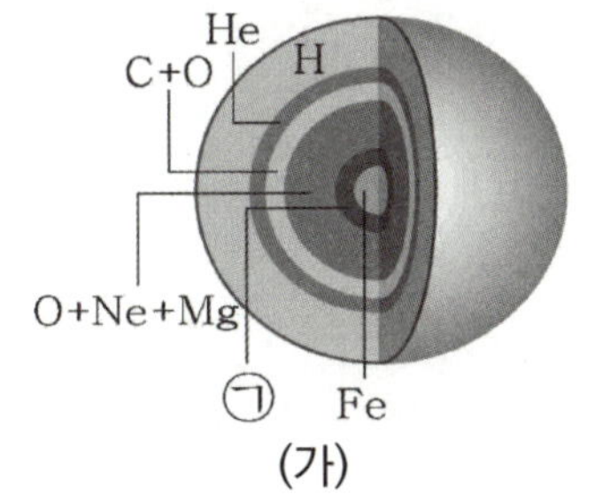

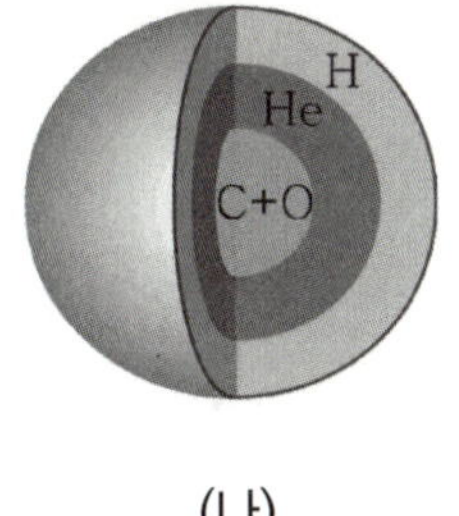

ㄷ. (가)는 이후의 진화 과정에서 초신성 폭발을 거친다. (O)

- (가)는 중심부에 철이 생성되어 있는 것을 확인할 수 있다. 따라서 질량이 매우 큰 초거성이며, 이후 초신성 폭발을 거쳐 중성자별이나 블랙홀로 진화할 것이다.
- **태양 정도의 질량을 가진 주계열성**은 거성으로 진화하며 이후 (나)와 같은 내부 구조가 나타난다. 질량이 작아 **중심핵에서 헬륨 핵반응에 의해 탄소와 소량의 산소까지만 형성된다.** 태양보다 질량이 훨씬 큰 주계열성은 초거성으로 진화하며 (가)와 같은 내부 구조가 나타난다. 질량이 충분히 크므로 **중심부에서 계속된 핵융합으로 인해 네온, 마그네슘, 규소 등이 형성되고 철까지 형성되면 핵융합 반응이 멈춘다.**
- **철보다 무거운 원소는** (가)와 같이 질량이 매우 큰 초거성이 **초신성 폭발을 할 때 엄청난 양의 에너지가 방출되며 형성된다.**

2021년 4월 학력평가 지Ⅰ 16번

그림 (가)는 별의 중심부 온도에 따른 수소 핵융합 반응의 에너지 생산량을, (나)는 주계열성 A와 B의 내부 구조를 나타낸 것이다. A와 B의 중심부 온도는 각각 ㉠과 ㉡ 중 하나이다.

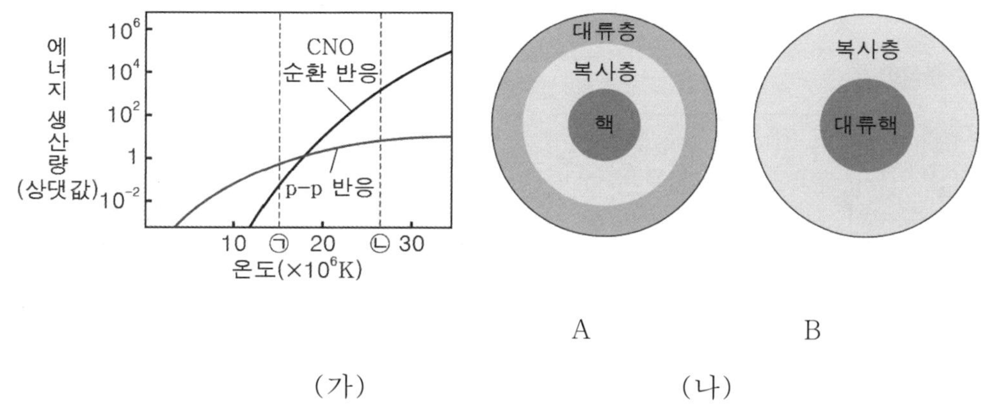

이에 대한 설명으로 옳은 것만을 <보기>에서 있는 대로 고른 것은? (단, 별의 크기는 고려하지 않는다.)

<보　기>

ㄱ. 중심부 온도가 ㉠인 주계열성의 중심부에서는 CNO 순환 반응보다 p-p 반응이 우세하게 일어난다.

ㄴ. 별의 질량은 A보다 B가 크다.

ㄷ. A의 중심부 온도는 ㉡이다.

① ㄱ　　　② ㄷ　　　③ ㄱ, ㄴ　　　④ ㄴ, ㄷ　　　⑤ ㄱ, ㄴ, ㄷ

추가로 물어볼 수 있는 선지

1. A와 B 모두 정역학적 평형 상태에 있다. (O , X)
2. 태양보다 질량이 매우 큰 별의 내부에서는 철보다 무거운 원소가 만들어진다. (O , X)
3. 대류가 일어나는 영역의 평균 온도는 A가 B보다 높다. (O , X)

정답 : 1. (O), 2. (X), 3. (X)

02 2021년 4월 학력평가 지Ⅰ 16번

 #중심부의 온도, #복사층, #대류층

문항의 발문 해석하기

수소 핵융합 반응의 두 종류를 떠올리고, 질량에 따른 주계열성의 내부 구조를 알 수 있어야 한다.

문항의 자료 해석하기

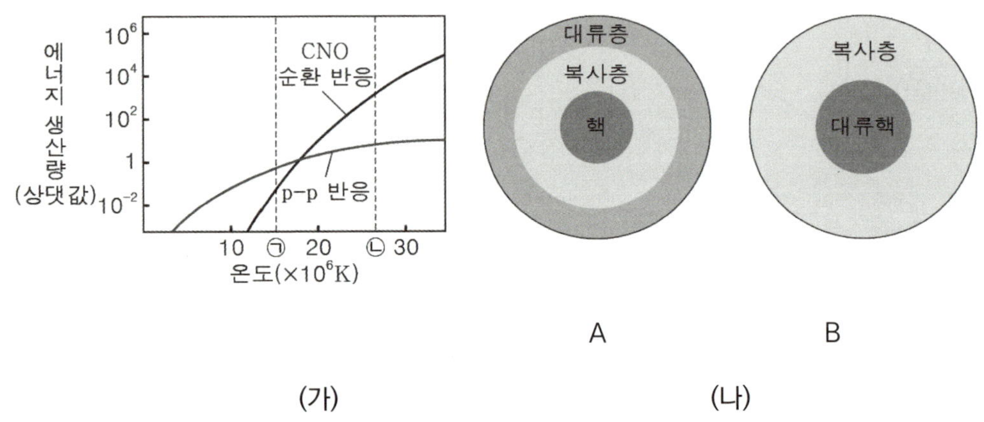

(가)   (나)

1. (가)에서 p-p 반응과 CNO 순환 반응의 에너지 생성량에 대해서 알려주고 있다. 중심부의 온도가 1800만 K보다 낮으면 p-p 반응이 우세하고, 1800만 K보다 높으면 CNO 순환 반응이 우세하다.

2. (나)에서 A는 중심 부근에 복사층, 외곽 부근에 대류층이 분포하므로 태양 정도의 질량을 가진 주계열성이고, B는 중심부에 대류핵, 외곽 부근에 복사층이 분포하므로 태양보다 질량이 큰 주계열성이다.
   따라서 ㉠은 A의 온도, ㉡은 B의 온도이다.

선지 판단하기

ㄱ 선지 중심부 온도가 ㉠인 주계열성의 중심부에서는 CNO 순환 반응보다 p-p 반응이 우세하게 일어난다. (O)
   중심부의 온도가 ㉠인 주계열성의 중심부에서는 CNO 순환 반응, p-p 반응 모두 일어나지만, p-p 반응이 더 우세하다.

ㄴ 선지 별의 질량은 A보다 B가 크다. (O)
   별의 질량은 중심부가 대류핵으로 이루어진 B가 더 크다.

ㄷ 선지 A의 중심부 온도는 ㉡이다. (X)
   A는 중심 부근에 복사층, 외곽 부근에 대류층이 분포하므로 태양 정도인 질량을 가진 주계열성이다. 따라서 태양 정도의 질량을 가진 주계열성은 p-p 반응이 우세하므로 중심부의 온도는 ㉠이다.

기출문항에서 가져가야 할 부분

1. 핵융합 반응이 우세하게 일어남의 의미 이해하기

2. 중심핵에서 우세한 수소 핵융합 반응의 종류를 보고 별의 질량 파악하기

3. 중심부의 온도가 높을수록 에너지 생산량이 증가해 진화 속도가 빨라짐을 이해하기

기출 문제로 알아보는 유형별 정리

[별의 내부 구조]

①-1 질량에 따른 주계열성의 내부 구조 　　　　　　　　　　　지Ⅱ 2019학년도 9월 모의평가 12번

　그림 (가)는 원시별 A와 B가 주계열성으로 진화하는 경로를, (나)의 ㉠과 ㉡은 A와 B가 주계열 단계에 있을 때의 내부 구조를 순서 없이 나타낸 것이다.

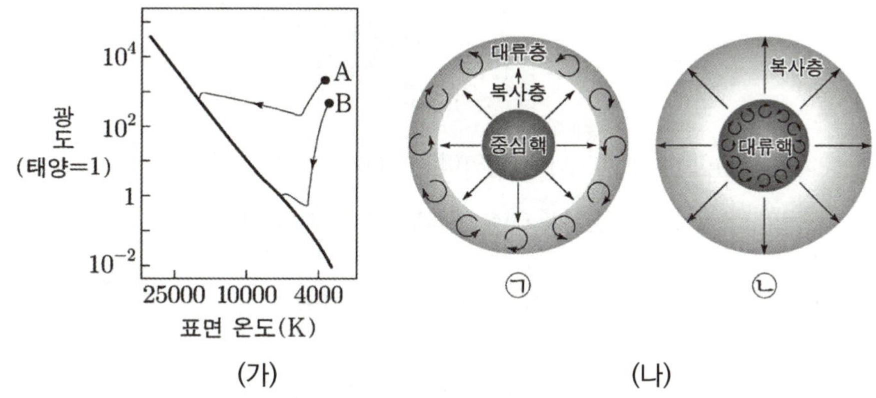

(가) 　　　　　　　　　　　　　　　　(나)

ㄴ. A가 주계열 단계에 있을 때의 내부 구조는 ㉡이다. (O)

- 원시별 A가 주계열 단계에 도착했을 때의 위치를 보면 태양보다 질량이 큰 주계열성인 것을 알 수 있다.
  태양보다 질량이 큰 주계열성은 중심부에서 대류의 형태로 에너지를 전달한다.
  따라서 A가 주계열 단계에 있을 때 내부 구조는 ㉡이다.
- **태양 정도의 질량을 가진 주계열성**의 내부 구조는 **㉠과 같은 형태**를 보이고, **태양보다 질량이 큰 주계열성**의 내부 구조는 **㉡과 같은 형태**를 보인다는 것을 기억하자.

　그림은 주계열성 내부의 에너지 전달 영역을 주계열성의 질량과 중심으로부터의 누적 질량비에 따라 나타낸 것이다. A와 B는 각각 복사와 대류에 의해 에너지 전달이 주로 일어나는 영역 중 하나이다.

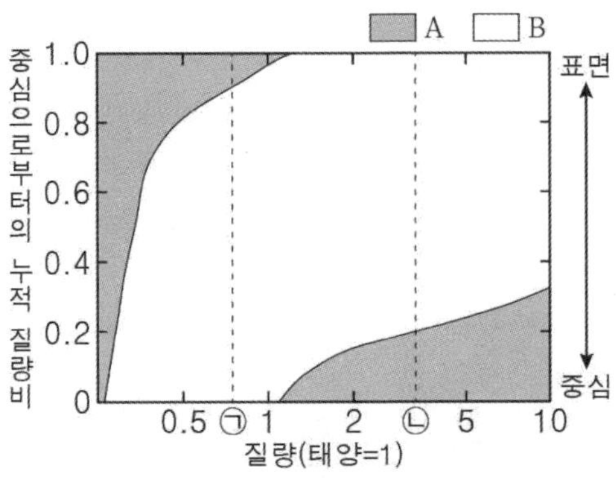

ㄴ. B는 복사에 의해 에너지 전달이 주로 일어나는 영역이다. (O)

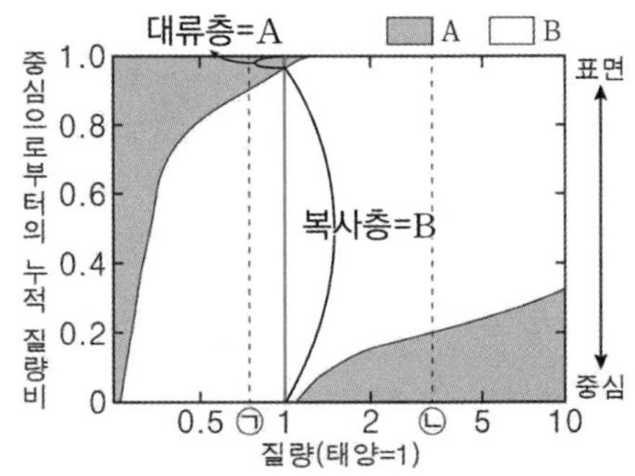

- 중심으로부터의 누적 질량비(세로축 물리량)에서 **0 = 중심부, 1 = 별의 표면**을 이야기하는 것이다.
  태양과 같은 질량을 가진 주계열성은 중심 부근에 복사층이 존재하고 외곽 부근에 대류층이 존재한다.
  따라서 질량이 1(태양)로 나타나는 곳을 보면 중심 부근에 B가, 외곽 부근에 A가 나타난 것을 확인할 수 있다.
  따라서 A는 대류, B는 복사에 의해 에너지가 주로 전달되는 곳이다.
- 별의 질량에 따른 내부 구조를 이해할 수 있도록 하자. **태양보다 질량이 큰 주계열성은 내부에 대류층, 외곽부에 복사층**이 나타난다.

　그림은 질량이 서로 다른 주계열성 A와 B의 내부 구조를 나타낸 것이다.

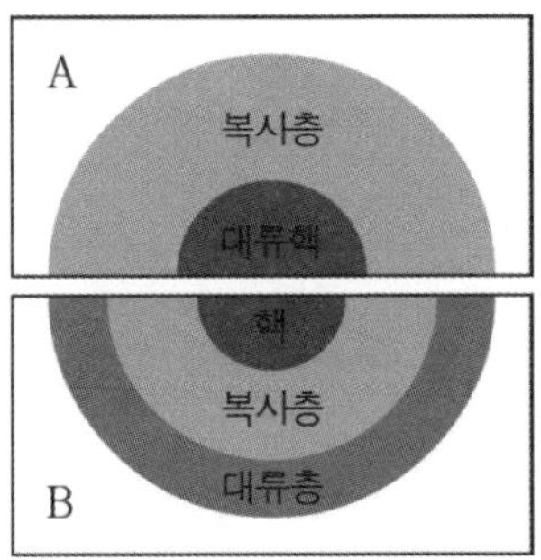

ㄴ. A와 B는 정역학적 평형 상태에 있다. (O)

- A와 B는 주계열성이므로 정역학적 평형 상태에 있다.
- **모든 주계열성은 기체 압력 차의 힘과 중력이 평형을 이루어 별의 크기가 변하지 않는 정역학 평형 상태에 놓여** 있다.
- A는 질량이 태양보다 큰 주계열성, B는 질량이 태양 정도인 주계열성이다.
  질량이 다르다고 하더라도 주계열성이라면 모두 정역학 평형 상태를 유지한다.

① 수소 껍질 연소   2023학년도 9월 모의평가 12번

그림은 질량이 태양 정도인 별이 진화하는 과정에서 주계열 단계가 끝난 이후 어느 시기에 나타나는 별의 내부 구조이다.

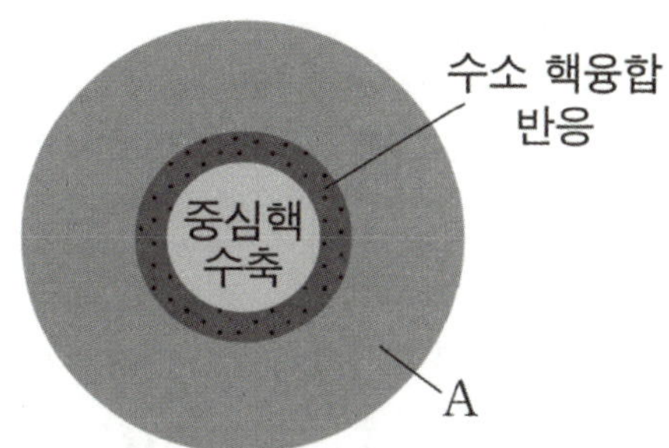

ㄷ. 수소 함량 비율(%)은 중심핵이 A 영역보다 높다. (X)

- 위 자료의 별은 주계열 단계가 끝난 이후의 별이다. 따라서 **중심부의 수소는 모두 소모되어 헬륨으로 이루어진 헬륨핵이 수축하고 있는 것이다. 별의 외곽부인 A는 핵융합 반응이 일어나지 않으므로** 수소 함량 비율이 더 높을 것이다.

- 주계열 단계 이후 중심핵이 수축하면서 중심핵은 온도는 상승한다. 이때 중심핵 주변도 함께 온도가 올라가면서 1000만 K 이상이 되면 수소 핵융합 반응이 일어난다. 이때 **중심핵 주변에서 일어나는 수소 핵융합 반응을 수소 껍질 연소라** 한다.

- **우주의 존재하는 원소의 99% 이상은 수소와 헬륨이다.** 따라서 별을 이루는 대부분의 원소가 수소와 헬륨이므로 A 영역에는 수소의 비율이 높은 것이다. (이는 Theme 08 빅뱅 우주론에서 더욱 자세하게 배운다.)

---

② 중심부의 핵반응   2022년 3월 학력평가 20번

그림 (가)는 질량이 태양과 같은 어느 별의 진화 경로를, (나)의 ㉠과 ㉡은 별의 내부 구조와 핵융합 반응이 일어나는 영역을 나타낸 것이다. ㉠과 ㉡은 각각 A와 B 시기 중 하나에 해당한다.

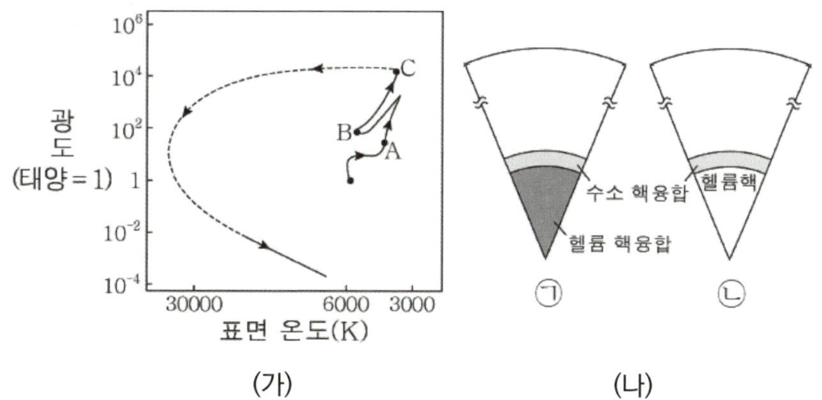

ㄷ. C 시기 이후 중심부에서 탄소 핵융합 반응이 일어난다. (X)

- (가)는 질량이 태양과 같은 별의 진화 경로를 나타낸 것이므로 중심부에서 탄소 핵융합 반응은 일어나지 않는다.
- **태양 정도의 질량을 가진 별은** 진화 과정 중 내부에서 **수소 핵융합 반응과 헬륨 핵반응 반응만 일어난다.**
- (나)의 중심부에서 핵융합 반응의 유무로 별의 진화 과정을 이해할 수 있어야 한다.
  ㉡은 **중심부에서 핵융합 반응이 일어나지 않으므로 주계열 단계를 떠나 거성으로 진화하는 A, ㉠은 중심핵에서 헬륨 핵융합이 일어나므로 좀 더 진화한 B인 것을 알 수 있다.**

① 반지름으로 별의 부피 구하기 2023년 3월 학력평가 20번

그림은 태양 중심으로부터의 거리에 따른 밀도와 온도의 변화를 나타낸 것이다.

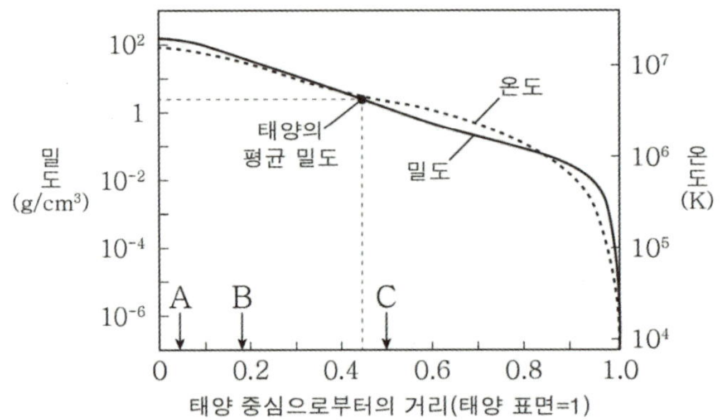

ㄷ. 태양 내부에서 밀도가 평균 밀도보다 큰 영역의 부피는 태양 전체 부피의 40%보다 크다. (X)

- 자료를 통해 평균 밀도보다 큰 영역은 중심으로부터 0.4 ~ 0.5라는 것을 알 수 있다.
  구의 부피는 반지름의 세 제곱에 비례하므로 태양의 반지름을 10이라 한다면, 평균 밀도보다 밀도가 큰 영역의 영역은 중심으로부터 4 ~ 5까지이다. 이를 세 제곱한다면 태양의 전체 부피는 1000, 밀도가 큰 영역의 부피는 64 ~ 125가 된다. 백분율로 나타내면 6.4% ~ 12.5%이므로 40%보다 작다.
- 이처럼 **별의 부피는 구의 부피를 구하는 공식을 통해 계산**할 수 있다.

추가로 물어볼 수 있는 선지 해설

1. A와 B는 주계열성의 내부 구조를 나타낸 것이다. 주계열성은 중력과 기체 압력 차에 의한 힘이 평형을 이루는 정역학적 평형 상태에 놓여 있다.
2. 태양보다 질량이 매우 큰 별은 초신성 폭발 과정에서 철보다 무거운 원소가 만들어진다. 별 내부에서는 철까지 만들어질 수 있다.
3. A는 질량이 태양 정도인 별, B는 질량이 태양보다 큰 별이다. 따라서 A의 대류층은 표면과 가깝게, B의 대류층은 중심 부근에 위치하므로 평균 온도는 B가 더 높다.

Theme

07

외계 행성계와
생명 가능 지대

외계 행성계 탐사

1. 외계 행성계와 외계 행성

태양이 아닌 다른 항성 주위를 공전하는 행성을 **외계 행성**이라 한다. 이때 다른 항성 주위를 공전하는 행성이 이루는 계를 **외계 행성계**라 한다. 행성은 별에 비해 크기가 작고 스스로 빛을 내지 않아 매우 어둡기 때문에 직접 관측하는 것은 거의 불가능하다. 따라서 외계 행성을 찾아내기 위해서는 **중심별이 나타내는 특별한 주기나 현상을 이용**하여 중심별이 행성을 가지고 있다는 것을 간접적으로 알아낸다.

2. 중심별의 시선 속도 변화

중심별과 행성은 공통 질량 중심을 기준으로 공전하므로 **별빛의 시선 속도 변화**에 의해 도플러 효과가 나타난다.
도플러 효과란 중심별의 공전에 의해 중심별의 시선 속도가 변하면 중심별의 스펙트럼에 변화가 나타나는데, **별이 지구로부터 멀어지면 적색 편이, 가까워지면 청색 편이**가 나타나는 것이다. (이때, 중요한 것은 행성이 아닌 별의 스펙트럼을 관측해 변화를 판단한다. 행성은 직접 관측하기 어려우므로 중심별의 스펙트럼을 통해 간접적으로 행성이 존재한다는 것을 알 수 있다.)
적색 편이와 청색 편이를 통해 시선 속도 변화를 관측하면 별이 **공전 궤도 상에서 어느 위치에 있는지 파악할 수 있다.**
시선 속도 변화로 중심별은 행성을 가지고 있다는 것을 파악할 수 있다.

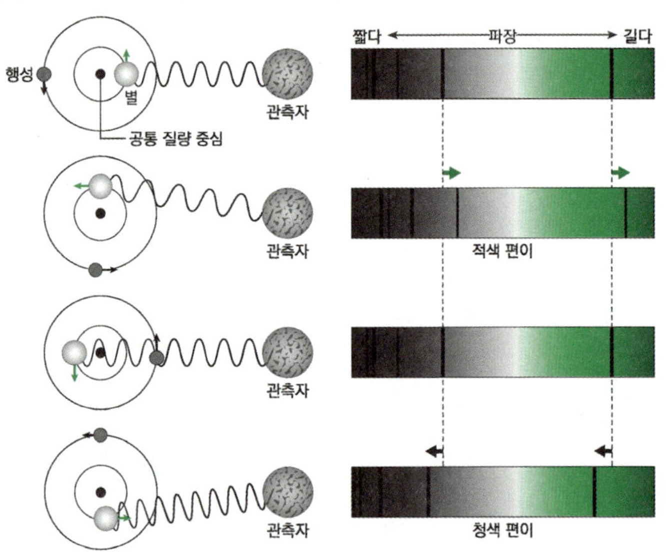

▲ 도플러 효과

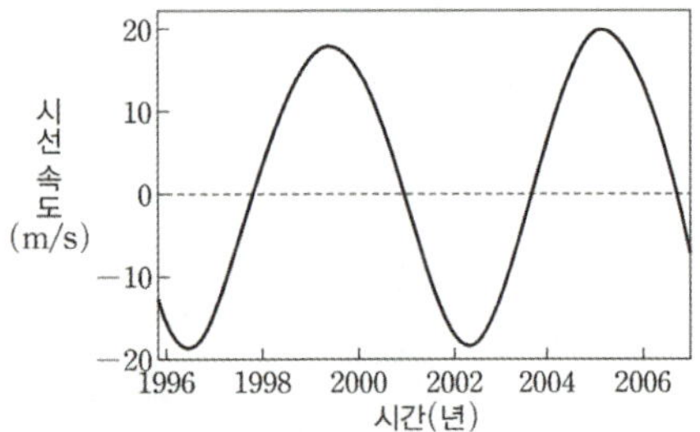

▲ 시선 속도 변화가 큰 별

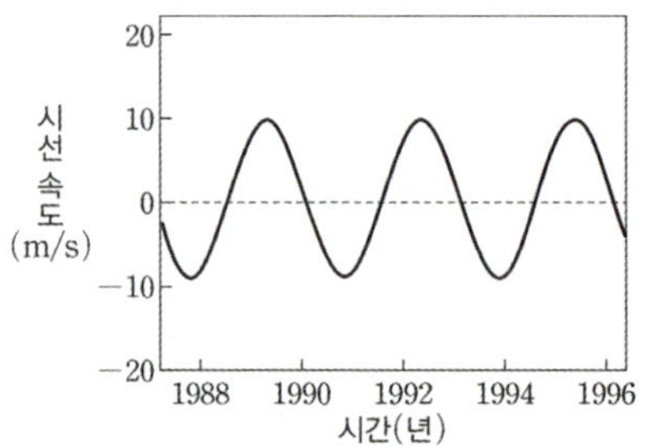

▲ 시선 속도 변화가 작은 별

살면서 구급차나 소방차가 다가오고 멀어지는 소리를 들어본 경험이 있을 것이다.

구급차가 다가올 때는 "삐용삐용삐용~"과 같이 사이렌 소리가 빠르게 들리지만, 구급차가 멀어질 때는 "삐~용~삐~용~"과 같이 사이렌 소리가 천천히 들린 경험이 있을 것이다.

사이렌 소리는 결국 음파 즉, 파장이다. 사이렌을 중심으로 음파는 퍼져나간다.

이때, **구급차가 다가오는 상황**에서는 **음파의 주기가 빠르게 반복되어 들리게 되는 것이고**,

구급차가 멀어지는 상황에서는 **음파의 주기가 느리게 반복되어 들리는 것이다.**

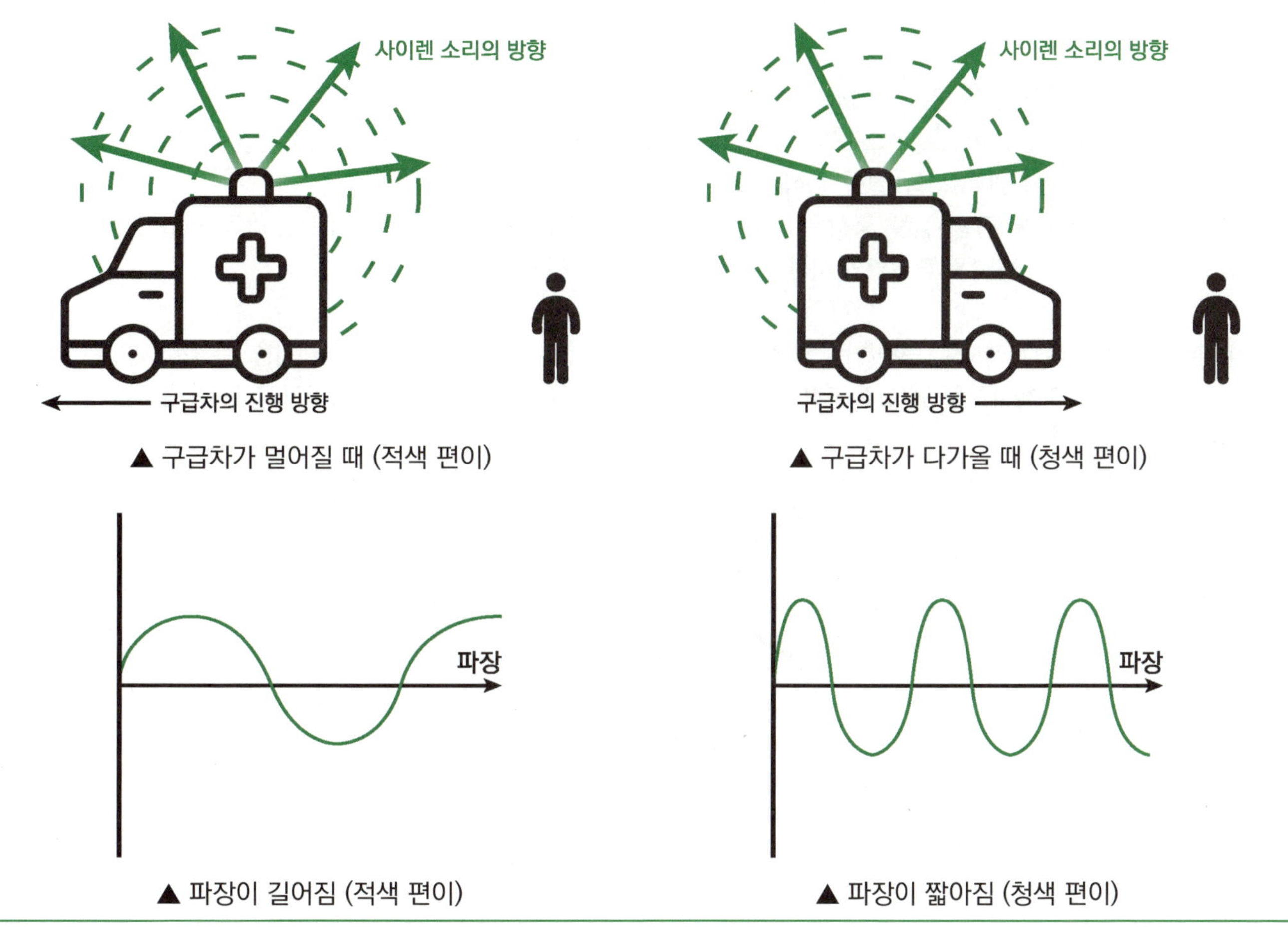

우리가 사는 지구는 태양 주위를 공전하고 있다. 태양은 중력을 가지고 있기에 그 중력에 이끌려 지구는 태양 주위를 돌고 있는 것이다. 그렇다면 태양은 가만히 멈춰 있는 것일까?

아니다. 태양 역시 지구 주위를 공전하고 있다. 그 이유는 지구 또한 중력을 가지고 있기 때문이다.

(태양은 지구분만 아니라 태양계의 모든 행성의 중력의 영향을 받는다.)

중심별과 행성은 안정적인 궤도를 돌아야 하므로 **중심별과 행성의 무게 중심을 기준으로 공전**한다.

(이는 지구과학2 케플러 법칙에 의한 것이다. 우선은 그렇다고 생각하자.)

이는 시소 모형을 통해 쉽게 알 수 있다. (효과적으로 내용을 전달하기 위해 극단적인 상황을 가정했음을 이해하자. 중심별과 행성 중 질량은 중심별이 압도적으로 크다.) 시소가 평형을 이루기 위해서는 지렛대가 중심별 가까이 위치해야 할 것이다. 이때, 지렛대가 바로 공통 질량 중심이다.

행성의 질량이 커질수록 공통 질량 중심은 중심별에서 멀어지므로 중심별의 공전 궤도는 더욱 커질 수밖에 없다. 따라서 **행성의 질량이 커질수록 중심별의 시선 속도 변화는 크게 나타난다.**

사실 별과 행성은 타원 궤도로 공전하는 경우가 대부분이다. 그러나 우리가 만나게 될 기출 문제는 대부분 원 궤도로 공전한다고 가정한다. **원 궤도로 공전**하게 되면 별과 행성이 어느 위치에 있든 각각의 **공전 속도가 일정**하기 때문이다.

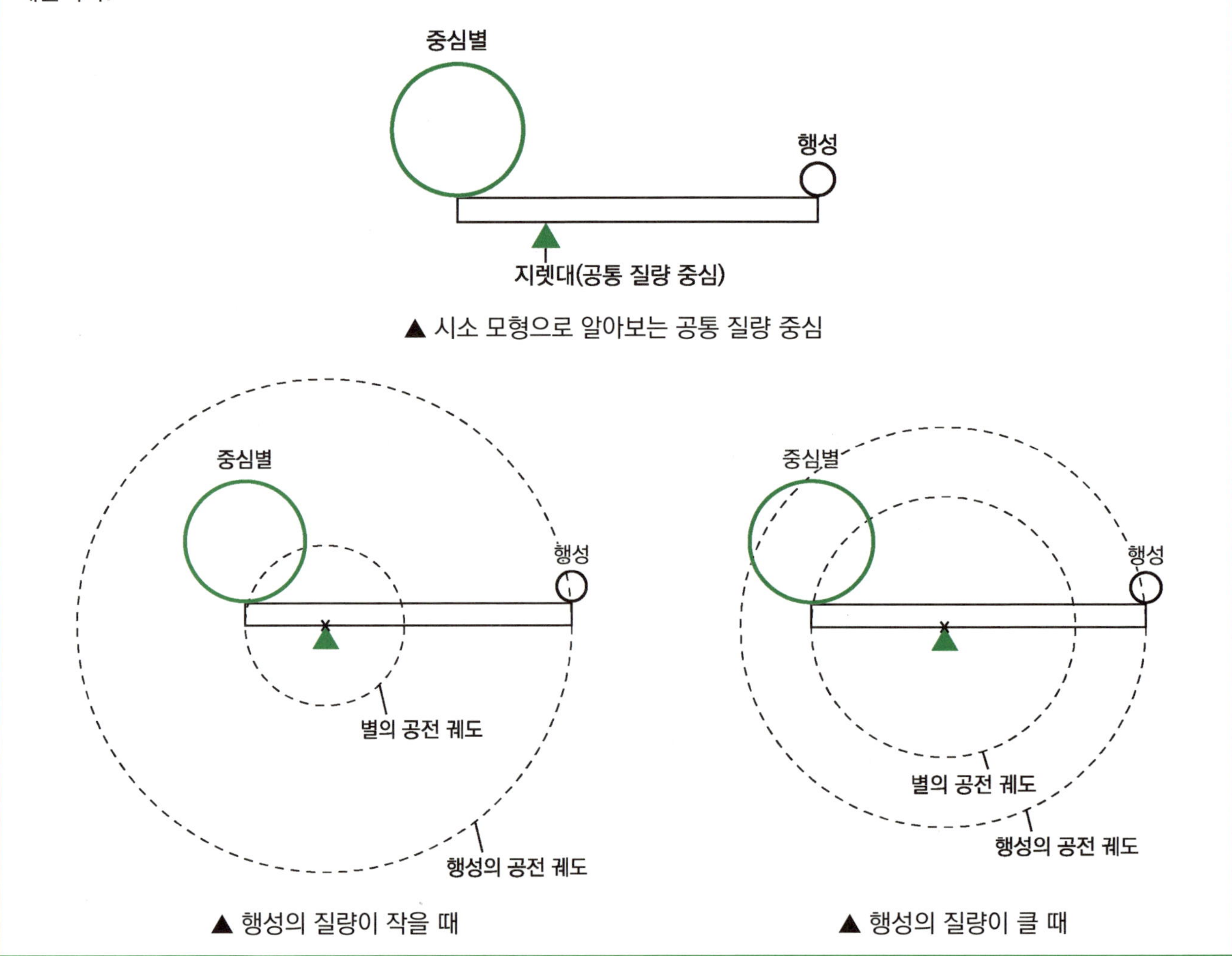

▲ 시소 모형으로 알아보는 공통 질량 중심

▲ 행성의 질량이 작을 때　　　　　　▲ 행성의 질량이 클 때

중심별 주위를 공전하는 **행성이 중심별의 앞면을 지나갈 때 행성에 의해 중심별의 일부가 가려지는 식 현상**이 나타난다. 식 현상에 의한 중심별의 겉보기 밝기 변화를 관측하여 외계 행성의 존재를 간접적으로 확인할 수 있다.

(1) 식 현상의 겉보기 밝기 변화

* 아래와 같이 행성이 중심별 앞을 지나갈 때 중심별의 일부가 가려지고, **가려진 영역만큼의 밝기가 줄어들게 보인다**.
* 이때, $T_1 \sim T_2$ 기간은 행성이 중심별을 가리기 시작하여 행성 전체가 중심별 앞을 가릴 때까지의 기간이다. 시간이 지나며 점점 중심별 앞을 가리는 면적이 커지므로 겉보기 밝기가 감소하는 B에 해당한다.
* 행성으로 인한 겉보기 밝기 변화는 $T_1 \sim T_3$ 기간 동안 지속된다. 이 기간을 식 현상이 지속되는 기간이라 하며 A에 해당한다.
* 행성의 면적 전부가 중심별 앞을 가리게 되었을 때의 밝기 변화는 C이며, **행성의 반지름이 클수록 단면적이 커지므로 중심별을 많이 가려 겉보기 밝기 변화량이 커진다**.
* D는 식 현상의 주기를 의미하며 이는 행성의 공전 주기와 같다.

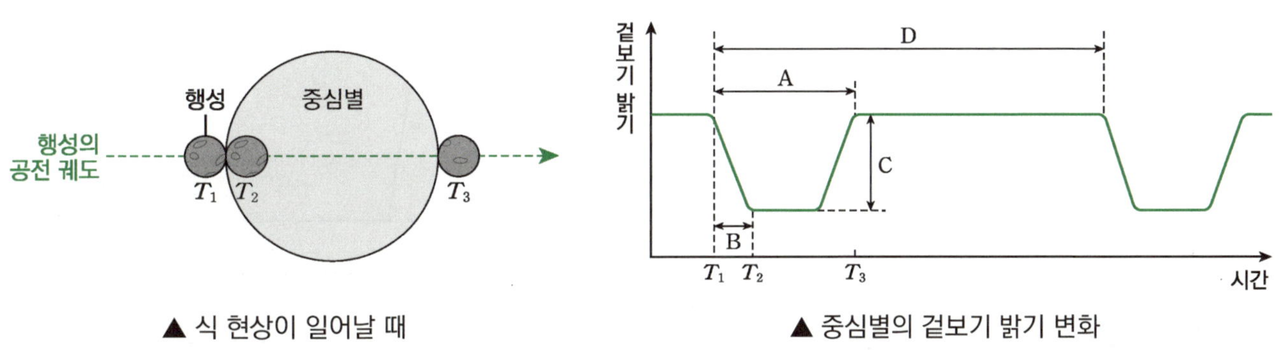

▲ 식 현상이 일어날 때 　　　　▲ 중심별의 겉보기 밝기 변화

(2) 식 현상이 나타나는 조건

* **중심별 주위를 공전한다고 해서 반드시 식 현상이 나타나는 것은 아니다.** 식 현상이 나타나기 위해서는 중심별 주위를 공전하는 행성이 중심별 앞을 가려야 한다. 이때, **공전 궤도면이 시선 방향에 수직이라면 식 현상은 나타날 수 없다.**
* 아래 그림과 같이 공전 궤도면이 시선 방향과 나란해야 행성이 중심별 앞을 가려 식 현상이 잘 나타날 수 있다. 만약 행성이 중심별 앞을 가리지 않는다면 **식 현상은 나타나지 않는다.**

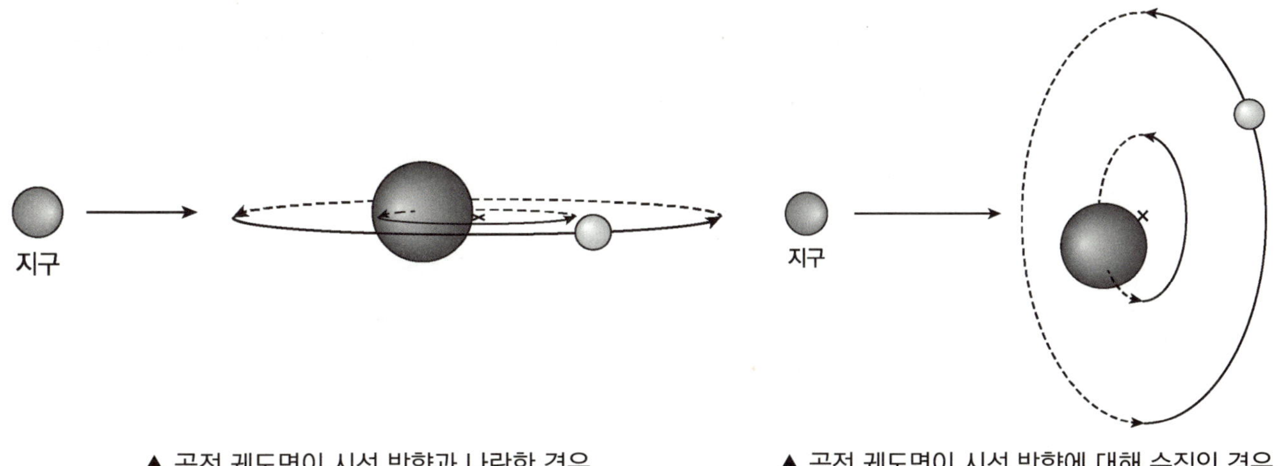

▲ 공전 궤도면이 시선 방향과 나란한 경우 　　　　▲ 공전 궤도면이 시선 방향에 대해 수직인 경우

(3) 겉보기 밝기의 변화

- 식 현상이 나타날 때 겉보기 밝기 변화는 별과 행성의 반지름 비율에 따라 다르게 나타난다.
- **행성의 반지름이 클수록 식 현상이 일어날 때 중심별을 가리는 면적이 커진다.** 따라서 식 현상이 일어날 때 겉보기 밝기의 변화 정도로 행성의 반지름을 비교할 수 있다.
- **식 현상에서 겉보기 밝기 변화량은 행성 반지름의 제곱에 비례한다.** 행성은 관측될 때 원의 형태로 보이고, 원의 면적은 πr^2이기 때문이다.

+ 시야 넓히기 : 식 현상을 통해 별과 행성의 반지름 비율 계산하기

서로 다른 별 주위를 돌고 있는 행성 A와 B가 있다. 이때, 행성 A와 B에 의해 식 현상이 일어났다. 두 외계 행성계의 공전 궤도는 시선 방향과 중심별의 반지름은 같다.
이때 두 외계 행성의 반지름은 몇 배 차이일까?

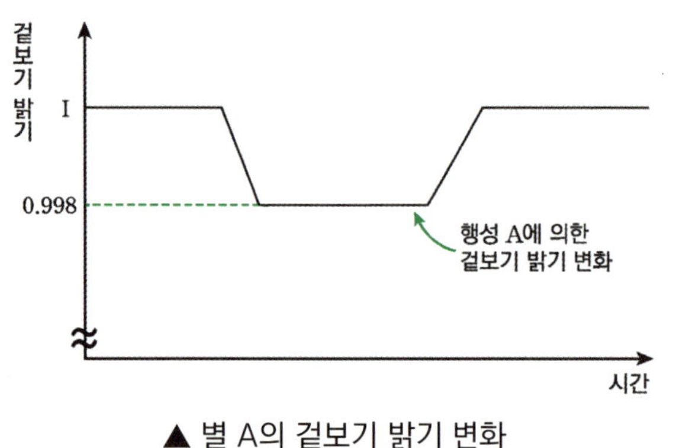

▲ 별 A의 겉보기 밝기 변화

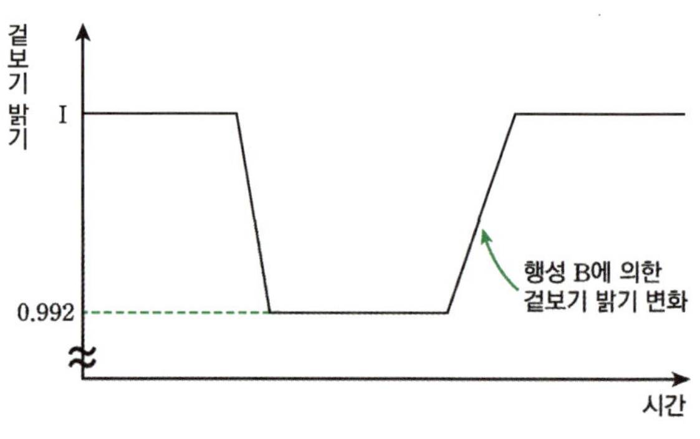

▲ 별 B의 겉보기 밝기 변화

- 행성 A에 의해 겉보기 밝기가 0.002만큼 감소했으므로 A의 중심별과 행성 A의 면적 비율은 1000 : 2이다. 따라서 반지름 비율은 루트를 씌운 $\sqrt{1000} : \sqrt{2}$ 이다.
  마찬가지로 행성 B에 의해 겉보기 밝기가 0.008만큼 감소했으므로 B의 중심별과 행성 B의 면적 비율은 1000 : 8이다. 따라서 반지름 비율은 루트를 씌운 $\sqrt{1000} : \sqrt{8}$ 이다.
  두 행성의 중심별의 반지름은 같으므로 행성 A와 행성 B의 반지름은 $\sqrt{2} : \sqrt{8}$ 즉, $\sqrt{2} : 2\sqrt{2}$ 이므로 2배 차이가 난다.
- 위 문제를 풀 때 **밝기 차이가 4배이므로 반지름 또한 4배라고 생각하면 안 된다.** 식 현상은 행성과 별의 면적 차이로 인해 발생하는 것이므로 **밝기 차이가 4배라면 반지름은 2배 차이가 나는 것이다.**

거리가 다른 두 별이 **같은 시선 방향에 있을 때** 뒤쪽 별의 별빛은 앞쪽 별의 중력에 의해 미세하게 굴절되어 휘어지며 **뒤쪽 별의 밝기가 변한다**. 이를 **미세 중력 렌즈 현상**이라고 하며, **앞쪽의 별이 행성을 가지고 있으면** 행성에 의한 미세 중력 렌즈 현상으로 **뒤쪽 별의 밝기가 추가적으로 변한다**. 이를 이용하여 앞쪽 별을 공전하는 행성이 있다는 것을 알 수 있다.

(1) 중력 렌즈 현상

- 중력 렌즈 현상을 이해하기 위해서는 질량과 중력의 관계를 먼저 알아야 한다. 우주에 존재하는 모든 물체는 질량을 가지고 있다. 질량은 가진 모든 물체는 중력을 가지는데, **중력은 공간을 휘어지게 만든다.**
- 오른쪽 그림과 같이 지구-천체-은하가 일직선상에 있다면 천체가 은하를 가려 은하의 모습이 보이지 않아야 한다.
  그러나 다른 곳으로 방출되던 은하의 빛이 천체의 중력에 의해 빛의 경로가 휘어져서 지구로 도착하게 된다. 따라서 앞쪽의 천체가 만들어낸 중력이 렌즈와 같은 역할을 하여 기존에 보이던 은하의 밝기보다 더 큰 밝기로 관측되는 것이다.
- 이처럼 중력이 매우 큰 천체가 만들어내는 중력 렌즈 효과도 존재하고 **별과 같이 질량이 상대적으로 작은 천체가 만들어내는 미세 중력 렌즈 효과도 존재한다.**

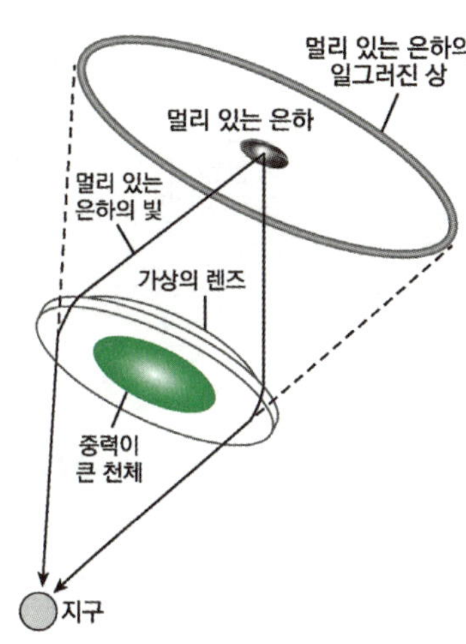

(2) 미세 중력 렌즈 현상

- 멀리 있는 별 즉, **배경별**과 렌즈 역할을 하는 **중심별**과 지구가 일직선상에 위치할 때 미세 중력 렌즈 현상이 나타난다. 이때, **움직이는 것은 중심별이며 밝기 변화는 배경별의 밝기 변화를 관측하는 것이다.**

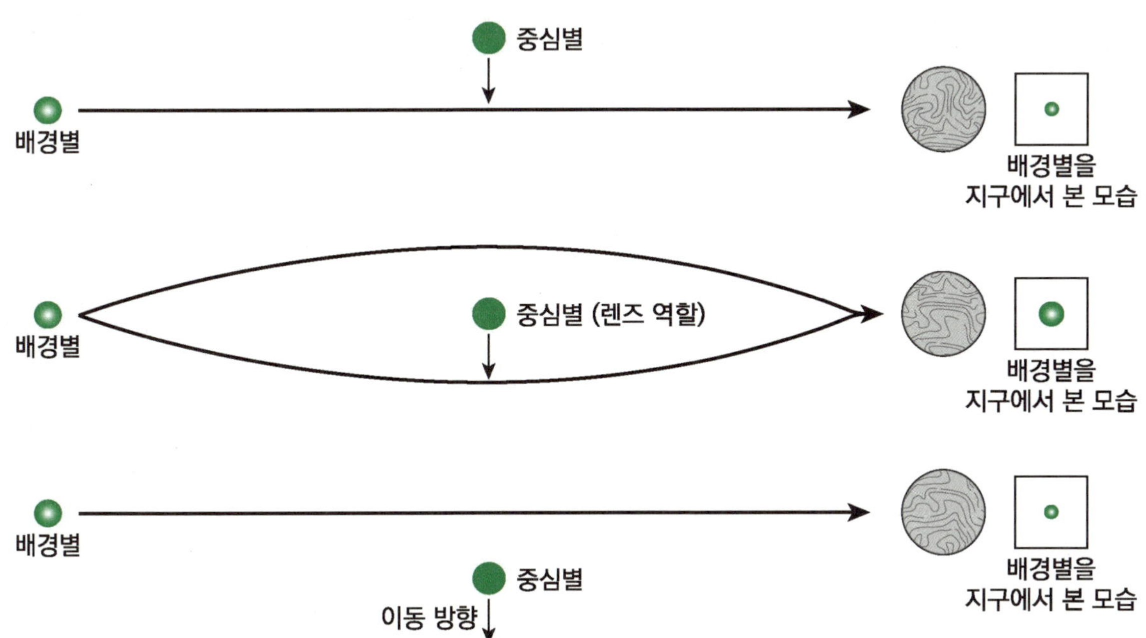

- 앞쪽의 별이 행성을 가지고 있다면 행성의 중력에 의해 추가적인 밝기 증가가 나타나 배경별의 밝기 변화가 불규칙해진다.
- 아래 그림과 같이 **미세 중력 렌즈 현상 도중 추가적인 밝기 변화가 나타나면 배경별-행성-지구가 일직선상에 놓인 것임을 알 수 있다.**
- **중심별에 의한 밝기 변화가 행성에 의한 밝기 변화보다 크게 나타나는 것은 중심별이 가진 질량이 더 크기 때문이다.**

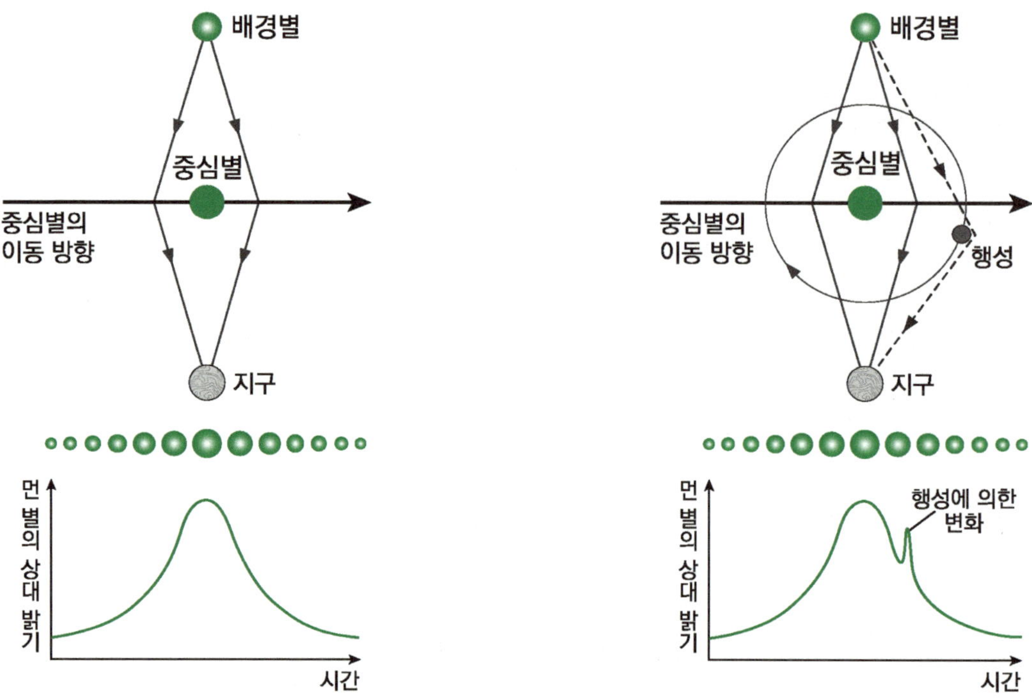

▲ 배경별 앞을 행성을 가지지 않은 중심별이 지나갈 때　　　▲ 배경별 앞을 행성을 가진 중심별이 지나갈 때

외계 행성은 스스로 빛을 내지 않아 중심별에 비해 매우 어두우므로 **직접적으로 관측하기 매우 어렵다.**
따라서 중심별을 가리고 행성을 직접 촬영하여 존재를 확인한다. 이때, 행성은 대부분 적외선 영역의 에너지를 방출하므로 **적외선 영역에서 촬영한다.**

- 행성은 가시광선을 거의 방출하지 않아 적외선 영역에서 중심별을 가리고 찾는다.
- 지구에서 외계 행성까지의 거리가 가까울수록, 행성의 반지름이 클수록, 행성의 표면 온도가 높을수록 적외선의 세기가 강하므로 직접 촬영하여 행성의 존재를 파악하기 쉽다.

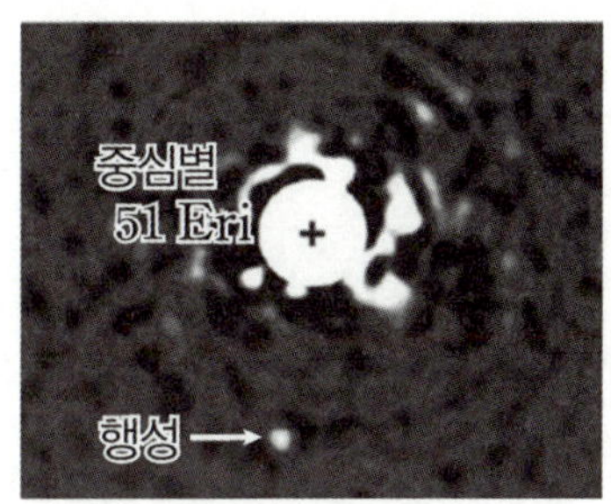

▲ 직접 촬영한 외계 행성

외계 행성계를 탐사하는 여러 방법을 통해 현재까지 수천 개의 외계 행성을 발견했다. 이때 방법마다 발견한 행성들의 특징이 다른데 다음을 통해 알아보자.

① 중심별의 시선 속도 변화 이용 방법 : 대부분 질량이 큰 행성들이 발견됐다.
② 식 현상 이용 방법 : 대부분 공전 궤도 반지름이 작다.
③ 미세 중력 렌즈 현상 이용 방법 : 대부분 공전 궤도 반지름이 크다.

지금까지 발견된 외계 행성의 대부분은 목성과 같이 질량이 큰 기체형 행성(목성형 행성)이었지만, 최근에는 생명체가 존재할만한 암석형 행성(지구형 행성)을 중심으로 탐사하고 있다.

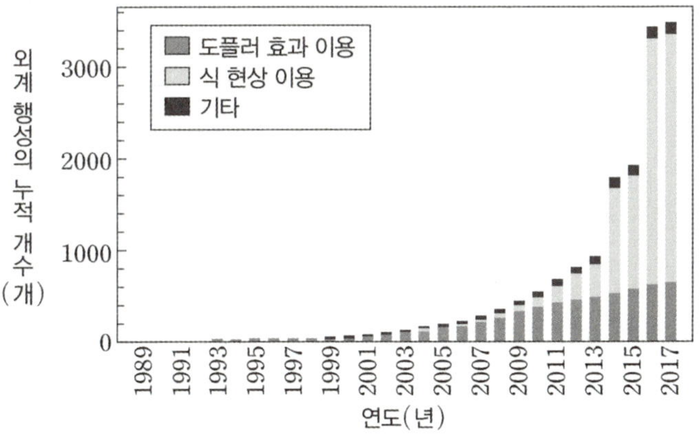

▲ 지금까지 발견한 외계 행성의 누적 수

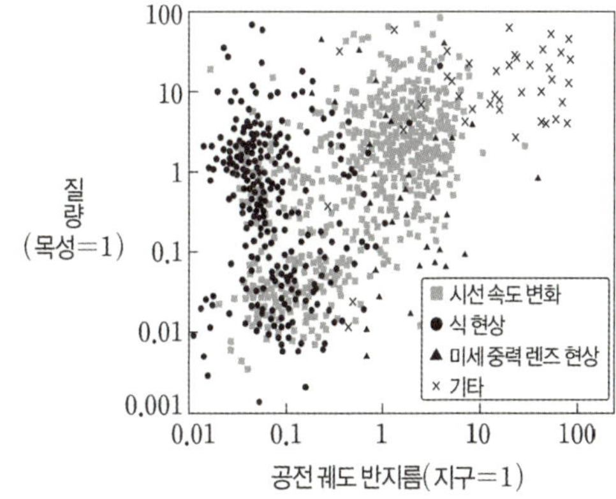

▲ 최근에 발견한 외계 행성의 물리량

memo

2019학년도 수능 지Ⅰ 18번

그림 (가)는 어느 외계 행성과 중심별이 공통 질량 중심을 중심으로 공전하는 모습을, (나)는 도플러 효과를 이용하여 측정한 이 중심별의 시선 속도 변화를 나타낸 것이다.

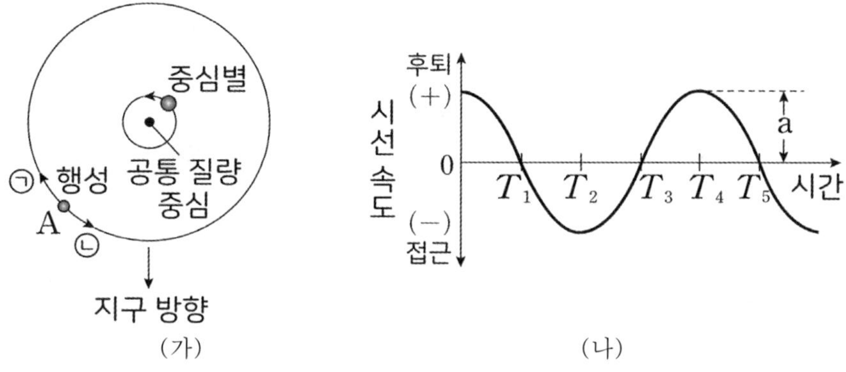

이에 대한 설명으로 옳은 것만을 <보기>에서 있는 대로 고른 것은?

─────────── <보 기> ───────────

ㄱ. 공통 질량 중심에 대한 행성의 공전 방향은 ㉠이다.

ㄴ. 행성의 질량이 클수록 (나)에서 a가 커진다.

ㄷ. 행성이 A에 위치할 때 (나)에서는 $T_3 \sim T_4$에 해당한다.

① ㄱ   ② ㄴ   ③ ㄱ, ㄷ   ④ ㄴ, ㄷ   ⑤ ㄱ, ㄴ, ㄷ

추가로 물어볼 수 있는 선지

1. 행성이 A에 위치할 때, 중심별의 파장은 길어지고 있다. (O, X)

2. T_1 시점에 식 현상이 나타난다. (O, X)

3. 중심별의 공전 궤도면과 시선 방향이 이루는 각이 커지면 a가 커진다. (O, X)

정답 : 1. (X), 2. (O), 3. (X)

KEY POINT #시선 속도 그래프, #공통 질량 중심

문항의 발문 해석하기

발문에 제시되어 있지만, 시선 속도 변화는 외계 행성이 아닌 중심별을 관측한 데이터임을 알아야 한다.

문항의 자료 해석하기

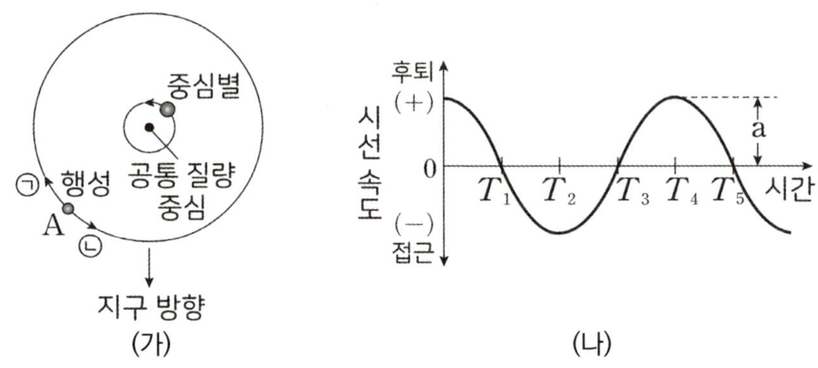

1. (가)의 경우, 행성의 공전 방향을 알려주지 않았는데 행성과 중심별은 같은 방향으로 공전하고 있음을 알아야 한다. 이때, 행성과 중심별의 위치 관계는 공통 질량 중심을 기준으로 정반대에 위치한다. 행성이 지구로부터 멀어지면, 중심별은 가까워진다.

2. (나)의 경우 시선 속도 그래프를 제시했는데 이는 중심별의 시선 속도 변화임을 알아야 한다.

   또한 공전 궤도면이 시선 방향과 나란한 경우 시선 속도의 최댓값은 별의 공전 속도에 해당하며, 행성과 별의 공전 주기는 동일하고 행성의 공전 궤도 반지름이 더 크다는 것을 통해 $v = \dfrac{2\pi r}{T} \propto \dfrac{r}{T} = \dfrac{\text{공전 궤도 반지름}}{\text{주기}}$ 을 이용해서 행성의 공전 속도는 별의 공전 속도보다 빠름을 유추할 수 있다.

선지 판단하기

ㄱ 선지 공통 질량 중심에 대한 행성의 공전 방향은 ㉠이다. (X)

　　　행성과 중심별은 같은 방향으로 공전하기 때문에 공통 질량 중심에 대한 행성의 공전 방향은 ㉡이다.

ㄴ 선지 행성의 질량이 클수록 (나)에서 a가 커진다. (O)

　　　행성의 질량이 클수록 공통 질량 중심이 별에서 멀어진다. 주기는 동일하기 때문에 중심별이 공전하는 궤도가 커질수록 별의 도플러 효과가 더 크게 나타난다. 도플러 효과가 더 크게 나타나면 시선 속도 또한 크게 나타나기 때문에 a가 더 크게 나타나게 된다.

ㄷ 선지 행성이 A에 위치할 때 (나)에서는 $T_3 \sim T_4$에 해당한다. (X)

　　　행성이 A에 위치한 경우 중심별은 적색편이 최댓값을 찍은 후 지구에서 멀어지는 중이다. 이 시점은 $T_4 \sim T_5$에 해당한다.

기출문항에서 가져가야 할 부분

1. 중심별과 행성은 같은 방향으로 공전함을 이해하기

2. 행성의 질량이 클수록 시선 속도 변화량이 커진다는 것을 알기

3. 시선 속도와 시간 그래프를 통해 별의 위치 파악하기

기출 문제로 알아보는 유형별 정리

[시선 속도 변화]

1 시선 속도 변화

① 시선 속도 변화를 통해 별과 행성의 위치 파악하기　　　　　　2019학년도 9월 모의평가 18번

　그림 (가)와 (나)는 어느 외계 행성에 의한 중심별의 시선 속도 변화와 겉보기 밝기 변화를 관측하여 각각 나타낸 것이다.

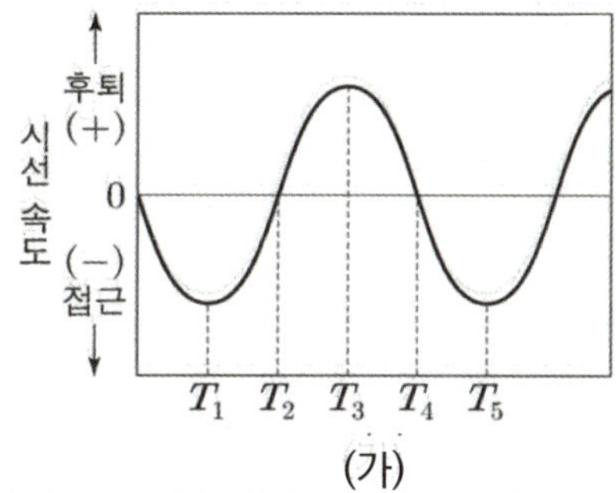

ㄴ. (가)에서 지구로부터 중심별까지의 거리는 T_2일 때가 T_3일 때보다 가깝다. (O)

- (가) 자료를 통해 중심별의 시선 속도 변화를 확인할 수 있다. 이때, T_1 **시기에는 가장 빠른 속도로 접근**하므로 **청색 편이**가 나타나고, T_3 **시기에는 가장 빠른 속도로 후퇴**하므로 **적색 편이**가 나타난다. 따라서 나머지 시간을 오른쪽 그림과 같이 나타낼 수 있다.
  그러므로 지구로부터 중심별까지의 거리는 T_2일 때가 T_3일 때보다 가깝다.

- 위 자료와 같이 시선 속도와 시각을 주면 각 시각에 해당하는 별의 위치를 찾아 그려둘 수 있도록 하자.

- 시선 속도 변화 그래프를 통해 **별과 행성의 주기를 파악**할 수 있음을 이해하자.

- **별과 행성은 공통 질량 중심을 기준으로 정반대에 있다**는 것을 기억하자.

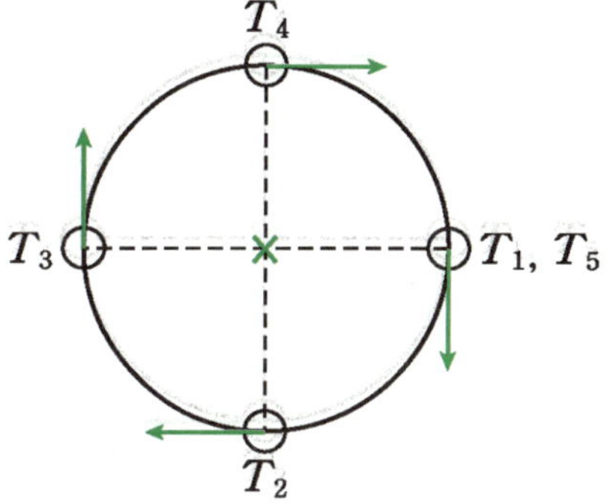

지구

▲ 시선 속도 변화에 따른 별의 위치

"

- 방금 확인한 문제를 조금 더 깊게 탐구해보자.

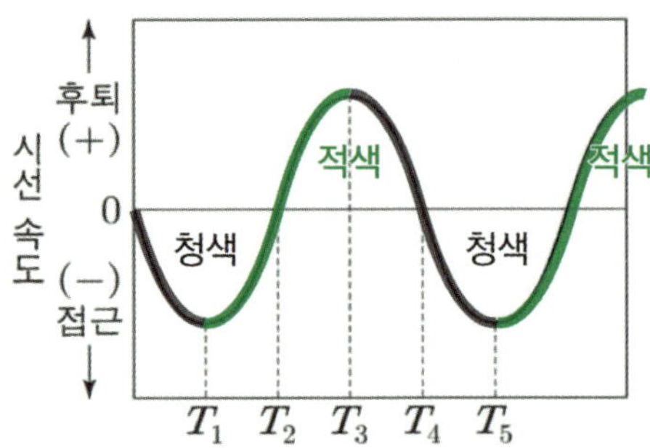

- 적색 편이는 시선 속도가 (+), 도플러 효과가 적색으로 이동했을 때를 의미한다.
- 청색 편이는 시선 속도가 (−), 도플러 효과가 청색으로 이동했을 때를 의미한다.
- 적색 편이와 청색 편이는 λ_0(기준 파장)을 기준으로 (+)인지 (−)인지를 나타내는 것이지 단순히 파장이 길어진다고 적색 편이인 것이 아니다.
- 즉 **적색 편이 구간에서도 파장이 감소하는 구간이 나타날 수 있으며, 청색 편이 구간에서도 파장이 증가하는 구간이 나타날 수 있다.**
  위 그래프에서 **색상으로 표현한 부분은 파장이 길어지는 기간**이며, **검정색으로 표현한 부분은 파장이 짧아지는 기간**이다.

① 각도에 따라 변화하는 중심별의 시선 속도   2023학년도 6월 모의평가 20번

그림 (가)는 중심별과 행성이 공통 질량 중심에 대하여 공전하는 원 궤도를, (나)는 중심별의 시선 속도를 시간에 따라 나타낸 것이다. 행성이 A에 위치할 때 중심별의 시선 속도는 −60m/s이고, 행성의 공전 궤도면은 관측자의 시선 방향과 나란하다.

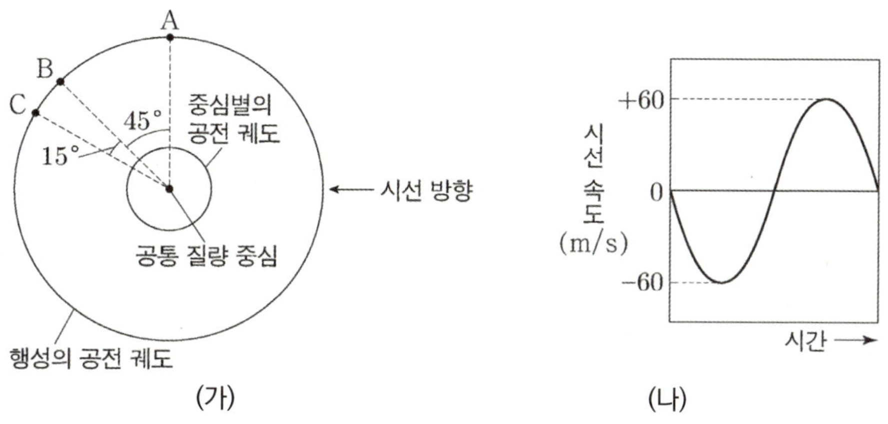

ㄷ. 중심별의 시선 속도는 행성이 B를 지날 때가 C를 지날 때의 $\sqrt{2}$ 배이다. (O)

- 행성이 A에 위치할 때 중심별의 시선 속도는 −60m/s이므로 별은 행성이 A에 위치할 때 청색 편이가 나타난다.
  자료에 나타난 행성의 위치를 보고 중심별의 위치를 아래와 같이 나타내자. 정확히 공통 질량 중심을 기준으로 반대편에 별이 위치한다.
  이때, 별이 A, B, C 위치에 있을 때 중심별의 공전 속도(v)는 변하지 않지만 시선 속도는 변화한다. A 위치에 있을 때 별의 시선 속도는 공전 속도와 같으므로 v이다.

  B 위치에서 별의 시선 속도는 $v\cos45° = \dfrac{v}{\sqrt{2}}$이다.

  C 위치에서 별의 시선 속도는 $v\cos60° = \dfrac{v}{2}$이다.

  따라서 중심별의 시선 속도는 B가 C의 $\sqrt{2}$ 배이다.
- 다음과 같이 **중심별의 위치에 따라 시선 속도가 다르게 나타난다는** 것을 반드시 기억하자.
- 주로 특수각으로 별의 위치를 제시하므로 **특수각과 삼각비에 대한 내용을 숙지하도록 하자**.

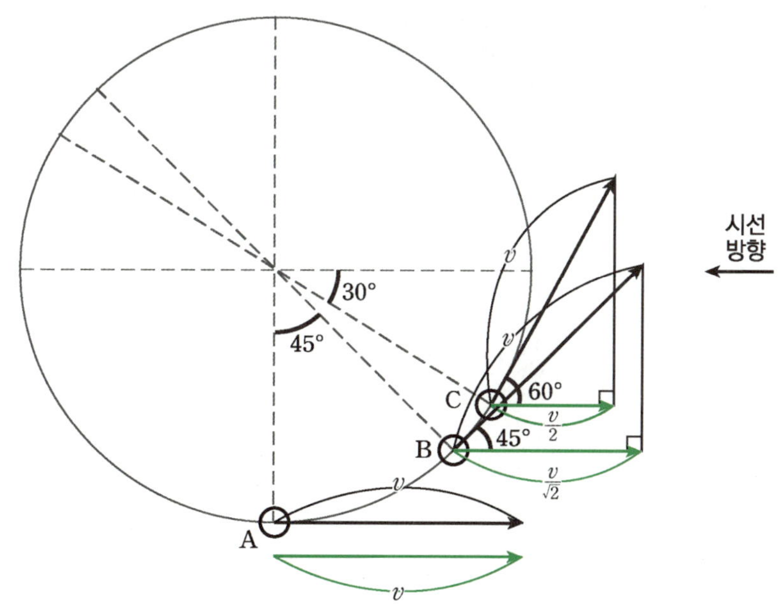

① 공전 궤도면과 시선 방향이 이루는 각이 달라지면 시선 속도가 변화한다.　　　　2022년 10월 학력평가 20번

　그림 (가)는 어느 외계 행성계에서 공통 질량 중심을 원 궤도로 공전하는 중심별의 모습을, (나)는 중심별의 시선 속도를 시간에 따라 나타낸 것이다. 이 외계 행성계에는 행성이 1개만 존재하고, 중심별의 공전 궤도면과 시선 방향이 이루는 각은 60°이다.

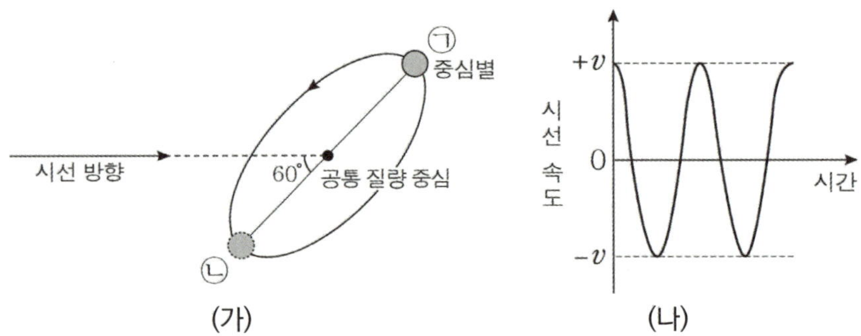

ㄴ. 중심별의 공전 속도는 $2v$이다. (O)

- 중심별과 시선 방향이 이루는 각이 60°이기 때문에 관측되는 속도 즉,

  시선 속도 v는 $v = V \cos 60°$ 즉, $\dfrac{1}{2}V$이다. 따라서 중심별의 공전 속도 V는 $2v$이다.

- 이처럼 **공전 궤도면이 시선 방향과 나란하지 않을 때는 시선 속도의 최댓값이 공전 속도와 동일하지 않음**을 알 수 있다. (p.419 내용과 연계되어 나올 가능성이 매우 높다. 반드시 정리하도록 하자.)
- 시선 방향과 공전 궤도면이 이루는 각이 작을수록 시선 속도 변화가 크게 나타난다.

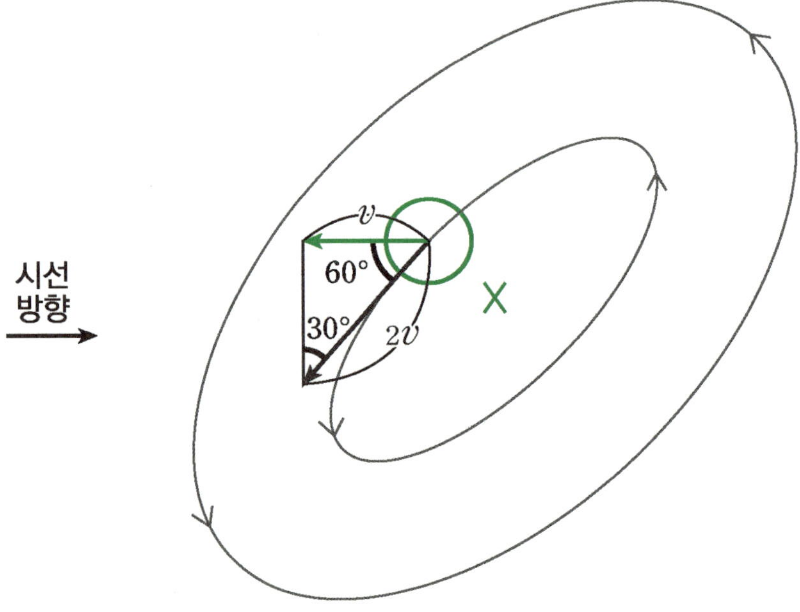

① 행성의 질량과 공통 질량 중심 2016학년도 9월 모의평가 19번

그림 (가), (나), (다)는 서로 다른 외계 행성계를 나타낸 것이다. 세 중심별의 질량과 반지름은 태양과 같고, 세 행성의 반지름은 지구와 같다. (단, 행성은 원 궤도를 따라 공전하며, 공전 궤도면은 관측자의 시선 방향과 나란하다.)

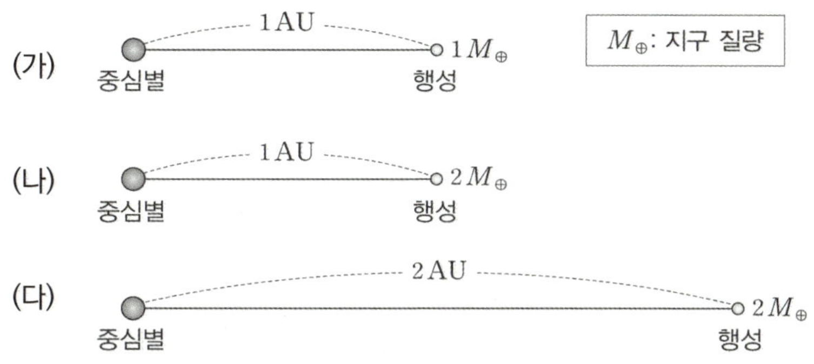

ㄴ. 도플러 효과에 의한 별빛의 최대 편이량은 (나)가 (가)보다 크다. (O)

- (가)와 (나)는 중심별의 질량이 같지만, 행성의 질량은 (나)가 더 크다.
  따라서 행성에 의해 나타나는 중심별의 도플러 효과는 행성의 질량이 더 커서 공통 질량 중심이 중심별에서 멀어지는 (나)가 더 크게 나타난다.
- 이처럼 중심별의 질량은 같지만 행성의 질량이 크다면 공통 질량 중심은 중심별에서 멀어짐을 이해하도록 하자.
- 아래와 같이 극단적인 시소 모형을 통해 나타낼 수도 있다.
  중심별의 질량이 같을 때 행성의 질량이 크거나 공전 궤도 반지름이 크다면 공통 질량 중심은 중심별로부터 멀어지는 것을 확인할 수 있다.

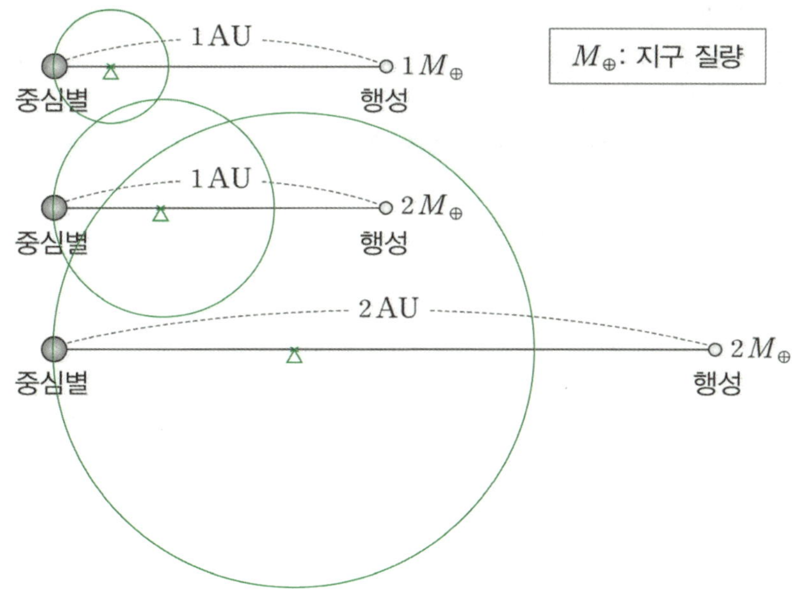

- 공통 질량 중심에 대해 조금 더 깊게 탐구해보자.

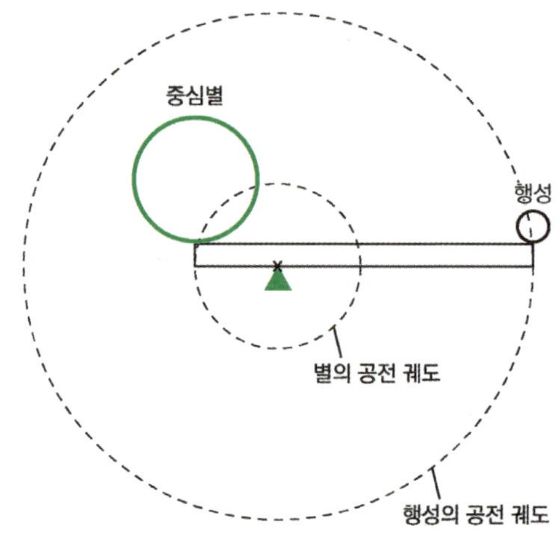

- 공통 질량 중심 : 별과 행성이 공전 운동을 할 때, 그 사이에 기준이 되는 중심이다. 이때, 별과 행성의 질량이 차이가 나면 **공통 질량 중심은 무거운 쪽으로 치우친다.**
- **별과 행성의 공전 주기는 동일**하다.
- 별과 행성 사이 거리가 일정할 때, 행성 질량이 커지면 공통 질량 중심은 행성 쪽으로 이동하여 중심별의 공전 궤도가 커진다.
- **공전 궤도가 커질 때** 별과 행성의 공전 주기가 변함이 없다면 중심별의 이동 거리가 증가하기 때문에 **중심별의 공전 속도가 증가**하게 된다.
- 중심별의 공전 속도가 증가하면 **시선 속도 변화량 그래프의 최댓값도 증가**하게 된다.
- **행성의 공전 속도는 항상 별의 공전 속도보다 크다.**
- **별과 행성의 공전 궤도는 공통 질량 중심을 기준으로 대칭**을 이룬다.
- 별이 지구에서 멀어지면, 행성은 지구에 가까워진다.
- 선지에서 **별의 위치 관계를 묻는지 행성의 위치 관계를 묻는지 확실히 체크**해야 한다. 실수가 정말 많이 나오는 부분이다.
- 별의 질량이 작을수록, 행성의 질량이 클수록 도플러 효과가 크게 나타난다.

추가로 물어볼 수 있는 선지 해설

1. 행성이 A에 위치할 때, 중심별의 파장은 길어지고 있다.
   ⇒ 행성이 A에 위치할 때의 시점은 $T_4 \sim T_5$로, 중심별은 적색 편이가 나타나지만, 파장은 짧아지고 있다.
2. T_1 시점에 식 현상이 나타난다.
   ⇒ 식 현상은 중심별의 시선 속도가 (+)에서 (−)로 변화하는 시점에 나타난다. 따라서 T_1시점과 T_5 시점에 식 현상이 나타나게 된다.
3. 중심별의 공전 궤도면과 시선 방향이 이루는 각이 커지면 a가 커진다.
   ⇒ 중심별의 공전 궤도면과 시선 방향이 이루는 각(θ)이 커지면 시선 속도는 $v\cos\theta$로 변하게 된다. 따라서 a는 작아진다.

2021년 7월 학력평가 지Ⅰ 19번

그림은 외계 행성이 중심별 주위를 공전하며 식현상을 일으키는 모습과 중심별의 밝기 변화를 나타낸 것이다. 이 외계 행성에 의해 중심별의 도플러 효과가 관측된다.

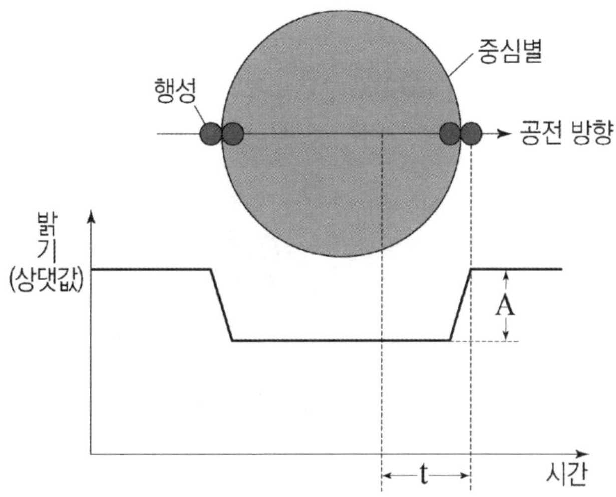

이에 대한 설명으로 옳은 것만을 <보기>에서 있는 대로 고른 것은?

─────── <보   기> ───────

ㄱ. 행성의 반지름이 2배 커지면 A 값은 2배 커진다.

ㄴ. t 동안 중심별의 적색 편이가 관측된다.

ㄷ. 중심별과 행성의 공통 질량 중심을 중심으로 공전하는 속도는 중심별이 행성보다 느리다.

① ㄱ   ② ㄷ   ③ ㄱ, ㄴ   ④ ㄴ, ㄷ   ⑤ ㄱ, ㄴ, ㄷ

추가로 물어볼 수 있는 선지

1. 행성의 질량이 커지면 t가 짧아진다. (O, X)

2. 별의 질량이 커지면 t가 짧아진다. (O, X)

3. 중심별과 행성 사이의 거리가 멀어지면 A가 작아진다. (O, X)

정답 : 1. (O), 2. (X), 3. (X)

문항의 발문 해석하기

발문에서 도플러 효과가 나타난다고 제시한 것을 통해 식 현상과 도플러 효과를 함께 물어볼 것이라고 생각하고 문제 풀이에 들어가야 한다.

문항의 자료 해석하기

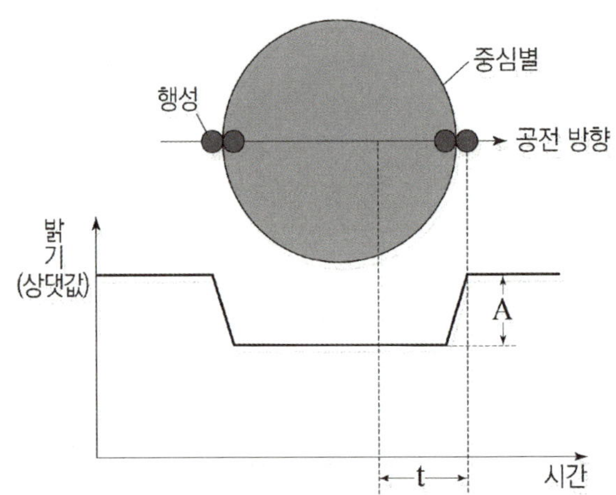

1. 중심별의 밝기 변화 A는 $\dfrac{r^2}{R^2}$ (r = 행성 반지름, R = 중심별 반지름)과 비례한다.

2. 식 현상이 나타나는 주기는 행성의 공전 주기와 동일하다.

선지 판단하기

ㄱ 선지 행성의 반지름이 2배 커지면 A 값은 2배 커진다. (X)

　행성의 반지름이 2배 커지면 별을 가리는 면적은 4배 커지게 된다.

ㄴ 선지 t 동안 중심별의 적색 편이가 관측된다. (X)

　식 현상은 중심별의 시선 속도 변화가 (+)에서 (-)로 변할 때 나타나게 되고, 시선 속도 변화가 0인 시점은 행성과 중심별이 시선 방향과 나란할 때이다. t시점은 중심별이 시선 속도 변화가 0인 시점을 지나 (-)로 변해 청색 편이가 나타나는 시점이다. 따라서 t 동안 중심별의 청색 편이가 관측된다.

ㄷ 선지 중심별과 행성의 공통 질량 중심을 중심으로 공전하는 속도는 중심별이 행성보다 느리다. (O)

　항상 중심별이 행성보다 공통 질량 중심에 가깝고, 공전 궤도가 더 작다. 두 천체의 공전 주기는 동일하기 때문에 궤도가 더 큰 행성의 공전 속도가 항상 빠르게 나타나게 된다.

기출문항에서 가져가야 할 부분

1. 중심별의 밝기 변화 A는 $\dfrac{r^2}{R^2}$ 에 비례한다.

2. 식 현상은 중심별의 시선 속도 변화가 (+)에서 (-)로 변할 때 나타난다.

3. 공전 속도는 별이 행성보다 항상 느리다.

기출 문제로 알아보는 유형별 정리

[식 현상]

1 식 현상

① 식 현상으로 알 수 있는 행성과 별의 물리량   2017년 3월 학력평가 18번

그림은 외계 행성에 의한 중심별의 겉보기 밝기 변화를 나타낸 것이다.

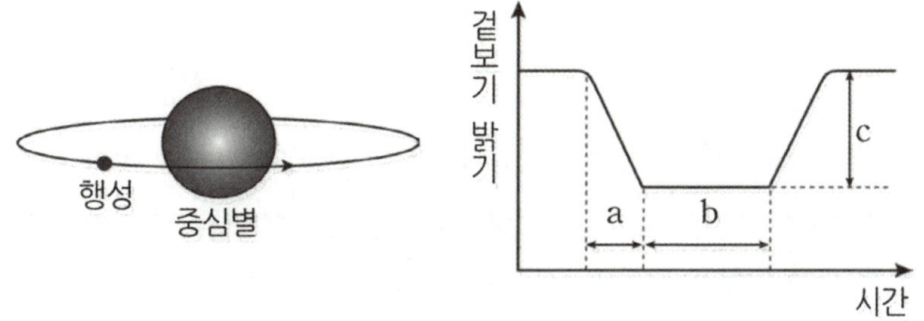

ㄱ. 중심별의 반지름이 클수록 a 구간이 길어진다. (X)

- a는 행성이 중심별 앞을 점점 가리는 기간이다. 이는 중심별의 반지름과는 관련이 없다.
- 중심별이 아닌 **행성의 반지름이 커질수록 행성의 단면적이 늘어나 a 구간이 길어진다**.
- 식 현상을 통해 여러 물리량을 알 수 있는데 다음과 같은 내용을 알아보도록 하자.

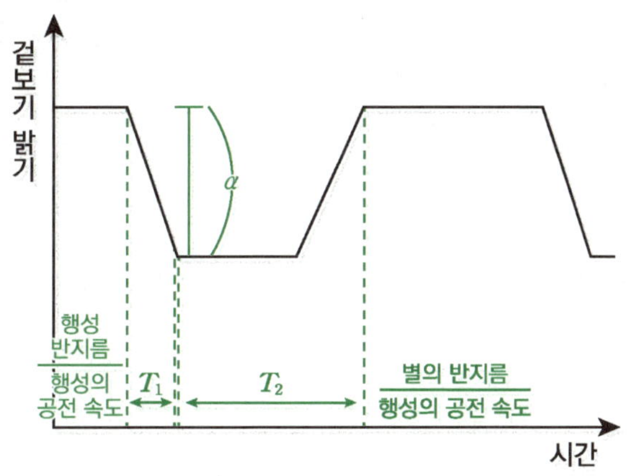

▲ 식 현상이 나타날 때 겉보기 밝기 변화 그래프로 알 수 있는 물리량

- 중심별의 밝기 변화 α 는 $\dfrac{r^2}{R^2}$ (r = 행성 반지름, R = 중심별 반지름)**과 비례한다**.
- 식 현상 그래프에서 별의 반지름과 행성의 반지름을 파악하는 방법은 위 그래프와 같다.

  T_1 기간은 $\dfrac{\text{행성의 반지름}}{\text{행성의 공전 속도}}$ 에 비례하고, T_2 기간은 $\dfrac{\text{별의 반지름}}{\text{행성의 공전 속도}}$ 에 비례한다.
- **식 현상은 별과 행성 사이의 거리와 무관하게 나타난다**. 왜냐하면 지구에서 외계 행성계를 바라보면 행성과 별의 거리 차이가 거의 없는 것으로 느껴지기 때문이다.

  (행성의 공전 궤도면이 더 크면 식 현상이 발생할 때 행성의 크기가 커져보이는 것이 아니다.)
- 식 현상은 **행성의 공전 속도가 빠를수록 지속 기간이 짧아진다**. 또한, 행성이 중심별에 가까이 공전할수록 공전 **속도는 빨라진다**. (이는 지구과학2에서 배우는 케플러 법칙으로 증명된다.)
- **식 현상이 나타나는 주기는 행성의 공전 주기와 같다.**

그림 (가)는 어느 외계 행성의 식 현상에 의한 중심별의 밝기 변화를, (나)는 이 외계 행성의 공전 궤도면과 시선 방향이 이루는 각이 달라졌을 때 예상되는 식 현상에 의한 중심별의 밝기 변화를 나타낸 것이다.

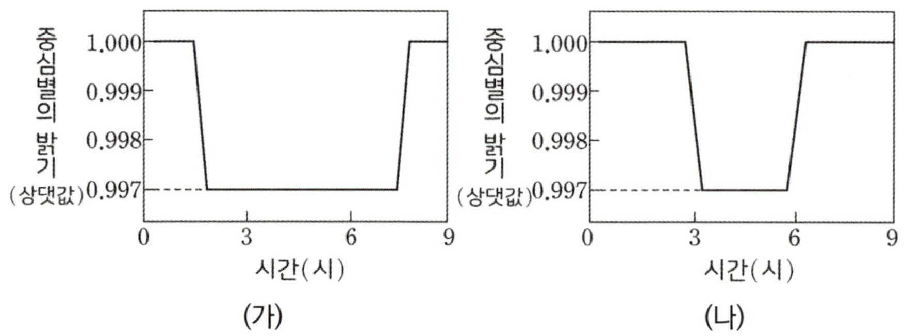

(가)   (나)

ㄱ. 외계 행성의 공전 궤도면이 시선 방향과 이루는 각은 (가)보다 (나)일 때 크다. (O)

- (가)와 (나) 중 식 현상이 지속되는 기간은 (가)가 더 길어서 시선 방향과 이루는 각은 (가)보다 (나)일 때 크다.
- 위와 같이 **공전 궤도면과 시선 방향이 이루는 각이 커질 때는 식 현상의 지속 기간이 더 짧아진다는 것을** 알아두도록 하자.
- 또한 **앞에서 바라본 행성의 공전 방향과 옆에서 바라본 행성의 공전 궤도면의 그림을 이해하자.**

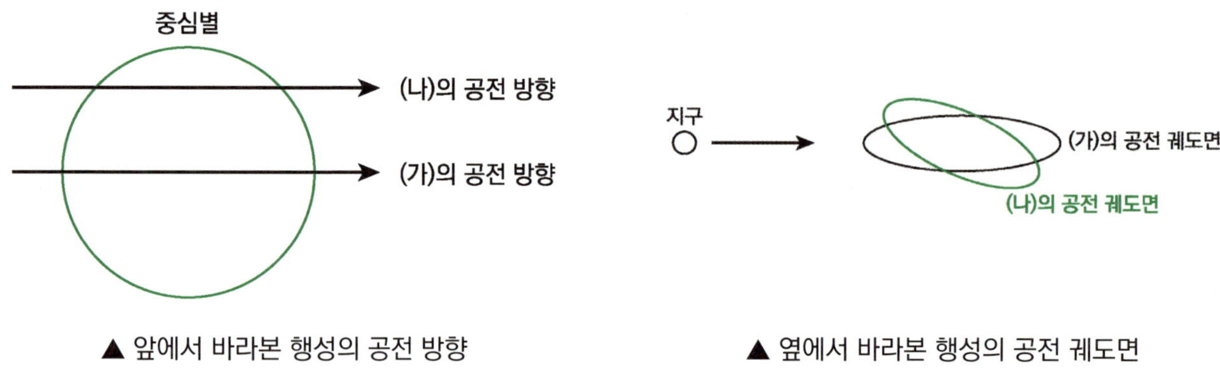

▲ 앞에서 바라본 행성의 공전 방향   ▲ 옆에서 바라본 행성의 공전 궤도면

추가로 물어볼 수 있는 선지 해설

1. 행성의 질량이 커지면 중심별과 공통 질량 중심 사이의 거리가 멀어지므로 중심별의 공전 궤도가 커진다. 공전 주기가 일정하다면 행성의 공전 속도도 증가하므로 t의 길이는 감소한다.
2. 중심별의 질량이 커지면 중심별과 공통 질량 중심 사이의 거리가 가까워지므로 중심별의 공전 궤도가 작아진다. 공전 주기가 일정하다면 행성의 공전 속도는 감소하므로 t의 길이는 증가한다,
3. 식 현상에서 밝기 변화는 별과 행성 사이의 거리와 무관하다. 지구와 외계 행성계까지의 거리가 굉장히 멀기 때문에 외계 행성계에서 중심별과 행성 사이의 거리는 무시 가능한 수준이다.

2021학년도 수능 지Ⅰ 18번

그림 (가)는 별 A와 B의 상대적 위치 변화를 시간 순서로 배열한 것이고, (나)는 (가)의 관측 기간 동안 이 중 한 별의 밝기 변화를 나타낸 것이다. 이 기간 동안 B는 A보다 지구로부터 멀리 있고, 별과 행성에 의한 미세 중력 렌즈 현상이 관측되었다.

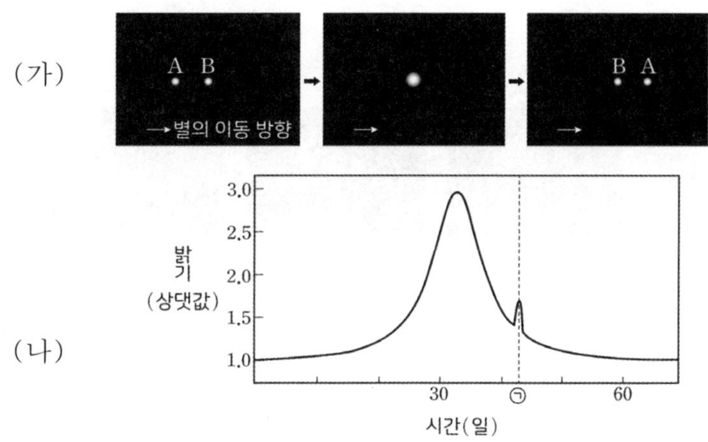

이 자료에 대한 설명으로 옳은 것만을 <보기>에서 있는 대로 고른 것은? [3점]

<보 기>

ㄱ. (나)의 ⊙ 시기에 관측자와 두 별의 중심은 일직선상에 위치한다.

ㄴ. (나)에서 별의 겉보기 등급 최대 변화량은 1등급보다 작다.

ㄷ. (나)로부터 A가 행성을 가지고 있다는 것을 알 수 있다.

① ㄱ   ② ㄷ   ③ ㄱ, ㄴ   ④ ㄴ, ㄷ   ⑤ ㄱ, ㄴ, ㄷ

추가로 물어볼 수 있는 선지

1. (나)는 별 B의 밝기 변화를 나타낸 것이다. (O, X)

2. (나) 그래프를 통해 A의 행성이 A보다 B-지구의 일직선상을 먼저 통과했음을 알 수 있다. (O, X)

3. 천체의 질량이 클수록 중력 렌즈 효과는 크게 나타난다. (O, X)

정답 : 1. (O) 2. (X) 3. (O)

KEY POINT #미세 중력 렌즈 효과, #배경별, #행성

문항의 발문 해석하기

미세 중력 렌즈 효과를 통해 외계 행성계를 탐사하는 방법이다. 이는 행성을 가지고 있는 별이 아닌 배경별의 밝기 변화를 통해 앞쪽 별의 외계 행성을 탐사하는 방법이다.

문항의 자료 해석하기

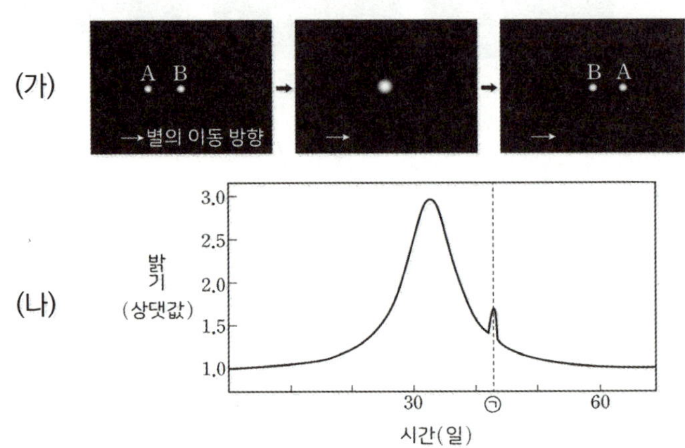

1. 발문에서 B는 A보다 멀리 있는 별이라는 것을 알려주었다. 이때, 이동하고 있는 별 A가 앞쪽에 위치한 별이고 위치 변화가 없는 별 B가 배경별이다.

   관측한 별의 밝기 변화는 배경별인 B 별의 밝기 변화이고, 미세한 밝기 변화가 나타난 ㉠은 A가 속한 외계 행성계의 행성에 의해 나타난 밝기 변화이다.

선지 판단하기

ㄱ 선지 (나)의 ㉠ 시기에 관측자와 두 별의 중심은 일직선상에 위치한다. (X)

   (나)의 ㉠ 시기는 A가 속한 외계 행성계의 행성에 의해 나타난 밝기 변화이다. 따라서 두 별의 중심이 일직선상에 위치한 것이 아닌 A에 속한 행성의 중심과 B 별의 중심이 일직선 상에 위치해있다.

   두 별의 중심이 일직선상에 위치한 시점은 별의 밝기 변화가 최대인 지점이다.

ㄴ 선지 (나)에서 별의 겉보기 등급 최대 변화량은 1등급보다 작다. (X)

   밝기가 2.5배 차이나면 등급은 1등급이 차이가 난다. (나)에서 최대 밝기 변화는 약 3배 차이로, 2.5배보다 더 많이 차이난다. 따라서 별의 겉보기 등급 최대 변화량은 1등급보다 크다.

ㄷ 선지 (나)로부터 A가 행성을 가지고 있다는 것을 알 수 있다. (O)

   미세 중력 렌즈 효과는 앞쪽 별에 행성이 있음을 알 수 있는 방법이다. 따라서 앞쪽 별인 A에 행성이 있음을 알 수 있다.

기출문항에서 가져가야 할 부분

1. 미세 중력 렌즈 효과는 앞쪽 별이 아닌 뒤에 위치한 배경별의 밝기 변화를 통해 앞쪽 별의 행성을 탐사함을 알기

2. 광도와 등급 사이의 관계 이해하기

기출 문제로 알아보는 유형별 정리

[미세 중력 렌즈 현상]

1 미세 중력 렌즈 현상

그림 (가)와 (나)는 외계 행성을 탐사하는 서로 다른 방법을 나타낸 것이다.

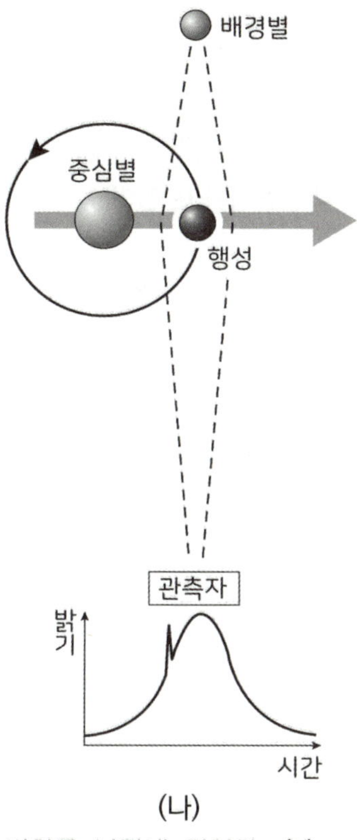

ㄴ. (나)의 그래프는 행성의 중심별의 밝기 변화를 나타낸 것이다. (X)

- (나)는 미세 중력 렌즈 현상에 의한 밝기 변화가 나타난다. 미세 중력 렌즈 현상은 먼 천체 즉, 배경별의 겉보기 밝기 변화를 관측하는 것이므로 중심별의 밝기 변화를 나타낸 것이 아니다.
- **미세 중력 렌즈 현상은 멀리 있는 배경별의 밝기 변화를 관측하는 것으로, 중심별이 배경별 앞을 지나가면서 현상이 나타난다. 이때, 중심별과 행성은 빛의 경로를 휘어지게 만드는 중력을 제공한다.**

그림 (가)와 (나)는 외계 행성에 의한 미세 중력 렌즈 현상과 식 현상의 겉보기 밝기 변화를 순서 없이 나타낸 것이다.

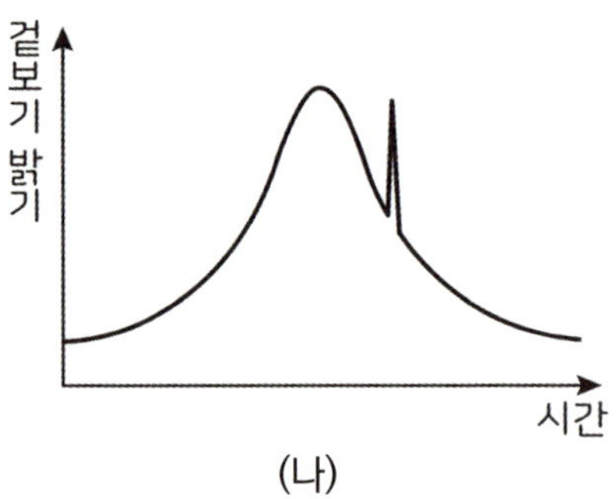

(나)

ㄱ. 미세 중력 렌즈 현상에 의한 겉보기 밝기 변화는 (나)이다.

- (나)는 겉보기 밝기가 증가하고 불규칙적인 밝기 변화가 또 일어났으므로 미세 중력 렌즈 현상에 의한 겉보기 밝기 변화라 할 수 있다.
- 위 자료의 (나)는 배경별-중심별-지구가 일직선상에 놓인 후 배경별-행성-지구가 일직선상에 놓인 것이라고 판단할 수 있다.

아래 자료와 같이 **중심별과 행성 중 어떤 천체가 먼저 통과했는지에 대한 내용을 알아두도록 하자.**

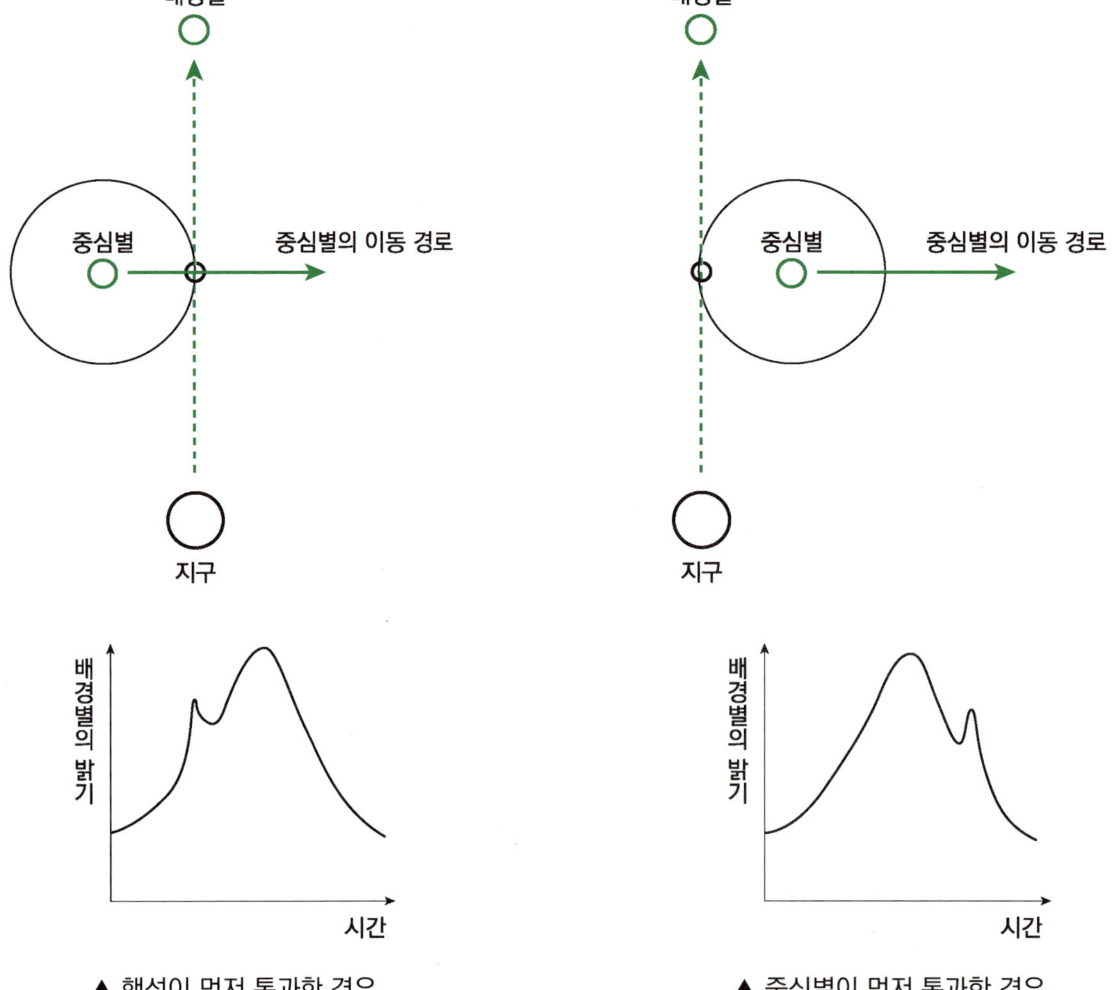

▲ 행성이 먼저 통과한 경우   ▲ 중심별이 먼저 통과한 경우

1. 미세 중력 렌즈 효과는 배경별의 밝기 변화를 통해 배경별 앞을 지나가는 중심별의 행성의 존재 여부를 탐사하는 방법이다. 따라서 (나)는 별 B의 밝기 변화를 나타낸 것이다.

2. 먼저 일직선상에 위치한 것은 별 A이다.

3. 천체의 질량이 클수록 빛을 더 많이 왜곡시켜 겉보기 밝기가 더욱 증가한다.

02 생명 가능 지대

생명 가능 지대

1. 외계 생명체

- 외계 생명체란 지구가 아닌 다른 천체에 존재하는 모든 생명체를 말한다. 인류가 발견한 생명체는 모두 지구 내에 존재한다. 따라서 외계 생명체가 어떤 분자구조와 물질로 이루어졌는지 모른다.
  따라서 지구에서 생명체가 탄생한 것과 마찬가지로 **액체 상태의 물**이 존재하는 행성이라면 생명체가 있을 수 있다고 추정한다.
- **액체 상태의 물**은 비열이 커서 **많은 양의 열을 가지고 있을 수 있다.** 또한, **다양한 물질을 녹일 수 있는 용매**이므로 생명체가 탄생하고 진화하기 위한 환경을 조성한다.

2. 생명 가능 지대

- 생명 가능 지대란 중심별 주위에 **물이 액체 상태로 존재할 수 있는 거리의 범위**다. 중심별에서 내뿜는 열에너지에 의해 주변 행성들의 온도가 올라가게 된다. 이때, 물이 액체 상태로 존재할 수 있는 영역에 행성이 존재한다면 그 행성은 생명 가능 지대에 속해 있다고 할 수 있다.
- **생명 가능 지대는** 중심별의 광도에 의해서 결정된다. 광도가 크면 행성이 단위 시간당 단위 면적에서 받는 복사 에너지양은 증가하여 **생명 가능 지대는 중심별과 멀어지고 폭이 넓어진다.** 광도가 작다면 단위 시간당 단위 면적에서 받는 복사 에너지양이 감소하여 **생명 가능 지대는 중심별과 가까워지게 되고 폭은 좁아진다.**
  우리가 살고있는 지구를 기준으로 생각해보자. 물은 **0~100도 사이에서 액체 상태로 존재**한다. 0도보다 내려가면 얼음이 되어 고체 상태로 존재하고, 100도보다 올라가면 수증기가 되어 기체 상태로 존재한다.
- **지구와 태양 사이의 거리는 천문 단위인** 1AU 다. 지구는 태양계 행성 중 유일하게 생명 가능 지대에 속하기 때문에 물이 액체 상태로 존재한다. 만약 지구가 1AU보다 멀어지면 기온이 0도보다 내려가게 되고 1AU보다 가까워지면 기온이 100도보다 올라가 물이 액체 상태로 존재하지 못한다. 만약 태양이 거성으로 진화하여 **현재보다 광도가 증가**하면 생명 가능 지대는 태양과 멀어져 **지구는 생명 가능 지대 안쪽에** 위치하게 되고, 반대로 **광도가 작아지면** 생명 가능 지대가 태양과 가까워져 **지구는 생명 가능 지대 바깥쪽에 위치**하게 된다.

이처럼 생명 가능 지대는 지구의 상황을 예시로 들어 생각한다면 어렵지 않게 문제를 풀 수 있다.

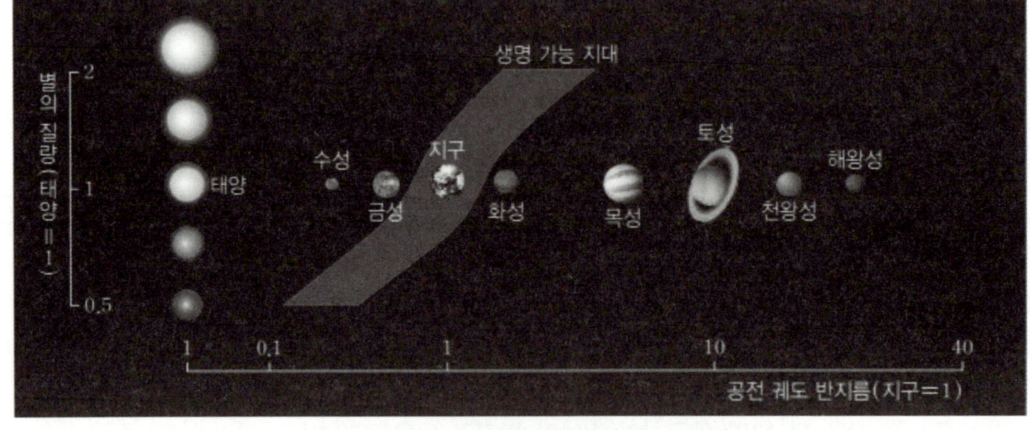

▲ 중심별의 질량에 따른 생명 가능 지대

행성이 생명 가능 지대에 속한다고 해서 반드시 생명체가 존재하는 것은 아니다. 말 그대로 생명이 존재할 **가능성이 있는 지역**이기 때문이다. 생명체가 존재하기 위한 조건은 몇 가지 더 존재한다. 다음을 통해 알아보자.

(모든 조건은 지구를 기준으로 정한 것이다.)

(1) 별의 질량에 따른 생명 가능 지대

- 행성에 **생명체가 탄생하여 진화하기 위해서는** 행성이 생명 가능 지대에 오랫동안 머물러야 한다. 따라서 중심별이 **적당한 질량을 가지고 있어야 한다.**

  (지구에 최초의 생명체가 탄생한 것이 지구 생성 후 약 10억 년 정도 지났을 무렵이다.)

- 중심별의 **질량이 큰 경우** : 질량이 큰 경우 **별의 수명이 짧아지기 때문**에 **행성이 생명 가능 지대에 오랫동안 머무르기 어렵다.** 따라서 생명체가 탄생하고 진화할 시간이 부족하다.

- 중심별의 **질량이 작은 경우** : 질량이 작은 경우 별의 수명은 길어져 생명체가 탄생하고 진화할 시간은 충분하다. 그러나 생명 가능 지대가 중심별과 너무 가까워져 중심별의 중력의 영향을 받아 행성의 공전 주기와 자전 주기가 같아지는 **동주기 자전**이 발생한다.

- 동주기 자전이 발생하면 **낮과 밤의 변화가 없어지고 행성의 한쪽 면만 중심별 쪽을 바라본다.** 따라서 중심별 쪽을 바라보는 쪽 면의 온도는 항상 높고 바라보지 않는 다른 쪽 면의 온도는 항상 낮다. 따라서 물이 액체 상태로 존재하기 어려우므로 생명체가 살 수 없다.

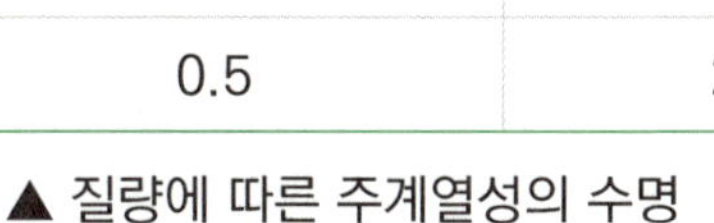

분광형	질량(태양 질량=1)	주계열성의 수명(년)
O5 V	40	100만
B0 V	18	1000만
A0 V	3.2	5억
F0 V	1.7	27억
G0 V	1.1	90억
K0 V	0.8	140억
M0 V	0.5	2000억

▲ 질량에 따른 주계열성의 수명

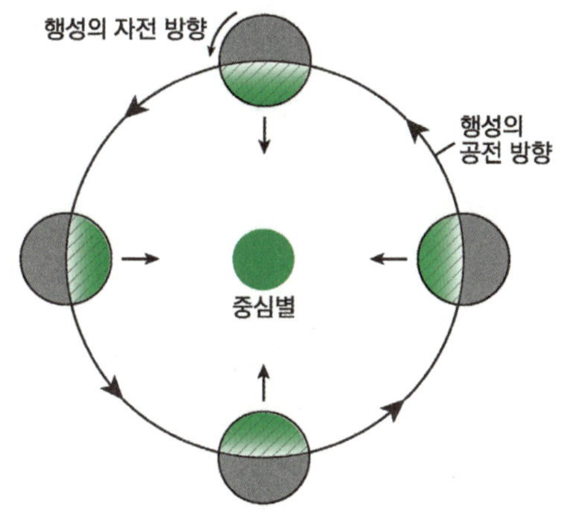

▲ 동주기 자전

(2) 적절한 두께의 대기 존재

대기는 우주로부터 날아오는 자외선을 차단한다. 또한, 적절한 두께의 대기는 **온실 효과를** 일으켜 행성의 온도를 일정하게 유지하도록 만든다. (만약 지구에 온실 효과가 없었다면 지구의 평균 기온은 −15도 정도였을 것이다.)

(3) 자기장의 존재

지구의 중심핵에서 발생하는 자기장은 우주로부터 오는 해로운 고에너지 입자를 막아준다.

(4) 행성 표면의 성질

목성과 같이 기체형 행성보다 지구처럼 단단한 지각을 가진 암석형 행성이면 생명체의 존재에 유리하다.

인류는 외계 생명체를 찾기 위해 세계 여러 국가와 단체에서 외계 생명체 탐사를 활발하게 진행하고 있다. 다음을 통해 여러 외계 생명체 탐사 방법을 알아보자.

(1) 외계 지적 생명체 탐사 (Search for Extra – Terrestrial Intelligence ; SETI)

SETI 프로젝트라고도 불리우며 외계 생명체가 보내는 전파를 검출하여 외계에 지적 생명체가 존재한다는 것을 밝히는 프로젝트다. 또한 지구에서 지속적으로 방출하는 전파를 외계인이 수신하여 찾아오도록 만든다.

(2) 우주 망원경

케플러 우주 망원경, 허블 우주 망원경, 제임스 웹 우주 망원경 등으로 생명 가능 지대에 속한 외계 행성을 찾고, 행성 대기 성분을 분석하여 생명체가 존재할 수 있는 환경인지에 대한 연구를 진행하고 있다.

(3) 우주 탐사선

주로 태양계 천체를 중심으로 우주 탐사선을 발사한다. 태양계 행성 중 생명체가 살고 있거나 살았을 가능성이 가장 높은 화성으로 큐리오시티, 퍼시비어런스 등의 탐사선을 보내 생명체 연구를 진행하고 있다.

2022년 4월 학력평가 지Ⅰ 17번

표는 외계 행성계 (가)와 (나)의 특징을 나타낸 것이다. (가)와 (나)는 각각 중심별과 중심별을 원 궤도로 공전하는 하나의 행성으로 구성된다.

구분	(가)	(나)
중심별의 분광형	F6 V	M2 V
생명 가능 지대(AU)	1.7 ~ 3.0	( )
행성의 공전 궤도 반지름(AU)	1.82	3.10
행성의 단위 면적당 단위 시간에 입사하는 중심별의 복사 에너지 양	1.03	㉠

이에 대한 설명으로 옳은 것만을 <보기>에서 있는 대로 고른 것은?

<보 기>

ㄱ. (가)의 행성에서는 물이 액체 상태로 존재할 수 있다.

ㄴ. (나)에서 생명 가능 지대의 폭은 1.3 AU보다 넓다.

ㄷ. ㉠은 1.03보다 크다.

① ㄱ   ② ㄴ   ③ ㄱ, ㄷ   ④ ㄴ, ㄷ   ⑤ ㄱ, ㄴ, ㄷ

추가로 물어볼 수 있는 선지

1. 중심별의 매우 질량이 작아도 외계 행성이 생명 가능 지대 안에 있다면 생명체가 살 수 있다. (O , X)
2. 두 개의 주계열성 중 표면 온도가 높은 주계열성의 생명 가능 지대의 폭이 더 넓을 것이다. (O , X)
3. 중심별과 생명 가능 지대의 안쪽 경계 사이 거리가 3AU라면 그 별의 광도는 태양보다 크다. (O , X)

정답 : 1. (X), 2. (O), 3. (O)

01 2022년 4월 학력평가 지Ⅰ 17번

KEY POINT #액체 상태의 물, #단위 면적당 단위 시간에 입사하는 복사 에너지 양

문항의 발문 해석하기

발문을 보고 외계 행성계 탐사 또는 생명 가능 지대에 대한 문제라는 것을 파악할 수 있어야 한다.

문항의 자료 해석하기

구분	(가)	(나)
중심별의 분광형	F6 V	M2 V
생명 가능 지대(AU)	1.7 ~ 3.0	( )
행성의 공전 궤도 반지름(AU)	1.82	3.10
행성의 단위 면적당 단위 시간에 입사하는 중심별의 복사 에너지 양	1.03	㉠

1. (가)와 (나)의 분광형 자료를 통해 광도 계급이 Ⅴ인 주계열성인 것을 알 수 있다.

   따라서 표면 온도가 높은 (가)가 (나)보다 광도가 크다. 따라서 (나)는 중심별과 생명 가능 지대 안쪽 경계면까지의 거리가 1.7보다 작고, 생명 가능 지대의 폭은 1.7 ~ 3.0보다 좁은 폭을 가진다.

2. (가)의 행성은 생명 가능 지대에 존재하므로 물이 액체 상태로 존재한다. 그러나 (나)의 행성은 생명 가능 지대보다 멀리 있으므로 물이 고체 상태로 존재할 것이다.

TIP.

생명 가능 지대의 위치와 폭은 중심별의 광도에 따라서 달라진다. 이때, 중심별이 주계열성이라면 주계열성의 특징을 이용하여 중심별의 광도를 비교할 수 있어야 한다.

선지 판단하기

ㄱ 선지 (가)의 행성에서는 물이 액체 상태로 존재할 수 있다. (O)

   (가)의 행성은 생명 가능 지대에 위치하므로 물이 액체 상태로 존재할 수 있다.

ㄴ 선지 (나)에서 생명 가능 지대의 폭은 1.3 AU보다 넓다. (X)

   (나)는 (가)보다 광도가 작은 주계열성이므로 생명 가능 지대의 폭은 1.3 AU보다 좁다.

ㄷ 선지 ㉠은 1.03보다 크다. (X)

   (나)보다 중심별의 광도가 큰 (가)의 행성에 단위 면적당 단위 시간에 입사하는 복사 에너지 양이 1.03이다.

   (나)의 행성은 광도가 작을 뿐만 아니라 중심별로부터 멀리 떨어져 있으므로 1.03보다 작은 값을 가진다.

기출문항에서 가져가야 할 부분

1. 생명 가능 지대는 광도와 관련이 있음을 이해하기

2. 물은 생명 가능 지대보다 가까이 있으면 수증기, 멀리 있으면 얼음의 형태로 존재함을 이해하기

3. 행성에 단위 면적당 단위 시간에 입사하는 중심별의 복사 에너지 양은 행성의 온도와 관련이 있음을 이해하기

기출 문제로 알아보는 유형별 정리

1 광도와 생명 가능 지대

<table>
<tr><td>① 광도에 따른 생명 가능 지대의 거리와 폭</td><td>2014년 10월 학력평가 1번</td></tr>
</table>

그림은 최근 발견된 외계 행성 케플러 186f가 중심별 케플러 186 주위를 공전하는 궤도와 태양계 행성들의 공전 궤도를 나타낸 것이다.

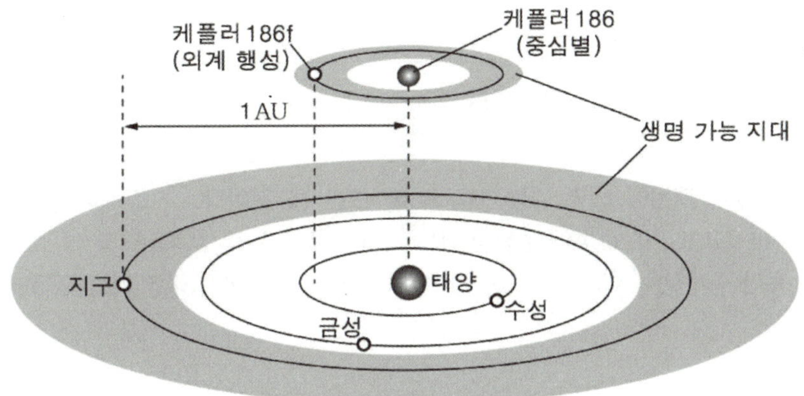

ㄷ. 생명 가능 지대의 폭은 케플러 186 주변이 태양 주변보다 좁다. (O)

- 자료를 보면 생명 가능 지대의 폭은 케플러 186 주변이 태양 주변보다 좁은 것을 확인할 수 있다.
- 자료에는 케플러 186과 태양의 생명 가능 지대가 나타나 있다. 이때, **태양의 생명 가능 지대가 중심별로부터 더 멀고 폭도 넓으므로 태양이 광도가 큰 별**이다.
- 두 중심별의 공전하는 행성 중 물이 액체 상태로 존재할 수 있는 행성은 지구와 케플러 186f이다.
- 위 자료의 생명 가능 지대를 참고하여 다른 유형을 이해할 수 있도록 하자.

<table>
<tr><td>② 태양과 비교할 수 있도록 하자.</td><td>2016년 4월 학력평가 17번</td></tr>
</table>

그림은 중심별의 질량이 서로 다른 두 항성계 A, B의 생명 가능 지대와 행성의 위치를 나타낸 것이다. (단, 중심별은 주계열성이고, 행성의 대기 효과는 무시한다.)

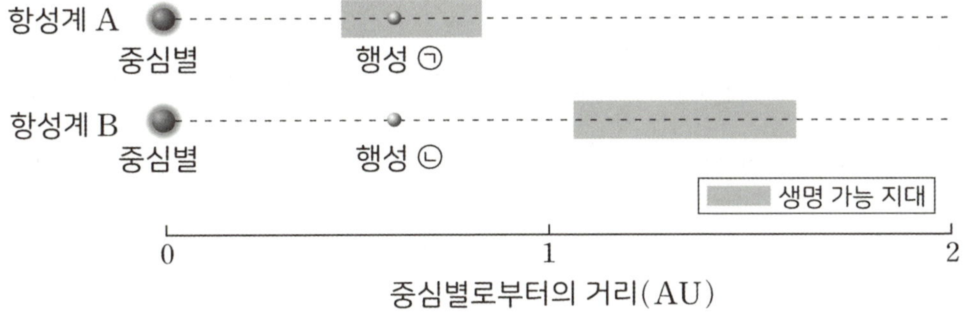

ㄷ. 중심별의 질량은 A가 B보다 크다. (X)

- A의 생명 가능 지대는 **1AU보다 가까이** 있는 반면, B의 생명 가능 지대는 **1AU보다 멀리** 있다. 따라서 A보다 **B의 광도가 더 크다**. 두 별은 모두 주계열성이므로 중심별의 질량은 B가 더 크다.
- 위 자료를 통해 생명 가능 지대의 거리와 폭을 확인할 수 있다.
  태양의 생명 가능 지대인 1AU를 기준으로 각 중심별의 광도를 생각할 수 있도록 하자.

③ 생명 가능 지대의 거리와 폭 예측

표는 주계열성 A, B, C의 질량, 생명 가능 지대, 생명 가능 지대에 위치한 행성의 공전 궤도 반지름을 나타낸 것이다.

주계열성	질량 (태양 = 1)	생명 가능 지대(AU)	행성의 공전 궤도 반지름(AU)
A	2.0	( )	4.0
B	( )	0.3~0.5	0.4
C	1.2	1.2~2.0	1.6

ㄴ. A에서 생명 가능 지대의 폭은 0.8AU보다 크다. (O)

- A와 C 중 질량이 더 큰 주계열성은 A이다.
  따라서 **A의 광도가 더 크기 때문에 생명 가능 지대의 폭 또한 클 것이다.**
  C의 생명 가능 지대 폭이 0.8AU이므로 A에서 생명 가능 지대의 폭은 0.8AU보다 크다.
- 위 자료를 더 자세히 보면 주계열성 A의 주위를 공전하는 행성은 4.0AU까지 생명 가능 지대에 포함된 것을 확인할 수 있다.

④ 원시별과 생명 가능 지대

그림은 어느 별의 시간에 따른 생명 가능 지대의 범위를 나타낸 것이다. 이 별은 현재 주계열성이다.

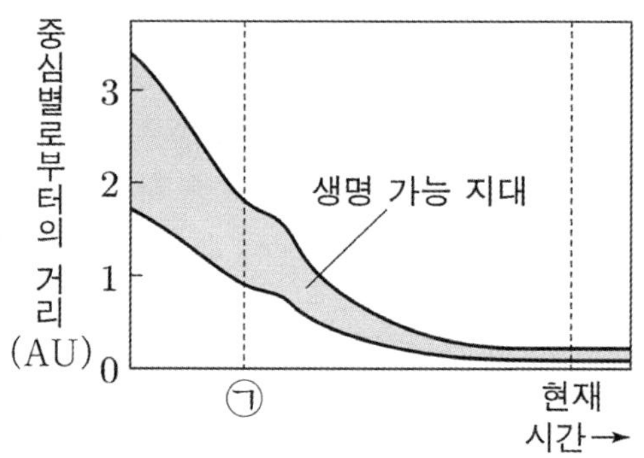

ㄱ. 이 별의 광도는 ㉠ 시기가 현재보다 작다. (X)

- 생명 가능 지대의 범위가 더 먼 ㉠ 시기의 광도가 현재보다 크다.
- 시간이 지나며 생명 가능 지대의 범위는 중심별로부터 가까워지고 있다. 이는 시간이 지나면서 중심별의 광도는 감소하고 있다는 것을 의미한다.
  현재 중심별은 주계열성이므로 광도가 감소하는 ㉠ 시기는 중심별이 원시별 단계였다는 것을 알 수 있다.

① 생명 가능 지대를 직접 그려보자.　　　　　　　　　　　　　　　　　2020학년도 수능 15번

　그림은 태양보다 질량이 작은 주계열성이 중심별인 어느 외계 행성계를 나타낸 것이다. 각 행성의 위치는 중심별로부터 행성까지의 거리에 해당하고, S 값은 그 위치에서 단위 시간당 단위 면적이 받는 복사 에너지이다. 생명 가능 지대에 존재하는 행성은 A이다. 이 행성계가 태양계보다 큰 값을 가지는 것만을 있는 대로 고른 것은?

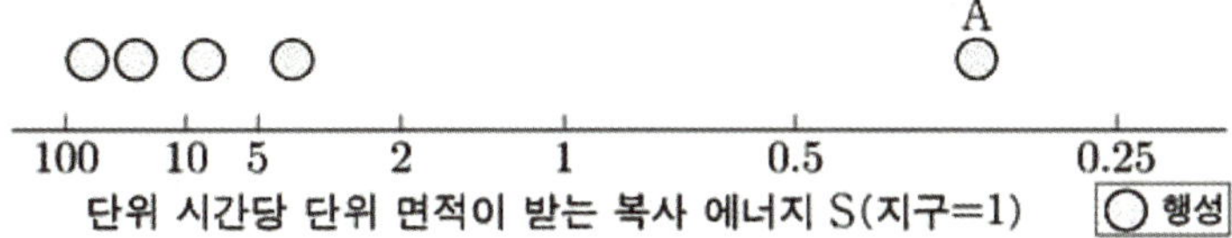

ㄱ. 중심별로부터 생명 가능 지대 안쪽 경계까지의 행성 수 (O)

- 자료의 외계 행성계의 **중심별은 태양보다 질량이 작으므로 광도가 작다.** 이때, 문제에 나타난 단위 시간당 단위 면적이 받는 복사 에너지 S는 행성에 입사하는 에너지이다. A는 생명 가능 지대에 위치하므로 물이 액체 상태로 존재할 수 있다.

  이때, A보다 많은 에너지를 받는 행성은 4개가 있다. 이들은 모두 **많은 에너지를 받고 있으므로 생명 가능 지대 안쪽 경계에 존재**한다. 태양계에는 생명 가능 지대 안쪽에 수성, 금성 총 2개이므로 위 외계 행성계의 행성이 더 많다.

- 위 문제의 자료를 아래 그림과 같이 생각할 수 있으면 좋겠다. **단위 시간당 단위 면적이 받는 복사 에너지가 높을수록 중심별에 가까이 있으므로** 값이 큰 4개의 행성은 생명 가능 지대보다 가까이 있으므로 온도가 높다.

- S = 1은 지구가 받는 에너지이므로 **S = 1인 곳은 생명 가능 지대에 포함된다.**

  그러나 그보다 높은 에너지를 받는 상태는 지구보다 에너지를 많이 받는 상태이므로 생명 가능 지대에 존재하기 힘들다고 생각하자.

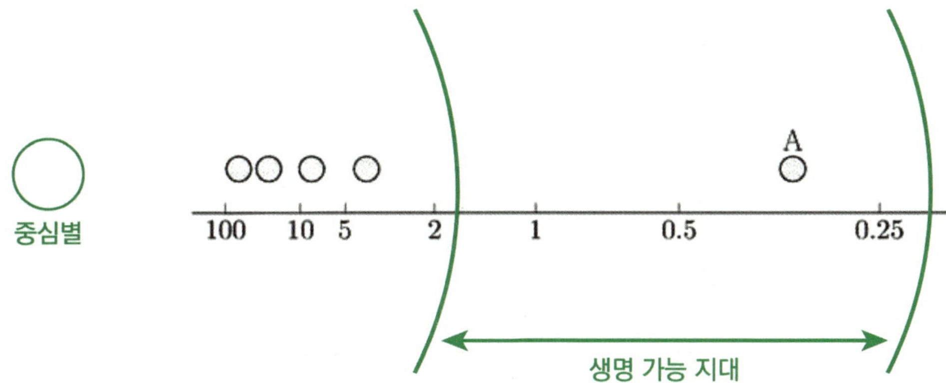

② 슈테판-볼츠만 법칙과 같다.

그림은 행성이 주계열성인 중심별로부터 받는 복사 에너지와 중심별의 표면 온도를 나타낸 것이다. 행성 A, B, C 중 B와 C만 생명 가능 지대에 위치하며 A와 B의 반지름은 같다.

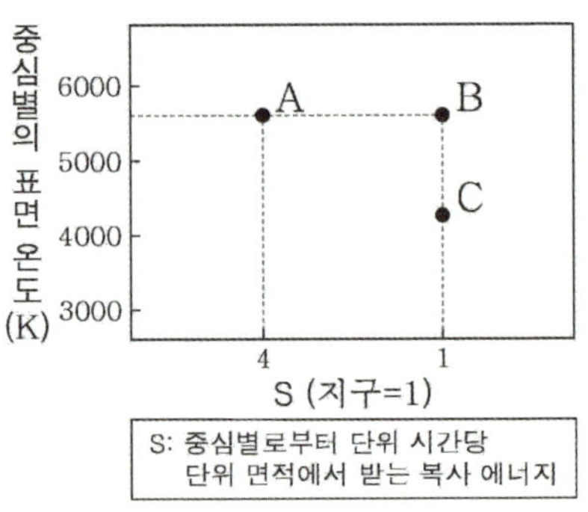

ㄱ. 행성이 복사 평형을 이룰 때 표면 온도(K)는 A가 B의 $\sqrt{2}$ 배이다. (O)

- A는 단위 시간 동안 단위 면적에서 받는 복사 에너지가 B의 4배이다. 따라서 **슈테판-볼츠만 법칙에 의해 에너지는 표면 온도의 네제곱에 비례한다.** 따라서 $4 = (\sqrt{2})^4$이므로 표면 온도는 $\sqrt{2}$ 배이다.
- 이처럼 행성에 입사하는 단위 시간당 단위 면적에 받는 에너지는 슈테판-볼츠만 법칙으로 행성의 표면 온도를 구할 수 있음을 이해하자.

3 중심별의 질량과 생명 가능 지대

① 중심별의 질량이 매우 큰 경우

표는 별 (가), (나), (다)의 분광형과 절대 등급을 나타낸 것이다. (가), (나), (다) 중 2개는 주계열성, 1개는 초거성이다.

별	분광형	절대 등급
(가)	G	−5
(나)	A	0
(다)	G	+5

ㄴ. 생명 가능 지대에서 액체 상태의 물이 존재할 수 있는 시간은 (다)가 (나)보다 길다. (O)

- (가)는 태양과 표면 온도가 같지만 광도가 매우 크므로 초거성, (나)는 태양보다 표면 온도와 광도가 높으므로 주계열성, (다)는 태양과 표면 온도와 광도가 거의 동일하므로 주계열성이다.
  이때, (다)는 (나)보다 질량이 작은 주계열성이다. 따라서 수명이 더 길어서 생명 가능 지대에서 액체 상태의 물이 존재할 수 있는 시간이 더 길다.
- 이처럼 **중심별의 질량이 크면 수명이 짧아지므로 생명 가능 지대에 위치할 수 있는 시간이 짧아진다.**
  중심별의 질량이 적당해야 행성에서 생명체가 진화할 시간이 충분하다는 것을 이해하자.
  이때, **'적당한 중심별의 질량'**이란 (다)와 같이 **태양 정도의 질량**이라는 것을 알아두자.

표는 세 중심별의 광도와 각 중심별의 생명 가능 지대에 속한 행성과 그 행성의 공전 주기를 나타낸 것이다.

중심별(주계열성)	중심별 광도(태양 = 1)	행성	행성 공전 주기(일)
태양	1	지구	365
프록시마 센터우리	0.0017	프록시마 센터우리 b	11.186
베타 픽토리스	8.7	베타 픽토리스 b	8000

ㄴ. 생명 가능 지대의 폭은 프록시마 센터우리가 태양보다 좁다. (O)

- 프록시마 센터우리는 태양보다 광도가 작다. 따라서 생명 가능 지대의 폭이 더 좁다.
- 위 문제에서 언급하지는 않았지만, 프록시마 센터우리같이 **태양보다 질량이 작은 주계열성**은 생명 가능 지대가 중심별과 가까워져 **중심별의 중력의 영향을 크게 받으므로 동주기 자전**을 한다는 것을 알아두자.

추가로 물어볼 수 있는 선지 해설

1. 중심별의 질량이 작다면 동주기 자전에 의해 생명 가능 지대 안에 있더라도 생명체가 살 수 없다.
2. 주계열성의 특징을 생각해본다면 표면 온도가 높은 주계열성일수록 광도가 높으므로 생명 가능 지대의 폭은 넓어질 것이다.
3. 태양과 생명 가능 지대 안쪽 경계까지의 거리는 1AU보다 짧으므로 광도가 더 작을 것이다.

memo

Theme

08

외부 은하와 우주

외부 은하 – 허블의 은하 분류

1. 외부 은하

은하란 항성, 성간 물질, 암흑 물질 등 여러 물질이 **중력에 의해 뭉쳐진 천체의 거대한 집합체**다.
우리가 살고 있는 태양계는 우리은하의 가장자리에 위치하고 있다. 외부 은하란 우리은하 바깥에 존재하는 모든 은하를 의미한다.

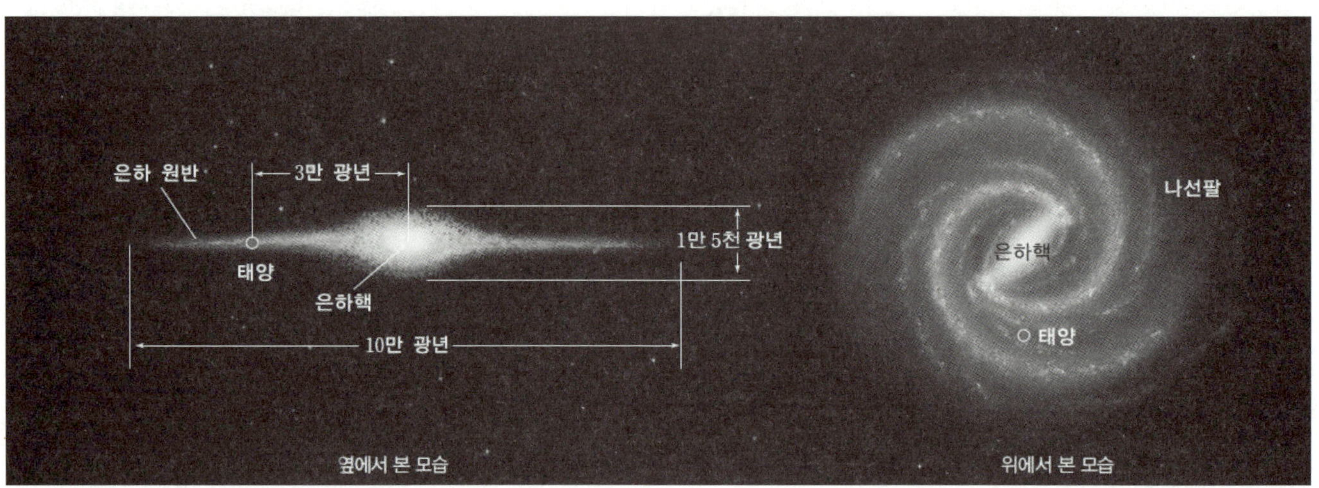

▲ 대표적인 막대 나선 은하인 우리은하의 모습(상상도)

2. 은하의 종류

천문학자인 허블은 외부 은하들을 **가시광선 영역에서 관측되는 형태(모양)에 따라 분류**하였다.
오로지 형태에 따라서 구분한 것이기 때문에 **은하의 진화와는 아무런 관련이 없다.**

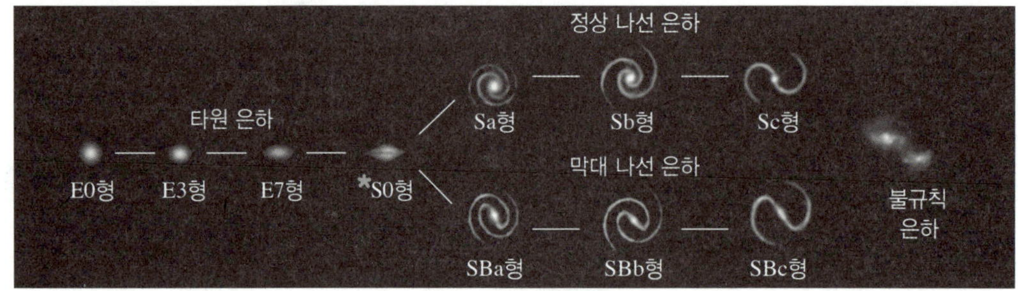

▲ 허블의 은하 분류 체계

(1) 타원 은하(E)

① **나선팔이 없는 타원 모양**의 은하다. **타원의 납작한 정도에 따라 E0~E7으로 구분**한다.
E0에 가까울수록 원에 가깝게 보이고, E7에 가까울수록 납작한 타원으로 보인다.

② 성간 물질이 거의 존재하지 않아서 **새로운 별의 탄생은 거의 없**다. 따라서 주로 **나이가 많고 온도가 낮은 별들로 이루어져 있**다. (나이가 많기 때문에 H-R도에서 오른쪽에 있는 표면 온도가 낮은 주계열성이거나 주계열을 떠나 표면 온도가 낮아진 거성일 것이기 때문이다.)

▲ 편평도가 다른 여러 모습의 타원 은하

(2) 나선 은하

① **은하핵과 나선팔로 구성된 은하**다. 은하핵과 나선팔 사이의 **막대 구조의 유무에 따라 정상 나선 은하(S)와 막대 나선 은하(SB)로** 구분한다. 또한 **나선팔이 감긴 정도와 은하핵의 상대적인 크기에 따라** Sa,Sb,Sc 또는 SBa,SBb,SBc로 구분한다.
a → b → c 순으로 갈수록 **중심핵의 크기가 상대적으로 작고 나선팔이 느슨하게 감겨있**다.

② **나선팔에 성간 물질이 분포**하기 때문에 **새로운 별들의 탄생**이 일어난다. 따라서 **나이가 적고 온도가 높은 별들로 이루어져 있**다. **은하핵 부근**은 주로 **나이가 많고 온도가 낮은** 별들로 이루어져 있다.

- 정상 나선 은하(S) : 나선팔이 **은하핵으로부터 직접** 뻗어 나오는 구조다.
  막대 나선 은하(SB) : 은하핵을 가로지르는 **막대에서 나선팔이 뻗어 나오는** 구조다.

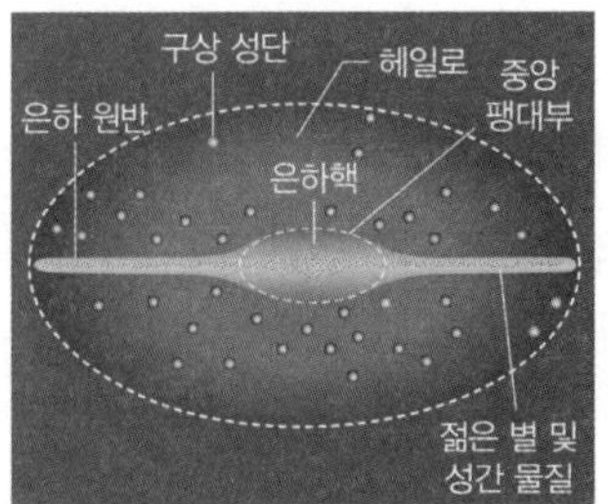

▲ 정상 나선 은하　　　▲ 막대 나선 은하　　　▲ 옆에서 바라본 나선 은하

(3) 불규칙 은하(Irr)

① 규칙적인 형태나 구조가 명확하지 않은 은하다.

② 성간 물질이 많이 분포하기 때문에 새로운 별의 탄생이 활발하게 일어난다. 따라서 나이가 적고 온도가 높은 별들로 구성되어 있다.

▲ 여러 모습의 불규칙 은하

외부 은하 – 특이 은하

과학 기술이 발달하면서 **허블의 분류 체계로는 분류하기 어려운 은하들**이 관측됐다. 이들을 특이 은하라 부르며, 기존의 은하들과는 확연히 다른 특징들을 가지는데 이는 전파 은하, 세이퍼트은하, 퀘이사의 중심에는 블랙홀이 있기 때문이라고 추정되고 있다.

1. 전파 은하

보통의 은하보다 **수백 배 이상 강한 전파를 방출**하는 은하다. **가시광선 영역**에서는 **타원 은하**처럼 보이지만 **전파 영역**에서 관찰하면 강한 전파를 방출하는 **제트**와 **로브**라는 구조가 관측된다.

제트와 로브는 중심부의 양쪽에 대칭적으로 나타나고 일부 영역에서 강한 X선을 방출하는데, 이는 **은하 중심부에 존재하는 블랙홀**에 의해 고속으로 움직이는 전자와 강한 자기장 때문이라고 추정하고 있다.

▲ 가시광선 영상

▲ 전파 영상

▲ 가시광선 영상과 전파 영상의 합성

2. 세이퍼트은하

일반적인 은하에 비해 **핵 부근의 광도가 비정상적으로 크고 스펙트럼상에서 넓은 방출선**이 나타나는 은하다. **가시광선 영상**에서는 **나선 은하**처럼 보인다.

넓은 방출선이 나타나는 이유는 **중심부에 거대한 블랙홀**이 있어 가스 구름을 빠르게 회전시키고 있기 때문이라고 추정된다. 전체 나선 은하 중 약 2%가 세이퍼트은하로 분류된다.

▲ 가시광선 영역의 세이퍼트은하

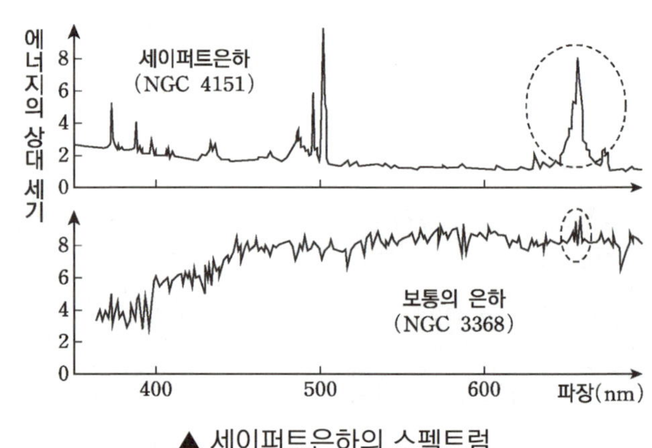

▲ 세이퍼트은하의 스펙트럼

수많은 별들로 이루어진 **은하지만 매우 멀리 있어 별처럼 관측**된다. 적색 편이가 매우 크게 나타나는데 이는 퀘이사가 매우 먼 거리에서 빠른 속도로 멀어지고 있다는 것을 의미한다. **퀘이사는 매우 멀리 있기 때문에 초기 우주에 형성되었다고 추정할 수 있다.** (이는 p.488에서 자세하게 알아가자.)
매우 멀리 있어 보이지 않아야 하지만 광도가 매우 크기 때문에 별처럼 관측된다.

퀘이사가 에너지를 방출하는 영역은 태양계 정도의 크기지만 방출하는 에너지는 우리은하의 수백 배 ~ 수천 배에 이르기 때문에 **중심부에 블랙홀**이 있을 것으로 여겨진다. 세이퍼트은하보다 더 밝으며 우리가 관측할 수 있는 가장 먼 거리의 천체다.

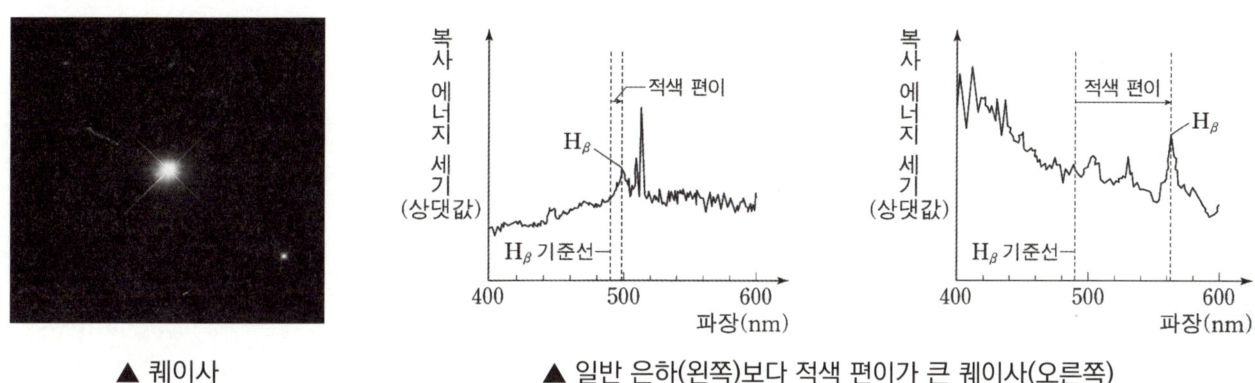

▲ 퀘이사
▲ 일반 은하(왼쪽)보다 적색 편이가 큰 퀘이사(오른쪽)

4. 충돌 은하

대부분의 은하는 서로 멀어지고 있지만 (이는 Theme 8-2 빅뱅 우주론에서 자세하게 알아가자.) 서로 잡아당기는 중력에 의해 **서로 가까워지다가 충돌하여 형성된 은하**다. 두 은하가 가까이 접근하면 규칙적으로 유지하던 모양이 흐트러져 특이하게 보인다.

은하와 은하가 충돌하더라도 **별들끼리 충돌하는 일은 매우 희박**하다. 별과 별 사이의 거리는 우리가 생각하는 것보다 훨씬 멀기 때문이다. (태양에서 가장 가까운 항성인 프록시마 센타우리도 약 4광년 정도 떨어져 있다) 그러나 은하 속에 있던 거대한 분자구름들이 충돌하여 밀도가 높아지므로 **새로운 별의 탄생은 활발**하게 일어난다.

▲ 충돌하는 두 은하

▲ 제임스웹 우주망원경으로 관측한 슈테팡 5중주

그림은 외부 은하 중 일부를 형태에 따라 (가), (나), (다)로 분류한 것이다.

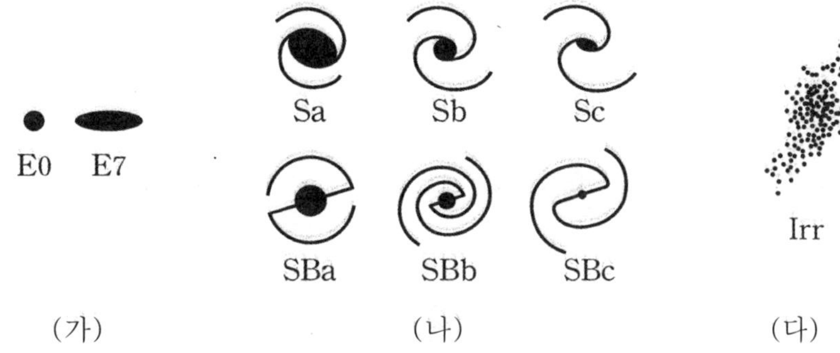

이에 대한 설명으로 옳은 것만을 <보기>에서 있는 대로 고른 것은?

<보 기>

ㄱ. (가)는 타원 은하이다.

ㄴ. (나)의 은하들은 나선팔이 있다.

ㄷ. 은하를 구성하는 별의 평균 표면 온도는 (가)가 (다)보다 낮다.

① ㄱ　　　　② ㄷ　　　　③ ㄱ, ㄴ　　　　④ ㄴ, ㄷ　　　　⑤ ㄱ, ㄴ, ㄷ

추가로 물어볼 수 있는 선지

1. 허블은 외부 은하를 적외선 영역에서 관측되는 형태에 따라 분류했다. (O , X)

2. Sa보다 Sc의 나선팔이 더 느슨하게 감겨 있다. (O , X)

3. 불규칙 은하는 나선 은하로 진화한다. (O , X)

정답 : 1. (X), 2. (O), 3. (X)

01 2021년 3월 학력평가 지Ⅰ 9번

KEY POINT #허블의 은하 분류, #은하의 평균 표면 온도

문항의 발문 해석하기

허블의 은하 분류에 따른 은하들의 특징을 떠올릴 수 있어야 한다.

문항의 자료 해석하기

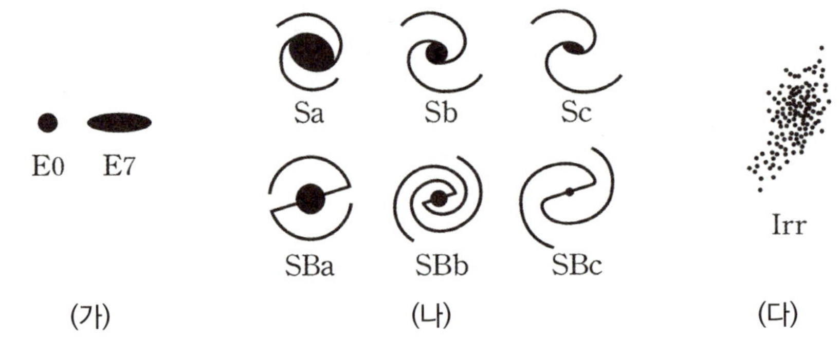

1. (가)는 타원 은하이다. 타원 은하를 구성하는 별들은 대체로 늙고 붉은 별들이다.
   은하의 모양은 E0에 가까울수록 원형이고, E7에 가까울수록 타원형이다.

2. (나)는 나선 은하이다. 중심핵으로부터 나선팔이 뻗어 나오면 정상 나선 은하, 중심핵 부근의 막대 구조로부터 나선팔이 뻗어 나오면 막대 나선 은하이다. 나선 은하의 중심부에는 늙고 붉은 별들이, 나선팔에는 젊고 푸른 별들이 분포해있다.
   a에 가까울수록 은하핵의 크기가 크고 나선팔이 더 감겨 있고, c에 가까울수록 은하핵의 크기가 작고 나선팔이 느슨하게 감겨 있다.

3. (다)는 불규칙 은하이다. 불규칙 은하를 구성하는 별들은 대체로 젊고 푸른 별들이다.
   불규칙 은하에는 성간 물질이 많이 분포해있어 새로운 별의 탄생이 활발하다.

선지 판단하기

ㄱ 선지 (가)는 타원 은하이다. (O)

   (가)의 은하는 모양을 보고 타원 은하라고 판단해야 한다.

ㄴ 선지 (나)의 은하들은 나선팔이 있다. (O)

   (나)는 나선 은하이다. 따라서 나선팔을 가지고 있다.

ㄷ 선지 은하를 구성하는 별의 평균 표면 온도는 (가)가 (다)보다 낮다. (O)

   (가)는 대체로 붉은색을, (다)는 대체로 푸른색을 띤다. 따라서 별의 평균 표면 온도는 푸른색을 띠는 (다)가 높다.

기출문항에서 가져가야 할 부분

1. 허블의 은하 분류는 모양에 따라 분류한 것임을 기억하기

2. 각 은하를 구성하는 별들의 색, 나이, 성간 물질의 유무 암기하기

3. 타원 은하와 나선 은하는 은하의 특징에 따라 세분화할 수 있음을 암기하기

기출 문제로 알아보는 유형별 정리

[허블의 은하 분류]

1 은하의 종류에 따른 물리량

① 은하의 나이와 성간 물질   2021년 10월 학력평가 16번

그림 (가), (나), (다)는 타원 은하, 나선 은하, 불규칙 은하를 순서 없이 나타낸 것이다.

(가)   (나)   (다)

ㄴ. 은하를 구성하는 별들의 평균 나이는 (나)가 (다)보다 많다. (X)

- 나선 은하의 중심부는 늙은 별들이, 나선팔에는 젊은 별들이 분포하고 있다. 타원 은하는 은하 전체에 늙은 별들이 분포한다. 따라서 별들의 평균 나이는 나선 은하인 (나)가 타원 은하인 (다)보다 적다.
- **타원 은하는 성간 물질이 적어 늙은 별들이 분포**한다.
  나선 은하의 중심부에는 성간 물질이 적어 늙은 별들이 분포하지만, **나선팔에는 성간 물질이 많아 젊은 별들이 분포**한다.
  불규칙 은하는 전체적으로 **성간 물질이 많아 젊은 별들이 많이 분포**한다.
  (성간 물질이 많을수록 새로운 별의 탄생이 활발하다.)
- 은하를 구성하는 별들의 평균 나이 : 타원 은하 〉 나선 은하 〉 불규칙 은하

② 은하의 평균 표면 온도   지Ⅱ 2018학년도 수능 8번

그림은 허블의 은하 분류상 서로 다른 형태의 세 은하 A, B, C를 가시광선으로 관측한 것이다.

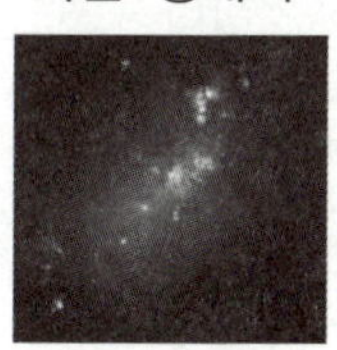  

A   B   C

ㄴ. B의 경우 별의 평균 색지수는 은하 중심부보다 나선팔에서 크다. (X)

- B는 나선 은하이다. 나선 은하의 중심부에는 붉은 별들이, 나선팔에는 푸른 별들이 분포한다. 따라서 평균 색지수는 평균 표면 온도가 더 낮은 은하 중심부에서 크게 나타난다.
- **타원 은하는** 주로 **붉은 별들이 분포**하여 별들의 평균 **표면 온도가 낮다.**
  나선 은하의 중심부에는 붉은 별들이 분포하여 평균 **표면 온도가 낮지만,** **나선팔에는 푸른 별들이 분포**하여 평균 **표면 온도가 높다.**
  불규칙 은하는 전체적으로 **푸른 별들이 많이 분포**하여 평균 **표면 온도가 높다.**
- 은하를 구성하는 별들의 평균 표면 온도 : 불규칙 은하 〉 나선 은하 〉 타원 은하

① 타원 은하의 세분화   2021학년도 9월 모의평가 12번

다음은 세 학생이 다양한 외부 은하를 형태에 따라 분류하는 탐구 활동의 일부를 나타낸 것이다.

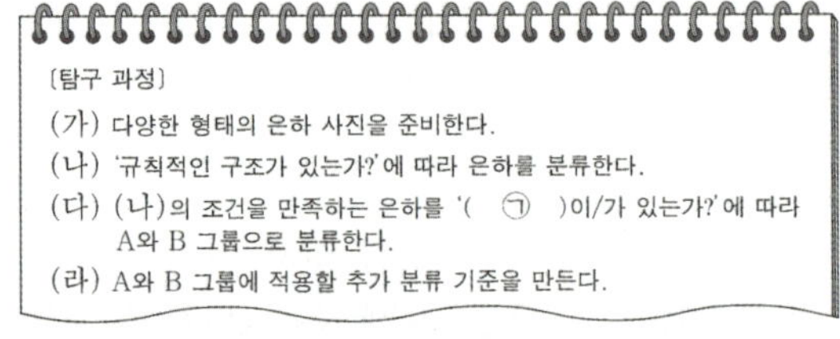

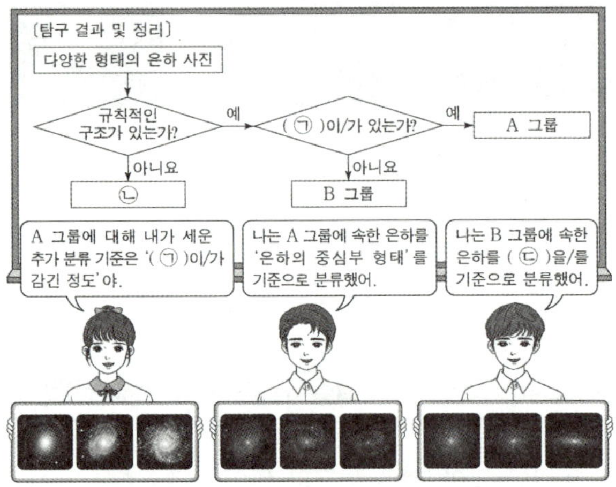

ㄷ. '구에 가까운 정도'는 ㉢에 해당한다. (O)

- 타원 은하는 구에 가까울수록 E0, 타원에 가까울수록 E7으로 세분화하여 나타낸다.

② 나선 은하의 세분화   2021년 3월 학력평가 9번

그림은 외부 은하 중 일부를 형태에 따라 (가), (나), (다)로 분류한 것이다.

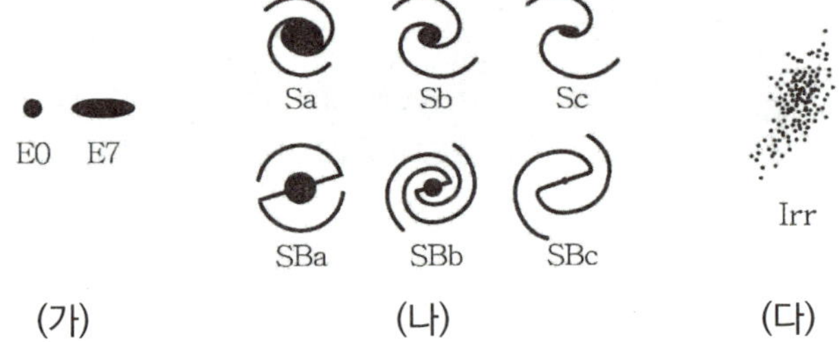

- 자료 (나)를 보면 나선 은하는 **은하핵의 크기가 크고 나선팔의 감김이 느슨하지 않을수록 a에 가깝고, 은하핵의 크기가 작고 나선팔의 감김이 느슨할수록 c에 가깝다.**

추가로 물어볼 수 있는 선지 해설

1. 허블은 외부 은하를 모양(형태)에 따라서 구분했다. 따라서 가시광선 영역에서 관측했다.
2. Sa보다 Sc는 은하핵의 크기가 더 작고 나선팔의 감김이 느슨하다.
3. 허블의 은하 분류 체계에서 은하의 진화 개념은 등장하지 않는다.

2021학년도 6월 모의평가 지Ⅰ 9번

그림 (가), (나), (다)는 각각 세이퍼트은하, 퀘이사, 전파 은하의 영상을 나타낸 것이다. (가)와 (나)는 가시광선 영상이고, (다)는 가시광선과 전파로 관측하여 합성한 영상이다.

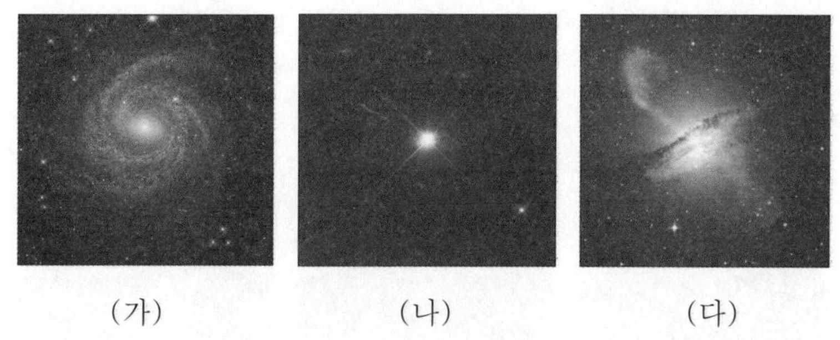

| (가) | (나) | (다) |

이 자료에 대한 설명으로 옳은 것만을 <보기>에서 있는 대로 고른 것은?

<보 기>

ㄱ. (가)와 (다)의 은하 중심부 별들의 회전축은 관측자의 시선 방향과 일치한다.

ㄴ. 각 은하의 $\dfrac{중심부의\ 밝기}{전체의\ 밝기}$ 는 (나)의 은하가 가장 크다.

ㄷ. (다)의 제트는 은하의 중심에서 방출되는 별들의 흐름이다.

① ㄱ   ② ㄴ   ③ ㄷ   ④ ㄱ, ㄴ   ⑤ ㄴ, ㄷ

추가로 물어볼 수 있는 선지

1. 퀘이사는 비교적 최근에 만들어진 은하이다. (O , X)

2. 전파 은하, 퀘이사, 세이퍼트은하 모두 은하의 중심에 거대한 블랙홀이 있을 것으로 추정된다. (O , X)

3. 우리은하에 대한 퀘이사의 평균 후퇴 속도는 우주의 나이가 50억 년일 때가 100억 년일 때보다 크다. (O , X)

정답 : 1. (X), 2. (O), 3. (X)

KEY POINT #특이 은하, #회전축, #중심부의 밝기

문항의 발문 해석하기

특이 은하에 대한 내용을 떠올려야 한다. 가시광선 영상으로 보이는 은하의 모습은 허블의 은하 분류 체계로 구분할 수 있음을 떠올리고 전파 영상을 통해 알 수 있는 은하를 떠올리자.

문항의 자료 해석하기

(가)   (나)   (다)

1. (가)는 가시광선 영역에서 나선 은하의 형태를 보인다. 따라서 세이퍼트은하이다.

2. (나)는 가시광선 영역에서 별처럼 보인다. 따라서 퀘이사이다.

3. (다)는 은하 중심부에서 뻗어 나오는 어떠한 흐름이 보인다. 이는 전파 은하에서 관측되는 제트이다.

선지 판단하기

ㄱ 선지 (가)와 (다)의 은하 중심부 별들의 회전축은 관측자의 시선 방향과 일치한다. (X)

   (가)의 모습을 보면 은하의 회전축과 관측자의 시선 방향이 나란한 것을 확인할 수 있다. 그러나 (다) 은하의 회전축과 관측자의 시선 방향은 나란하지 않은 것을 확인할 수 있다.

ㄴ 선지 각 은하의 $\dfrac{중심부의\ 밝기}{전체의\ 밝기}$ 는 (나)의 은하가 가장 크다. (O)

   은하 전체에 대한 중심부의 밝기는 매우 멀리 있음에도 불구하고 하나의 별처럼 보이는 퀘이사가 가장 크다.

ㄷ 선지 (다)의 제트는 은하의 중심에서 방출되는 별들의 흐름이다. (X)

   전파 은하의 제트는 은하 중심에서 방출되는 별들의 흐름이 아닌 물질의 흐름이다. 만약 별들의 흐름이었다면 가시광선 영역에서 보였을 것이다. 그러나 제트는 전파 영역에서만 관측된다.

기출문항에서 가져가야 할 부분

1. 가시광선 영역에서 보이는 특이 은하의 모습을 암기하기

2. 특이 은하의 중심부 밝기 암기하기 (퀘이사 〉 세이퍼트은하 〉 타원 은하)

3. 특이 은하의 특징 암기하기

기출 문제로 알아보는 유형별 정리

[특이 은하]

1 전파 은하

<table><tr><td>① 전파 은하의 관측</td><td align="right">2021년 4월 학력평가 18번</td></tr></table>

그림은 어느 전파 은하의 영상을 나타낸 것이다. (가)와 (나)는 각각 가시광선 영상과 전파 영상 중 하나이고, (다)는 (가)와 (나)의 합성 영상이다.

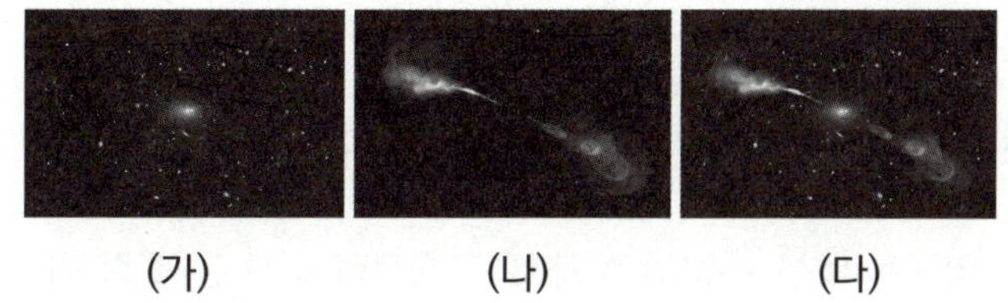

(가)   (나)   (다)

ㄴ. (나)에서는 제트가 관측된다. (O)

- **전파 은하는 가시광선 영역에서 타원 은하의 형태로 관측**되므로 (가)는 가시광선 영상이다. 따라서 (나)는 전파 영상이고 중심핵을 기준으로 양쪽에 제트가 관측되고 있다.
- 전파 은하는 가시광선 영역과 전파 영역에서 다르게 나타난다는 것을 이해해야 한다.

<table><tr><td>② 전파 은하의 구조</td><td align="right">2022년 10월 학력평가 14번</td></tr></table>

그림 (가)와 (나)는 어느 전파 은하의 가시광선 영상과 전파 영상을 순서 없이 나타낸 것이다.

 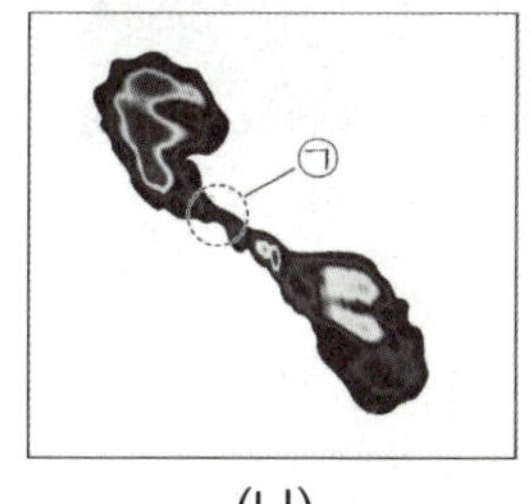

(가)   (나)

ㄷ. ㉠은 은하 중심부에서 방출되는 물질의 흐름이다. (O)

- (가)는 가시광선 영상, (나)는 전파 영상이다. 이때, (나)에서 중심부를 기준으로 양쪽에 대칭적으로 제트와 로브가 형성된 것을 확인할 수 있다. ㉠은 제트이며 이는 은하 중심부에서 방출되는 물질의 흐름이다.
- 전파 은하는 일반 은하에 비해 수백 배 이상의 강력한 전파를 방출하는 은하이다. 이와 같은 현상은 **은하 중심에 거대한 블랙홀이 있기 때문**에 나타나는 것이며 이로 인해 (나)와 같이 **전파 영역**에서 보면 강력한 **전파를 내뿜는 제트와 로브가 관측**되는 것이다.

① 세이퍼트은하의 관측   2020년 3월 학력평가 9번

그림 (가)는 세이퍼트은하, (나)는 전파 은하를 관측한 것이다.

(가)

ㄱ. (가)에서는 나선팔이 관측된다. (O)

- 세이퍼트은하는 가시광선 영역에서 나선 은하와 같은 형태로 관측된다. 따라서 (가) 자료에서 나선팔이 관측되는 것을 확인할 수 있다.
- **세이퍼트은하는 가시광선 영역**에서 **나선 은하의 형태로 관측**되며 나선 은하 중 약 2%가 세이퍼트은하라는 사실을 알아두자.

② 세이퍼트은하의 특징   지Ⅱ 2020학년도 수능 8번

그림 (가)는 가시광선 영역에서 관측된 어느 세이퍼트은하를, (나)는 이 은하에서 관측된 스펙트럼을 나타낸 것이다.

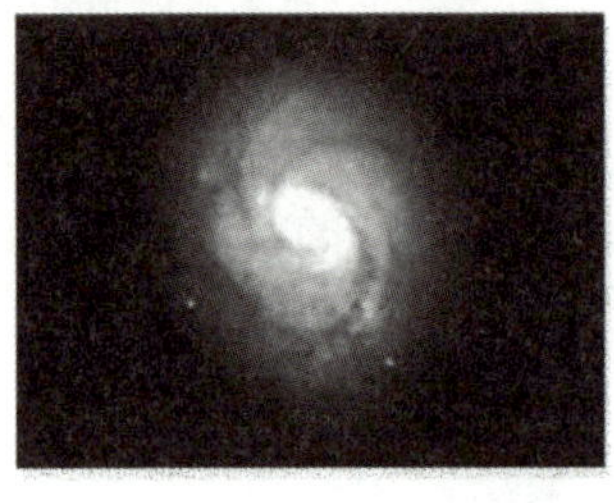

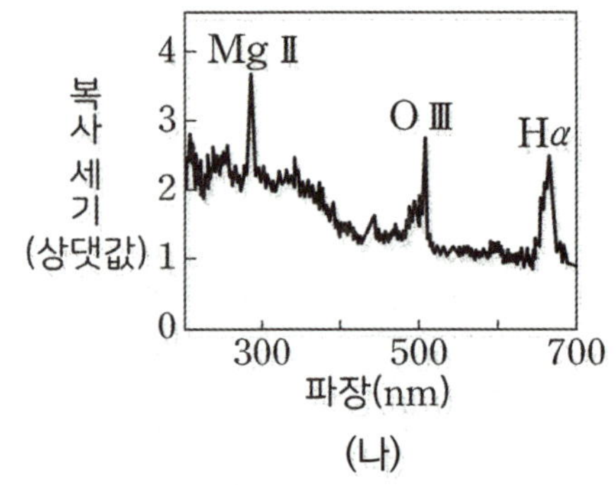

(가)   (나)

ㄷ. (나)에는 폭이 넓은 수소 방출선이 나타난다. (O)

- (나) 자료에서 Hα 방출선을 보면 폭 넓은 방출 스펙트럼을 보인다는 것을 확인할 수 있다. 이는 세이퍼트은하의 특징이다.
- **세이퍼트은하는 폭이 넓은 방출선**을 보인다는 것뿐만 아니라 다른 나선 은하들과 다르게 **중심부가 예외적으로 푸르고 매우 밝게 나타난다.**

① 퀘이사의 관측   2022학년도 6월 모의평가 5번

그림 (가)와 (나)는 가시광선으로 관측한 외부 은하와 퀘이사를 나타낸 것이다.

(가)

(나)

ㄴ. (나)는 항성이다. (X)

- (나)는 퀘이사이다. 퀘이사는 별들이 모여 만들어진 은하이다.

- **퀘이사**는 가시광선 영역에서 항성 즉, **별처럼 관측되지만 실제로는 은하이다.** 이처럼 관측되는 이유는 매우 밝은 은하임에도 불구하고 **매우 멀리 있어** 하나의 별처럼 보이는 것이다.

② 퀘이사의 특징   2022년 3월 학력평가 19번

그림 (가)는 지구에서 관측한 어느 퀘이사 X의 모습을, (나)는 X의 스펙트럼과 Hα 방출선의 파장 변화(→)를 나타낸 것이다. X의 절대 등급은 −26.7이고, 우리은하의 절대 등급은 −20.8이다.

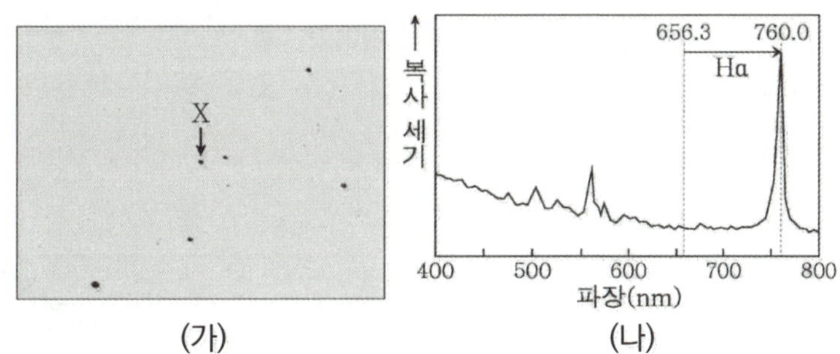

(가)   (나)

ㄴ. $\dfrac{\text{X의 광도}}{\text{우리은하의 광도}}$ 는 100보다 작다. (X)

- 퀘이사 X의 절대 등급은 −26.7등급이고 우리은하의 절대 등급은 −20.8이므로 5.9등급 차이가 난다.

  이때, 5등급 차이나면 광도는 100배 차이가 나므로 $\dfrac{\text{X의 광도}}{\text{우리은하의 광도}}$ 는 100보다 큰 값을 갖는다.

- 퀘이사는 일반 은하들에 비해 **매우 밝은 은하**라는 것을 알 수 있다. 또한 은하 전체의 광도에 대한 **중심부의 광도 또한 매우 크다.** 이는 **은하 중심에 거대한 블랙홀**이 있기 때문에 나타나는 현상이다.

- (나) 자료를 보면 **적색 편이가 매우 크게 나타나고 있는 것**을 확인할 수 있다. 이는 퀘이사는 우리은하로부터 **매우 빠른 속도로 멀어지고 있음을 의미**한다.

> **추가로 물어볼 수 있는 선지 해설**
>
> 1. 퀘이사는 적색 편이가 매우 큰 은하이다. 즉 매우 멀리 있는 별이며 우주 생성 초기에 형성된 천체이다.
> 2. 특이 은하의 중심부에는 모두 블랙홀이 있을 것으로 추정된다.
> 3. 멀리 있는 천체일수록 후퇴 속도는 더 빠르다. 따라서 우주의 나이가 50억 년일 때보다 100억 년일 때 더 멀리 있을 것이므로 100억 년일 때 후퇴 속도가 더 클 것이다.

02 빅뱅 우주론

▌빅뱅 우주론 – 허블 법칙

1. 외부 은하의 스펙트럼 관측과 허블 법칙

허블은 거리가 알려진 외부 은하의 스펙트럼을 조사한 결과 **대부분의 은하에서 적색 편이를 관측**했다. 이때, 적색 편이는 지구와 외부 은하 사이의 거리가 멀어진다는 것을 의미한다. 허블은 세페이드 변광성의 주기 – 등급 관계로 은하의 거리와 적색 편이량 사이의 관계를 알아낸 후 허블 법칙을 발견했다. 외부 은하가 가지고 있던 고유의 파장(λ)과 적색 편이의 변화량($\Delta\lambda$)으로 은하의 후퇴 속도를 유도할 수 있는 공식을 알 수 있었다. **외부 은하의 후퇴 속도(v)는 파장 변화량을 고유의 파장으로 나눈 후 광속(c)을 곱한 값에 비례**한다는 내용이다.

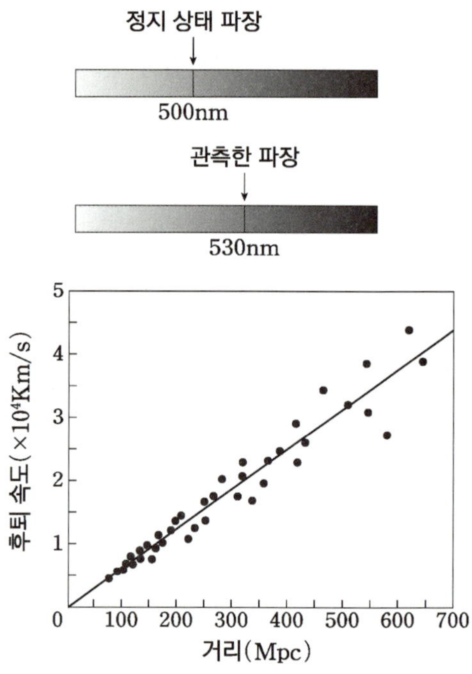

외부 은하와 후퇴 속도 관계식

$$v = c \times \frac{\Delta\lambda}{\lambda}$$

이를 통해 외부 은하의 후퇴 속도를 구할 수 있다. 이때 알아낸 후퇴 속도는 그 은하까지의 거리(r)에 비례한다는 것이 바로 허블 법칙이다. 후퇴 속도는 거리에 비례하기 때문에 이를 보완할 허블 상수(H)를 넣어 식을 완성했다.

허블 법칙

$$v = H \times r$$

(1) 허블 법칙의 의미

- 허블 상수는 위 그래프의 기울기()이다.

- 멀리 있는 은하일수록 후퇴 속도가 크다. 이는 우주가 팽창하고 있다는 확실한 증거이다.

- 후퇴 속도$\propto$ 파장 변화량(기준 파장이 동일할 때)$\propto$ 적색 편이량$\propto$ 은하까지의 거리는 이번 단원에서 반드시 알아야 할 내용이다. $\left(z = \text{적색 편이량}, z = \dfrac{\Delta\lambda}{\lambda} \right)$

- 허블 상수는 관측값의 정확도에 따라 달라지는데, 과거의 허블 상수는 약 $500\mathrm{km/s/Mpc}$ 정도였으나 관측 기술의 발달로 현재 허블 상수는 약 $62 \sim 72\mathrm{km/s/Mpc}$가 될 것으로 예측한다. (반드시 기억해야 할 점은 우리가 만날 문제마다 허블 상수는 다를 수 있으므로 외우려 하지 말자.)

같은 은하에서 방출된 다른 파장의 빛이라도 후퇴 속도는 같아야 하므로 $\dfrac{\Delta\lambda}{\lambda}$ 값이 같다는 사실을 잊지 말고 이와 관련된 낚시 선지들을 틀리지 않도록 주의하자.

허블 법칙을 통해 우주가 팽창함에 따라 은하들 사이의 거리가 멀어진다는 것을 알았다. 우리가 확실하게 알아야 하는 사실은 공간 자체가 팽창하기 때문에 은하들 사이의 거리가 멀어진다는 것이다. 따라서 팽창하는 우주의 중심은 알 수 없다. 우리은하로부터 멀어지는 외부 은하에서 우리은하를 관측하더라도 똑같이 멀어지는 것처럼 보이기 때문이다. 아래의 풍선 모형을 통해 자세하게 알아보자.

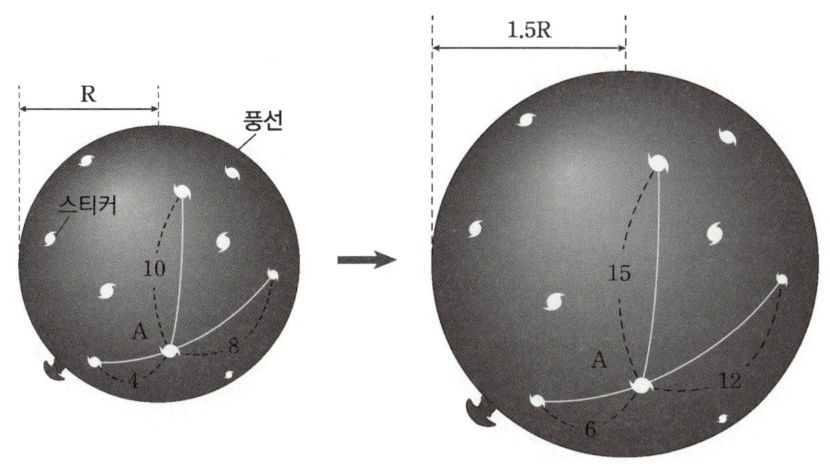

같은 시간이 흘렀을 때 A라는 지점에서 멀리 있는 곳일수록 더 멀어진 것을 확인할 수 있다. 이는 허블 법칙에서 알 수 있는 사실이다. **멀리 있는 은하일수록 후퇴 속도는 더 빠르므로 같은 시간 동안 더 많은 거리를 비례해서 멀어진 것**이다.

(1) 우주의 나이

허블 법칙은 인간이 관측하여 얻어낸 법칙이지만 우주에 있는 모든 은하가 이를 만족한다고 가정하면 은하까지의 거리(r)는 후퇴 속도(v)를 허블 상수(H)로 나눈 값이 된다. 이때 시간은 $\dfrac{거리}{속도}$이기 때문에 이를 오른쪽과 같이 정리하면 **우주의 나이(t)는 허블 상수의 역수$\left(\dfrac{1}{H}\right)$**가 된다.

$$t = \frac{r}{v} = \frac{r}{H \cdot r} = \frac{1}{H}$$

(2) 관측 가능한 우주의 크기

또한, 은하의 후퇴 속도는 광속(c)을 넘을 수 없으므로, 관측 가능한 우주의 크기(r)는 우주의 나이$\left(\dfrac{1}{H}\right)$에 광속을 곱한 값으로 정의된다.

$$c = H \cdot r \Rightarrow \frac{1}{H} \times c$$

※ 여기서 반드시 알아가야 할 점은 은하와 은하가 추진력을 갖고 서로에게서 멀어지는 것이 아니라 **'공간' 자체가 팽창하는 것이기 때문에 멀어진다는 점**이다.

※ 우주의 크기를 이야기할 때 '관측 가능한 우주'의 크기를 이야기하는 것은 실제 우주는 우리가 볼 수 있는 거리(빛이 이동한 거리)보다 더 크기 때문이다. 따라서 **실제 우주의 크기 〉 관측 가능한 우주의 크기**라는 사실을 알아가자.

(1) 허블 법칙 이후의 우주론

허블 법칙 발견 전 천문학자들은 변치 않는 우주인 정적 우주론을 믿었다. 그 후 허블 법칙을 통해 우주가 팽창한다는 사실이 알려지자 빅뱅 우주론과 정상 우주론을 믿는 두 부류로 나누어지게 되었다.

- 정상 우주론 : 팽창하는 빈 공간에서 새로운 물질과 에너지가 계속해서 생겨나서 **우주의 밀도와 온도가 같게 유지**된다는 이론이다.

- 빅뱅 우주론 : 우주의 모든 물질과 에너지가 **온도와 밀도가 매우 높은 한 점에 모여 있다가** '**빅뱅**'이라는 대폭발로 인해 팽창하면서 현재와 같은 우주가 되었다는 이론이다.

다음 표와 그림을 보며 빅뱅 우주론과 정상 우주론을 구별할 수 있도록 암기하자.

구분	빅뱅 우주론	정상 우주론
우주의 팽창 여부	팽창	팽창
우주의 질량	일정	증가
우주의 밀도	감소	일정
우주의 온도	감소	일정
특징	• 온도와 밀도가 매우 높은 한 점에서 대폭발이 일어난 후 점차 팽창한다.	• 우주 밀도가 일정하게 유지되어야 하므로 우주가 팽창하면서 생겨난 빈 공간에 새로운 물질이 계속 생성된다.
모형		

(2) 빅뱅 우주론의 증거

① **우주 배경 복사** : 빅뱅 우주론에 따르면 초기 우주의 온도는 매우 높았다. 따라서 원자핵과 전자가 결합하지 못하고 빛의 입자인 광자가 똑바로 직진할 수 없어서 우주는 불투명했다. 그 이유는 광자는 직진하려는 성질을 가지고 있어서 전자와 같은 입자들과 충돌을 반복하였기 때문이다.

빅뱅 후 38만 년이 지나고 우주의 온도는 점차 내려가 3000K 이 되었고 이때, 전자가 원자핵의 인력에 의해 결합하여 중성 원자가 형성되었다. 이에 따라 광자의 직진이 자유로워졌고 온 우주로 빛이 방출되었다. 이때 우주가 투명해졌고, 뻗어나간 빛을 **우주 배경 복사**라 한다. 이 빛은 우주 팽창에 의해서 파장이 길어져 **현재 약 2.7K** 의 우주 배경 복사로 관측된다.

1964년 미국의 펜지어스와 윌슨이 통신 위성용 망원경으로 우연히 하늘의 모든 방향에서 거의 같은 세기로 나타나는 7.3cm 의 파장을 갖는 전파를 발견했는데, 이것이 빅뱅 우주론에서 예측했던 우주 배경 복사임이 밝혀졌다. 그 후 다양한 우주망원경을 통해 더욱 정밀하게 관측되었다. 2013년 플랑크 우주망원경으로 관측한 우주배경복사는 초기 우주의 온도 분포가 거의 균일하다는 것을 알 수 있다.

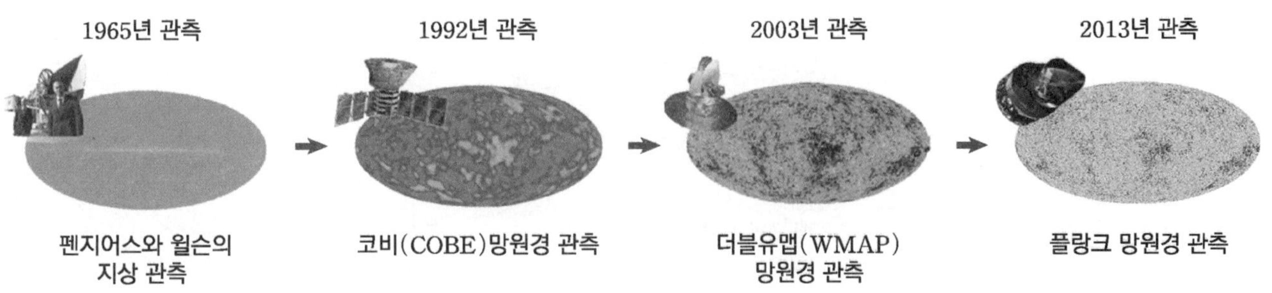

② **수소와 헬륨의 질량비** : 빅뱅 우주론에 의하면 빅뱅 1초 후에 우주의 온도가 약 100억 K 일 때 우주 전체의 양성자와 중성자의 개수비가 7:1로 고정되었고 빅뱅 약 3분 후에 우주의 온도가 약 10억 K 이 되었을 때 양성자와 중성자가 결합하여 헬륨 원자핵을 만들었고 **수소와 헬륨의 질량비가 3:1**로 고정되었다고 예측했다.

그 후 별빛의 선 스펙트럼 분석 결과 현재 관측되는 우주에 존재하는 수소와 헬륨의 질량비가 3:1이므로 예측값과 들어맞았다.

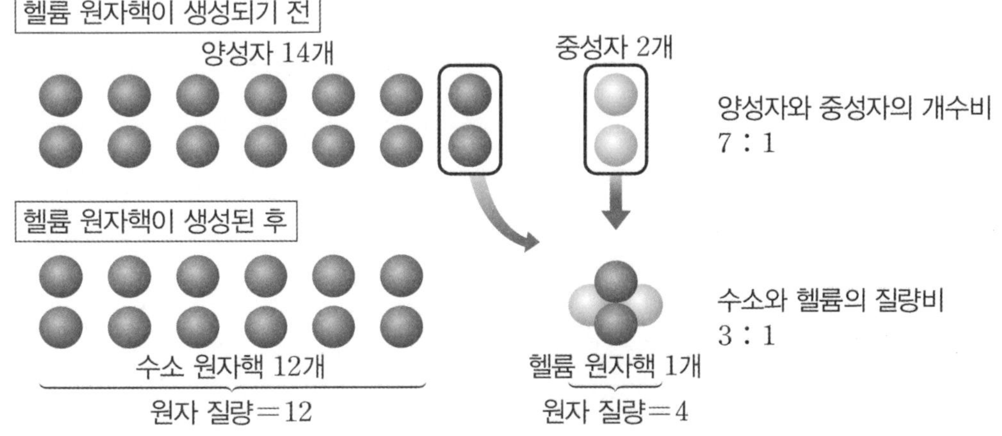

※ 우주에 존재하는 수소와 헬륨의 질량비가 3:1이므로 우주에 있는 별(주계열성)들의 표면에서의 수소와 헬륨의 질량비가 3:1이라는 사실 또한 알아두자.

(3) 빅뱅 우주론의 한계와 급팽창 우주론

① 빅뱅 우주론의 문제점

- 우주의 평탄성 문제 : 초기 빅뱅 우주에 따르면 물질의 양에 따라 우주 공간은 양수 또는 음수의 곡률을 갖게 되고 곡률이 0인 평탄한 공간이 될 가능성은 없어야 한다. 그러나 관측 결과 현재 우주는 완벽할 정도로 평탄하다.
- 우주의 지평선 문제 : 현재 관측 결과 우주의 모든 영역에서 물질이나 우주 배경 복사가 거의 균일한데, 이는 멀리 떨어진 두 지역이 과거에 정보 교환이 있었다는 것을 의미한다. 그러나 빅뱅 우주론에서는 그 이유를 설명할 수 없다.
  (정보 교환이라는 용어는 빛이 이동한 거리로 이해하자.)
- 우주의 자기 홀극 문제 : 극도로 온도와 밀도가 높았던 초기의 우주에는 N극과 S극을 따로 갖는 자기 홀극이 무수히 많이 생성되어서 우리 주변에서 발견되어야 하지만 지금까지 발견되지 않았다.

② 급팽창(인플레이션) 우주론

- 빅뱅 이후 약 10^{-36} ~ 10^{-34} **초 사이에 우주가 빛보다 빠르게 팽창**했다는 이론이다. 빅뱅 우주론에서 해결할 수 없었던 세 가지 문제점을 보완하기 위해 등장한 수정된 우주론이다.

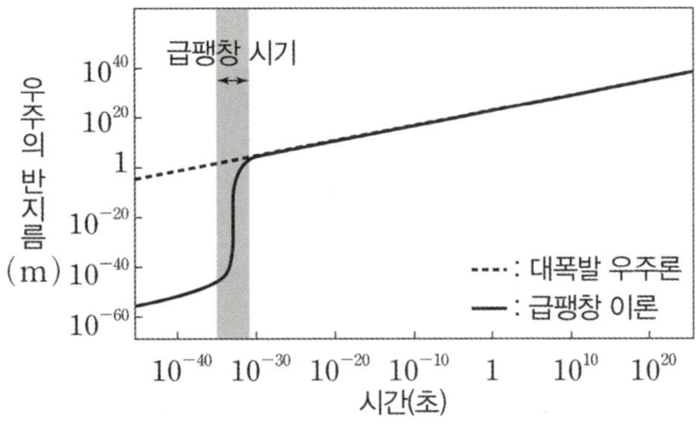

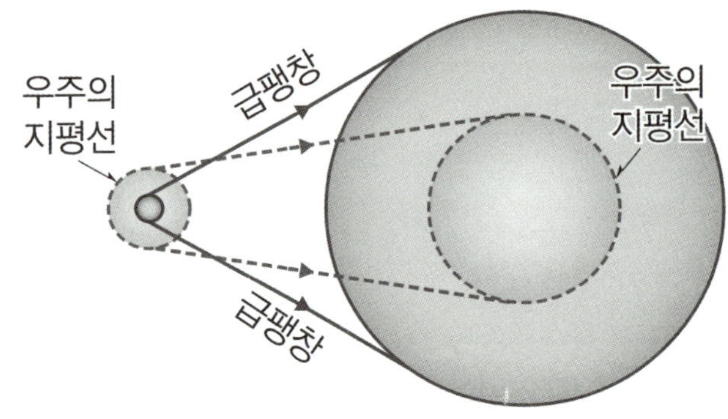

+ 시야 넓히기 : 빛보다 빠른 물질은 없다. 그러나 우주의 팽창이 빛보다 빠를 수 있는 이유는?

우리의 상식으로는 빛보다 빠른 물체는 존재하지 않는다. 그러나 급팽창 우주론에 따르면 우주는 빛보다 빠른 속도로 팽창하여 현재와 같은 우주가 되었다. 우주가 빛보다 빠르게 팽창할 수 있었음은 **우주는 물질이 아닌, 공간 그 자체이기 때문에 가능한 현상**이었다고 이해하도록 하자.

- 우주의 평탄성 문제 해결
  우주가 빛보다 빠르게 팽창하면서 급팽창 전에는 존재했던 우주의 곡률이 급팽창 후에 우주 공간이 커짐에 따라 곡률이 희석되며 곡률이 0에 가까워졌다.

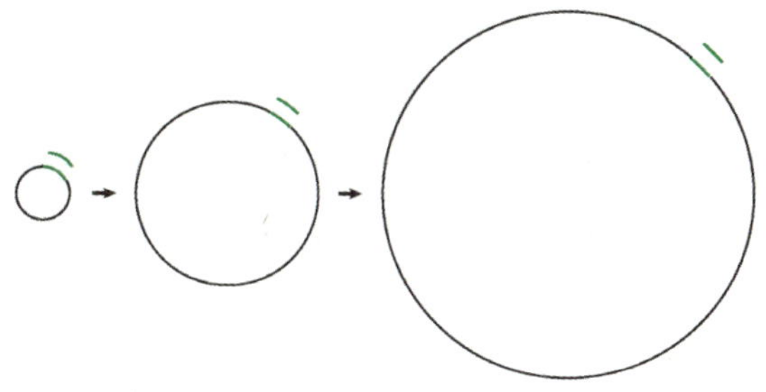

▲ 시간 변화에 따른 우주의 크기와 곡률

- 우주의 지평선 문제 해결
  현재 우리은하에서 바라본 우주의 지평선 위에 존재하는 은하 A와 B는 우리은하에서 관측된다. 그러나 **은하 A에서는 우리은하가 관측되지만 은하 B는 관측되지 않는다.** 마찬가지로 은하 B에서는 우리은하가 관측되지만 은하 A는 관측되지 않는다.
  하지만 우리은하에서 바라본 은하 A와 은하 B의 우주 배경 복사 등의 정보는 동일하다. 이는 **우주의 급팽창 전에는 두 곳이 서로를 관측 가능하여 정보 교환을 할 수 있었지만, 지금은 관측할 수 없는 영역에 도달한 것으로 설명한다.**

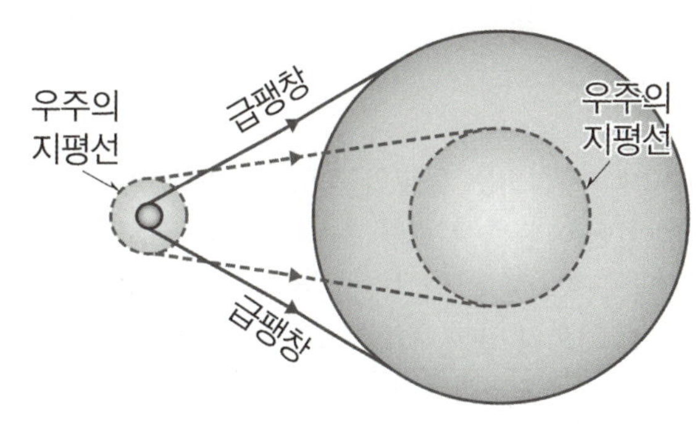

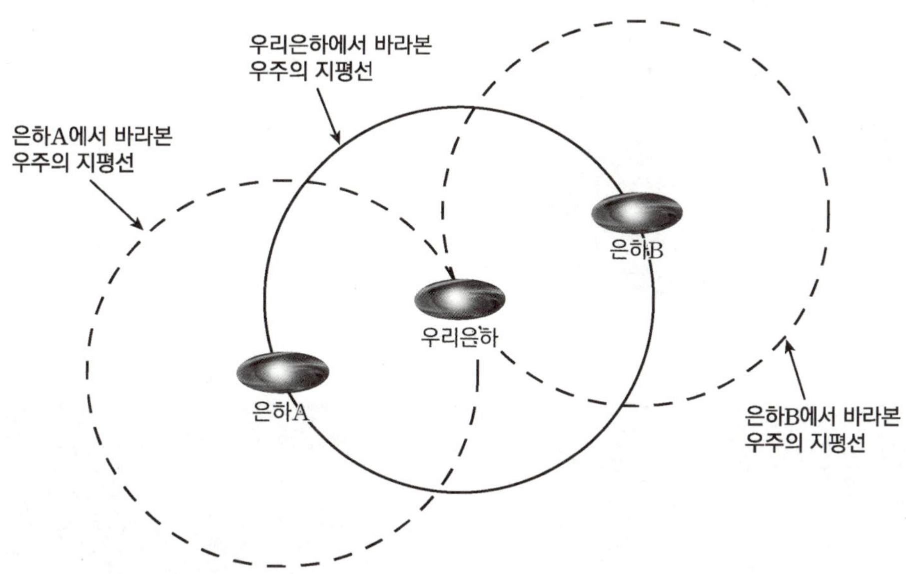

- 우주의 자기 홀극 문제 해결
  우주에는 자기 홀극이 무수히 많이 존재하지만, 우주가 빛보다 빠르게 팽창하면서 매우 커졌기 때문에 우리가 관측할 수 없을 정도로 밀도가 작아진 것이다.

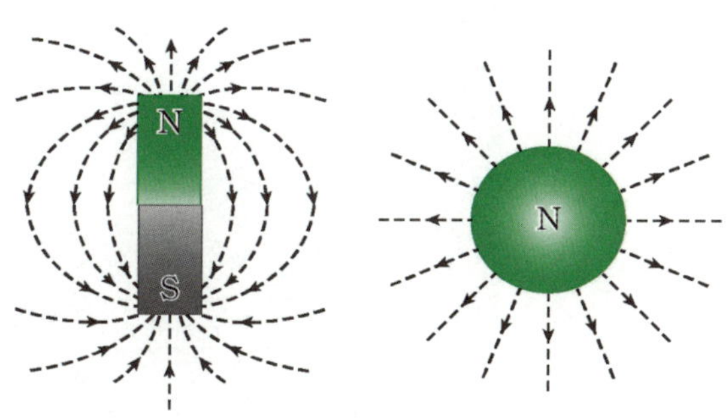

(1) 가속 팽창 우주론의 정립

빛의 속도는 유한하므로 **멀리 있는 별과 은하를 바라본다는 것은 과거의 우주를 바라보는 것과 같다.**
우리는 허블 법칙을 통해 대부분의 은하는 서로에 대해서 멀어지고 있다는 것을 알았다. 만약 어떤 은하가 과거보다 빠르게 멀어지고 있다면 우주는 가속 팽창하고 있다는 것을 의미할 것이다.

백색 왜성은 주변의 별들의 물질을 흡수하다가 특정 질량 이상을 넘어가게 되면 중력을 이기지 못하고 폭발해버리는데 항상 일정한 질량 값에서 폭발하므로 이때 방출되는 광도는 항상 같다. 이때 폭발한 별을 Ia형 초신성이라 한다.
Ia형 초신성은 밝기가 최대일 때 광도(절대 등급)**가 항상 일정**하므로 멀리 있는 외부 은하의 거리 측정에 이용되며 거리에 따른 겉보기 등급을 분석하여 우주의 팽창 속도를 알아낼 수 있다. (Ia형 초신성의 최대 밝기는 약 −19.3 등급으로 일정하다.)

우주를 구성하는 물질의 중력에 의해서 우주의 팽창 속도는 감소할 것이라고 예상했다. 그러나 1998년 수십 개의 Ia형 초신성 관측 자료를 분석한 결과 **우주의 팽창 속도는 점점 증가하고 있다는 것을 알아냈다.**
만약 과학자들의 예상처럼 우주가 감속 팽창을 한다면 등속 팽창을 할 때에 비해서 겉보기 밝기는 덜 감소해야 할 것이다. 그러나 관측 결과 Ia형 초신성의 밝기는 더 감소하고 있었다. 따라서 현재 우주는 과거보다 더 빠르게 팽창하는 가속 팽창 우주라는 것을 밝혀내었다.

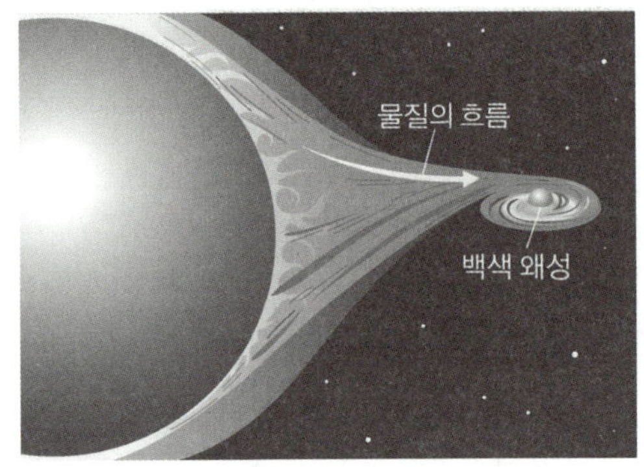

▲ Ia형 초신성의 생성

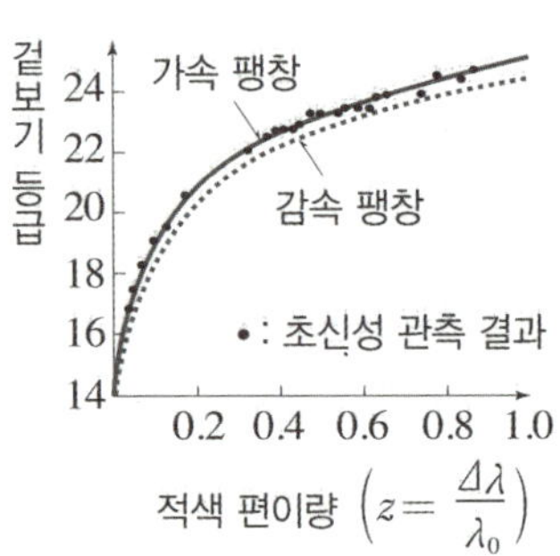

▲ 가속 팽창 우주

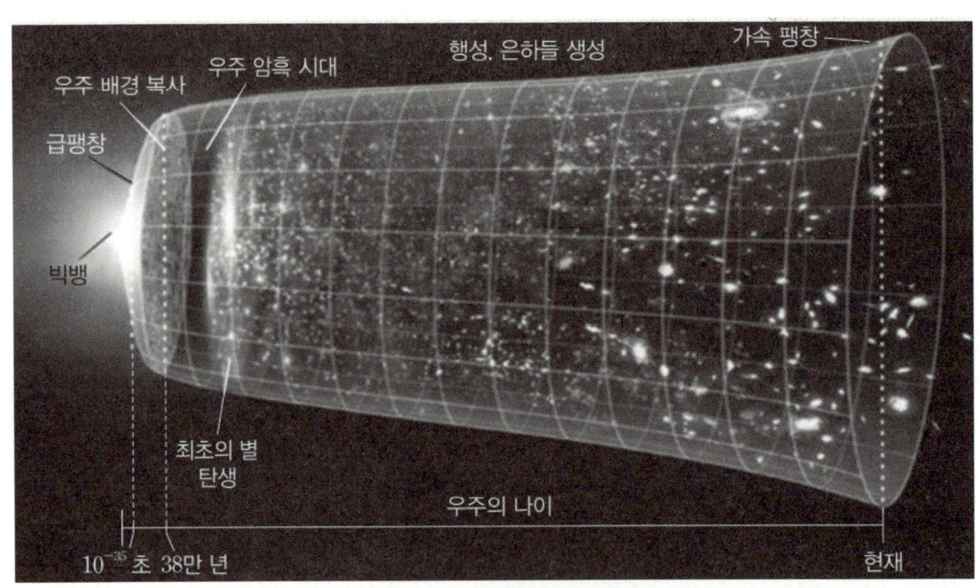

▲ 빅뱅 이후 현재까지 우주의 큰 사건들

Ia형 초신성은 백색 왜성의 폭발로 인해 형성된다. 백색 왜성은 질량이 클수록 더 큰 중력으로 인해 크기가 작아져 압축된다.

이때 압축될 수 있는 질량의 최대 한계는 태양 질량의 약 1.44배이다. 만약 백색 왜성 주위에 거성과 같이 많은 물질을 방출하는 별이 있다면 백색 왜성은 이 물질들을 흡수하여 질량이 커진다. 이때 흡수를 반복하다 태양 질량의 1.44배 이상이 되면 한계를 이기지 못하고 붕괴되면서 폭발하게 된다. 이렇게 폭발하는 별이 바로 Ia형 초신성인 것이다.

따라서 **항상 거의 비슷한 질량**(태양 질량의 1.44배)**에서 폭발하기 때문에 우주에 존재하는 Ia형 초신성은 항상 같은 광도를 가지게 되는 것이다.** 이를 이용해 우리는 우주가 가속 팽창한다는 사실을 밝혀내게 됐다.

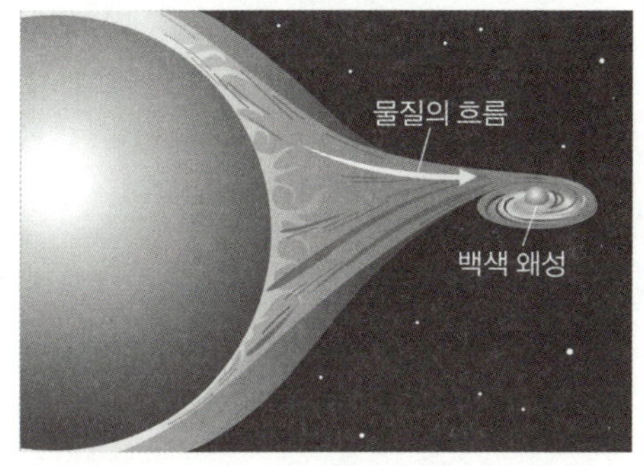

그림은 외부 은하 A와 B에서 각각 발견된 Ia형 초신성의 겉보기 밝기를 시간에 따라 나타낸 것이다. 우리은하에서 관측하였을 때 A와 B의 시선 방향은 $60°$를 이루고, F_0은 Ia형 초신성이 100Mpc에 있을 때 겉보기 밝기의 최댓값이다.

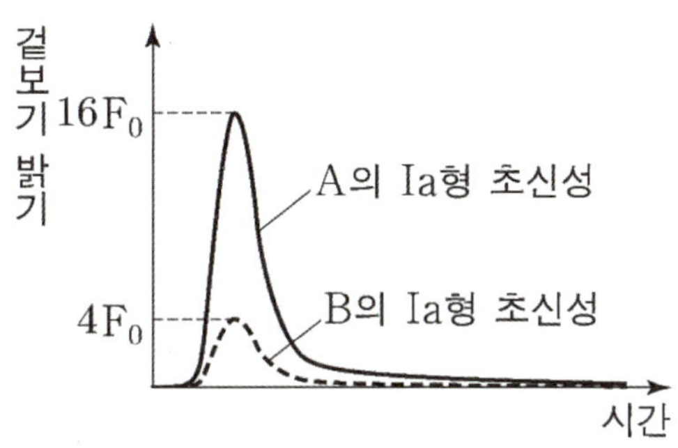

이 자료에 대한 설명으로 옳은 것만을 <보기>에서 있는 대로 고른 것은? (단, 빛의 속도는 3×10^5km/s이고, 허블 상수는 70km/s/Mpc이며, 두 은하는 허블 법칙을 만족한다.)

─── <보 기> ───

ㄱ. 우리은하에서 관측한 A의 후퇴 속도는 1750km/s이다.

ㄴ. 우리은하에서 B를 관측하면, 기준 파장이 600nm인 흡수선은 603.5nm로 관측된다.

ㄷ. A에서 B의 Ia형 초신성을 관측하면, 겉보기 밝기의 최댓값은 $\dfrac{4}{\sqrt{3}}F_0$이다.

① ㄱ   ② ㄴ   ③ ㄱ, ㄷ   ④ ㄴ, ㄷ   ⑤ ㄱ, ㄴ, ㄷ

추가로 물어볼 수 있는 선지

1. 멀리 있는 은하일수록 더 빨리 멀어지고 있고, 적색 편이가 작다. (O , X)

2. 어느 한 은하를 바라볼 때 기준 파장이 다른 흡수선의 파장 변화량은 같게 나타난다. (O , X)

3. 은하까지의 거리가 2배이면, 스펙트럼에서 기준 파장이 동일한 흡수선의 파장 변화량은 2배이다. (O , X)

정답 : 1. (X), 2. (X), 3. (O)

KEY POINT #Ia형 초신성, #허블 법칙, #겉보기 밝기

문항의 발문 해석하기

외부 은하, 후퇴 속도, 허블 상수 등의 용어를 보고 허블 법칙에 관한 문제인 것을 파악해야 한다.
Ia형 초신성은 항상 같은 광도를 가지는 별이다. 거리에 따라 겉보기 밝기가 달라짐을 이해해야 한다. 따라서 자료와 F_0의 관계를 파악할 준비를 하자.

문항의 자료 해석하기

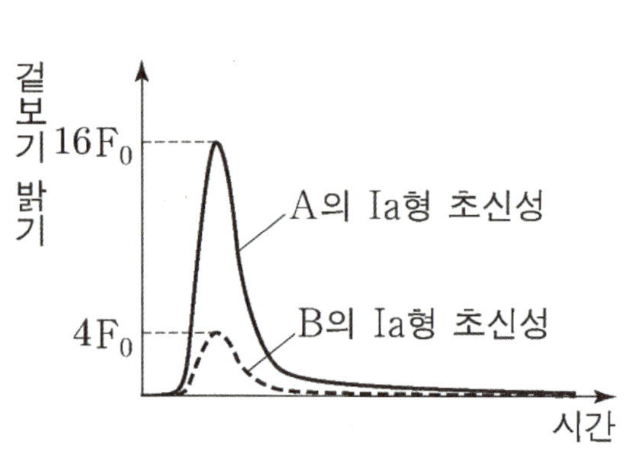

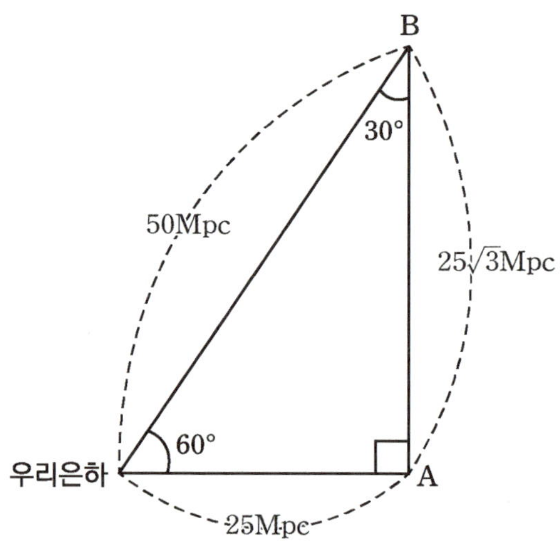

1. 은하 A의 Ia형 초신성의 겉보기 밝기 최댓값은 $16F_0$이므로 100Mpc 거리에 있을 때보다 16배 밝게 보인다. 광도–거리 관계로 인해 16배 밝게 보인다는 것은 4배 가까이 있다는 뜻이다. 따라서 은하 A까지의 거리는 25Mpc이다.
   은하 B의 Ia형 초신성의 겉보기 밝기 최댓값은 $4F_0$이므로 100Mpc 거리에 있을 때보다 4배 밝게 보인다. 광도–거리 관계로 인해 4배 밝게 보인다는 것은 2배 가까이 있다는 뜻이다. 따라서 은하 B까지의 거리는 50Mpc이다.

2. 은하 A와 은하 B는 $60\degree$를 이루고 있으므로 위 그림과 같이 나타낼 수 있다. 이때, A와 B 사이의 거리를 이으면 $25\sqrt{3}$Mpc이므로 직각 삼각형이 만들어지는 것을 확인할 수 있다.

TIP.

발문의 'A와 B의 시선 방향은 $60\degree$를 이루고'라는 말을 통해 이 문제는 '은하들 사이의 거리를 파악한 후 그림을 그려서 해결'하라는 것을 간접적으로 알려준 것이다. 또한, $60\degree$는 특수각이라는 것까지 한번에 파악할 수 있다면 좋겠다.
또한, 위 문제는 허블 법칙에 대한 문제이므로 다음과 같은 사실을 만족한다는 것을 알아야 한다.

후퇴 속도 $\propto$ 파장 변화량(기준 파장이 동일할 때) $\propto$ 은하까지의 거리 $\propto$ 적색편이량$\left(\dfrac{\text{파장변화량}(\Delta\lambda)}{\text{원래파장}(\lambda)}\right)$

ㄱ 선지 우리은하에서 관측한 A의 후퇴 속도는 1750km/s이다. (O)

우리은하로부터 은하 A는 25Mpc 떨어져 있으므로 허블 법칙을 이용하여 후퇴 속도를 구하면
$70 \times 25 = 1750$, 1750km/s이다.

ㄴ 선지 우리은하에서 B를 관측하면, 기준 파장이 600nm인 흡수선은 603.5nm로 관측된다. (X)

우리은하에서 B까지의 거리는 A의 2배이므로 ㄱ 선지를 이용해서 3500km/s라는 것을 알 수 있다.
(허블 법칙을 만족한다면 은하 사이의 거리와 후퇴 속도는 비례 관계이기 때문이다.)
기준 파장이 600nm인 흡수선이 603.5nm로 관측될 때 후퇴 속도를 구하면
$3 \times 10^5 \times \dfrac{3.5}{600} = 1750$, 즉 1750km/s이므로 틀린 선지이다.

ㄷ 선지 A에서 B의 Ia형 초신성을 관측하면, 겉보기 밝기의 최댓값은 $\dfrac{4}{\sqrt{3}}F_0$이다. (X)

자료 해석하기 그림을 통해 은하 A와 은하 B 사이의 거리가 $25\sqrt{3}$Mpc라는 것을 알았다.
$25\sqrt{3}$Mpc은 100Mpc보다 $\dfrac{4}{\sqrt{3}}$배 가까이 있으므로 $\dfrac{16}{3}$배만큼 밝게 보일 것이다.

따라서 은하 A에서 은하 B의 Ia형 초신성을 관측하면, 겉보기 밝기의 최댓값은 $\dfrac{16}{3}F_0$다.

1. 허블 법칙을 통해 후퇴 속도, 은하 사이의 거리, 적색 편이량은 비례해야 한다는 것 이해하기

2. 별의 겉보기 밝기(l)는 거리(r)의 제곱에 반비례함을 이해하기 $\left(l \propto \dfrac{1}{r^2}\right)$

3. Ia형 초신성은 항상 광도의 최댓값은 동일하다는 것 이해하기

4. 특수각($30°, 45°, 60°$)이 주어지면 활용하기

기출 문제로 알아보는 유형별 정리

[허블 법칙]

1 허블 법칙과 외부 은하의 후퇴 속도 관계식

① 파장 변화량 이용 방법   2020년 4월 학력평가 19번

  그림 (가)는 은하 B에서 관측되는 은하 A와 C의 후퇴 방향과 은하 사이의 거리를, (나)는 은하 B에서 관측되는 은하 A와 C의 스펙트럼을 나타낸 것이다. 정지 상태에서 파장이 λ_0인 방출선은 각각 파장이 λ_A와 λ_C로 적색 편이되었다. (단, 은하 A, B, C는 한 직선상에 위치하고, 허블 법칙을 만족한다.)

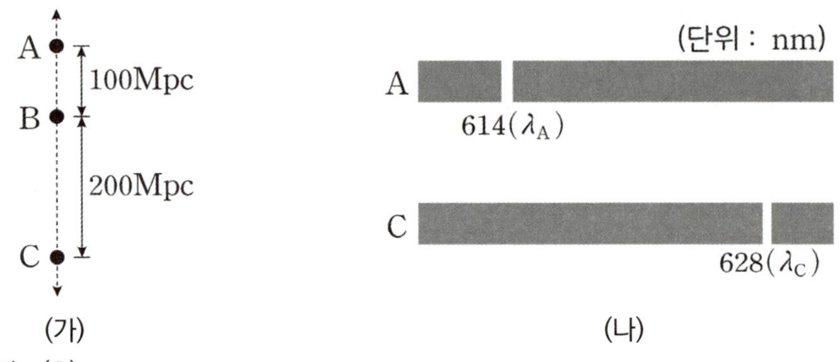

ㄷ. λ_0은 600nm이다. (O)

- A와 C는 B로부터 각각 100Mpc, 200Mpc 떨어져 있다. 두 은하는 모두 허블 법칙을 만족하므로 **은하까지의 거리, 후퇴 속도, 파장 변화량은 비례한다.**

  우선 정석적인 계산 방법으로 값을 구해보자. (나) 자료에는 적색 편이된 파장이 나타나 있으므로 λ_0를 α라 하면

  $$\text{A의 후퇴 속도} = \frac{614-\alpha}{\alpha} \times 3 \times 10^5,\ \text{B의 후퇴 속도} = \frac{628-\alpha}{\alpha} \times 3 \times 10^5 \text{이다.}$$

  이때, A와 C의 후퇴 속도 중 C가 두 배 빠르므로 α는 600 즉, λ_0=600nm이다.

  계산이 아닌 파장 변화량을 이용한 방법으로도 고유 파장을 구할 수 있다. C가 A보다 2배 멀리 있으므로 파장 변화량도 2배이어야 한다. 따라서 λ_0은 600nm이다.

- 이처럼 파장 변화량을 기존 파장(λ_0)과 연결지어 각 은하의 후퇴 속도를 구할 수 있어야 한다.

- 허블 법칙을 만족하는 은하들은 다음과 같은 사실을 만족한다는 사실을 기억하자.

  후퇴 속도 $\propto$ **파장 변화량**(기준 파장이 동일할 때) $\propto$ **은하까지의 거리** $\propto$ **적색편이량** $\left(\dfrac{\text{파장변화량}(\Delta\lambda)}{\text{원래파장}(\lambda)} \right)$

② 비교 스펙트럼의 파장을 항상 확인하자.　　　　　　　　　　　　　　　지Ⅱ 2019학년도 9월 모의평가 17번

　그림은 은하 A와 B의 관측 스펙트럼에서 방출선 (가)와 (나)가 각각 적색 편이된 것을 비교 스펙트럼과 함께 나타
낸 것이다. 은하 A와 B는 동일한 시선 방향에 위치하고, 허블 법칙을 만족한다. (단, 빛의 속도는 $3 \times 10^5 \mathrm{km/s}$ 이다.)

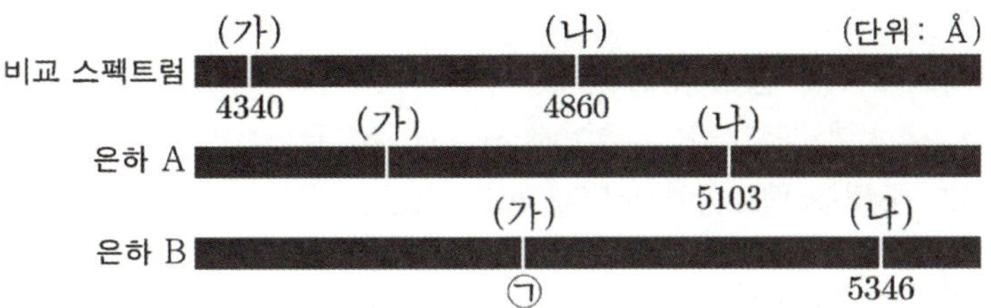

ㄴ. ㉠은 4826이다. (X)

- 은하 B는 (나)의 스펙트럼을 통해 후퇴 속도를 구하면 다음과 같다.

$$\frac{5346 - 4860}{4860} \times 3 \times 10^5 = 30000 \mathrm{km/s}$$ 따라서 은하 B는 30000km/s의 속도로 멀어지고 있으므로 **(가)를 이용해**
서도 같은 결과가 나와야 한다. 따라서 후퇴 속도 공식을 이용해 ㉠을 구해보면

$$\frac{㉠ - 4340}{4340} \times 3 \times 10^5 = 30000 \mathrm{km/s},\ ㉠ = 4774 이다.$$

- 이때 선지에서 물어본 4826은 (나)의 파장 변화량 486을 (가)의 비교 스펙트럼 4340에 더한 값이다.
  이처럼 **서로 다른 기준 파장의 스펙트럼으로 비교할 때는 같은 은하라도 파장 변화량이 달라짐을 이해하자.**

2 은하 사이의 거리

① 계산하지 않고 물리량 구하기　　　　　　　　　　　　　　　　　　　　2021년 7월 학력평가 18번

　표는 우리은하에서 관측한 외부 은하 A와 B의 흡수선 파장과 거리를 나타낸 것이다. A에서 관측한 B의 후퇴 속
도는 17300km/s이고, 세 은하는 허블 법칙을 만족한다. (단, 빛의 속도는 $3 \times 10^5 \mathrm{km/s}$ 이고, 이 흡수선의 고유
파장은 400nm이다.)

은하	흡수선 파장(nm)	거리(Mpc)
A	404.6	50
B	423	(가)

ㄱ. (가)는 250이다. (O)

- 은하 A는 우리은하로부터 **50Mpc거리에 위치**한다. 이때 흡수선의 **파장 변화량은 4.6**만큼 나타난다.
  은하 B는 **파장 변화량이 23**만큼 나타나는데, 이는 은하 A보다 5배만큼 큰 값이다. 모든 은하는 허블 법칙을 만족하므
  로 거리와 파장 변화량은 비례해야 한다. 따라서 B의 거리 또한 5배 큰 **250Mpc**이다.
- 위와 같은 풀이는 시간 낭비를 줄일 수 있는 풀이 방법이다. 정석적인 풀이 방식은 흡수선의 파장으로부터 은하의 후퇴
  속도를 구하고 후퇴 속도와 거리는 비례한다는 방식으로 풀이를 하는 것이다.
  허블 법칙을 만족한다는 것은 후퇴 속도, 파장 변화량, 은하까지의 거리가 비례한다는 것과 같은 의미이므로 위
  문제는 굳이 계산할 필요가 없는 것이다. 반드시 숙지하도록 하자.

다음은 우리은하와 외부 은하 A, B에 대한 설명이다. 세 은하는 일직선상에 위치하며, 허블 법칙을 만족한다. (단, 허블 상수는 70km/s/Mpc이고, 빛의 속도는 3×10^5km/s이다.)

- 우리은하에서 A까지의 거리는 20Mpc이다.
- B에서 우리은하를 관측하면, 우리은하는 2800km/s의 속도로 멀어진다.
- A에서 B를 관측하면, B의 스펙트럼에서 500nm의 기준 파장을 갖는 흡수선이 507nm로 관측된다.

ㄷ. A와 B는 동일한 시선 방향에 위치한다. (X)

- 동일한 시선 방향에 위치함을 알기 위해서는 은하 사이의 관계를 파악해야 한다.

  은하 A와 우리은하 사이의 거리는 20Mpc 이다.

  은하 B의 후퇴 속도가 2800km/s이고 허블 상수는 70km/s/Mpc이므로

  은하 B의 거리는 $\dfrac{2800\text{km/s}}{70\text{km/s/Mpc}} = 40\text{Mpc}$ 이다. **은하 A에서 은하 B를 관측할 때 파장을 알려주었으므로**

  후퇴 속도를 계산하면 $3 \times 10^5 \times \dfrac{7}{500} = 4200$, 4200km/s다.

  따라서 허블 상수를 이용해 A와 B 은하 사이의 거리를 구하면 $\dfrac{4200\text{km/s}}{70\text{km/s/Mpc}} = 60\text{Mpc}$ 이다.

  세 은하는 일직선상에 위치하므로 구한 거리를 이용해 은하의 위치를 나타내면 아래와 같다.

  A와 B는 우리은하를 기준으로 서로 반대 방향에 위치한다.

- 이처럼 발문에서 세 은하는 일직선상에 위치한다고 했으나 자료에서 은하들 사이의 그림은 주어지지 않았으므로 **그림을 그려 은하 사이의 관계를 파악할 준비를 해야 한다.**

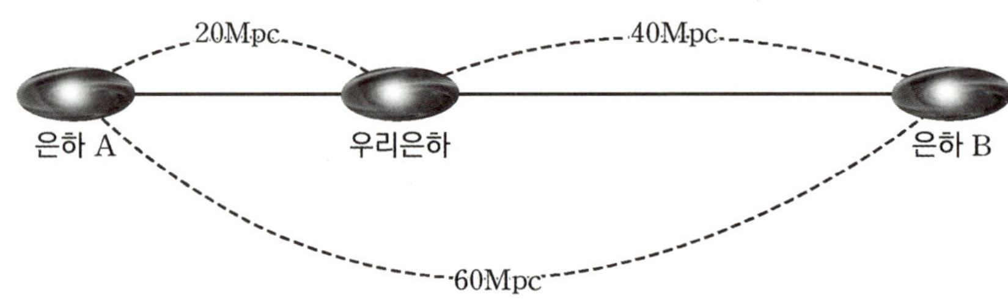

표는 은하 A ~ D에서 서로 관측하였을 때 스펙트럼에서 기준 파장이 600nm인 흡수선의 파장을 나타낸 것이다. 은하 A ~ D는 같은 평면상에 위치하며 허블 법칙을 만족한다. (단, 광속은 3×10^5km/s이고, 허블 상수는 70km/s/Mpc이다.)

(단위 : nm)

은하	A	B	C	D
A		606	608	604
B	606		610	610
C	608	610		㉠

ㄷ. D에서 거리가 가장 먼 은하는 B이다. (O)

- 위 자료에는 서로 다른 은하를 관측했을 때의 적색 편이가 나타난 파장이 나타나 있다. 모든 은하는 **허블 법칙을 만족하므로 파장 변화량은 은하 사이의 거리와 비례한다**. 따라서 각 은하의 파장 변화량을 나타낸 후 은하 사이의 관계를 파악하기 위해 그림을 그리면 오른쪽 그림과 같다.
  따라서 D에서 거리가 가장 먼 은하는 B이다.

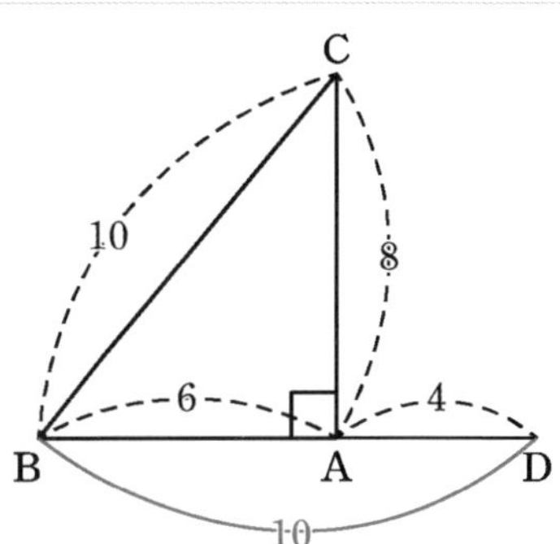

- 이처럼 은하 사이의 거리가 파장 변화량과 비례함을 이용해서 문제를 풀 수 있음을 이해하자.
  만약 정석적인 풀이 방법대로 각 은하의 거리를 모두 구했다면 시간이 오래 걸릴 것이다.

- **은하 A, B, C 사이의 관계는 피타고라스 정리의 특수비 3:4:5이라는 사실까지 알아가자.**

그림 (가)는 은하 A~D의 상대적인 위치를, (나)는 B에서 관측한 C와 D의 스펙트럼에서 방출선이 각각 적색 편이 된 것을 비교 스펙트럼과 함께 나타낸 것이다. A~D는 동일 평면상에 위치하고, 허블 법칙을 만족한다. (단, 광속은 $3 \times 10^5 \mathrm{km/s}$이다.)

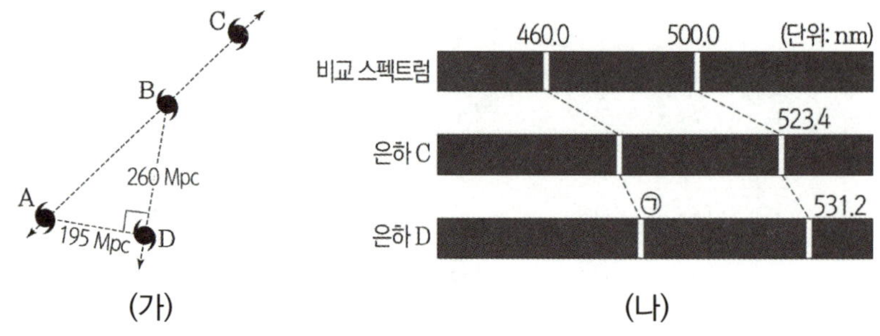

ㄷ. A에서 C까지의 거리는 520Mpc이다. (O)

- A와 C 사이의 거리를 알기 위해 A와 B 사이의 관계부터 파악하자.
  은하 A, B, D의 관계는 3:4:5 피타고라스 정리의 특수비이다.
  따라서 은하 A와 B 사이의 거리는 325Mpc이다.
  은하 B와 C 사이의 거리는 (나)를 이용해야 한다.
  비교 스펙트럼 500nm를 이용해 후퇴 속도를 구하면 다음과 같다.
  B에서 바라본 C와 D의 파장 변화량은 23.4 : 31.2이다.
  따라서 파장 변화량은 거리에 비례하므로
  23.4 : 31.2 = X : 260이다.
  이를 이용해 B와 C 사이의 거리를 구하면 X = 195Mpc이다.
  따라서 A와 C 사이의 거리는 325Mpc + 195Mpc = 520Mpc이다.

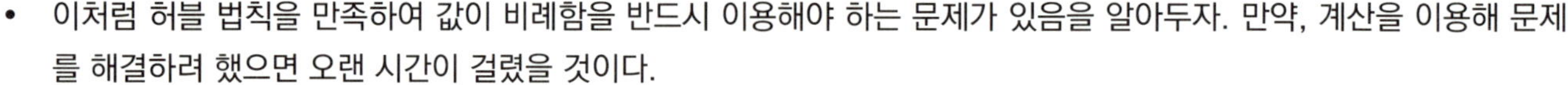

- 이처럼 허블 법칙을 만족하여 값이 비례함을 반드시 이용해야 하는 문제가 있음을 알아두자. 만약, 계산을 이용해 문제를 해결하려 했으면 오랜 시간이 걸렸을 것이다.
  또한, 위 자료와 같이 **은하들 사이의 거리가 나와있다면 특수비가 존재하는지 여부를 먼저 파악하도록 하자.**

추가로 물어볼 수 있는 선지 해설

1. 허블 법칙을 통해 멀리 있는 은하일수록 더 빨리 멀어지고 적색편이 값이 크게 나타난다는 것을 알아냈다.
2. 예를 들어 은하의 후퇴 속도가 $3000\mathrm{km/s}$이고, 600nm인 기준 파장과 700nm인 기준 파장이 있다면 600nm인 기준 파장은 606nm로 관측, 700nm인 기준 파장은 707nm로 관측된다.
   따라서 한 은하를 바라볼 때 기준 파장이 다르다면 파장 변화량은 다르게 나타나야 한다.
3. 허블 법칙과 후퇴 속도 공식을 이용해 다음과 같은 사실을 알 수 있다.

   후퇴 속도 ∝ 파장 변화량(기준 파장이 동일할 때) ∝ 은하까지의 거리 ∝ 적색편이량$\left(\dfrac{\text{파장변화량}(\Delta\lambda)}{\text{원래 파장}(\lambda)}\right)$

2021학년도 6월 모의평가 지 I 17번

그림 (가)는 우주론 A에 의한 우주의 크기를, (나)는 우주론 B에 의한 우주의 온도를 나타낸 것이다. A와 B는 우주 팽창을 설명한다.

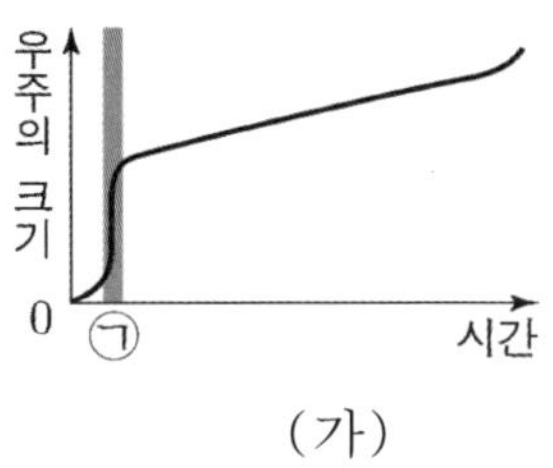

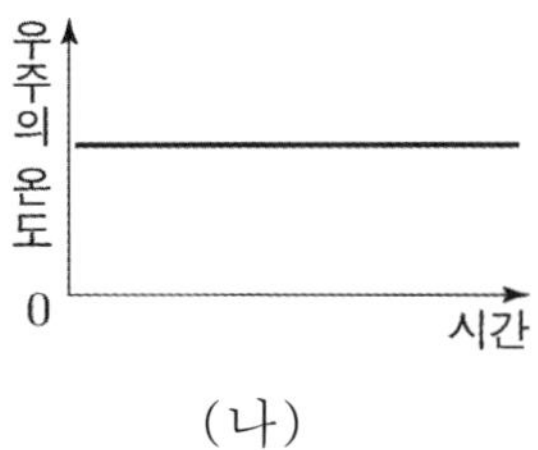

이에 대한 설명으로 옳은 것만을 <보기>에서 있는 대로 고른 것은?

<보 기>

ㄱ. 우주 배경 복사가 우주의 양쪽 반대편 지평선에서 거의 같게 관측되는 것은 (가)의 ㉠ 시기에 일어난 팽창으로 설명된다.

ㄴ. A는 수소와 헬륨의 질량비가 거의 3:1로 관측되는 결과와 부합된다.

ㄷ. 우주의 밀도 변화는 B가 A보다 크다.

① ㄱ　　　　　② ㄷ　　　　　③ ㄱ, ㄴ　　　　　④ ㄴ, ㄷ　　　　　⑤ ㄱ, ㄴ, ㄷ

추가로 물어볼 수 있는 선지

1. 급팽창이 일어날 때 우주는 빛의 속도로 팽창하였다. (O , X)
2. 정상 우주론은 허블 법칙이 성립한다. (O , X)
3. 60억 년 전에 측정되는 우주 배경 복사의 온도는 2.7K보다 높다. (O , X)

정답 : 1. (X), 2. (O), 3. (O)

KEY POINT #우주론, #우주의 지평선, #수소와 헬륨의 질량비 3:1

문항의 발문 해석하기

우주론의 종류를 떠올리고 각 우주론의 특징을 떠올릴 수 있어야 한다.

문항의 자료 해석하기

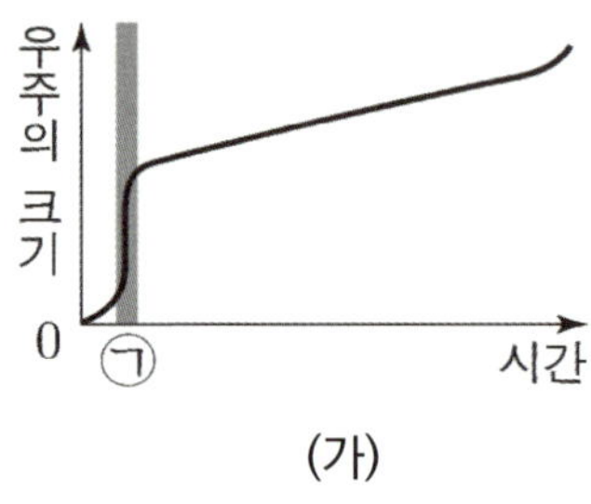

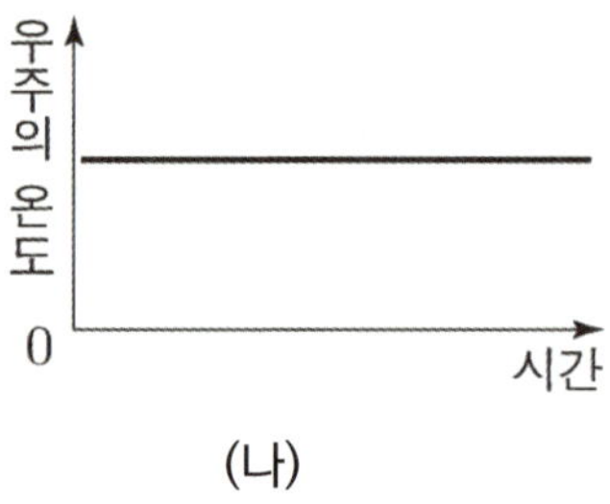

1. (가)는 시간이 지나며 우주가 팽창하고 있다는 것을 알 수 있다. 이때, ㉠ 시기에 우주는 급격히 팽창했다. 따라서 우주론 A는 급팽창 우주론에 대한 설명이다.

2. (나)는 시간이 지나도 우주의 온도가 일정하다. 따라서 우주론 B는 정상 우주론에 대한 설명이다.

선지 판단하기

ㄱ 선지 우주 배경 복사가 우주의 양쪽 반대편 지평선에서 거의 같게 관측되는 것은 (가)의 ㉠ 시기에 일어난 팽창으로 설명된다. (O)

우주 배경 복사는 빅뱅 우주론을 뒷받침하는 증거이다. 따라서 급팽창 우주론은 빅뱅 우주론으로 설명하지 못했던 문제점을 설명한 우주론이므로 우주의 지평선 문제를 설명할 수 있다.

ㄴ 선지 A는 수소와 헬륨의 질량비가 거의 3:1로 관측되는 결과와 부합된다. (O)

A는 급팽창 우주론이다. 급팽창 우주론은 빅뱅 우주론에 급팽창의 이론을 포함한 우주론이므로 수소와 헬륨의 질량비가 3:1로 관측되는 것을 설명할 수 있다.

ㄷ 선지 우주의 밀도 변화는 B가 A보다 크다. (X)

정상 우주론은 우주가 팽창함에 따라 질량도 함께 증가해서 밀도 변화가 없다. 그러나 급팽창 우주론은 우주가 팽창해도 새롭게 생기는 물질이 없으므로 밀도는 계속해서 줄어든다. 따라서 우주의 밀도 변화는 A인 급팽창 우주론이 B인 정상 우주론보다 크다.

기출문항에서 가져가야 할 부분

1. 빅뱅 우주론(급팽창 우주론)과 정상 우주론의 차이점 암기하기

2. 빅뱅 우주론의 증거 암기하기 (우주 배경 복사, 수소와 헬륨의 질량비 3:1)

3. 빅뱅 우주론의 문제점 3가지 이해하기 (우주의 지평선 문제, 우주의 평탄성 문제, 우주의 자기 홀극 문제)

기출 문제로 알아보는 유형별 정리

[우주론]

1 정상 우주론

① 정상 우주론의 특징 지Ⅱ 2013년 10월 학력평가 12번

표는 대폭발 우주론과 정상 우주론의 시간에 따른 주요 물리량의 변화를 비교한 것이다. (A), (B)에 들어갈 내용으로 옳은 것은?

물리량	대폭발 우주론	정상 우주론
질량	일정	(B)
온도	(A)	일정
밀도	감소	일정

- 정상 우주론은 우주가 팽창하면서 **새로 생긴 공간에 새로운 물질이 생성된다는 이론**이다. 따라서 우주의 질량은 시간이 지날수록 늘어나며 **팽창하는 만큼 질량이 늘어나므로 우주의 온도와 밀도는 일정**하다.
- 정상 우주론의 특징을 빅뱅(대폭발) 우주론과 비교할 수 있어야 한다.

2 빅뱅 우주론의 증거와 문제점

① 우주 배경 복사 2023학년도 수능 11번

그림 (가)와 (나)는 우주의 나이가 각각 10만 년과 100만 년일 때에 빛이 우주 공간을 진행하는 모습을 순서 없이 나타낸 것이다.

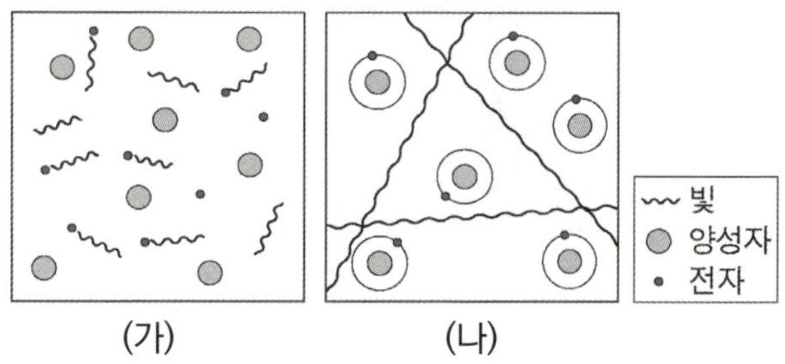

ㄱ. (가) 시기 우주의 나이는 10만 년이다. (O)

- (가) 시기의 **빛은 직진하려 해도 전자에 부딪히며 직진하지 못하고 있다.** 따라서 이때는 우주의 온도가 3000K보다 높아 중성 원자가 형성되지 못했던 시기의 우주라는 것을 알 수 있다.
  중성 원자는 빅뱅 이후 38만 년일 때 형성되었으므로 (가) 시기 우주의 나이는 10만 년이다.
- **우주 배경 복사의 관측은 빅뱅 우주론에서 주장했던 증거 중 하나**이다.
  우주에는 우주 배경 복사가 퍼져있으며, 이는 **빅뱅 이후 38만 년**이 지났을 때 우주의 **온도가 3000K보다 낮아지면서 전자가 원자핵에 구속되어 중성 원자가 형성되면서 방출**되었다고 주장했다.
- **우주 배경 복사의 방출 시기 = 중성 원자의 형성 시기**라는 것을 반드시 기억하자.

② 수소와 헬륨의 질량비 3 : 1 2021학년도 9월 모의평가 18번

그림은 여러 외부 은하를 관측해서 구한 은하 A~I의 성간 기체에 존재하는 원소의 질량비를 나타낸 것이다.

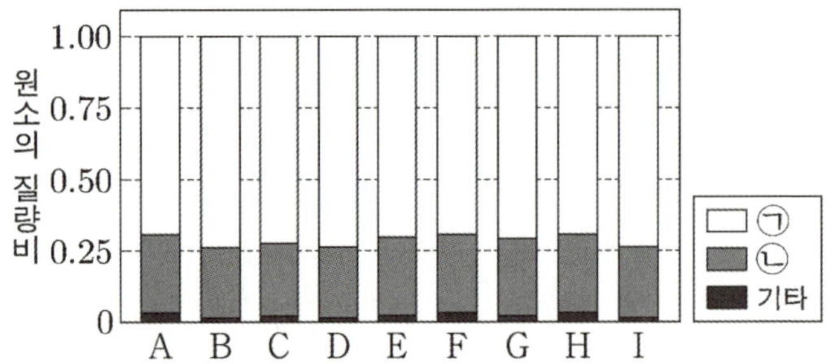

ㄱ. ㉡은 수소 핵융합으로부터 만들어지는 원소이다. (O)

- 자료에 나타난 모든 은하는 대부분 ㉠과 ㉡의 원소로 이루어져 있다. 우주에는 수소와 헬륨이 대부분이고 수소와 헬륨의 질량비가 3:1이므로 ㉠은 수소, ㉡은 헬륨이다. 헬륨은 수소 핵융합으로 인해 만들어지는 원소이다.
- **수소와 헬륨의 질량비가 3:1**이라는 것은 **빅뱅 우주론에서 주장했던 증거 중 하나**이다.
  우주에는 수소와 헬륨의 질량비가 3:1인 형태로 분포할 것이라고 주장했으며, 여러 은하의 구성 성분 조사를 통해 이 사실을 밝혀냈다.

2 급팽창 우주론

① 우주는 빛보다 빠르게 팽창했다. 지Ⅱ 2019년 10월 학력평가 13번

그림은 대폭발 우주론과 급팽창 이론에 따른 우주의 크기 변화를 A, B로 순서 없이 나타낸 것이다.

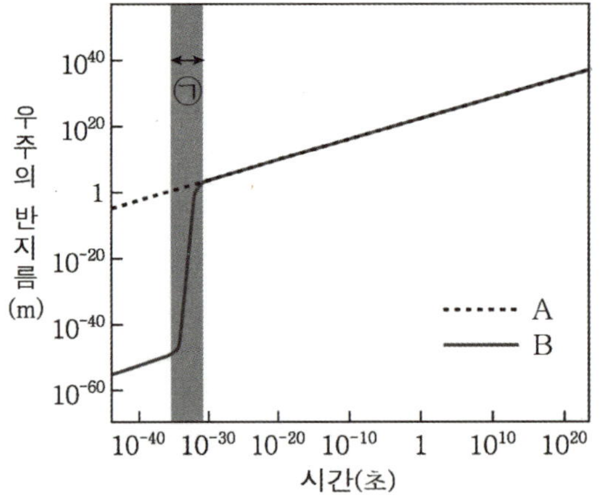

ㄱ. A는 대폭발 우주론에 따른 우주의 크기 변화이다. (O)

- 시간에 따른 우주의 반지름 변화를 보면 A와 다르게 **B는 ㉠ 시기에 급격하게 팽창**했다.
  따라서 B는 급팽창 이론, A는 대폭발 우주론이다.
- 두 이론은 **모두 한 점에서 우주가 팽창하였다는 것을 설명**한다.
  하지만 **급팽창 우주론은 빅뱅 후 10^{-36}초 ~ 10^{-34}초일 때 우주가 빛보다 빠른 속도로 급격히 팽창**하면서 현재의 우주가 되었다는 이론을 설명한다.
- 우주의 급팽창으로 인해 **빅뱅 우주론으로 설명하지 못했던 우주의 여러 문제점을 설명할 수 있었다.**

그림은 급팽창 우주론에 따른 우주의 크기 변화를 우주의 지평선과 함께 나타낸 것이다.

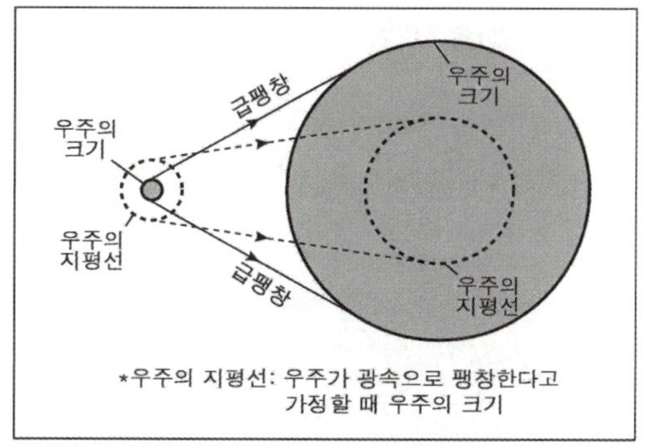

ㄴ. 급팽창 전에는 우주의 크기가 우주의 지평선보다 작았다. (O)

- 자료를 보면 알 수 있듯이 급팽창 이전에는 우주의 크기가 우주의 지평선보다 작았다.
- 우주의 지평선이란 빛의 속도로 이동할 수 있는 거리 즉, 관측 가능한 우주의 끝부분을 의미한다.
  급팽창 이전의 우주는 빛보다 빠르게 팽창한 적이 없어 **우주의 지평선보다 우주의 크기가 작았지만**, 급팽창할 때 우주는 **빛보다 빠른 속도로 팽창**해 현재 우주의 크기는 우주의 지평선보다 커진 것이다.
- 급팽창 우주론의 등장으로 기존의 빅뱅 우주론으로 설명할 수 없었던 **우주의 지평선 문제, 우주의 평탄성 문제, 우주의 자기 홀극 문제를 설명할 수 있게** 되었다.
- 우주의 급팽창으로 인해 우리가 '**관측할 수 있는 우주의 크기**'보다 '**실제 우주의 크기**'는 더 크다.
  현재 우주의 나이는 138억 년이므로 관측할 수 있는 우주의 크기는 138억 광년이고, 실제 우주의 크기는 이보다 더 큰 약 465억 광년 정도 될 것으로 예측된다.

3 가속 팽창 우주

① 현재 우주는 가속 팽창하고 있다.   지Ⅱ 2016년 10월 학력평가 20번

그림은 절대 등급이 일정한 Ⅰa형 초신성의 적색 편이량과 겉보기 등급을 나타낸 것이다.

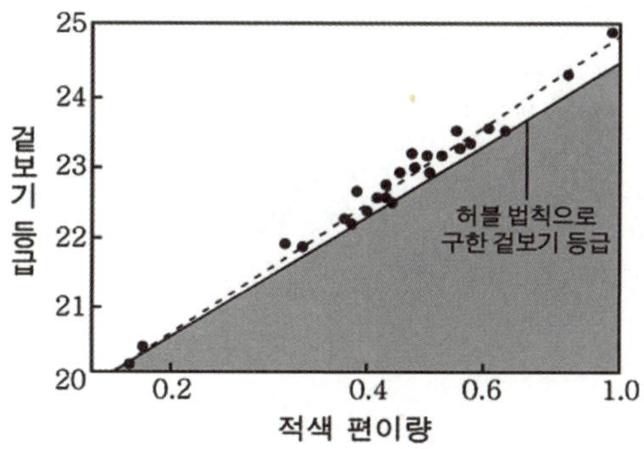

ㄴ. Ⅰa형 초신성의 관측 결과는 우주의 팽창 속도가 점점 빨라지고 있음을 의미한다. (O)

- Ⅰa형 초신성은 우주가 등속 팽창했을 때의 겉보기 밝기보다 더 어둡게 보인다.
  이는 **등속 팽창을 할 때의 우주보다 멀리 있다는 것을 의미**하며 **우주의 팽창 속도가 점점 빨리지고 있기 때문에 나타나는 결과**이다.
- **Ⅰa형 초신성은 항상 일정 질량에서 폭발하여 형성되는 초신성**이다. 따라서 Ⅰa형 초신성은 모두 똑같은 절대 등급을 갖는다. 이러한 Ⅰa형 초신성을 통해 우주가 가속 팽창한다는 사실을 밝혀냈다.

① 주요 사건의 발생 시기를 암기하자. 2023학년도 6월 모의평가 10번

그림은 우주에서 일어난 주요한 사건 (가)~(라)를 시간 순서대로 나타낸 것이다.

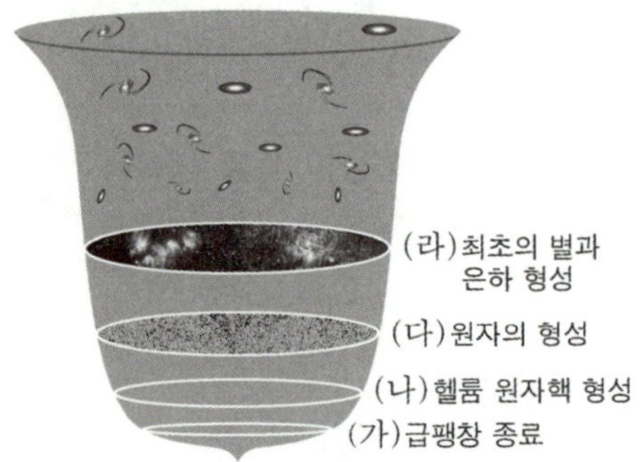

ㄴ. (나)와 (다) 사이에 퀘이사가 형성된다. (X)

- 최초의 은하는 (라) 시기에 형성되었다. 퀘이사는 은하이므로 (라) 시기 이후에 형성되었을 것이다.

- 우주는 한 점에서 대폭발하여 현재와 같은 우주가 되었다.
  이때 우주에서 발생한 주요 사건들의 발생 시기를 시간에 따라 나열하면 다음과 같다.
  빅뱅 → 급팽창(빅뱅 후 10^{-36}초 ~ 10^{-34}초) → 헬륨 원자핵 형성(빅뱅 후 3분) → 중성 원자의 형성=우주 배경 복사 방출(빅뱅 후 38만 년) → 최초의 별과 은하 탄생(빅뱅 후 수억 년)

추가로 물어볼 수 있는 선지 해설

1. 급팽창 시기의 우주는 빛보다 빠른 속도로 팽창했다.
2. 허블 법칙의 등장으로 우주가 팽창한다는 사실이 밝혀졌다. 정상 우주론 역시 허블 법칙이 성립한다는 가정하에 등장한 이론이다.
3. 현재 우주의 온도는 약 2.7K이므로 우주 배경 복사는 약 2.7K의 흑체 복사 곡선의 형태로 관측된다.
   60억 년 전 우주의 온도는 현재보다 높았을 것이므로 우주 배경 복사의 온도 또한 2.7K보다 높을 것이다.

우주의 구성 물질 – 암흑 물질과 암흑 에너지

1. 보통 물질

우리 주변에서 손쉽게 발견할 수 있는 물질을 포함해 별, 행성, 은하 등 **전자기파 영역에서 관측할 수 있는 모든 물질을 보통 물질**이라 한다. (가시광선은 물론 적외선, 자외선, X선, 감마선 등 전자기파로 관측할 수 있다면 보통 물질이다.)

2. 암흑 물질

암흑 물질이란 **전자기파와 상호 작용하지 않아 관측할 수 없는 물질**을 말한다. 오직 중력을 이용한 방법으로만 암흑 물질의 존재를 파악할 수 있다. 분명 우리는 관측할 수 없지만, 질량을 가지므로 중력에 따른 상호작용으로 존재를 추정할 수 있다. 다음을 통해 암흑 물질 존재의 증거를 알아보자.

(1) 나선 은하의 회전 속도 곡선

- 나선 은하는 전자기파 영역에서 은하 중심부에 물질 대부분이 모여 있으므로 중심부 쪽으로 갈수록 중력이 강해져야 한다. 따라서 중심부에서 멀어질수록 중력이 약해지므로 회전 속도는 감소할 것으로 예측했다.

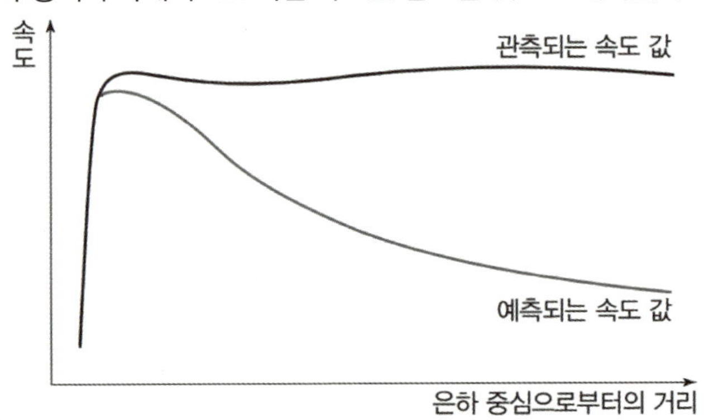

▲ 은하의 회전 곡선

- 그러나 예측과는 다르게 **나선 은하의 중심부**와 **은하 외곽 부근의 회전 속도 차이가 거의 존재하지 않았다**. 이는 은하 외곽부에 **관측할 수 없지만, 질량을 가진 물질**이 존재하여 은하의 회전 속도를 일정하게 유지하게 만드는 것임을 나타낸다.

(2) 중력 렌즈 현상

- **중력은 공간을 왜곡시켜 휘어지게 만든다.** 먼 천체를 관측하고 있을 때 어느 순간, 마치 렌즈가 앞에 지나가는 것처럼 먼 천체가 왜곡되어 더 밝게 보인다면 중력 렌즈 현상이 일어난 것이다.
- 이러한 현상이 갑자기 나타난다면 **눈에 보이지 않지만, 질량을 가진 물질**이 먼 천체 앞을 지나가고 있다고 생각할 수 있다.

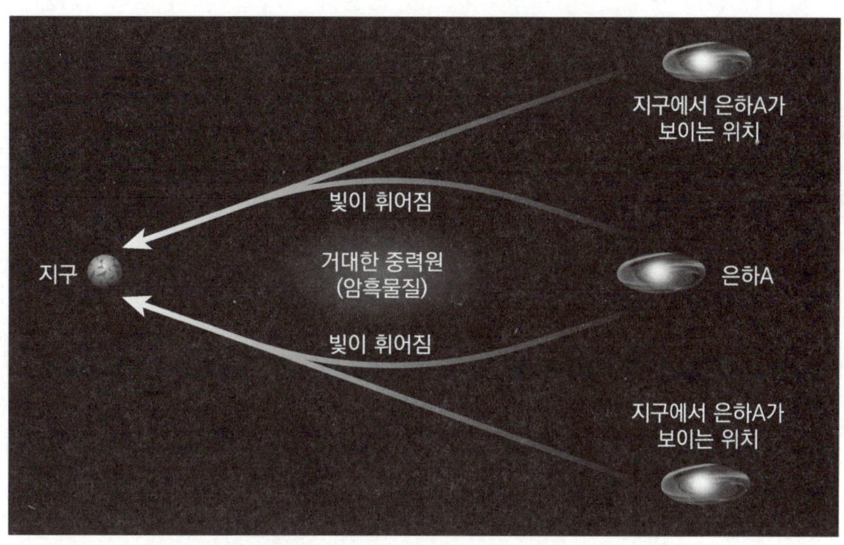

▲ 암흑 물질에 의한 중력 렌즈 효과

3. 암흑 에너지

암흑 에너지란 중력과 반대인 척력으로 작용하면서 우주를 가속 팽창시키는 우주의 성분이다. 만약 우주를 가속 팽창하도록 하는 어떠한 에너지가 없다면 우주는 보통 물질과 암흑 물질의 중력에 의해 팽창 속도가 감속하거나 수축할 것이다.

Ia형 초신성 관측 결과 현재 우주는 가속 팽창하고 있다. 물질의 인력보다 더 큰 어떤 힘이 우주를 팽창시키고 있음을 의미하는데 이것이 바로 암흑 에너지다.

암흑 에너지는 **우주의 빈 공간에서 나오는 에너지**다. 따라서 우주의 크기가 작았던 초기에는 거의 존재하지 않았지만, 시간이 지나 **우주가 커지면서 물질의 중력을 이기고 우주를 가속 팽창**시키고 있다.

우주의 구성 물질 – 우주의 미래

1. 우주의 구성 성분

플랑크 우주 망원경으로 관측한 결과 우주는 **약 4.9%의 보통 물질**과 **약 26.8%의 암흑 물질, 약 68.3%의 암흑 에너지로 구성되어 있다고 추정한다.** (반드시 암기하자)

시간이 지나도 **보통 물질과 암흑 물질의 총량은 변하지 않는다.** 빅뱅 우주론에 따라 현재 우주의 물질은 질량 보존 법칙에 따라 변하지 않아야 하기 때문이다. 그러나 시간이 지남에 따라 **물질의 분포비**는 계속해서 **감소**하는데, 그 이유는 **암흑 에너지의 총량이 계속 증가하기 때문**이다.

따라서 시간이 지남에 따라 분포비가 감소하는 두 종류는 보통 물질과 암흑 물질, 분포비가 증가하는 것은 암흑 에너지다.

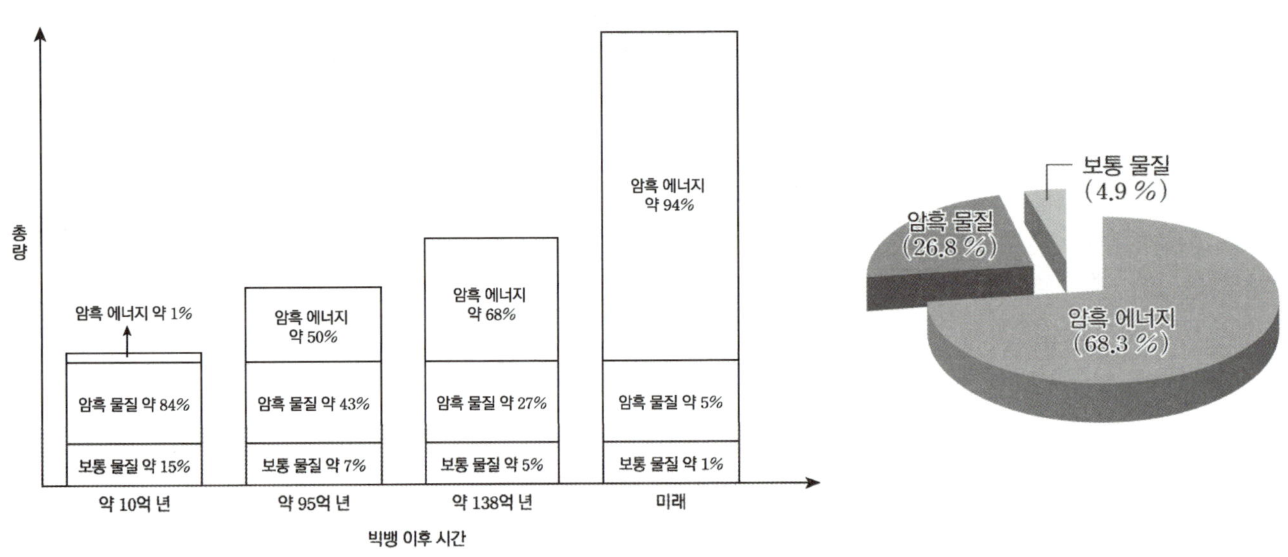

▲ 시간에 따른 우주 구성 물질의 총량　　　　　▲ 우주 구성 요소의 현재 분포비

2. 우주의 미래

현재 우주는 팽창하고 있다. 그러나 미래의 우주는 **우주의 밀도에 따라서** 팽창을 계속할지, 팽창을 멈추고 수축하게 될지가 결정된다. 우주의 밀도는 보통 물질과 암흑 물질의 밀도를 합한 **물질 밀도**와 **암흑 에너지 밀도를 합한 값**이다.

현재 미래의 우주는 **특정 지점까지 영원히 팽창하는 우주**가 될 것이라 예측하고 있다. 우주의 **팽창과 수축의 경계가 되는 밀도 값을 임계 밀도**라 한다. 다음을 통해 우주의 밀도와 임계 밀도 사이의 관계를 알아보자.

(1) 우주의 밀도 〈 임계 밀도

이 경우에 미래의 우주는 **열린 우주**가 된다. 열린 우주는 우주가 음의 곡률을 가질 때로, 우주 공간이 **영원히 팽창하는 우주**다.

(2) 우주의 밀도 〉 임계 밀도

이 경우에 미래의 우주는 **닫힌 우주**가 된다. 닫힌 우주는 우주가 양의 곡률을 가질 때로, 우주의 팽창 속도가 점점 느려지다가 팽창이 멈추고 다시 수축하여 **우주의 크기가 감소하는 우주**다.

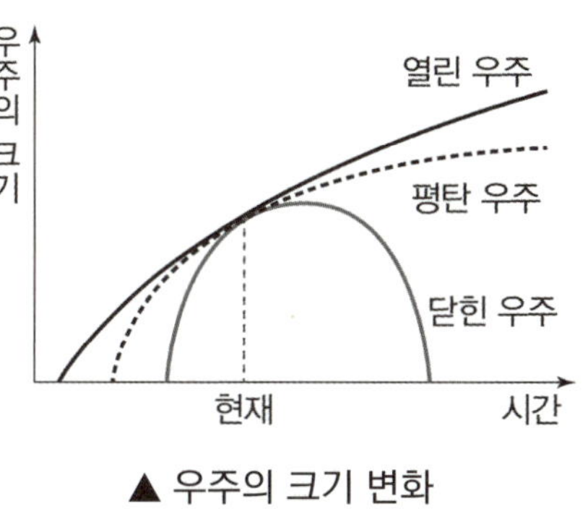

▲ 우주의 크기 변화

(3) 우주의 밀도 = 임계 밀도

이 경우에 미래의 우주는 **평탄 우주**가 된다. 평탄 우주는 우주의 곡률이 0일 때로, 미래에는 **팽창 속도가 계속 감소하**여 0으로 수렴하여 **특정 지점까지 영원히 팽창하는 우주**다.

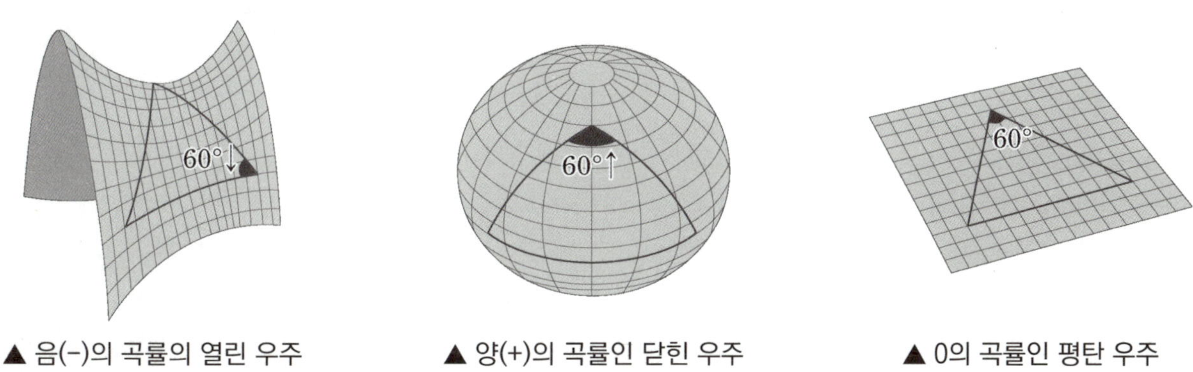

▲ 음(–)의 곡률의 열린 우주   ▲ 양(+)의 곡률인 닫힌 우주   ▲ 0의 곡률인 평탄 우주

3. 우주 팽창의 실제 모습

Ia형 초신성 관측 결과 현재 우주는 가속 팽창하고 있다. 따라서 **현재 우주는 평탄하지만, 가속 팽창**하고 있다.
가속 팽창의 에너지원은 암흑 에너지이며 **팽창 초기**에는 물질 비율이 에너지 비율보다 높았기 때문에 **감속 팽창**했다.
그러나 우주가 팽창함에 따라 에너지 비율이 늘어나면서 **우주의 팽창 속도가 증가**하고 결국에는 우주가 **가속 팽창**하게 되었다.

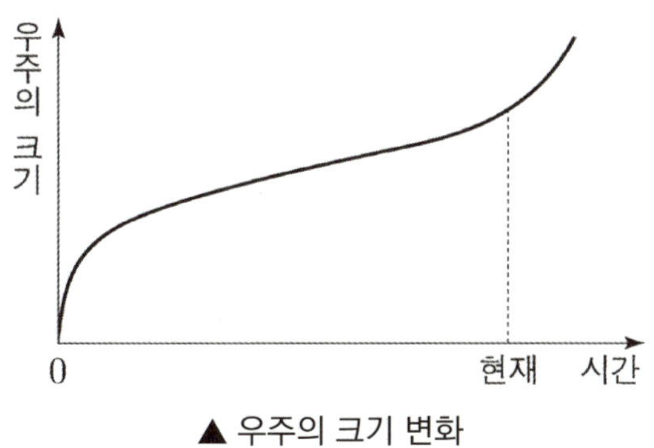

▲ 우주의 크기 변화

2023학년도 수능 지Ⅰ 18번

표 (가)는 외부 은하 A와 B의 스펙트럼 관측 결과를, (나)는 우주 구성 요소의 상대적 비율을 T_1, T_2 시기에 따라 나타낸 것이다. T_1, T_2는 관측된 A, B의 빛이 각각 출발한 시기 중 하나이고, a, b, c는 각각 보통 물질, 암흑 물질, 암흑 에너지 중 하나이다.

은하	기준 파장	관측 파장
A	120	132
B	150	600

(단위 : nm)

(가)

우주 구성 요소	T_1	T_2
a	62.7	3.4
b	31.4	81.3
c	5.9	15.3

(단위 : %)

(나)

이 자료에 대한 설명으로 옳은 것만을 <보기>에서 있는 대로 고른 것은?
(단, 빛의 속도는 $3 \times 10^5 \text{km/s}$ 이다.)

<보 기>

ㄱ. 우리은하에서 관측한 A의 후퇴 속도는 3000km/s이다.

ㄴ. B는 T_2 시기의 천체이다.

ㄷ. 우주를 가속 팽창시키는 요소는 b이다.

---

① ㄱ　　　　② ㄴ　　　　③ ㄷ　　　　④ ㄱ, ㄴ　　　　⑤ ㄴ, ㄷ

추가로 물어볼 수 있는 선지

1. 나선 은하의 실제 회전 속도가 광학적으로 관측 가능한 물질을 통해 예상한 회전 속도와 다른 이유는 암흑 에너지 때문이다. (O , X)
2. 암흑 물질은 전자기파로 관측할 수 없다. (O , X)
3. 우주가 팽창할수록 보통 물질의 양은 계속해서 감소하고 있다. (O , X)

정답 : 1. (X), 2. (O), 3. (X)

KEY POINT #우주 구성 요소의 비율, #후퇴 속도, #가속 팽창

문항의 발문 해석하기

은하의 스펙트럼 관측을 통해 적색 편이 하는 은하를 찾을 수 있어야 한다. 상대적인 시간에 따라 우주 구성 요소가 어떤 식으로 변화하는지 떠올려야 한다.

문항의 자료 해석하기

은하	기준 파장	관측 파장
A	120	132
B	150	600

(단위 : nm)

(가)

우주 구성 요소	T_1	T_2
a	62.7	3.4
b	31.4	81.3
c	5.9	15.3

(단위 : %)

(나)

1. (가)의 A, B 은하는 모두 기준 파장보다 관측 파장의 값이 크므로 적색 편이 하고 있다는 것을 알아야 한다.

2. (나)의 a, b, c의 비율을 보면 T_2시기 a의 값은 작고, b, c의 값은 컸지만 T_1시기 a의 값은 크고, b, c 값은 작은 것을 확인할 수 있다. 따라서 T_2는 T_1보다 과거이고 시간이 지나며 비율이 커진 a는 암흑 에너지, 비율이 작아진 b, c는 물질이라는 것을 확인할 수 있다.
   이때, 두 시기 모두 b는 c보다 비율이 크므로 b는 암흑 물질, c는 보통 물질인 것을 알 수 있다.

3. A와 B 중 적색 편이량이 더 큰 은하는 B이다. 따라서 B 은하에서 빛이 출발한 시기는 더 과거인 T_2시기 이다. 그 이유는 우주의 크기는 빛의 속도로 이동해도 매우 먼 거리이므로 더 과거에 출발해야 현재의 우리 은하에 도착할 수 있기 때문이다.
   아래의 그림을 통해 이해하도록 하자.

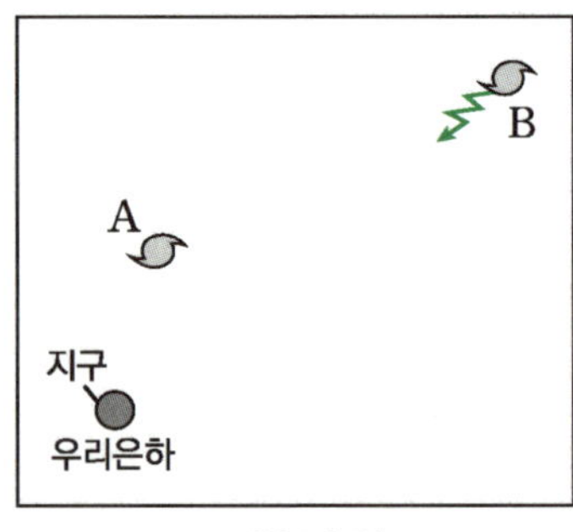

40억 년 전

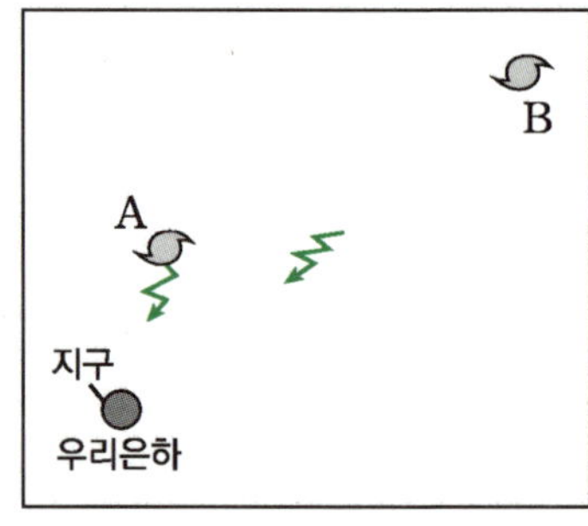

15억 년 전

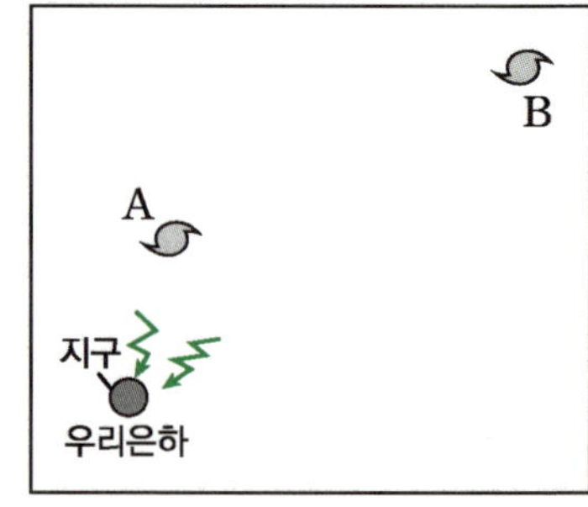

현재

TIP.

보통 물질, 암흑 물질, 암흑 에너지를 시기에 따라 판단할 때 시간이 지나면서 물질의 비율은 줄고, 에너지의 비율은 늘어난다는 것을 생각해야 한다. 이때, 보통 물질과 암흑 물질끼리의 비율은 일정하다는 것까지 이해하자.
또한, 밤하늘에 보이는 별은 빛의 속도로 매우 먼 시간 동안 날아왔음을 이해하자. 우리가 밤하늘에서 볼 수 있는 별들은 과거에 출발한 빛이 이제 지구에 도달한 것이다.

ㄱ 선지 우리은하에서 관측한 A의 후퇴 속도는 3000km/s이다. (X)

A의 후퇴 속도는 파장을 이용해서 계산해보면

$$300000\text{km/s}(광속) \times \frac{12\,(파장\;변화량)}{120\,(기준\;파장)} = 30000\text{km/s}이다.$$

ㄴ 선지 B는 T_2시기의 천체이다. (O)

A보다 B의 적색 편이량이 더 크다. 따라서 더 멀리 있는 천체임을 의미한다. 더 과거에 출발한 B은하의 빛이 이제 도달하므로 B는 T_2시기의 천체에 해당한다.

ㄷ 선지 우주를 가속 팽창시키는 요소는 b이다. (X)

b는 암흑 물질이다. 암흑 물질은 질량이 있으므로 중력으로 작용하여 우주를 감속 팽창시키는 요소이다. 우주를 가속 팽창시키는 요소는 암흑 에너지로, 척력으로 작용한다.

기출문항에서 가져가야 할 부분

1. 시간에 따른 우주의 구성 요소를 이해하기
2. 후퇴 속도 공식을 이용하여 은하의 후퇴 속도 계산하기
3. 멀리 있는 천체의 빛은 더 오랜 시간에 걸쳐 관측자에게 도달함을 이해하기

▌기출 문제로 알아보는 유형별 정리

① 우주 구성 요소의 양과 밀도   지Ⅱ 2017학년도 9월 모의평가 17번

그림은 어느 가속 팽창 우주 모형에서 시간에 따른 우주 구성 요소 A, B, C의 밀도를 나타낸 것이다. A, B, C는 각각 보통 물질, 암흑 물질, 암흑 에너지 중 하나이다.

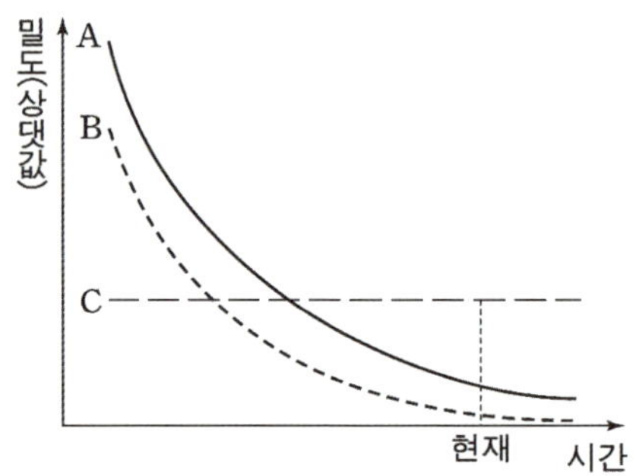

ㄴ. 우주에 존재하는 암흑 에너지의 총량은 시간에 따라 증가한다. (O)

- 암흑 에너지는 우주의 빈 공간에서 나오는 에너지이다. 따라서 시간이 지날수록 암흑 에너지의 총량은 증가한다.
- 우주의 구성 요소 중 **암흑 에너지는 계속해서 총량이 증가**한다. 따라서 우주가 팽창하는 만큼 암흑 에너지가 늘어나므로 밀도는 일정하다.
  그러나 **보통 물질과 암흑 물질의 총량은 변화하지 않는다**. 따라서 우주가 팽창하는 만큼 **물질의 밀도는 줄어든다**. 빅뱅 우주론에 따르면 우주의 물질의 총량은 시간이 지나도 일정해야 하기 때문이다.

② 우주 구성 요소의 비율   2022학년도 6월 모의평가 15번

그림 (가)와 (나)는 현재와 과거 어느 시기의 우주 구성 요소 비율을 순서 없이 나타낸 것이다. A, B, C는 각각 보통 물질, 암흑 물질, 암흑 에너지 중 하나이다.

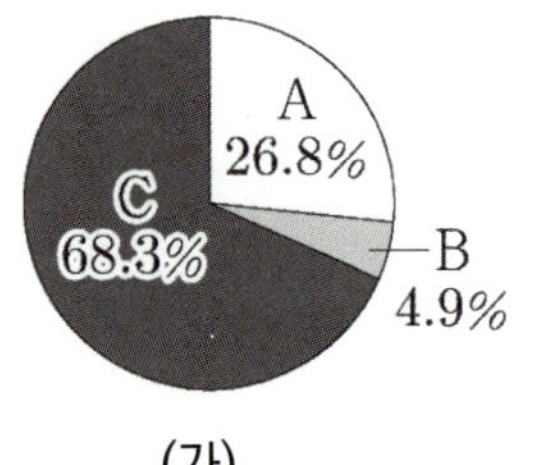

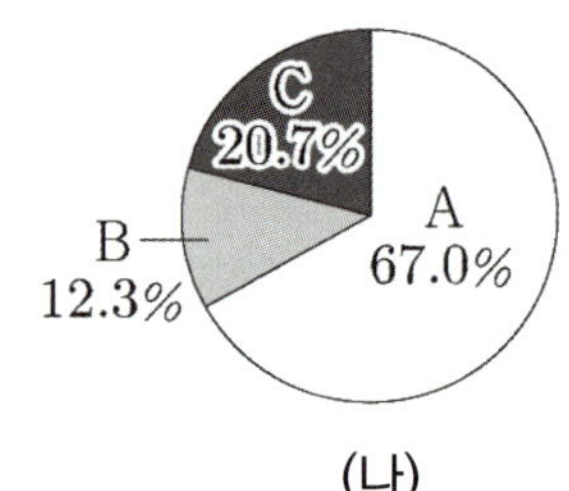

ㄷ. $\dfrac{\text{A의 비율}}{\text{C의 비율}}$ 은 (가)일 때와 (나)일 때 같다. (X)

- **과거보다 현재는 보통 물질과 암흑 물질의 비율이 적게 나타나고 암흑 에너지의 비율이 높게 나타난다.**
  따라서 (가)는 현재, (나)는 과거라는 것과 A는 암흑 물질, B는 보통 물질, C는 암흑 에너지라는 것을 알 수 있다. 이때, $\dfrac{\text{A의 비율}}{\text{C의 비율}}$ 은 (가)와 (나)일 때 같지 않다.
- 보통 물질과 암흑 물질은 시간이 지나도 총량이 그대로인 반면, 암흑 에너지는 **시간이 지나면서** 총량이 증가하므로 **보통 물질과 암흑 물질의 비율은 줄어들고, 암흑 에너지의 비율은 늘어나는 것**이다.

① 나선 은하의 회전 속도   2021년 3월 학력평가 20번

그림 (가)는 현재 우주에서 암흑 물질, 보통 물질, 암흑 에너지가 차지하는 비율을 각각 ㉠, ㉡, ㉢으로 순서 없이 나타낸 것이고, (나)는 우리은하의 회전 속도를 은하 중심으로부터의 거리에 따라 나타낸 것이다. A와 B는 각각 관측 가능한 물질만을 고려한 추정값과 실제 관측값 중 하나이다.

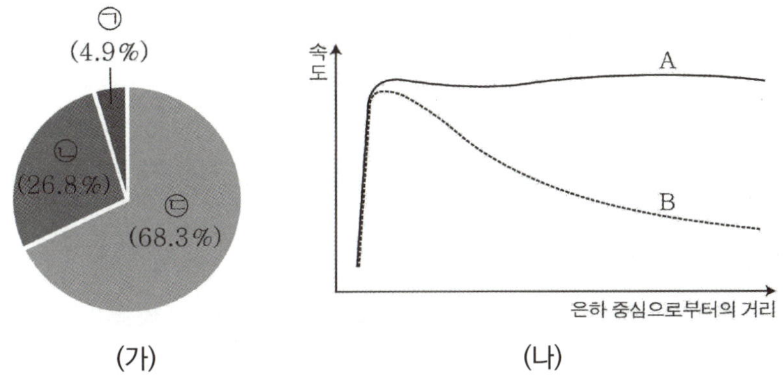

ㄷ. A와 B의 회전 속도 차이는 ㉢의 영향으로 나타난다. (X)

- 과학자들은 나선 은하의 회전 속도가 은하 중심에서 멀어질수록 느려질 것으로 예측했다. 왜냐하면 **전자기파로 관측해보았을 때 나선 은하 중심부에 질량이 집중되어 있어 중심부에서 멀어질수록 회전 속도는 느려져야 하기 때문**이다.
  그러나 실제 관측 결과는 A와 같이 회전 속도가 안과 밖이 거의 비슷하게 나타나는 것이 확인되었다. 이는 **우리가 볼 수 있는 은하의 질량보다 보이지 않는 질량이 은하 외곽부에 존재하기 때문**이다.
  따라서 보이지 않는 물질은 암흑 물질이므로 나선 은하의 회전 속도 차이는 ㉡의 영향으로 나타날 것이다.
- 실제 나선 은하의 회전 속도는 B가 아닌 A라는 것을 반드시 알아두자.

② 중력 렌즈 현상   2023학년도 9월 모의평가 10번

그림 (가)는 현재 우주 구성 요소의 비율을, (나)는 은하에 의한 중력 렌즈 현상을 나타낸 것이다. A, B, C는 각각 암흑 물질, 암흑 에너지, 보통 물질 중 하나이다.

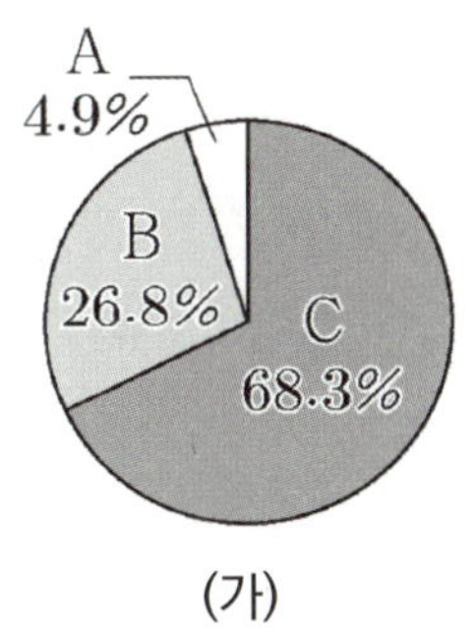

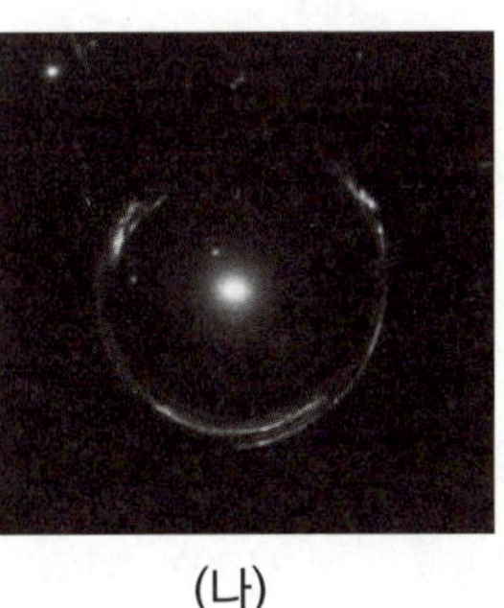

ㄷ. (나)를 이용하여 B가 존재함을 추정할 수 있다. (O)

- 중력 렌즈 현상은 **중력이 시공간을 휘어지게 만들어 빛의 이동 경로를 꺾어버리는 현상**이다.
  현재 우주의 구성 요소 중 두 번째로 높은 비율을 가진 B는 암흑 물질이다. 암흑 물질은 보이지는 않지만, 질량을 가진 물체이므로 **중력 렌즈 현상를 통해 암흑 물질의 존재를 추정할 수 있다.**
- 밤하늘의 은하의 밝기가 우리의 예상보다 밝게 나타난다면 암흑 물질이 빛의 경로를 휘어지게 만들어 우리에게 도달하고 있다고 생각할 수 있어야 한다.
- 일반적인 상황에서 중력 렌즈 현상이 나타나는 이유를 이해할 수 있어야 한다.

① '암흑'의 의미는 검정색이 아니다.   2022학년도 6월 모의평가 15번

표는 우주 구성 요소 A, B, C의 상대적 비율을 T_1, T_2 시기에 따라 나타낸 것이다. T_1, T_2는 각각 과거와 미래 중 하나에 해당하고, A, B, C는 각각 보통 물질, 암흑 물질, 암흑 에너지 중 하나이다.

구성 요소	T_1	T_2
A	66	11
B	22	87
C	12	2

(단위 : %)

ㄷ. C는 전자기파로 관측할 수 있다. (O)

- 과거보다 현재는 보통 물질과 암흑 물질의 비율이 적게 나타나고 암흑 에너지의 비율이 높게 나타난다. 따라서 T_1 시기는 과거, T_2 시기는 미래라는 것과 A는 암흑 물질, B는 암흑 에너지, C는 보통 물질이라는 것을 알 수 있다. 이때 보통 물질은 전자기파로 관측할 수 있다.

- **전자기파**라는 것은 가시광선을 포함해 자외선, 적외선, X선 감마선, 전파, 마이크로파 등을 통칭하는 말이다. 따라서 보통 물질은 전자기파로 관측할 수 있다

- 그러나 **암흑 물질, 암흑 에너지는 관측할 수 없다.** 왜냐하면 두 요소는 **전자기파를 방출하지 않기 때문**이다. 두 단어 앞에 붙은 **'암흑'이라는 용어는 검정색이라는 뜻이 아니고 '보이지 않는'이라는 뜻**으로 이해해야 한다.

① 과거에는 감속 팽창, 현재는 가속 팽창   2021학년도 수능 15번

그림은 어느 팽창 우주 모형에서 시간에 따른 우주의 크기 변화를 나타낸 것이다.

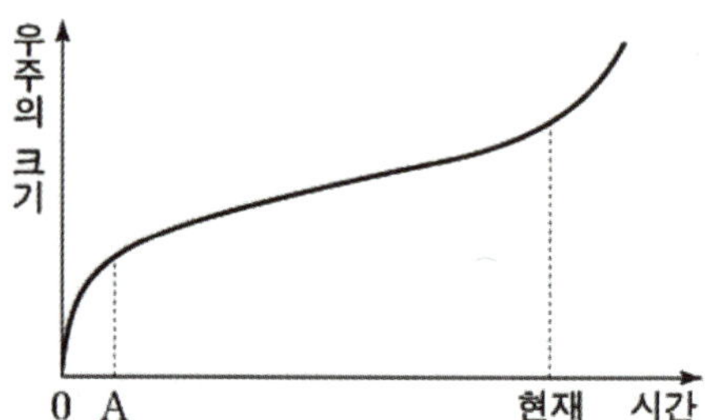

ㄱ. A 시기에 우주는 감속 팽창했다. (O)

- 위 그래프에서 **우주의 팽창 속도는 각 지점의 기울기**를 의미한다. A 지점 주변은 **시간이 지나면서 기울기가 감소**하고 있으므로 **감속 팽창**, 현재 주변은 **시간이 지나면서 기울기가 증가**하고 있으므로 **가속 팽창**이라고 판단할 수 있는 것이다.

- 우주가 대폭발한 후 현재까지 **팽창을 멈추었던 시기는 단 한 번도 없었다.**
  A 시기에는 암흑 에너지양보다 **물질의 영향력이 커 감속 팽창**했지만, 시간이 지나며 **암흑 에너지양의 영향력이** 물질보다 **강해지자 가속 팽창**을 하게 된 것이다.

- 위 자료에서 팽창 속도는 기울기의 변화로 판단할 수도 있고, **위로 볼록한 형태면 감속 팽창, 아래로 볼록한 형태면 가속 팽창**이라는 것도 알아두자.

① 미래의 우주 모형   2022년 4월 학력평가 20번

표는 우주 모형 A, B, C의 Ω_m과 Ω_Λ를 나타낸 것이고, 그림은 A, B, C에서 적색 편이와 겉보기 등급 사이의 관계를 C를 기준으로 하여 Ia형 초신성 관측 자료와 함께 나타낸 것이다. ㉠과 ㉡은 각각 A와 B의 편차 자료 중 하나이고, Ω_m과 Ω_Λ는 각각 현재 우주의 물질 밀도와 암흑 에너지 밀도를 임계 밀도로 나눈 값이다.

우주 모형	Ω_m	Ω_Λ
A	0.27	0.73
B	1.0	0
C	0.27	0

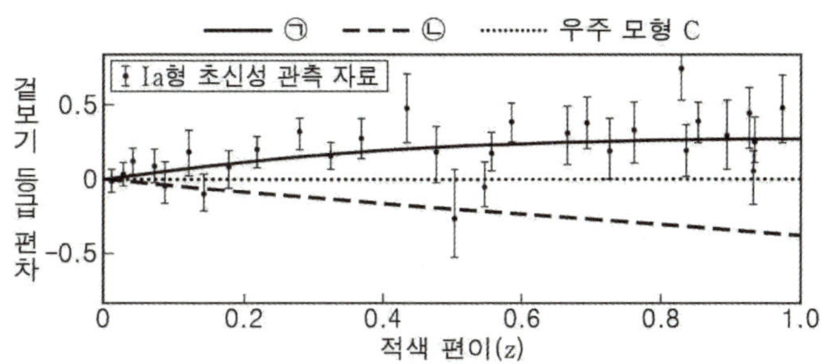

- 미래의 우주는 우주의 밀도와 임계 밀도 사이의 관계로 달라진다. **우주의 밀도는 물질 밀도와 암흑 에너지 밀도를 합한 것**이다.

  평탄 우주 : 우주의 밀도 = 임계 밀도, $\Omega_m + \Omega_\Lambda = 1$, 우주의 곡률 = 0

  열린 우주 : 우주의 밀도 〈 임계 밀도, $\Omega_m + \Omega_\Lambda$ 〈 1, 우주의 곡률 = −

  닫힌 우주 : 우주의 밀도 〉 임계 밀도, $\Omega_m + \Omega_\Lambda$ 〉 1, 우주의 곡률 = +

- 현재 우주는 평탄 우주일 것으로 예측된다.

  열린 우주는 우주가 영원히 팽창하는 우주이다.

  닫힌 우주는 우주가 팽창하다가 다시 수축하여 우주의 크기가 다시 0으로 돌아가는 우주이다.

그림은 우주 모형 A, B와 외부 은하에서 발견된 Ia형 초신성의 관측 자료를 나타낸 것이다. Ω_m과 Ω_Λ는 각각 현재 우주의 물질 밀도와 암흑 에너지 밀도를 임계 밀도로 나눈 값이다.

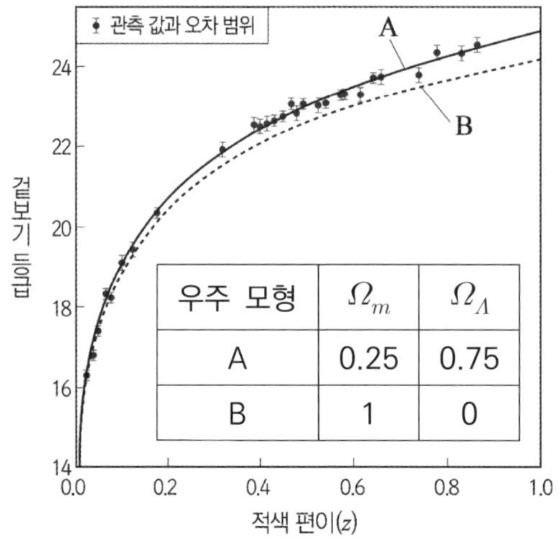

우주 모형	Ω_m	Ω_Λ
A	0.25	0.75
B	1	0

ㄱ. Ia형 초신성의 관측 결과를 설명할 수 있는 우주 모형은 B보다 A이다. (O)

- **Ia형 초신성으로 우주가 가속 팽창한다는 사실을 알아냈다.** 우주 모형 A와 B는 $\Omega_m + \Omega_\Lambda = 1$이므로 평탄 우주이다. 이때, A는 우주의 밀도 중 **암흑 에너지 밀도가 물질 밀도보다 높으므로 가속 팽창하는 평탄 우주**이다. B는 **우주의 밀도 중 물질 밀도만 존재하므로 감속 팽창하는 평탄 우주**이다.
  따라서 Ia형 초신성의 관측 결과를 설명할 수 있는 우주 모형은 가속 팽창하는 A이다.

- 평탄 우주, 열린 우주, 닫힌 우주는 미래의 우주 상태에 관한 내용을 다루는 것이고, 가속 팽창, 감속 팽창은 우주의 팽창 속도를 나타내는 것임을 이해해야 한다.

- $\Omega_m = \dfrac{\text{물질 밀도}}{\text{임계 밀도}}$, $\Omega_\Lambda = \dfrac{\text{암흑 에너지 밀도}}{\text{임계 밀도}}$ 라는 것을 이해하고,

  $\Omega_m + \Omega_\Lambda = 1$이면 평탄 우주인 이유는 $\Omega_m + \Omega_\Lambda = \dfrac{\text{물질 밀도} + \text{암흑 에너지 밀도}}{\text{임계 밀도}} = 1$이므로

  물질 밀도 + 암흑 에너지 밀도 즉, 우주의 밀도가 임계 밀도와 같기 때문이다.

추가로 물어볼 수 있는 선지 해설

1. 나선 은하의 회전 속도가 예측값과 다른 이유는 암흑 에너지가 아닌 암흑 물질의 중력 때문이다.
2. 암흑 물질은 가시광선, 적외선, 자외선, X선, 감마선 등의 전자기파로 관측할 수 없다.
3. 우주가 팽창해도 물질의 양은 변하지 않는다. 다만 암흑 에너지의 비율은 늘어나므로 보통 물질의 우주 구성 비율은 감소한다.